ROWOHLT
BERLIN

David Gill
Ulrich Schröter

Das Ministerium für Staatssicherheit

Anatomie des Mielke-Imperiums

Rowohlt · Berlin

Redaktion Hubertus Knabe
Umschlaggestaltung Walter Hellmann
(Foto: Jonas Maron)

1. Auflage September 1991

Satz Aldus (Linotron 500)
Gesamtherstellung Clausen & Bosse, Leck
Printed in Germany
ISBN 3 87134 017 0

Inhalt

Teil II

Die Auflösung des Ministeriums für Staatssicherheit (MfS) und seiner Nachfolgeorganisation Amt für Nationale Sicherheit (AfNS)

Vorwort

Für den Abend des 15. Januar 1990 hatte das Berliner «Neue Forum» – eine der Bürgerbewegungen, die im Herbst 1989 maßgeblich die Wende in der damaligen DDR bewirkt hatten – die Bevölkerung der Stadt aufgerufen, vor dem Sitz des ehemaligen Ministeriums für Staatssicherheit (MfS) in der Normannenstraße – zwischenzeitlich in Amt für Nationale Sicherheit umgewandelt – zu demonstrieren. Der Grund: In diesem riesigen Gebäudekomplex wurde noch immer so gearbeitet, als hätte es die Wende nicht gegeben; zum Zeichen des Protestes sollten Ziegelsteine mitgebracht werden, um die Stasi-Zentrale symbolisch zuzumauern. Die Kundgebung geriet jedoch außer Kontrolle und führte dazu, daß eine nach Tausenden zählende Menschenmenge gewaltsam in die Innenhöfe und die angrenzenden Gebäude eindrang. Losungen, die gegen das ehemalige MfS gerichtet waren, wurden angebracht, Zimmer und Versorgungseinrichtungen teilweise demoliert, einige zum Bereich der Spionageabwehr gehörende Büroräume offensichtlich auch gezielt durchsucht.

Dieses Ereignis war der Höhepunkt einer seit Wochen anhaltenden Protestwelle in allen Teilen der ehemaligen DDR, mit der sich die Bevölkerung während der friedlichen Revolution immer stärker gegen das ehemalige MfS wandte. Das Ereignis belegte zugleich, daß die vom «Runden Tisch» beschlossene Auflösung der Zentrale des DDR-Staatssicherheitsdienstes energischer überwacht werden mußte.

Der Zentrale Runde Tisch nominierte für diese Aufgabe *Werner Fischer* von der Bürgerbewegung «Initiative Frieden und Menschenrechte», *Dr. Georg Böhm* von der Demokratischen Bauernpartei Deutschland als Vertreter der Altparteien sowie Bischof *Dr. Gottfried Forck* als Kirchenvertreter. Bischof Forck nahm den Auftrag – allerdings nur mit beratender Funktion – an, bat jedoch darum, sich durch Oberkonsistorialrat *Dr. Ulrich Schröter* vertreten lassen zu können, weil er nicht in der Lage sein werde, ständig diese Aufgabe wahrzunehmen.

Da der Zentrale Runde Tisch in Übereinstimmung mit der Bevölkerung der DDR auf der ersatzlosen Auflösung des Amtes für Nationale Sicherheit (AfNS) als Nachfolgeorganisation des ehemaligen Ministeriums für Staatssicherheit bestand, sah sich der damalige Ministerpräsident Hans Modrow veranlaßt, für diese Aufgabe als Regierungsbeauftragten – anstelle des inzwischen abgelösten *Peter Koch* – den bisherigen Leiter des Zivilschutzes in der DDR, Generaloberst *Fritz Peter*, zu benennen.

Diese vier – Böhm, Fischer und Schröter als Regierungsbevollmächtigte, Peter als Regierungsbeauftragter – waren in der Zeit der Regierung Modrow führend an der Auflösung des MfS beteiligt. Auch unter seinem Nachfolger, Lothar de Maizière, führten sie diese Arbeit in verschiedenen Funktionen weiter. So entstand der Gedanke, die Erfahrungen gemeinsam niederzulegen. Leider konnte dieser Plan nicht voll verwirklicht werden. Dieses Buch ist in Zusammenarbeit mit Georg Böhm und Fritz Peter entstanden. Werner Fischer mußte seine grundsätzliche Bereitschaft zur Mitarbeit wegen gesundheitlicher Probleme zurücknehmen.

Auf keinen Fall sollte in diesem Buch der Beitrag der Bürgerkomitees fehlen, von denen der wichtigste Impuls zur Auflösung der Staatssicherheit ausging. Für sie beteiligte sich an diesem Buch *David Gill*, Theologiestudent und Koordinator des Bürgerkomitees in der MfS-Zentrale in der Normannenstraße, später Sekretär des Sonderausschusses der Volkskammer der DDR zur Auflösung des MfS / AfNS, danach Mitarbeiter und schließlich Referatsleiter des Sonderbeauftragten der Bundesregierung für die personenbezogenen Unterlagen des ehemaligen Staatssicherheitsdienstes.

Mit der vorliegenden Veröffentlichung wollen die Autoren das gewaltige Imperium des Ministeriums für Staatssicherheit, das 30 Jahre lang von Erich Mielke geführt und zu unvorstellbarer Größe aufgebläht wurde, dem Leser in seinen komplizierten Strukturen und seinen Methoden vor Augen führen. Zugleich wollen sie zu einer differenzierten Beurteilung seiner ehemaligen Mitarbeiter beitragen, denn auch in der Tätigkeit des MfS hat es Bereiche gegeben, die nicht der Denunziation, Verfolgung und Verurteilung Andersdenkender dienten. Vor allem aber ist das MfS ohne seinen Auftraggeber, die Sozialistische Einheitspartei Deutschlands (SED), nicht zu verstehen.

Allerdings kann auch diese Einführung in die Arbeit des Ministeriums für Staatssicherheit nur eine vorläufige im Sinne eines Zwischenergebnisses sein. Das erforderliche gründliche Quellenstudium ist aufgrund der Bestimmungen des Einigungsvertrages im gewünschten Umfang bislang nicht möglich gewesen. Hier sind auch in Zukunft Historiker, Bürgerrechtler, Fachspezialisten und nicht zuletzt ehemalige Mitarbeiter des Ministeriums für Staatssicherheit zu gemeinsamer Arbeit gefordert. Wir können nur das Wissen offenlegen, das sich aus unserer Arbeit während des Auflösungsprozesses seit Anfang 1990, aus Gesprächen mit ehemaligen Mitarbeitern, aus den uns zugänglichen Richtlinien, Dienstanweisungen, Befehlen, Ordnungen, Durchführungsbestimmungen, Schreiben oder Kommentaren ergab. Insbesondere haben wir dabei auf eine maschinenschriftlich vorliegende «Dokumentation zur politisch-historischen Aufarbeitung der Tätigkeit des MfS» zurückgreifen können, die der Regierungskommission bei dem damaligen DDR-Innenminister Peter-Michael Diestel im Sommer 1990 zur Kenntnis gegeben wurde (im Text als *Dokumentation* zitiert). Mit Sicherheit werden Ergänzungen und Differenzierungen zu unseren Ausführungen notwendig sein.

Gesicherter ist der zweite Teil dieses Buches, der die Auflösungsarbeit zum Inhalt hat – sofern sie die Zentrale in Berlin betrifft. Über die Liquidierung der Bezirksverwaltungen des MfS haben die Bürgerkomitees zum Teil eigene Berichte veröffentlicht.

Sehr wichtig scheint uns schließlich der vollständige Abdruck grundlegender Richtlinien, Dienstanweisungen, Ordnungen und Durchführungsbestimmungen zu sein (Teil III). Damit wird die Möglichkeit gegeben, anhand der Originaltexte in zentralen Bereichen auch in die Sprache, Denkstruktur und Vorgehensweise des MfS Einblick zu nehmen.

David Gill / Ulrich Schröter

Teil I

Struktur und Arbeitsweise des MfS

1. Schild und Schwert der Partei – das MfS als Werkzeug der SED

Das Wirken des MfS, seine ungeheure Größe, seine Aufgabenstellungen, sein Perfektionismus sind angesichts der monolithischen Struktur des politischen Systems der DDR nicht ohne eine zentrale Instanz oberhalb aller Befehle und Weisungen des Ministers oder seiner untergeordneten Leiter zu begreifen. Die Macht, die alles das in Gang setzte, war ganz eindeutig die Parteiführung der SED.

Im «Studienmaterial zur Geschichte des Ministeriums für Staatssicherheit» der Juristischen Hochschule des MfS in Potsdam/Eiche (1980, Teil 3, S. 19, zitiert nach Dokumentation, S. 10) ist dafür folgende charakteristische Formulierung enthalten: «Das Ministerium für Staatssicherheit entstand als ausführendes Organ der Diktatur des Proletariats. Als solches organisierte es seine Tätigkeit unter Führung der SED auf der Grundlage der Beschlüsse der SED sowie im Rahmen der Gesetze der Volkskammer und der Beschlüsse der Regierung der DDR.»

Das Ministerium für Staatssicherheit war als ein Organ der Landesverteidigung dem Vorsitzenden des Nationalen Verteidigungsrates unmittelbar unterstellt. Diese Funktion übte in Personalunion der Generalsekretär des Zentralkomitees der SED aus. Daraus ergibt sich, daß, obwohl das MfS auch ein Organ des Ministerrates war, seine Anleitung vor allem seit dem VIII. Parteitag der SED im Jahre 1971 unmittelbar durch Erich Honecker erfolgte, wobei die Position des Ministers für Staatssicherheit, Mielke, dadurch aufgewertet wurde, daß er Mitglied des Politbüros der SED war, also im obersten Leitungsgremium der SED Sitz und Stimme hatte.

Das Abhängigkeitsverhältnis zwischen SED und MfS manifestierte sich in doppelter Weise – einerseits war die Staatssicherheit weisungsgebundenes militärisches Organ des Staatsapparates, der wiederum von der «Partei der Arbeiterklasse» gelenkt wurde, andererseits gab es eine eigene Parteistruktur innerhalb des Ministeriums, die, wie überall im sowjetischen Machtbereich, auf bedingungsloser Unterordnung und Parteidisziplin beruhte. Grundsätzlich gehörten alle Mitarbeiter des MfS bis hin zu den Kreisdienststellen der SED an. Eine Ausnahme bildeten lediglich einige jüngere Mitarbeiter, die sich noch im Einarbeitungsprozeß befanden, sowie einige Unteroffiziere und Soldaten im Wachregiment.

In offiziellen und internen Verlautbarungen bildete für die Mitarbeiter des MfS die sogenannte «tschekistische Disziplin» den Maßstab ihres Handelns, doch diese war ein Instrument der Partei und blieb ihren Weisungen untergeordnet. Die Tscheka, auf die sich das Traditionsverständnis des MfS stützte, war die politische Polizei des bolschewistischen Staates, die bereits in den ersten Monaten nach der Oktoberrevolution 1917 in Rußland zur Abwehr «konterrevolutionärer Machenschaften gegen die Sowjetmacht» gegründet wurde und aus der später NKWD beziehungsweise KGB hervorgingen. Auch die ständig wiederholte Formel, das MfS sei «Schild und Schwert der Partei», ist keineswegs als leere Phrase aufzufassen, sondern charakterisierte deutlich die Beziehungen zwischen SED und MfS und brachte die bedingungslose Unterordnung des MfS unter die Parteiführung der SED zum Ausdruck.

Das Verhältnis zwischen MfS und SED geht auch aus einem Vortrag des Stellvertreters des Ministers für Staatssicherheit, Generalleutnant Schwanitz, vom 15. September 1989 hervor, der die Überschrift trug: «Die sich aus der politisch-operativen Lage und den Befehlen und Weisungen des Ministers ergebenden wachsenden Aufgaben der operativtechnischen Diensteinheiten des MfS und ihre Erfüllung im Rahmen der ökonomischen Strategie der Partei». Wörtlich heißt es darin: «Die Einheit, Reinheit und Geschlossenheit der Partei müssen wir (...) wie unseren Augapfel hüten (...). Die weitere Stärkung der Kampfkraft der Partei erfordert, daß jeder einzelne Tschekist seinen Kampfposten in und außerhalb des Dienstes bezieht. Die Durchsetzung der eisernen Parteidisziplin und tschekistischen Disziplin sowie die Gewährleistung der inneren Sicherheit sind Aufgaben, die sie nicht aus dem Blickfeld verlieren dürfen. Entsprechend dem Statut unserer Partei darf etwaigen Aufweichungserscheinungen keinerlei Raum gegeben werden. In den Grundfragen kann es keine Abweichungen und Schwankungen geben» (zitiert nach: Dokumentation, S. 9).

Alle wesentlichen politischen Entscheidungen des MfS wurden nicht im Ministerium selber, sondern bereits vorher im Politbüro beziehungsweise im Sekretariat des Zentralkomitees der SED getroffen, denn auch für das MfS galt es – was für jede Institution in der DDR Gültigkeit hatte – alles zu unternehmen, um die Linie der Partei durchzusetzen und dabei keinerlei Störungen zuzulassen. Diese Aufgabenbestimmung findet sich in sämtlichen Dienstanweisungen, Richtlinien und Befehlen wieder. Im einzelnen ist jedoch der Nachweis dafür, daß auch im konkreten Vollzug das Zentralkomitee beziehungsweise das Politbüro dem MfS Weisung erteilte oder dessen Aktivitäten auslöste, deshalb so schwer zu führen, weil die Verständigung konspirativ abgesichert wurde.

Durch Äußerungen unter anderem von Egon Krenz, Günter Schabowski und Peter Przybylski ist bekannt, daß Generalsekretär Honecker nach Sitzungen des Politbüros regelmäßig gesondert mit Mielke konferierte. In diesen Gesprächen sind wesentliche Entscheidungen gefallen beziehungsweise vorbereitet worden. Außerdem war Mielke als Mitglied des Politbüros dazu legitimiert, dessen Beschlüsse im MfS umzusetzen.

Aus der Zeit, bevor Mielke dem Politbüro angehörte, liegt ein Schreiben vom 1. November 1959 (Tgb. Nr. VMA 217/59) vor, in dem sich Mielke in seiner Funktion als Minister für Staatssicherheit an Walter Ulbricht, dem damaligen Ersten Sekretär des Zentralkomitees der SED, im Untersuchungsvorgang Otto Pokojewski und Wilhelm Prenzler wendet, um mit diesem die Abfassung der Anklageschrift, die Höhe der Strafen und eine eventuelle Strafaussetzung abzustimmen. Wörtlich heißt es in dem Brief: «Ich bitte um Mitteilung, wie das MfS verfahren soll.»

Interessanterweise wird in dem Schreiben auch auf ein früheres Schreiben an Ulbricht in derselben Sache verwiesen. Diese mehrfache gegenseitige Abstimmung zwischen Politbüro beziehungsweise Zentralkomitee beziehungsweise dem Ersten Sekretär (später Generalsekretär) scheint schon deshalb zwingend zu sein, weil es zu entscheiden galt, ob eine politische, also die gegenwärtige Lage im In- und Ausland berücksichtigende, oder eine juristische, also eine nach geltendem Recht mehr oder weniger festgelegte Entscheidung zu fällen war. Politische Entscheidungen aber konnte nur die Parteiführung festlegen.

Das Schreiben hat folgenden Wortlaut (Dokumentation, S. 126f.):

«REGIERUNG DER
DEUTSCHEN DEMOKRATISCHEN REPUBLIK
Ministerium für Staatssicherheit
– Der Minister –

An den
1. Sekretär des ZK der SED
Genossen Walter Ulbricht

Berlin

Berlin, am 1. 11. 1959
Tgb. Nr. VMA 217/59

Persönlich!

Lieber Walter!

Beiliegend der Schlußbericht über den Untersuchungsvorgang

Pokojewski, Otto, Pfarrer, zuletzt Superintendent der Evangelisch-lutherischen Landeskirche Thüringen, Superintendentur Kahla – und

Prenzler, Wilhelm, Diakon, zuletzt Geschäftsführer des Evangelischen Hilfswerkes, Landeskirche Thüringen, Sitz Eisenach.

Wenn Du einverstanden bist, so könnte der Schlußbericht zur Abfassung der Anklageschrift sofort abgegeben werden. Der Vorgang ist lediglich abgestellt auf die Verbrechen der beiden Genannten. Die Rolle, die die reaktionäre Kirchenführung in Westdeutschland und Westberlin dabei spielt, wurde nicht hineingearbeitet. Solltest Du es für richtig befinden, daß der Staatsanwalt im Plädoyer diese schändliche Rolle behandeln soll, dann würde das MfS dem Staatsanwalt entsprechende Materialien zur Verfügung stellen.

Die Strafen, die für die beiden Verbrechen ausgesprochen werden, werden zusammengezogen zu einer Gesamtstrafe, die sich im Rahmen von 6 Monaten bis zu 5 Jahren Zuchthaus bewegt, entsprechend § 21, Abs. 2 des Strafergänzungsgesetzes.

Für Verbrechen nach §§ 6, 8 – Gesetz zur Regelung des innerdeutschen Zahlungsverkehrs in Verbindung mit § 9 WStVO wird eine Gefängnisstrafe verhängt. Diese Strafe wird dann zu einer Gesamtstrafe zusammengezogen.

Ich bitte hier um Mitteilung, in welcher Höhe die Strafe ausgesprochen werden soll, oder ob die Stellung der Strafanträge und die Verurteilung dem Staatsanwalt und dem Gericht überlassen werden sollen.

Mir erscheint jedoch zweckmäßig, sie richtig zu informieren, da sie sonst nicht wissen werden, was sie tun sollen.

Ferner wäre zu entscheiden, ob aus politischen Gründen evtl. eine Strafaussetzung nach Verkündung des Urteils erfolgen soll. Das MfS ist der Meinung, daß die Strafe zunächst einmal anzutreten ist und daß danach eine Strafaussetzung zu prüfen wäre, – denn beide Angeklagte sind Anhänger des reaktionären Kreises um Dibelius.

Ich erinnere Dich an mein Schreiben, wo ich Dich darauf aufmerksam machte, daß bei Pokojewski ein Protokoll gefunden wurde, in dem gegen den Bischof Mitzenheim Stellung genommen wurde.

Ich bitte um Mitteilung, wie das MfS verfahren soll. Wenn der Schlußbericht am 3.11. abgegeben werden kann, kann die Verhandlung spätestens in 3 Wochen stattfinden.

Ich bitte um Rückgabe des Schlußberichtes.

Mit sozialistischem Gruß!
gez. Erich Mielke

1 Anlage»

Zu diesem Dokument, das die Weisungsgebundenheit des MfS plastisch vor Augen führt, paßt auch die Äußerung eines ehemaligen Mitarbeiters der Hauptabteilung XX, die Christina Wilkening in ihrem Interviewband «Staat im Staate, Auskünfte ehemaliger Stasi-Mitarbeiter» (Aufbau-Verlag, Berlin/Weimar 1990, S. 58ff.) wiedergibt. Dieser berichtet:

«Doch noch ein Wort zur Parteiführung: Ich habe mit Befremden die gegenwärtigen Publikationen von Egon Krenz zur Kenntnis genommen, auch sein Auftreten am Runden Tisch, als er die Rolle der Partei und des MfS als voneinander getrennte Organe darstellte (...). Aber gerade aus der Sicht der Tätigkeit der Hauptabteilung XX war es eindeutig so, daß alle Entscheidungen, die politische und gesellschaftliche Fragen betrafen, dem Parteiapparat unterbreitet wurden und diese Entscheidungen letztlich dann auch im Parteiapparat gefallen sind. Der Apparat von Egon Krenz, zu dem die meisten Vorschläge von uns liefen, kann nicht einfach alles auf den Apparat der Staatssicherheit abwälzen. Es war sogar so, daß gerade die Hauptabteilung XX, auf Grund ihres politischen Charakters, angehalten war, jede Maßnahme der Parteiführung zur Bestätigung zu unterbreiten. Letztlich entschied der Generalsekretär der Partei, ob solche Maßnahmen eingeleitet wurden oder nicht. Die Einengung der Entscheidungsbefugnisse des Ministeriums für Staatssicherheit auf unserem Gebiet ging so weit, daß selbst vorgesehene Ordnungsstrafverfahren gegen politische Gegner der Parteiführung zur Bestätigung unterbreitet werden mußten. (...) So war es zum Beispiel möglich, daß die bekannte illegale Publikation *Grenzfall* über ein Jahr lang ungehindert erscheinen konnte, weil die Parteiführung keine Entscheidung darüber getroffen hatte, die Publikation durch Einleitung eines Ordnungsstrafverfahrens, wie es von uns vorgesehen war, zumindest erst mal für illegal zu erklären und ihr weiteres Erscheinen auf diese Weise zu unterbinden. Als dann nach über einem Jahr wiederum der Vorschlag unterbreitet wurde, daß nun doch endlich gehandelt werden müßte, wurde durch die Parteiführung ohne besondere Überlegung entschieden, strafrechtliche Maßnahmen einzuleiten.»

Der Interviewpartner gibt weitere Beispiele von unmittelbaren Eingriffen der SED-Führung in die Tätigkeit des MfS – so im Zusammenhang mit der Aktion gegen die Umweltbibliothek der Zionskirchgemeinde in Berlin im November 1987 und mit der Demonstration zum Gedenken an Karl Liebknecht und Rosa Luxemburg im Januar 1988. Dazu heißt es (S. 60f.): «Abgelehnt wurde zum Beispiel eine von mir selbst unterbreitete Überlegung, doch vor dieser Demonstration auf einer großen Pressekonferenz das Vorhaben der oppositionellen Kräfte zu publizieren und auf diese Weise Verständnis bei der Bevölkerung für bestimmte Maßnahmen zu erreichen. Es wurde in einem Prozeß sehr intensiver Erwägungen, wiederholter Ausarbeitungen und Vorlagen, an denen ich beteiligt war, eindringlich darauf hingewiesen, die Fehler der Aktion um die Zionskirche, die ja dazu geführt haben, die Staatsautorität zu untergraben, indem Ermittlungsverfahren eingeleitet worden waren, die nach vier Tagen wieder beendet werden mußten, diese Fehler also nicht zu wiederholen und keine Inhaftierungen vorzunehmen. Diese Vorschläge wurden von der Parteiführung ignoriert. Es wurden also repressive Maßnahmen, die ja bekannt sind, in größerem Umfang eingeleitet, und es trat genau das ein, was vorher befürchtet worden war, daß diese Maßnahmen auf Grund der internationalen Proteste die DDR ins Kreuzfeuer der Politik brachten.

Was dann geschah, daß also Personen anstatt der Strafandrohung von 10 Jahren Haft zu einem Studienaufenthalt nach England geschickt wurden, hatte ja mit Rechtsverständnis nun überhaupt nichts mehr zu tun. Es handelte sich um willkürliche politische Entscheidungen, mit denen in die Arbeit der Rechtspflege und Sicherheitsorgane eingegriffen wurde.»

An diesem Bericht ist insbesondere das mehrfache Hin und Her zwischen MfS und Zentralkomitee bei dem Umgang mit der Luxemburg-Liebknecht-Demonstration bemerkenswert. Der ehemalige MfS-Offizier resümiert schließlich (S. 61): «Es handelte sich also um genau die gleichen sogenannten zentralen Entscheidungen, mit denen in so verhängnisvoller Weise ja auch ständig in die Volkswirtschaft und in andere Bereiche eingegriffen worden war. Also auch das ehemalige MfS war solchen Entscheidungen ausgesetzt. Die eigentliche politische Macht im Lande ging vom Zentralkomitee, vom Politbüro aus.»

Weitere Hinweise, die dies bestätigen, tauchten auch während der Auflösung des MfS auf. So wurde in der MfS-Zentrale ein mit Schreibmaschine geschriebenes DIN-A4-Blatt ohne besonderen Briefkopf und ohne Unterschrift gefunden, das Mitarbeiter als eine Anweisung von Egon Krenz identifizierten. Auf dieses Verfahren verweist auch eine Hintergrundinformation aus dem MfS, die besagt, daß Mielkes Anweisung vom 19. Mai 1989 zu den Eingaben wegen Wahlfälschung (VVS Nr. 0008 MfS-Nr. 38/89, zitiert in: Ich liebe euch doch alle! Befehle und Lageberichte des MfS Januar–November 1989, hrsg. von A. Mitter und St. Wolle, Berlin 1990, S. 42–45) keineswegs allein im MfS ausgearbeitet wurde. Vielmehr sei ein schriftlicher Auftrag von Egon Krenz vorausgegangen, diese Vorgabe sei dann im MfS zu einer Vorlage ausgearbeitet, Krenz zugesandt und erst danach als Vertrauliche Verschlußsache an die Leiter der Diensteinheiten mit der Unterschrift von Mielke herausgegeben worden.

Es ergibt sich also: Schon Besprechungen, Telefonanrufe, Weisungen ohne Briefkopf und Unterschrift der jeweils im Zentralkomitee oder Politbüro für die einzelnen Abteilungen zuständigen Funktionsträger reichten aus, um bei besonderen Anlässen entsprechende Aktivitäten des MfS auszulösen. Auf Unterlagen, die Briefkopf und Unterschrift tragen, werden deshalb Historiker kaum stoßen. Die besonders Ende 1989 noch durchgeführte Vernichtung entsprechender Unterlagen wird zusätzlich Spuren verwischt haben.

Diese gegenseitige enge Absprache bei politisch brisanten Tagesereignissen widerspricht keineswegs der Erkenntnis, daß das MfS innerhalb des durch die Parteiführung abgesteckten langfristigen Rahmens bei der Umsetzung seiner Aufgaben große Eigenständigkeit entwickeln konnte. Das galt besonders für die Vorgaben der alle fünf Jahre stattfindenden Parteitage. Wie aus den Beschlüssen der SED konkrete «Kampfaufträge» für das MfS abgeleitet wurden, zeigen insbesondere verschiedene Reden Erich Mielkes, in denen er die Führungsrolle der SED-Spitze gegenüber dem MfS immer deutlich herausstellte. Ein Beispiel dafür ist die Auswertung des X. Parteitages der SED Ende April 1981 durch Mielke, als sich die Ost-West-Konfrontation außerordentlich zugespitzt hatte. Bereits vierzehn Tage später, am 15. Mai 1981, erklärte Mielke an der MfS-Hochschule (vVS MfS 0008-8/81) – wir folgen hier der erwähnten Dokumentation (S. 14–18) – im Hinblick auf die nächsten fünf Jahre, daß Bericht und Direktive des X. Parteitages der SED Ziele und Aufgaben «unseres weiteren Vormarsches» absteckten, wobei sich die Partei uneingeschränkt auf die Staatssicherheit verlassen könne. In seinem Referat listet Mielke ausführlich die konkreten Forderungen auf, die das MfS aus den Parteibeschlüssen für sich ableitete.

Außenpolitisch seien die USA und NATO auf militärischem und rüstungswirtschaftlichem Gebiet aufzuklären. Das Augenmerk gelte besonders

- «den Plänen zur Weiterentwicklung und Vervollkommnung der konventionellen Waffentechnik,
- den Maßnahmen zur generellen Erhöhung der Kampfkraft und Mobilität aller Teilstreitkräfte,
- den Plänen zur Entwicklung völlig neuer Massenvernichtungsmittel» (zitiert nach: Dokumentation, S. 15).

In die politisch-operativen Aufgaben des MfS seien darüber hinaus besonders die BRD und zu diesem Zeitpunkt (1981) auch China einzubeziehen.

In Zusammenarbeit mit den außenpolitischen Aufgaben, die der X. Parteitag der SED formuliert hatte, verlangte Mielke vom MfS und seinen Diensteinheiten auch die ständige Analyse der Lage in Polen, insbesondere «konterrevolutionärer (...) und antisozialistischer Kräfte». Dabei waren besonders zu observieren leitende Organe der Polnischen Vereinigten Arbeiterpartei und des Staatsapparates, oppositionelle Führer u. a. der «Solidarność» sowie leitende Mitarbeiter und Priester der Katholischen Kirche (Dokumentation, S. 16).

Für die Innenpolitik leitete Mielke aus den Beschlüssen des X. Parteitages der SED die Aufgabe ab, «feindlich-negative» Gruppen, die zu Gewalt neigten, ausfindig zu machen. Die Voraussetzungen für das Eindringen westlichen Gedankengutes, besonders von extremistischen

Kreisen, seien zu beseitigen, mithin die politisch-ideologische Diversion (PiD) und politische Untergrundtätigkeit (PUT) insgesamt zu unterbinden. Die Meinungsbildung in der Bevölkerung sei dabei zu berücksichtigen.

Die im einzelnen herausgestellten Ziele sind kennzeichnend für das Wirken des MfS in jenen Jahren, im Grunde genommen bis zur Wende 1989:

- Gruppierungen von «negativ-dekadenten» Jugendlichen seien im Zusammenwirken mit den hierfür zuständigen Diensteinheiten zu kontrollieren und aufzulösen.
- Im Kulturbereich käme es darauf an, allen Tendenzen zu widersprechen, die eine einheitliche deutsche Kulturnation erhalten wollten.
- Die Zulassung zum Medizinstudium müsse – wegen der Ausreisebestrebungen unter Ärzten – kontrolliert werden, bevorstehende Veränderungen bei leitenden Funktionen im medizinischen Bereich seien im Sinne des MfS zu beeinflussen.
- Das Prinzip der Trennung von Staat und Kirche sei strikt einzuhalten, die Kirche dürfe nicht zum «Sammelbecken feindlich-negativer Kräfte» werden. Zu verhindern sei, daß die Kirche als wichtige gesellschaftliche Kraft wirksam werden könne.
- Der «staatsfeindliche Menschenhandel» müsse bekämpft werden, ebenso das ungesetzliche Verlassen der DDR und alle Versuche von Bürgern, die DDR für immer zu verlassen.

Außerdem ginge es darum,

- die Volkswirtschaft der DDR gegen alle Angriffe des Gegners zu sichern, wobei Wissenschaft und Technik den Vorrang hätten,
- Einfluß auf das Außenhandelsmonopol zu nehmen,
- den Geheimnisschutz zu verbessern,
- Kontrolle hinsichtlich der Vorbereitung und Realisierung von Kompensationsvorhaben und Anlagengeschäften mit dem nichtsozialistischen Wirtschaftsgebiet (NSW) auszuüben,
- Brände, Havarien und Unfälle in der Wirtschaft zu verhindern,
- Arbeitskonflikten nach «polnischem Muster» vorzubeugen (Dokumentation, S. 16–18).

Fünf Jahre später, nach dem XI. Parteitag der SED vom 17. bis 21. April 1986, referierte Mielke am 16. Mai (GVS MfS 0008-14/86) auf der zentralen Parteiaktivtagung des MfS zur Auswertung dieses Parteitages. Dabei hob er hervor: «Die Leistungen des MfS, aller Schutz- und Sicherheitsorgane wurden bekanntlich im Bericht des

Zentralkomitees vom Genossen Erich Honecker besonders hoch anerkannt» (zitiert nach: Dokumentation, S. 18).

In Fortführung früher erteilter Aufträge formulierte Mielke dann jene Aufgaben, die vom XI. Parteitag der SED an die Adresse des MfS gerichtet worden waren: «Für unser sozialistisches Staatssicherheitsorgan heißt das, der uns vom XI. Parteitag übertragenen spezifischen Verantwortung unter allen Lagebedingungen gerecht zu werden,
durch entschlossenes und vorbeugendes Handeln die Macht der Arbeiter und Bauern zuverlässig zu schützen,
Überraschungen durch unseren Gegner – als unsere entscheidende Aufgabe – auszuschließen,
seine subversiven Angriffe gegen die verfassungsmäßigen Grundsätze zu durchkreuzen und
unsere revolutionäre Pflicht in enger Zusammenarbeit mit den Werktätigen zu erfüllen.

Das ist der Auftrag des XI. Parteitages an das Ministerium für Staatssicherheit. Das muß immer Gesetz unseres Handelns sein! (...)

Wichtigste Voraussetzung dafür ist, die führende Rolle der Partei im Ministerium für Staatssicherheit (...) durchzusetzen» (zitiert nach: Dokumentation, S. 18f.).

Diesen Aufträgen der SED-Führung entsprechend verhielt sich das MfS mehr oder weniger unverändert bis zum Zusammenbruch des Systems im Herbst 1989. Es entspricht dabei der Logik vom Führungsanspruch der SED, daß der Zusammenbruch unter dem Druck des Volkes nicht etwa mit dem des MfS begann, sondern an der Spitze dieser Partei in den Reihen der SED selbst. Diese Verfallserscheinungen lähmten die Organe des MfS in einem solchen Maße, daß der riesige Sicherheitsapparat praktisch ohne nennenswerten Widerstand zum Einsturz gebracht werden konnte. Auch Fahneneid und Verpflichtung, die den unbedingten Schutz des sozialistischen Staates zur Pflicht erhoben und von allen Mitarbeitern des MfS abzulegen waren, blieben in der Situation des Niedergangs der SED-Herrschaft ohne erkennbare Wirkung. Beide Texte sollen zum Abschluß an dieser Stelle im Wortlaut dokumentiert werden:

Fahneneid

«ICH SCHWÖRE:

Der Deutschen Demokratischen Republik, meinem Vaterland, allzeit treu zu dienen und sie auf Befehl der Arbeiter-und-Bauern-Regierung gegen jeden Feind zu schützen.

ICH SCHWÖRE:

An der Seite der Nationalen Volksarmee und der anderen bewaffneten Organe der Deutschen Demokratischen Republik, der Armeen, der Schutz- und Sicherheitsorgane der Sowjetunion und der mit uns verbündeten sozialistischen Länder als Angehöriger des Ministeriums für Staatssicherheit die Feinde des Sozialismus auch unter Einsatz meines Lebens zu bekämpfen und alle mir gestellten Aufgaben zur Gewährleistung der staatlichen Sicherheit zu erfüllen.

ICH SCHWÖRE:

Ein ehrlicher, tapferer, disziplinierter und wachsamer Angehöriger des Ministeriums für Staatssicherheit zu sein, den Vorgesetzten unbedingten Gehorsam zu leisten, die Befehle mit aller Entschlossenheit zu erfüllen und die militärischen und staatlichen Geheimnisse immer streng zu wahren und zu schützen.

ICH SCHWÖRE:

Die Kenntnisse und Fähigkeiten zur Erfüllung meiner Aufgaben gewissenhaft zu erwerben, die dienstlichen Bestimmungen einzuhalten und immer und überall die Ehre unserer Republik und des Ministeriums für Staatssicherheit zu wahren.

Sollte ich jemals diesen meinen feierlichen Fahneneid verletzen, so möge mich die harte Strafe der Gesetze unserer Republik und die Verachtung des werktätigen Volkes treffen.»

Verpflichtung

«Ich, ...
(Name, Vorname) (Geburtsdatum, -ort)
verpflichte mich, auf der Grundlage der dazu erlassenen Rechtsvorschriften und dienstlichen Bestimmungen im Ministerium für Staatssicherheit Dienst im militärischen Beruf zu leisten.

Bei der Abgabe dieser Verpflichtung bin ich mir bewußt,
daß das Ministerium für Staatssicherheit ein zuverlässiges und der Sozialistischen Einheitspartei Deutschlands treu ergebenes Organ des Ministerrates der Deutschen Demokratischen Republik ist, in deren Auftrag es wichtige politisch-operative und militärische Aufgaben zur Festigung unserer Arbeiter-und-Bauern-Macht und zur Sicherung des Friedens durchführt,
daß das Ministerium für Staatssicherheit als ein bewaffnetes Organ der Arbeiter-und-Bauern-Macht zum Schutz und zur Sicherung der sozialistischen Gesellschaft und zum Kampf gegen alle Anschläge der Feinde des Friedens und des Sozialismus geschaffen wurde.

Ich verpflichte mich
a) alle meine Kräfte und Fähigkeiten einzusetzen, um die ehrenvollen Pflichten und Aufgaben eines Angehörigen des Ministeriums für Staatssicherheit zu erfüllen, die Beschlüsse der Sozialistischen Einheitspartei Deutschlands und die Verfassung, die Gesetze und Beschlüsse der Volkskammer, die Erlasse und Beschlüsse des Staatsrates, die Verordnungen und Beschlüsse des Ministerrates, die Beschlüsse und Anordnungen des Nationalen Verteidigungsrates sowie die dienstlichen Bestimmungen und Befehle des Ministers für Staatssicherheit und der anderen zuständigen Vorgesetzten einzuhalten und mit schöpferischer Initiative durchzuführen,
b) den Dienst, getreu dem Fahneneid, ehrlich und gewissenhaft an jedem Einsatzort zu leisten, mit aller Entschlossenheit den Kampf gegen die Feinde der Deutschen Demokratischen Republik und der sozialistischen Staatengemeinschaft zu führen, die Verbundenheit mit den Angehörigen des Komitees für Staatssicherheit der Sowjetunion und den Angehörigen der Sicherheitsorgane der sozialistischen Staatengemeinschaft weiter zu festigen und stets im Sinne des sozialistischen Internationalismus zu handeln,
c) die militärische Disziplin zu wahren, ständig einsatzbereit zu sein

und meine marxistisch-leninistische, spezial-fachliche, militärische, wissenschaftlich-technische und allgemeine Bildung sowie praktischen Fähigkeiten zur Lösung der mir übertragenen Aufgaben zu vervollkommnen,

d) die Verbundenheit zwischen dem Ministerium für Staatssicherheit und der Arbeiterklasse, den Genossenschaftsbauern und den anderen Werktätigen unablässig zu festigen,

e) nach den Geboten der sozialistischen Ethik und Moral zu handeln, die sozialistischen Beziehungen der Angehörigen des Ministeriums für Staatssicherheit zueinander unablässig zu festigen, innerhalb und außerhalb des Dienstes Vorbild zu sein sowie die Ehre und Würde des Ministeriums für Staatssicherheit stets zu wahren,

f) während und nach der Ableistung des Dienstes die staatlichen und militärischen Geheimnisse zu wahren sowie vor Gericht, Staatsanwalt, Untersuchungsorganen oder anderen staatlichen und gesellschaftlichen Organen über Tatsachen, die mit dem Dienst im Ministerium für Staatssicherheit im Zusammenhang stehen, nur dann auszusagen, wenn mir die Genehmigung dazu erteilt wurde,

g) entsprechend der erfolgten Belehrung über die verbrecherischen Methoden der imperialistischen Geheimdienste und ihrer Organisationen bei allen Versuchen der Verbindungsaufnahme stets wachsam zu sein und solche Versuche sofort meinem Vorgesetzten zu melden,

h) das Verbot, Westberlin, die BRD oder andere Länder des kapitalistischen Auslands zu betreten, zu befahren oder zu überfliegen sowie Verbindungen jeglicher Art von oder nach dort zu unterhalten, soweit kein dienstlicher Auftrag vorliegt, einzuhalten und dafür zu sorgen, daß auch meine Familienangehörigen oder Personen, die ständig oder überwiegend zur häuslichen Gemeinschaft gehören, dieses Verbot unbedingt achten sowie bei Nichtachtung dieses Verbots durch meine Familienangehörigen oder durch Personen, die zur häuslichen Gemeinschaft gehören, unverzüglich meinem Vorgesetzten Meldung zu erstatten,

i) alle Post, die aus Westberlin, der BRD oder anderen Ländern des kapitalistischen Auslands an mich gesandt wird, unverzüglich meinem Vorgesetzten zu übergeben bzw. den Empfang solcher Post durch meine Familienangehörigen oder durch Personen, die zur häuslichen Gemeinschaft gehören, sofort meinem Vorgesetzten zu melden und die Ankunft von Personen aus Westberlin, der BRD oder anderen Ländern des kapitalistischen Auslands, die mich, meine Familienangehörigen oder zum Haushalt gehörende Personen besuchen oder auf andere Art mit mir oder den Vorgenannten in Verbindung treten, meinem Vorgesetzten sofort zu melden,

j) alle Veränderungen persönlicher Art, die mich oder meine nächsten Angehörigen betreffen, schriftlich über meinen Vorgesetzten an die Hauptabteilung Kader und Schulung bzw. Abteilung Kader und Schulung unverzüglich zu melden,

k) auch nach meiner Entlassung mich so zu verhalten und so zu handeln, daß eine Gefährdung für die Tätigkeit des Ministeriums für Staatssicherheit und meine Person nicht eintreten kann.

Ich wurde über die strafrechtlichen Folgen der Verletzung dieser durch mich abgegebenen Verpflichtung ausführlich belehrt.

. . . .

(Ort, Datum) (Unterschrift)

Verpflichtet durch: . . . .

(Name, Dienstgrad, Dienststellung)»

2. Struktur und Aufgaben des MfS

a) Das Ministerium und seine Diensteinheiten

Entsprechend dem von der Volkskammer der DDR am 8. Februar 1950 beschlossenen Gesetz hatte das MfS die Aufgabe, als einheitliches Aufklärungs- und Abwehrorgan mit geheimdienstlichen Mitteln und Methoden die inneren und äußeren Sicherheitsinteressen der DDR zu gewährleisten. Dieses Gesetz sah auch vor, daß die sich aus ihm ergebenden Aufgaben und Befugnisse durch Richtlinien, Befehle und Dienstanweisungen des zuständigen Ministers geregelt werden sollten, die jedoch grundsätzlich nicht veröffentlicht wurden, sondern geheim waren. Weitere Rechte, Pflichten und Zuständigkeiten des MfS wurden im Laufe der folgenden Jahre durch Gesetze beziehungsweise Beschlüsse der Volkskammer, des Staatsrates und des Ministerrates festgelegt. Dazu zählen:

- die Berechtigung des MfS zur Wahrnehmung der im VP*-Gesetz geregelten Befugnisse (Personenkontrollen, Fahrzeugkontrollen, Festnahmen etc.);
- die Ausübung polizeilicher und staatsanwaltschaftlicher Untersuchungstätigkeit gemäß Strafprozeßordnung (Ermittlungen, Inhaftierungen, Verhöre, Vorbereitung von Strafverfahren etc.);
- Paßkontrolle und Fahndung im grenzüberschreitenden Personenverkehr;
- zentrale Aufgaben zum Schutz der Staatsgeheimnisse;
- verdeckte Regierungsnachrichtenverbindungen und staatliches Chiffrierwesen;
- Schutz und Betreuung der Repräsentanten der DDR sowie offizieller Staatsgäste;
- Errichtung und Unterhaltung von Schutzbauten für den Verteidigungsfall.

* VP = Volkspolizei

Davon ausgehend lassen sich aus den vorgefundenen Akten folgende sieben wesentliche Aufgabenbereiche im Rahmen der Gesamtzielstellung des Ministeriums für Staatssicherheit erkennen, die in nicht unerheblichem Maße der Verfassung der DDR widersprachen:

1. Das MfS sollte Pläne und Aktivitäten von anderen Staaten und deren Einrichtungen sowie von nichtstaatlichen ausländischen Organisationen aufklären, die sich nach dem Verständnis des MfS gegen die Verbündeten der DDR richteten, insbesondere solche mit politischem, militärischem und subversivem Charakter. Es sollten wissenschaftlich-technische Informationen beschafft werden, spezifische Maßnahmen zum Unterlaufen der Embargobestimmungen waren zu treffen, «junge Nationalstaaten» und Befreiungsbewegungen bei der Lösung sicherheitspolitischer Aufgaben zu unterstützen.
2. Das MfS sollte alle im Verständnis der SED-Führung gegen die sozialistische Staats- und Gesellschaftsordnung gerichteten Bestrebungen möglichst frühzeitig und umfassend aufdecken, bekämpfen beziehungsweise verhindern. Es hatte die Aufgabe, alle gegen die Politik der Partei- und Staatsführung gerichteten Entwicklungen bereits im Ansatz zu erkennen und ihnen entgegenzuwirken. Darüber hinaus sollten Einschätzungen über politisch wichtige Personen erarbeitet werden, um die SED-Führung in Kenntnis setzen zu können, wie diese in politischer Hinsicht einzuschätzen und zu bewerten seien.
3. Das MfS hatte die Aufgabe, alle «nicht legalen Personenzusammenschlüsse» mit geheimdienstlichen Mitteln zu durchdringen, um zu verhindern, daß diese sich in der DDR – oder auch außerhalb ihrer Grenzen – wirksam formieren konnten. Jede Öffentlichkeitswirksamkeit und alle auf Masseneinfluß abzielende Aktionen sollten ausgeschlossen bleiben. Aktivitäten außerhalb der DDR, die der Unterstützung oppositioneller Kräfte dienen sollten, waren zu verhindern.
4. Das MfS war zuständig für die vorbeugende Spionageabwehr und sollte jede Tätigkeit ausländischer Geheimdienste unterbinden. Durch das MfS war der Geheimnisschutz in allen sicherheitspolitisch wichtigen Bereichen des Staates zu gewährleisten und für die «Auswahl und Sicherung der Reisekader» zu sorgen.
5. Eine weitere Aufgabe des Ministeriums bestand darin, die Volkswirtschaft, das Verkehrswesen sowie das Post- und Fernmeldewe-

sen gegen Sabotage, Diversion, Brände, Havarien und schwere kriminelle Straftaten vorbeugend zu sichern, wozu auch Mißstände und andere schadensbegünstigende Umstände aufgedeckt werden sollten.

6. Die Staatssicherheit war dafür verantwortlich, «Straftaten gegen die Staatsgrenze» aufzudecken und zu bearbeiten sowie Personenausschleusungen im Rahmen des Transitverkehrs ebenso zu verhindern wie «das Erzwingen von Ausreisegenehmigungen».
7. Das MfS hatte ferner die Aufgabe, faschistische Kriegsverbrechen aufzudecken und zu bearbeiten, wobei auf Ersuchen anderer Staaten auf diesem Gebiet auch Rechtshilfe zu gewährleisten war.

Diese Aufgabenfelder markierten einen recht breit gefächerten Tätigkeitsbereich, doch in der Praxis wurden zumeist bestimmte Schwerpunkte gesetzt. So wurde zum Beispiel nach Abschluß des Transitabkommens mit der Bundesrepublik Deutschland ein erheblicher Teil der Kräfte des MfS zur geheimdienstlichen Absicherung der Transitstrekken eingesetzt, verbunden mit der Aufgabe, «Vorhaben des ungesetzlichen Verlassens der DDR und der Ausschleusung» vorbeugend zu erkennen und zu verhindern.

Zunehmend wurde das MfS zu einem Organ, dessen Aufgabe vorrangig darin bestand, oppositionelle Aktivitäten in den verschiedensten Erscheinungsformen sowie alle Bestrebungen, die DDR verlassen zu wollen, zu einem frühestmöglichen Zeitpunkt zu unterbinden. Die im Laufe der Jahre immer deutlicher werdende Fehleinschätzung der inneren Lage durch die Partei- und Staatsführung, deren Unfehlbarkeitsanspruch sowie der zunehmende Widerspruch zwischen internationalen Abkommen und Aktivitäten einerseits und der immer schlechter werdenden Situation vor allem auf dem Gebiet der Versorgung in der DDR verbunden mit der steigenden Unzufriedenheit großer Teile der Bevölkerung andererseits führten zur ständigen Ausweitung von administrativen Maßnahmen, die in erster Linie durch das MfS ausgeführt wurden.

Im Ergebnis der Sicherheitspolitik der SED-Führung verstärkte sich so von Jahr zu Jahr der Apparat staatlicher Repressionspolitik. Dabei wurden formal-juristisch die Rechte der von Unterdrückungsmaßnahmen Betroffenen zwar scheinbar garantiert. Da jedoch jeder Sachverhalt aus der Sicht «sozialistischer Interessen» gewertet wurde, richtete sich letztlich alles gegen sie.

Die Hauptursache für das stetige Anwachsen der repressiven Aufgabenstellung des MfS war die tiefe Kluft zwischen der erstarrten Weltsicht der SED-Führung und der gesellschaftlichen Wirklichkeit im Land, in Europa und der Welt. Immer mehr Bürger waren von den Verhältnissen in der DDR enttäuscht, hatten Zweifel an der Richtigkeit der Entwicklung, aber leider viel zu wenige äußerten ihre Unzufriedenheit und ihren Unmut auch öffentlich. Die über Jahre und Jahrzehnte behauptete «Aggressivität des westdeutschen Imperialismus» wurde immer weniger geglaubt, wozu nicht unwesentlich auch die zunehmenden Reisen von DDR-Bürgern – zwar vorwiegend im Rentenalter, doch mehr und mehr auch jüngerer Menschen – in die Bundesrepublik Deutschland und nach West-Berlin beigetragen hatten. Auch Besuche aus dem Westteil Deutschlands wirkten in dieser Richtung.

So ergab sich eine Situation, in der in den Augen der Parteiführung der SED und damit auch des MfS die Zahl der potentiellen Gegner der offiziellen Staatspolitik kontinuierlich zunahm – obgleich man öffentlich den Eindruck erweckte, daß die DDR stabil wie nie zuvor wäre. Zunächst wurde versucht, dieser Entwicklung – wie schon in früheren Jahren – mit einer von Jahr zu Jahr größer werdenden Zahl von Mitarbeitern des MfS zu begegnen. Aus Dokumentation, S. 153f., geht hervor, daß das MfS 1973, also zwei Jahre nach dem VIII. Parteitag der SED, auf dem Erich Honecker Generalsekretär wurde, bereits 52707 hauptamtliche Mitarbeiter beschäftigte. Wie die folgende Übersicht belegt, stieg ihre Zahl bis zum Jahre 1983 ständig an:

55718 Mitarbeiter im Jahr 1974
59458 Mitarbeiter im Jahr 1975
62837 Mitarbeiter im Jahr 1976
66475 Mitarbeiter im Jahr 1977
69558 Mitarbeiter im Jahr 1978
72196 Mitarbeiter im Jahr 1979
75106 Mitarbeiter im Jahr 1980
78497 Mitarbeiter im Jahr 1981
81467 Mitarbeiter im Jahr 1982
ca. 85000 Mitarbeiter im Jahr 1983.

Vom Ausbildungsstand her setzte sich die Mitarbeiterschaft des MfS wie folgt zusammen:

12300 Hochschulabsolventen (für Mitarbeiter in der für Spionage zuständigen «Hauptverwaltung Aufklärung» [HVA] war ein Studienabschluß grundsätzlich Voraussetzung);
30000 Fachschulabsolventen;
42700 Meister beziehungsweise Facharbeiter.

Daß sich seit 1983 die Mitarbeiterzahl bis zur Auflösung des MfS/AfNS Ende 1989 nicht mehr wesentlich weiter erhöhte – allerdings gehen neuere Berechnungen von ca. 99000 (!) aus –, erklärt sich aus einer Weisung des Ministers Mielke vom 25. Januar 1983, wonach der per 28. Februar 1983 erreichte Mitarbeiterstand festzuschreiben sei. Für diese Entscheidung waren offensichtlich in erster Linie der auftretende Arbeitskräftemangel in der Wirtschaft sowie die knapper werdenden finanziellen und materiellen Ressourcen der DDR verantwortlich.

Der zahlenmäßigen Aufgeblähtheit des MfS-Apparates entsprach auch seine Struktur. Die Arbeitsteilung im Ministerium und in den nachgeordneten Dienststellen war so organisiert, daß alle politischen, ökonomischen und gesellschaftlichen Bereiche erfaßt und flächendeckend kontrolliert werden konnten. Besonders deutlich wurde das im Bereich der sogenannten Abwehr, das heißt bei den nach innen, also in der DDR wirkenden Diensteinheiten.

Das Ministerium hatte seinen Sitz in Berlin und war in Hauptverwaltungen, Verwaltungen, Hauptabteilungen, Selbständige Abteilungen und Arbeitsgruppen mit jeweils spezifischer Zuständigkeit gegliedert (siehe Schema der Struktur des MfS, S. 38ff.).

Dem Minister Erich Mielke unterstanden unmittelbar vier Stellvertreter. Dies waren im Oktober 1989

Generaloberst Rudolf Mittig (65 Jahre),
Generalleutnant Gerhard Neiber (61 Jahre),
Generalleutnant Wolfgang Schwanitz (60 Jahre) sowie
Generaloberst Werner Großmann (61 Jahre).

Mielke selbst war mit fast 82 Jahren der dienstälteste Minister der DDR, und aller Wahrscheinlichkeit nach war er auch der älteste Chef eines Geheimdienstes in der Welt. Das MfS hatte er 30 Jahre lang geleitet. Von seinen Stellvertretern war 1989 Mittig 20 Jahre im Amt, Neiber acht Jahre, Schwanitz vier Jahre und Großmann drei Jahre.

Mielke selbst unterstanden einschließlich der 15 Bezirksverwaltungen insgesamt 34 Diensteinheiten, seinen drei Stellvertretern im Abwehrbereich 20, davon Mittig und Schwanitz je sieben und Neiber sechs Diensteinheiten.

Mielke hatte den gesamten inneren Apparat fest in seiner Hand, überließ aber die eigentliche operative Arbeit seinen Stellvertretern. Allerdings unterstellte er seit dem Tode seines damaligen Ersten Stellvertreters, Bruno Beater, im Jahre 1982 die Hauptabteilung II (Spionageabwehr) sich selbst. Das hing wahrscheinlich damit zusammen, daß zu dieser Diensteinheit auch die «Sicherung diplomatischer und anderer Vertretungen sowie ausländischer Korrespondenten und Journalisten in der DDR» gehörte. Die Ständige Vertretung der Bundesrepublik Deutschland in der DDR wurde besonders genau beobachtet.

Rund ein Drittel der von Mielkes Stellvertretern geführten beziehungsweise angeleiteten Diensteinheiten wurde im wesentlichen erst nach dem VIII. Parteitag der SED (also nach dem 1971 erfolgten Amtsantritt Honeckers) gebildet. Es waren dies die

- Hauptabteilung VI (Paßkontrolle und Fahndung im Reiseverkehr)
- Hauptabteilung III (Elektronische Funkaufklärung)
- Zentraler Operativstab (Übersicht über Straftaten und Ereignisse im Sicherheitsbereich)
- Selbständige Abteilung XVII (Besucherangelegenheiten in West-Berlin)
- Hauptabteilung XXII (Terrorabwehr)
- Zentrale Koordinierungsgruppe – ZKG – (Koordinierung der Bekämpfung des sogenannten staatsfeindlichen Menschenhandels und des ungesetzlichen Verlassens der DDR)
- Selbständige Abteilung Bereich Kommerzielle Koordinierung (BKK, dem «Devisenbeschaffer» Alexander Schalck-Golodkowski zugeordnet).

Bei Beginn der Auflösung des MfS und seiner Nachfolgeorganisation AfNS (1989) waren – nach Angaben der Hauptabteilung Kader und Schulung – die 85500 (99000?, S.35) Mitarbeiter wie folgt auf die einzelnen Bereiche des Ministeriums verteilt:

9200 Spionageabwehr (Hauptabteilung II)
Sicherung der Volkswirtschaft (Hauptabteilungen XVIII und XIX),
des Staatsapparates (Hauptabteilungen I und VII)
sowie Bekämpfung oppositioneller und extremistischer Bestrebungen (Hauptabteilung XX)

2171	Postkontrolle (Abteilung M)
1486	Telefonüberwachung (Abteilung 26)
4000	Aufklärung (Hauptverwaltung Aufklärung)
8426	Elektronische Aufklärung und Abwehr (Hauptabteilung III) Regierungsnachrichtenverbindungen (Abteilung N) Chiffrierdienst (Abteilung XI) EDV (Abteilung XIII) und Operativ-technischer Gerätebau (Operativ-Technischer Sektor)
4876	Personenschutz (Hauptabteilung Personenschutz) und Terrorabwehr (Hauptabteilung XXII)
2244	Untersuchungsorgane (Hauptabteilungen VIII und IX) und Untersuchungshaftvollzug (Abteilung XIV)
1284	Informationsaufbereitung (Abteilung XII, Arbeitsgruppe XVII, Zentrale Auswertungs- und Informationsgruppe, Zentrale Arbeitsgruppe Geheimnisschutz, Zentraler Operativstab und Zentrale Koordinierungsgruppe)
12000	Sicherung des grenzüberschreitenden Verkehrs (Hauptabteilung VI)
10559	Kreisdienststellen
13254	materielle, finanzielle, personelle, medizinische und organisationstechnische «Sicherstellung»
16000	Wachregiment sowie Wach- und Sicherungseinheiten.

Der besseren Übersicht halber sei die Verantwortlichkeit der Diensteinheiten an dieser Stelle in konzentrierter Form dargestellt.

Hauptverwaltung Aufklärung (HVA; in den Bezirken: Abteilung XV)
Die HVA war mit der Aufklärungstätigkeit (= Auslandsspionage) und der äußeren Abwehr im Ausland befaßt (ausführlicher dazu: S. 79 ff.).

Hauptabteilung I (Militärabwehr)
Die HA I war in den Dienststellen, Verbänden, Truppenteilen und Einheiten der Nationalen Volksarmee sowie der Grenztruppen der DDR mit dem Ziel tätig, das «Eindringen» gegnerischer Nachrichtendienste zu verhindern.

MINISTERIUM FÜR STAATSSICHERHEIT

E. Mielke, Armeegeneral
Mitglied des Politbüros

Sekretariat des Ministers
Generalmajor H. Carlsohn

Kollegium

AGM
Arbeitsgruppe des Ministers MOB-Arbeit, Schutzbauten
Generalmajor E. Rümmler

ZAIG
Zentrale Auswertungs- und Informationsgruppe
Generalltn. W. Irmler

BdL
Büro der Leitung
Generalmajor E. Ludwig

HA Kader und Schulung
Generalltn. G. Möller

HA II
Spionageabwehr
Generalltn. G. Kratsch

HA IX
Untersuchungsorgan
Generalmajor R. Fister

Abt. X
Internationale Verbindungen
Generalmajor W. Damm

Abt. XIV
U-Haft, Strafvollzug
Oberst S. Rataizick

Abt. Finanzen
Generalmajor W. Hennig

Büro der Zentralen Leitung der SV Dynamo
Generalmajor H. Pommer

HA PS
Personenschutz, Betreuung
Generalltn. G. Wolf

Leiter der 15 Bezirksverwaltungen
(219 KD/OD)

Wachregiment «Feliks Dzierżyński»
Generalmajor Döhring

Abt. XII
Zentrale Auskunft/Speicher
Oberst H. Roth

Abt. XIII
Zentrale Rechenstation
Oberst Hartling

Rechtsstelle
Oberst U. Lemme

Zentraler Med. Dienst
Generalmajor Klein

JHS
Hochschule des MfS
Generalmajor W. Opitz

Abt. M
Postkontrolle
Generalmajor R. Strobel

Stellvertreter
Generaloberst R. Mittig

VRD
Verwaltung Rückwärtige Dienste
Oberst M. Weihmann

HA XVIII
Volkswirtschaft
Generalltn. A. Kleine

HA XIX
Verkehr, Post, Nachrichtenwesen
Generalmajor E. Braun

HA XX
Staatsapparat, Kunst, Kultur, Untergrund
Generalltn. P. Kienberg

ZAGG
Zentrale Arbeitsgruppe Geheimnisschutz
Oberst W. Schröder

BKK (KOKO)
Bereich Kommerzielle Koordinierung
Oberst Herbrich

ZOS
Zentraler Operativstab
Oberst M. Sommer

Aufgezeigte Struktur war grundsätzlich auch in allen Bezirksverwaltungen gegeben.
Abt. II unterstand in den Bezirksverwaltungen einem Stellvertreter des Leiters.

Wenn auch strukturell nicht etabliert, hatten die Linien aufgabenbezogen ihre «Endpunkte» ebenfalls in den Kreisdienststellen, generell z. B. die I, II, VI, VII, XVIII, XIX und XX.

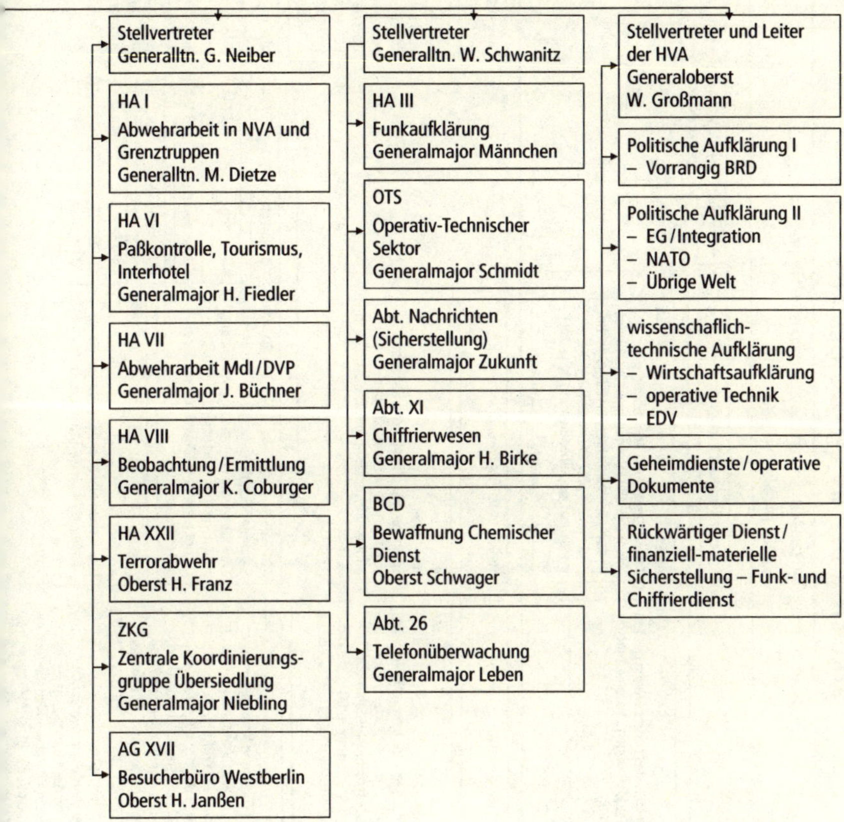

Übernommen aus: STASI intern. Macht und Banalität, hrsg. vom Bürgerkomitee Leipzig, Forum Verlag, Leipzig 1991.

STRUKTUR DER BV LEIPZIG DES MfS

Bezirksverwaltung (BV) des Ministeriums für Staatssicherheit Leipzig
2401 Mitarbeiter (MA)

Leiter: Generalleutnant Hummitzsch

→ Offizier für Sonderaufgaben; bzw. persönlicher Referent

ZPL 6 MA
Zentrale Parteileitung der BV; wurde von der Abt. Sicherheitsfragen der BL der SED angeleitet

AGL 17 MA
Arbeitsgruppe des Leiters Fragen der Mobilmachung; Übungen; Vorbereitung der Internierung

AKG 57 MA
Auswertungs- und Kontrollgruppe
Hier liefen alle Informationen zusammen und wurden verdichtet; Erstellen der Berichte an die SED-Bezirksleitung; Kontrolle, um Doppelbearbeitung zu vermeiden

1. Stellvertreter

Abt. XVIII 100 MA
Sicherung der Volkswirtschaft
Sicherheitsüberprüfungen von Reise-, Auslands- und Verhandlungskadern; Abwehr von «Störangriffen»; ständige Informationsbeschaffung zu Umwelt-, Produktions- und Versorgungsproblemen

Abt. XIX 38 MA
Sicherung Post-, Verkehrs- und Fernmeldewesen
Vorbeugende Terrorabwehr in der Luftfahrt;
Absicherung von Militärtransporten

Stellvertreter Operativ

Abt. II 63 MA
Spionageabwehr
Sicherheitsüberprüfungen von Personen, die Einblick in MfS-Objekte hatten; Überprüfung ausländischer Diplomaten; Aufklärung von Organisationen, die im Ausland gegen die DDR arbeiteten

Ab. VI 93 MA
Tourismus/Paß- und Kontrolleinheit
Sicherung in Interhotels, Hotels und Jugendherbergen; Prüfung, ob Touristen im Ausland den Bedingungen der Reiseordnung des Ministerrates entsprachen; Kontrolle des einreisenden Tourismus, Genehmigung von Aus- und Einreisen

Abt. VII 24 MA
Schutz der VP/Zusammenwirken
Überprüfung des Strafvollzugs;
Zusammenarbeit mit dem Ratsbereich Inneres sowie mit der BDVP in Fragen Ordnung und Sicherheit

Stellvertreter Aufklärung

Abt. XV 62 MA
Aufklärung
Spionage, vor allen Dingen auf wirtschaftlichem und militärischem Gebiet; Informationserarbeitung aber auch im Inland

Abt. KuSch 60 MA
Kader und Schulung
Kaderabteilung; Besoldung; Verbindung zur Juristischen Hochschule in Potsdam; Disziplinarreferat (Überwachung der eigenen Mitarbeiter)

Abt. XII 29 MA
Archiv
Hier kamen alle beendeten Vorgänge zur Ablage; egal ob sie Täter oder Opfer waren

KD Wurzen	35 MA
KD Torgau	42 MA
KD Eilenburg	40 MA
KD Schmölln	29 MA
KD Grimma	38 MA
KD Oschatz	35 MA

Stellvertreter operative Technik/Sicherstellung

Abt. III 25 MA
Funkabwehr
Überwachung sämtlichen Funkverkehrs; seit 1985 Überwachung des grenzüberschreitenden Telefonverkehrs; Überwachung der Amateurfunker

Abt. OT 15 MA
Operative Technik
Fälschung von Ausweisen, Pässen, Urkunden etc. sowie Beschaffung derselben; Verwaltung der konspirativen Ton- und Fototechnik;
Realisierung von Vervielfältigungsaufträgen

Abt. XX 96 MA
Sicherung des Staatsapparates
Institutionen und Einrichtungen sowie des gesellschaftlichen Bereiches (Parteien – außer SED – und Organisationen)
Bearbeitung des sogenannten PID/PUT (Politisch-Ideologische Diversion/Politische Untergrundtätigkeit)

AG G 6 MA
Arbeitsgruppe Geheimnisschutz
Sicherheitsüberprüfungen von Geheimnisträgern; Schutz von Staatsgeheimnissen vor Informationsabfluß

AG AuE 7 MA
Arbeitsgruppe Aktionen und Einsätze
Stabsorgan zur Sicherung von politischen, gesellschaftlichen, kulturellen sowie sportlichen Höhepunkten

SR PS 7 MA
Sonderreferat Personenschutz
Gewährleistung des Personenschutzes der Mitglieder der ehemaligen Partei- und Staatsführung sowie deren Gäste

Abt. VIII 168 MA
Observation und Ermittlung
Observierung Andersdenkender, bedeutsamer Ausländer, sowie bei Verdacht der Republikflucht und des Terrorismus; Wohngebietsermittlungen bei Anträgen auf Reise ins westliche Ausland bzw. bei Sicherheitsüberprüfungen; Überwachung der Militärmissionen; konspirative Wohnungsdurchsuchungen

Abt. M 133 MA
Postüberwachung
Kontrolle des Brief-, Paket- und Telegrammverkehrs; Zurückhalten von Sendungen; Entnahme von Wertgegenständen

BKG 16 MA
Bezirkskoordinierungsgruppe
Bearbeitung von Antragstellern auf ständige Ausreise (AstA) sowie Republikflucht; Arbeit mit IMs im Ausland

SR AWK 4 MA
Sonderreferat Abwehr im Bereich des Wehrkreiskommandos
Militärabwehr; Schutz der militärischen Geheimnisse; Sicherung der militärischen Mobilmachung sowie Überprüfungen des militärischen Nachwuchses

AG XXII 6 MA
Terrorabwehr
Spezialeinheit; auch Verfolgung anonymer Drohungen; Führen des Zentralen Stimmenspeichers

Med. Dienst 22 MA
Medizinischer Dienst
Das MfS hatte eine eigene medizinische Versorgung; MfS-Angehörigen war es außer in Notfällen verboten, zum normalen Arzt zu gehen

Abt. Finanzen 13 MA
Finanzen
Die BV hatte eine völlig eigenständige Sparkasse im Haus; sämtliche Geldbewegungen, auch Devisen, liefen über diese Abteilung

Abt. XIV 50 MA
Untersuchungshaftanstalten
War verantwortlich für die Leitung und Beaufsichtigung in der MfS-eigenen Untersuchungshaftanstalt (Beethovenstraße)

Abt. IX 47 MA
Untersuchungsabteilung
Entsprechend § 88 der StPO war diese Abteilung Untersuchungsorgan und wurde bei allen durch das MfS ermittelten hauptsächlich politischen Angelegenheiten tätig

Abt. 26 46 MA
Telefonüberwachung
26/A Telefonüberwachung
26/B Raumerkundung (Abhörung mit Wanzen)
26/D Video- und Fotoüberwachung
26/X Abwehr möglicher feindlicher Abhörtechnik in der BV/BK des MfS

WSE 170 MA
Wach- und Sicherungseinheit
Angehörige des Wachregimentes «Feliks Dzierżyński» waren zur Sicherung der Gebäude des MfS eingesetzt

KD Delitzsch 8 MA

KD Borna 78 MA

KD Döbeln 51 MA

KD Geithain 27 MA

KD Altenburg 62 MA

KD Leipzig-Stadt 210 MA

KD Leipzig-Land 81 MA

Abt. N 65 MA
Nachrichten
Realisierung der MfS-internen Nachrichtenverbindungen

SR BCD 8 MA
Sonderreferat Biologisch-Chemischer Dienst
Bewaffnung und Schutzausrüstung

Abt. XI 17 MA
Chiffrierwesen
Kontrollierte und organisierte DDR-weit das gesamte Chiffrierwesen; Pflege und Wartung der Technik sowie Nachweisführung

Abt. RD 136 MA
Rückwärtige Dienste

BdL 28 MA
Büro der Leitung
Verschlußsachen-Stelle der BV; Ausgabe der BV-eigenen Dienstanweisungen; weitere Leitungs- und Koordinierungsaufgaben

Übernommen aus: STASI intern. Macht und Banalität, hrsg. vom Bürgerkomitee Leipzig, Forum Verlag, Leipzig 1991.

Hauptabteilung II (Spionageabwehr)

Die Aufgabe der HA II bestand im wesentlichen in der Spionageabwehr. Sie hatte sich also mit gegnerischen Geheimdiensten und den von ihnen ausgehenden Aktivitäten in der DDR zu befassen.

Besondere Aufmerksamkeit galt den ausländischen Vertretungen in der DDR, vor allem Kontakten zwischen deren Mitarbeitern und Bürgern der DDR. Auch der Schutz der ausländischen Missionen fiel in ihren Zuständigkeitsbereich. Gegenüber dem Ministerium für Auswärtige Angelegenheiten, dem Dienstleistungsamt für ausländische Vertretungen, das beispielsweise für die Vermittlung von Diplomatenwohnungen zuständig war, den Wachkommandos des Missionsschutzes sowie den Dienstobjekten des MfS und nachgeordneten Betrieben hatte die HA II analoge Aufgaben zu erfüllen. Außerdem war sie verantwortlich für die Abwehr von «Angriffen» gegen Mitarbeiter des MfS, also in erster Linie Abwerbungsversuchen, nachdem 1976 die früher dafür zuständige Abteilung 21 in die Hauptabteilung II eingefügt wurde.

Hauptabteilung III (Funkmeßaufklärung)

Die HA III war auf die Funkaufklärung vor allem gegenüber den NATO-Staaten spezialisiert, um solche Informationen zu gewinnen, die für die Aufklärung und Abwehr bedeutsam waren. Den Schwerpunkt bildete die Überwachung der Verbindungen zwischen West-Berlin und der BRD, denn die Telefonverbindungen liefen zumeist über Richtfunk und konnten daher leicht abgehört werden.

Auch die Funkabwehr gehörte zu ihren Kompetenzen, wobei der Äther vor allem im UKW- und Kurzwellenbereich kontrolliert und überwacht wurde. Grenzüberschreitende Fernmeldeverbindungen wurden ebenfalls kontrolliert, funkelektronische Spionagemittel sollten erkannt und lokalisiert werden.

Hauptabteilung VI (Paßkontrolle, Tourismus, Interhotel)

Die HA VI hatte alle Aufgaben bei der Paßkontrolle und der Fahndung im grenzüberschreitenden Verkehr wahrzunehmen sowie die dabei anfallenden Daten zu speichern und auszuwerten. Der Reise- und Touristenverkehr sowie die dazu dienenden Einrichtungen waren von ihr unter Kontrolle zu halten.

Hauptabteilung VII (Abwehrarbeit)

Die Aufgabe der HA VII bestand in der geheimdienstlichen Kontrolle des Ministeriums des Innern und seiner nachgeordneten Einrichtungen sowie der kasernierten Einheiten des MdI, des Zivilschutzes und der Kampfgruppen.

Sie sollte darüber hinaus «Terrorismus, Gewaltverbrechen und Extremismus unter entsprechenden Kategorien von Strafgefangenen» feststellen und unterbinden. Ferner hatte sie das Zusammenwirken zwischen dem Ministerium für Staatssicherheit und dem Ministerium des Innern bei der Lösung gemeinsamer Aufgaben zu organisieren.

Hauptabteilung VIII (Beobachtung/Ermittlung)

Die HA VIII war speziell dafür vorgesehen, unter Verdacht geratene Personen zu observieren, Ermittlungen, Verhaftungen, Festnahmen, Zuführungen und Durchsuchungen vorzunehmen, die westlichen Militärverbindungsmissionen beziehungsweise Militärinspektionen zu überwachen sowie die Transitwege zu kontrollieren – vor allem um Ausschleusungen von Bürgern zu verhindern, die die DDR verlassen wollten.

Hauptabteilung IX (Untersuchungsorgan)

Die HA IX hatte die Aufgaben und Befugnisse eines staatlichen Untersuchungsorgans gemäß § 88 der Strafprozeßordnung übertragen bekommen – vor allem zur Bearbeitung von Ermittlungsverfahren, zur Klärung von Verdachtshinweisen bei Nazi- und Kriegsverbrechen, bei Untersuchungen wegen «Landesverrat und anderer Staatsverbrechen, schwerer krimineller Angriffe gegen die Staatsgrenze, die Volkswirtschaft, das sozialistische Eigentum, die staatliche Sicherheit und Ordnung». Die HA IX hatte somit die sogenannten politischen Straftaten aufzuklären.

Abteilung X (Internationale Verbindungen)

Diese Abteilung war für die Koordinierung der Zusammenarbeit und der Beziehungen des MfS zu den Sicherheitsorganen anderer Staaten – vor allem der Sowjetunion – zuständig und hatte die damit zusammenhängenden protokollarischen, technisch-organisatorischen und sprachmittlerischen Aufgaben zu erledigen.

Abteilung XI (Chiffrierwesen)
Die Abteilung XI war das Zentrale Chiffrierorgan der DDR gemäß der Anordnung des Vorsitzenden des Ministerrates über das Chiffrierwesen der DDR vom 28. März 1977.

Abteilung XII (Zentrale Auskunft / Speicher)
Durch die Abteilung XII wurden alle Personen- und Registraturdaten des MfS gespeichert. Auf Anforderung erfolgten Überprüfungen, Recherchen und Auskunftserteilungen. Diese Abteilung verwaltete das Archiv für die Akten des MfS, aber auch die Aktenbestände anderer Dienststellen wie zum Beispiel der Generalstaatsanwaltschaft und der Militäraufklärung.

Abteilung XIII (Zentrale Rechenstation)
Sie beherbergte das Rechenzentrum des MfS.

Abteilung XIV (Untersuchungshaft, Strafvollzug)
Die Abteilung XIV war zuständig für die Untersuchungshaft, wenn Personen, gegen die die Hauptabteilung IX ermittelte, in Haft genommen wurden.

Arbeitsgruppe XVII (Besucherbüro West-Berlin)
Diese Diensteinheit des MfS war zuständig für die inhaltlichen, personellen und material-technischen Aufgaben der Besucherbüros in West-Berlin, bei denen Westberliner Bürger Berechtigungsscheine für die ein- oder mehrmalige Einreise in die DDR beantragen konnten.

Hauptabteilung XVIII (Volkswirtschaft)
Die Aufgabe dieser Hauptabteilung bestand in der geheimdienstlichen Absicherung der Volkswirtschaft, naturwissenschaftlicher Forschungen und technischer Entwicklungen, der Finanzen und des Außenhandels der DDR. Dazu gehörte insbesondere, geheimdienstliche Angriffe anderer Staaten auf diese Gebiete zu unterbinden, den Geheimnisschutz zu gewährleisten und sogenannte Reisekader auf ihre Zuverlässigkeit zu überprüfen. Die Abteilung war auch zuständig für die Aufklärung und vorbeugende Verhinderung von Sabotage, Diversion, Korruption und anderen schweren Delikten der Wirtschaftskriminalität sowie von Bränden, Havarien und Störungen.

Hauptabteilung XIX (Verkehr, Post, Nachrichtenwesen)

Diese Abteilung hatte – analog der Hauptabteilung XVIII – geheimdienstliche Aufgaben im Bereich des Verkehrswesens sowie des Post- und Fernmeldewesens zu erfüllen.

Hauptabteilung XX (bis 1964 Hauptabteilung V; Staatsapparat, Kirche, Kunst, Kultur, Opposition)

Die Hauptabteilung XX nahm eine Schlüsselstellung bei der flächendeckenden Bespitzelung der DDR-Bevölkerung ein. Sie hatte namentlich die staatlichen Organe und Einrichtungen, den Bereich der Justiz, des Gesundheitswesens, der Kultur und der Bildung, der Medien- und Jugendarbeit, der gesellschaftlichen Organisationen sowie der Kirchen und Religionsgemeinschaften mit geheimdienstlichen Methoden zu «bearbeiten». Vor allem sollten ihre Mitarbeiter alle Bestrebungen erkennen und bekämpfen, die auf eine Änderung der bestehenden politischen Verhältnisse gerichtet waren, mithin jede Form von organisierter Kritik oder Opposition. Bei dieser Arbeit kamen sämtliche Mittel und Methoden zum Einsatz, die dem MfS zur Verfügung standen – wie Telefonüberwachung, Postkontrolle, Eindringen in oppositionelle Gruppen mit dem Ziel, Informationen zu erlangen, die Gruppen zu verwirren und wenn möglich zu zersetzen. Auch Hinweise auf Nazi- und Kriegsverbrechen sollten bearbeitet werden. (Ausführlicher zur HA XX, S. 48 ff.)

Hauptabteilung XXII (Terrorabwehr)

Zu den Aufgaben der HA XXII gehörte die geheimdienstliche Bearbeitung im Ausland existierender terroristischer und anderer gewaltorientierter Organisationen und Gruppen, von denen gegen die DDR gerichtete Aktivitäten oder Gefahren ausgehen konnten; darüber hinaus war sie zuständig für die Aufklärung von Hinweisen auf eventuelle terrorverdächtige Handlungen auf dem Territorium der DDR einschließlich anonymer und pseudonymer Gewaltandrohungen, für die «Vorbereitung von Kräften und Maßnahmen für ein schadensminderndes Vorgehen im Falle von Geiselnahmen» und anderen terroristischen Anschlägen und Gewaltakten. Ein begrenzter Mitarbeiterkreis dieser Abteilung unterhielt Kontakte zu verschiedenen Terrororganisationen, darunter auch zur RAF, deren Gewalttaten in der Bundesrepublik zum Teil durch das MfS unterstützt wurden.

Abteilung 26 (Telefonüberwachung)
Die Abteilung 26 war zuständig für alle Maßnahmen zur Telefonüberwachung, zur Telexkontrolle, Mikrophonkontrolle und zur optischen Kontrolle mit Fotoapparaten (Maßnahme 26/F) und Videokameras (26/D) entsprechend den ihr von anderen Abteilungen erteilten Aufträgen. Zu den konkreten Methoden gehörte unter anderem das Anbringen von «Wanzen» (Maßnahme 26/B) und das gezielte Abhören von Telefongesprächen (26/A). Für die Kontrolle von MfS-Räumen auf technische Anlagen anderer Geheimdienste war die sogenannte «Maßnahme X» zuständig.

Arbeitsgruppe des Ministers (AGM)
Diese Arbeitsgruppe war zuständig für alle Aufgaben zur «Überführung (der DDR) in den Verteidigungszustand» (Mobilmachung) auf der Grundlage der Direktiven des Vorsitzenden des Nationalen Verteidigungsapparates sowie der Direktive Nr. 1/67 des Ministers für Staatssicherheit, die Mielke im Juli 1967 als geheime Kommandosache herausgab.

Abteilung Bewaffnung und Chemischer Dienst (BCD)
Die Aufgabe dieser Abteilung bestand in der Ausstattung der Diensteinheiten des MfS mit Waffen, Munition und chemischer Ausrüstung. Sie war außerdem zuständig für den Schutz vor den Wirkungen von Massenvernichtungswaffen sowie für den Strahlen- und Giftschutz.

Arbeitsgruppe Bereich Kommerzielle Koordinierung (BKK)
Diese Arbeitsgruppe war speziell zu dem Zweck geschaffen worden, den Bereich Kommerzielle Koordinierung von Alexander Schalck-Golodkowski, seine Einrichtungen und Betriebe mit geheimdienstlichen Mitteln abzuschirmen.

Abteilung M (Postkontrolle)
Aufgabe dieser Abteilung war die Kontrolle und Auswertung von Postsendungen im internationalen und nationalen Verkehr. Vorwand bildete dazu die Feststellung von Hinweisen auf geheimdienstliche Aktivitäten, Terrorvorhaben und andere Straftaten; in Wirklichkeit ging es jedoch um die Ergänzung der flächendeckenden Bespitzelung der Bevölkerung durch die massenhafte Postkontrolle, die auf konkrete «Aufträge» anderer Diensteinheiten zurückging.

Abteilung N (Geheime Regierungsverbindungen)
Diese Diensteinheit mußte in organisatorisch-technischer Hinsicht den Betrieb der geheimen Regierungsnachrichtenverbindungen sowie die Nachrichtenverbindungen des MfS sicherstellen.

Hauptabteilung PS (Personenschutz)
Diese Abteilung war geschaffen worden, um den Schutz der führenden Repräsentanten der DDR und hochrangiger ausländischer Gäste zu gewährleisten. Dazu gehörte neben dem unmittelbaren physischen Schutz auch die Objektsicherung.

Operativ-Technischer Sektor (OTS)
In der nüchternen Behördensprache der MfS ging es bei diesem Teil des Ministeriums darum, die entsprechenden Diensteinheiten des MfS durch «Forschungs- und Entwicklungsarbeiten in den Fachrichtungen Elektrotechnik/Elektronik und Gerätebau, Musterbau und Kleinserienfertigung operativ-technischer Geräte und Anlagen, Projektierung und Errichtung von Anlagen der Sicherungs- und Fernbeobachtungstechnik, Entwicklung von Mitteln zur chemischen und fototechnischen Nachrichtenübermittlung, Containerfertigung, Untersuchung gegnerischer Nachrichtenverbindungsmittel, Durchführung kriminalistischer und wissenschaftlich-technischer Expertisen» zu unterstützen. Einfacher gesagt, war dieses Organ des MfS für die Herstellung von Überwachungs- und Spionagetechniken vielfältigster Art zuständig.

Zentrale Arbeitsgruppe Geheimnisschutz (ZAGG)
Diese Diensteinheit hatte den Geheimnisschutz und die Datensicherheit in den Staatsorganen, Betrieben und Einrichtungen der DDR im Auftrag des MfS zu überwachen.

Zentrale Auswertungs- und Informationsgruppe (ZAIG)
Die ZAIG war eine aus der Sicht der Leitung des MfS außerordentlich wichtige Einrichtung, weil sie die auf vielfältige Weise gewonnenen Informationen speicherte, auswertete und analysierte, um daraus Einschätzungen der Lage für die Partei- und Staatsführung zu erarbeiten. Zu ihren Aufgaben gehörten auch die Auswertung zentraler Funkmedien und der Presse sowie aufgabenbezogene Kontrollen in den Diensteinheiten des MfS, Öffentlichkeitsarbeit und Traditionspflege.

Zentraler Operativstab (ZOS)
Diese Gruppe von Mitarbeitern des Ministeriums hatte eine durchgehend aktuelle Übersicht über Straftaten, Vorkommnisse und Ereignisse zu führen, die sicherheitspolitisch von Bedeutung waren.

Zentrale Koordinierungsgruppe (ZKG)
Dieser Bereich des MfS hatte die Aufgabe, die von verschiedenen anderen Diensteinheiten unternommenen Anstrengungen zur Verhinderung der Ausschleusungen von Bürgern der DDR in die BRD beziehungsweise nach West-Berlin zu koordinieren. Dazu gehörte, stets eine Gesamtübersicht über die zunehmenden Bestrebungen zur Ausreise aus der DDR zu führen und alle Maßnahmen zu bündeln, die geeignet zu sein schienen, diese Tendenz zurückzudrängen. Die ZKG sollte auch eine wichtige Rolle bei der Lösung von sogenannten Konfliktfällen wie den Botschaftsbesetzungen übernehmen.

Weitere Diensteinheiten des MfS waren für sogenannte sicherstellende und innerdienstliche Funktionen zuständig, von der medizinischen Versorgung der MfS-Mitarbeiter bis zu ihrer Aus- und Weiterbildung. Im einzelnen waren dies:
Büro der Leitung (BdL)
Zentraler Medizinischer Dienst (ZMD)
Abteilung Finanzen
Hauptabteilung Kader und Schulung (HAKuSch)
Verwaltung Rückwärtige Dienste (VRD)
(1974 wurde darin die Abteilung XVI – Kfz-Dienst einbezogen)
Abteilung Nachrichten (Technische Wartung/Installation der Nachrichtensysteme des MfS)

Die ehemalige Abteilung IV ging 1987 in der Hauptabteilung II, der Hauptverwaltung Aufklärung und der Arbeitsgruppe Minister auf. Ferner waren dem MfS unterstellt:
die Juristische Hochschule des MfS (JHS) und
das Wachregiment «Felix Dzierżynski».

Außerdem unterstand die Leitung der Sportvereinigung «Dynamo» dem Minister für Staatssicherheit, Erich Mielke.

Da insbesondere die Hauptabteilung XX maßgeblich gegenüber der eigenen Bevölkerung tätig war und sich in der Sicht der Bevölkerung das MfS hauptsächlich mit der Tätigkeit der HA XX zu decken scheint, soll im folgenden diese Hauptabteilung genauer aufgeschlüsselt werden. Wir stützen uns dabei auf eine Aufstellung, die im Frühjahr 1990 von Mitarbeitern des MfS erstellt wurde.

Hauptabteilung XX (1989)

Leiter:	Kienberg	
Stellvertreter:	Paroch	
	Gerlach	

Arbeitsgruppe Leitung (AGL)

Leiter:	Stiel	12 Mitarbeiter
		keine Inoffiziellen Mitarbeiter

Aufgaben:
- Koordinierung von Leitungsaufgaben;
- Vorbereitung Verteidigungsfall;
- Einsatzplanung der Mitarbeiter.

Arbeitsgruppe Koordination (AGK)

Leiter:	Held	10 Mitarbeiter
Stellvertreter:	Urban	20 Inoffizielle Mitarbeiter

Aufgabenbereiche:
- Staatsakte und Großveranstaltungen (z. B. Staatsbesuche, Parteitage, Kongresse, Messen, Jugendtreffen nationalen und internationalen Charakters) – in Abstimmung mit den Abteilungen der HA XX und anderen Diensteinheiten des MfS;
- Ständiges Organisationsbüro des Zentralrates der FDJ und Vorbereitung von Jugendtreffen – in Abstimmung mit der Abteilung XX/2;

Offizielle Verbindungen zum Zentralrat der FDJ und Massenmedien.

Auswertungs- und Kontrollgruppe (AKG)

Leiter:	Schmidt	53 Mitarbeiter
Stellvertreter:	Quietschau	keine Inoffiziellen Mitarbeiter
	Quaas	

Aufgabenbereiche:
- Lageeinschätzung für HA XX sowie federführend für das gesamte MfS in bezug auf:
  - politische Opposition in der DDR, in der Bundesrepublik und anderen westlichen Staaten mit Zielrichtung DDR;

- Einzelbereiche: Gesundheitswesen, Geheimnisschutz, Jugend, Kirchen / Religionsgemeinschaften, Kultur, Hochschulforschung, Stimmung und Reaktionen der Bevölkerung;

– Kontrollaufgaben des Leiters der HA XX und der Zentrale;
– Mitwirkung bei Reiseangelegenheiten: berufsgebundenen (Reise-, Auslandskader) und in dringenden Familienangelegenheiten;
– Informationsaustausch mit Geheimdiensten anderer sozialistischer Staaten;
– Registratur / Archivwesen:
  - manuelle Sichtlochkartei;
  - manuelle Suchkartei zu den von HA und Abteilungen XX registrierten Personen;
  - zentrale Materialablage;
  - Informationen der HA XX für den zentralen EDV-Speicher des MfS;
  - mündliche und schriftliche Auskunft zu Personen und Sachverhalten.

Keine offiziellen Verbindungen.

Abteilung 1

Leiter:	Jaekel	31 Mitarbeiter
Stellvertreter:	Berge	190 Inoffizielle Mitarbeiter

Aufgabenbereiche:
– zentrale staatliche Organe und Einrichtungen (etwa 70 Objekte);
– Staatsbesuche bei Staatsrat, Volkskammer, Ministerrat;
– zentrale Objekte und Einrichtungen des staatlichen Gesundheitswesens;
– Blockparteien, Massenorganisationen und deren Medien;
– Sicherheitsüberprüfungen für Geheimnisträger, Personen in sicherheitsrelevanten Bereichen sowie Reisekader und Geheimnisschutz.

Offizielle Verbindungen zu den zentralen staatlichen Einrichtungen, Parteien, gesellschaftlichen Organisationen und zum Ministerium für Gesundheitswesen.

Abteilung 2

Leiter:	Kuschel	25 Mitarbeiter
Stellvertreter:	Grunwald	65 Inoffizielle Mitarbeiter

Aufgabenbereiche:
– Nazi- und Kriegsverbrechen;

– zentrale Aktionen der FDJ und Jugendpolitik;
– auffällige Jugendliche – Skinheads und anderes;
– anonyme und pseudonyme Anrufe, Flugblätter, Wandbemalungen.

Offizielle Verbindungen zum Zentralrat der FDJ und MdI.

Abteilung 3

Leiter:	Notroff	32 Mitarbeiter
Stellvertreter:	Neudel	200 Inoffizielle Mitarbeiter

Aufgabenbereiche:
– Leistungssport der DDR einschließlich SV Dynamo;
– Zentralvorstand der GST.

Offizielle Verbindungen zu Dynamo und GST.

Abteilung 4

Leiter:	Wiegand	41 Mitarbeiter
Stellvertreter:	Roßberg	110 Inoffizielle Mitarbeiter
	Hermann	

Aufgabenbereiche:
– Kirchen und Religionsgemeinschaften.

Offizielle Verbindungen zum Staatssekretär für Kirchenfragen.

Abteilung 5

Leiter:	Buhl	29 Mitarbeiter
Stellvertreter:	Jaeckel	43 Inoffizielle Mitarbeiter

Aufgabenbereiche:
– Aktionen aus der Bundesrepublik Deutschland und West-Berlin in der DDR, u. a. durch:
  • politische Emigranten aus der DDR und aus anderen sozialistischen Ländern;
  • links- und rechtsextremistische Gruppen.

Keine offiziellen Verbindungen.

Abteilung 7

Leiter:	Tischendorf	41 Mitarbeiter
Stellvertreter:	Gampig	ca. 350 Inoffizielle Mitarbeiter

Aufgabenbereiche:
– zentrale Massenmedien der DDR (DDR-Fernsehen, Rundfunk, ADN), Kulturpolitik des Staates und der Partei;
– kulturelle Einrichtungen (Ministerium für Kultur, Leitungen der

Künstlerverbände, nachgeordnete Einrichtungen des Ministeriums für Kultur).

Offizielle Verbindungen zum Staatlichen Komitee für Fernsehen und zum Staatlichen Komitee für Rundfunk der DDR, zu ADN sowie zum Ministerium für Kultur.

Abteilung 8

Leiter:	Fleischhauer	25 Mitarbeiter
Stellvertreter:	Scheunemann	190 Inoffizielle Mitarbeiter

Aufgabenbereiche:
- Ministerium für Hoch- und Fachschulwesen und dessen nachgeordnete Einrichtungen (Schwerpunkt: bedeutsame Forschungsprojekte an Universitäten und Hochschulen der DDR, internationale Hochschulkooperation);
- Ministerium für Volksbildung und dessen nachgeordnete Einrichtungen;
- ausländische Studenten.

Offizielle Verbindungen zum Ministerium für Hoch- und Fachschulwesen und zum Ministerium für Volksbildung.

Abteilung 9

Leiter:	Reuter	34 Mitarbeiter
Stellvertreter:	Lohr	73 Inoffizielle Mitarbeiter
	Rudolph	

Aufgabenbereiche:
- politische Opposition und deren Auslandskontakte (u. a. zu westlichen Geheimdiensten).

Keine offiziellen Verbindungen.

Abteilung 10

Leiter:	Busch	14 Mitarbeiter
Stellvertreter:	Hoffmann	60 Inoffizielle Mitarbeiter

Aufgabenbereiche:
- Parteihochschule des ZK;
- Akademie für Gesellschaftswissenschaften;
- Institut für Marxismus/Leninismus;
- Institut für sozialistische Wirtschaftsführung;
- Dietz Verlag, Verlag für Agitation und Anschauungsmittel, Zentrag;

– Genex;
– Redaktion, Verlag und Druckerei Neues Deutschland;
– Abteilung Kaderfragen des ZK.

Offizielle Verbindungen zu den Leitern der Objekte, Kaderleitern und Leitern der Abteilung Sicherheitsfragen.

Sekretariat

Leiter:	Lange	42 Mitarbeiter
		5 Inoffizielle Mitarbeiter

Aufgabenbereiche:
– Organisation und Koordinierung der gesamten Sekretariatsarbeit im Innern des Dienstbereiches;
– Verwaltung und Betreuung von Objekten;
– Planung und Versorgung;
– Kfz-Transportaufgaben.

Offizielle Verbindung zur Versorgungseinrichtung des Ministerrates (VEM).

b) Die Bezirksverwaltungen des MfS

Aus den ursprünglich sechs Landesverwaltungen für Staatssicherheit Brandenburg, Groß-Berlin, Mecklenburg, Sachsen, Sachsen-Anhalt und Thüringen waren 1952 im Zuge einer Verwaltungsreform insgesamt 15 Bezirksverwaltungen für Staatssicherheit gebildet worden, und zwar in den Bezirken Berlin, Cottbus, Dresden, Erfurt, Frankfurt/Oder, Gera, Halle, Karl-Marx-Stadt (Chemnitz), Leipzig, Magdeburg, Neubrandenburg (ursprünglich mit Sitz in Neustrelitz), Potsdam, Rostock, Schwerin und Suhl. Außerdem wurde in Karl-Marx-Stadt die Objektverwaltung «Wismut» mit den Befugnissen einer Bezirksverwaltung installiert, die jedoch 1982 als selbständige Diensteinheit wieder aufgelöst wurde.

Die Diensteinheiten des Ministeriums und der Bezirksverwaltungen waren nach dem sogenannten Linienprinzip gegliedert. Die Hauptabteilungen/selbständige Abteilungen in der Zentrale, deren Aufgaben darin bestanden, bestimmte Objekte, Einrichtungen, gesellschaftliche Prozesse oder Personengruppen geheimdienstlich zu bearbeiten, fanden demnach ihre Entsprechung in den Abteilungen/selbständigen Referaten der Bezirksverwaltungen. So war zum Beispiel in der Zentrale für die Spionageabwehr die Hauptabteilung II zuständig, in den Bezirksverwaltungen war dies dementsprechend die Abteilung II. Die Hauptabteilung XVIII (Sicherung der Volkswirtschaft) hatte ihre Partner in den Abteilungen XVIII der Bezirksverwaltungen. Jede spezifische Aufgabenstellung nahm also in den zentralen Diensteinheiten des Ministeriums für Staatssicherheit ihren Ausgang und setzte sich linienförmig in den Bezirksverwaltungen fort. Diese «Liniendiensteinheiten» waren immer für Teilbereiche zuständig, in keinem Fall jedoch für in sich geschlossene Territorien mit ihren komplexen Verflechtungen und Zusammenhängen.

Grundsätzlich entsprach also die Struktur der Bezirksverwaltungen der des Ministeriums. Nur wenige territorial bedingte Ausnahmen sind zu nennen. So gab es zum Beispiel in der Bezirksverwaltung Rostock auf Grund der geographischen Situation eine Abteilung Hafen, die die «Sicherung» der Seeverkehrs- und Hafenwirtschaft zur Aufgabe hatte. Umgekehrt gab es in den Bezirksverwaltungen keine Diensteinheiten, die der selbständigen Abteilung X der Zentrale (Internationale Verbindung der Geheimdienste) analog gewesen wären, selbstverständlich auch keine, die den Aufgaben der Arbeitsgruppe XVII (Besucherbüro West-Berlin) entsprochen hätten. Auch der Zentrale Operativstab hatte keine Entsprechung. Diensteinheiten für den Personenschutz existierten auf Bezirksebene nur, wenn deren Erster Sekretär dem Politbüro der SED als Mitglied oder Kandidat angehörte oder wenn ein Politbüromitglied dort ein «Ferienobjekt» besaß.

Manchmal weicht auch nur die Bezeichnung von Diensteinheiten trotz gleicher Aufgabenstellung voneinander ab. So wurden jene Diensteinheiten, die mit der «Zentralen Auswertungs- und Informationsgruppe» (ZAIG) vergleichbar waren, in den Bezirksverwaltungen «Auswertungs- und Kontrollgruppe» (AKG) genannt. Der Hauptabteilung Aufklärung entsprach auf der Bezirksebene die Abteilung XV.

In den Bezirksverwaltungen waren mit Stand von 1987 insgesamt 31303 Mitarbeiter wie folgt verteilt:

Berlin	1953
Cottbus	1515
Dresden	2574
Erfurt	2221
Frankfurt/O.	1738

Gera	1717
Halle	1829
Karl-Marx-Stadt	2731
Leipzig	1634
Madeburg	2685
Neubrandenburg	1411
Potsdam	2392
Rostock	3261
Schwerin	1797
Suhl	1345

(nach: Dokumentation, S. 33)

Die Leiter der Bezirksverwaltungen für Staatssicherheit waren dem Minister für Staatssicherheit direkt unterstellt, doch übte er kaum unmittelbaren Einfluß auf ihre eigentliche Tätigkeit aus. Wenn es um die Gewährleistung von Ordnung und Sicherheit ging, machte Mielke jedoch die Leiter der Bezirksverwaltungen voll verantwortlich. Zunehmend zwang er sie auch, ihre Zuständigkeit auszudehnen und zum Beispiel Veranstaltungen abzusichern, Versorgungsprobleme zu beseitigen sowie Havarien und Brände zu verhindern. Die Bezirksverwaltungen und Kreisdienststellen des MfS waren auf diese Weise immer weniger mit unmittelbar geheimdienstlichen Aufgaben beschäftigt, sondern hatten in erster Linie mit der Überwachung der eigenen Bevölkerung zu tun. Da die Leiter der Bezirksverwaltungen des MfS relativ selbständig waren, trugen sie für diese Entwicklung eine hohe persönliche Verantwortung, zumal sie auch die Kreisdienststellen des MfS anzuleiten hatten, die für die komplette Überwachung des jeweiligen Territoriums zuständig waren.

Die Leiter der Bezirksverwaltungen hatten wie Mielke in der Zentrale jeweils vier Stellvertreter. Zwei waren für Operative Einheiten zuständig, ihre Aufgaben entsprachen den Tätigkeitsfeldern von Mielkes Stellvertretern Mittig und Neiber. Es gab einen Stellvertreter für Operativ-technische Sicherstellung, dem Aufgabenbereich von Schwanitz entsprechend, und einen Stellvertreter, der wie Wolf/Großmann in der Zentrale für die Aufklärung zuständig war und damit die Abteilung XV zu leiten hatte. Während dagegen die Hauptabteilung II Mielke selbst unterstand, wurde die Spionageabwehr in den Bezirken von einem der Stellvertreter für Operative Bereiche geleitet.

c) Die Kreisdienststellen des MfS

Entsprechend der administrativen Gliederung der ehemaligen DDR in Bezirke und Kreise gab es im Verantwortungsbereich jeder MfS-Bezirksverwaltung ebenso viele Kreisdienststellen wie es Kreise gab. Hinzu kamen in Bezirken mit besonders wichtigen Kombinaten oder Einrichtungen noch objektbezogene MfS-Dienststellen, sogenannte Objektdienststellen, die ihrer politischen Bedeutung nach Kreisdienststellen gleichkamen. Solche existierten im Kernkraftwerk Greifswald im Bezirk Rostock, im Gaskombinat «Schwarze Pumpe» im Bezirk Cottbus, in den Chemischen Kombinaten Bitterfeld, Buna und Leuna im Bezirk Halle, im Kombinat «Carl-Zeiss-Jena» im Bezirk Gera und in der «Technischen Universität» Dresden.

Demzufolge gab es in den Bezirken mit Stand von 1987 folgende Kreisdienststellen (KD) beziehungsweise Objektdienststellen (OD):

Berlin	11 KD	mit	641 Mitarbeitern
Cottbus	15 KD/OD	mit	682 Mitarbeitern
Dresden	17 KD/OD	mit	963 Mitarbeitern
Erfurt	13 KD	mit	745 Mitarbeitern
Frankfurt/O.	11 KD	mit	522 Mitarbeitern
Gera	12 KD/OD	mit	624 Mitarbeitern
Halle	26 KD/OD	mit	1539 Mitarbeitern
Karl-Marx-Stadt	22 KD	mit	900 Mitarbeitern
Leipzig	13 KD	mit	753 Mitarbeitern
Magdeburg	16 KD	mit	895 Mitarbeitern
Neubrandenburg	14 KD	mit	471 Mitarbeitern
Potsdam	15 KD	mit	788 Mitarbeitern
Rostock	11 KD/OD	mit	550 Mitarbeitern
Schwerin	10 KD	mit	417 Mitarbeitern
Suhl	8 KD	mit	340 Mitarbeitern

(nach: Dokumentation, S. 33 f.)

Damit verfügten die Kreis- und Objektdienststellen des MfS insgesamt über etwa 11000 Mitarbeiter, wobei sich die unterschiedliche Anzahl von Mitarbeitern in den Bezirken nicht nur aus der Anzahl der Kreise beziehungsweise Schwerpunktobjekte ergab, sondern auch aus der politischen Bedeutung bestimmter Kreise sowie der Einwohnerzahl in den betreffenden administrativen Kreisen. Während zum Beispiel die

Kreisdienststelle Leipzig über rund 200 hauptamtliche Mitarbeiter verfügte und die Kreisdienststelle Dresden über rund 180, gab es in manchen ländlichen Kreisen nur rund 25 bis 40 Mitarbeiter.

Entsprechend ihrer unterschiedlichen Mitarbeiterzahl waren die Kreisdienststellen in drei Kategorien eingeteilt:

Kategorie A	84 und mehr Mitarbeiter	= 11 KD
Kategogie B	51 bis 83 Mitarbeiter	= 57 KD
Kategorie C	bis 560 Mitarbeiter	= 150 KD

Diese Kategorisierung gab es sinngemäß auch für Wehrkreiskommandos, Volkspolizeikreisämter, Räte der Kreise usw. Sie war von Bedeutung für die Einstufung leitender Personen hinsichtlich der Dienststellungsvergütung und dem erreichbaren Dienstgrad.

Von den hauptamtlichen Mitarbeitern in den Kreisdienststellen waren etwa 7000 in der unmittelbaren operativen Arbeit eingesetzt, ca. 2800 mit operativ-technischen, organisatorisch-administrativen und sicherstellenden Aufgaben befaßt, und über 1000 waren für die Bewachung der Objekte zuständig (nach: Dokumentation, S. 34).

Die Kreisdienststellen beziehungsweise Objektdienststellen unterschieden sich von den Bezirksverwaltungen durch eine grundsätzlich andere Struktur, da sie ein in sich geschlossenes Gebiet nach geheimdienstlichen Gesichtspunkten komplex zu sichern und zu kontrollieren hatten. Die «Linienaufgaben» von Ministerium und Bezirksverwaltungen bündelten sich gleichsam in den Kreisdienststellen. Entsprechend dieser Verantwortung wurden die Leiter der Kreisdienststellen nur auf persönlichen Befehl von Mielke eingesetzt beziehungsweise abberufen. Sie waren für die operative Arbeit im Territorium ihres Kreises voll verantwortlich. Um dies zu sichern, gab es eine direkte Verbindung vom Minister für Staatssicherheit zum jeweiligen Leiter einer Bezirksverwaltung und von diesem zu den Leitern der in seinem Zuständigkeitsbereich liegenden Kreisdienststellen, wohingegen zwischen den einzelnen Abteilungen auf zentraler, bezirklicher und Kreisebene kein Weisungsverhältnis bestand. Dadurch sollte verhindert werden, daß die Aufgaben von Diensteinheiten des Ministeriums und der Bezirksverwaltung – sogenannte Linienaufgaben – den Kreisdienststellen übertragen werden konnten.

Derartige Versuche von «Linieneinheiten» gehen aus einem Referat von Erich Mielke am 26. Oktober 1988 (GVS MfS 0008-41/88) hervor, in dem er sich zu den Kreisdienststellen (KD) äußert:

«Auch wenn KD Aufgaben lösen, die ihrem Charakter nach auch grundsätzlichen Aufgabenstellungen von Linien (z. B. II, XVIII und XX) entsprechen und dazu auch Strukturen gebildet wurden, ist das nur eine Form der Spezialisierung in den KD. Diese KD-Mitarbeiter sind keine Linienmitarbeiter» (zitiert nach: Dokumentation, S. 36).

Entsprechend der komplexen Aufgabenstellung der Kreisdienststellen bildeten die sogenannten Operativen Referate auf dieser Ebene die wichtigsten Struktureinheiten. Deren Anzahl und personelle Besetzung waren hauptsächlich von den konkreten Gegebenheiten des jeweiligen Kreises bestimmt. Fast ausnahmslos gab es in den Kreisdienststellen Operative Referate zur Spionageabwehr, zur Volkswirtschaft, zur Territorialsicherung sowie für Sicherheitsüberprüfung/Ermittlungstätigkeit. Grundsätzlich in allen Kreisdienststellen existierte ferner ein Referat «Auswertung und Information», das alle Informationen auswertete und einspeicherte.

Der Inhalt der operativen Arbeit der Kreisdienststellen wurde von Mielke in einem Referat vom 11. Oktober 1982 (GVS MfS 0008-12/82) folgendermaßen charakterisiert: Die Kreisdienststellen haben «den Schutz der gesellschaftlichen Entwicklung und die staatliche Sicherheit der DDR im Kreis unter allen Lagebedingungen zuverlässig und allseitig zu gewährleisten» (zitiert nach: Dokumentation, S. 37). Aus seinem Referat während der Zentralen Parteiaktivtagung des MfS vom 16. Mai 1986 (GVS MfS 0008-14/86) geht eine Präzisierung dieser generellen Aufgabenstellung hervor, indem er feststellte: «Die KD sind ein entscheidendes Instrument zur Sicherung unseres Arbeiter-und-Bauern-Staates, eine Basis der Macht. Von der erfolgreichen, willensstarken und aufopferungsvollen Arbeit der Angehörigen der KD, von der Qualität und Wirksamkeit ihrer politisch-operativen Arbeit, die sie für das gesamte MfS leisten, hängt sehr wesentlich ab, daß die politisch-operative Lage in unserer Republik auch weiterhin stabil bleibt und uns der Feind nicht überraschen kann» (zitiert nach: Dokumentation, S. 51).

Die Kreisdienststellen des MfS hatten das Kreisgebiet total zu kontrollieren. Alles was nach dem Auftrag an das MfS von Bedeutung war, mußte ausgespäht, überwacht, weitergeleitet werden. Hier wurde die flächendeckende Bespitzelung der Bevölkerung in krasser Weise offensichtlich.

Mielke umriß diese Aufgaben auf der bereits erwähnten Zentralen Dienstkonferenz des MfS zur Arbeit der Kreisdienststellen am 26. Oktober 1988 mit den Worten, «daß gegenüber früheren Jahren sich die sicherheitspolitische Bedeutung der sich aus der Grundaufgabe ergebenden politisch-operativen Aufgabenkomplexe und die Bedingungen ihrer Realisierung, insbesondere der dazu notwendige Kräfteeinsatz bedeutend veränderten. Es ist zu einer deutlichen Verschiebung der operativen Bedeutung und Wertigkeit der Aufgabenkomplexe untereinander gekommen. Mit der veränderten politisch-operativen Lage und daraus resultierenden veränderten bzw. neuen Sicherheitserfordernissen haben sich die Aufgaben der KD wesentlich erweitert» (zitiert nach: Dokumentation, S. 54). Zu den erweiterten Aufgabenfeldern rechnete Mielke vor allem die

- «operative Kontrolle und Bekämpfung von im Sinne der politischen Untergrundtätigkeit wirkenden Kräfte im Innern der DDR
- Verhinderung und Bekämpfung der von Übersiedlungsersuchenden ausgehenden Straftaten und anderen feindlichen Handlungen
- Verstärkung der vorbeugenden, schadensabwendenden Arbeit und Realisierung von stabilitätsfördernden Maßnahmen in der Volkswirtschaft, einschließlich der Zurückdrängung des Brand-, Havarie- und Störgeschehens sowie Organisierung des Geheimnisschutzes
- Sicherung der Reise-, Auslands- und Verhandlungskader sowie der operativen Kontrolle der aus kommerziellen Gründen einreisenden Personen aus dem NSW (Nichtsozialistisches Wirtschaftsgebiet, d. V.)
- Durchführung von Sicherheitsüberprüfungen und der «Wer ist wer?»-Arbeit sowie damit verbundener Probleme des ungesetzlichen Verlassens der DDR
- Verhinderung des Mißbrauchs von Städtepartnerschaften und Partnerschaftsbeziehungen von Universitäten und Hochschulen sowie der vielfältigen Beziehungen auf ökonomischen, wissenschaftlich-technischen, kulturellen und sportlichen Gebieten sowie daraus resultierenden Kontakten
- Gewährleistung der Unverletzlichkeit der Staatsgrenzen
- Einschätzung der Stimmung und Reaktion der Bevölkerung
- Durchsetzung von Sicherheit und Ordnung bei der Vorbereitung und Durchführung gesellschaftlicher Höhepunkte sowie beim Schutz führender Repräsentanten der DDR und ihrer ausländischen Gäste» (zitiert nach: Dokumentation, S. 54f.).

Zu den Aufgaben der Kreisdienststellen kamen noch Aufträge wie die Kontrolle der Industrie im Kreisgebiet, des Bauwesens, der Land- und Forstwirtschaft, des Staatsapparates, des Gesundheitswesens, der

Volksbildung, des Hoch- und Fachschulwesens sowie wissenschaftlich-technischer Einrichtungen. Zu ihren Aufgaben gehörte ferner die Überwachung besonders interessierender Personengruppen wie Angehörige von Kirchen und Religionsgemeinschaften, Korrespondenten und andere Personen aus dem nichtsozialistischen Ausland sowie generell Ausländer. Außerdem hatten die Kreisdienststellen den gesamten Ausreiseverkehr in das nichtsozialistische Ausland unter Kontrolle zu halten, militärische Objekte und bewaffnete Organe im Sinne der Staatssicherheit zu schützen sowie operative Vorgänge und operative Personenkontrollen (s. S. 129ff.) durchzuführen (nach: Dokumentation, S. 56).

Was Mielke mit der Veränderung der Sicherheitserfordernisse meinte, sprach er deutlich auf der bereits zitierten Dienstkonferenz zu den Aufgaben der Kreisdienststellen am 26. Oktober 1988 aus: «Demagogisch nutzen der Gegner und innere Feinde Begriffe wie Glasnost, Perestrojka, Bürgerrechte, Dialog, Pluralismus, Andersdenkende usw. aus, um antisozialistische, konterrevolutionäre Konzeptionen und Ziele zu ummänteln» (zitiert nach: Dokumentation, S. 59).

Aus solchen Äußerungen wird deutlich, daß Mielke jede Kritik an den gesellschaftlichen Verhältnissen in der DDR, ja selbst jede Kritik an Fehlern und Mißständen im Lande als feindliche Handlungen ansah, deren Ziele in der Beseitigung des Sozialismus in der DDR bestanden. Da Mielke und das MfS im Auftrag der Parteiführung der SED handelten, brachte er damit nicht nur seine persönliche Meinung, sondern die offizielle Staatspolitik zum Ausdruck. Zu keiner Zeit bestand in der DDR die Bereitschaft zu einem Dialog mit oppositionellen Kräften innerhalb der DDR, ganz im Gegenteil, das MfS wurde mit ihrer schonungslosen Bekämpfung beauftragt. Da sich nach dem Verständnis der SED-Führung oppositionelle Kräfte in der DDR fast ausschließlich nur aufgrund der politischen Beeinflussung *von außen* formieren konnten, galt es zu verhindern, daß solche Einflüsse wie etwa durch Städtepartnerschaften wirksam werden konnten.

Am Beispiel der zunehmenden deutsch-deutschen Städtepartnerschaften kann man gut zeigen, wie Mielke aus den veränderten politischen Rahmenbedingungen neue Aufgaben für die Kreisdienststellen (KD) des MfS ableitete. In dem auf S. 57 genannten Referat führte er dazu aus: «Eingeordnet in die Gesamtheit der subversiven Angriffe, der Wühl- und Zersetzungstätigkeit wird seitens des Gegners diesen Städtepartnerschaften ein besonderer Stellenwert eingeräumt. Wir sind mit nicht zu unterschätzenden massiven und teilweise raffiniert vorgetragenen Versuchen konfrontiert, die DDR-Zielsetzungen bei Städtepartnerschaften zu unterlaufen bzw. zu mißbrauchen. Verstärkte Aufmerksamkeit muß vor allem den Aktivitäten gelten, private Kontakte zu Vereinen, Verbänden und Einrichtungen wie Sportvereinen, Gartensparten sowie kulturellen Institutionen aufzunehmen, sogenannte Fachkontakte zwischen Spezialisten verschiedener Berufsgruppen zu entwickeln, gezielt Persönlichkeiten aus den Bereichen Wissenschaft, Volksbildung und Kultur auf privater Basis einzuladen. Die KD haben die Aufgabe, die sich auf diesem Gebiet bietenden neuen bzw. erweiterten Handlungsräume und Möglichkeiten für vielfältige subversive Aktivitäten des Gegners und feindlich-negativer Kräfte aufzudekken und wirksam zu durchkreuzen. Jegliche Anzeichen und Bestrebungen, unkontrollierte, nicht vereinbarte Kontakte aufzunehmen und subversiv zu mißbrauchen, sind unwirksam zu machen. Alle Hinweise über Wirkungen gegnerischer ideologischer Einflußnahme bei einzelnen Delegationsmitgliedern sowie über beachtenswerte Verhaltensweisen von DDR-Kontaktpartnern im Rahmen der Städtepartnerschaften sind systematisch zusammenzuführen und auszuwerten. Um jederzeit eine zentrale Übersicht über diesen Sicherungskomplex zu gewährleisten und erforderliche zentrale Maßnahmen einzuleiten und einheitliche Orientierungen für die Gestaltung der politisch-operativen Arbeit erarbeiten zu können, haben die KD in enger, abgestimmter Zusammenarbeit mit den Abteilungen XX der Bezirksverwaltungen über in ihrem Verantwortungsbereich gewonnene Erkenntnisse aktuell zu informieren. Die zuständigen Partei- und Staatsorgane sind über die gewonnenen Erkenntnisse zu informieren» (zitiert nach: Dokumentation S. 57f.).

Die flächendeckende Beobachtung und Bespitzelung in der DDR konnte also nur in enger Zusammenarbeit der Hauptabteilungen im Ministerium und der entsprechenden Abteilungen in den Bezirksverwaltungen mit den territorial organisierten Kreisdienststellen erreicht werden. Allein wären diese dazu aber mit den ihnen zur Verfügung stehenden hauptamtlichen Mitarbeitern nicht in der Lage gewesen. Deshalb mußten andere Institutionen und Einrichtungen mit einbezogen werden – was nach dem kommunistischen Verständnis einer *einheitlich* organisierten Macht, die *alle* politischen, wirtschaftlichen, sozialen und kulturellen Teilbereiche des Systems umfaßte und dem Willen der Führung unterwarf, auch vollkommen selbstverständlich war. Und in der Tat gehörte das Zusammenwirken mit anderen staatlichen Organen, mit gesellschaftlichen Organisationen, mit Betrieben und Einrichtungen sowie deren Kaderabteilungen, mit den Staatsanwaltschaften, den Institutionen des Gesundheitswesens und den Örtlichen Räten im jeweiligen Verantwortungsgebiet zum Arbeitsprinzip aller MfS-Dienststellen. Das Ziel dieser engen Kooperation und Durchdringung war ein doppeltes: einerseits nutzten die Kreisdienststellen des MfS die Möglichkeiten der anderen Institutionen für die Lösung ihrer eigenen Aufgaben (zum Beispiel wenn sie bewirken oder verhindern wollten, daß jemand eine bestimmte berufliche Position erlangte), andererseits ging es ihnen darum, die Sicherheitspolitik der SED-Führung auf diese Weise in den anderen Organen und Einrichtungen durchzusetzen.

Diese Arbeitsweise der Kreisdienststellen (KD) geht auch aus dem Referat Mielkes vom 15. Juli 1974 (GVS MfS 600/74) hervor, in dem er unter anderem forderte: «Ich wies mehrfach darauf hin, daß der Qualifizierung und Verstärkung der operativen Einflußnahme zur weiteren Vervollkommnung des Zusammenwirkens der KD mit anderen Organen und Einrichtungen grundlegende Bedeutung zukommt. Mit ihrer operativen Einflußnahme muß die KD dazu beitragen, daß die anderen Organe und Einrichtungen die ihnen übertragenen Aufgaben und obliegenden Pflichten immer besser erfüllen und ihre Befugnisse zur Gewährleistung von Ordnung und Sicherheit allseitig und konsequent nutzen.

Die Verantwortlichen in anderen Organen und Einrichtungen sind so zu befähigen, daß sie der KD immer selbständiger und weitgehend lückenlos die politisch-operativ relevanten Informationen übermitteln, die bei der Lösung ihrer Aufgaben erarbeitet werden.

Es ist darauf hinzuwirken, daß sie diesen Informationsbedarf (der KD) in eigene Weisungen umsetzen, die den Pflichten und Aufgaben sowie den üblichen Gepflogenheiten in diesen Organen entsprechen und Voraussetzungen dafür schaffen, daß die daraufhin von ihren Mitarbeitern erarbeiteten Informationen an bestimmten Stellen ihrer Einrichtung zusammenfließen und ausgewertet werden. Diese Knotenpunkte muß die KD wiederum inoffiziell in der Hand haben» (zitiert nach: Dokumentation, S. 38f.).

Die Praxis hat bestätigt, daß diese Verfahrensweise über Jahre und Jahrzehnte hinweg nahezu reibungslos funktionierte, denn die große Autorität der Diensteinheiten des MfS stand bei diesen anderen Organen, Betrieben und Einrichtungen zu keiner Zeit in Zweifel. Da es nur wenige Versuche gab, sich dieser Zusammenarbeit zu entziehen, konnten die Kreisdienststellen auf diese Weise ihre Informationsbedürfnisse weitgehend befriedigen.

Gleichwohl bleibt die Frage, warum sich die Leiter von Betrieben oder anderen Einrichtungen dieser Art von Kooperation nicht entzogen, zumal die Kreisdienststellen des MfS ihnen gegenüber keine Weisungsbefugnisse hatten. Man muß dazu die Bedingungen und Herrschaftsstrukturen in der ehemaligen DDR kennen, um zu verstehen, warum es in der Praxis nur schwer möglich war, den von den Organen des MfS gestellten Anforderungen nicht zu entsprechen. Die Kreisdienststellen waren nämlich in der Regel durch Inoffizielle Mitarbeiter über die Situation in den betreffenden Einrichtungen und Betrieben bestens unterrichtet; sie kannten deren Probleme, den Stand der Planerfüllung, die Mängel und Versäumnisse in der Arbeit der Leitungen. Es ist kein Zufall, sondern entspricht dem Wesen des MfS, daß von allen in der ehemaligen DDR tätig gewesenen Inoffiziellen Mitarbeitern über 50 Prozent in den Verantwortungsbereichen der Kreisdienststellen arbeiteten, obwohl diese nur über etwa 13 Prozent des hauptamtlichen Personalbestandes der Staatssicherheit verfügten. Darüber hinaus wurden von den Kreisdienststellen etwa 60 Prozent aller operativen Vorgänge des MfS zu einzelnen Personen bearbeitet (Dokumentation, S. 38). Den Leitern der staatlichen oder gesellschaftlichen Institutionen war außerdem klar, daß die Kreisdienststellen des MfS aufgrund ihrer direkten Verbindung zu den Kreisleitungen der SED – vor allem zu den Ersten Sekretären, die im Kreisgebiet nahezu unumschränkt herrschten – ihnen in mancherlei Hinsicht Unannehmlichkeiten bereiten konnten, sollten sie deren Wünschen nicht nachkommen – bis hin zum Verlust ihrer Funktion.

Andererseits wußten die Leiter, daß sie, wenn sie die Kreisdienststellen über ihre Probleme informierten, über die regelmäßigen Lageberichte des MfS manches an die Ersten Sekretäre der Kreisleitungen der SED heranbringen konnten, wozu sie auf anderen Wegen nicht oder kaum in der Lage gewesen wären. Die Kreisdienststellen des MfS mußten sich auf diese Weise neben ihrer eigenen Arbeit mehr und mehr um Dinge kümmern, für die sie eigentlich gar nicht zuständig waren. Mielke stellte daher in der bereits erwähnten Konferenz vom 26. Oktober 1988 fest: «Es hat sich eine Entwicklung vollzogen, daß Leiter anderer staatlicher Organe, Betriebe und Einrichtungen sich zunehmend mit einer Vielzahl sie bewegender Probleme – nicht nur zu Fragen von Sicherheit und Ordnung – rat- und hilfesuchend an die Leiter der KD wenden. Die Leiter der KD sind zu regelrechten Konsultationspartnern geworden» (zitiert nach: Dokumentation, S. 40).

Was das Zusammenwirken mit den Ersten Sekretären der SED-Kreisleitungen betrifft, so wurden die Verbindungen zu ihnen ausschließlich durch die Leiter der Kreisdienststellen aufrechterhalten, die ihrerseits immer auch Mitglieder der SED-Kreisleitung waren. Sie berichteten den Ersten Sekretären in der Regel wöchentlich – meist mündlich, aber periodisch auch in schriftlicher Form – über alles, was die Kreisdienststelle des MfS im Kreisgebiet feststellen konnte. Diese Informationen reichten von Situationsberichten zur inneren Lage einzelner Industriebetriebe oder Einrichtungen der Landwirtschaft, des Handels und des Staatsapparates, über Berichte zur allgemeinen Stimmung in der Bevölkerung und zur Versorgungslage bis hin zur Information über die sogenannte politische Untergrundtätigkeit, über die Situation der Jugendlichen sowie Einschätzungen über die Lage in den Kirchen und Religionsgemeinschaften.

Die schriftlichen Berichte an die Ersten Sekretäre mußten so gestaltet sein, daß diese nicht erkennen konnten, woher die Informationen im einzelnen stammten – Quellen wurden nicht genannt. Somit hatten die Ersten Sekretäre keinen direkten Einblick in die operative Tätigkeit der Kreisdienststellen; sie wurden zum Beispiel auch *nicht* darüber unterrichtet, wie viele Inoffizielle Mitarbeiter es im Kreis gab, welche Personen operativ bearbeitet und welche technischen Mittel dafür eingesetzt wurden.

Die Beziehungen zwischen den Leitern der Kreisdienststellen des MfS und den Ersten Kreissekretären der SED waren nicht in allen Fragen und zu allen Zeiten völlig ungetrübt. Dazu mag auch beigetragen haben, daß die Berichte der Kreisdienststellen in der überwiegenden Mehrzahl ungeschminkt waren, also die tatsächliche Situation im Kreisgebiet widerspiegelten. Hieraus konnten Reibungspunkte entstehen. Die Leiter der Kreisdienststellen des MfS gewannen gegenüber ihren Vorgesetzten im Bezirk an Ansehen, wenn sie so genau wie möglich berichteten und sichtbar wurde, welche Schwierigkeiten sie dabei zu überwinden hatten. Die Ersten Sekretäre der SED dagegen lebten hinsichtlich ihrer Bewertung durch *ihre* Vorgesetzten davon, wieviel und welche Erfolge sie aufweisen konnten. Insofern störte sie mitunter die Berichterstattung durch die Kreisdienststellen des MfS. Vor allem in den späten achtziger Jahren kam es besonders bei der Darstellung der Ursachen für die vielen Anträge auf ständige Ausreise aus der DDR des öfteren zu unterschiedlichen Einschätzungen. Während die Kreisdienststellen des MfS in ihren Berichten die Ursachen zunehmend aus der inneren Situation der DDR ableiteten, versuchten die Kreisleitungen der SED diese vorrangig dem «Klassengegner» auf der anderen Seite der Staatsgrenze anzulasten. Insgesamt änderte diese teilweise verschiedene Interessenlage aber nichts daran, daß sich die Leitungen der SED, namentlich in den Kreisen, bedingungslos auf die Diensteinheiten des MfS verlassen konnten. Die Kreisdienststellen des MfS sicherten die SED-Führung im Territorium zuverlässig ab.

Diese Feststellung trifft auch für die Mitarbeit des jeweiligen Leiters der Kreisdienststelle des MfS in der sogenannten Kreiseinsatzleitung zu. Diese Einsatzleitungen waren auf der Grundlage eines Beschlusses des Nationalen Verteidigungsrates der DDR auf Bezirks- und Kreisebene zu bilden und hatten die Aufgabe, im Verteidigungszustand die gesamtstaatliche Leitung im Territorium wahrzunehmen.
Der Kreiseinsatzleitung (KEL) gehörten an:

Erster Sekretär der SED-Kreisleitung (Vorsitzender),
Leiter des Wehrkreiskommandos der NVA,
Vorsitzender des Rates des Kreises,
Leiter des Volkspolizeikreisamtes,
Leiter der Kreisdienststelle des MfS,
Zweiter Sekretär der SED-Kreisleitung,
Leiter Sicherheit der SED-Kreisleitung (Sekretär).

Für den «Verteidigungsfall» – dazu gehörte auch der innere Notstand – war vorgesehen, den Leiter der Kreisdienststelle des MfS unmittelbar dem Ersten Sekretär der Kreisleitung der SED und Vorsitzenden der Kreiseinsatzleitung zu unterstellen. In Friedenszeiten koordinierte die KEL die Vorbereitungsarbeit auf den Verteidigungszustand; dazu führte sie periodische Sitzungen, Schulungen und Kontrollen durch. Der Inhalt ihrer Tätigkeit war schwerpunktmäßig auf die Unterstützung der Streitkräfte und ihrer Mobilmachung, die Mobilmachung der Volkswirtschaft, den Schutz vor Waffenwirkungen und die Aufrechterhaltung des gesellschaftlichen Lebens gerichtet.

Dem Leiter der Kreisdienststelle des MfS fiel dabei die Aufgabe zu, die sicherheitspolitische Situation im Kreisgebiet zu analysieren und Maßnahmen zu treffen, um Aktionen feindlich gesinnter Kräfte im Verteidigungszustand oder in einer diesem vorgelagerten Spannungsperiode zu verhindern beziehungsweise zu zerschlagen. In diesem Zusammenhang gab er Informationen – meist mündlicher Art – an den Vorsitzenden der Einsatzleitung, der ja in Personalunion zugleich Erster SED-Kreissekretär war. Auf der Bezirksebene war die Einsatzleitung sinngemäß genauso zusammengesetzt, Aufgabenstellung und Arbeitsweise waren analog geregelt. Die Vorsitzenden der Bezirkseinsatzleitungen waren die Bezirksparteisekretäre – zum Beispiel Hans Modrow für Dresden und Günter Schabowski für Berlin –, die damit die Verantwortung für die Sicherheitspolitik im jeweiligen Bezirk mittrugen. Die den Einsatzleitungen zugeordneten Aufgaben zur Koordinierung und Kontrolle der Vorbereitungsarbeit auf den Verteidigungszustand hoben jedoch das Prinzip der Einzelleitung durch den Minister, also die Direktunterstellung, nicht auf.

d) Die Juristische Hochschule des MfS

Das Ministerium für Staatssicherheit verfügte seit 1961 über eine eigene Hochschule als zentrale Ausbildungsstätte des MfS. Von ihrem Standort in Potsdam/Eiche hatten nur Eingeweihte Kenntnis. Sie wurde gegenüber der Öffentlichkeit völlig abgeschirmt.

Die Hochschule unterstand der Hauptabteilung Kader und Schulung des MfS. Zum Studium wurden ausschließlich Mitarbeiter von Diensteinheiten des MfS nach einer mindestens dreijährigen Tätigkeit zugelassen. Nach der Hochschulreform von 1985/86 lag der Schwerpunkt der Juristischen Hochschule auf der Weiterbildung von Offizieren.

Aufgabe der Juristischen Hochschule war es insbesondere, die jeweils geltenden Dienstvorschriften zu interpretieren und die sich aus den Richtlinien, Dienstanweisungen, Befehlen und anderen Weisungsmaterialien ergebenden Vorgehens- und Verhaltensweisen für das Ministerium, die Bezirksverwaltung, die Kreisdienststelle und jeden Mitarbeiter aufzuzeigen und zu kommentieren.

Die Hochschule entließ die Absolventen als Diplomjuristen und hatte auch Promotionsrecht.

Als Diplomarbeit konnte zum Beispiel eingereicht werden: «Analyse der Publizistik von Günter Gaus anhand ausgewählter Beispiele unter dem Aspekt der Nutzbarkeit für die Gewinnung von Kräften aus der BRD für die Koalition der Vernunft und des Realismus».

Der erwähnten Dokumentation (S. 156f.) kann man unter anderem folgende Dissertationsthemen entnehmen:

- «Das aktuelle Erscheinungsbild politischer Untergrundtätigkeit in der DDR und wesentliche Tendenzen seiner Entwicklung»
- «Die Bekämpfung des Mißbrauchs gesellschaftswidriger Verhaltensweisen Jugendlicher»
- «Die Bekämpfung von Terror- und Gewaltakten in der DDR»
- «Wege zur Gewährleistung der Einheit von Parteilichkeit, Objektivität, Wissenschaftlichkeit und Gesetzlichkeit in der Untersuchungsarbeit des MfS»
- «Die Kenntnis der evangelisch-lutherischen Kirche in Sachsen – Voraussetzung für eine wirksame politisch-operative Arbeit»
- «Grundorientierungen für die politisch-operative Arbeit des MfS zur Aufdeckung, vorbeugenden Verhinderung und Bekämpfung der Versuche des Feindes zum Mißbrauch der Kirchen für die Inspirierung und Organisierung politischer Untergrundtätigkeit und die Schaffung einer antisozialistischen Opposition in der DDR»
- «Grundlagen der Abwehrarbeit zu ausländischen Korrespondenten und Journalisten»
- «Die Grünen im politischen System der BRD»
- «Zur rechtlichen Ausgestaltung des Strafvollzugs in der BRD und den daraus resultierenden Möglichkeiten der Betreuung von strafgefangenen IM durch die Ständige Vertretung der DDR in der BRD»

e) Prinzipien der Gewinnung hauptamtlicher Mitarbeiter für das MfS

Der Bedarf des MfS und aller seiner Diensteinheiten an für seine Zwecke geeigneten Mitarbeitern war zu allen Zeiten sehr groß. Neben den normalen Ursachen wie die Notwendigkeit, die aus Alters- oder Invaliditätsgründen ausscheidenden Mitarbeiter zu ersetzen, war dafür vor allem die nach dem VIII. Parteitag der SED erfolgte rasche zahlenmäßige Erweiterung des Personalbestandes verantwortlich. Die Leitung des MfS ging davon aus, daß nur die im Sinne ihrer Weltsicht Besten für eine Mitarbeit in den Organen des MfS in Frage kommen könnten. Folglich wurden bei der Auswahl außerordentlich strenge Maßstäbe angelegt, wobei zwei Zielsetzungen zugleich verfolgt wurden. Zum einen sollte eine weitgehende Sicherheit geschaffen werden, daß in die Reihen des MfS nur solche Personen kommen konnten, die gründlich überprüft waren, auf keinen Fall für gegnerische Geheimdienste arbeiteten und damit eine möglichst große Garantie dafür boten, im Sinne des MfS erfolgreich tätig werden zu können. Auf der anderen Seite wurde denjenigen, die im MfS tätig wurden, ein Elitebewußtsein vermittelt. So wuchsen bei den Mitarbeitern des MfS von Anfang an eine Art Sendungsbewußtsein und das Gefühl, für etwas ganz Besonderes berufen zu sein, woraus Motivierungen entstanden, die sich im Sinne des Gesamtauftrages des MfS als sehr nützlich erweisen konnten.

In der Praxis bedeutete dies, daß die Gewinnung von neuen Mitarbeitern – wie bei Geheimdiensten allgemein üblich – grundsätzlich vom MfS auszugehen hatte. Dies war in der Dienstanweisung 1/73 (Aufgaben bei der Gewinnung und Einstellung neuer Kader; GVS MfS 0016-1265/84) eindeutig festgelegt; auch die konkrete Verfahrensweise wurde in der Anweisung geregelt (vgl. hierzu und zum Folgenden: Dokumentation, S. 150–154). Danach ging der Einstellung eines neuen Mitarbeiters immer ein äußerst komplizierter und langwieriger Überprüfungsprozeß voraus, für den alle dem MfS zur Verfügung stehenden politisch-operativen Kräfte, Mittel und Methoden eingesetzt und auch die offiziellen Möglichkeiten genutzt wurden.

Für die Einstellung eines Mitarbeiters war ein spezieller Anforderungskatalog erarbeitet worden. Geradezu als selbstverständlich hatte zu gelten, daß die ins Auge Gefaßten aus der Arbeiterklasse zu stammen hatten, aus einem «fortschrittlichen» Elternhaus kommen mußten und im Sinne der marxistisch-leninistischen Weltanschauung erzogen worden waren. Bevorzugt sollten sie Mitglied der SED und – wenn sie jünger waren – der Freien Deutschen Jugend sein. Es war vorgeschrieben, daß über die für das MfS zu Gewinnenden zunächst umfangreiche Informationen eingeholt wurden. Diese bezogen sich sowohl auf die politische Einstellung als auch auf die persönliche Situation des Kandidaten in der Familie, auf seine Rolle und Stellung in der Gesellschaft ebenso wie auf sein Verhalten am Arbeitsplatz und im gesamten Freizeitbereich. Alle Überprüfungen erfolgten unter strengster Geheimhaltung. Auf keinen Fall durfte der für eine Mitarbeit im MfS Vorgesehene bemerken, daß er überprüft wurde. Auch jene Personen, von denen man sich Informationen über den Kandidaten beschaffte, durften keinerlei Hinweise darauf bekommen, welchem Ziel die Erkundungen dienten.

Von den offiziellen Möglichkeiten der Überprüfung wurden vorrangig die Volkspolizei und andere Dienststellen des MdI genutzt. Vor allem die Abschnittsbevollmächtigten der Volkspolizei und die freiwilligen Polizeihelfer konnten Informationen über das Verhalten des Überprüften in der Öffentlichkeit liefern, die Abteilungen für Paß- und Meldewesen beziehungsweise Erlaubniswesen der Volkspolizeikreisämter hatten Einblick, ob aus der betreffenden Familie Anträge zum Besuch in der Bundesrepublik Deutschland oder West-Berlin gestellt wurden beziehungsweise ob und wann Bürger von dort zu Besuch gekommen waren.

Aus dem Bereich der zolldienstlichen Arbeit konnten ebenfalls zweckdienliche Auskünfte gewonnen werden, die Räte der Kreise, Städte und Gemeinden, vor allem die Abteilungen für Innere Angelegenheiten mußten auf verwertbare Informationen hin befragt werden. Selbstverständlich wurden auch die Leitungen und Kaderabteilungen der Betriebe und Einrichtungen, in denen die Betreffenden tätig waren, befragt, vor allem die zuständigen Partei- und FDJ-Sekretäre. Die Dienstanweisung 1/73 legte zudem fest, daß Auskünfte nur von zuverlässigen und anderweitig bereits überprüften Personen eingeholt werden durften, um sicher zu sein, daß sie über die Tatsache und den Inhalt ihrer Befragung Stillschweigen bewahren würden.

Für Auskünfte, bei denen es als unzureichend erschien, lediglich offizielle Möglichkeiten zu nutzen, wurden zuverlässige Inoffizielle und Gesellschaftliche Mitarbeiter eingesetzt. Diese sollten die Art und Weise der Kontakte zu Verwandten und Freunden feststellen einschließlich Angaben über deren Charakter, die Intensität der Verbindungen, eventuelle Abhängigkeitsverhältnisse und Einflußmöglichkeiten auf den Kandidaten. Außerdem hatten sie im bisherigen Verlauf der Überprüfung aufgetretene Widersprüche zu klären.

Überprüft wurden auch die Angehörigen sowie die weiteren Verwandten und Freunde. Zu den Angehörigen und weiteren Verwandten gehörten außer Vater, Mutter und Geschwister des zu Überprüfenden sein Ehepartner und seine Kinder, die Geschwister des Ehepartners und deren Männer beziehungsweise Frauen, deren Verlobte, Freund oder

Freundin, die wie Ehepartner zu werten waren. Auch die Großeltern väterlicher- und mütterlicherseits waren in die Überprüfung einzubeziehen, die Onkel und Tanten und deren Ehepartner, Cousins und Cousinen und deren Partner. Der gleiche Personenkreis war auch vom Ehepartner des Kandidaten zu untersuchen.

Daraus wird deutlich, daß eine umfangreiche Arbeit zu leisten war. Um einen Mitarbeiter zu gewinnen, mußten Dutzende von Menschen auf die verschiedenste Art befragt beziehungsweise überprüft werden. Dabei wurden oftmals Erkenntnisse gewonnen, die auch für andere Zwecke des MfS nutzbar gemacht werden konnten. Erst wenn diese umständlichen Prozeduren erledigt waren und zu positiven Ergebnissen geführt hatten, wurde ein Werbungsvorschlag erarbeitet. Erst danach begannen die Gespräche mit dem Kandidaten, vorausgesetzt, es lagen bereits genügend Hinweise für seine generelle Bereitschaft vor.

Stellte sich im Verlauf der Untersuchungen heraus, daß einzelne Punkte gegen eine Einstellung sprachen, wurden die Ermittlungen eingestellt, und es bestand die Pflicht, das bis dahin gewonnene Material zu archivieren.

Auf Selbstbewerber wurde in der Regel von vornherein verzichtet, doch waren diese auf jeden Fall unter abwehrmäßigen Aspekten zu untersuchen, wozu unter Umständen ebenfalls umfangreiche Recherchen erforderlich waren. Konnte von einer echten Motivation ausgegangen werden, war eine Einstellung möglich, nachdem alle oben erwähnten Überprüfungsverfahren angewendet waren. Erfolgte eine Ablehnung des Bewerbers, mußte das Material ausgewertet und archiviert beziehungsweise bei auftretenden Verdachtsmomenten an die zuständigen Diensteinheiten des MfS weitergeleitet werden. In einem solchen Fall wurden alle zur Verfügung stehenden Mittel und Methoden wie Postkontrolle, Überwachen des Fernsprechanschlusses, konspirative Durchsuchung der Wohnung, Anbringen von Abhörgeräten etc. zum Einsatz gebracht.

Auf diese Weise sicherte das MfS schon vor Beginn der Tätigkeit eines Mitarbeiters in seinen Reihen, daß über diesen praktisch alles Wissenswerte bekannt war. Gleichzeitig konnten dabei auch Erkenntnisse gewonnen werden, die sowohl für seine spätere Tätigkeit von Bedeutung waren, als auch für andere Zwecke – wie die Gewinnung von Inoffiziellen Mitarbeitern – genutzt werden konnten.

Vielfach war zu beobachten, daß junge Mitarbeiter bevorzugt aus Familien kamen, deren Eltern (oder zumindest eines der Elternteile) bereits beim MfS Funktionen ausübten. Auf diese Weise konnte das Überprüfungsverfahren unter vereinfachten Bedingungen durchgeführt werden, und es bestand von vornherein eine große Wahrscheinlichkeit für eine positive Reaktion beim Versuch der Werbung für eine Mitarbeit im MfS.

Auch das Wachregiment «Felix Dzierzynski» spielte für die Gewinnung von Mitarbeitern eine wichtige Rolle. Die Angehörigen dieses Wachregiments waren oft schon während der Schulzeit durch Offiziere des MfS für den Wehrdienst in diesem Bereich herausgesucht worden. Daher konnte im allgemeinen von einer staats- und parteikonformen Haltung ausgegangen werden. Der Dienst im Wachregiment wurde für viele zum Ausgangspunkt einer Laufbahn im MfS, zumal während der Zeit als Wachsoldat formal schon eine Zugehörigkeit zum Staatssicherheitsdienst bestand.

Für die Gewinnung von zukünftigen Mitarbeitern des MfS aufgrund einer vorangegangenen inoffiziellen Mitarbeit erließ Mielke eine gesonderte «Dienstanweisung Nr. 7/85 zur Arbeit mit Perspektivkadern». Zum einen regelte diese die Einstellung von Inoffiziellen Mitarbeitern, deren Arbeit ihren Führungsoffizier veranlaßt hatte, eine hauptamtliche Anstellung im MfS vorzuschlagen. Zum anderen legte sie das Vorgehen fest bei der immer häufiger werdenden Praxis, zukünftige Mitarbeiter über den Weg einer zuvor erfolgten inoffiziellen Mitarbeit zu gewinnen. Hierzu sollten sogenannte «Perspektivkader» vorerst für eine inoffizielle Tätigkeit für das MfS gewonnen werden, um sie in einer zwei- bis dreijährigen Zusammenarbeit zu testen und ihre Möglichkeiten und Einsatzbereitschaft zu prüfen.

f) Die Zusammenarbeit des MfS mit dem Ministerium des Innern (MdI)

Historisch betrachtet ist das Ministerium für Staatssicherheit aus dem Innenministerium hervorgegangen. Erst einige Monate nachdem die Regierung der DDR gebildet worden war, wurde per Gesetz vom 8. Februar 1950 die Umbildung der bis dahin dem Minister des Innern unterstellten «Hauptverwaltung zum Schutze der Volkswirtschaft» in ein selbständiges Ministerium für Staatssicherheit beschlossen. Personell stützte sich das neue Ministerium hauptsächlich auf Mitarbeiter des Kommissariates 5 (K5) des Innenministeriums.

Auf diese Weise waren Berührungspunkte und Grundlagen einer Zusammenarbeit zwischen beiden Ministerien von Anfang an gegeben. Nach dem 17. Juni 1953 und der damit im Zusammenhang stehenden Entmachtung des damaligen Ministers für Staatssicherheit, Zaisser, wurde das MfS in ein Staatssekretariat für Staatssicherheit umgewandelt und dem Minister des Innern unterstellt. Kurze Zeit später wurde jedoch wieder ein selbständiges Ministerium für Staatssicherheit gebildet.

Nach dem Amtsantritt Erich Mielkes, der bis dahin die Position eines Staatssekretärs im MfS bekleidete und 1957 Nachfolger von Ernst Wollweber an der Spitze des Ministeriums wurde, besonders aber seit dem VIII. Parteitag der SED (1973) wuchs der Einfluß des Ministeriums für Staatssicherheit in starkem Maße an – auch und insbesondere auf das Innenministerium. Dieses wurde zum wichtigsten Partner des Ministeriums für Staatssicherheit und verstand sich auch als solcher, wie aus den entsprechenden Dienstanweisungen des Innenministers ersichtlich ist.

Die Beziehungen des MfS zum Ministerium des Innern beziehungsweise die dem MdI daraus erwachsenden Aufgaben regelte die «Dienstanweisung Nr. 2/79 über das politisch-operative Zusammenwirken der Diensteinheiten des Ministeriums für Staatssicherheit mit der Deutschen Volkspolizei und den anderen Organen des Ministeriums des Innern und die dazu erforderlichen grundlegenden Voraussetzungen» (VVS MfS 0008-85/79). Einige Bereiche daraus werden im folgenden hervorgehoben.

Die Dienstanweisung bezog sich unter anderem auf Maßnahmen zur Bekämpfung jeder Art «der politisch-ideologischen Diversion sowie der gegnerischen Kontaktpolitik/Kontakttätigkeit bzw. ihren konkreten Auswirkungen» (DA 2/79, S. 13). Auch sämtliche Fragen, die mit Anträgen von Bürgern auf Übersiedlung in die Bundesrepublik Deutschland, nach West-Berlin oder in andere nichtsozialistische Länder zusammenhingen, gehörten in diesen Arbeitsbereich. Solche Fälle waren vor allem dann für das MfS interessant, wenn die beantragte Übersiedlung in Verbindung mit einer Eheschließung mit Bürgern aus nichtsozialistischen Ländern stand.

Ein für das MfS besonders wichtiger Teil der Zusammenarbeit bestand darin, über alles, was mit der Ordnung über den «Schutz der Staatsgrenze» zusammenhing, informiert zu werden, vor allem über Vorkommnisse und Ereignisse im Grenzgebiet zur BRD und West-Berlin. Dazu gehörten auch Maßnahmen zur Instandhaltung und zum weiteren Ausbau der Grenzgewässer und anderer wasserwirtschaftlichen Anlagen im Grenzgebiet.

Von Interesse für das MfS waren auch alle Aspekte, die mit dem Transitverkehr zusammenhingen. Hier erfolgte das Zusammenwirken vor allem mit der Verkehrspolizei – für den Straßenverkehr – und mit der Transportpolizei – für den Verkehr auf den Strecken der Deutschen Reichsbahn.

Auch im Zusammenhang mit sogenannten politischen Höhepunkten, Großveranstaltungen und anderen politisch bedeutsamen Ereignissen, bei denen Menschenmassen zusammenkamen, arbeiteten beide Ministerien eng zusammen, was sich aus der Verantwortung der Volkspolizei für die Gewährleistung der öffentlichen Ordnung und Sicherheit ergab. Abzustimmen mit dem MfS waren ferner alle Maßnahmen der Deutschen Volkspolizei bei der Bekämpfung von terroristischen Straftaten, bei der Aufklärung beziehungsweise Ermittlung von anonymen oder pseudonymen Drohungen. Das schloß auch die Klärung aller Verdachtsmomente in bezug auf Waffendelikte sowie die Sicherung einer strengen Ordnung im Umgang mit Waffen, Munition, Sprengmitteln und Giften ein.

Unterstützung hatten die Organe des MdI dem MfS – wie erwähnt – auch bei der Kontrolle von durch das MfS ausgewählten Personenkreisen zu leisten, bei der polizeilichen Fahndung sowie beim Aufspüren, der Beschlagnahme und beim «Inverwahrnehmen in Fahndung gestellter Sachen».

Besondere Aufmerksamkeit widmete das MfS den Mitarbeitern der Arbeitsgebiete (AG) I der Kriminalpolizei, die für politische Straftaten zuständig waren. Die 2. Durchführungsbestimmung zur «Dienstanweisung Nr. 2/87 Die politisch-operative Sicherung der Deutschen Volkspolizei und der anderen Organe des Ministeriums des Innern» führt dazu aus:

«Die politisch-operative Sicherung des AG I hat vorrangig durch den zielgerichteten Einsatz von OibE*, IME in Schlüsselpositionen im bzw. außerhalb des AG I zu erfolgen.

* Abkürzungsverzeichnis auf S. 524–527

Als Leiter des AG I im MdI (Ministerium des Innern, d. V.), in den BdVP (Bezirksbehörden der Deutschen Volkspolizei, d. V.), dem PdVP (Präsidium der Volkspolizei, d. V.) Berlin, den VPKAe (Volkspolizeikreisämtern, d. V.), den TPAe (Transportpolizeiämtern, d. V.) und der Schule des AG I sind grundsätzlich geeignete OibE einzusetzen.

Die Leiter der zuständigen Diensteinheiten haben entsprechend der Lage und Situation die Notwendigkeit des Einsatzes weiterer OibE, insbesondere in Leitungsfunktionen des AG I, für die Gewährleistung der Kadersicherheit, des Geheimnisschutzes, der Konspiration und Geheimhaltung der angewandten speziellen Mittel und Methoden (...) einzuschätzen und entsprechende Vorschläge zu unterbreiten» (zitiert nach: Dokumentation, S. 82).

Das MfS hatte sich demzufolge durch Inoffizielle Mitarbeiter in den Reihen der Deutschen Volkspolizei zusätzliche Hilfskräfte geschaffen, die den Wünschen der Staatssicherheit auf konspirative Weise Nachdruck verschafften. Dementsprechend wurden die Inoffiziellen Mitarbeiter in der Deutschen Volkspolizei mit der Dienstanweisung 2/79 des Ministers für Staatssicherheit angewiesen,

«– abwehrbezogen das politisch-operative Zusammenwirken zu sichern und dabei ständig die Tatsache zu beachten, daß die DVP (Deutsche Volkspolizei, d. V.) und die anderen Organe des MdI (Ministerium des Innern, d. V.) sowie deren Arbeitsprozesse Objekte der Feindangriffe sind;
– die konkrete operative Kontrolle über in das politisch-operative Zusammenwirken einbezogene Angehörige der DVP oder der anderen Organe des MdI sowie über die Durchsetzung der getroffenen Festlegungen durchzuführen;
– Einfluß auf die ideologische Einstellung und Bereitschaft der Partner in der DVP und den anderen Organen des MdI zu nehmen;
– Initiative in der DVP und den anderen Organen des MdI zur Erhöhung ihrer Wirksamkeit im Interesse der Gewährleistung von Ordnung und Sicherheit auszulösen;
– Einfluß auf die Stabilisierung der Beziehungen zu nehmen und eine lückenlose Information über operativ relevante Probleme, Sachverhalte und Hinweise zu gewährleisten» (ebenda, S. 12).

Der besondere Wert aller Informationen aus dem Innenministerium geht aus dem Referat Mielkes vom 15. Juli 1974 (GVS MfS 600/74) hervor, in dem er von den Kreisdienststellen (KD) des MfS forderte:

«Die KD (Kreisdienststellen, d. V.) müssen wissen, welche Meldungen, Einschätzungen, Analysen, Berichte, Statistiken usw. in den Dienstzweigen der VP periodisch erarbeitet werden, sie müssen festlegen, welche sie davon sofort benötigen und welche ständig beim VPKA (Volkspolizeikreisamt, d. V.) abrufbereit sein müssen; das gleiche trifft zu für alle übrigen gespeicherten Informationen» (zitiert nach: Dokumentation, S. 41).

Der Dienstanweisung 2/79 zufolge waren für die Zusammenarbeit mit dem MdI die Hauptabteilung VII des MfS sowie die Abteilungen VII der Bezirksverwaltungen der Staatssicherheit zuständig. Andere Hauptabteilungen beziehungsweise Abteilungen, die in Teilfragen mit dem MdI oder der Deutschen Volkspolizei zusammenzuarbeiten hatten, mußten sogenannte «Richtungsoffiziere Volkspolizei» zur Hauptabteilung VII beziehungsweise zu den Abteilungen VII entsenden, um über sie ihre Aufgaben abzustimmen.

Angesichts der Bedeutung des MdI und seiner Organe für die staatliche Sicherheit liegt es nahe, daß umfangreiche Maßnahmen erfolgten, um Personen, Arbeitsbereiche und Arbeitsprozesse sowie Objekte des MdI durch das MfS zu kontrollieren und zu überprüfen. Alle damit im Zusammenhang stehenden Maßnahmen regelte die «Dienstanweisung Nr. 2/87 Die politisch-operative Sicherung der Deutschen Volkspolizei und der anderen Organe des Ministeriums des Innern» (VVS MfS 0008-24/87), die Mielke mit Wirkung vom 14. Juni 1987 in Kraft setzte. Bereits aus der Einleitung wird die Grundrichtung der Aktivitäten erkennbar: «Angesichts der Zielstellungen des Gegners, die Arbeiter-und-Bauern-Macht zu untergraben und die stabile Lage sowie die Ordnung und Sicherheit in der DDR zu stören, kommt der DVP (Deutschen Volkspolizei, d. V.) und den anderen Organen des Ministeriums des Innern (nachfolgend unter DVP mit erfaßt) bei der Erfüllung ihres Klassenauftrages, unter allen Lagebedingungen die Ordnung und Sicherheit in der DDR zuverlässig zu gewährleisten, eine bedeutende Verantwortung zu.

Die Versuche des Gegners, in die Reihen der DVP mit dem Ziel einzudringen, die personelle und funktionelle Sicherheit, vor allem die Kampf- und Einsatzbereitschaft, zu beeinträchtigen, erfordern von allen Diensteinheiten des MfS die zuverlässige politisch-operative Sicherung der DVP gegen alle subversiven Angriffe des Gegners» (ebenda, S. 5).

Das daraus resultierende System der Überwachung bezog sich auf alle Angehörigen und Zivilangestellten des Ministeriums des Innern

(MdI) und seiner Organe und umfaßte das Ministerium selbst, die Bezirksbehörden der Deutschen Volkspolizei (DVP) und das Präsidium der Volkspolizei Berlin, die Volkspolizeikreisämter, die VP-Inspektionen, die Betriebsschutzämter, die Wasserschutzpolizei, die Kasernierten Einheiten des MdI, seine Schulen, die Abteilungen Inneres der Räte der Bezirke und Kreise, die Transportpolizei, die Organe des Strafvollzuges, das Wachkommando des Missionsschutzes, den Nachrichtendienst des MdI, die Arbeitsgebiete I der Kriminalpolizei sowie die Betriebsschutzkommandos der Flughäfen und des Fernseh-, UKW- und Richtfunkturms Berlin.

Durch all diese Maßnahmen sicherte sich das MfS einen ständigen Ein- und Überblick über alle wichtigen Ereignisse und Geschehnisse im Bereich des MdI, so daß angenommen werden kann, daß alle wichtigen Stellen dieses Ministeriums beziehungsweise der Deutschen Volkspolizei mit Personen besetzt waren, die das volle Vertrauen des MfS besaßen oder als «Offiziere im besonderen Einsatz» (s. S. 118ff.) direkt dem MfS zugeordnet waren.

g) Die Zusammenarbeit des MfS mit dem sowjetischen KGB und Geheimdiensten anderer Länder

Das MfS unterhielt vor allem über die Hauptabteilung II (Spionageabwehr) Kontakte zu Geheimdiensten vieler Länder. Eindeutige Priorität hatten dabei die Beziehungen zum KGB der Sowjetunion, was wesentlich mit der Entstehung der DDR insgesamt als auch mit der des MfS zusammenhing.

Mitarbeiter des KGB, die nach 1945 in der sowjetischen Besatzungszone tätig waren, übten entscheidenden Einfluß auf das Entstehen deutscher Organe mit geheimdienstlichen und geheimpolizeilichen Befugnissen in diesem Gebiet aus. Nach Bildung der DDR im Jahre 1949 ging aus diesen Organen im Februar 1950 das Ministerium für Staatssicherheit hervor. Sowjetische Berater und Spezialisten leisteten sowohl bei der Gründung des MfS als auch in der Folgezeit wesentliche Unterstützung und bestimmten vor allem in den ersten Jahren seines

Bestehens weitgehend dessen Arbeit. Gleichzeitig erhielten leitende Funktionäre des MfS ihre Ausbildung in der Sowjetunion, und es kann angenommen werden, daß die Minister für Staatssicherheit der DDR, Zaisser, Wollweber und Mielke, bereits vor ihrer Tätigkeit als Minister in enger Beziehung zum KGB standen. Erst in der Mitte der achtziger Jahre – nach dem Amtsantritt von Gorbatschow – gab es auch Tendenzen, sich vom KGB stärker abzugrenzen.

Die überragende, im Grunde genommen anleitende Rolle des KGB gegenüber dem MfS geht auch daraus hervor, daß das KGB beim Ministerium für Staatssicherheit offizielle Vertretungen unterhielt, die nicht nur über alle Fragen der direkten Zusammenarbeit informiert und konsultiert wurden, sondern die eine Art Kontrollfunktion ausübten. Auf diese Weise erhielt das Komitee für Staatssicherheit der UdSSR wesentliche Erkenntnisse des MfS vor allem aus den Bereichen der Spionageabwehr, der Aufklärung und der Terrorabwehr, über oppositionelle Gruppen und Gruppierungen in der DDR und ihre internationalen Verbindungen. All das prägte die engen Beziehungen des MfS zum KGB bis zur Wende in der DDR und zur Auflösung des MfS.

Im einzelnen bestanden neun bilaterale Abkommen über die Zusammenarbeit zwischen dem MfS und dem KGB, die alle diesbezüglichen Fragen regelten; unter anderem wurden darin die Verpflichtungen zwischen den Hauptabteilungen I (Abwehr in NVA und Grenztruppen), II (Spionageabwehr), XVIII (Volkswirtschaft) und XX (Staatsapparat, Kirche, Kunst, Kultur, Opposition) des MfS und den entsprechenden Partnerdiensteinheiten des KGB festgelegt. Hinzu kamen zwei multilaterale Abkommen zwischen Bulgarien, der ČSSR, der DDR, Kuba, der Mongolei, Polen, Ungarn und der UdSSR «Über das System der vereinigten Erfassung von Informationen über den Gegner (SOUD)» sowie über die «Ordnung über das System der vereinigten Speicherung von Daten über den Gegner». Den Abkommen zufolge gingen alle sicherheitsdienstlich relevanten Informationen, die beim MfS gesammelt wurden – auch über Bürger in der alten Bundesrepublik –, in die Speicher des KGB ein, wovon in erster Linie die UdSSR profitierte. Der Mielke-Befehl 11/79 regelte die Arbeit des MfS innerhalb des SOUD, mit der die aus siebzehn Mitarbeitern bestehende Arbeitsgruppe 5 des ZAIG-Referates 4 betraut war. Nach fünfzehn verschiedenen Kategorien wurden Personendaten an den zentralen Speicher in Moskau übermittelt. Zu diesen Personenkategorien gehörten unter anderem Mitarbeiter und Agenten gegnerischer Geheimdienste,

Mitglieder von Terrororganisationen, Mitglieder zionistischer Gruppierungen, feindlicher Emigranten-, klerikaler und anderer Organisationen, Personen mit Einreisesperre, unter ihnen vor allem Übersiedler, Diplomaten und Korrespondenten. Die Arbeit an diesem System begann im Jahre 1979. Insgesamt wurden bis Ende 1989 ca. 75000 Datensätze durch das MfS an den zentralen Speicher übermittelt.

Welche Rolle das KGB der Sowjetunion gegenüber dem MfS der DDR spielte, wird auch aus einer Äußerung Mielkes anläßlich des 25jährigen Bestehens des MfS aus dem Jahre 1975 deutlich: «Eine unschätzbare Hilfe beim Aufbau und bei der Entwicklung der Organe für Staatssicherheit der DDR und im gemeinsamen Kampf gegen die Feinde des Sozialismus leisteten die Angehörigen der sowjetischen Sicherheitsorgane. Die Mitarbeiter des MfS haben von den Tschekisten, die über reiche Erfahrungen verfügten, gelernt, wie der Kampf zu führen ist. Die sowjetischen Genossen haben einen hervorragenden Anteil an der ständigen Erhöhung der Schlagkraft und der Wirksamkeit der Tätigkeit des MfS. Ohne ihre Hilfe wären unsere Erfolge undenkbar.»

Die Beziehungen des MfS zu den Geheimdiensten weiterer Länder lassen sich im wesentlichen in zwei Gruppen einteilen. Die erste Gruppe bildeten die Geheimdienste der europäischen sozialistischen Länder, die dem Warschauer Vertrag angehörten, mit Ausnahme Rumäniens. Die zweite Gruppe umfaßte die analogen Dienste einer Reihe von Entwicklungsländern in Lateinamerika, Afrika und Asien.

Bei den Geheimdiensten Bulgariens, der ČSSR, Polens und Ungarns unterhielt das MfS Operativgruppen in den jeweiligen Hauptstädten und zeitweilig auch Gruppen in Bratislava (ČSSR), am Balaton (Ungarn), an der bulgarischen Schwarzmeerküste, in Leningrad, Kiew und an der «Trasse der Freundschaft» (Erdöl- beziehungsweise Erdgasleitung) in der Sowjetunion. Gegenseitige Rechte, Befugnisse und Verpflichtungen waren durch bilaterale Abkommen geregelt.

Zum rumänischen Geheimdienst «Securitate» unterhielt das MfS seit 1956 keine Arbeitsbeziehungen mehr, die Sicherheitsorgane Rumäniens waren auch nicht in das System gemeinsamer Datenerfassung (SOUD) einbezogen. Das hing mit der Sonderstellung zusammen, die dieses Land zum Warschauer Pakt einnahm, woraus der Verdacht resultierte, die rumänischen Sicherheitsorgane könnten mit Geheimdiensten westlicher Staaten zusammenarbeiten.

Die zweite Gruppe der Kooperationspartner bestand aus den Geheimdiensten Angolas, Sambias und Tansanias, Vietnams, Nordkoreas, Kubas, Nicaraguas, Äthiopiens, Moçambiques, Südjemens und Afghanistans, in deren Hauptstädten das MfS je einen Verbindungsoffizier beschäftigte. Der Verbindungsoffizier in Vietnam hatte dabei gleichzeitig den Kontakt zum Geheimdienst von Laos mit aufrechtzuerhalten. Zumindest in einigen dieser Länder hat das MfS Hilfe beim Aufbau und der Arbeit der dortigen Geheimdienste geleistet.

h) Die Hauptverwaltung Aufklärung (HVA) des MfS

An dieser Stelle muß einschränkend betont werden, daß der bei der Auflösung des MfS gewonnene Erkenntnisstand nicht ausreicht, um umfassend über die Auswirkungen der Tätigkeit der HVA unterrichten zu können. So ist beispielsweise unbekannt geblieben, wieviel Spione – im Selbstverständnis der HVA «Aufklärer» oder «Kundschafter» – tätig waren und wie deren Verteilung in den einzelnen Ländern aussah. Doch kann davon ausgegangen werden, daß es sich bei der HVA um einen der bestfunktionierenden Auslandsgeheimdienste gehandelt hat.

Die Autoren konzentrieren sich vor diesem Hintergrund bei ihren Angaben über den lange Jahre durch Generaloberst Markus Wolf und nach dessen Ausscheiden 1987 durch Generalleutnant Werner Großmann geleiteten Auslandsnachrichtendienst vor allem auf dessen Zielstellung, seine Struktur sowie die eingesetzten Mittel und Methoden, wie sie aus Aktenstudium und Gesprächen mit ehemaligen Mitarbeitern der HVA gewonnen werden konnten.

Aufgabe der Hauptverwaltung Aufklärung war es, die Auslandsspionage der DDR zu organisieren. Ihre Mitarbeiter und die der anderen Diensteinheiten betrachteten die HVA und ihre «Kundschafter» häufig als eine Art Elite des MfS – geliebt, aber auch gehaßt, weil sie großzügigere Möglichkeiten bei ihrer geheimdienstlichen Arbeit besaßen. Die von Geheimdienstspezialisten oftmals gerühmten «Erfolge» der DDR-Auslandsspionage werden nicht zuletzt auf die Person von Markus Wolf zurückgeführt, der – im Gegensatz zu seinen Generalskollegen – durch seine Herkunft aus einem humanistischen Schriftstellerhaus eine gewisse Weltgewandtheit mitbrachte. Offensichtlich gelang es ihm, viele seiner Mitarbeiter, die zum größten Teil über einen Hochschulabschluß verfügten, zu überzeugen, daß sie an einer lohnenden Aufgabe beteiligt wären, die eine gerechtere Gesellschaftsordnung zum Ziel habe. Im Gegensatz zu diesem Image steht jedoch, daß Wolf wie kein anderer die Verantwortung dafür trägt, daß demokratische Bewegungen in der Bundesrepublik Deutschland unterwandert und ausspioniert wurden, daß Menschen auch in den seelischen Ruin getrieben werden konnten, um sie als Informanten zu gewinnen, und daß sogar ihr Leben aufs Spiel gesetzt wurde. Die Spitzeltätigkeit des MfS im Inland und im Ausland bildeten die beiden eng miteinander verzahnten Seiten dieses riesigen Überwachungsapparates.

Schon die Eingliederung der HVA in den Gesamtbereich MfS und die Funktion des Leiters der HVA als einer der vier Stellvertreter des Ministers für Staatssicherheit machen nämlich deutlich, daß eine saubere Trennung zwischen Auslandsspionage und Inlandstätigkeit (Abwehr) nicht zu ziehen ist. Bestrebungen, die HVA aus dem MfS auszugliedern, hat es zwar mehrfach gegeben, sie führten jedoch nicht zum Ziel. Beobachtungen im Ausland waren ohne das Einbeziehen der Botschaften, Konsulate und Angehörigen der betreffenden Staaten im Inland nicht denkbar.

Mitarbeiter der HVA konnten aufgrund der militärischen Gesamtstruktur des MfS zu Großeinsätzen innerhalb der DDR abkommandiert werden. Die Methoden der Anwerbung von Inoffiziellen Mitarbeitern zeigen starke Parallelen zu denen des Inlandes. «Nutzung kompromittierender Materialien und Umstände», sogenannte «Kompromate», aber auch «materielle Abhängigkeitsverhältnisse» kamen zum Einsatz, die Täuschung über die wahre Herkunft und Absicht Offizieller und Inoffizieller Mitarbeiter, sogenannte «Legenden», gehörten zum Handwerkszeug. Reisende aus der DDR wurden als Kuriere geworben. Auch in der Wirtschaftsspionage war eine Trennung zwischen In- und Ausland nicht möglich, denn die Informationen mußten im Inland umgesetzt und, etwa bei westlichen Geschäftsreisen, zum Teil erhoben werden.

Ehemalige Mitarbeiter der Hauptverwaltung Aufklärung versuchten während des Auflösungsprozesses, den Mitgliedern der Bürgerkomitees und anderen an der Auflösung Beteiligten immer wieder nahezubringen, daß die HVA ein Geheimdienst wie jeder andere auf der Welt gewesen sei. Der Erfolg ihrer Bemühungen war, daß sich diese

Abteilung größtenteils selbst auflösen und damit die Spuren ihrer jahrzehntelangen Tätigkeit weitgehend verwischen konnte.

Die Ziele der operativen Arbeit der für Aufklärung zuständigen Diensteinheiten des ehemaligen MfS bestanden – wie aus der «Richtlinie für die Arbeit mit Inoffiziellen Mitarbeitern im Operationsgebiet» (GVS MfS 0008-2/79; s. a. S. 480ff.) hervorgeht – vor allem darin, sogenannte feindliche Stützpunkte und Agenturen in der DDR, in anderen sozialistischen Ländern, in der «kommunistischen Weltbewegung sowie in anderen revolutionären Kräften» aufzudecken und zu zerschlagen. Es sollten möglichst umfassende Kenntnisse «über die wichtigsten Feindzentren, über das feindliche Potential sowie über Widersprüche im Lager des Feindes» erlangt werden, um daraus ableitend «Schläge» gegen diese führen zu können.

Wo diese Tätigkeit konkret zu leisten war, geht aus der Richtlinie 2/79 (S. 478ff.) eindeutig hervor:

«Das Operationsgebiet der Diensteinheiten der Aufklärung erstreckt sich insbesondere auf die USA, die BRD, die anderen NATO-Staaten und Westberlin. Zunehmende Bedeutung gewinnt die operative Arbeit in Richtung VR China, in internationalen Krisenzonen und in ausgewählten Entwicklungsländern. Durch die Arbeit in der BRD sind zugleich günstige Voraussetzungen für die operative Arbeit gegen die USA, die internationalen imperialistischen Organisationen, die anderen imperialistischen Hauptstaaten sowie die VR China zu schaffen.

Die Diensteinheiten der Aufklärung erfüllen ihre Aufgaben in brüderlicher Zusammenarbeit mit den sowjetischen Tschekisten und mit den Sicherheitsorganen der eng befreundeten Staaten. Sie stützen sich auf staatsbewußte Bürger der DDR und solche Personen aus den imperialistischen Staaten und Entwicklungsländern, die geeignet sind, operative Aufträge zu erfüllen.»

Im Herbst 1989, bevor das MfS in Amt für Nationale Sicherheit umgewandelt wurde, waren bei der HVA insgesamt 4128 hauptamtliche Mitarbeiter tätig. Sie waren in Diensteinheiten eingesetzt, deren wesentlichste Merkmale aus dem folgenden Strukturschema der HVA hervorgehen (s. S. 82).

Aus dem Abschlußbericht über die Auflösung der Hauptverwaltung Aufklärung vom 31. Mai 1990 geht hervor, daß bis Oktober 1989 hauptsächlich folgende Bereiche «nachrichtendienstlich» bearbeitet wurden:

STRUKTURSCHEMA DER HVA

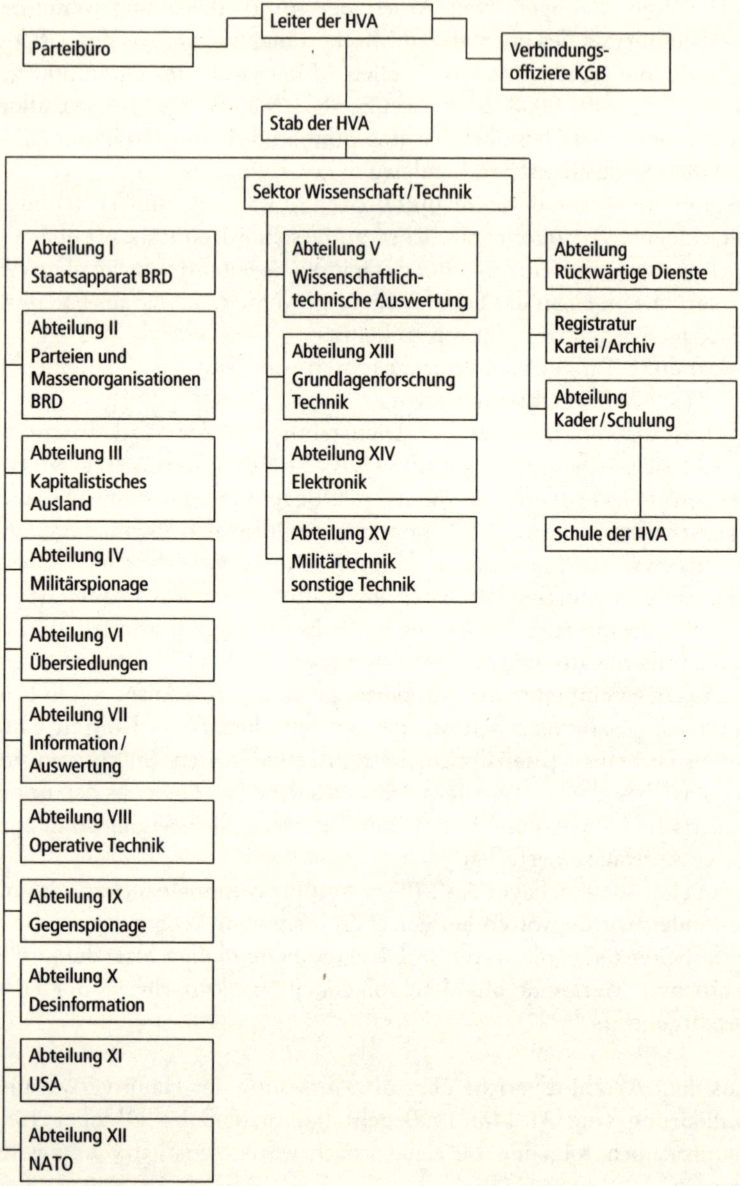

«(1) Rüstungspolitik der BRD, Streitkräfteplanung, Manövertätigkeit, Kriegsfallplanung;
(2) Politik, Struktur der NATO, militärische Planungen, Übungstätigkeit;
(3) Innen- und Außenpolitik der BRD;
(4) Lage in Westberlin;
(5) Wissenschafts- und Technikpolitik der BRD, Konzern- und Industriezweiganalysen;
(6) Wirtschaftspolitik von NATO-Staaten und Konzernen;
(7) Politische Entwicklungen in Europa; Sicherheits- und Abrüstungspolitik, KSZE-Prozeß, westliche Beurteilung der Lage in den sozialistischen Staaten;
(8) Innen- und Außenpolitik der USA und anderer westlicher Staaten;
(9) Bewertung internationaler Ereignisse, insbesondere Prozesse in Krisengebieten mit Spannungsherden, Beurteilung der wichtigsten Entwicklungsländer, der Entwicklungshilfepolitik der westlichen Staaten und der sogenannten Nord-Süd-Problematik;
(10) Äußere Abwehr, d. h. Bearbeitung westlicher Geheimdienste und Sicherungsaufgaben in Auslandsvertretungen der DDR;
(11) Embargo-Maßnahmen der westlichen Staaten / COCOM*, Beschaffung von Informationen und Mustern;
(12) Zusammenarbeit / Unterstützung von Sicherheitsorganen in einigen Ländern der dritten Welt.
Es gab Beratergruppen bzw. Verbindungsoffiziere in Südjemen, Moçambique, Angola, Tansania, Äthiopien und Nikaragua.»

Die Schwerpunkte der Tätigkeit bildeten eindeutig wirtschaftliche, militärische und politische Bereiche sowie die Gegenspionage gegenüber ausländischen Geheimdiensten. Territorial konzentrierte sich die HVA in erster Linie auf die Bundesrepublik und West-Berlin, darüber hinaus auch auf die NATO-Staaten, hierbei besonders die USA, einige junge Staaten der Dritten Welt und zeitweilig China. Die starke Konzentration auf die Wirtschaftsspionage entsprang dem in der DDR herrschenden permanenten Mangel an Devisen und der wissenschaft-

* Controling Commission (for East-West Trade Policy) = Kontrollkommission (für Ost-West-Handelspolitik)

lich-technischen Unterlegenheit gegenüber den westlichen Ländern. Die HVA sorgte auf den verschiedensten Gebieten für einen teilweise umfangreichen illegalen Technologie-Transfer. So war beispielsweise der Ein-Megabit-Chip, der angeblich im Carl-Zeiss-Kombinat entwickelt und um den viel propagandistischer Aufwand betrieben worden war, von der HVA beschafft worden.

Die Schwerpunkte im militärischen Bereich beruhten auf der These, daß der Kalte Krieg auf seiten der Bundesrepublik Deutschland, der NATO und der USA nie aufgegeben worden war. Um die DDR zu schützen, bemühte man sich daher, frühzeitig die Pläne vor allem der Bundeswehr und der NATO zu erkunden. Eine bedeutende Rolle spielten aber auch Versuche, in das politische Leben – insbesondere der Bundesrepublik – einzudringen und wenn möglich auch einzugreifen. Deshalb hatte die HVA ihre Informanten in den Parteien, aber auch in rechts- und linksextremistischen Gruppierungen. Die Einflußnahme erfolgte nicht nur in destruktivem Sinne. Die Ostpolitik der SPD, die eine Anerkennung der DDR anstrebte, versuchte man zu unterstützen, auch wenn diese Politik durch die Enttarnung von Günther Guillaume und dem damit zusammenhängenden Sturz Willy Brandts einen starken Rückschlag erhielt. Über die Bundesrepublik hinaus galt besonders der Sozialistischen Internationale und dem Europaparlament die Aufmerksamkeit der HVA. Einige junge Staaten wurden nachhaltig unterstützt. Von den Geheimdiensten versuchte man insbesondere den Bundesnachrichtendienst (BND), den Militärischen Abschirmdienst (MAD) sowie – abgeschwächt – den Bundesverfassungsschutz (BVS) und außerhalb der Bundesrepublik Deutschland vor allem den CIA auszuspionieren.

Bei den für die HVA interessanten Personenkreisen handelte es sich vor allem um Geheimnisträger in den Dienststellen, Behörden und Einrichtungen der genannten Bereiche beziehungsweise um Personen, die sich durch ihre Herkunft, ihre berufliche Stellung, ihre «Vertrauenswürdigkeit» oder auch ihre besonderen Befähigungen – zum Beispiel auch die Wirkung auf das andere Geschlecht – direkten Zugang zu den gewünschten Informationen verschaffen konnten. Überwiegend waren daher weniger Chefetagen als vielmehr Sachbearbeiter oder Sekretärinnen, die Zugang zu Materialinhalten hatten, für die HVA interessant. Insbesondere solche Personen kamen in Frage, die aufgrund ihrer Möglichkeiten in der Lage waren, Geheimnisträger «abzuschöpfen», oder von denen eine Entwicklung zu erwarten war, die sie perspektivisch in die Lage versetzen würde, an solche Personen heranzukommen.

Zu den Hauptmethoden der Informationsgewinnung zählten einige immer wiederkehrende Praktiken, die sich in Terminologie und Handlungsweise in den meisten Geheimdiensten ähneln. Es handelte sich dabei zum einen um den *unmittelbaren Zugang*. Die Voraussetzung dafür war dann gegeben, wenn ein Mitarbeiter, OibE* oder IM durch seine Stellung direkten Zugang zu den gewünschten Informationen erlangen konnte oder befugt war, mit geheimen Dokumenten umzugehen, oder ohne Mithilfe Dritter sich Zugang dazu verschaffen konnte.

Die Methode der *Abschöpfung* bestand darin, Informationen unter Nutzung stabiler persönlicher Verbindungen zu gewinnen, wobei gegenüber den Gesprächspartnern zu verschleiern war, daß das Interesse dafür geheimdienstlichen Gründen entsprang.

Beim *Einsatz operativer Technik*, die die Abteilung VIII der HVA in Zusammenarbeit mit anderen Diensteinheiten des MfS zur Verfügung stellte, handelte es sich vor allem um das verdeckte Abhören von Nachrichtenkanälen oder um Verfahren, mit denen Schallwellen oder elektrische Impulse aufgenommen, gespeichert und entschlüsselt werden konnten, um so an die gewünschten Informationen zu gelangen.

Die Methode der *Befragung* bedeutete, daß zu den interessierenden Personen zeitlich begrenzte Kontakte hergestellt wurden, ohne daß die Befragten über das Informationsziel und über den Verwendungszweck dessen, worüber sie Auskunft gegeben hatten, Kenntnis erhalten durften.

Schließlich gehörte auch die *gezielte Auswertung und Analyse* zu den gängigen Methoden, wobei offizielle und halboffizielle Materialien und Quellen systematisch ausgewertet wurden, sowie die visuelle *Beobachtung* und *Ermittlung*. Hinzu kommen natürlich auch Praktiken, die in kaum einem offiziellen Dokument der HVA erwähnt wurden, jedoch gang und gäbe waren. So wurde zu einzelnen unter Umständen als Quelle in Frage kommenden Personen korrumpierendes Material gesammelt («Kompromate», Richtlinie 2/79, s. S. 498), um sie dann für eine Mitarbeit erpressen zu können. Freundschaften wurden allein aus geheimdienstlichen Gründen geschlossen, ohne daß die eine Seite dies auch nur ahnte.

* Siehe Abkürzungsverzeichnis S. 524–527

Persönliche Beziehungen wurden mißbraucht, bis dahin, daß einer der Partner zur Herausgabe von geheimen Informationen gezwungen wurde.

Die Rolle der Inoffiziellen Mitarbeiter (IM) der HVA und ihre Kategorien

Im Bereich der HVA waren Inoffizielle Mitarbeiter – ebenso wie bei der nach innen gerichteten Überwachung – von großer Bedeutung, doch hatten diese naturgemäß andere Aufgaben zu erfüllen als die innerhalb der DDR eingesetzten. Demzufolge gab es auch gänzlich andere Kategorien, über die die bereits erwähnte Richtlinie 2/79 (GVS MfS 0008-2/79) Auskunft gibt. Die Spezifizierung der einzelnen IM ist wie in vielen anderen Fällen natürlich eine sehr theoretische. In der Praxis gab es selbstverständlich Abweichungen beziehungsweise Vermischungen der einzelnen Aufgaben.

Als *Quelle* wurden solche IM bezeichnet, die über Pläne, Absichten und Aktivitäten der zu beobachtenden Personen oder Einrichtungen und deren «interne Lagebedingungen» informierten. Sie mußten Zugang zu geheimen Informationen haben oder mußten vertrauliche Kontakte zu Geheimnisträgern besitzen.

IM für besondere Aufgaben wurden für örtlich oder zeitlich begrenzte Aktionen auf den verschiedensten Gebieten eingesetzt, wozu im Einzelfall gesonderte Weisungen erteilt wurden.

Residenten mußten einen legalen Wohnsitz im «Operationsgebiet» haben oder für eine HVA-Tätigkeit übergesiedelt sein beziehungsweise in DDR-Institutionen wie Botschaften oder Kulturzentren legal tätig sein. An sie wurden – obwohl sie IM waren – Anforderungen gestellt, die denen der Offiziere im besonderen Einsatz (OiBE, vgl. dazu S. 118 ff.) gleichkamen. Es war aber auch möglich, daß den in «legal abgedeckten Residenturen» tätigen «Residenten» OibE unterstellt wurden. Diese mußten imstande sein, selbständig zu analysieren, die Arbeitsergebnisse der zu ihnen gehörenden IM auszuwerten und daraus neue Aufgaben abzuleiten.

Gehilfe des Residenten waren IM oder OibE, die Teilaufgaben des «Residenten» erfüllten, zum Beispiel technische Mittel bedienten, konspirative Verbindungen aufrechterhielten und bestimmte IM anleiteten.

Führungs-IM (FIM) hatten die Aufgabe, in der Regel einzelne IM oder «Quellen» zu führen; sie mußten einen ständigen legalen Wohnsitz im «Operationsgebiet» haben.

Werber hatten als IM die Aufgabe, Personen zu suchen und anzusprechen, die für die Ziele der HVA von Interesse und systematisch für eine Zusammenarbeit zu gewinnen waren.

Instrukteure leiteten nach Anweisung der Zentrale in der HVA IM im «Operationsgebiet» an. Sie mußten an Ort und Stelle Entscheidungen treffen können. Über diese Entscheidungen mußte selbstverständlich die betreffende Diensteinheit anschließend informiert werden. Voraussetzung war, daß sie aus ihrer eigentlichen beruflichen Tätigkeit – zumeist in der DDR – konspirativ herauslösbar waren und sich durch eine tatsächliche oder vorgetäuschte Identität im Operationsgebiet aufhalten und bewegen konnten.

Kuriere überbrachten Informationen, geheimdienstliche Technik und Geld. In besonderen Fällen wurde ihre Tätigkeit auch durch Instrukteure mitübernommen.

Funker übermittelten konspirative Informationen zwischen den IM und dem MfS auf funktechnischem Wege. Auch sie mußten entweder im «Operationsgebiet» legal wohnen oder aus der DDR illegal dorthin eingeschleust worden sein.

Perspektiv-IM, in der Regel Studenten, sollten aufgrund ihrer Voraussetzungen später eine Tätigkeit als «Quelle», «IM für besondere Aufgaben», «Werber» oder andere Tätigkeiten als IM ausüben können. Sie sollten längerfristig auf ihr künftiges Aufgabengebiet vorbereitet werden.

Grenz-IM waren vor allem Bewohner des deutsch-deutschen Grenzgebietes, die Personen und Materialien konspirativ über die Grenze schleusen sollten.

Ermittlern war die Aufgabe gestellt, Informationen über für die HVA interessante Personen, Objekte und Sachverhalte zu sammeln.

Sicherungs-IM schließlich wurden vorwiegend zur Informationsgewinnung bei konkreten operativen Vorgängen sowohl im Operationsgebiet als auch in der DDR angeworben.

Selbstverständlich gehörten zu diesem komplizierten Netz von IM auch Inhaber von *Deckadressen* (DA) und *Decktelefonen* (DT), von *konspirativen Wohnungen* (KW) *und Objekten* (KO) sowie *Anlaufstellen*, die Mitteilungen und Materialien an Personen weiterzuleiten hatten, welche sich durch Erkennungszeichen oder Parolen auswiesen.

Auf dem Gebiet der Auslandsaufklärung des MfS wurde auch die sogenannte *Überwerbung* angewandt, das heißt die Gewinnung von Personen, die im Dienste westlicher Geheimdienste standen beziehungsweise in solchen Dienststellen oder Institutionen tätig waren, die mit der Arbeit in Richtung DDR befaßt waren. Es galt den für eine Überwerbung Vorgesehenen fest an den Beziehungspartner, in diesem Fall also den Werber beziehungsweise Führungsoffizier des MfS, zu binden. Zu den Methoden der Überwerbung gehörte hauptsächlich, den Betreffenden mit materiellen Zuwendungen zu gewinnen; aber die HVA setzte auch über ihn beschafftes kompromittierendes Material ein. In der Regel wurde dabei nach dem Prinzip verfahren, den «Werbekandidaten» das sichere Gefühl zu vermitteln, daß eine operative Zusammenarbeit mit der HVA für sie nicht unerhebliche Vorteile mit sich bringen würde, während eine Ablehnung mit größter Wahrscheinlichkeit unangenehme Folgen haben könnte. All das setzte natürlich eine vorherige intensive Überwachung und Überprüfung der Betreffenden voraus.

Eine Besonderheit bei der Gewinnung von Agenten war die *Werbung unter fremder Flagge*. Hier ging es darum, Personen, die über Kenntnisse verfügten oder solche besorgen konnten, an denen operative Diensteinheiten der HVA interessiert waren, unter falscher Firmierung für sich zu gewinnen. Es mußte ihnen also der Eindruck suggeriert werden, als handele es sich bei der Bezugsperson um einen Vertreter eines befreundeten Landes oder um eine solche Institution, zu denen Beziehungen durchaus erlaubt waren. Das setzte umfangreiche Vorbereitungen voraus. Es mußte alles vermieden werden, was auf eine Verbindung zur DDR oder zu anderen sozialistischen Staaten hätte schließen lassen. Dementsprechend waren auch die Art und Weise der Verbindung sowie die zum Einsatz kommenden technischen Mittel auszuwählen. In besonderen Fällen war sogar vorgesehen, eine ganze Gruppe von Mitarbeitern einzusetzen, um eine fingierte Basis aufzubauen, zu der auch bereits unter fremder Flagge gewonnene IM – zum Beispiel angebliche CIA-Mitarbeiter – gehören konnten.

Die Richtlinie 2/79 bestimmt mit Akkuratesse auch das gesamte Arsenal der zur Anwendung gebrachten Mittel und Methoden zur Übermittlung der Informationen und Materialien an die Zentrale. Dazu gehörten Treffs der verschiedensten Varianten, das Anlegen und Nutzen toter Briefkästen, das Schaffen von Anlaufstellen, der Einsatz von Codes, Chiffren, Geheimschreibmitteln, Fototechnik, Nachrichtenübermittlung durch unverdächtige Gegenstände oder Lichtzeichen («Zeichenstellen»), die einseitige Kurzwellenfunkverbindung sowie die «Überwindung des feindlichen Grenzregimes».

Wie penibel jedes Detail von der Staatssicherheit vorgeplant wurde, zeigt die folgende Liste mit «Zeichen für Beobachtung», die nicht nur bei der HVA angewandt wurde:

«1. Achtung! Objekt erscheint
= mit der Hand oder Taschentuch an die Nase fassen
2. Objekt setzt sich in Bewegung, es geht weiter, nachkommen
= mit der Hand über Haar streichen, Hut kurz lüften
3. Objekt bleibt stehen
= eine Hand auf den Rücken legen oder vor dem Bauch halten
4. Beobachter möchte aus konspirativen Gründen abgelöst werden
= bücken und Schuhe neu binden
5. Objekt kommt zurück
= beide Hände auf Rücken oder Bauch
6. Beobachter will Gruppenleiter oder anderen Beobachter sprechen
= Brieftasche oder dergleichen herausnehmen und darin blättern.»

Auch auf eine mögliche Verhaftung von Mitarbeitern oder IM war man vorbereitet. In diesem Falle änderte sich der Auftrag dahingehend, nach Möglichkeit den Anlaß für die Verhaftung zu ergründen, das erworbene Wissen sorgfältig zu bewahren, das Regime der Haftanstalt zu studieren und die eigene physische und psychische Widerstandskraft zu erhalten.

In der Praxis waren jedoch «Quelle», «Instrukteur» und «Werber» die entscheidenden Kategorien. Schon aufgrund der konspirativen Arbeitsweise war es geboten, möglichst wenige Personen an einer Aufgabe zu beteiligen, so daß beispielsweise die Aufgaben eines «Funkers» oder «Kuriers» oft von dem «Instrukteur» mit übernommen wurden.

Zu den Strategien der Hauptabteilung Aufklärung gehörte schließlich auch die Medienarbeit. Nicht nur die Auswertung offizieller Dokumente und Veröffentlichungen erbrachte wesentliche Erkenntnisse, sondern über die Medien konnten auch Meldungen lanciert werden, die bewußt der Desinformation im Ausland dienten.

3. Die materielle und finanzielle Ausstattung des MfS

So wie die personelle Besetzung des ehemaligen MfS war auch seine Ausstattung mit finanziellen Mitteln, Spezialtechnik, Ausrüstung sowie mit Objekten verschiedenster Zweckbestimmung im Vergleich zu anderen Staatsorganen mehr als großzügig gestaltet. Aus diesem Grund war es bei Beginn der Auflösung des MfS zunächst außerordentlich schwierig, überhaupt den aktuellen Stand der Besitztümer zu erfassen; ohne die Mithilfe der Bevölkerung und ohne die Aktivität und Findigkeit der Bürgerkomitees wäre mit Sicherheit manches unaufgeklärt geblieben oder in dunklen Kanälen verschwunden. Und trotz aller Aufmerksamkeit kann sicherlich nicht ausgeschlossen werden, daß das eine oder andere Einrichtungsstück aus konspirativen Wohnungen oder Objekten sowie einiges an elektrischen oder elektronischen Geräten oder ähnlichem aus Büros verschwunden ist. Möglicherweise konnten auch finanzielle Mittel noch vor Beginn der Auflösung des MfS durch geschickte Tarnung beiseite gebracht werden. Zu berücksichtigen ist ferner, daß die Auflösung des AfNS mit Objektbesetzungen, Zerstörungen und zum Teil auch Verbringen des Inventars verbunden war. Insgesamt kam aber relativ schnell eine Gesamtübersicht zustande, wobei es jedoch schwierig beziehungsweise in der Kürze der zur Verfügung stehenden Zeit nicht möglich war, den Wert des Gesamtbesitzes der Staatssicherheit exakt zu bestimmen. Gleichwohl übertraf die Menge des Vorgefundenen die kühnsten Vorstellungen. Das MfS genoß offensichtlich absolute Priorität bei der Ausstattung und bekam alles, was es zu seiner Arbeit benötigte. Vieles, wovon Produktionsbetriebe oder Verwaltungen nur träumen konnten, war beim MfS selbstverständlich. Das schließt nicht aus, daß die einzelnen Diensteinheiten bei ihrer täglichen Arbeit zur Sparsamkeit angehalten wurden.

Anfang September 1990 hatte der Bereich «Materielle Fonds» des Komitees zur Auflösung des MfS festgestellt, daß das Gesamtvermögen des MfS zu diesem Zeitpunkt einen Wert von schätzungsweise bis zu 60 Milliarden DM hatte. Ein exakter wertmäßiger Nachweis ist auch heute kaum möglich, da das MfS aus Gründen der Geheimhaltung oftmals nicht selber als Besitzer oder Rechtsträger auftrat. Manche Objekte des MfS wurden nicht unter dessen Namen geführt, sondern erhielten zur Tarnung die Bezeichnung anderer staatlicher Institutionen wie «Versorgungseinrichtung des Ministerrates (VEM)» oder «Akademie der Wissenschaften». Sie verbargen sich unter den Namen beliebiger volkseigener Betriebe oder kultureller Einrichtungen. Auch wurde mit den Begriffen «Rechtsträger» und «Besitzer» manipuliert. Manche Objekte waren beispielsweise mit Hilfe «operativer Fonds» durch Privatpersonen im Auftrag des MfS erworben und unter deren Namen im Grundbuch eingetragen worden. Auch die Feststellung des Wertes eines Teiles der Objekte war schwierig, weil Abschreibungen oder Werterhöhungen nicht fortgeschrieben wurden oder weil Unterlagen darüber in Archive eingelagert waren, in die zu diesem Zeitpunkt noch nicht eingesehen werden konnte.

Aus dem Staatshaushalt wurden 1989 für das ehemalige Ministerium für Staatssicherheit Haushaltsmittel in Höhe von 3,6 Milliarden Mark bereitgestellt. Das entsprach 1,3 Prozent des Staatshaushaltes der DDR. Darin waren Aufwendungen für den Personalbestand in Höhe von 2,4 Milliarden Mark und für Bauinvestitionen, Technik, Ausrüstung, Energie und Treibstoff in Höhe von 1,2 Milliarden Mark enthalten. Seit Mitte der achtziger Jahre wurden jährlich 1,2 bis 1,4 Milliarden Mark für Investitionsmaßnahmen und für Technik ausgegeben. Devisenausgaben (Valutamittel) für operative Aufgaben wurden 1989 in Höhe von 29,9 Millionen DM für das nichtsozialistische Wirtschaftsgebiet und 7,9 Millionen Mark für das sozialistische Wirtschaftsgebiet abgerechnet.

Aus einem Bericht des Aufgabenbereichs «Materielle Fonds» des Staatlichen Komitees zur Auflösung des MfS vom 4. September 1990 geht hervor, daß das Ministerium beziehungsweise sein Nachfolger, das Amt für Nationale Sicherheit (AfNS), über folgende Objekte in der DDR verfügte – in Rechtsträgerschaft oder in Nutzung:

– 1262 Dienstobjekte
  Darunter wurden die zu dienstlichen Zwecken genutzten, in sich geschlossenen Komplexe, einzelstehende Gebäude und Grundstücke erfaßt. Größe und Zweckbestimmung der Objekte waren unterschiedlich (zum Beispiel Dienstkomplex Normannenstraße, Bezirksverwaltungen, Kreisdienststellen, technische Objekte, Nach-

richten- und Funkobjekte, Lager, Kasernen, medizinische Einrichtungen).

- 1181 konspirative Objekte
  Hierbei handelte es sich um Objekte unterschiedlicher Art und Zweckbestimmung, die überwiegend für die geheimdienstliche Tätigkeit genutzt und durch unterschiedliche Legenden abgedeckt wurden.
  342 Objekte waren davon über die Versorgungseinrichtung des Ministerrates (VEM) legendiert.
- ca. 18000 Wohnungen (bzw. Teilnutzung in Wohnungen)
  Von diesen befanden sich zuletzt 9912 Mietwohnungen in 1310 Gebäuden beziehungsweise Aufgängen im Bereich Berlin in der Rechtsträgerschaft des AfNS (ohne Wohnungen der Berliner Bezirksverwaltung). Es handelte sich um Wohnungen in Neubaugebieten als Komplex, Einzelgebäude, Einzelwohnungen, Ein- und Mehrfamilienhäuser. Darunter waren insgesamt 5503 Konspirative Wohnungen, die sich vorzugsweise im öffentlichen Bereich (Kommunale Wohnungsverwaltungen, Arbeiterwohngenossenschaften, private Vermieter) befanden und unter einer Legende als Wohnung oder Wohnraum genutzt wurden.
- 14 Gästehäuser
  Diese waren überwiegend repräsentative Objekte mit hohem Ausstattungsgrad und in der Regel geringer Bettenzahl.
- 305 Erholungsobjekte
  Dazu zählten Ferienheime sowie Naherholungsobjekte mit Bungalows.
- 99 Sportobjekte
  Das ehemalige MfS war einer der drei Träger der Sportvereinigung (SV) «Dynamo», deren Vorsitzender Erich Mielke war. Bei diesen Objekten handelte es sich um von der SV «Dynamo» genutzte Anlagen, wie das Sportforum Berlin, Sportklubs, Leistungszentren usw.
- 67 Führungs- und Sendestellen
  Diese waren als Bunker für Führungsstellen und Nachrichtenzentralen im Verteidigungszustand vorbereitet.
- 51 unbebaute Flächen und Einzelgrundstücke
- 35 sonstige Objekte
  Dies waren verpachtete und von Betrieben genutzte Grundstücke.

Das MfS verfügte mit seinem *Medizinischen Dienst* auch über ein vollkommen eigenständiges Gesundheits- und Sozialwesen. Dazu gehörten ein Krankenhaus in Berlin-Buch mit 260 Betten, das Haftkrankenhaus in Berlin-Hohenschönhausen, eine Poliklinik und mehrere Ambulatorien und Sanitätsstellen in den Bezirksverwaltungen, im Wachregiment und an der Hochschule in Potsdam. Hinzu kamen noch einige Laboratorien, zum Beispiel auf den Gebieten der Lebensmittel- und Arbeitshygiene.

Hinsichtlich der Verwendung und der Beschaffenheit der Objekte gab es einige besondere Merkmale, die sich schon von den äußeren Bedingungen her von anderen, vergleichbaren Objekten unterschieden. Dazu gehörten vor allem die extrem hohen Schutz- und Sicherheitsansprüche; sie waren mit aktiver beziehungsweise passiver Sicherheitstechnik ausgestattet und in der Regel durch Wachpersonal bewacht. Einige Objekte trugen eindeutig den Charakter von militärischen Einrichtungen oder auch von Schutzbauten, andere täuschten einen zivilen Charakter vor. In vielen Fällen wurden unverhältnismäßig große Flächen beansprucht, die zum Teil als Tarnung, zum Teil als Sicherheitszonen dienten. Selbst Bunker waren teilweise durch zivile Bauten getarnt.

Zahlreiche Objekte waren so ausgerüstet, daß ihre Überführung in eine zivile Nutzung nur unter großen Schwierigkeiten möglich war. Oftmals erfüllten sie völlig andere Zwecke, als es der äußere Anschein vermuten ließ. Hinzu kam, daß Objekte des MfS und seiner Diensteinheiten nicht nur in abgelegenen Gegenden, sondern auch in Städten und Dörfern oftmals über eine eigene, unabhängige Versorgung verfügten, mit überdimensionierter Lagerhaltung auf den verschiedensten Gebieten und ebenso reichlich bemessenen Entsorgungseinrichtungen.

Was die Art und Weise des Erwerbs von Grundstücken und Objekten durch das MfS anbetrifft, so wurden in der Regel die Gesetze zwar formaljuristisch eingehalten, doch war man bei der Wahl der Gesetze, auf die man sich stützte, recht einfallsreich. So wurde häufig auf den Paragraphen 10 des Verteidigungsgesetzes zurückgegriffen, um sich in den Besitz gewünschter Flächen zu setzen, wobei die Räte der Kreise als Erfüllungsgehilfen auftreten mußten. Aus Berichten ehemaliger Besitzer von Gebäuden oder Grundstücken geht außerdem hervor, daß ihnen gegenüber Schikanen angewandt oder sie im Zusammenhang mit einem Ausreiseantrag genötigt wurden, ihre Grundstücke unter Preis zu verkaufen beziehungsweise abzutreten.

Die Baukapazitäten des ehemaligen MfS/AfNS waren beträchtlich und beliefen sich auf eine Höhe von ca. 110 Millionen Mark Jahresleistung; Ausführende waren der VEB Spezialhochbau Berlin und der VEB Raumkunst Berlin.

Auch das *bewegliche Sachvermögen* des MfS war enorm. So wurden beispielsweise Stahlschränke für einige zehntausend Arbeitsplätze vorgefunden, desgleichen Büromöbel und Bürotechnik; Einrichtungsgegenstände in militärischen Objekten gab es für weit über 10000 Unterkunftsplätze. Allein in den Kraftfahrzeugdiensten betrug der Wert der materiellen Bestände 17,6 Millionen Mark der DDR.

An *Kraftfahrzeugen* verfügte das MfS insgesamt über
12903 Personenkraftwagen,
5456 Nutzkraftwagen,
1212 Zweiradfahrzeuge und
2984 Anhänger für Straßenfahrzeuge.

Vorgefunden wurden auch *Kunstgegenstände und Antiquitäten* wie Bilder, darunter Originale von Käthe Kollwitz, Porzellan, Skulpturen und Stilmöbel – vor allem in den Gästehäusern beziehungsweise in den Büros leitender Funktionäre des MfS – sowie Bücher, Briefmarken, Nachrichten- und EDV-Technik von beträchtlichem Wert. Bei vielen dieser Gegenstände ist die Herkunft ungeklärt; sicher ist, daß vor allem Bücher massenweise aus westlichen Geschenksendungen entnommen wurden.

Die *Bewaffnung* im ehemaligen MfS einschließlich des Wachregimentes wies folgende Bestände aus:
124503 Pistolen und Revolver, davon ca. 60000 in den Bezirken;
76592 Maschinenpistolen, davon ca. 31000 in den Bezirken;
3611 Scharfschützengewehre, davon ca. 1280 in den Bezirken;
449 leichte Maschinengewehre, davon 32 in den Bezirken;
766 schwere Maschinengewehre, davon 108 in den Bezirken;
3537 Panzerbüchsen, davon 1725 in den Bezirken;
342 Flugabwehr-Maschinengewehre, Kaliber 14,5 mm;
48 Polizeiflinten und
3303 Leuchtpistolen (nach: Dokumentation, S. 72).

4. Die Inoffiziellen Mitarbeiter (IM) und die Gesellschaftlichen Mitarbeiter für Sicherheit (GMS) des MfS

a) Rolle und Bedeutung der Inoffiziellen Mitarbeiter und Kriterien für ihre Arbeit

Zentrale Aufgabenstellung des MfS war es, alle Bereiche des Lebens in der DDR, Politik, Wirtschaft, Kultur, Wissenschaft, Jugend, Kirche, Sport usw., lückenlos zu überwachen, über alles, was die Menschen denken, worüber und wie sie sich äußern, Bescheid zu wissen, kritische Meinungen sofort zu erfahren, oppositionelle Bestrebungen frühzeitig zu erkennen und im Keim zu ersticken. Diese Aufgabe war selbst mit einem so gewaltigen Apparat wie dem des MfS mit seinen über 85000 (99000?, s. S. 35) hauptamtlichen Mitarbeitern kaum zu bewältigen, zumal die meisten der beim MfS Beschäftigten ihre Tätigkeit vor Verwandten, Freunden und Bekannten in der Regel nicht dauerhaft geheimhalten konnten. Auch wäre es unmöglich gewesen, die Mitarbeiter mit dem ganzen umfangreichen Fachwissen auszustatten, das erforderlich war, um in die einzelnen Teilbereiche des politischen, wirtschaftlichen, wissenschaftlichen und kulturellen Lebens im Land wirklich einzudringen und die dort ablaufenden vielschichtigen Prozesse auch nur annähernd verstehen zu können.

Aus der inneren Logik des Auftrages des MfS folgte es, neben den Festangestellten eine große Anzahl «freier» Mitarbeiter zu gewinnen, die in den verschiedenen gesellschaftlichen Bereichen sach- und fachkundig waren, die auch in «MfS-ferne» Zusammenhänge wie Kirche oder Kultur fest integriert waren, die zugleich aber auch zuverlässig sein mußten, denn von ihren Berichten hing wesentlich ab, daß sich die hauptberuflich beim MfS und seinen Diensteinheiten Tätigen ein möglichst klares Bild von der Situation im Land machen konnten.

Für diese dem MfS außerordentlich wichtigen Aufgaben bediente es sich sogenannter Inoffizieller Mitarbeiter (IM), deren Zahl sich von

Jahr zu Jahr erhöhte; nach Aussagen ehemaliger MfS-Mitarbeiter handelte es sich beim Zusammenbruch des MfS um ca. 109000 Personen. Es ist jedoch wahrscheinlich, daß ihre Zahl wesentlich höher war, denn ein Teil der Unterlagen wurde noch vor Auflösung des MfS vernichtet; außerdem wurde jedes Jahr eine beträchtliche Anzahl von IM «stillgelegt», also archiviert und durch andere ersetzt beziehungsweise erweitert, so daß die Gesamtzahl der in der DDR in den 40 Jahren ihrer Existenz tätigen IM bislang unbekannt ist. Fest steht jedoch, daß sich das MfS von seiner Gründung an solcher Mitarbeiter bediente. Diese hatten ursprünglich andere Bezeichnungen – zum Beispiel «Geheimer Informant» (GI) oder «Inoffizieller Mitarbeiter Sicherheit» (IMS) –, und sie waren auch anders spezialisiert; aber eingesetzt wurden sie, solange das MfS bestand.

Welch hohen Stellenwert die Führung des MfS den Inoffiziellen Mitarbeitern beimaß, wird aus zahlreichen Dokumenten, Weisungen und Befehlen Mielkes deutlich. Ihre Arbeit wurde mit geradezu akribischem Perfektionismus geregelt durch die «Richtlinie Nr. 1/79 für die Arbeit mit Inoffiziellen Mitarbeitern (IM) und Gesellschaftlichen Mitarbeitern der Sicherheit (GMS)», die von Mielke selbst unterzeichnet wurde und mit Wirkung vom 1. Januar 1980 in Kraft trat (GVS MfS 0008-1/79; s. S. 414ff.). Auch wenn die Richtlinie zum Teil eher ein Programm darstellte und in der Praxis womöglich nicht immer Punkt für Punkt befolgt wurde, ergeben sich aus ihr wesentliche Anhaltspunkte für die konkrete Arbeit der IM.

Über die allgemeine Bedeutung der IM für die Arbeit des MfS heißt es in der Einleitung der Richtlinie: «Der zuverlässige Schutz der gesellschaftlichen Entwicklung, die allseitige Gewährleistung der inneren Sicherheit der DDR und die Stärkung der sozialistischen Staatengemeinschaft erfordern die weitere Verstärkung der Arbeit am Feind und der vorbeugenden, schadensverhütenden Arbeit. Damit ist wirksam zur kontinuierlichen Durchsetzung der Politik der Partei- und Staatsführung beizutragen.

Die erforderliche hohe gesellschaftliche und politisch-operative Wirksamkeit der politisch-operativen Arbeit insgesamt ist durch eine höhere Qualität und Wirksamkeit der Arbeit mit den IM – der Hauptwaffe im Kampf gegen den Feind – zu erreichen.

Es ist stets davon auszugehen, daß die Arbeit mit den IM Arbeit mit Menschen ist, die sich aus positiver gesellschaftlicher Überzeugung und aus anderen Beweggründen zur inoffiziellen Zusammenarbeit mit dem MfS bereit erklärten und mit denen wir gemeinsam den Feind aufzuspüren und zu bekämpfen haben» (s. S. 417).

Vor diesem Hintergrund waren die Leiter der operativen Diensteinheiten (zum Beispiel XX, II, XIX, sie führten vor allem IM) angewiesen, «die Durchsetzung der Aufgabenstellung zur weiteren Erhöhung der Qualität und Wirksamkeit der Arbeit mit den IM» (s. S. 417) nicht nur gebührend zu beachten, sondern diese ins Zentrum ihrer Aufmerksamkeit zu rücken und sie als die Hauptaufgabe ihrer Leitungstätigkeit zu betrachten. In ähnlicher Weise wurden auch die sogenannten IM-führenden Mitarbeiter beauftragt, bei der unmittelbaren Arbeit mit diesen für eine hohe Effektivität zu sorgen und möglichst viele Informationen zu sammeln.

Durch die Leiter der einzelnen Diensteinheiten wurden jährlich ausführliche Konzeptionen erarbeitet, wie die Inoffiziellen Mitarbeiter der jeweiligen Diensteinheit zu nutzen wären, wie die Arbeit mit den IM verbessert und ob eventuell effektivere Treffs durchgeführt werden könnten. Für jeden IM wurde die Hauptrichtung der Arbeit genau festgelegt.

Die wichtigste Aufgabe der IM war es, solche Informationen zu beschaffen, die nur mit konspirativen Mitteln zu gewinnen waren und die einen hohen Gehalt an verwertbaren Mitteilungen über zu beobachtende Personen oder Prozesse enthielten. Dies war der Ausgangspunkt dafür, um alle «subversiven Angriffe des Feindes» bekämpfen zu können.

Als «operativ bedeutsame Information» wurden zunächst vor allem solche angesehen, die von außerhalb der DDR – vorwiegend aus der Bundesrepublik Deutschland und West-Berlin – zu beschaffen waren. Dabei handelte es sich der Richtlinie zufolge insbesondere um «Informationen über Pläne, Absichten, Maßnahmen, Mittel und Methoden der agenturführenden Dienststellen der imperialistischen Geheimdienste, der Zentren der politisch-ideologischen Diversion und anderer Zentren, Institutionen, Organisationen und Kräfte, von denen subversive Angriffe gegen die DDR ausgehen, einschließlich entsprechender Konzerne, der kriminellen Menschenhändlerbanden, deren Auftraggeber und Hintermänner sowie solcher feindlicher Kräfte, die von legalen Positionen aus in der DDR subversiv tätig werden» (s. S. 418). In solchen Formulierungen spiegelte sich die Auffassung der SED-Führung und damit auch des MfS wider, daß Widerspruch oder Widerstand in der DDR in erster Linie das Werk von Kräften sei, die *von außen* wirkten und Bürger der DDR auf falsche Bahnen zu bringen versuchten.

Für wichtig wurde es dabei angesehen, ob sich aus bereits abgeschlossenen oder noch abzuschließenden völkerrechtlichen Verträgen Angriffspunkte ergaben, von denen aus versucht werden könnte, Operationen gegen die DDR zu unternehmen – ein Hinweis auf die «Verarbeitung» der Entspannungspolitik in der «Sicherheitsphilosophie» des MfS. Auch Informationen über «neue Erscheinungsformen, Zentren, Institutionen, Organisationen, Kräfte, Initiatoren und Kanäle der politisch-ideologischen Diversion und der gegnerischen Kontaktpolitik/Kontakttätigkeit» (s. S. 419) wurden verlangt.

Vor allem ging es den Auftraggebern aber darum, von den IM Hinweise zu bekommen, ob es Erscheinungen der «Organisierung eines politischen Untergrundes in der DDR» gäbe. Von ähnlichem Interesse war es, Auskunft über jene Organisationen zu erhalten, die DDR-Bürger in die Bundesrepublik Deutschland oder nach West-Berlin ausschleusten. Wichtig war den Auftraggebern auch, über das Verhalten, das Auftreten, die Verbindungen und Absichten von Übersiedlern informiert zu werden, die aus der Staatsbürgerschaft der DDR entlassen worden waren und sich ständig im sogenannten «Operationsgebiet» – worunter die Bundesrepublik Deutschland und andere NATO-Mitgliedsländer zu verstehen waren – aufhielten.

Solche Informationen waren durch den Einsatz von IM in den «feindlichen Stellen» zu gewinnen. Das bedeutete, daß die eingesetzten IM direkte Verbindungen zu den betreffenden Organisationen hatten, also oftmals in ihnen selbst tätig waren, um die dortigen Mitarbeiter auszuhorchen, Materialien zu beschaffen und auf diese Weise in den Besitz verwertbarer Informationen zu gelangen; von diesen konnten wiederum Rückschlüsse auf die Wirkung auf bestimmte Bevölkerungsgruppen in der DDR gezogen werden. Einen Schwerpunkt der Informationsbeschaffung stellten sogenannte «feindlich-negative» Personen, Gruppen und Gruppierungen in der DDR dar. Das MfS überwachte alle Erscheinungsformen «politischer Untergrundtätigkeit» (PUT) und «politisch-ideologischer Diversion» (PID); es suchte nach Informationen und Beweisen über Spionagetätigkeit «der imperialistischen Geheimdienste und ihrer Agenturen», forschte nach möglicherweise geplanten Terrorhandlungen, nach Erscheinungsformen weltanschaulicher Beeinflussung im Sinne westlicher Wertmaßstäbe und richtete sich gegen Versuche von Bürgern der DDR, die Übersiedlung in den Westen zu erreichen. Auch Mitarbeiter diplomatischer Vertretungen wurden überwacht.

Insbesondere waren IM einzusetzen, um Informationen und Beweise über Erscheinungen sogenannter «staatsfeindlicher Tätigkeit» zu sammeln, die in operativen Vorgängen (siehe dazu S. 131ff.) zu bearbeiten waren. Sie sollten aber auch solche Straftaten der allgemeinen Kriminalität erkennen und melden, die nach Auffassung des MfS Gefahren für die politische Gesamtsituation in der DDR beinhalteten, also in enger Beziehung zu «Staatsverbrechen» standen. Auf diese Weise wurde versucht, politisch Andersdenkende zu kriminalisieren.

Interessiert war das MfS ferner an IM-Berichten, die Hinweise darauf geben konnten, wo gesetzliche Bestimmungen verletzt wurden und dadurch Störungen, Havarien, Brände oder ähnliches entstehen konnten. Das MfS sammelte alle Informationen über das Fehlverhalten von Leitern in staatlichen und wirtschaftsleitenden Organen, in Betrieben und Einrichtungen und registrierte auch genau sogenannte «negative Einstellungen»; solcherlei Erkenntnisse, die nicht zuletzt einen Ansatzpunkt für Erpressungsversuche des MfS bildeten, wurden auch über andere Personen in verantwortlichen Positionen, zum Beispiel in Schutz- und Sicherheitsorganen, systematisch angelegt.

Alle diese Informationen waren keineswegs nur passiv zu sammeln, also etwa in dem Maße, wie sie umständehalber anfielen, sondern die Richtlinie 1/79 legte eindeutig fest, daß durch die jeweils zuständigen Leiter der Diensteinheiten entsprechende Jahrespläne, Sicherungs- und Bearbeitungskonzeptionen sowie Operationspläne auszuarbeiten waren. Die mittlere Führungsebene des MfS hatte dafür zu sorgen, daß die vom jeweiligen IM zu gewinnenden Informationen genau aufgeschlüsselt wurden, wofür spezielle Einsatz- und Entwicklungskonzeptionen für die IM auszuarbeiten waren.

Die zweite Aufgabe der IM bestand darin, an ihren Einsatzorten Veränderungen herbeizuführen, damit die offiziellen und inoffiziellen Mitarbeiter des MfS besser wirksam werden konnten. IM waren zum Beispiel einzusetzen, um Planmanipulierungen, Fehlinformationen, personelle Unsicherheitsfaktoren oder sich anbahnende «feindlich-negative» Handlungen zu erkennen und soweit wie möglich zu verhindern. Insbesondere ging es um das Einschränken des Einflusses jener Personen und Personenkreise, die von der vorgegebenen Denk- und Verhaltensweise abwichen. Die IM sollten daran mitwirken, solche

Gruppierungen zu «zersetzen», das Wirksamwerden solcher «personeller Stützpunkte» einzuschränken, sie zu lähmen und schließlich zu zerschlagen.

Nicht zuletzt verlangte die Richtlinie von den IM einen hohen Grad an Wachsamkeit und Geheimhaltung. Die Leiter der Diensteinheiten des MfS sollten deshalb die IM-führenden Mitarbeiter – manchmal selber IM – und die IM anhalten, die Regeln der Konspiration zu befolgen, wachsam zu sein und eine «tschekistische Einstellung» zu entwickeln. Vor der Durchführung von Aufträgen sollte insbesondere die vorgegebene Verhaltenslinie gründlich erläutert werden; ferner sollten die IM in die Lage versetzt werden, mit Legenden zu arbeiten, das heißt jederzeit über Pseudobegründungen für ihr Verhalten und Auftreten verfügen können.

Aufgabe der Diensteinheiten war es auch, die von ihr geführten IM ständig gründlich zu überprüfen, um zu verhindern, daß es zu Doppelagententätigkeit kam. Zwischen den IM und den zuständigen Diensteinheiten des MfS sollte immer ein zuverlässiges Verbindungssystem aufrechterhalten werden. Schließlich war ein ständig zu aktualisierender Nachweis darüber gefordert, welche Mitarbeiter des MfS die IM persönlich kannten, wer Einsicht in IM-Vorgänge genommen hatte und welche konspirativen Wohnungen oder konspirativen Objekte von den IM aufgesucht worden waren.

Mielke selbst war an den IM außerordentlich interessiert und maß deren Arbeit einen hohen Stellenwert bei. Charakteristisch dafür ist ein Zitat aus seinem Referat zur Arbeit der Kreisdienststellen des MfS vom 26. Oktober 1988 (GVS MfS 0008-41/88). Darin erhob er ausdrücklich die Forderung zu «prüfen, ob ausreichend IM in erforderlicher Qualität unter Jugendlichen, besonders EOS-Schülern, Studenten an Hoch- und Fachschulen, in der Gesellschaft für Natur und Umwelt, in kirchlichen Basisgruppen, in den Gemeindekirchenräten, in Personengruppen, die sich mit ökologischen und Menschenrechtsproblemen beschäftigten, unter der medizinischen und der im Bereich Forschung tätigen Intelligenz, in entsprechenden Schlüsselpositionen des Kulturbundes, in der Abteilung Inneres und Kultur (der Räte der Kreise, d. V.) sowie in den bedeutsamsten kulturellen Einrichtungen des Kreises vorhanden sind» (zitiert nach: Dokumentation, S. 37f.).

b) Die unterschiedlichen Kategorien von Inoffiziellen Mitarbeitern

Die unterschiedlichen Anforderungen an die praktische Arbeit der IM spiegelten sich auch in der Art und Weise ihres Einsatzes wider. Grundsätzlich sollten sie entsprechend ihrer beruflichen Ausbildung, ihrer persönlichen Fähigkeiten und Neigungen ausgesucht werden, ihr Einsatz sollte nach genau differenzierten Zielsetzungen erfolgen. In der Richtlinie 1/79 wird zwischen insgesamt sechs Kategorien von IM unterschieden:

IM zur politisch-operativen Durchdringung und Sicherung des Verantwortungsbereiches (IMS)

Bei den IMS handelte es sich um die zahlenmäßig stärkste Gruppe von Inoffiziellen Mitarbeitern, die in allen Bereichen der Wirtschaft, des öffentlichen Lebens, in der Wissenschaft, den Kirchen, im Sport usw. eingesetzt wurden. Ihre Tätigkeit war eindeutig nach innen gerichtet; sie sollten also Auffassungen, die von der durch die Partei- und Staatsführung vorgegebenen Linie abwichen, aufklären oder verhindern. Sie waren ein wesentlicher Faktor bei der flächendeckenden Überwachung der DDR-Bürger.

In der Richtlinie werden die IMS als IM definiert, «die wesentliche Beiträge zur allseitigen Gewährleistung der inneren Sicherheit im Verantwortungsbereich leisten, in hohem Maße vorbeugend und schadensverhütend wirken und mithelfen, neue Sicherheitserfordernisse rechtzeitig zu erkennen sowie durchzusetzen. Ihre Arbeit muß der umfassenden, sicheren Einschätzung und Beherrschung der politisch-operativen Lage im Verantwortungsbereich und der Weiterführung des Klärungsprozesses ‹Wer ist wer?› dienen» (s. S. 424).

Aufgabe der IMS war es, Informationen über Personen und Personenkreise zu erlangen und damit die Frage zu klären, wie sich der einzelne zur Gesellschaftsform der DDR verhalte, also die Frage «Wer ist wer?» klären zu helfen. Ebenso waren Erkenntnisse über Prozesse und Bereiche zu erarbeiten, die unter sicherheitspolitischen Aspekten für das MfS von besonderer Bedeutung waren. Insbesondere sollten sie Hinweise auf politisch abweichende, «feindlich-negative» Handlungen aus diesem Umfeld liefern.

Eine besonders wichtige Aufgabe der IMS lag darin, Hinweise über Personen und Personenkreise zu erarbeiten, die im Verdacht standen, Kontakt zu oppositionellen Gruppen in der DDR zu haben. Dabei sollten sie klären, auf welche Art und Weise – eventuell von außerhalb der DDR, insbesondere aus der BRD – auf solche Personen und Personenkreise Einfluß genommen werden könnte. IMS wurden aber auch eingesetzt, um Sicherheitsüberprüfungen oder Kontrollmaßnahmen bei Personen durchführen zu können, für die das MfS besonderes Interesse zeigte. Zur Lösung von Teilaufgaben bei Fahndungen, Ermittlungen und Beobachtungen wurden sie ebenfalls herangezogen.

Aus den Aufgaben der IMS resultierten auch die Anforderungen an sie. Sie mußten aufgrund ihrer beruflichen und gesellschaftlichen Stellung und den sich daraus ergebenden Rechten und Pflichten in der Lage sein, entsprechende Kontakte herzustellen, Einfluß auf Personen oder Prozesse zu nehmen und über genügend Zeit verfügen, um solche diffizilen Aufgaben lösen zu können. Zu den Forderungen, die an sie gestellt wurden, gehörte auch die Fähigkeit, geschickt mit Menschen umgehen zu können; sie mußten also über ausreichende Lebenserfahrung verfügen, zur Konspiration in der Lage sein und selbständig erkennen können, was für das MfS von Bedeutung sein könnte. Verlangt wurde ferner eine langjährige stabile Bindung an das MfS.

IM der Abwehr mit Feindverbindung bzw. zur unmittelbaren Bearbeitung im Verdacht der Feindtätigkeit stehender Personen (IMB)

IMB waren besonders sorgfältig ausgewählte Inoffizielle Mitarbeiter, die meistens vorher über einen längeren Zeitraum als IMS tätig waren. Sie hatten Zugang zu oppositionellen Gruppen oder waren mit Persönlichkeiten befreundet, die mit der offiziellen Staatsauffassung nicht übereinstimmten beziehungsweise diese ablehnten.

In der Richtlinie werden sie als IM definiert, «die unmittelbar und direkt an feindlich tätigen Personen oder im Verdacht der Feindtätigkeit stehenden Personen arbeiten, deren Vertrauen besitzen, in ihre Konspiration eingedrungen sind und auf dieser Grundlage Kenntnis von deren Plänen, Absichten, Maßnahmen, Mitteln und Methoden erhalten, operativ bedeutsame Informationen und Beweise erarbeiten sowie andere Aufgaben zur Bekämpfung subversiver Tätigkeit sowie zum Zurückdrängen der sie begünstigenden Bedingungen und Umstände lösen» (s. S. 426).

Bei den IMB handelte es sich also nicht, wie man vielleicht annehmen könnte, um IM der für Auslandsspionage zuständigen Hauptverwaltung Aufklärung (HVA) des MfS, sondern sie unterstanden Diensteinheiten des MfS in der DDR. Allerdings waren sie unter Umständen auch im sogenannten Operationsgebiet Bundesrepublik Deutschland tätig, ohne dabei aber Aufträge der HVA zu erfüllen.

Der Einsatz von IMB war vorwiegend dazu gedacht, in die «Konspiration feindlicher Stellen und Kräfte» einzudringen, um feststellen zu können, aus welcher oder in welche Richtung sogenannte subversive Aktionen erfolgen könnten. Sie hatten aufzuklären, auf welche Weise «Stützpunkte» und «Agenturen» in der DDR eingerichtet werden sollten, welche Verbindungswege dazu bestanden und welche technischen Mittel dazu verwandt wurden. Ferner gehörte zu ihren Aufgaben das «Erkennen, Identifizieren und Aufklären von Mitarbeitern feindlicher Stellen» sowie die «offensive Bearbeitung erkannter Mitarbeiter im Operationsgebiet» (s. S. 426). Das konnte zum einen bedeuten, daß diese Mitarbeiter für eine Tätigkeit im MfS geworben oder zum Abbruch ihrer Tätigkeit gebracht werden sollten. Dabei blieb es jedoch nicht. Die IMB hatten auch den Auftrag der «tatbestandsbezogenen Aufklärung der Täterpersönlichkeit mit dem Ziel des Nachweises des dringenden Verdachts von Straftaten, insbesondere von Staatsverbrechen» (s. S. 427). Im Klartext heißt das, die betreffenden IMB hatten dem MfS solches Material zu liefern, aus dem sich Untersuchungsverfahren konstruieren ließen mit dem Ziel, Personen mit abweichenden politischen Auffassungen krimineller Delikte zu bezichtigen.

Zur Erfüllung dieser Aufgaben sollten die IMB vertrauliche Beziehungen zu den Verdächtigten herstellen. Bestehende Spannungen, Differenzen oder Widersprüche zwischen «feindlich-negativen Kräften» sollten genutzt und verstärkt werden, damit diese «zersplittert, gelähmt, desorganisiert und isoliert» werden konnten; Ziel war es, auf diese Weise deren Handeln einzuschränken oder völlig zu unterbinden (s. S. 427). So konnte direkter Einfluß auf oppositionelle Gruppen genommen werden.

Da es sich bei den Aufträgen, die IMB zu erfüllen hatten, um zum Teil recht komplizierte Aufgaben handelte, waren auch die «Anforderungen» des MfS an sie sehr hoch. In erster Linie mußten sie eine berufliche Tätigkeit ausüben beziehungsweise eine gesellschaftliche

Stellung bekleiden, die ihnen einen großen Wirkungskreis ermöglichte. Sie sollten Mut und Risikobereitschaft zeigen und sich unauffällig ins Blickfeld solcher Menschen bringen können, die sie zu bearbeiten hatten; diesen sollten sie geistig mindestens ebenbürtig, wenn nicht überlegen sein.

Gefordert war ein ausreichendes Maß an Selbständigkeit, um als «Einzelkämpfer politisch-operativ richtig zu handeln» (s. S. 426). Zudem wurden charakterliche, fachliche und intellektuelle Eigenschaften verlangt, die es den IMB ermöglichen sollten, bei einer eventuellen Konfrontation mit der Polizei, den Staatsschutz- oder Justizorganen in der Bundesrepublik Deutschland besonnen und überlegt zu reagieren.

IM zur Führung anderer IM und GMS (Führungs-IM oder FIM)

Die FIM werden in der Richtlinie als IM bestimmt, «die im Auftrag des MfS andere, ihnen übergebene IMS, IM-Ermittler, IM-Beobachter, IMK und GMS führen.

Ihr Einsatz und der Einsatz der ihnen übergebenen IM und GMS hat vorrangig zur komplexen politisch-operativen Sicherung von Bereichen, Territorien, Objekten und Personenkreisen zu erfolgen» (s. S. 428).

Aus dieser Charakterisierung geht hervor, daß FIM ein abgegrenztes Aufgabengebiet zu überblicken und die ihnen übergebenen IM beziehungsweise GMS (Gesellschaftliche Mitarbeiter für Sicherheit, vgl. dazu S. 116) nach geheimdienstlichen Methoden anzuleiten hatten. Sie sollten über Erfahrungen und Fähigkeiten verfügen, gezielt Einfluß auf andere, in der Regel ihnen unterstellte beziehungsweise zumindest gleichgestellte Personen zu nehmen.

FIM mußten über solide Kenntnisse über die jeweiligen Bereiche, Objekte, Territorien oder Personenkreise verfügen, Einschätzungs- und Urteilsvermögen haben, selbständig handeln können. Auch mußten sie zuvor selbst als IM gearbeitet haben. Sie durften in der Regel keine Verbindungen in die Bundesrepublik Deutschland oder nach West-Berlin besitzen.

Mit solchen Eigenschaften ausgestattet, sollten sie die ihnen übergebenen IM und GMS dazu erziehen, entsprechend den ihnen erteilten Aufträgen zu handeln. Dazu hatten sie wie ein Führungsoffizier gesicherte Treffs zu organisieren, für die entsprechende Konspiration während der Arbeit zu sorgen und Teilaufgaben bei der ständigen Überprüfung der ihnen unterstellten IM und GMS zu erfüllen. Die Anzahl der von FIM geführten IM oder GMS war nicht exakt festgelegt, betrug jedoch nach Angaben ehemaliger MfS-Mitarbeiter selten mehr als drei oder vier.

IM für einen besonderen Einsatz (IME)

Die IME unterteilten sich noch einmal in drei Gruppen: IM in Schlüsselpositionen, Experten-IM sowie IM-Beobachter oder IM-Ermittler.

IM in Schlüsselpositionen bekleideten verantwortliche Funktionen in staatlichen Dienststellen sowie in den Leitungen von Betrieben, Kombinaten, anderen Einrichtungen oder gesellschaftlichen Organisationen und hatten Informationen über die Lage in ihrem Verantwortungsbereich zu liefern. Darüber hinaus sollten sie dafür sorgen, daß Mittel und Methoden des MfS unauffällig wirksam werden konnten. So waren zum Beispiel Scheinarbeitsverhältnisse zu schaffen, die es MfS-Mitarbeitern oder IM ermöglichten, die ihnen vom MfS übertragenen Aufgaben im gewünschten Tätigkeitsbereich zu erfüllen. Erwartet wurde von ihnen auch, daß sie Personen, mit denen das MfS zusammenarbeitete, in die von diesem gewünschte Position brachten.

Experten-IM wurden aufgrund ihrer fachspezifischen Kenntnisse vorwiegend dazu eingesetzt, komplizierte Sachverhalte zu beurteilen. Sie erarbeiteten für das MfS Gutachten, suchten nach Kausalzusammenhängen bestimmter Ereignisse, sollten aber auch nachweisen, über welche speziellen Kenntnisse und Fähigkeiten in Verdacht geratene Personen verfügten.

IM-Beobachter – die dritte Form der IME – wurden fast ausschließlich zur Ermittlung oder Beobachtung von Personen oder Vorgängen eingesetzt, die für das MfS von Bedeutung waren.

Die an die IME gestellten Anforderungen deckten sich im wesentlichen mit denen anderer Kategorien von IM; es sollte allerdings darauf geachtet werden, daß ihnen ihre berufliche und gesellschaftliche Stellung den notwendigen Spielraum ließ, in der gewünschten Richtung tätig zu werden.

IM zur Sicherung der Konspiration und des Verbindungswesens (IMK)

Die IMK waren laut Richtlinie Personen, «die zur Sicherung der Konspiration und des Verbindungswesens ihre oder von ihnen verwaltete

- Zimmer oder Wohnungen (IMK/KW – Konspirative Wohnung) oder
- Objekte (IMK/KO – Konspiratives Objekt)

dem MfS zur Durchführung von Treffs zur Verfügung stellen.

Das sind weiterhin IM, die dem MfS zur Aufrechterhaltung der konspirativen Verbindung mit den IM

- ihre offizielle Anschrift (IMK/DA – Deckadresse) zur Verfügung stellen;
- den Telefonanschluß (IMK/DT – Decktelefon) zur Verfügung stellen, Mitteilungen entgegennehmen und in festgelegter Weise dem operativen Mitarbeiter übergeben bzw.
- andere Aufgaben zur Gewährleistung und Unterstützung der Konspiration (IMK/S – Sicherung der Konspiration) übernehmen. Das sind Personen, die ständig oder zeitweilig in die Lösung politisch-operativer oder operativ-technischer Aufgaben zur Sicherung der Konspiration einbezogen werden» (s. S. 430).

An die IMK wurden nicht ganz so hohe Anforderungen wie an die übrigen Kategorien gestellt, doch wurde auch von ihnen ein «fester Klassenstandpunkt», Treue gegenüber der SED und eine positive Einstellung zur Arbeit des MfS erwartet.

Der Einsatz Hauptamtlicher IM (HIM)

«Hauptamtliche IM», heißt es in der Richtlinie, «sind zuverlässige und überprüfte IM, mit denen auf Grund ihrer besonderen Fähigkeiten und Voraussetzungen zur Lösung spezieller politisch-operativer Aufgaben auf dem Territorium der DDR oder anderer Staaten bzw. Gebiete eine Vereinbarung über einen langfristigen Einsatz abgeschlossen wurde und die für diese Tätigkeit fortlaufend vom MfS finanziell und sozial versorgt werden» (s. S. 431).

Zu diesem Zweck mußten die HIM unter einem Vorwand aus ihrem bestehenden Arbeitsverhältnis herausgelöst und in ein Scheinarbeitsverhältnis gebracht werden, das in Verbindung mit den dazu passenden Arbeits- und Unterkunftsräumen die Voraussetzung für ihre Tätigkeit unter konspirativen Bedingungen bildete. Um diese zu sichern, erhielten sie auch die notwendigen Dokumente und technische Ausrüstung. Von den die HIM führenden Mitarbeitern des MfS wurde verlangt, diese ständig «politisch-ideologisch und fachlich-tschekistisch» zu erziehen und zu befähigen sowie unablässig für deren Zuverlässigkeit gegenüber dem MfS Sorge zu tragen. Natürlich war auch vorgeschrieben, daß ein funktionssicheres Verbindungssystem hergestellt wurde.

Bei den HIM handelte es sich nur um eine relativ kleine Gruppe von IM, die – meist für einen längeren Zeitraum – zu spezifischen Aufgaben eingesetzt wurden. Einige wurden später hauptamtliche Mitarbeiter des MfS, andere kehrten nach Erledigung ihres Auftrages wieder in ihren Beruf zurück und wurden als IM für andere Aufgaben verwendet.

Diese unterschiedlichen Kategorien von IM sind in der Richtlinie 1/79 zwar säuberlich voneinander getrennt, doch war in der Praxis eine so klare Abgrenzung nicht immer einzuhalten. Mitunter waren die Grenzen zwischen den einzelnen Kategorien fließend.

c) Die Gewinnung von IM für die Zusammenarbeit mit dem MfS

In der Richtlinie 1/79 des Ministers für Staatssicherheit heißt es dazu:

«Es ist zu sichern, daß solche Personen als IM geworben werden, die ausgehend von den konkret zu lösenden Ziel- und Aufgabenstellungen objektiv und subjektiv in der Lage sind, zur Erhöhung der gesellschaftlichen Wirksamkeit der politisch-operativen Arbeit entsprechend den (...) vorgegebenen Qualitätskriterien wesentlich beizutragen.

Die Leiter der operativen Diensteinheiten und mittleren leitenden Kader haben zu gewährleisten, daß alle Aufgaben zur Entwicklung und Bearbeitung der IM-Vorläufe und zur Werbung in hoher Qualität sowie bei strikter Durchsetzung der Erfordernisse der Wachsamkeit, Geheimhaltung und Konspiration gelöst werden» (s. S. 447).

Das MfS überließ die Einbeziehung neuer IM in seine Arbeit niemals dem Zufall. Oft bildete für die Gewinnung eines neuen IM die Einschätzung eines Mitarbeiters des MfS, daß in einem interessierenden Personenkreis bisher noch keiner oder zu wenige Inoffizielle Mitarbeiter tätig waren, den Ausgangspunkt. Es wurde dann geprüft, wer in diesem Kreis in Frage käme, oder ob man gezielt einen bisher schon als IM Arbeitenden in diese Gruppe einschleusen konnte. Die Diensteinheiten des MfS konnten für die Auswahl des Kandidaten auch von Materialien ausgehen, in denen die Namen solcher Bürger auftauchten, die bisher zwar noch nicht in die Mitarbeit einbezogen wurden, aber die Vermutung rechtfertigten, sie könnten eine positive Grundhaltung zum MfS haben. Als Ausgangsmaterial für die Gewinnung neuer IM dienten daher oft die Ergebnisse von Operativen Personenkontrollen und Sicherheitsüberprüfungen, anderer Operativer Vorgänge und die vorbeugende Arbeit bei sogenannten operativ-interessierenden Personenkreisen. Auch die Feststellung, daß bestimmte Bereiche in bezug auf IM bisher unterrepräsentiert waren, konnte zur verstärkten Anwerbung von IM führen. Ebenso konnte die Arbeit mit Informationsspeichern auf Kandidaten für die Anwerbung aufmerksam machen.

Die Auswahl erfolgte auf der Grundlage von sogenannten Anforderungsbildern. Zu ihnen gehörten als objektive Merkmale die soziale und berufliche Stellung des Betreffenden, seine persönlichen Verbindungen, sein Alter, die Lebensbedingungen sowie territoriale und andere Besonderheiten. Als subjektive Merkmale waren besondere Kenntnisse, Fähigkeiten und Fertigkeiten, weltanschauliche und charakterliche Persönlichkeitsqualitäten von Interesse.

Bevor der als IM zu Gewinnende überhaupt etwas von dem Vorhaben des MfS erfuhr, erfolgte ein umfangreicher Prüfungsprozeß. Ein erster Schritt war die Abfrage aller zur Verfügung stehenden Datenspeicher, auch derer des Ministeriums des Inneren. Dazu wurde ein Suchauftrag an die Abteilung XII des MfS erteilt. Des weiteren wurde sein bisheriger Lebensweg gründlich durchleuchtet, wobei nach Anzeichen dafür gesucht wurde, die eine inoffizielle Mitarbeit möglich erscheinen ließen, wie Einschätzungsvermögen und Menschenkenntnis, Kontaktfähigkeit sowie Eigenschaften, die der Konspiration dienlich sind. Es wurde geprüft, welche politischen, moralischen, religiösen und sonstige Überzeugungen und Einstellungen er hatte, welchen Umgang er pflegte. Auch seine «gesundheitliche Beschaffenheit» war wichtig. Selbstverständlich wurden ebenso seine engsten Familienangehörigen in die Überprüfung einbezogen.

Für die Gewinnung eines IM wurde auch kompromittierendes Material zusammengetragen. Dies sollte dazu dienen, sogenannte Wiedergutmachungsbestrebungen bei den Betreffenden auszulösen, zum

Beispiel bei «bisher nicht geahndeten Gesetzesverletzungen, Anzeichen ungerechtfertigter persönlicher Bereicherung, Verletzungen von Pflichten, Begünstigung von Fehlverhalten und Schädigungen, Übertretungen moralischer und politisch-ideologischer Normen, Verheimlichung belastender persönlicher Verbindungen, Fälschungen u. ä.» (s. S. 451).

Kompromittierendes Material sollte bei dem Kandidaten auch den Wunsch auslösen, sich durch eine Tätigkeit für das MfS Straffreiheit zu sichern beziehungsweise zu erreichen, daß Dritte darüber keine Kenntnis erhielten – in der Sprache der Staatssicherheit waren das sogenannte Rückversicherungsbestrebungen.

Daraus wird ersichtlich, daß auch mit den Mitteln der Erpressung gearbeitet wurde, um IM zu gewinnen. Skrupel gab es dabei nicht. Im Gegenteil, in der Richtlinie 1/79 ist bürokratisch genau vermerkt, wie vorgegangen werden soll:

«Bei der Werbung auf der Grundlage der Auslösung von Rückversicherungs- und Wiedergutmachungsbestrebungen der Kandidaten mit Hilfe kompromittierender Materialien ist auszugehen von der Verletzung gesellschaftlicher Normen durch die Kandidaten einerseits und andererseits von ihrem Verlangen, negative Folgen dieser Normverletzung von sich abzuwenden bzw. eingetretene Schäden durch eigene Leistung wiedergutzumachen oder zu ersetzen. Das kompromittierende Material muß

- geeignet sein, den Kandidaten die Normverletzung bewußt zu machen, ihr Gewissen anzusprechen, Schuldgefühle zu wecken bzw. Unsicherheit zu erzeugen,
- auf die Besonderheiten der einzelnen Kandidaten, auf ihre konkreten Moralnormen, ihr Rechtsbewußtsein, auf ihre charakterliche Feinfühligkeit und Gefühlswelt, auf ihr berufliches Ethos oder ihr Geltungsbedürfnis ausgerichtet sein» (s. S. 455).

Das den IM-Kandidaten belastende Material wurde in differenzierter Form angewandt. So wurde die Möglichkeit eingeräumt, es in vollem Umfang einzusetzen, um dem Betreffenden den Ernst seiner Lage vor Augen zu führen. Auch war daran gedacht, es nur teilweise zu offenbaren, um damit den zu Werbenden anzuregen, eine eigene Stellungnahme dazu abzugeben. Schließlich konnte auch darauf verzichtet werden, das kompromittierende Material direkt einzusetzen, weil schon die Vermutung, daß das MfS im Besitz von Kenntnissen sei, die ihn selbst ernstlich belasteten, den Kandidaten zur Mitarbeit bereit machte.

In einzelnen Fällen wurden Personen auch durch andere Mittel zu einer Mitarbeit veranlaßt. Ein Beispiel: Ein Mann, der Verbindungen sowohl zu Kirchenkreisen als auch zu wichtigen Teilen seines Betriebes hatte, war aufgrund kritischer Äußerungen durch eine Operative Personenkontrolle genau überprüft worden. Durch seine vielfältigen Verbindungen konnte er aus Sicht des betreffenden MfS-Angehörigen wichtige Informationen zu verschiedenen Bereichen liefern. Daher wurde durch das MfS veranlaßt, daß der Betreffende nach seiner Kündigung im Betrieb über mehrere Monate hinweg keine Anstellung finden konnte, so daß er mit seiner Familie nach und nach in finanzielle Schwierigkeiten kam. Nun war der Zeitpunkt gekommen, Kontakt mit ihm aufzunehmen und ihm ein neues Arbeitsverhältnis in Aussicht zu stellen, sofern er als IM tätig werden würde.

Erst wenn alles überprüft war, alle Möglichkeiten in Betracht gezogen waren und eine hohe Wahrscheinlichkeit vorlag, daß der Untersuchte aller Voraussicht nach bereit sein würde, einer Zusammenarbeit mit dem MfS zuzustimmen, kam es zum eigentlichen Werbegespräch. Dieses wurde meist sorgfältig vorbereitet. Dazu sollten Räumlichkeiten genutzt werden, die sowohl die Konspiration des Kandidaten garantieren konnten, als auch von der Ausstattung her geeignet waren, ihn in der gewünschten Richtung zu beeinflussen.

Vom Mitarbeiter des MfS wurde ein «sachliches und vertrauenbildendes Reagieren» erwartet, falls kritische Momente im Verlauf des Gespräches auftreten sollten. Der Kandidat war eindeutig darüber zu unterrichten, welche Anforderungen an ihn gestellt würden, und er war über die Folgen aufzuklären, die sich aus seiner Entscheidung ergaben. Auch sollte der Mitarbeiter, der in der Regel auch für dessen künftige Führung zuständig war, seinen persönlichen Einfluß auf den Kandidaten bewußt einsetzen und auf dessen Individualität eingehen können.

Bei manchen Kontaktaufnahmen sollte der künftige IM zunächst nicht merken, daß es sich bei seinem Gesprächspartner um einen Mitarbeiter des MfS handelte. Dazu wurden IM-Kandidaten beispielsweise zum Wehrkreiskommando geladen, um in einem Gespräch, bei dem sich der MfS-Mitarbeiter als Offizier der Armee ausgab, zu testen, wieweit er aussagebereit wäre. Ebenso gaben sich MfS-Offiziere bei ersten Kontaktgesprächen als Polizisten oder Mitarbeiter des Paß- und Meldewesens aus. Oft offenbarten sie erst im Verlauf weiterer Gespräche ihre tatsächliche Herkunft und Absicht.

Am Ende der gesamten, sich oft über Wochen erstreckenden Prozedur der Überprüfung und nach erfolgreich abgeschlossenem Werbegespräch stand die Verpflichtung der neuen IM. Sie war der Richtlinie zufolge in «würdiger Weise» durchzuführen, so daß die Verbindlichkeit der getroffenen Vereinbarungen zum Ausdruck kam und die Forderungen an das künftige inoffizielle Handeln und die damit verbundenen Pflichten eindeutig klar wurden. Die Verpflichtung beinhaltete auch die Belehrung über die unbedingte Geheimhaltung all dessen, was mit der künftigen Arbeit für das MfS zusammenhing. Schließlich wurde bei der Verpflichtung ein Deckname festgelegt und geklärt, wie und mit welchen Mitteln die Verbindung zwischen IM und MfS stabil gestaltet werden sollte.

Die Verpflichtung wurde in schriftlicher Form und nur in Ausnahmefällen per Handschlag durchgeführt – dann mußte es vom Führungsoffizier im Protokoll entsprechend vermerkt werden.

Bereits während der Zeit der Überprüfung, also im sogenannten IM-Vorlauf, hatte der Führungsoffizier einen beliebigen Decknamen gewählt, unter dem alles Wissenswerte in der Vorlaufakte festgehalten wurde. War die Werbung abgeschlossen, wurde der endgültige Deckname festgelegt, worauf der neue IM selbst Einfluß nehmen konnte.

Die Verpflichtung konnte knapp gehalten sein, sie konnte jedoch je nach Situation auch ausgeformt werden. Hier zwei Beispiele:

«. . . . .
(Ort, Datum)

VERPFLICHTUNG

Ich, ...
(Name, Vorname) (Geburtsdatum, -ort)
verpflichte mich, die Organe des Ministeriums für Staatssicherheit zu unterstützen.
Ich verpflichte mich gegenüber jedermann, auch gegenüber meinen nächsten Verwandten, Bekannten und Vorgesetzten, über meine Tätigkeit und alle damit im Zusammenhang bekannt gewordenen Dinge strengstes Stillschweigen zu wahren.
Meine Berichte werde ich mit dem Decknamen . . . .
anstelle meines richtigen Namens unterschreiben.

. . . .
(Unterschrift)»

Anne Worst (Das Ende eines Geheimdienstes oder: Wie lebendig ist die Stasi? LinksDruck, Berlin 1991, S. 199) gibt die Verpflichtung eines Zeugen Jehovas wieder:

«Erklärung: Ich, ... ,
erkläre, daß ich mich glaubensmäßig zu den ‹Zeugen Jehova› bekenne. Ich habe erkannt, daß leitende Brüder der Zentrale in Selters/BRD unsere Glaubensgemeinschaft für politische Ziele mißbrauchen, von denen ich mich als Bürger der DDR und als Christ distanzieren muß. Ich habe weiter erkannt, daß Glaubensgeschwister aufgefordert werden, kriminelle Handlungen, wie Ausschleusen von Geldern in die BRD und das Herstellen von Schriften für die in der DDR nicht registrierte Wachturm Bibel- und Traktat-Gesellschaft vorzunehmen. Von derartigen Dingen distanziere ich mich. Ich werde deshalb konspirativ mit den Organen des Ministeriums für Staatssicherheit zusammenarbeiten. Ich will mithelfen, daß derartige Handlungen, die im Widerspruch zur Bibel stehen (Rö 13 : 1–7, Tit 3 : 1–2, 1Pe 2 : 13–20), aufgeklärt werden. Alle Hinweise werde ich entsprechend der Wahrheit schriftlich oder mündlich dem Mitarbeiter des Ministeriums für Staatssicherheit mitteilen. Ich werde aus Gründen der Konspiration den Namen . . . . benutzen. Über alle Fragen werde ich strengstes Stillschweigen bewahren.

. . . .

(Unterschrift)»

In vielen Verpflichtungen findet sich der Verweis auf strafrechtliche Konsequenzen, die die Dekonspiration des IM nach sich ziehen würden. Kein DDR-Gesetz hatte hierzu Regelungen getroffen. Ganz eindeutig wurde durch das MfS dieser Zusatz als Druckmittel auf die IM benutzt. Die Dekonspiration aber war das wirkungsvollste Mittel, eine IM-Tätigkeit zu beenden, da die Staatssicherheit dann sofort die Zusammenarbeit abbrach. An die Verpflichtung schloß sich unmittelbar der Beginn der Tätigkeit der IM an. Dieser ersten Phase der Zusammenarbeit wurde besondere Bedeutung beigemessen, um das Vertrauen des IM zu seinem Führungsoffizier zu festigen und die Motive für das Zusammenwirken mit dem MfS zu verstärken. Ebenso überprüfte das MfS die Fähigkeit des neugewonnenen IM zur konspirativen Erfüllung der erteilten Aufträge.

Allmählich wurden die Aufgabenstellung präzisiert und die Anforderungen erhöht, wobei die vorgesehene Einsatzrichtung immer deutlicher umrissen wurde. Es war auch üblich, die IM während der Durchführung ihrer Aufträge zu überprüfen und festzustellen, welche besonderen Eignungen sich bei den Neuen feststellen ließen, wie zuverlässig sie waren und wo sich eventuell Widersprüche ergaben.

In der Praxis soll es auch Fälle gegeben haben, wo Personen bereits in den Unterlagen des MfS als IM geführt wurden, ohne daß sie etwas davon wußten oder irgendeine Verpflichtung abgegeben hatten. Jedoch war dies für jeden Führungsoffizier ein großes Risiko. Eine Kontrolle, wie sie von seiten seiner Diensteinheit immer wieder durchgeführt wurde, mußte unweigerlich die falsche Registrierung aufdecken.

Ein ungeschriebenes Gesetz, das durch alle Bereiche des MfS eingehalten wurde, besagte, daß unter den hauptamtlichen Mitarbeitern der SED keine IM geworben werden durften. Falls IM in den Apparat der SED übernommen wurden, mußten sie zuvor als IM gestrichen werden.

d) Die Zusammenarbeit des MfS mit den IM

Es ging dem MfS beziehungsweise den IM-führenden Mitarbeitern darum, bei den IM die innere Bereitschaft zur Zusammenarbeit immer wieder zu stärken, dabei aber auch ihre Individualität zu berücksichtigen.

Laut Richtlinie 1/79 hatten sich die IM-führenden Mitarbeiter zu konzentrieren auf «die Anerziehung solcher Überzeugungen, Wertungen und Gefühle wie die politisch-ideologische, moralische und rechtliche Verurteilung des Feindes und seines skrupellosen Vorgehens, Abscheu und Haß gegen den Feind, die Überzeugung, daß auch solche politisch-operativen Aufgaben der Feindbekämpfung dienen, bei denen das nicht offensichtlich ist» (s. S. 433).

Die IM waren zu befähigen, die Konspiration zu wahren und operative Fähigkeiten zu entwickeln. Mit dem Inhalt und der Zielstellung der ihnen erteilten Aufträge waren sie vertraut zu machen. Auch sollten sie in die Beratung der Aufträge einbezogen werden, zum Beispiel wenn es um das Ausarbeiten der Vorgehensweise und der konspirativen Absicherung ging. In der Regel wurden den IM Aufträge erteilt, die sie in ihrem Gesamtzusammenhang nicht überblicken konnten, zumal die Begründung für den Einsatz selten offengelegt wurde. Sie erhielten, wie auch die hauptamtlichen Mitarbeiter des MfS, nur soviel an Information, wie zur Erledigung ihres Auftrages notwendig war. Meistens wurden die Aufträge mündlich erteilt. Über jeden Auftrag wurde im Treffbericht des Führungsoffiziers ein schriftlicher Nachweis geführt.

Die Berichterstattung über die Erfüllung des Auftrages wurde grundsätzlich in schriftlicher Form verlangt, wobei der Bericht entweder durch den IM selbst geliefert oder von einem Tonbandmitschnitt des Treffs abgeschrieben wurde. Dabei wurde erwartet, daß Berichte «objektiv, unverfälscht, konkret und vollständig» waren. Als Grundregel galten die sogenannten acht W-Fragen (wann, wo, was, wie, womit, warum, wer, wen). «Durch eine erste qualifizierte Einschätzung der Informationen sind Widersprüche, Unklarheiten bzw. Lücken in der Berichterstattung der IM zu erkennen und durch konkrete Fragestellungen an die IM bzw. durch weiterführende Aufträge oder andere Möglichkeiten zu beseitigen. Sie dürfen auf keinen Fall unbeachtet bleiben» (s. S. 438).

Die IM-führenden Mitarbeiter waren also beauftragt, bei den Treffs, während derer die Berichte der IM ausgewertet wurden, den Wahrheitsgehalt durch gezielte Fragen zu sichern. Vor allem sollte geklärt werden, wie die IM in den Besitz der Informationen gekommen waren, welche Beziehungen zwischen den IM und den observierten Personen oder eventuellen Gewährsleuten bestanden, ob es sich um Tatsachen oder um Vermutungen beziehungsweise Einschätzungen handelte.

Ein wichtiges Element der Arbeit mit IM war ihre ständige Überprüfung. Hierbei ging es in erster Linie darum, zu verhindern, daß sie durch andere Geheimdienste angeworben wurden. Die Überprüfung sollte vorrangig bei den Treffs erfolgen, wobei zunächst die erzielten Ergebnisse mit den realen Möglichkeiten zu vergleichen waren. Wurden Anzeichen von Unehrlichkeit oder Unzuverlässigkeit, wie unbegründetes Abweichen von der vereinbarten Verhaltenslinie, bewußtes Verschweigen wichtiger Kontakte und Verbindungen festgestellt, so mußte alles getan werden, um die Ursachen dafür zu klären.

Ergaben sich Anhaltspunkte, die an der Zuverlässigkeit des betreffenden IM Zweifel aufkommen ließen, so wurden in der Regel andere zuverlässige IM eingesetzt, um den in Verdacht geratenen IM zu überprüfen. Dazu dienten Vergleichsinformationen, die Kontrolle des IM an seinem Arbeitsplatz, im Wohngebiet und in der Freizeit. Auch Speicher aller Diensteinheiten wurden zur Überprüfung solcher IM genutzt, ebenso kamen kriminaltechnische Mittel und Methoden wie Post- und Telefonüberwachung zum Einsatz. Bei begründeten Verdachtsmomenten wurde die Zusammenarbeit beendet, wobei die Gründe dafür in einem Abschlußbericht anzuführen waren.

Über alle IM waren mindestens dreijährig Beurteilungen zu schreiben. Für hauptamtliche IM, Beobachtungs-IM und Führungs-IM waren darüber hinaus jährlich kurze Einschätzungen anzufertigen.

Besonderes Augenmerk wurde den Treffs mit den IM gewidmet: «Die Treffs mit den IM dienen der systematischen Verwirklichung der Ziele und Aufgaben der konspirativen Zusammenarbeit sowie der Aufrechterhaltung einer funktionssicheren Verbindung mit den IM. Sie haben unter strengster Wahrung der Erfordernisse einer hohen Wachsamkeit und Geheimhaltung in der Arbeit mit den IM sowie des Schutzes, der Konspiration und Sicherheit der IM zu erfolgen und der Individualität der IM und ihrer Beziehung zu den sie führenden Mitarbeitern zu entsprechen» (s. S. 440).

Treffs waren grundsätzlich in Konspirativen Wohnungen oder Konspirativen Objekten durchzuführen, nur in Einzelfällen fanden sie am Arbeitsplatz oder in der Wohnung des IM statt. Dabei galt als Regel, daß der Treffort durch den hauptamtlichen Mitarbeiter des MfS vor dem IM aufzusuchen war. Er mußte sichern, daß der Inhaber der betreffenden Wohnung den IM nicht zu Gesicht bekam, und dafür sorgen, daß eine glaubwürdige Begründung für den Besuch des IM in der betreffenden Wohnung gegeben war. Treffs sollten möglichst störungsfrei durchgeführt werden.

Als eines der wichtigsten Ziele für Treffs galt, die IM immer wieder politisch zu motivieren. Falls sie persönliche Probleme hatten, sollte nach Wegen gesucht werden, wie geholfen werden konnte – ohne allerdings Versprechungen zu machen, die nicht zu realisieren waren.

Lieferten IM bei den Treffs besonders wertvolle Informationen, aus denen Sofortmaßnahmen abzuleiten waren, mußte unmittelbar nach dem Treff, in besonders dringlichen Fällen noch während des Treffs, Meldung an die zuständige Diensteinheit des MfS erstattet werden. Alle gewonnenen Informationen wurden lückenlos und zugriffbereit gespeichert.

e) Grundsätze für die Zusammenarbeit mit den Gesellschaftlichen Mitarbeitern für Sicherheit (GMS)

«GMS sind Bürger der DDR mit einer auch in der Öffentlichkeit bekannten staatsbewußten Einstellung und Haltung, die sich für eine vertrauensvolle Zusammenarbeit mit dem MfS bereit erklären und entsprechend ihren Möglichkeiten und Voraussetzungen an der Lösung unterschiedlicher politisch-operativer Aufgaben mitarbeiten. Sie stellen eine wertvolle Ergänzung der operativen Basis, ein Reservoir für die Gewinnung von IM sowie für die Schaffung und Entwicklung von Kadern für das MfS dar» (s. S. 473).

Bei den GMS handelte es sich nicht um IM, die einen wesentlich höheren Stellenwert besaßen. GMS wurden vielmehr vorrangig bei der Lösung von Teilaufgaben eingesetzt. Sie unterschieden sich von den IM hauptsächlich dadurch, daß sie weniger konspirativ arbeiteten, daß sie in ihrem Umfeld offensiv für eine Überwindung von Mängeln und Mißständen eintraten und daß sie für jeden sichtbar ein staatsbewußtes Auftreten an den Tag legten. Die GMS waren also oftmals die «Überzeugten» oder die vielen kleinen Träger des Systems. Sie wurden vorrangig dazu eingesetzt, den Informationsbedarf des MfS im Arbeits-, Wohn- und Interessenbereich des GMS decken zu helfen.

GMS sollten der Richtlinie zufolge vorrangig dazu beitragen, die Positionen «progressiver Kräfte» zu stärken, Einfluß auf «schwankende, vom Gegner irregeführte und mißbrauchte Personen» zu nehmen, sich für die innere Sicherheit in ihrem Verantwortungsbereich einzusetzen und aus eigenem Antrieb an der Beseitigung von Mißständen mitzuwirken (S. 474f.). Sie sollten mitwirken bei der Überwachung von Ausländern, die sich ständig oder zeitweilig in der DDR aufhielten, sowie bei Ermittlungen, Sicherheitsüberprüfungen und Personen- und Sachfahndungen. Sie durften «in der Regel nicht zur direkten Bearbeitung feindlich-negativer Personen und Personenkreise» eingesetzt werden, und auch nicht außerhalb der Grenzen der ehemaligen DDR (s. S. 476).

Über die Zusammenarbeit zwischen MfS und GMS heißt es in der Richtlinie 1/79: «Den GMS ist konkret vorzugeben, was sie festzustellen, zu kontrollieren, zu überwachen und worüber sie das MfS zu informieren haben sowie wann und in welchem Rahmen sie selbständig, offensiv und vorbeugend handeln müssen.

Entsprechend der Zielstellung ihrer Gewinnung und ihrem Einsatz sind die GMS konkret zu beauftragen und zu instruieren. Je nach politisch-operativer Notwendigkeit müssen sie mit geeigneten operativen Verhaltenslinien und Legenden ausgerüstet sein» (s. S. 474).

Auch die GMS sollten also von den Führungsoffizieren zu Wachsamkeit, Geheimhaltung und Konspiration angehalten werden. Die GMS-führenden Mitarbeiter sollten bei ihnen stabile Motive für die Zusammenarbeit und für ein Vertrauensverhältnis zum MfS entwikkeln. Die Treffs mit den GMS wurden ebenfalls konspirativ durchgeführt.

Auch die GMS wurden in ihrer Arbeit ständig überprüft, um ihre Zuverlässigkeit festzustellen und die Möglichkeit neuer Einsatz- und Entwicklungsmöglichkeiten zu erkunden. Die dabei erzielten Ergebnisse sollten ohne großen administrativen Aufwand dokumentiert werden. Geführt wurden die GMS entweder durch einen operativen Mitarbeiter des MfS oder einen Führungs-IM.

Bei der Gewinnung von GMS war laut Richtlinie 1/79 folgendes zu beachten:

«Durch die Aufklärung und Überprüfung der vorgesehenen Personen sind Informationen zu erarbeiten, die hinreichend Auskunft geben, daß sie für die Lösung der vorgesehenen politisch-operativen Aufgaben geeignet sind und auf Grund ihrer politisch-ideologischen Einstellung und Bewährung, evtl. schon erbrachter Vertrauensbeweise gegenüber den Sicherheitsorganen, eine ehrliche und zuverlässige Zusammenarbeit mit dem MfS erwarten lassen» (s. S. 476).

Die dazu erforderlichen Maßnahmen wurden unter Wahrung der Konspiration auf das notwendige Maß beschränkt. Eine schriftliche oder mündliche Verpflichtung wie bei den IM war entsprechend der Richtlinie 1/79 im Falle der GMS nicht vorgesehen. In der Praxis war festzustellen, daß die Bedeutung von GMS in der operativen Arbeit des MfS gegenüber der der IM in den letzten Jahren zurückgegangen war.

5. Offiziere im besonderen Einsatz (OibE) und Unbekannte Mitarbeiter (U-Mitarbeiter)

a) Aufgaben und Stellung der Offiziere im besonderen Einsatz (OibE)

Außer auf «Inoffizielle Mitarbeiter» und «Gesellschaftliche Mitarbeiter für Sicherheit» stützte sich die Staatssicherheit auf eine dritte, besonders ausgewählte Kategorie von Informanten: die Offiziere im besonderen Einsatz (OibE), die in Schlüsselpositionen des Staatsapparates, der Wirtschaft, der Universitäten und in anderen gesellschaftlichen Bereichen einschließlich der Kirchen tätig waren und dem MfS hochaktuelle Berichte und gegenstandsbezogene Informationen lieferten. Diese «Elite-Informanten» sollten nicht nur die Gewähr dafür bieten, Informationsverluste weitgehend zu vermeiden, sondern durch ihre Einbindung in die Befehlsstruktur des MfS die Möglichkeit eröffnen, auf direktem Wege Einfluß auf Entscheidungen an den Schaltstellen der Gesellschaft zu nehmen. Insgesamt wurden während der Auflösung des MfS im Jahre 1990 3030 OibE ermittelt, von denen etwa die Hälfte zentral sowie je ein Viertel bei der HVA (Auslandsspionage: 582) und in den Bezirksverwaltungen des MfS geführt wurden.

Mit der «Ordnung Nr. 6/86 über die Arbeit mit Offizieren im besonderen Einsatz des Ministeriums für Staatssicherheit – OibE-Ordnung –» (GVS MfS 0008-10/86), die am 1. Mai 1986 in Kraft trat und eine analoge aus dem Jahre 1968 außer Kraft setzte, wurden die bis dahin in der Praxis gesammelten Erfahrungen auf diesem Gebiet zusammengefaßt und ein einheitliches Verfahren für Auswahl, Einsatz und Arbeitsprinzipien sowie für die Bezahlung und soziale Betreuung dieser Mitarbeiter des MfS geschaffen. Die OibE werden darin wie folgt definiert: «Offiziere im besonderen Einsatz (...) sind Angehörige des MfS, die im Interesse der dem MfS übertragenen Verantwortung zur umfassenden Gewährleistung der staatlichen Sicherheit auf den Gebieten der Abwehr und der Aufklärung unter Legendierung ihres Dienstverhältnisses mit dem MfS auf der Grundlage eines Arbeitsrechts- oder Dienstverhältnisses in sicherheitspolitisch bedeutsamen Positionen im Staatsapparat, der Volkswirtschaft oder in anderen Bereichen des gesellschaftlichen Lebens (Einsatzobjekte) eingesetzt und wirksam werden.»

Aus Aktenstudium und Befragungen ehemaliger Mitarbeiter des MfS geht hervor, daß es im wesentlichen fünf Aufgabenkreise gab, die von derartigen OibE zu erfüllen waren:

- Personen und Personengruppen aus dem Einsatzbereich der OibE, die sicherheitspolitische Aufgaben zu erfüllen hatten und deshalb für das MfS von besonderer Bedeutung waren, sollten von ihnen bewertet werden.
- OibE sollten für das MfS wichtige Maßnahmen koordinieren und abstimmen sowie eine störungsfreie Kommunikation zwischen ihrer Einsatzdienststelle und dem MfS herstellen.
- Dienstliche Vorgänge und Personen, für die das MfS besonderes Interesse zeigte, sollten durch entsprechende Maßnahmen überwacht und kontrolliert werden.
- Die OibE sollten wichtige wirtschaftliche Bereiche vor Bränden beziehungsweise Havarien jeder Art schützen und dafür sorgen, daß an besonders sensiblen Punkten ihres Einsatzgebietes die Geheimhaltungs- und Sicherheitsvorschriften eingehalten wurden.
- Schließlich wurden die OibE in Bereichen wie Botschaften oder Handelsvertretungen eingesetzt, um dort verdeckt für das MfS zu arbeiten. Diese OibE unterstanden in der Regel der HVA (Auslandsspionage) – entsprechend sahen ihre Aufgaben aus.

Alle OibE waren zu strengster Konspiration verpflichtet und wurden sorgfältig ausgewählt. Sie hatten sich durch «bewiesene Treue zur Partei der Arbeiterklasse» auszuzeichnen und sollten eine besonders enge innere Bindung zum MfS haben; sie mußten imstande sein, selbständig – «außerhalb tschekistischer Kollektive» – die jeweilige Lage beurteilen zu können. Sie mußten die für ihr Einsatzgebiet erforderliche politische und fachliche Qualifikation besitzen und hatten der Richtlinie zufolge charakterlich und moralisch so «gefestigt» zu sein, daß sie unbestechlich waren und von keinem anderen Geheimdienst abgeworben werden konnten; schließlich sollten sie physisch und psychisch überdurchschnittlich belastbar sein. Falls der Einsatz eines OibE außerhalb der Grenzen der ehemaligen DDR zusammen mit dessen Ehepartner erfolgen sollte, wurden an diesen die gleichen Anforderungen gestellt – auch wenn er nicht Mitarbeiter des MfS war.

Welche Bedeutung das MfS den OibE beimaß, geht daraus hervor, daß ihr Einsatz nur durch Befehl des Ministers für Staatssicherheit beziehungsweise – im Auftrag des Ministers – durch den Leiter der Hauptabteilung Kader und Schulung erfolgen mußte. Um zu gewährleisten, daß an den Einsatzorten nicht bekannt wurde, wer als OibE – also als Angehöriger des MfS – dort tätig war, wurden noch vor dem Einsatz umfangreiche Sicherungsmaßnahmen getroffen. Ausgangspunkt dafür bildete die Erarbeitung einer lebensnahen «Legende», die auf die Person des OibE abgestimmt sein mußte und die Übernahme der gewünschten Funktion logisch erscheinen ließ. Personaldokumente waren so zu verändern beziehungsweise mit falschen Angaben zu versehen, daß die bisherige Zugehörigkeit zum MfS vollständig verdeckt wurde. Es wurde auch ein neuer Versicherungsausweis ausgestellt, der mit den neuen Personalunterlagen identisch war. Ferner wurden alle notwendigen Papiere und Dokumente beschafft, um nachweisen zu können, daß der OibE der Gewerkschaft und anderen offiziellen Massenorganisationen angehört hatte. Selbst gegenüber der SED wurde so verfahren, wenn der Betreffende in eine andere Parteigruppe umgemeldet werden mußte. Das gleiche galt gegenüber den Wehrkreiskommandos: Vor ihrem Einsatz wurden die OibE zum Schein aus dem MfS entlassen, und es wurde dafür gesorgt, daß bei eventuellen Rückfragen keine Dekonspiration erfolgen konnte. Parallel dazu wurde über andere Kanäle dafür gesorgt, daß im Einsatzort eine für die Aufgaben des einzusetzenden OibE geeignete Planstelle entweder freigemacht oder neu geschaffen wurde. Die Schaffung einer neuen Identität und die Bereitstellung einer entsprechenden Planstelle sollten garantieren, daß es auf jeden Fall zum vorgesehenen Einsatz der vom MfS ausgewählten Person kam.

War der OibE in der vom MfS gewünschten Dienststelle oder Einrichtung erfolgreich untergebracht, konnte seine Tätigkeit beginnen. Grundlage dafür bildeten detaillierte Arbeitspläne und Einsatzdokumente. Diese legten zunächst die Verbindung zum MfS fest – Ort und Zeitpunkt der Treffs, die grundsätzlich in konspirativen Wohnungen stattfanden, wobei darauf zu achten war, daß diese Wohnungen nicht auch von IM oder GMS aufgesucht wurden. Ferner bestimmte der Arbeitsplan, ob der Betreffende eventuell noch andere OibE zu führen hatte. Generell durften von OibE keine IM und GMS geführt werden. Sie selbst wurden grundsätzlich von ihrem zuständigen Leiter der Diensteinheit geführt, nur in zu begründenden Ausnahmefällen konnten diese Aufgabe auch entsprechend qualifizierte und erfahrene Führungsoffiziere übernehmen.

Im Interesse einer sicheren Konspiration waren die OibE gehalten, ihre Arbeit in der neuen Einsatzstelle so zu gestalten, daß ihr Vorgesetzter durch sie wirksam unterstützt wurde; sie hatten ihre aus dem neuen Einstellungsvertrag resultierenden Pflichten gewissenhaft zu erfüllen, gleichzeitig aber auch dafür zu sorgen, daß die Sicherheitsinteressen des MfS konsequent durchgesetzt wurden. Neben ihrem Gehalt am Einsatzort erhielten die OibE vom MfS die Differenz bezahlt, die sich aus ihren neuen Nettobezügen und dem Nettogehalt ergab, das sie entsprechend ihrem Dienstgrad in einer der Diensteinheiten des MfS erhalten hätten. Lag ihr Einkommen am Einsatzort über den MfS-Bezügen, mußte nichts zurückgezahlt werden. Falls sie Beiträge zur Freiwilligen Zusatzversicherung oder zur Freiwilligen zusätzlichen Altersversorgung für Mitarbeiter des Staatsapparates entrichten mußten, wurden ihnen diese erstattet. Das galt auch für Beiträge zur Gewerkschaft. Ähnlich günstige Bedingungen galten für sie beim Urlaub und bei den Prämien des MfS.

Abweichend von der OibE-Ordnung konnte in der Praxis festgestellt werden, daß in geringem Umfang auch solche Mitarbeiter des MfS als OibE eingesetzt wurden, die aus gesundheitlichen Gründen ihre Aufgaben im MfS nicht mehr erfüllen konnten oder sich aus anderen Gründen ihren Aufgaben nicht mehr gewachsen zeigten.

b) Aufgaben der Unbekannten Mitarbeiter (U-Mitarbeiter)

Im Unterschied zu den OibE, die neben ihrer Zugehörigkeit zum MfS ein Arbeitsverhältnis außerhalb des MfS hatten, standen U-Mitarbeiter in einem Dienstverhältnis des MfS. Ihr Einsatz geht auf entsprechende Einrichtungen des KGB der Sowjetunion zurück, wonach eine kleine Gruppe von operativen Beobachtern unter den Bedingungen strengster Konspiration – auch gegenüber den übrigen Diensteinheiten des MfS – tätig werden sollte. Aus den im Laufe der Jahre dazu ergangenen Weisungen entstand schließlich die «Ordnung Nr. 10/86 über den Einsatz von U-Mitarbeitern im Ministerium für Staatssicherheit – U-Mitarbeiter-Ordnung –» (GVS MfS 0008-32/86).

Demnach hatten die U-Mitarbeiter zum einen den Auftrag, in Verdacht geratene ehemalige Mitarbeiter des MfS oder solche, die noch in einem Dienstverhältnis des MfS standen, zu observieren. Insbesondere sollte verhindert werden, daß diese Kontakt zu anderen Geheimdiensten, vor allem aus der Bundesrepublik Deutschland oder anderen NATO-Staaten, herstellen konnten, gegebenenfalls sollten solche Kontakte festgestellt werden. Es kann als sicher angenommen werden, daß sie auch zur Beobachtung und Überprüfung solcher Angehöriger des MfS eingesetzt wurden, die für besonders sensible Aufgaben vorgesehen waren.

Eine zweite Aufgabe bestand darin, sogenannte straftatverdächtige Personen – wie Mitarbeiter von Geheimdiensten anderer Staaten, Mitarbeiter zentraler staatlicher Dienststellen in leitender Position oder für das MfS wichtige Mitarbeiter anderer Sicherheitsorgane der DDR – unter strengster Konspiration zu beobachten. U-Mitarbeiter wurden in solchen Fällen deshalb eingesetzt, um bei einer eventuellen Dekonspiration den Verdacht nicht auf das MfS fallen zu lassen. Aus dieser Aufgabenstellung geht hervor, daß U-Mitarbeiter so getarnt waren, daß sie als Angehörige des MfS auf keinen Fall erkannt werden konnten. Deshalb war es ihnen auch strikt untersagt, Gebäude oder andere Einrichtungen des MfS zu betreten.

U-Mitarbeiter unterstanden entweder der Hauptverwaltung Aufklärung (Auslandsspionage), der Hauptabteilung VIII (Ermittlung, Beobachtung) oder der Hauptabteilung Kader und Schulung. Bis zur Auflösung des MfS waren Gruppen von U-Mitarbeitern außer durch die Zentrale auch durch die Bezirksverwaltungen des MfS in Chemnitz (Karl-Marx-Stadt), Cottbus, Dresden, Erfurt, Halle und Rostock gebildet worden. Insgesamt gab es etwa 100 U-Mitarbeiter, davon in der Hauptverwaltung Aufklärung und in der Hauptabteilung VIII etwa 25, in der Hauptabteilung Kader und Schulung 45 und in den Bezirksverwaltungen des MfS rund 30. Sie waren den Leitern der Diensteinheiten und der Kaderorgane direkt unterstellt und wurden durch ausgewählte Mitarbeiter vor allem der Hauptabteilung Kader und Schulung angeleitet.

6. Methoden geheimdienstlicher Tätigkeit

Im Laufe der Jahre hatte sich das MfS ein weitgefächertes Arsenal an Methoden und Maßnahmen geschaffen, um Personen und Personengruppen, die für das MfS von Interesse waren, lückenlos zu überwachen und zu überprüfen. Sie waren Bestandteil eines zunehmend flächendeckend wirksamen Systems, um von der durch die Partei- und Staatsführung der DDR vorgegebenen Linie abweichende Regungen rechtzeitig erkennen und Maßnahmen dagegen einleiten zu können sowie um unliebsam aufgefallene Personen zu kontrollieren und zu «bearbeiten». Dazu gehörten die sogenannten Sicherheitsüberprüfungen, die «Operativen Personenkontrollen» (OPK), die «Operativen Vorgänge» (OV) sowie – darin einbezogen – ein umfassendes System der Postkontrolle und der Telefonüberwachung.

a) Sicherheitsüberprüfungen

Die Sicherheitsüberprüfungen bildeten gleichsam die unterste Stufe der Überwachung der Bürger durch das MfS. Sie wurden gegenüber einer großen – im einzelnen nicht bekannten – Zahl von Personen in gehobenen Positionen angewandt, die auf ihr Gesamtverhalten sowie ihre politische Einstellung hin überprüft werden sollten. Am Ende einer solchen Überprüfung standen Entscheidungen, die von weitreichender Bedeutung für ihre künftige berufliche Entwicklung, oftmals sogar für ihr gesamtes weiteres Leben waren. In der entsprechenden, von Mielke unterzeichneten «Richtlinie Nr. 1/82 zur Durchführung von Sicherheitsüberprüfungen» (GVS MfS 0008-14/82) heißt es ausdrücklich: «Die Entscheidungen sind immer im Interesse der erfolgreichen Durchsetzung der Politik der Partei- und Staatsführung zu treffen» (Richtlinie Nr. 1/82; s. S. 298). Ferner werden darin Modalitäten, Verantwortlichkeiten, die Einbeziehung von Hilfskräften usw. genauestens geregelt. Danach betrafen die Sicherheitsüberprüfungen vier Kategorien von DDR-Bürgern:

- Personen, die die Leiter staatlicher Einrichtungen oder gesellschaftlicher Organisationen zur Überprüfung vorschlugen. Eine staatliche Anordnung verpflichtete nämlich die Leiter konkret festgelegter Einrichtungen oder volkseigener Betriebe, sämtliche Personen, die für leitende Tätigkeiten vorgesehen waren, vorher durch die zuständigen Diensteinheiten des Ministeriums für Staatssicherheit überprüfen zu lassen. Ähnliche Vereinbarungen gab es auch zwischen dem MfS und den gesellschaftlichen Organisationen.
- Personen, die sich für eine entsprechende Tätigkeit bewarben.
- Personen, die eine bestimmte Erlaubnis oder Genehmigung beantragt hatten – zum Beispiel eine Besuchsreise in den Westen zu unternehmen oder eine eigene Jagdwaffe zu erwerben.
- Personen in bestimmten Verantwortungsbereichen, deren Verhalten dem MfS negativ aufgefallen war.

In den einzelnen Kategorien wurde unterschiedlich intensiv überprüft. Allerdings setzte das MfS für einen positiven Ausgang der Überprüfung in allen Fällen eine positive Haltung voraus, zumindest jedoch eine loyale Einstellung zur DDR sowie die strikte Einhaltung ihrer Gesetze. Ferner erwartete es eine Verhaltens- und Lebensweise, die vermuten ließ, daß die Betreffenden sich nicht zu Handlungen gegen die DDR verleiten lassen würden und daß sie keine Kontakte zu Personen mit einer «feindlich-negativen Einstellung» hatten.

Von Personen, die wichtige Funktionen in staatlichen Einrichtungen oder gesellschaftlichen Organisationen übernehmen sollten, erwartete das MfS darüber hinaus die «Bereitschaft und Fähigkeit zur konsequenten Durchsetzung der Politik der Partei- und Staatsführung» (s. S. 302). Wenn Personen aus den unterschiedlichsten Gründen Reisen in nichtsozialistische Staaten unternehmen wollten oder eine Tätigkeit im Grenzgebiet aufnehmen sollten, «die objektiv Möglichkeiten zum widerrechtlichen Passieren der Staatsgrenze» boten, wurden sie auch dahingehend überprüft, wie stark ihre Bindung an Familie, Verwandte und Freunde war, was ihnen «materielle Werte» wie Eigenheim, Wochenendgrundstück, Ersparnisse, Kraftfahrzeuge und andere Vermögenswerte bedeuteten und ob es Bindungen an «ideelle Werte» wie Heimatverbundenheit, Familientradition im Handwerksberuf und gesellschaftliche Anerkennung gab. Von Sportlern und Sportfunktionären wurde zusätzlich die «Bereitschaft zur Wahrung geheimzuhaltender Informationen über Mittel und Methoden der Ausbildung von Leistungssportlern, die Entwicklung von Sportmedizin und Sportwissenschaft» erwartet (s. S. 306).

Wenn Personen in Tätigkeitsbereichen eingestellt werden sollten, in denen sie von Staatsgeheimnissen oder anderen geheimzuhaltenden Informationen Kenntnis erhielten, forschte das MfS nach Eigenschaften wie «gefestigte positive Einstellung zum sozialistischen Staat und zur gesellschaftlichen Entwicklung in der DDR», Wachsamkeit, Verschwiegenheit, «Standhaftigkeit gegenüber Versuchen der Korruption», Bereitschaft zum Verzicht auf private Verbindungen und auf private Reisen in nichtsozialistische Staaten (s. S. 304).

Personen, die einer Sicherheitsüberprüfung unterworfen werden sollten, checkte das MfS – einschließlich ihrer nächsten Angehörigen – in jedem Falle auch mittels seiner umfangreichen Datenspeicher durch. Dazu gehörte der in der Abteilung XII befindliche zentrale Speicher, die Vorverdichtungs-, Such- und Hinweiskartei, eine Art Arbeitskartei der die Untersuchung leitenden Diensteinheiten, der Reisedatenspeicher der Hauptabteilung VI (Paßkontrolle, Tourismus, Interhotel) sowie die Speicher der Abteilung M für Postkontrolle (Schriftenspeicher, Adreßkartei, Fahndungsadressen). Informationen waren auch abzurufen aus dem Datenspeicher der Deutschen Volkspolizei und der Zollverwaltung sowie aus den Ämtern für Arbeit.

Selbstverständlich stützte sich das MfS bei den Sicherheitsüberprüfungen auch auf IM und GMS. Wenn es Informationen zu erlangen galt, die nur mit konspirativen Mitteln und Methoden beschafft werden konnten, kamen solche IM und GMS zum Einsatz, die aufgrund ihrer Kontakte zu den zu überprüfenden Personen in der Lage waren, die erforderlichen Informationen relativ problemlos zu beschaffen. Beobachtungen im Arbeits-, Wohn- und Freizeitbereich sollten Rückschlüsse auf die Gründe für Bewerbungen und Anträge, aber auch auf weltanschauliche Ansichten und andere Persönlichkeitsmerkmale, Verhaltensweisen und Charaktereigenschaften ermöglichen. Schließlich dienten auch die Abschnittsbevollmächtigten der Deutschen Volkspolizei und ihre freiwilligen Helfer als wichtige Informanten für Sicherheitsüberprüfungen sowie die Abteilungen für Inneres bei den Räten der Kreise beziehungsweise Städte.

Wenn die Überprüfungen beendet waren, traf die damit betraute

Diensteinheit des MfS eine Entscheidung über die Einordnung des Betreffenden; dabei waren – so die Richtlinie – solche Momente besonders zu beachten wie «zweifelhafte Verbindungen, sicherheitspolitisch negativ zu wertende Persönlichkeitsmerkmale und Verhaltensweisen, unklare familiäre Verhältnisse, Konfliktsituationen und dgl.» (s. S. 314) Diese Entscheidung – sie war in der Regel unwiderruflich – wurde der betreffenden staatlichen Einrichtung oder gesellschaftlichen Organisation mündlich mitgeteilt, jedoch nur solchen Personen, die als zuverlässig im Sinne des MfS galten, also vorher selbst eine Überprüfung erfolgreich durchlaufen hatten.

Um der betreffenden Behörde oder Organisation das Gespräch mit dem Überprüften zu erleichtern und um keinerlei Anhaltspunkte dafür aufkommen zu lassen, daß sich das MfS mit ihm beschäftigt hatte, wurden entsprechende Legenden beziehungsweise Argumente gleich mitgeliefert. Auf keinen Fall durften Rückschlüsse auf die Beteiligung des MfS und auf die vom MfS zur Überprüfung eingesetzten Personen, Mittel und Methoden gezogen werden können.

War es bei der Sicherheitsüberprüfung zu einer ablehnenden Entscheidung gekommen, mußte laut Richtlinie 1/82 weiter bedacht werden, ob Maßnahmen zur zusätzlichen Kontrolle der überprüften Person einzuleiten waren beziehungsweise ob der Betreffende aus der bisherigen Position herausgelöst werden sollte. Falls es sich um die Ablehnung eines Antrages gehandelt hatte, war zu verhindern, daß der Betreffende Gelegenheit erhielt, in der Öffentlichkeit seinem Unmut über die Ablehnung Ausdruck zu verleihen.

Bei den komplizierten und breitgefächerten Sicherheitsüberprüfungen gerieten den entsprechenden Diensteinheiten des Ministeriums für Staatssicherheit notwendigerweise zahlreiche «neue» Personen ins Visier; da sie alle in irgendeiner Weise für das MfS interessant waren, wurde deshalb abschließend geprüft, welche der neugewonnenen Erkenntnisse für andere Aufgaben des MfS genutzt werden könnten. So konnten beispielsweise gegenüber Verdächtigen Operative Personenkontrollen eingeleitet werden, um weiterführende Informationen zu erhalten. Unter Umständen war man auch auf Personen gestoßen, die als IM oder GMS geeignet erschienen und den dafür zuständigen Diensteinheiten zu melden waren.

b) Die Operativen Personenkontrollen (OPK)

Eine ausgefeiltere Methode, Bürger des eigenen Landes – in besonderen Fällen auch Bürger anderer Staaten wie der BRD – geheimdienstlich zu beobachten und zu überwachen, bildeten die unter dem Begriff Operative Personenkontrolle zusammengefaßten Maßnahmen. Sie richteten sich vor allem gegen drei Personenkreise:

- Gegen Personen, die in Verdacht geraten waren, Handlungen zu begehen oder begehen zu können, die sich gegen die politischen Verhältnisse in der DDR richteten – was als Staatsverbrechen gewertet wurde –, oder die in den Verdacht einer «Straftat der allgemeinen Kriminalität ... in enger Beziehung zu den Staatsverbrechen» geraten waren (s. S. 324).
- Gegen Personen, die von der offiziellen Verhaltens- und Denklinie abwichen beziehungsweise Verbindung zu solchen Personen hatten, von denen angenommen werden konnte, daß sie staatspolitisch unerwünschte Handlungen begehen könnten.
- Gegen Personen, die in wichtigen staatlichen und gesellschaftlichen Positionen oder Bereichen tätig waren oder tätig werden sollten und von denen angenommen werden konnte, daß sie anfällig für nichtstaatskonforme Ansichten waren.

In der «Richtlinie Nr. 1/81 über die Operative Personenkontrolle (OPK)» (GVS MfS 0008-10/81; s. Teil III, S. 322 ff.), die Mielkes Unterschrift trägt und mit Wirkung vom 1. April 1981 in Kraft trat, werden die Ziele der OPK folgendermaßen beschrieben: «Entsprechend ihrem aktiv vorbeugenden Charakter sind mit der OPK wirksame Beiträge zur Vorbeugung und Aufdeckung feindlich-negativer Handlungen, zum rechtzeitigen Erkennen und Verhindern gegnerischer Wirkungsmöglichkeiten, zur vorbeugenden Sicherung durch den Gegner besonders gefährdeter Personen und damit zur Klärung der Frage ‹Wer ist wer?› in den Verantwortungsbereichen zu leisten. Die sich dabei ergebenden Möglichkeiten sind umfassend zum rechtzeitigen Erkennen und Beseitigen von feindlich-negative Handlungen begünstigenden Umständen und Bedingungen sowie zur Durchsetzung anderer schadensverhütender Maßnahmen zu nutzen. Damit ist in den Verantwortungsbereichen wirksam zur Durchsetzung der Politik der Partei- und Staatsführung beizutragen» (s. S. 323).

Voraussetzung einer Operativen Personenkontrolle war, daß die zuständigen Diensteinheiten des MfS im Besitz von Informationen waren, wer überprüft werden sollte und weshalb dies notwendig war; sogenannte Anhaltspunkte mußten vorliegen beziehungsweise erbracht werden. Diese Hinweise lieferten in der Regel Inoffizielle Mitarbeiter oder auch andere Bürger, die sich von sich aus an Dienststellen oder Mitarbeiter des MfS gewandt hatten.

Bei der Bewertung solcher Informationen wurde überprüft, ob bereits entsprechende Pläne, Absichten oder Maßnahmen bekannt waren, die in die gleiche Richtung zielten oder die ähnlichen Zwecken dienten, ob bei den zu überprüfenden Personen Eigenschaften und Merkmale festzustellen waren, die eine im Sinne des Staates negative Haltung begünstigten. Ebenso war die Situation im Umfeld des Betreffenden einzuschätzen, vor allem welche Stellung und Bedeutung er hatte und wie groß sein Einfluß auf andere war.

Solche Anhaltspunkte wurden keinesfalls nur passiv entgegengenommen, sondern in den für die Partei- und Staatsführung sensiblen Bereichen wurde auch gezielt gesucht. Das besondere Interesse galt dabei der Kirche, der Jugend, dem Gesundheitswesen, den Bereichen von Kunst und Kultur und der wissenschaftlich-technischen Intelligenz. Es war aber auch möglich, Operative Personenkontrollen auf Ersuchen des KGB oder der Geheimdienste anderer sozialistischer Staaten einzuleiten.

Waren ausreichend Verdachtsmomente zusammengetragen, trafen die Leiter der Abteilungen im Ministerium, in den Bezirksverwaltungen für Staatssicherheit oder die Leiter der Kreisdienststellen des MfS die Entscheidung, ob eine Operative Personenkontrolle eingeleitet werden sollte.

Bei einer OPK überprüfte das MfS in der Regel nur jeweils eine Person; lediglich in besonders begründeten Fällen wurden mehrere Personen gleichzeitig in einem OPK-Vorgang erfaßt – dann nämlich, wenn sie gemeinsam oder arbeitsteilig handelten, wenn es sich um Ehepartner, nahe Verwandte, Verlobte oder Inhaber einer gemeinsamen Wohnung handelte beziehungsweise wenn zwischen ihnen besonders enge Beziehungen im Arbeits- oder Freizeitbereich bestanden.

Sollte eine OPK eingeleitet werden, war zunächst die Vorgehensweise schriftlich in einem sogenannten Maßnahmeplan festzulegen. Dieser hatte die Namen der einzusetzenden Inoffiziellen und Gesellschaftlichen Mitarbeiter zu enthalten, er mußte deren Aufgabenstellung präzise abstecken und klarlegen, welche Informationen sie beizubringen hatten, wie sie vorgehen und wie sie sich verhalten sollten. Die Maßnahmepläne mußten auch darüber Auskunft geben, ob eventuell weitere IM oder GMS aus dem Umfeld der zu überprüfenden Personen zu gewinnen waren, welche Mittel und Methoden zur Anwendung kommen sollten, um in den Besitz der erforderlichen Informationen zu gelangen, und mit welchen anderen staatlichen Einrichtungen oder Betrieben (dabei war immer an die Betriebsleitungen oder die Personalabteilungen gedacht) zusammengearbeitet werden mußte. Auch Angaben darüber, welche Datenspeicher das MfS zur Überprüfung einsetzen sollte, waren in den Maßnahmeplänen enthalten.

Um zu gewährleisten, daß Operative Personenkontrollen möglichst zügig durchgeführt wurden, hatten die zuständigen Leiter des MfS bei der Einleitung eines solchen Verfahrens festzulegen, bis zu welchem Zeitpunkt welche Ergebnisse durch den Mitarbeiter, der die Operative Personenkontrolle leitete, zu erzielen waren.

Unter allen Maßnahmen stand der Einsatz von IM und GMS wiederum an erster Stelle, um praktisch alles, was der Betreffende an der Arbeitsstelle, zu Hause, in der Nachbarschaft, während der Arbeit und in der Freizeit tat und sagte, zu überwachen und alle bedeutenden Aussagen und Handlungen schriftlich zu melden. Auch hatten sie seine Verbindungen und Kontakte «aufzuklären» und die Entwicklung seiner Persönlichkeit sowie seine politische Einstellung zu beobachten. Den IM und GMS war nicht nur eine passive Beobachtung zugedacht, sie sollten auch versuchen, den zu Beobachtenden – «die unter OPK stehende Person» – zu veranlassen, von «beabsichtigten feindlich-negativen Handlungen» Abstand zu nehmen.

Die Richtlinie Nr. 1/81 schrieb vor, besonders solche IM und GMS einzusetzen, deren Informationen bereits zur Einleitung der OPK geführt hatten. Diese verfügten in der Regel über ausreichende Kontaktmöglichkeiten zu der interessierenden Person und waren für den zu Beobachtenden aus den unterschiedlichsten Gründen von Interesse. Darüber hinaus war der Einsatz aller dem MfS und seinen Diensteinheiten zur Verfügung stehenden Mittel und Methoden vorgesehen. Erforderlichenfalls wurde die Post überwacht, das Telefon abgehört. Häufig kam es auch zu einer Durchsuchung der Wohnung des Betroffenen. Dazu wurden umfangreiche Vorkehrungen getroffen. Familienangehörige und auch Mitbewohner des Hauses konnten für die Zeit der Durchsuchung besondere berufliche Aufträge erhalten oder zu einer beliebigen staatlichen Stelle vorgeladen werden, um ein

Zusammentreffen im Haus zu vermeiden. Darüber hatte jedoch zuvor derjenige Leiter zu befinden, der über die Einleitung einer Operativen Personenkontrolle entschieden hatte.

Um Auskünfte zu erlangen, wurden auch die Dienststellen der Deutschen Volkspolizei herangezogen, insbesondere die Arbeitsgebiete I der Kriminalpolizei, die sich mit politischen Straftaten beschäftigten, die Abteilung Paß-, Melde- und Erlaubniswesen sowie die Abschnittsbevollmächtigten in den Wohngebieten und ihre freiwilligen Helfer. Die zu überprüfenden Personen konnten in Ausnahmefällen auch unter volkspolizeiliche Personenkontrolle gestellt werden.

Am Ende dieser umfangreichen Kontrollen mußte der zuständige MfS-Offizier einschätzen, ob der Überprüfte Handlungen begangen hatte, die sich nach dem offiziellen Selbstverständnis gegen die Staatspolitik richteten. Dies war der formale Ausgangspunkt und die offizielle Zielstellung einer OPK. Die Praxis beweist jedoch, daß sich das Interesse des MfS bei einer einmal als OPK geführten Person auf alle Bereiche erstreckte. Verbindungen und Kontakte zu anderen Verdächtigen waren zu beurteilen. Dabei war von besonderem Interesse, ob der Betreffende Verbindungen zu Personen in der BRD oder in West-Berlin hatte und welcher Art diese waren. Das MfS stellte fest, ob es Versuche «gegnerischer Stellen» gab, den Betreffenden in ihrem Sinne zu beeinflussen und wie er darauf reagierte. Seine Einflüsse und Einflußmöglichkeiten auf andere wurden in der Ausarbeitung ebenso abgehandelt wie seine politischen Ansichten oder andere Unsicherheitsfaktoren, die sich eventuell aus seinem Charakter ergaben.

Waren diese Informationen schließlich zusammengetragen, wurde die Operative Personenkontrolle – nach einem Zeitraum von zum Teil mehreren Jahren – beendet. Hatten sich die anfänglichen «Verdachtsmomente» nämlich bestätigt, wurde ein «Operativer Vorgang» begonnen, um weitere Untersuchungen – nun in einem größeren Rahmen – durchzuführen. Solche «Verdachtsmomente» bezogen sich jedoch oft nicht mehr auf einen «Anfangsverdacht», den der «staatsfeindlichen Handlungen». Kritische Äußerungen zur politischen und wirtschaftlichen Situation, die bei einer OPK gesammelt wurden, oder diskreditierendes Material wurde auf verschiedene Weise genutzt, bis hin zur Erpressung. Falls bereits genügend Material zusammengetragen werden konnte, das sich im Sinne des MfS für eine strafrechtliche Verfolgung nach DDR-Recht verwenden ließ, wurde ein Ermittlungsverfahren eingeleitet. Blieben die Ergebnisse unterhalb dieser Schwelle, ohne daß alle Verdachtsmomente ausgeräumt werden konnten, ließ das MfS die untersuchten Personen in der Regel aus politisch-bedeutsamen Objekten, Bereichen oder Positionen herauslösen. Brüche in der beruflichen Entwicklung konnten also – für den Betroffenen unbemerkt – die Konsequenz der OPK sein. Mitunter wurde das zusammengetragene Material auch zur weiteren Auswertung an leitende SED- oder Staatsfunktionäre übergeben.

Eine andere Möglichkeit war, daß der Überprüfte bei einem entsprechenden Ausgang der Operativen Personenkontrolle für geeignet befunden wurde, künftig als IM für das MfS zu arbeiten. In diesem Falle waren weitergehende Untersuchungen erforderlich, wie sie im Abschnitt über die Gewinnung von IM (Abschnitt I, 4. c) geschildert sind (s. S. 108 ff.).

Etwa 75 Prozent der OPK führten nach Angaben von ehemaligen Mitarbeitern zu keinem verwertbaren Ergebnis, da keine begründeten Verdachtsmomente vorlagen, doch wurden die gesammelten Materialien in jedem Falle in der Abteilung XII eingespeichert.

c) Die Arbeit des MfS mit Operativen Vorgängen (OV)

Die «höchste» Stufe der konspirativen Überwachung und Verfolgung durch das MfS bestand darin, einen «Operativen Vorgang» (OV) einzuleiten. Über die damit verfolgten Ziele heißt es in der von Mielke im Januar 1976 herausgegebenen «Richtlinie Nr. 1/76 zur Entwicklung und Bearbeitung Operativer Vorgänge (OV)» (GVS MfS 008-100/76; s. Teil III, S. 346 ff.) einleitend: «Mit der zielstrebigen Entwicklung und Bearbeitung Operativer Vorgänge ist vor allem vorbeugend ein Wirksamwerden feindlich-negativer Kräfte zu unterbinden, das Eintreten möglicher Schäden, Gefahren oder anderer schwerwiegender Folgen feindlich-negativer Handlungen zu verhindern und damit ein wesentlicher Beitrag zur kontinuierlichen Durchsetzung der Politik der Partei- und Staatsführung zu leisten.»

Der Begriff «feindlich-negativ», der in dieser Richtlinie wie in vielen anderen Dokumenten des MfS immer wieder auftaucht, war offensichtlich ein Synonym für eine breite Palette von Handlungen und Verhaltensweisen, gegen die das MfS vorzugehen hatte. In der vorliegenden Richtlinie wird – in der Terminologie des MfS – erläutert, was darunter zu verstehen war: Landesverrat, Geheimnisverrat, ungesetzliches Verlassen der DDR, staatsfeindlicher Menschenhandel, Sabotage, Vertrauensmißbrauch, Untreue zum Nachteil sozialistischen Eigentums, Bestechung, Terror, Waffendelikte, staatsfeindliche Hetze, staatsfeindliche Gruppenbildung, Rowdytum, Zusammenrottung, kriminelle Personenzusammenschlüsse, schwerwiegende Straftaten gegen die öffentliche Ordnung (s. S. 354). Dieser Katalog ließ einen breiten Ermessensspielraum zu, der je nach politischer Lage unterschiedlich weit genutzt wurde. Das politische Strafrecht der DDR war so angelegt, daß man ohne Übertreibung nahezu jeden Bürger hätte verurteilen können, obwohl es in der Praxis, zumal in den achtziger Jahren, selten zur Anwendung kam – seine Wirkung lag in der Drohung. So wurde beispielsweise nach dem DDR-Strafgesetzbuch von 1979 nicht nur die Weitergabe geheimer Nachrichten nach Paragraph 97 als Spionage definiert, vielmehr konnte auch die Weitergabe von «der Geheimhaltung nicht unterliegenden Nachrichten» (§ 99) bestraft werden. Da schon «Vorbereitung und Versuch» strafbar waren, konnte bereits ein harmloser Brief in den Westen den Vorwand für ein Strafverfahren bilden. Ein ähnlicher Gummiparagraph war der Paragraph 220 («Öffentliche Herabwürdigung»), nach dem schon die kritische Erwähnung des Einmarsches der Sowjetarmee in Afghanistan, die Bezeichnung der Wahlen als «Scheinwahlen», das Tragen von Aufnähern wie «Schwerter zu Pflugscharen», die Weitergabe von hektographiertem Material oder nur ein politischer Witz in der Kneipe oder am Arbeitsplatz bestraft werden konnten.

Beteiligte sich jemand an politischen Appellen, kollektiven Eingaben oder Unterschriftensammlungen, konnte dies nach Paragraph 214 («Beeinträchtigung staatlicher oder gesellschaftlicher Tätigkeit») verfolgt werden. Die Teilnahme an der Liebknecht-Luxemburg-Demonstration im Januar 1988 unter der Losung «Freiheit ist immer die Freiheit der Andersdenkenden», der Versuch von Ausreisewilligen, sich in Gruppen zusammenzuschließen, Treffen von Ökologiegruppen im Raum Bitterfeld oder Leipzig oder eine Zusammenkunft in der Umweltbibliothek der Berliner Zionskirchgemeinde konnten als «Zusammenrottung» nach Paragraph 217 geahndet werden. Dieser lautete nämlich: «Wer sich an einer die öffentliche Ordnung und Sicherheit beeinträchtigenden Ansammlung von Personen beteiligt und sie nicht unverzüglich nach Aufforderung durch die Sicherheitsorgane oder andere zuständige Staatsorgane verläßt, wird mit Freiheitsstrafe bis zu zwei Jahren oder mit Verurteilung auf Bewährung, mit Haftstrafe oder mit Geldstrafe bestraft.»

Mit hohen Strafen konnte es auch belegt werden, eine Partei oder eine Vereinigung wie zum Beispiel die SDP – die spätere SPD –, «Neues Forum» oder die «Initiative Frieden und Menschenrechte» (IFM) zu gründen. Der Paragraph 218 («Zusammenschluß zur Verfolgung gesetzwidriger Ziele») sah nämlich Strafen bis zu fünf Jahren für jeden vor, der «eine Vereinigung oder Organisation bildet oder gründet oder einen sonstigen Zusammenschluß von Personen herbeiführt, fördert oder in sonstiger Weise unterstützt oder darin tätig wird, um gesetzwidrige Ziele zu verfolgen». Der Versuch, mit «Organisationen, Einrichtungen oder Personen» aus der Bundesrepublik Verbindung aufzunehmen – zum Beispiel mit den Grünen –, konnte nach Paragraph 219 als «Ungesetzliche Verbindungsaufnahme» mit Haftstrafen bis zu fünf Jahren geahndet werden. Nach demselben Paragraphen wurde auch bestraft,

«1. wer als Bürger der Deutschen Demokratischen Republik Nachrichten, die geeignet sind, den Interessen der Deutschen Demokratischen Republik zu schaden, im Ausland verbreitet oder verbreiten läßt oder zu diesem Zweck Aufzeichnungen herstellt oder herstellen läßt;

2. wer Schriften, Manuskripte oder andere Materialien, die geeignet sind, den Interessen der Deutschen Demokratischen Republik zu schaden, unter Umgehung von Rechtsvorschriften an Organisationen, Einrichtungen oder Personen im Ausland übergibt oder übergeben läßt.»

Bevor ein Operativer Vorgang eingeleitet wurde, waren – ähnlich wie bei einer OPK – umfangreiche Vorarbeiten zu leisten. Zunächst mußten sogenannte Ausgangsmaterialien erarbeitet werden, die die Grundlage für die Entscheidung bildeten, ob ein solches Verfahren einzuleiten war oder nicht. In diesen vorbereitenden Untersuchungen war zu klären, welche Ziele mit den vermuteten feindlich-negativen Handlungen verfolgt wurden und welche Bedeutung eine eventuelle Verwirklichung dieser Ziele für die DDR haben könnte; welche Stellung und welchen Einfluß die verdächtigen Personen hatten und über welche Möglichkeiten sie verfügten, ihre Ziele zu erreichen; welche Verbindungen und Kontakte sie zu bedeutsamen Personen innerhalb oder außerhalb der DDR hatten und welche Mittel und Methoden sie vermutlich einsetzten. Zu klären war auch, ob eine strafrechtliche Verantwortlichkeit vorlag und welche Straftatbestände durch welche Handlungen der verdächtigen Personen erfüllt wurden oder erfüllt werden könnten. Das Ausgangsmaterial sollte schließlich auch die Frage beantworten, mit welchen anderen Diensteinheiten des MfS zusammengearbeitet werden mußte beziehungsweise ob andere staatliche Organe, bestimmte Betriebe oder gesellschaftliche Organisationen zu nutzen waren.

Waren die Ausgangsmaterialien erarbeitet und rechtfertigten sie aus der Sicht des MfS weitergehende Untersuchungen, so ordnete Mielke an: «Operative Vorgänge sind anzulegen, wenn der Verdacht der Begehung von Verbrechen gemäß erstem oder zweitem Kapitel des StGB – Besonderer Teil – oder einer Straftat der allgemeinen Kriminalität, die einen hohen Grad an Gesellschaftsgefährlichkeit hat und in enger Beziehung zu den Staatsverbrechen steht bzw. für deren Bearbeitung entsprechend meinen dienstlichen Bestimmungen und Weisungen das MfS zuständig ist, durch eine oder mehrere bekannte oder unbekannte Personen vorliegt.

Der Verdacht auf eine der o. g. Straftaten liegt vor, wenn aus überprüften inoffiziellen bzw. offiziellen Informationen und Beweisen auf Grund einer objektiven, sachlichen, kritischen und tatbestandsbezogenen Einschätzung mit Wahrscheinlichkeit auf die Verletzung eines Straftatbestandes oder mehrerer Straftatbestände geschlossen werden kann» (s. S. 370).

Die Richtlinie 1/76 bestimmte zugleich, in welcher Form die Verdachtsmomente zu belegen waren. So war zu schildern, auf welche Art und Weise die «Tat» begangen werden sollte, welche Folgen eintreten könnten, Ort und Zeit des «Vergehens» waren zu präzisieren. Auch Persönlichkeitseigenschaften des Betreffenden waren festzustellen – wie Habsucht, Schwatzhaftigkeit, Karrierismus, seine berufliche und gesellschaftliche Stellung, seine Qualifikation, eventuelle Abweichungen von den allgemeinen Verhaltensnormen, Verbindungen beziehungsweise Kontakte und Beziehungen zu Personen innerhalb und außerhalb der DDR, die Einfluß auf ihn haben und im Zusammenhang mit vermuteten Aktionen stehen könnten.

Als besonders geeignete Informationen und Beweise, die einen Operativen Vorgang rechtfertigten, galten Berichte von IM, Informationen der Abteilungen M (Postkontrolle), Zollfahndung und 26 (Telefonüberwachung, Abhöranlagen), kriminalistisch gesicherte Spuren beziehungsweise Aussagen Inhaftierter, Strafgefangener und Zeugen, Mitteilungen und Aussagen von staats- und wirtschaftsleitenden Organen, von Bürgern der DDR und anderer Staaten.

War die Entscheidung über den Beginn eines Operativen Vorganges getroffen, so wurden die Mittel und Methoden, die Ziele und Etappenziele genau umrissen, wozu als Bestandteil des Operativen Vorganges ein sogenannter Operativplan auszuarbeiten war. Hauptinstrument des MfS bildete auch bei einem OV der Einsatz von IM. In der Richtlinie Nr. 1/76 heißt es dazu: «Die Hauptkräfte für die Bearbeitung Operativer Vorgänge sind die IM, da sie am umfassendsten in die Konspiration des Feindes eindringen, diese weitgehend enttarnen, zielgerichtet auf die verdächtigen Personen einwirken und solche Informationen und Beweise gewinnen können, die eine offensive, tatbestandsbezogene Bearbeitung Operativer Vorgänge gewährleisten. Mit dem gezielten Einsatz der IM sind Voraussetzungen für die effektive Nutzung der operativen Mittel und Methoden zu schaffen» (s. S. 375).

Die Richtlinie enthält auch Festlegungen über die Anforderungen an die zum Einsatz kommenden IM. Sie mußten von ihrem Beruf, ihrer gesellschaftlichen Funktion und von ihrer Persönlichkeit her für das zu bearbeitende Opfer von Interesse sein, sie mußten es verstehen, sich ihm unauffällig zu nähern, Kontakt zu ihm herzustellen und sein Vertrauen zu gewinnen. Deshalb sollten die zum Einsatz kommenden IM ihren Opfern geistig ebenbürtig oder überlegen sein. Selbstverständlich mußten sie mit den notwendigen Informationen versehen werden, um einen möglichst umfassenden Einblick in die geplanten Vorhaben der von ihnen zu bearbeitenden Person oder Personengruppe zu gewinnen. Von ihnen wurde Einschätzungs- und Reaktionsvermögen erwartet, um in komplizierten Situationen schnell und richtig im Sinne ihres Auftrages entscheiden zu können. «Mut, Standhaftigkeit, Einsatzbereitschaft, Treue und feste Bindungen an das MfS» waren Attribute, mit denen sie der Richtlinie zufolge ausgestattet sein sollten. Ferner war gewünscht, daß sie über Spezialkenntnisse verfügten, die zur Erfüllung des Auftrages notwendig waren (s. S. 378f.).

Auch hierbei liegen Theorie und Praxis oft weit auseinander. Es mag eine ganze Reihe solcher ausgesuchter IM gegeben haben, die diese Anforderungen wirklich erfüllten, wie zum Beispiel Manfred (Ibrahim) Böhme in den Gesprächen mit Reiner Kunze. Die allgemeine IM-Tätigkeit war jedoch meist weit banaler.

Das MfS plante die Kontaktaufnahme des IM zu der von ihm zu

bearbeitenden Person außerordentlich langfristig. So wurde beispielsweise in Betracht gezogen, den IM zeitweilig aus der beruflichen Arbeit herauszulösen, um ihm damit geeignete Situationen oder Möglichkeiten der Kontaktaufnahme zu verschaffen. Mit Blick auf die Persönlichkeit, die Denk- und Verhaltensweise der verdächtigten Person und die konkreten Einsatzbedingungen entwickelte das MfS spezielle «Legenden», die so ausbau- und entwicklungsfähig waren, daß der IM einen weiten Spielraum besaß. Durch taktisch gut durchdachtes, natürlich wirkendes und glaubhaft motiviertes Verhalten sollte eine entsprechende Vertrauensbasis zwischen dem Informanten und dem Opfer geschaffen werden. Handlungen und Äußerungen des IM in Kombination mit der erarbeiteten Legende sollten Beweise der Zuverlässigkeit und der Vertrauenswürdigkeit liefern. Nach Möglichkeit sollte eine Situation hergestellt werden, in der die Initiative zur Kontaktaufnahme, zur Aufrechterhaltung und zur Festigung der Beziehung zwischen Informant und Opfer nicht vom IM, sondern von der zu bearbeitenden Person oder Personengruppe auszugehen schien.

Eine besonders raffinierte Methode des Einwirkens auf oppositionelle Gruppen oder Gruppierungen war das «Herausbrechen von Personen aus feindlichen Gruppen» (s. S. 381). Diese Methode kam zum Einsatz, wenn eine Aufklärung des Tatbestandes kurzfristig erforderlich schien, wenn es dem MfS nicht möglich war, IM einzuschleusen, oder wenn innerhalb der zu bearbeitenden Gruppe Widersprüche oder Differenzen festgestellt wurden oder geschaffen werden konnten. Dazu war vorher die Gruppenstruktur gründlich aufzuklären. Es galt festzustellen, welche Positionen die einzelnen Gruppenmitglieder einnahmen, wie ihre Beziehungen untereinander gestaltet waren, ob sich Bestrebungen einzelner abzeichneten, sich aus der Gruppe zurückzuziehen usw. Daraus ergaben sich dann Anhaltspunkte dafür, welche Personen aus der Gruppe eventuell herausgebrochen werden konnten. Das MfS versuchte, deren weltanschauliche, moralische und charakterliche Grundeinstellungen festzustellen, erkundete Persönlichkeitseigenschaften wie Willenskraft, Zuverlässigkeit, Disziplin und ergründete, wie sie auf belastendes, kompromittierendes Material reagieren würden.

Stand fest, welche Person das MfS in diesem Zusammenhang für besonders geeignet hielt, war ein «Vorschlag zum Herausbrechen» zu erarbeiten. Dieser begründete die Notwendigkeit und erläuterte die Zielstellung des Herausbrechens, er enthielt Plan, Ort, Zeit, Art und

Weise des Vorgehens und legte fest, welches kompromittierende Material zum Einsatz kommen könnte. Ferner waren darin verschiedene Entscheidungsvarianten des MfS, Kontrollmaßnahmen für die Zeit unmittelbar nach dem Herausbrechen sowie Rückzugslegenden für die jeweiligen Mitarbeiter enthalten. Vorgesehen war schließlich auch, daß die betreffende Person konspirativ der zuständigen Diensteinheit des MfS zugeführt werden konnte. Für diesen Fall waren unterschiedliche Varianten vorbereitet, die je nach Ausgang des Gespräches zur Anwendung kommen konnten. Falls sich der Zugeführte weigerte, mit dem MfS zusammenzuarbeiten, waren Maßnahmen vorgesehen, die es ihm unmöglich machen sollten, in die Gruppe zurückzukehren. Nach Lage der Dinge war das in der Regel die Einleitung einer strafrechtlichen Verfolgung, so daß der Betreffende in Untersuchungshaft genommen wurde.

Eine andere Variante bestand darin, die eigentlichen Absichten und Ziele des MfS für den Herauszubrechenden nicht erkennbar werden zu lassen oder ihn nach erfolgtem Herausbrechen aus der Gruppe für die Mitarbeit im MfS zu gewinnen. In diesem Falle war ein so gewonnener IM erst nach entsprechender weiterer Überprüfung seines Verhaltens in die eigentliche Bearbeitung des Operativen Vorganges einzubeziehen.

Ziel aller Operativen Vorgänge war die Liquidierung der oppositionellen Gruppierungen. Unterhalb der Schwelle strafrechtlicher Verfolgung bediente sich das MfS dazu insbesondere der Methode der *Zersetzung,* über die es in der Richtlinie Nr. 1/76 heißt: «Maßnahmen der Zersetzung sind auf das Hervorrufen sowie die Ausnutzung und Verstärkung solcher Widersprüche bzw. Differenzen zwischen feindlich-negativen Kräften zu richten, durch die sie zersplittert, gelähmt, desorganisiert und isoliert und ihre feindlich-negativen Handlungen einschließlich deren Auswirkungen vorbeugend verhindert, wesentlich eingeschränkt oder gänzlich unterbunden werden» (s. S. 389).

Maßnahmen der Zersetzung konnten sich sowohl gegen Gruppen, Gruppierungen oder Organisationen als auch gegen einzelne Personen richten. Sie kamen dann zur Anwendung, wenn im Verlaufe des Operativen Vorganges ein sogenanntes «Staatsverbrechen» – zum Beispiel die Herausgabe einer selbstgedruckten Zeitschrift – festgestellt wurde, es aber aus politischen Gründen unzweckmäßig erschien, mit strafrechtlichen Mitteln dagegen vorzugehen. Die Zersetzung konnte aber auch in Kombination mit strafrechtlichen Maßnahmen durchgeführt werden, vor allem wenn damit eine größere Breitenwirkung durch die Aktivitäten der betreffenden Gruppe verhindert werden konnte.

Formen der Zersetzung waren vor allem die systematische Schädigung des öffentlichen Rufes, des Ansehens und des Prestiges, wozu wahre, überprüfbare und den Ruf schädigende Angaben zu «verdichten» waren mit unwahren, aber glaubhaft erscheinenden Fakten. Von großer Bedeutung war auch das Organisieren beruflicher und gesellschaftlicher Mißerfolge, um das Selbstvertrauen einzelner Personen zu untergraben beziehungsweise Zweifel an der persönlichen Perspektive aufkommen zu lassen; da MfS und SED auf nahezu sämtliche gesellschaftlichen Bereiche – Schulen, Hochschulen, Betriebe, Massenorganisationen etc. – Zugriff hatten, genügte in der Regel schon ein einziger Anruf oder eine entsprechende Anweisung, um den Lebensweg eines Opfers zu blockieren. Das Erzeugen von Mißtrauen und gegenseitigen Verdächtigungen innerhalb von Gruppen waren ebenso beliebte Methoden wie das Ausnutzen und Verstärken von Rivalitäten, indem das MfS persönliche Schwächen einzelner Mitglieder ausnutzte.

Zu den häufig angewandten Formen der Zersetzung gehörte es auch, die Gruppe oder Organisation zu veranlassen, sich unentwegt mit ihren internen Problemen zu beschäftigen, um sie so von ihrer eigentlichen Aktivität fernzuhalten. So wurden beispielsweise die IM beauftragt, immer wieder bestimmte Grundsatzdiskussionen anzuzetteln oder die Schwierigkeiten innerhalb der Gruppe zur Sprache zu bringen. Häufig angewandt wurde auch die Methode, staatliche Organe oder Betriebsleitungen zu veranlassen, einzelne Mitglieder an ihren Arbeitsplatz zu binden oder ihnen weit entfernt liegende Arbeitsplätze zuzuweisen, um so die gegenseitigen Beziehungen der Mitglieder der Gruppe zeitlich oder örtlich zu unterbinden oder zumindest stark einzuschränken.

Zum Zweck der Zersetzung kam auch der Einsatz eines IM in Frage, der als Kurier der «Zentrale einer bestimmten Organisation», zum Beispiel der Grünen, der SPD, getarnt war. Der IM konnte auch angewiesen werden, sich gegenüber dem Leiter einer solchen Gruppe eine Vertrauensposition zu erwerben oder sich als Beauftragter einer entsprechenden Stelle aus der BRD oder West-Berlin auszugeben, wozu er natürlich als solcher angesehen und akzeptiert werden mußte. Zur Anwendung sollten auch anonyme Briefe, Telegramme oder Telefonanrufe, kompromittierende Fotos von vorgetäuschten Begegnungen oder die gezielte Verbreitung von Gerüchten über bestimmte Personen einer Gruppe kommen. Schließlich gehörten das wiederholte Vorladen zu staatlichen Dienststellen oder gesellschaftlichen Organisationen mit glaubhafter oder unglaubhafter Begründung sowie das Vortäuschen einer Enttarnung durch das MfS zum Arsenal der Zersetzungsmaßnahmen.

Die Maßnahmen der Zersetzung von Gruppen, Gruppierungen, Organisationen oder einzelner Integrationsfiguren galten als eine so bedeutende Angelegenheit, daß Pläne dazu Mielke selbst oder einem seiner dafür zuständigen Stellvertreter zur Bestätigung vorzulegen waren.

Zu den bei Operativen Vorgängen anzuwendenden Methoden gehörten in jedem Falle auch sogenannte operative Legenden und operative Kombinationen. *Operative Legenden* waren gefälschte Begründungen, unter denen sich der jeweilige IM oder Mitarbeiter des MfS seinem Opfer nähern sollte. Sie wurden mit dem Ziel angewandt, IM oder Mitarbeiter des MfS sowie die vorgesehenen Mittel und Methoden am wirkungsvollsten zum Einsatz bringen zu können und in die vom MfS überwachte Gruppe einzudringen. Einzelne Mitglieder wurden dabei durch vorgetäuschte Motive, durch «vorgegebene Begründungen, Erklärungen und Aussagen» der IM veranlaßt, die Absichten, Handlungen und Verbindungen der Gruppe preiszugeben.

Es gab bestimmte Grundsätze, die bei der Erarbeitung operativer Legenden häufig zur Anwendung kamen. Ausgangspunkt war das Erforschen der Persönlichkeit der zu beobachtenden Person, ihrer Besonderheiten, Eigenarten und Gepflogenheiten. Die Legende mußte geeignet sein, deren Interesse in einer Weise anzusprechen, daß sie in der gewünschten Weise reagierte. Dazu mußte die Legende soweit wie möglich auf natürlichen und überprüfbaren Grundlagen aufbauen, mußte den üblichen Gepflogenheiten des Lebens entsprechen, möglichst unkompliziert und glaubhaft sein. Eine solche Legende aufzubauen, setzte eine gründliche Kenntnis der Materie voraus sowie entsprechende Fähigkeiten, Möglichkeiten, Eigenschaften und Erfahrungen des IM oder anderer Personen, die damit arbeiten sollten. Die Legende mußte für ihren Träger «paßfähig» sein. Eine wiederholte Anwendung gleicher oder ähnlicher operativer Legenden sollte auf jeden Fall vermieden werden.

Operative Kombinationen waren im Selbstverständnis des MfS komplexe, sich gegenseitig bedingende und ergänzende sowie aufeinander abgestimmte Maßnahmen, die eine zu beobachtende Person veranlassen sollten, ihre Ziele und Absichten offenzulegen. Diese wurden auch angewandt, um komplizierte Werbungen durchzuführen, IM an eine zu bearbeitende Person heranzuführen, einzelne Mitglieder aus oppositionellen Gruppen herauszubrechen, eingesetzte IM zu überprüfen oder ihre Arbeit an Operativen Vorgängen zu beenden. Auch um kompromittierendes oder anderweitig bedeutsames Material zu erlangen sowie um Dokumentationen zu beschaffen, wurde diese Methode angewandt.

Ferner dienten operative Kombinationen dazu, den Einsatz von Wanzen, Kameras oder kriminaltechnischer Mittel und Methoden vorzubereiten, strafprozessuale Beweise zu beschaffen, bisher Unbekannte zu identifizieren, konspirative Festnahmen oder konspirative Wohnungsdurchsuchungen oder Kontrollen anderer Räume zu sichern, aber auch die zu bearbeitende Person oder Gruppe zu desorientieren.

d) Die Postkontrolle durch das MfS

Seit seinem Bestehen hatte das MfS in verschiedenen Formen den Postverkehr innerhalb der DDR und die aus dem Ausland kommende Post – einschließlich BRD und West-Berlin – kontrolliert und ausgewertet. Ursprünglich waren dafür die Abteilungen III zuständig, später wurden die Abteilungen M gebildet, die diese Aufgabe übertragen bekamen. Ziele und Verfahrensweise waren wie alle Tätigkeiten des MfS durch Befehle, Weisungen, Richtlinien, Dienstanweisungen usw. geregelt. Das bis zur Auflösung des MfS im Jahre 1990 gültige Dokument war Mielkes «Dienstanweisung Nr. 3/85 zur politisch-operativen Kontrolle und Auswertung von Postsendungen durch die Abteilungen M» (GVS MfS 0008-10/85, s. Teil III, S. 403), die mit Wirkung vom 5. Juni 1985 in Kraft getreten war. Sie bestimmte, daß die Abteilung M des Ministeriums in Berlin und die Abteilungen M in den Bezirksverwaltungen der Staatssicherheit – in denen 1989 2171 Mitarbeiter tätig waren – «mit speziellen politisch-operativen und wissenschaftlich-technischen Mitteln und Methoden Postsendungen, die im internationalen und nationalen Verkehr der Deutschen Post befördert werden, zu kontrollieren und auszuwerten» haben (ebenda, S. 404).

Aus der Dienstanweisung geht hervor – und Befragungen ehemaliger Mitarbeiter beziehungsweise Untersuchungen durch die Bürgerkomitees bestätigen dies –, daß es in erster Linie darum ging, solche Postsendungen abzufangen, die von außerhalb der DDR kamen und Materialien beinhalteten, die sich in irgendeiner Weise gegen die Staatsdoktrin wandten, also die gesellschaftlichen Verhältnisse in der DDR angriffen oder in Frage stellten beziehungsweise geeignet waren, Zweifel an der Richtigkeit des von der Partei- und Staatsführung vorgeschriebenen Weges aufkommen zu lassen. Dabei wurde vor allem nach Sendungen gefahndet, die von sogenannten Agenturen, also gedeckten Arbeitsgruppen westlicher Geheimdienste, in der BRD oder West-Berlin auf den Weg gebracht worden waren, um zugleich auch feststellen zu können, wer die Empfänger waren.

Zum zweiten ging es darum, die Post innerhalb der DDR zu kontrollieren, um auf diese Weise Aufschlüsse über das Denken, über Verhaltensweisen und Handlungen der Bürger zu erhalten. Dabei sollten Verbindungen zwischen Personen aufgedeckt werden, für die sich das MfS interessierte, beziehungsweise Sachverhalte aufgeklärt werden, die für das MfS von Bedeutung waren.

Bei der Postkontrolle bestand zwischen den Geheimdiensten des ehemaligen Ostblocks ebenfalls eine enge Zusammenarbeit. Für diese Beziehungen war die Hauptabteilung X zuständig. Wurde in Prag oder Budapest ein Brief nach der Bundesrepublik oder nach anderen westlichen Staaten aufgegeben, dessen Adressat eindeutig ein DDR-Bürger war, so leitete die Post diesen Brief zuerst der Hauptabteilung X des MfS zur Kontrolle zu.

Selbstverständlich waren solche Maßnahmen nur in Zusammenarbeit mit der Deutschen Post und der Zollverwaltung möglich. Auch in diesem Falle konnte sich das MfS problemlos anderer Einrichtungen des Staates bedienen, denn so, wie es im Falle des Ministeriums des Innern geschildert wurde, waren auch die Deutsche Post und die Zollverwaltung zur Unterstützung des MfS verpflichtet. Die Leiter der Abteilungen M im Ministerium und in den Bezirksverwaltungen des MfS waren dafür verantwortlich, daß alles, was mit der Postkontrolle zusammenhing, auch reibungslos funktionierte – daß eine lückenlose und zeitgerechte Zuführung der zu bearbeitenden Postsendungen gewährleistet wurde (ebenda, S. 410f.).

Demzufolge hatte die Post in allen Bezirksstädten und in Berlin für das MfS Räumlichkeiten zur Verfügung zu stellen, die von den Angehörigen der Post nicht betreten werden durften, und wo nach vorgegebenen Gesichtspunkten eine Voruntersuchung der gesamten im jeweiligen Einzugsbereich anfallenden Post erfolgte. Für diesen Zweck wurde beispielsweise die ein- und ausgehende Post des Bezirkes Gera zuerst vollständig in die Bezirkshauptstadt gebracht, wo das MfS sie kontrollierte. Erst danach begann die eigentliche Beförderung der Post. Sendungen, die einer intensiveren Untersuchung bedurften, wurden in die Bezirksdienststellen des MfS gebracht und dort entsprechenden Spezialbehandlungen unterzogen.

In der Dienstanweisung 3/85 wird darauf hingewiesen, daß die Tätigkeit von MfS-Angehörigen «der Abteilungen M in Objekten der Deutschen Post und der Zollverwaltung der DDR durch eine zweckmäßige Eingliederung abzudecken» ist (s. S. 410), das heißt, den Postangestellten und den Angehörigen der Zollverwaltung gegenüber zu verheimlichen war. Post und Zoll waren auch verpflichtet, den gesamten Arbeitsablauf, der zur Beförderung von Briefen, Päckchen, Paketen und Telegrammen notwendig war, den Erfordernissen der Abteilungen M des MfS entsprechend anzupassen. Die häufigen Verzögerungen bei der Postzustellung in der DDR hatten hierin ihren Grund.

Um die Briefe und Pakete geheimdienstlich untersuchen und bearbeiten zu können, hatten die Leiter der Abteilung «Operativ-technische Sicherstellung» und «Verwaltung Rückwärtige Dienste» des MfS nach Anforderung der Abteilungen M die dazu notwendigen Mittel wie Röntgengeräte und andere technische Hilfsmittel zur Verfügung zu stellen.

Die Post- und Paketkontrollen erfolgten nach unterschiedlichen Gesichtspunkten und Verfahrensweisen. Am häufigsten angewandt wurde die sogenannte *Merkmalsfahndung*, bei der die Post nach vorgegebenen inneren und äußeren Merkmalen geprüft wurde. Zu den äußeren Merkmalen gehörten zum Beispiel Anschriften von Behörden der BRD oder von ausländischen Vertretungen in der DDR; zu den inneren Merkmalen zählte unter anderem, wenn es sich um Briefe handelte, die Geld enthielten. Die verschiedenen Merkmale, die eine Kontrolle auslösten, waren nicht zu allen Zeiten gleich, sondern richteten sich auch nach den jeweiligen politischen Gegebenheiten.

Die Post, die aufgrund der Merkmalsfahndung ausgesondert wurde, untersuchten die Mitarbeiter der Abteilungen M anschließend in besonderer Weise. Zunächst stellten sie fest, ob der auf der Sendung angegebene Absender oder Empfänger tatsächlich in der DDR existierte.

Stellte sich heraus, daß es die Person, die als DDR-Absender angegeben war, tatsächlich gab, wurde anhand von Schriftproben festgestellt, ob der Betreffende die Postsendung selbst aufgegeben hatte oder ob lediglich seine Adresse benutzt worden war. Schließlich erfolgte eine Überprüfung des Absenders und des Empfängers in den Personenkarteien der Abteilungen M.

Wenn zweifelsfrei festgestellt worden war, daß es Absender und Empfänger tatsächlich gab, wurden diese durch andere Abteilungen des MfS weiter überprüft, vorrangig durch die Abteilungen II (Spionageabwehr) oder XII (Datenspeicher). Die neu erfaßten postalischen Verbindungen wurden in speziellen Personenkarteien der Abteilungen M erfaßt.

Die eingehende Untersuchung der betreffenden Postsendungen erfolgte in den Räumen der Abteilungen M mit Spezialmitteln. Dabei sollten keinerlei Bearbeitungsspuren entstehen beziehungsweise auf den Sendungen angebrachte besondere Merkmale oder Spuren erhalten bleiben. Das galt auch für Sendungen, die nach dieser Prozedur nicht weiter befördert wurden, sondern anderen Diensteinheiten übergeben wurden.

Fielen bei der Merkmalsfahndung Postsendungen ohne Absender an oder solche mit fingierten Absendern, deren Namensträger bisher von keiner Diensteinheit erfaßt war, stellten die Abteilungen M von sich aus Nachforschungen darüber an, in die im weiteren Verlauf auch andere Diensteinheiten einbezogen werden konnten.

Eine andere Methode der Postkontrolle war die *Anschriftenfahndung*. Sie wurde bei solchen Postsendungen angewandt, gegen deren Empfänger ein sogenannter Fahndungsauftrag eingeleitet worden war. Voraussetzung dafür war die Erfassung der betreffenden Person in den Abteilungen XII (Datenspeicher). Die an den Empfänger – zum Beispiel einen Kirchenmann, Künstler oder Oppositionellen – gerichteten Mitteilungen wurden als Kopien an die zuständigen Diensteinheiten geliefert.

Die *Schriftfahndung* diente dazu, Personen anhand von Merkmalen der Hand- oder Maschinenschrift zu identifizieren, zum Beispiel wenn kein oder ein falscher Absender angegeben war. Mit dem zentralen Schriftenspeicher und durch die Erfassung sämtlicher Korrespondenz observierter Personen gelang es dem MfS, in der Regel in kurzer Zeit den Absender eines Briefes zweifelsfrei festzustellen.

Die *Sicherstellung von Postsendungen als offizielle Beweismittel,* das heißt ihre Beschlagnahme, erfolgte in der Regel dann, wenn gleichzeitig mit der Abteilung IX (Untersuchungsorgan) ein Ermittlungsverfahren eingeleitet wurde. Es konnte sich aber auch um den sogenannten Ausschluß einer Sendung von der Weiterbeförderung handeln. Dann wurde die Sendung an die entsprechende Diensteinheit des MfS zur weiteren Bearbeitung übergeben. Eine andere Variante der Sicherstellung sah vor, einen oder mehrere Briefkästen außerplanmäßig zu leeren, wenn Postsendungen gefunden werden sollten, die von unter Beobachtung stehenden Personen eingeworfen worden waren. Auch postalische Belege wie Paketkarten, Zahlungsbelege oder Telegramm-Urschriften konnten überprüft und einbehalten werden.

Zur *technischen Bearbeitung und Überprüfung* von Postsendungen gehörte es schließlich, diese konspirativ zu öffnen und zu schließen, ihren Inhalt zu fotografieren, sie zu röntgen, um etwaige verborgene Inhalte festzustellen, absichtlich angebrachte Merkmale oder Spuren zu untersuchen, zu sichern oder zu reparieren, um Bearbeitungsspuren oder aufgetretene Beschädigungen zu beseitigen.

Das gesamte Verfahren der Postüberwachung und Postkontrolle hatte unter den Bedingungen strengster Geheimhaltung zu erfolgen. Deshalb waren die Abteilungen M unter anderem angewiesen, für die Bearbeitung der Post maximal zwölf Stunden zu verwenden, Verluste, Beschädigungen und Verwechslungen, die zu Rückfragen hätten führen können, auszuschließen und vor allem Inoffizielle Mitarbeiter und Gesellschaftliche Mitarbeiter in den Reihen der Post und der Zollverwaltung zu gewinnen. Auch die ständige Überwachung der Mitarbeiter der Abteilungen M auf Zuverlässigkeit und Verschwiegenheit war vorgeschrieben. Besonderes Augenmerk wurde auf die zuverlässige Abschirmung der Außenstellen in den Gebäuden außerhalb der Abteilungen M – also in der Regel in den Postämtern – gelegt.

Ähnlich wie bei der Post wurde auch bei der sogenannten *Postzollfahndung* verfahren, bei der es um die Überprüfung von Paketen und Päckchen ging. Bei der Auftragsstufe A wurde der auftraggebenden Diensteinheit des MfS durch die Abteilung M «nur» der Aufgabeort, die Sendungsart, Absender und Empfänger sowie ein Außenfoto der Sendung übermittelt. Bei Auftragsstufe B wurde die Sendung geöffnet und fotografiert, bei Stufe C ohne zu öffnen aus dem Verkehr gezogen und der zuständigen Diensteinheit des MfS übergeben, bei Stufe D ohne Kontrolle an den Empfänger weitergeleitet.

Diese extensive Post- und Paketkontrolle in der DDR verletzte nicht

nur die Persönlichkeitsrechte der betroffenen Menschen. Es kam auch zu getarnten Diebstählen. So wurden von den Abteilungen M der Bezirke allein in den Jahren von 1986 bis 1989 aus Postsendungen nach eigenen Angaben insgesamt
6 933 292 DM
446 528 Deviseneinheiten anderer Länder und
203 011 Mark der DDR beschlagnahmt.

Diese Mittel wurden ebenso wie Edelmetalle und Schmuck über die Abteilung Finanzen des MfS an den Staatshaushalt abgeführt.

Eine andere Quelle der ungesetzlichen Bereicherung war das Entleeren von Paketen und Päckchen, die innerhalb der BRD verschickt wurden, jedoch als Irrläufer in die DDR gelangt waren. Solche Sendungen mußten von der Deutschen Post bei den Abteilungen M des MfS abgeliefert werden, wo sie fast ausnahmslos konfisziert wurden. Seit 1985 wurden aus solchen Irrläufern Waren im Wert von 4 045 214 DM entnommen. Das meiste davon (im Werte von 3,2 Millionen DM) gelangte in einen Spezialladen des MfS, wo es an höhere MfS-Offiziere verkauft wurde. Der Rest ging an Diensteinheiten des MfS, ein geringer Teil gelangte über die Zollverwaltung in den Einzelhandel.

Mitarbeiter der Abteilungen M berichteten während der Auflösung des MfS / AfNS, daß in der zweiten Hälfte der achtziger Jahre auffallend viele solcher Irrläufer in den Besitz des MfS gelangt waren, woraus sie den Schluß zogen, daß es innerhalb der Bundespost Inoffizielle Mitarbeiter des MfS gegeben haben müsse, die solche Irrläufer bewußt auf den Weg in die DDR gebracht hatten.

e) Die Telefonüberwachung durch das MfS

Telefonanschlüsse waren eine weitere für das MfS wichtige Quelle, um Informationen über Personen oder Vorgänge zu erhalten. Für das Abhören beziehungsweise Aufzeichnen von Telefongesprächen sowie die Überwachung des Telexverkehrs war die Abteilung 26 zuständig. Diese unterhielt zuletzt (Ende 1989) nach Angaben des Staatlichen Auflösungskomitees insgesamt 31 Endstellen und 279 technische Stützpunkte, von denen aus die Überwachung erfolgte; insgesamt arbeiteten in diesem Bereich 1486 Mitarbeiter, und ohne Personalkosten standen dafür jährlich 15 Millionen Mark der DDR zur Verfügung.

Die technischen Apparaturen, die den Abteilungen 26 in der Zentrale und in den Bezirken zur Verfügung standen, erlaubten es, gleichzeitig 3780 Fernsprechanschlüsse und 50 Telexteilnehmer zu überwachen. Nach Aussagen ehemaliger Mitarbeiter hörte das MfS jährlich mindestens 7000 Teilnehmer gezielt ab. Dabei handelte es sich nicht nur um bekannte Oppositionelle, sondern mitunter auch um Personen in leitender Funktion wie das Politbüromitglied Günter Schabowski. Zum Kreis der Abgehörten zählten ferner Bischöfe, Pastoren und leitende kirchliche Mitarbeiter, bekannte Schriftsteller und Künstler sowie Personen, die unter Operativer Personenkontrolle standen oder im Rahmen von Operativen Vorgängen observiert wurden.

Für die Überwachung des grenzüberschreitenden Telefonverkehrs (hauptsächlich in die BRD, nach West-Berlin und Westeuropa sowie zwischen West-Berlin und Westdeutschland) war eine eigene Abteilung – Abt. XVI – zuständig, die Anfang der achtziger Jahre aus der Hauptabteilung III herausgelöst worden war. Sie verfügte über technische Vorrichtungen, die auch geheimdienstliche Schnellübermittlungen, bei der Informationen mit kodiertem Inhalt verdichtet wurden, aufzeichnen und entschlüsseln konnten. Vor allem wurden Telefongespräche von Oppositionellen aus der DDR aufgenommen, die sich in der BRD oder West-Berlin aufhielten. Jährlich wurden etwa 500 Teilnehmer auf diese Weise abgehört.

Hauptauftraggeber waren jeweils die Hauptabteilung II (Spionageabwehr) mit etwa 50 Prozent der Aufträge, die Hauptabteilung XX (Staatsapparat, Kirche, Kultur, Kunst, Opposition) mit etwa 20 Prozent und die Hauptabteilung XVIII (Volkswirtschaft) mit etwa 15 Prozent.

Die Gespräche wurden auf Band aufgezeichnet, von speziell geschulten Mitarbeitern ausgewertet und in Form zusammenfassender Protokolle an die auftraggebenden Diensteinheiten übergeben.

Neben der Telefonüberwachung als A-Maßnahme wurde in Abteilung 26 als B-Maßnahme das Einbauen von Abhöranlagen besonders in Privat- oder Diensträumen praktiziert. Eine D-Maßnahme installierte Videokameras, F-Maßnahme bezog Fotos ein, durch Maßnahme X wurde danach gesucht, ob in Räumen des MfS durch andere Geheimdienste technische Geräte eingebaut waren.

7. Operationsbereiche des MfS

a) Die Bekämpfung des politischen Widerstandes

Verstärkt seit Anfang der achtziger Jahre bildeten sich in der DDR Gruppierungen, die mit den bestehenden politischen Verhältnissen unzufrieden waren und nach Alternativen suchten. Sie kamen aus den unterschiedlichsten gesellschaftlichen Kreisen und vertraten verschiedene politische Richtungen.

In der Mehrheit handelte es sich dabei um Gruppen, denen die Kirche als einzige staatsfreie Großorganisation der DDR Freiräume bot, um ungehindert ihre Ansichten austauschen zu können. Eine wachsende Zahl von Menschen wandte sich gegen die fortschreitende Zerstörung der Umwelt, setzte sich gegen die Bevormundung durch die Partei- und Staatsführung auf dem Gebiet der Kunst und Kultur zur Wehr oder suchte nach Wegen, den Alltag in der DDR menschlicher zu gestalten. Allen gemeinsam war die Forderung nach mehr Demokratie und ungehinderter Meinungsäußerung. In der Regel war nicht die Zerstörung der DDR, sondern deren Verbesserung ihr Ziel.

Im Jahre 1985 – dem Jahr, in dem in der Sowjetunion die Perestrojka begann – erließ der Minister für Staatssicherheit, Mielke, bezeichnenderweise die «Dienstanweisung Nr. 2/85 zur vorbeugenden Verhinderung, Aufdeckung und Bekämpfung politischer Untergrundtätigkeit» (VVS MfS 0008-6/85). Auch diese Anweisung basiert auf der Annahme, daß jede Unzufriedenheit mit den bestehenden Verhältnissen in der DDR ihren Ausgangspunkt in Bestrebungen «äußerer Feinde» habe, die versuchten, «feindliche Stützpunkte» zu schaffen als Basis für eine organisierte oppositionelle Bewegung in der DDR. Die hohe Zahl von Kritikern erklärte sich das MfS – und die SED-Führung – so: «Im Zusammenhang mit Aktivitäten politischer Untergrundtätigkeit treten vielfach Sympathisanten, politisch irregeleitete oder zeitweilig getäuschte sowie politisch schwankende, labile, ungefestigte und unzufriedene Personen in Erscheinung, die oft keine verfestigten feindlich-negativen Positionen einnehmen, aber von den Führungskräften der politischen Untergrundtätigkeit als ihr Potential einbezogen bzw. mißbraucht werden.»

Die sich mehrenden Anzeichen für politischen Widerstand in der DDR wurden gleichwohl außerordentlich ernst genommen. So wurde die «Bekämpfung politischer Untergrundtätigkeit» in der Anweisung zur Aufgabe aller operativen Diensteinheiten des MfS erklärt, die von der Hauptabteilung XX der Zentrale (Staatsapparat, Kirche, Kultur, Kunst und Opposition) und den Abteilungen XX der Bezirksverwaltungen koordiniert werden sollten. Insbesondere galt es zu verhindern, daß oppositionelle Gruppen in der Öffentlichkeit auftraten. Der Bevölkerung sollte verborgen bleiben, daß es Organisationsformen gab, in denen Auffassungen vertreten wurden, die man bisher überhaupt nicht oder kaum in der Öffentlichkeit zu äußern gewagt hatte. Auf der gleichen Linie lag die Aufforderung zu verhindern, daß solche Meinungen mit kulturell-künstlerischen Mitteln verbreitet wurden. Ferner hielt man es für wichtig, die Verbindungen zu ehemaligen DDR-Oppositionellen unter Kontrolle zu halten, die in die Bundesrepublik oder andere nichtsozialistische Staaten ausgebürgert worden oder übergesiedelt waren.

Das wichtigste Instrument zur Kontrolle und Beeinflussung oppositioneller Gruppierungen bildeten die Inoffiziellen Mitarbeiter des MfS, die nicht nur Kenntnis über die betreffenden Gruppen und ihre Gesprächsinhalte haben, sondern auch ihre Lebensgewohnheiten kennen sollten. Sie hatten den Auftrag, vertrauliche Beziehungen zu den führenden Mitgliedern herzustellen, in ihre «Konspiration» einzudringen und Informationen über ihre Pläne und Absichten zu beschaffen. Da das MfS die oppositionellen Gruppen als einen der Hauptfeinde im Innern ansah, beschäftigte es in diesem Bereich prozentual die meisten Inoffiziellen Mitarbeiter. So kam es, daß in zahlreichen Gruppen auch zwei und mehr Inoffizielle Mitarbeiter tätig waren, die nichts voneinander wußten und sich damit zugleich gegenseitig überwachten; manche Gruppen bestanden sogar zur Hälfte oder zu einem noch größeren Teil aus MfS-Informanten.

Die Dienstanweisung verlangte, insbesondere solche Inoffiziellen Mitarbeiter zu gewinnen, langfristig zu entwickeln und einzusetzen, die kirchlich gebunden beziehungsweise in kirchlichen Strukturen wie den Jungen Gemeinden, den Studentengemeinden oder in der offenen Jugendarbeit tätig waren. Gefragt waren auch Studenten der Fachrichtungen Kunst/Kultur, Literatur und Theologie; Angehörige der wissenschaftlich-technischen, gesellschaftswissenschaftlichen und medizinischen Intelligenz; Künstler und Kulturschaffende sowie Personen, die sich beruflich mit Fragen des Natur- und Umweltschutzes befaßten oder ausgeprägte Interessen und Neigungen auf diesem Gebiet hatten oder alternative Lebensformen bevorzugten. Die Einschleusung der Inoffiziellen Mitarbeiter in oppositionelle Gruppen wurde mit Hilfe langfristiger Konzeptionen geplant und durchgeführt, die mit der Hauptabteilung XX des Ministeriums beziehungsweise den Abteilungen XX der Bezirksverwaltungen des MfS abzustimmen waren.

Das Ziel der DDR-Staatssicherheit bei der Bekämpfung aller bekanntgewordenen oppositionellen Gruppen bestand darin, in diese einzudringen, ihre Mitglieder zu entzweien, ihre Aktivitäten zu lähmen beziehungsweise wichtige Führungskräfte systematisch zu isolieren. Die dazu getroffenen Maßnahmen wurden in sogenannten «Bearbeitungskonzeptionen» und «Maßnahmeplänen» genau festgelegt. Reiner Kunze schildert in seinem Buch «Deckname Lyrik», Fischer Taschenbuch 10854 (Frankfurt/M. 1990), anschaulich, wie das in seinem Falle geschehen war. Aus der Akte, die das MfS über ihn angelegt hatte, geht hervor, daß Personen, die sein Vertrauen gewonnen hatten und die er zu seinen Freunden zählte, Inoffizielle Mitarbeiter des MfS waren. Sie hatten zu ihm Kontakt aufgenommen, ihm den Eindruck vermittelt, sie teilten seine Ansichten und stünden auf seiner Seite. Später jedoch suggerierten sie ihm im Auftrag des MfS die Meinung, daß seine Haltung von der Bevölkerung abgelehnt würde und man ihn nicht verstehen könne – auf diese Weise sollte der Schriftsteller in Zweifel über sich selbst geraten. Solche und ähnliche Methoden gehörten sozusagen zum Standardrepertoire des Vorgehens und hatten nicht selten zur Folge, daß der oder die Betreffende schließlich einen Ausreiseantrag stellte. Hinzu kam ein breites Arsenal weiterer Instrumente. Mielke betonte in der Dienstanweisung 2/85 ausdrücklich, daß alle Mittel und Methoden – «einschließlich der Beschaffung und Einspeicherung von Schriftenvergleichsmaterial» – zum Einsatz kommen sollten. Auch die Kontakte zu Geheimdiensten der anderen sozialistischen Staaten sollten genutzt werden, da dort ebenfalls oppositionelle Gruppierungen bestanden, die zum Teil mit denen in der DDR Verbindung hatten. Um das ganze Spektrum der zur Verfügung stehenden Mittel gegen die Gruppen anwenden zu können, erhielten praktisch alle zuständigen Hauptabteilungen und selbständigen Abteilungen des Ministeriums exakte Anweisungen, was sie zu tun hatten.

Die *Hauptverwaltung Aufklärung* (Auslandsspionage) erhielt die Aufgabe, vor allem in der BRD «Absichten und Maßnahmen feindlicher Führungszentren und -kräfte zur Inszenierung und Organisierung politischer Untergrundtätigkeit in der DDR, insbesondere hinsichtlich der Strategie und Taktik der angewandten Mittel und Methoden sowie der wirksamwerdenden Kräfte» aufzuklären. Ziel war es, daraus Maßnahmen erarbeiten zu können, wie diese «Kräfte» – zum Beispiel Vertreter der Grünen oder andere mit der DDR-Opposition sympathisierenden Personen – zersetzt beziehungsweise in ihrer Wirksamkeit eingeschränkt werden könnten. So gehörte es auch in den Aufgabenbereich der HVA, die Aktivitäten ehemaliger DDR-Bürger wie Roland Jahn, der Anfang der achtziger Jahre gewaltsam aus der DDR transportiert worden war und bis zur «Wende» in zahllosen MfS-Berichten Erwähnung fand, möglichst lückenlos zu überwachen und zu behindern. Ferner sollte festgestellt werden, ob durch derartige Tätigkeiten eventuell internationale Verträge und Abmachungen verletzt würden.

Die *Hauptabteilung I* (Nationale Volksarmee, Grenztruppen, andere bewaffnete Organe – außer Volkspolizei –) wurde beauftragt, oppositionelle Bestrebungen vor allem im Bereich der Nationalen Volksarmee und der Grenztruppen zu unterbinden, gegen alle Arten pazifistischer oder pseudopazifistischer Bestrebungen – zum Beispiel durch Wehrdienstverweigerer, die zum waffenlosen Dienst als Bausoldaten eingezogen worden waren – aufzutreten sowie Erscheinungen des passiven Widerstandes in den bewaffneten Kräften zu bekämpfen.

Die *Hauptabteilung II* (Spionageabwehr) hatte Aktivitäten ausländischer Geheimdienste zur Unterstützung oppositioneller Bestrebungen in der DDR aufzuklären beziehungsweise zu bekämpfen, wobei vor allem der Tätigkeit des Botschaftspersonals unter Nutzung seiner Immunität und anderer Privilegien sowie dem Verhalten von Korrespondenten große Aufmerksamkeit gewidmet wurde.

Die *Hauptabteilung III* (Funkaufklärung, Funkabwehr), die *Abteilungen M* (Postkontrolle) und die *Abteilungen 26* (Telefonüberwachung) hatten in ihren jeweiligen Aufgabenbereichen «Hinweise auf Aktivitäten im Sinne politischer Untergrundtätigkeit» zu liefern, wobei sie besonders die Rückverbindungen ehemaliger DDR-Bürger beachten sollten.

Die *Hauptabteilung VI* (Paßkontrolle, Fahndung im grenzüberschreitenden Verkehr) hatte die Aufgabe, auch unter Nutzung der Möglichkeiten der Zollverwaltung Hinweise auf eventuelle Kuriere oder Verbindungspersonen zu geben beziehungsweise zeitliche und örtliche Konzentrationen «bedeutsamer Personenkategorien» festzustellen.

Die *Hauptabteilung VII* (Ministerium des Innern, Volkspolizei, Zivilschutz, Kampfgruppen) sollte oppositionelle Aktivitäten gegen die Volkspolizei und die anderen ihr zugeordneten Organe unterbinden, insbesondere solche, die deren politisch-moralische Verfassung und ihre Einsatzbereitschaft beeinträchtigen könnten. Unter den Strafgefangenen sollte darauf geachtet werden, daß Personen mit ausgeprägt «feindlich-negativer Einstellung» unter Kontrolle gehalten wurden. Auch sollten unter Strafgefangenen geeignete Personen für eine inoffizielle Mitarbeit gewonnen werden.

Die *Hauptabteilung VIII* (Observierung, Ermittlungen, Verhaftungen, Festnahmen, Zuführungen, Durchsuchungen) hatte die Aufgabe, die konspirative Überwachung zu organisieren, die Verbindungen oppositioneller Gruppen festzustellen, Räumlichkeiten zu überwachen und «Sofortmaßnahmen zur Unterbindung demonstrativ-provokatorischer Handlungen» zu ergreifen.

Die *Hauptabteilung IX* (mit Befugnissen eines staatlichen Ermittlungsorgans ausgestattet, zuständig für Ermittlungsverfahren vor allem wegen Landesverrats) sollte alle Möglichkeiten der DDR-Gesetzgebung nutzen, um gegen oppositionelle Kräfte strafrechtlich vorzugehen. Ferner sollte sie Ansatzpunkte für «Zersetzungs- und Verunsicherungsmaßnahmen» schaffen – zum Beispiel durch das Aufdecken kleinerer Straftatbestände wie Fahren unter Alkoholeinfluß, mit denen eine «Zielperson» unter Umständen erpreßt werden konnte – und mit der Kriminalpolizei und der Zollfahndung zusammenarbeiten.

Die *Hauptabteilung XVIII* (Sicherung der Volkswirtschaft) und die *Hauptabteilung XIX* (Verkehrs-, Post- und Fernmeldewesen) hatten den Auftrag, vor allem unter Arbeitern und Genossenschaftsbauern, unter Mitarbeitern im wissenschaftlich-technischen, gesellschaftswissenschaftlichen und medizinischen Bereich tätig zu werden, um Verbindungen zu oppositionellen Gruppierungen zu verhindern.

Die *Hauptabteilung XX* war, wie schon festgestellt, für die Koordinierung aller diesbezüglichen Maßnahmen verantwortlich.

Die *Abteilung XXII* (Terrorabwehr) hatte sich auf solche oppositionelle Kräfte zu konzentrieren, die «von extremistischen Grundpositionen ausgehen» oder beabsichtigten, terroristische Mittel und Methoden anzuwenden.

Die *Zentrale Koordinierungsgruppe* (Verhinderung von Ausschleusungen, Zurückdrängung von Übersiedlungsbestrebungen) war beauftragt, den operativen Diensteinheiten Unterstützung zu leisten, um Versuche von DDR-Bürgern, die Übersiedlung in den Westen zu erreichen oder die DDR auf ungesetzliche Weise zu verlassen, zu verhindern. Dies galt vor allem für die Überwachung von Personen, die sich zu Gruppierungen zusammengeschlossen hatten, um ihre Übersiedlung durchzusetzen.

Die *Zentrale Auswertungs- und Informationsgruppe* hatte die Aufgabe, alle von der Hauptabteilung XX über oppositionelle Bestrebungen erhobenen Erkenntnisse auszuwerten, wichtige Ergebnisse für zentrale Entscheidungen aufzuarbeiten und problembezogene Informationen an die Partei- und Staatsführung vorzubereiten. Sie hatte auch Veröffentlichungen westlicher Medien auszuwerten, die in Zusammenhang mit der Tätigkeit oppositioneller Gruppen in der DDR standen.

Die *Kreisdienststellen des MfS* nahmen bei der Bekämpfung oppositioneller Gruppen eine Schlüsselrolle ein. Sie waren beauftragt, für das gesamte Kreisgebiet ständig eine aktuelle Übersicht bereitzuhalten, aus der ersichtlich sein mußte, von welchen Personen oder Personengruppen eine «Gefahr im Sinne politischer Untergrundtätigkeit» ausging. Diese Erkenntnisse dienten als Ausgangsbasis für gezielte Maßnahmen gegen kritische Personen. Ins Visier genommen wurden insbesondere Friedensgruppen, Ökologiekreise, alternative Gruppierungen sowie nichtöffentliche politische Diskussionskreise. Eine besondere Zielgruppe war die kirchliche Basis – in erster Linie Gemeinde- und Kreiskirchenräte, die Kreissynoden, die Superintendenturen sowie kirchliche Jugendgruppen. Außerdem hatten die Kreisdienststellen des MfS dafür zu sorgen, daß in den Räten der Kreise / Städte die Schlüsselpositionen durch zuverlässige Inoffizielle Mitarbeiter oder Gesellschaftliche Mitarbeiter eingenommen wurden, vor allem in den Arbeitsbereichen für Kirchenfragen, in den Abteilungen für Inneres, für Umweltschutz, für Kultur, für Jugend und Sport, für Gesundheitswesen sowie in den führenden kulturellen Einrichtungen und den Leitungen der Massenorganisationen.

Auf diese Weise verpflichtete die Dienstanweisung 2/85 fast den gesamten Apparat des MfS, oppositionelle Gruppen unter Kontrolle zu bringen, in sie einzudringen und sie zu zerstören. Zugleich eröffnete sie die Möglichkeit, die Initiatoren solcher Gruppen des Landesverrats anklagen zu können beziehungsweise diese anderweitig zu kriminalisieren. Zumindest sollte in den Augen der Öffentlichkeit der Eindruck erweckt werden, es handele sich bei den Verfolgten um Personen, die sich gegen die Gesellschaftsordnung der DDR stellten. Ein Beispiel für dieses Herangehen war das Vorgehen gegen Werner Fischer, Stephan Krawczyk und andere im Zusammenhang mit der Luxemburg-Liebknecht-Demonstration im Januar 1988, als zahlreiche Oppositionelle festgenommen oder in ihren Wohnungen festgehalten wurden.

b) Staatssicherheit und Kirche

Eine Besonderheit innerhalb der DDR-Gesellschaft stellten die katholische und die evangelische Kirche dar, weil sie – trotz gegenteiliger Versuche, besonders in den fünfziger Jahren – organisatorisch und finanziell unabhängig vom Staat geblieben waren. Bei den Kirchen gab es keine staatlichen Kaderakten, Christenlehre und Predigten unterlagen keiner Genehmigungspflicht; ihre Verwaltung war eigenständig, ihr Haushalt wurde – unter Einschluß von Geldern aus staatlichen Verpflichtungen der Vorkriegszeit und erheblicher Zuschüsse aus den westdeutschen Kirchen – selbst aufgebracht. Eigene Ausbildungsstätten für alle kirchlichen Berufe wie Kindergärtnerinnen, Katecheten, Kirchenmusiker, Diakone existierten ebenso wie spezielle Theologieinstitute zur Pfarrer- beziehungsweise Priesterausbildung.

Dieser Freiraum war die Voraussetzung dafür, daß die evangelische Kirche seit Ende der siebziger Jahre mehr und mehr von Gruppen mit eigenen Zielvorstellungen entdeckt wurde. Dabei war es keineswegs so, daß die große Mehrheit der kirchlichen Mitarbeiter in leitenden Stellungen oder in den Ortsgemeinden den Zustrom von Bausoldaten und Wehrdienstverweigerern, von Umwelt- und Friedenskreisen, von Lesben und Schwulen, von Künstlern mit Berufsverbot wie Stephan Krawczyk oder Freya Klier sowie von Ausreisewilligen begrüßt oder sich spontan zu deren Sprechern erklärt hätte. Vielmehr waren es einzelne kirchliche Mitarbeiter, die die Probleme aufgriffen und sich innerhalb der Kirche dafür einsetzten, daß diese auch dann für Benachteiligte und staatlich Verfolgte eintrete, wenn sich die einzelnen oder Gruppen nicht dem christlichen Glauben verpflichtet sahen. So führte beispielsweise das Stadtjugendpfarramt Berlin Großveranstaltungen wie die «Bluesmessen» oder die jährliche «Friedenswerkstatt» oft gegen den Widerstand kirchlicher Gremien und erst recht staatlicher Stellen durch. Erst die Vorbereitung der Ökumenischen Versammlung in Seoul zum Thema «Frieden, Gerechtigkeit und Bewahrung der Schöpfung» brachte ab 1987 eine zunehmende Übereinstimmung zwischen den Anliegen der Gruppen und der Kirche.

Die organisatorische Eigenständigkeit der Kirchen, die latente Ablehnung von Religion durch die SED und das wachsende gesellschaftskritische Engagement im kirchlichen Schutzraum führten zu intensiven Bemühungen des Partei- und Staatsapparates, auch diesen Bereich unter Kontrolle zu bringen. Die Kirchen in der DDR galten der SED-Führung als ein Sammelbecken der Opposition und wurden damit zur wichtigsten Zielgruppe des MfS. Wie die Staatssicherheit in den Reihen der Kirchen operierte, ist bislang erst in Umrissen deutlich geworden, doch selbst die wenigen bekannten Einzelheiten zeigen ein schreckliches Ausmaß der Durchsetzung und «Bearbeitung» durch Mitarbeiter des MfS. Aufschluß darüber gibt insbesondere eine Veröffentlichung der Neubrandenburger Arbeitsgruppe zur Untersuchung der nach innen gerichteten Tätigkeit des MfS in den achtziger Jahren, auf die im folgenden vor allem Bezug genommen wird (Ulrich von Saß/Harriet von Suchodoletz: «Feindlich-negativ.» Zur politisch-operativen Arbeit einer Stasi-Zentrale, Evangelische Verlagsanstalt, Berlin 1990).

Die für den Bereich Kirche zuständige Hauptabteilung XX/4 des MfS, die Abteilungen XX/4 in den Bezirken sowie die Kreisdienststellen des MfS überließen nur wenig dem Zufall. Die verschiedenen Kategorien kirchlicher Mitarbeiter – Jugendwarte, Katecheten, Kindergärtnerinnen, Pfarrer usw. – wurden ebenso planmäßig überwacht wie Gemeindeglieder, Synodale, Konsistorien, Kirchenleitungen, Aus- und Weiterbildungsstätten, Junge Gemeinden und Studentengemeinden, Hauskreise, Ökologie- und Friedensgruppen, kirchliche Medien, Zusammenkünfte auf Rüstzeiten, Kirchentage, Verbindungen zu Partnergemeinden in der Bundesrepublik, ökumenische Beziehungen zu anderen Kirchen. Überall strebte das MfS eine lückenlose Kontrolle und aktive Einflußnahme an.

Für das Verhältnis zwischen Staat und Kirche machte das MfS in der zweiten Hälfte der achtziger Jahre bestimmte Grundvorgaben, deren Einhaltung es durch umfangreiche Maßnahmen durchzusetzen versuchte:

«1. Die Politik der SED ist (...) zu sichern (...), nicht zu hinterfragen.
2. Kirche hat sich auf ‹ausschließlich religiöse Tätigkeit› zu beschränken (...).
3. Nimmt Kirche ihren Auftrag (ihrem Selbstverständnis entsprechend) wahr und äußert sich zu gesellschaftlichen Problemen und Entwicklungen, gegebenenfalls auch kritisch, dann ist es dem Feind gelungen, die Kirche zu seinem ‹Stützpunkt› zu machen.
4. Der Feind hat seinen Sitz im ‹Operationsgebiet› (BRD) (...).
5. Muß Kirche (...) ‹bearbeitet› werden (...), dann handelt es sich bei den Aktionen des MfS nicht um einen Kampf gegen die Kirche, sondern um die Sicherung des gemeinsamen, bewährten Weges, der seit dem 6. März 1978 (dem Tag der Spitzengespräches zwischen Kirche und Staat, d. V.) beschritten wird (...)» (Saß/Suchodoletz, S. 48).

Je nach Stellung zu diesen Grundsätzen wurde auch zwischen den kirchlichen Amtsträgern unterschieden. Vertreter der unter Punkt 2 genannten Richtung wurden als «loyal», «realistisch» oder «progressiv» bezeichnet, Vertreter der unter Punkt 3 genannten Position als «feindlich-negativ» oder «klerikal» (ebenda, S. 49).

Im Sprachgewand des MfS (Zentrale Planvorgabe des Ministers für 1989) ergaben sich daraus folgende Aufgabenstellungen:

«– Verstärkte Einflußnahme auf die Kirchenleitungen bis zu den Gemeindekirchenräten mit dem Ziel, jene Kräfte zu stärken, die sich gegen die zunehmende Politisierung der Kirchen aussprechen und für eine Rückkehr zur Behandlung ausschließlich theologischer und innerkirchlicher Themen, besonders in der Arbeit sogenannter kirchlicher Basisgruppen, eintreten.
– Verhinderung der Bestrebungen reaktionärer und auf politisch negativen Positionen stehender kirchlicher Kräfte, den eingeleiteten konziliaren Prozeß der Kirchen in der DDR für Angriffe und Aktivitäten gegen die sozialistische Staats- und Gesellschaftsordnung zu mißbrauchen.
– Verstärkung der politisch offensiven Auseinandersetzung mit solchen kirchlichen Amtsträgern, die den staatlichen Erwartungshaltungen zur Unterbindung der von feindlich-negativen Kräften aus-

gehenden Aktivitäten unter Nutzung kirchlicher Räumlichkeiten nicht entsprechen.

– Verstärkung der Kontrolle und Verhinderung des Mißbrauchs kircheneigener Druck- und Vervielfältigungstechnik für die Herstellung von Druckerzeugnissen antisozialistischen Inhalts und Charakters.
– Ständige Einwirkung auf die Kirchenleitungen, im Falle von Kirchenbesetzungen, z. B. durch Übersiedlungsersuchende, von ihrem Hausrecht Gebrauch zu machen» (ebenda, S. 45 f.).

Zur Umsetzung dieser Vorgaben wurden systematisch Inoffizielle Mitarbeiter in Junge Gemeinden, Studentengemeinden und Hauskreise, unter Theologiestudenten, Gemeinde-, Kreis- und Landeskirchenräten sowie in Synoden, Kirchenleitungen und innerkirchliche Gruppen eingeschleust oder dort gewonnen. In sogenannten «Bearbeitungskonzeptionen» legte das MfS dann beispielsweise fest: «Durch zielgerichtete Maßnahmen sind für die bis 1990 ausscheidenden Kirchenleitungsmitglieder, Mitglieder und Referenten des Oberkirchenrates (...) geeignete Nachfolgekandidaten auszuwählen und zu profilieren, welche einen realistischen politischen Kurs (...) anstreben und gewährleisten. Für diesen Personenkreis sind IM ins Blickfeld zu bringen bzw. progressive und loyale kirchenleitende Amtsträger für eine Kandidatur zu unterbreiten» (ebenda, S. 49).

Die Autoren Saß und Suchodoletz kommen nach Einsicht der Akten zu dem Ergebnis, «daß die Realisierung der durch das MfS konzipierten Maßnahmen in erschreckendem Maße möglich war» (ebenda, S. 51). In Mecklenburg, aber auch in anderen Landeskirchen, hätte ein Zurückziehen aller IM aus den Friedensgruppen den Zusammenbruch mancher Kreise bedeutet (vgl. ebenda, S. 52).

Zu den Methoden der Einflußnahme gehörte es beispielsweise, daß IM versuchten, politisch aktive Gruppen auf rein religiöse Themen zurückzudrängen; sie hatten die Aufgabe, politisch Andersdenkende zu «bearbeiten» oder Gruppen und Hauskreise durch gezielte Aktionen zu zersetzen, wobei auch zum Mittel der Kompromittierung gegriffen wurde. Andererseits boten sie sich gezielt für Leitungsaufgaben an; bei größeren zentralen Veranstaltungen versuchten die IM innerhalb der verschiedenen zusammentreffenden Gruppen Thematik und Verlauf mitzubestimmen. Gezielte Maßnahmepläne, die alle Einzelheiten des Vorgehens genau festlegten, waren zuvor vom MfS auf Bezirksebene erarbeitet worden (vgl. ebenda, S. 58–65). Über die Abteilung Inneres, speziell der Mitarbeiter für Kirchenfragen, versuchte man durch Gespräche mit Pfarrern und Superintendenten, in denen mit Konsequenzen gedroht wurde, auf die Veranstalter «mäßigend» einzuwirken. Besonders herausragende Vertreter der Gruppe unterlagen der Telefonüberwachung, der Postkontrolle, wurden abgehört oder mittels «Konspirativer Hausdurchsuchungen» zusätzlich überwacht.

Während diese Bespitzelungs- und Zersetzungsarbeit, die selbst vor lebensgefährlichen Manipulationen an Kraftfahrzeugen kritischer Personen nicht haltmachte, in der Regel im verborgenen stattfand, ging das MfS in bestimmten Situationen auch zur direkten Konfrontation über. So war das MfS im Zusammenhang mit dem Versuch der SED, die Jungen Gemeinden 1953 und die Studentengemeinden 1957 oder die Umweltbibliothek der Zionskirchgemeinde 1987 zu liquidieren, zu einem ungleich energischeren Handeln bereit. Die Verhaftungen der Studentenpfarrer Johannes Hamel 1953, Siegfried Schmutzler 1957 und einzelner Mitglieder der Umweltbibliothek 1987 illustrieren, wie das MfS mit konstruierten rechtlichen Begründungen seine Ziele auch auf diesem Weg durchzusetzen versuchte.

Im nachhinein überrascht weniger der weit gefächerte Einsatz von IM im Bereich der Kirchen als vielmehr die stabsmäßige Planung des Vorgehens. In kirchlichen Kreisen wurde immer davon ausgegangen, daß unter zehn Teilnehmern gewöhnlich einer war, der engere Beziehungen zum MfS hatte. Das erzog dazu, privat möglichst genauso verantwortlich zu reden, wie man dies öffentlich getan hätte. Daß die Zuträger des MfS jedoch nicht «nur» über Äußerungen im kleinen Kreis Bericht erstatteten, sondern ein Baustein und ein gezielt eingesetztes Instrument in einem komplizierten System der Überwachung, Einflußnahme und «Zersetzung» waren, davon hatten die Betroffenen keine Kenntnis. Erst im Zuge der Aufarbeitung der MfS-Arbeit ist deutlich geworden, daß auch die innerkirchlichen Auseinandersetzungen über Einzelfragen oder den Weg der Kirchen in der DDR vielfach von der Staatssicherheit mit ausgelöst, forciert oder für ihre Zwecke instrumentalisiert worden waren. Gleichwohl kann aus dem Vorhergehenden auf keinen Fall gefolgert werden, daß die Kirche gleichsam ein verlängerter Arm des MfS war und im Gegensatz zur übrigen Gesellschaft als besonders korrumpiert angesehen werden muß – das Gegenteil ist der Fall. Es gab zahlreiche Inoffizielle Mitarbeiter, und dennoch waren und blieben kirchliche Veranstaltungen und Kreise von einem freieren Geist geprägt als irgendeine andere Zusammenkunft.

Nirgends sonst wurde so offen über herausfordernde Themen gesprochen, immer mehr wurde die Kirche zum einzigen Forum, wo die gravierenden gesellschaftlichen Probleme wie Umweltverschmutzung, Wehrersatzdienst und Wehrdienstverweigerung, Schwule und Lesben, Friedenserziehung im Kindergarten und in der Schule, Bildungspolitik oder alternative Gesellschaftsmodelle öffentlich aufgegriffen wurden. Obwohl man wußte, daß das MfS immer dabei war, blieb eine gegenseitige Vorgabe des Vertrauens bestehen, die wesentlich zum Entstehen einer breiten gesellschaftlichen Bewegung beitrug, die schließlich die «Wende» in der DDR erzwang.

c) Die Durchdringung des Kulturlebens

Der Umgang mit der Kunst und insbesondere mit dem Wort unterlag der besonderen Aufmerksamkeit staatlicher Stellen. Die eigene Parteigeschichte hatte gelehrt, welch großen Einfluß Kampfschriften hatten, was Medien bewirken können. Deshalb galt es, besonders wachsam zu sein. So ist bekannt, daß Honecker selbst intensiv auf die Gestaltung der Parteizeitung «Neues Deutschland» Einfluß nahm und in Bild und Text eingriff. Diskussionsbeiträge auf öffentlichen staatlichen Versammlungen waren in aller Regel vorher schriftlich einzureichen. Die bei führenden Repräsentanten oft beobachtete Unfähigkeit zur freien Rede hat hier ihren Ursprung. Druckgenehmigungen mußten selbst für Programmhefte, Abzüge und erst recht für Bücher eingeholt werden. Theaterstücke, Filme wurden verboten. Indexlisten von verbotenen Büchern durchziehen die DDR-Geschichte bis in das Jahr 1989.

Man wird sich diese Gesamtsituation vor Augen halten müssen, um zu erahnen, welchem Druck diejenigen ausgesetzt waren, die mit dem Wort im weitesten Sinne umgingen, insbesondere Schriftsteller, Liedermacher, Theaterschaffende. Die Frage war jeweils – sofern man nicht aus Überzeugung oder Opportunismus der vorgegebenen Generallinie entsprechen konnte, und das konnten einige –, wie weit man sich von diesem Druck abhängig machte, welche Kompromisse man einging, um dennoch Wichtiges zur Geltung zu bringen. Wo war die Grenze erreicht, bei der nur noch der Artikel, das Lied, das Theaterstück, das Buch zurückgezogen werden konnte? So gerieten viele Schriftsteller in eine verhängnisvolle Alternative: In der DDR wurde die Druckgenehmigung nicht erteilt beziehungsweise wurden nicht mehr zumutbare Änderungen vorgeschlagen – eine nicht genehmigte Veröffentlichung in der Bundesrepublik galt jedoch als eines der schwersten Vergehen eines DDR-Bürgers. Einige wählten dennoch diesen verbotenen Weg, um sich nicht zum Schweigen verurteilen zu lassen. Andere entschieden sich für verschlüsselte Darstellungen. Nicht von ungefähr entdeckten Franz Fühmann und andere Autoren die vielschichtigen Aussagen der antiken Sagen und interpretierten häufig mythische Stoffe.

Ein Beispiel für dieses Vorgehen bietet Stefan Heyms Roman «Der König David Bericht», der sehr deutlich das Problem der Zensur erhellt, obwohl es sich um einen historischen Stoff handelt. In seinem später (nur in der Bundesrepublik) erschienenen Buch «Collin» wird Heym noch deutlicher: der Schriftsteller Hans Collin in Auseinandersetzung mit Wilhelm Urack – Heym contra Mielke.

Einblick in Zensurvorgänge gewähren besonders Lizenzausgaben, die in der DDR oftmals einfach um bestimmte Passagen gekürzt wurden, ganz nach der jeweiligen politischen Linie der Partei. Als Beispiel sei hier das Buch von Siegfried Herrmann «Geschichte Israels in alttestamentlicher Zeit» (München 1979, [Ost-]Berlin 1981) genannt. In der DDR-Ausgabe werden Leistungen des modernen Staates Israel unterdrückt; der Hinweis auf die neuzeitliche Kultivierung des Landes, «wie sie insbesondere vom modernen Staat Israel erfolgreich betrieben wird», entfällt (S. 30; vgl. auch S. 47). Absalom, Rebell gegen seinen Vater, König David, zeichnet eine gewaltige Haarpracht aus – «ein eindrucksvoller Beitrag zur Typik revolutionärer Persönlichkeiten», wie in der Westausgabe vermerkt, in der Ostausgabe jedoch ersatzlos gestrichen wird (S. 212, Anm. 61). An einer anderen Stelle berichtet der Autor, wie Nehemia um 445 v. Chr. die zerstörte Stadtmauer Jerusalems wieder aufrichtet; Genehmigungen waren zuvor einzuholen, Kenntnisse im Umgang mit Behörden, auch Beziehungen erforderlich, «um Instanzen zu überzeugen und Papiere zu bekommen, ohne die es auch damals nicht ging». Bezeichnenderweise fehlt in der DDR-Lizenzausgabe die Fortsetzung: «Ein Volk, das Besatzung erlebt hat und Hochkommissare, gleich welcher Couleur, weiß das!» (S. 382).

Nicht, daß hier schon das MfS tätig geworden sein mußte, wenngleich über den MfS-Verbindungsmann im Verlag, den Verlagsleiter und schließlich den Lektor Änderungswünsche auch von dort veranlaßt wurden. Oft befand sich die Schere bereits im Kopf der Lektoren und Autoren, so daß eine Intervention gar nicht mehr erforderlich war. Viele Schriftsteller wie Jurek Becker, Günter de Bruyn, Franz Fühmann, Jürgen Fuchs, Peter Huchel, Günter Kunert, Stefan Heym, Werner Heiduczek, Reiner Kunze, Erich Loest, Ulrich Plenzdorf, Rolf Schlesinger, Christa Wolf oder auch Sänger wie Wolf Biermann, Stephan Krawczyk, Bettina Wegener überwachte und «bearbeitete» das Ministerium für Staatssicherheit ähnlich intensiv wie die Wortführer der Opposition.

Zuständig dafür war in erster Linie die Hauptabteilung / Abteilung XX / 7 (Kulturpolitik) des MfS. Einen Einblick in deren Vorgehen geben die veröffentlichten Auszüge aus den Staatssicherheitsakten von Reiner Kunze (Deckname «Lyrik») und Erich Loest (Der Zorn des Schafes; Die Stasi war mein Eckermann oder: mein Leben mit der Wanze). Wie aus Kunzes Akte hervorgeht, wurden dabei die Grundlinien für die Vorgehensweise des MfS von der Partei angegeben; so findet sich darin zum Beispiel die Notiz, daß «am 29. 9. 76 im Zentralkomitee der SED eine vertrauliche Beratung stattfand, auf der der Aussschluß des Schriftstellers Reiner *Kunze*, Greiz, (...) aus dem Schriftstellerverband der DDR (...) festgelegt wurde» (S. 67). Ziel wird es dann, Kunze aus der DDR hinauszudrängen.

Schon seit 1968 erstellte das MfS Operativpläne über den sensiblen Schriftsteller, das ganze Arsenal an Überwachungsmöglichkeiten kommt ihm gegenüber zum Einsatz: Postzollfahndung, Paket- und Briefkontrolle, Telefonabhören, Einbau von Wanzen, Beobachtungen über den Tagesablauf, Einsatz von Inoffiziellen Mitarbeitern (IM) und Gesellschaftlichen Mitarbeitern für Sicherheit (GMS), sogar Einsichtnahme in einen Krankheitsbericht über Kunze, den ein IM im medizinischen Bereich vorübergehend entwendet, damit das MfS den versiegelten Umschlag aufbrechen und Kunzes Gesundheitszustand genau einschätzen kann. Am 24. September 1976 wird festgelegt, das Nachbarehepaar – der Mann ist Gesellschaftlicher Mitarbeiter für Sicherheit (GMS) des MfS – für den Einbau einer Abhöranlage in der eigenen Wohnung zu gewinnen, was trotz anfänglicher Bedenken schließlich gelingt. Der Ehefrau wird «klargemacht, daß die Maßnahmen, die wir zur Abwehr von Angriffen gegen unsere humanistische Gesellschaftsordnung treffen, doch nichts mit der im Kapitalismus praktizierten Bespitzelung fortschrittlicher Kräfte zu tun habe. K. stelle sich mit seinen antisozialistischen Machwerken gegen unsere sozialistische Gesellschaft und verdiene es nicht, von ihr geschätzt und geachtet zu werden. Ihr Mann sagte: ‹Mutti, wir dürfen uns an dem, was *Kunze* tut, nicht mitschuldig machen. Er ist kein Mensch unserer Gesellschaft, bei dem dürfen wir keine Skrupel haben›» (S. 74).

Im Rahmen des «Operativen Vorgangs» trifft das MfS auch Maßnahmen, wie der öffentliche Ruf Kunzes systematisch ruiniert werden soll und auch der seiner Frau. Dabei kooperiert es auch mit dem Sicherheitsdienst der ČSSR, aus der Kunzes Frau stammt. Freunde werden als IM eingesetzt, ihre «Auftragsstruktur / Verhaltenslinie» werden vom MfS im Detail festgelegt und anschließend umgesetzt. Auf der Grundlage von «Gutachten», die das MfS bei willfährigen Universitätsprofessoren anfordert, werden Veröffentlichungsverbote ausgesprochen oder Veränderungen verlangt. Der Versuch, Kunze zu kriminalisieren, scheitert jedoch, da die Abteilung IX (Untersuchungen, Vernehmungen) «keine strafrechtlich relevanten Handlungen sowohl staatsfeindlichen Charakters als auch auf dem Gebiet der allgemeinen Kriminalität» feststellen kann. Der Nachweis sei deshalb nicht zu führen, weil die Arbeiten Kunzes «keinen Bezug auf eine bestimmte Gesellschaftsordnung oder auf einen konkreten historischen Zeitabschnitt nehmen und dadurch mehrdeutige Auslegungen zulassen (...)» (S. 38). Die umfangreichen Maßnahmen des MfS gegen Kunze führen aber schließlich zum Ziel, denn das Ehepaar Kunze verläßt am 14. April 1977 resigniert die DDR und siedelt in die Bundesrepublik Deutschland über.

Andere kritische Autoren wie Jurek Becker, Klaus Schlesinger oder Erich Loest sehen sich unter dem Druck von SED und MfS genötigt, die DDR für eine begrenzte, sich immer mehr ausdehnende Zeit zu verlassen; gingen sie nicht «freiwillig», wurden sie – wie Wolf Biermann (1976), Jürgen Fuchs (1977), Stephan Krawczyk und Freya Klier (1988) – gegen ihren erklärten Willen ausgebürgert. Das Ministerium für Kultur wurde bei dieser Vorgehensweise selbstverständlich ebenso einbezogen wie der Schriftstellerverband, wie Erich Loest an Gesprächen mit dem Stellvertretenden Kulturminister, Klaus Höpcke, belegt.

Inzwischen ist bekannt, daß das MfS auch in der Kulturpolitik nichts dem Zufall überließ. Es gab detaillierte Dienstanweisungen der Zentrale (Hauptabteilung XX/7), die in den Bezirksverwaltungen und Kreisdienststellen umgesetzt wurden. Im Bezirk Neubrandenburg wurde beispielsweise eine spezielle «Konzeption zur Sicherung und Bearbeitung ausgewählter Bereiche und Personen Kunst- und Kulturschaffender» aufgefunden, die unter dem Decknamen «Kobra» erstmals 1981 – auf früheren Anweisungen fußend – erstellt und bis 1989 regelmäßig fortgeschrieben wurde. Aus ihr geht hervor, wie sämtliche Theater, Laienbühnen, Kulturkreise, Künstler, Verbindungen zu Künstlern der Bundesrepublik Deutschland überwacht und alle alternativen Kunst- und Lebensformen mißbilligt wurden. Beklagt wird in der Konzeption, daß sich die Künstler aus der gesellschaftlichen Arbeit zurückzögen, daß sie dem Einfluß der Partei zu entgehen suchten und deshalb ihren Nebenwohnsitz aufs Land verlegten sowie daß sie ihre Zusammenkünfte, politischen Diskussionsrunden und Lyrikabende konspirativ abschotteten. Das MfS versuchte, mit gezielten Maßnahmen die «revisionistische, opportunistische und pazifistische Denk- und Verhaltensweise» bei Künstlern zurückzudrängen. IM wurden in Gruppen und Theater eingeschleust, einzelne wurden zum Gegenstand «Operativer Vorgänge» gemacht, was für sie bedeutete: Post- und Telefonkontrolle, konspirative Hausdurchsuchungen, Schriftprobenerfassung, Kontoüberprüfung und die Blockade jeder beruflichen Weiterentwicklung.

Sogar in die Nachwuchsförderung griff das MfS – Beschlüsse des Sekretariats des ZK der SED umsetzend – ein, wie zum Beispiel aus einem Schreiben des stellvertretenden Staatssicherheitsministers Mittig an die Bezirksverwaltungen/Verwaltung, Stellvertreter Operativ vom 17. Dezember 1981 hervorgeht («Politisch-operative Erfordernisse zur Unterstützung der Durchsetzung vom Sekretariat des ZK der SED gefaßter Beschlüsse für die Arbeit mit bestimmten auf literarischem Gebiet tätigen Personen», VVS MfS 0008-88/81). Die Vorgabe des ZK wies unter anderem an, loyale Autoren mit schriftstellerischem Talent zu fördern, «Schreibenden, die sich im Rahmen ihrer literarischen Tätigkeit im negativen Sinne gegen die Politik von Partei und Regierung betätigen, durch die entsprechenden staatlichen Organe einer geregelten Arbeit zuzuführen und die Veröffentlichung ihrer ‹Werke› zu unterbinden» sowie «asoziale und staatsfeindliche Elemente unter diesen Personen entsprechend den geltenden Gesetzen der DDR zu behandeln». Das MfS hatte dafür zu sorgen, daß die Bezirksliteraturzentren und deren Beiräte personell «richtig» besetzt wurden. Ferner waren durch den «Einsatz von geeigneten Inoffiziellen Mitarbeitern in Schlüsselpositionen in den Bezirksliteraturzentren» systematisch die «loyalen» Autoren zu fördern, während bei nicht förderungswürdigen Personen Verträge mit Verlagen, Redaktionen, Massenmedien sowie die Aufnahme als Kandidat im Schriftstellerverband verhindert werden sollten. Setzten diese dennoch ihre literarischen Bestrebungen fort, sollten sie «unter Ausnutzung aller rechtlichen Möglichkeiten» daran gehindert werden, ihre Texte zu veröffentlichen (vgl. Dokumentation, S. 138–142).

Das ganze Ausmaß der Durchsetzung und Steuerung des Literatur- und Kulturlebens in der DDR durch das MfS ist wegen der restriktiven Bestimmungen des Einigungsvertrages bislang erst in Umrissen bekanntgeworden – die Aufarbeitung dürfte zu den wichtigsten literaturwissenschaftlichen Aufgaben der nächsten Jahre gehören.

d) Maßnahmen gegen Ausreisewillige

Nach der gewaltsamen Eindämmung der Fluchtbewegung aus der DDR durch den Bau der Mauer im August 1961 kam es in den achtziger Jahren erneut zu einem stetigen Anstieg der Zahl von Ausreisewilligen. Die Gründe dafür waren vielfältig. An ihrer Spitze standen die fehlenden Reisemöglichkeiten, die sich verschlechternde Versorgungslage und die demonstrative Absage der SED-Führung an eine Reformpolitik, wie sie Gorbatschow seit 1985 in der Sowjetunion entwikkelte.

Da Versuche, die innerdeutsche Grenze zu überwinden, lebensgefährlich waren und illegale Ausreisen mit Hilfe von Fluchthilfe-Organisationen viel Geld kosteten und zudem sehr risikoreich waren, nahm – nicht zuletzt im Ergebnis des Helsinkiprozesses – die Zahl der DDR-Bürger von Jahr zu Jahr zu, die offiziell einen Antrag auf ständige Ausreise aus der DDR stellten. Obwohl staatliche Stellen versuchten, diesen Bestrebungen entgegenzuwirken, nahmen solche Anträge gegen Mitte der achtziger Jahre zunehmend Massencharakter an. Sogenannte Antragsteller nahmen untereinander Kontakt auf, bildeten Gruppen, tauschten Erfahrungen im Umgang mit staatlichen Instanzen aus und bestärkten sich gegenseitig in ihren Bestrebungen. Zur selben Zeit gaben sich viele «Antragsteller» auch in der Öffentlichkeit zu erkennen, unter anderem durch weiße Bänder an den Antennen ihrer Autos.

In dieser Situation griff das MfS massiv ein. Zwar hatten die verschiedensten Diensteinheiten, vor allem die für das Ausreiseproblem zuständige Zentrale Koordinierungsgruppe und die Bezirkskoordinierungsgruppen, schon seit längerem versucht, mit dem Problem fertig zu werden. Es gab auch entsprechende Anweisungen, doch war nunmehr eine Lage eingetreten, die es aus der Sicht der Leitung des Ministeriums für Staatssicherheit erforderlich machte, klare einheitliche Regelungen zu schaffen und die Verantwortlichkeiten exakt zu bestimmen.

Dem diente die von Mielke mit Wirkung vom 1. Januar 1989 in Kraft gesetzte «Dienstanweisung Nr. 2/88 Zur Zurückdrängung von Antragstellungen auf ständige Ausreise nach nichtsozialistischen Staaten und Westberlin sowie zur vorbeugenden Verhinderung, Aufklärung und Bekämpfung damit im Zusammenhang stehender feindlich-negativer Handlungen» (VVS MfS 0008-78/88). Wie bei allen ähnlich gelagerten Dienstanweisungen wurden auch in diesem Falle von außen wirkende Kräfte für die Probleme in der DDR verantwortlich gemacht: «Der Gegner versucht zunehmend, die DDR der Verletzung der Menschenrechte zu bezichtigen. Verstärkte Aktivitäten sind darauf gerichtet, Bürger der DDR zur Antragstellung auf ständige Ausreise nach nichtsozialistischen Staaten sowie Westberlin (im weiteren ständige Ausreise) bzw. zum ungesetzlichen Verlassen der DDR und damit im Zusammenhang zu vielfältigen anderen feindlich-negativen Handlungen zu inspirieren. (...) Seine Anstrengungen zielen darauf ab, durch aufeinander abgestimmte vielfältige Maßnahmen feindlich-negative Kräfte unter den Antragstellern auf ständige Ausreise zu einem engeren Zusammenschluß sowie zum Zusammenwirken mit anderen feindlichen Kräften, insbesondere des politischen Untergrundes zu inspirieren. Damit soll eine breite Front von Kräften mobilisiert werden, die sich in offener Konfrontation gegen die sozialistische Staats- und Gesellschaftsordnung stellen, die zu öffentlichkeitswirksamen Handlungen gegen die Rechtsordnung übergehen und dabei mit hoher Risikobereitschaft und zunehmender Aggressivität vorgehen» (ebenda, S. 5).

Dieser Auffassung folgend, wurden unter Federführung der Zentralen Koordinationsgruppe die selbständigen Diensteinheiten angewiesen, alle Aktivitäten von ausreisewilligen Bürgern der DDR zu verhindern, speziell von Gruppen solcher Bürger, die mit öffentlichkeitswirksamen Aktionen auf ihre Absichten aufmerksam machen wollten. Besonders sollte verhindert werden, daß sich «Antragsteller» zusammenschlossen in der Absicht «ständiger wechselseitiger Kommunikation und überörtlicher Wirksamkeit mit dem Ziel der gegenseitigen Mobilisierung, zur gemeinsamen Teilnahme an feindlich-negativen Handlungen, einschließlich des Zusammenwirkens mit Kräften des politischen Untergrundes sowie mit feindlichen Stellen und Kräften».

Aus der Dienstanweisung 2/88 geht hervor, daß es dem MfS besonders darum ging, das Zusammenwirken ausreisewilliger Personen oder Gruppen mit Friedenskreisen, Umweltgruppen, kirchlichen Basisgruppen oder alternativen Bewegungen zu verhindern. Ferner sollte es unmöglich gemacht werden, daß Städtepartnerschaften zur ständigen Ausreise benutzt werden konnten.

Besonderes Augenmerk wurde auf Bürger der DDR gerichtet, die bei solchen Bestrebungen eine exponierte Stellung einnahmen. In diese Kategorie war einzuordnen, wer sich durch besondere Hartnäckigkeit auszeichnete, Gruppenbildung organisierte, Verbindung zu oppositionellen Gruppierungen herstellte, Kontakt zu Persönlichkeiten in der BRD beziehungsweise West-Berlin besaß oder herzustellen suchte. Auch wer die Ablehnung von Anträgen auf ständige Ausreise nicht akzeptierte und die Genehmigung durch Androhen von spektakulären Handlungen wie Anketten vor öffentlichen Gebäuden oder ähnliches zu erzwingen suchte, mit Selbstmord drohte oder auf andere Weise in den Blickpunkt der Öffentlichkeit geraten war, wurde vom MfS intensiv überwacht.

Eine weitere Kategorie von «Antragstellern», die in besonderer Weise observiert wurden, waren Personen, die über besondere Qualifikationen verfügten, zum Beispiel Ärzte, Techniker oder Wissenschaftler – die in wichtigen Bereichen der Wirtschaft tätig waren oder Kenntnis von Staatsgeheimnissen hatten. Genauso verfuhr das MfS gegenüber Personen, die sich in anderen sozialistischen Ländern in die westdeutsche Botschaft begeben oder die Ständige Vertretung der BRD in der DDR aufgesucht hatten, um ihre Ausreise zu erzwingen. Selbsthilfegruppen oder Zusammenkünfte von Antragstellern, die als Feiern, Ausflüge, Arbeitseinsätze oder Kirchenbesuche ausgegeben wurden, überwachte das MfS ebenfalls.

Die Palette der Maßnahmen gegen solche Personen war breit; Ziel war es immer, die Gruppen zu zerschlagen und besonders aktive Personen zu isolieren. Diesem Zweck dienten unter anderem wiederholte Vorladungen, Zuführungen oder Befragungen, die mit allen dem MfS zur Verfügung stehenden Mitteln wie Post- und Telefonüberwachung oder heimlichen Filmaufnahmen «vorbereitet» wurden. Vor allem prüfte das MfS, welche Möglichkeiten es gab, besonders auffällig gewordene «Antragsteller» zu kriminalisieren. Wörtlich wies die Dienstanweisung 2/88 an: «Wenn durch feindlich-negative Handlungen Tatbestände von staatsfeindlichen Handlungen gegen die DDR und der allgemeinen Kriminalität verletzt wurden, ist sorgfältig zu prüfen, wie durch eine Anwendung der Tatbestände der allgemeinen Kriminalität eine höhere gesellschaftliche und gegebenenfalls auch außenpolitische Wirkung erreicht werden kann und dementsprechend zu entscheiden.»

Bei der Bekämpfung der Ausreisebestrebungen durch das MfS spielten Inoffizielle Mitarbeiter und Gesellschaftliche Mitarbeiter – wie in anderen Bereichen auch – eine entscheidende Rolle. Systematisch wurden sie in Gruppen von Ausreisewilligen eingeschleust, wo sie die innere Struktur aufzuklären beziehungsweise Führungspersönlichkeiten zu erkennen hatten, aber auch zur Verunsicherung beitragen sollten; über die Diensteinheiten des MfS sollten sie nicht zuletzt den zuständigen staatlichen Stellen Hinweise darauf geben, wer von den Mitgliedern solcher Gruppen mit welchen Argumenten oder Maßnahmen von seinem Vorhaben abgebracht werden könnte. Inoffizielle Mitarbeiter wurden schließlich auch veranlaßt, Anträge auf Ausreise zu stellen, die in der Absicht genehmigt wurden, daß sie in der BRD besondere Aufträge erfüllten.

Die Dienstanweisung 2/88 enthielt bindende Hinweise, wie im Falle von Antragstellungen zum ständigen Verlassen der DDR zu verfahren war. Da die Genehmigungen grundsätzlich von den zuständigen staatlichen Stellen – und nicht etwa vom MfS – erteilt wurden, erhielten die betreffenden territorialen beziehungsweise für bestimmte Sachgebiete zuständigen Diensteinheiten des MfS ein grundsätzliches Einspruchsrecht gegen alle diesbezüglichen Entscheidungen – sowohl im Falle der Genehmigung als auch der Ablehnung. Dem MfS ging es darum, die vom Ministerium des Innern getroffenen Entscheidungen anhand seiner eigenen Erkenntnisse zu überprüfen, wobei die Persönlichkeit des Bürgers sowie seine tatsächlichen Motive und Gründe für die Ausreise berücksichtigt werden sollten.

In Betracht zu ziehen war der Dienstanweisung zufolge auch, welche Reaktion eine Ausreisegenehmigung in der Bevölkerung oder bei anderen Ausreisewilligen auslösen beziehungsweise ob eine Verweigerung in der BRD in irgendeiner Form gegen die DDR ausgenutzt werden könnte. Ausdrücklich wird darauf hingewiesen, daß bei «Personen, die im Zusammenhang mit Angriffen auf die Staatsgrenze Schuß- oder andere Verletzungen davontrugen», die endgültige Ausreisegenehmigung nur nach Konsultation mit der Zentralen Koordinierungsgruppe des MfS erteilt werden durfte. Von seinem Einspruchsrecht machte das MfS besonders auch bei den Genehmigungen zur Ausreise Gebrauch, wenn es sich um Verwandte von Angehörigen der bewaffneten Organe oder Ehepartner von Geheimnisträgern handelte.

Wenn es trotz aller Bemühungen des MfS und anderer staatlicher Stellen nicht gelungen war, die Ausreise von Personen aus der DDR zu verhindern, von denen angenommen werden konnte, daß sie auch von der BRD aus in irgendeiner Weise zum Nachteil der DDR wirken würden, wurde versucht, deren Einflußmöglichkeiten zu beschränken. So mußten die Leiter der operativen Diensteinheiten unter Nutzung aller ihnen zur Verfügung stehenden Möglichkeiten gewährleisten, «daß aus ihrem Verantwortungsbereich (...) ständig ausgereiste Personen weitgehend daran gehindert werden, vom Operationsgebiet aus (womit die BRD oder West-Berlin gemeint waren, d. V.) Bürger der DDR zur Antragstellung und zu Straftaten und anderen feindlich-negativen Handlungen zu inspirieren» (ebenda, S. 38).

Zu diesem Zweck wurden schon in der Zeit, als die Entscheidung zur Genehmigung der ständigen Ausreise noch vorbereitet wurde, Maßnahmen eingeleitet, die betreffenden Personen auch nach ihrer Übersiedlung in die BRD mit geheimdienstlichen Mitteln und Methoden zu «bearbeiten». Diese Aufgabe übernahmen im wesentlichen Inoffizielle Mitarbeiter, die zuvor veranlaßt worden waren, einen Antrag auf ständige Ausreise zu stellen und denen die Genehmigung dazu erteilt wurde. So konnten sie auch in der Bundesrepublik – durch entsprechende Legenden abgedeckt – relativ leicht in die Nähe ihrer «Zielperson» gelangen. Zu Anfang bestand der Auftrag solcher IM darin zu beobachten, welche gesellschaftlichen und politischen Kontakte die ausgereisten «feindlich-negativen» Personen herstellten; ihr Verhalten im Wohn-, Arbeits- und Freizeitbereich war ebenso auszuspähen wie ihre Zugehörigkeit zu Parteien, Organisationen oder Institutionen beziehungsweise ihre Verbindungen zu derartigen Institutionen. Das MfS interessierte auch, ob sie Vereine oder Organisationen gründeten und welche Verbindungen sie in die DDR hatten. Noch vor Genehmigung der Ausreise waren entsprechende Vorbereitungen zu treffen, um sofort erkennen zu können, zu wem und mit welcher Absicht der Ausgereiste Kontakte herstellte. Solche Verbindungen waren notfalls zu unterbinden, oder es war zu versuchen, sie im Sinne der DDR zu beeinflussen, was nur durch zuvor ausgeschleuste Inoffizielle Mitarbeiter möglich war. Die eigentliche Aufgabe solcher IM, die für das MfS wichtige Personen nach ihrer Ausreise beobachten und bearbeiten sollten, bestand jedoch darin, sie in den Augen der bundesdeutschen Sicherheitsorgane verdächtig zu machen oder sie in ihrer beruflichen Entwicklung zu behindern. Wörtlich heißt es dazu in der Dienstanweisung 2/88 (S. 39): «Durch die Anwendung operativer Kombinationen und Legenden sind die ausgewählten operativ bedeutsamen Personen vor und nach der Ausreise zu verunsichern und in das Blickfeld gegnerischer Abwehrorgane zu rücken.»

Bei alldem hatte nicht nur die – eigentlich für Ausreiseangelegenheiten zuständige – Zentrale Koordinierungsgruppe Aufgaben zu erfüllen, sondern auch anderen Diensteinheiten waren entsprechende Aktivitäten zugewiesen. So sollte die Hauptabteilung IX (Untersuchungsorgan) im Zusammenwirken mit den Justizorganen alle Möglichkeiten nutzen, Bürgern, die einen Antrag auf ständige Ausreise aus der DDR gestellt hatten, strafbare Handlungen nachzuweisen, die dann zu Ermittlungsverfahren, Verdachtsprüfungen sowie anderen «Sachverhaltsprüfungen und Vertrauensuntersuchungen» führen konnten. Außerdem mußte die Hauptabteilung IX monatlich der Zentralen Koordinierungsgruppe ihre aus den Ermittlungen gewonnenen Kenntnisse übermitteln, welche Vorgehensweisen, Pläne, Absichten, Mittel und Methoden von antragstellenden Personen bevorzugt wurden.

Der Hauptabteilung XX (Staatsapparat, Kunst, Kultur, Kirche, politische Opposition) oblag es, das Zusammenwirken von «Antragstellern» mit oppositionellen Gruppen zu überwachen beziehungsweise unter Kontrolle zu halten und zu verhindern, daß kirchliche Einrichtungen oder Veranstaltungen zum Zweck der Förderung von Ausreisen aus der DDR benutzt wurden. Ihre Mitarbeiter sollten kirchliche Amtsträger überwachen, die solche Bestrebungen förderten.

Die Leiter der Bezirksverwaltungen für Staatssicherheit und der Kreisdienststellen des MfS waren beauftragt, über alle mit der ständigen Ausreise von DDR-Bürgern zusammenhängende Probleme und Fragen regelmäßig die Ersten Sekretäre der Bezirksleitungen beziehungsweise der Kreisleitungen der SED zu unterrichten. Dabei sollten sie sowohl über personelle, betriebliche oder territoriale Schwerpunkte von Ausreisebegehren berichten als auch über Unzulänglichkeiten und Mißstände in bestimmten Betrieben, Einrichtungen oder Genossenschaften, die zu negativen Diskussionen in der Bevölkerung führten.

Obwohl die Dienstanweisung nach ihrer Inkraftsetzung kaum noch zur Anwendung kommen konnte, da sie durch die Grenzöffnung in Ungarn und den Massenstrom von Flüchtlingen in die Diplomatischen Vertretungen der BRD in Prag, Budapest und Warschau von den Ereignissen überholt wurde, ist sie von großem Interesse, weil sie die bereits seit längerem praktizierten Maßnahmen des MfS zusammenfaßte. Auch in diesem Falle erwies sich jedoch, daß die ausgeklügelten Mittel und Methoden, selbst wenn sie den Rahmen der Verfassung der DDR eindeutig überschritten, ohne nennenswerte Wirkung blieben, da sie die Ursachen der Probleme völlig unberücksichtigt ließen.

e) Zur Problematik der Internierungslager

Im Jahre 1966 verabschiedete der Nationale Verteidigungsrat der DDR – das oberste militärische Entscheidungsorgan – einen Beschluß zur inneren Sicherheit im Verteidigungszustand, für dessen Ausführung der Minister für Staatssicherheit, Erich Mielke, verantwortlich gemacht wurde. Dieser erließ ein Jahr später die Direktive Nr. 1/67 (Geheime Kommandosache 1/67), in der die Aufgaben für eine stabsmäßige Vorbereitung derjenigen Maßnahmen im MfS festgelegt wurden, die nach Verkündigung des Verteidigungszustandes auf Befehl des Ministers für Staatssicherheit durchzuführen waren. Aus diesem Dokument leiteten sich die Vorbereitungen des MfS zur Errichtung von Internierungslagern für kritische DDR-Bürger ab.

Im einzelnen legte die Direktive fest: «Im Ministerium für Staatssicherheit und den nachgeordneten Diensteinheiten sind alle erforderlichen politisch-operativen Maßnahmen zu planen und vorzubereiten, die in Spannungsperioden und unter den Bedingungen des Verteidigungszustandes die staatliche Sicherheit der Deutschen Demokratischen Republik und ihre Verteidigungsfähigkeit gewährleisten» (ebenda, S. 16).

Ferner heißt es: «Grundlage der spezifischen operativen Mobilmachungsmaßnahmen sind die Hauptaufgaben, die das Ministerium für Staatssicherheit in Spannungsperioden bzw. im Verteidigungszustand zu erfüllen hat:

- die Bekämpfung feindlicher Spionage- und Diversionszentralen
- die Bekämpfung subversiver Handlungen des Gegners mit spezifischen Mitteln
- die Verhinderung und Aufklärung von Staatsverbrechen und anderer Verbrechen, die auf die Lähmung der Verteidigungsfähigkeit der Deutschen Demokratischen Republik gerichtet sind» (ebenda, S. 16f.).

In der Anlage 1 zur Direktive «Kennziffernsystem zur Mobilmachungsplanung» werden diese Aufgaben näher aufgezählt und als «4. Spezifische operative Maßnahmen» unter anderem genannt:

«4.1. Vorbeugungsmaßnahmen
4.1.1. Verhaftung
4.1.2. Internierung
4.1.3. Isolierung
4.1.4. Überwachung» (ebenda, S. 2).

Konkret bedeutete dies folgende Aufgabenstellungen für die Diensteinheiten des MfS:

- Vorbereitung der inneren Sicherung von Internierungslagern für Bürger sogenannter Feindstaaten, die sich zum Zeitpunkt der Verkündung des Verteidigungszustandes auf dem Gebiet der DDR befinden. Für die Vorbereitung und Errichtung dieser Internierungslager sowie für die Internierung selbst sollte die Volkspolizei verantwortlich sein;
- Internierung von diplomatischem Personal aus sogenannten Feindstaaten, die auf der Grundlage des internationalen Rechts in Zusammenarbeit mit dem Ministerium für Auswärtige Angelegenheiten der DDR erfolgen sollte;
- Schaffung der Grundlagen, um Personen zu isolieren, von denen eine Gefährdung für die Verteidigungsfähigkeit der DDR ausgehen könnte. Die Zuführung dieser Personen sollte durch Angehörige des MfS erfolgen, Sammelpunkte waren vorzubereiten und der Transport in die Isolierungsobjekte zu organisieren.

Anhand von Dokumenten, die vom Bürgerkomitee Erfurt sichergestellt wurden, soll im folgenden beispielhaft dargestellt werden, welche Maßnahmen zur Durchführung dieser Festlegungen im Bezirk Erfurt getroffen worden und welche Personen und Personenkreise für die Isolierung vorgesehen waren. So wird in einem Schreiben der Bezirksbehörde der Volkspolizei Erfurt vom 23. Oktober 1979 an das Ministerium des Innern (GVS E 055212) mitgeteilt, daß als Internierungslager für den Bezirk das Zentrale Ausbildungslager der Gesellschaft für Sport und Technik «Rote Jungfront» in Tambach-Dietharz / Kreis Gotha vorgesehen sei. Seine Größe betrage ca. 50000 Quadratmeter, und es verfüge über eine Aufnahmekapazität von maximal 1500 Personen im Sommer und 700 Personen im Winter. Von der Auftragserteilung an gerechnet könne das Lager in den Sommermonaten innerhalb von zwei Stunden, im Winter innerhalb von acht Stunden aufnahmebereit sein. Für ca. 1200 Personen sei ein Appellplatz vorhanden, und auch die Küchenkapazität wäre ausreichend; die getrennte Unterbringung der Festgesetzten nach Geschlechtern könne gewährleistet werden. Den einzelnen wurde «zum persönlichen Bedarf» zugestanden: 2 Paar Socken, je 2 Hand- und Taschentücher, 2mal Unterwäsche, je 1mal Näh-, Zahnputz- und Schuhputzzeug. Frauen durften zusätzlich «hygienische Bedarfsartikel» erhalten. Ferner heißt es, daß die Unterbringung der Sicherheitskompanie in einer Stärke von neun Offizieren, zwölf Unteroffizieren und 89 Soldaten im Ferienheim des VEB Lufttechnik Gotha in Altenberg / Kreis Gotha erfolgen könne.

Ein Dokument aus dem Jahr 1986 (GVS MfS 0005-99/86) läßt erkennen, welche Personen im einzelnen – der Kennziffer 4.1.3. entsprechend – isoliert werden sollten. Es handelte sich dabei um Bürger der DDR, «von denen auf Grund ihrer verfestigten feindlich-negativen Grundhaltung gegenüber der sozialistischen Staats- und Gesellschaftsordnung und unter Berücksichtigung ihres bisherigen Auftretens, ihrer offiziell und inoffiziell bekannt gewordenen Äußerungen, ihrer Kontakte und Verbindungen sowie bestimmter Lebens- und Verhaltensweisen mit Wahrscheinlichkeit im Verteidigungszustand eine akute Gefährdung der staatlichen Sicherheit und Ordnung ausgehen kann oder die solche Handlungen dulden oder unterstützen» (ebenda, S. 4). Konkret zählten dazu Personen, die aufgrund ihrer kritischen Haltung gegenüber Partei und Regierung ganze Bevölkerungskreise beeinflussen und sie zu entsprechenden Aktivitäten veranlassen könnten; hinzu kamen Vorbestrafte – vor allem solche, die wegen «Staatsverbrechen», aber auch wegen wiederholten «Rowdytums, Zusammenrottung, öffentlicher Herabwürdigung» und anderer «Störungen der öffentlichen Ordnung und Sicherheit» verurteilt worden waren; ferner Personen, die Anträge auf Übersiedlung in die BRD oder nach West-Berlin gestellt hatten und mit «Einrichtungen und Kräften im Operationsgebiet (also im Westen, d. V.) in Verbindung stehen», ja sogar solche, die eine derartige Kontaktaufnahme nur angedroht hatten beziehungsweise zu «spontanen und unkontrollierten Reaktionen» neigten.

Nicht zu *isolieren*, sondern – der Kennziffer 4.1.1. entsprechend – zu verhaften, waren demselben Dokument zufolge Personen mit sogenannter feindlicher Zielstellung, die

«• den organisatorischen Zusammenschluß von feindlich-negativ gesinnten Personen anstrebten bzw. betreiben,
• innerhalb einer sogenannten staatlich unabhängigen Friedensbewegung aktiv in Erscheinung getreten sind,
• unter demagogischer Tarnung, wie der Wahrung der Menschenrechte bzw. des Umweltschutzes, massive Aktivitäten entwickelt haben,
• unter dem Schutz reaktionärer klerikaler Kräfte mit relevanten Handlungen aufgetreten sind,
• Forderungen nach einer Veränderung der Staats- und Gesellschaftsordnung in der DDR durch die Verbreitung von Auffassungen über einen ‹demokratischen Sozialismus› und neue Sozialismusmodelle aufgestellt haben (‹Dissidenten›)» (ebenda, S. 4).

Eine dritte Personengruppe sollte im Falle der Mobilmachung durch geheimdienstliche oder polizeiliche Maßnahmen – der Kennziffer 4.1.4. entsprechend – «lediglich» überwacht werden. Sie umfaßte Personen, die unter Verdacht standen, «staatsfeindliche Handlungen» gegen die DDR zu begehen oder davon Kenntnis zu haben beziehungsweise dabei als mögliche Führungskräfte in Erscheinung treten zu können. Zu dieser Kategorie gehörten auch Personen, von denen angenommen wurde, daß sie Straftaten gegen das sozialistische Eigentum und die Volkswirtschaft, Handlungen gegen die Sicherheit im Bahn- und Straßenverkehr oder im Nachrichtenwesen begehen und sich der Brandstiftung oder des Waffen- und Sprengmittelmißbrauchs schuldig machen könnten.

Auch in anderen Bezirken stellten Bürgerkomitees fest, daß es noch im Jahre 1989 ständig zu ergänzende Listen über Personen gab, die isoliert oder unter Kontrolle gestellt werden sollten. Sie waren jeweils von den Leitern der Bezirksverwaltungen des MfS unterzeichnet.

Im Zuge der Veränderung der Militärdoktrin der Staaten des Warschauer Vertrages war seit Mitte der achtziger Jahre damit begonnen worden, die Mobilmachungsdokumentation zu verändern. Dies vollzog sich jedoch so schleppend, daß die Arbeiten daran auch 1989 noch längst nicht zum Abschluß gebracht worden waren.

Dies wird auch dadurch bestätigt, daß noch im Jahr 1989 «Orientierungen für die Gestaltung der Vorbereitungsarbeit auf Spannungsperioden und den Verteidigungszustand in den Abteilungen IX und XIV der Bezirksverwaltungen für Staatssicherheit» (MfS GVS 00014-403/89) durch die Leiter der Hauptabteilung IX des MfS (Untersuchungsorgane), Generalmajor Fister, und der Abteilung XIV (Untersuchungshaftanstalten), Oberst Rataizick, herausgegeben wurden. Danach waren die Abteilungen IX der Bezirksverwaltungen für Staatssicherheit angewiesen, im Verteidigungszustand, aber eben auch – man beachte die Ausweitung – im Spannungsfall eng mit den *Dezernaten II* der Bezirksbehörden der Volkspolizei, den territorialen Justizorganen, besonders den Militärstaatsanwälten und den Militärgerichten der Wehrbezirke zusammenzuwirken.

Vorgesehen war auch, daß die Hauptabteilung IX in Konsultation mit dem zentralen Justizorganen und den Leitern der Linie IX des MfS (Untersuchungsorgane) eine Arbeitsordnung ausarbeitet, die allen Anforderungen in Spannungsperioden und im Verteidigungszustand gerecht wird. Diese sollte «Untersuchungshandlungen gegen die in den spezifischen Vorbeugemaßnahmen zur Festnahme erfaßter Personen sowie die Prüfung straftatverdächtiger Handlungen und Vorkommnisse in Isolierungs-, Internierungs- und Kriegsgefangenenlagern» umfassen. In diesem Falle wäre es zu einer generellen und noch offizielleren Verknüpfung von MfS und Justiz gekommen. Ferner ging es um die Bearbeitung von Ermittlungsverfahren sowie um Prüfungshandlungen gegen «bekannte Verdächtige mit verringertem strafprozessualem Aufwand» – im Klartext: um die Vorbereitung von Schnellgerichten. Außerdem wird angekündigt, daß die Hauptabteilung IX mobile Untersuchungsführer- und Spezialistengruppen bilden wird, die zeitweilig im Territorium der Bezirke eingesetzt werden sollten. Zu diesem Zweck mußten vor Ort entsprechende «Verwahrraumkapazitäten» eingerichtet und der Einsatz von Staatsanwälten oder gerichtlichen Strafsenaten gesichert werden.

Das MfS hatte wirklich an alles gedacht. Die Abteilung XIV der Bezirksverwaltungen der Staatssicherheit (zuständig für Untersuchungshaftanstalten) wurde angewiesen, in Spannungsperioden und im Verteidigungsfall dafür zu sorgen, daß die eingelieferten Personen sicher verwahrt wurden und sich dem Strafverfahren nicht entziehen konnten. Die Untersuchungshaftanstalten sollten auch gegen mögliche Provokationen oder andere ähnliche Handlungen geschützt werden. Transporte der auf Betreiben der Abteilung IX eingelieferten Personen und die Vorführung Verhafteter zu gerichtlichen Hauptverhandlungen seien durch den Einsatz mobiler Transport- und Sicherungskommandos zu sichern. Vorgesehen für eine Internierung waren über zehntausend namentlich erfaßte Personen – das jedenfalls berichtete der Vertreter der Generalstaatsanwaltschaft am 30. August 1990 vor der Regierungskommission zur Auflösung der Staatssicherheit. Danach umfaßte die Liste der für eine Isolierung Vorgesehenen mit Stand vom 30. November 1983 insgesamt 10919 Personen. Die Vorstellung, dieser Mechanismus wäre zum Zuge gekommen, mutet wie ein Blick in dunkle Zeiten der deutschen Geschichte an.

Teil II

Die Auflösung des Ministeriums für Staatssicherheit (MfS) und seiner Nachfolgeorganisation Amt für Nationale Sicherheit (AfNS)

1. Die Auflösung der Staatssicherheit unter der Regierung Modrow

a) Erste Schritte der Koalitionsregierung zur Auflösung des MfS

Als im Herbst des Jahres 1989 durch anhaltende Massendemonstrationen die politische Wende in der DDR eingeleitet wurde, verlangten die Protestierenden auch mit immer größerem Nachdruck die Auflösung des MfS. Der über Jahre und Jahrzehnte angestaute Zorn gegenüber dieser Behörde, die zu wesentlichen Teilen ein ganzes Volk bespitzelt und geängstigt hatte, führte zu der unüberhörbaren Forderung, diese Institution in kürzester Frist zu beseitigen und die Schuldigen zu bestrafen. Obwohl strikt gewaltlos, demonstrierten die Menschen in dieser Frage eine solche Entschlossenheit, daß die Anfang November 1989 gebildete Koalitionsregierung der Blockparteien nicht umhin kam, ihrem immer stärker werdenden Druck nachzugeben.

Als der neue Ministerpräsident Modrow am 17. November 1989 vor der DDR-Volkskammer seine Regierungserklärung abgab, erklärte er, daß das bisherige Ministerium für Staatssicherheit in ein «Amt für Nationale Sicherheit» umgewandelt werden würde. Leiter sollte Generalleutnant Schwanitz werden, der einer der vier Stellvertreter Mielkes war. Das neue Amt sollte allerdings – wenngleich mit einem wesentlich verringerten Personalbestand – ähnliche Aufgaben wie das frühere Ministerium übernehmen; auch war nicht daran gedacht, die bisherigen Mitarbeiter des MfS zu entlassen, um mit Unbelasteten neu zu beginnen.

Die Bevölkerung reagierte auf diese Pläne mit neuen Protesten, denn sie sah darin lediglich den Versuch, die alten Praktiken hinter einer neuen Fassade weiterzuführen – und in der Praxis hatte sich wirklich kaum etwas geändert. Allerdings waren inzwischen in den meisten Kreisen die Kreisdienststellen des MfS besetzt, die Akten von Bürgerkomitees sichergestellt und meist in die Bezirksverwaltungen des ehemaligen MfS überführt worden. Seit dem 4. Dezember 1989 hatten sich auch in allen Bezirksstädten der DDR Bürgerkomitees gebildet, die darangingen, in den ehemaligen MfS-Dienststellen die Akten zu sichern und zu verhindern, daß weiterhin Dokumente vernichtet beziehungsweise entwendet werden konnten. Unter diesem Eindruck waren das Kollegium des Amtes für Nationale Sicherheit zurückgetreten und 17 Hauptabteilungsleiter und Abteilungsleiter entlassen worden.

Dies war die Situation, als am 7. Dezember 1989 in Berlin der Zentrale Runde Tisch zu seiner ersten Beratung im Kirchensaal der Herrnhuter Brüdergemeine im Dietrich-Bonhoeffer-Haus zusammentrat – eine Institution des Übergangs, der Vertreter der Bürgerbewegungen und neuentstandenen Parteien, der Altparteien und der SED angehörten und die von Kirchenvertretern moderiert wurde. Bereits bei seiner ersten, konstituierenden Zusammenkunft faßte dieses Gremium unter dem Druck der Bürgerproteste den folgenden Beschluß:

«1. Die Regierung der DDR wird aufgefordert, einen sofortigen Maßnahmeplan öffentlich bekanntzugeben, wie durch Sicherungskräfte des MdI (Ministerium des Innern, d. V.) alle Dienststellen des AfNS (Amt für Nationale Sicherheit, d. V.) auf allen Ebenen unter Kontrolle gestellt werden, damit keine Vernichtung von Dokumenten bzw. Beweismaterial erfolgen kann und Mißbrauch ausgeschlossen wird.

2. Die Regierung der DDR wird aufgefordert, das AfNS unter ziviler Kontrolle aufzulösen und die berufliche Eingliederung der ausscheidenden Mitarbeiter zu gewährleisten. Über die Gewährleistung der eventuell notwendigen Dienste im Sicherheitsbereich soll die Regierung die Öffentlichkeit informieren.

3. Die Regierung wird aufgefordert, zur Unterstützung der Tätigkeit Unabhängiger Bürgerkomitees den rechtlichen Rahmen festzulegen.»

Das Gebäude des MfS in Berlin wurde daraufhin ebenso wie die örtlichen Dienststellen durch Angehörige der Deutschen Volkspolizei bewacht.

Bereits einen Tag nach der konstituierenden Sitzung des Zentralen Runden Tisches gab der Sprecher der Regierung Modrow bekannt, daß der Ministerpräsident in allen Bezirken Regierungsbeauftragte eingesetzt habe, die «in seinem Auftrag in engem Zusammenwirken mit den örtlichen Staats- und Rechtspflegeorganen und Vertretern der Bürgerkomitees alle mit der Tätigkeit der Dienststellen des Amtes für Nationale Sicherheit zusammenhängende Fragen beraten und einer Lösung zuführen» sollten. Auch dies war eine Entscheidung, die zwar den anhaltenden Forderungen nach ersatzloser Auflösung des MfS und seiner Nachfolgeorganisation AfNS entgegenkam, die aufgebrachte Bevölkerung jedoch nicht zufriedenstellen konnte. Hinzu kam, daß die Bürgerkomitees den neuernannten Regierungsbeauftragten in den Bezirken erhebliches Mißtrauen entgegenbrachten. Dieses Mißtrauen wurde im nachhinein noch zusätzlich bestätigt, als im Frühsommer des Jahres 1990 die Namen der «Offiziere im besonderen Einsatz» (OibE) bekannt wurden – damals stellte sich heraus, daß einige dieser «Beauftragten» sogenannte «Offiziere im besonderen Einsatz» waren, die im Bereich des Ministerrates für das MfS tätig waren.

Endlich, am 14. Dezember 1989, faßte die Regierung Modrow den Beschluß, auch das «Amt für Nationale Sicherheit» aufzulösen und an seiner Stelle ein Verfassungsschutzorgan der DDR und einen Nachrichtendienst der DDR zu bilden, womit erstmals eine Trennung der nach innen gerichteten Tätigkeit des Geheimdienstes und der Auslandsaufklärung vorgenommen werden sollte. Auch für dieses Modell sollten hohe Offiziere beziehungsweise Generale des ehemaligen MfS die Umsetzung übernehmen – für den Aufbau des Verfassungsschutzes war der frühere Leiter der MfS-Bezirksverwaltung Frankfurt/Oder, Generalmajor Engelhardt, vorgesehen. Gleichzeitig beschloß die Regierung Modrow weitgehende finanzielle Leistungen für MfS/AfNS-Angehörige, die aus dem Amt ausscheiden sollten. Doch auch dieser Beschluß stieß auf den Widerstand der Bevölkerung – vor allem als bekannt wurde, welche großzügigen Regelungen geplant waren, um die zu entlassenden Mitarbeiter des MfS materiell zu entschädigen oder zu versorgen.

Am 19. Dezember 1989 erfolgte die Ernennung von Peter Koch zum Regierungsbeauftragten zur personellen und materiellen Auflösung des AfNS. Koch war bis dahin Leiter der Abteilung Staatliche Notariate im Justizministerium gewesen; der zu seiner Unterstützung gebildete Arbeitsstab aus 30 Mitarbeitern, der nur zum Teil aus Juristen oder technischen und ökonomischen Experten bestand, konnte ihm bei dieser gigantischen Aufgabe kaum ausreichend Unterstützung geben.

Wenige Tage später, am 27. Dezember 1989, befaßte sich der Zentrale Runde Tisch erneut mit der Problematik der Auflösung des MfS/AFNS und monierte das nach wie vor zögerliche Herangehen der Regierung Modrow an den Prozeß der Stasi-Auflösung. Er verlangte von der Regierung eine Stellungnahme, wann und wie die endgültige Auflösung des MfS/AfNS erfolgen sollte. Gleichzeitig forderte er eine schriftliche Information durch kompetente Regierungsvertreter über die Strukturen und die Wirkungsweise des ehemaligen MfS sowie über die zu seiner Auflösung geschaffenen Kontrollmechanismen. Der Regierungsbeschluß zur Bildung eines Verfassungsschutzes der DDR sei rückgängig zu machen, alle Konzepte zur Bildung ähnlicher Institutionen seien öffentlich zu diskutieren. Schließlich bildete der Zentrale Runde Tisch eine Arbeitsgruppe Sicherheit, der Vertreter aller am Runden Tisch vertretenen Parteien, Organisationen und Bewegungen angehörten und die die Auflösung des MfS/AfNS kontrollieren sollte.

Als auf der sechsten Sitzung des Zentralen Runden Tisches am 8. Januar 1990 das Thema «Staatssicherheit» erneut verhandelt wurde, berichtete der Regierungsbeauftragte Koch, daß von den insgesamt 85000 Mitarbeitern des früheren Ministeriums für Staatssicherheit und späteren Amtes für Nationale Sicherheit (vgl. zur Zahl S. 35) inzwischen 25000 entlassen worden wären. Sämtliche 216 Kreisämter seien aufgelöst worden, alle Waffen befänden sich unter Verschluß und würden dem Innen- beziehungsweise Verteidigungsministerium übergeben. Am 1. Februar 1990 werde die Öffentlichkeit über die weitere Entwicklung der Auflösung unterrichtet.

Die Beratung des Runden Tisches am 8. Januar 1990 verlief in einer angespannten und zugespitzten Atmosphäre. Als sich herausstellte, daß weder der Regierungsbeauftragte Koch noch Staatssekretär Halbritter in der Lage waren, selbst einfache Fragen wie nach dem Standort des Zentralen Computers des MfS zu beantworten, sprachen ihnen die Vertreter der oppositionellen Parteien und Gruppierungen das Mißtrauen aus. Auch die am Runden Tisch vertretenen übrigen Parteien und Organisationen mißbilligten die unzureichende Beantwortung wichtiger Fragen und forderten Auskunft von kompetenten Personen. Die Sitzung wurde unterbrochen und die Anwesenheit von Ministerpräsident Modrow innerhalb von 2 Stunden gefordert. Da er sich zu diesem Zeitpunkt bereits auf dem Flug nach Sofia befand, vertagte der Zentrale Runde Tisch die Beratung über diesen Punkt auf den 15. Januar 1990.

Am 15. Januar 1990 nahm Ministerpräsident Modrow an der Beratung des Zentralen Runden Tisches teil. Er verwies auf seine Erklärung vom 12. Januar 1990 vor der Volkskammer, wonach bis zum 6. Mai 1990 – an diesem Tag sollte ursprünglich die erste freie Wahl zur Volkskammer stattfinden – keine neuen Institutionen gebildet würden, die mit nachrichtendienstlichen Aufgaben befaßt wären – das bedeutete also, daß es keinen Verfassungsschutz und auch keine Auslandsaufklärung geben würde.

Nach wochenlangen Versuchen, in irgendeiner Form Nachfolgeeinrichtungen des MfS zu errichten, war damit durch die Regierung Modrow endgültig entschieden worden, das MfS / AfNS ersatzlos aufzulösen. Wörtlich sagte der Ministerpräsident:

«1. Das Material, von dem Sie und über die Medien die Bürger unseres Landes Kenntnis erhalten werden, war Gegenstand mehrerer Beratungen, schließlich auch im Ministerrat am Wochenende. Dabei ging es vorrangig darum, bei der Erarbeitung des Zwischenberichtes all jene berechtigten Kritiken zu berücksichtigen, die sowohl hier am Runden Tisch als auch in der Volkskammer an der ungenügenden Offenlegung der Tatsachen geübt worden sind. Das heißt, wir haben mit aller Entschiedenheit darauf gedrungen, daß hier eine intensive und gründliche Prüfung und Aufarbeitung erfolgt, entscheidende Voraussetzung für ein wirksames, beschleunigtes Vorgehen bei der Auflösung des Amtes für Nationale Sicherheit und bei der Beseitigung der alten Strukturen des ehemaligen MfS.

2. Gleichzeitig wurde und wird die Regierungskommission umgebildet, sie erhält einen neuen Leiter und wird durch Mitarbeiter mit Kompetenz verstärkt. Durch diese Maßnahmen sowie durch die Festlegung exakter Termine für die nächsten Etappen der Auflösung des Amtes für Nationale Sicherheit wird es möglich sein, diesen Prozeß früher abzuschließen als ursprünglich vorgesehen. Natürlich werden wir darüber den Runden Tisch und unsere Bürger auf dem laufenden halten.

3. Schließlich möchte ich hier noch einmal die Kooperationsbereitschaft meiner Koalitionsregierung bekräftigen. Es sollte nicht nur zu einem engeren Zusammenwirken unseres Regierungsbeauftragten mit der Arbeitsgruppe Sicherheit des Runden Tisches kommen, sondern es steht auch (...) das Angebot an die Teilnehmer des Runden Tisches, ab sofort durch zivile Kontrolle an der Arbeit der Regierung zur Auflösung des Amtes für Nationale Sicherheit mitzuwirken (...)» (Neue Chronik DDR, 4. / 5. Folge, Berlin 1990, S. 69f.).

Der Zentrale Runde Tisch unterbrach seine Beratung am 15. Januar 1990, als er erfuhr, daß die ehemalige MfS-Zentrale in der Berliner Normannenstraße von empörten Bürgern in einer dramatischen

Aktion besetzt worden war, und vertagte sich auf den 18. Januar 1990. An diesem Tag wurde durch den Ministerpräsidenten der ehemalige Chef des Zivilschutzes der DDR, Generaloberst Fritz Peter, zum neuen Regierungsbeauftragten für die Auflösung des MfS/AfNS bestellt. Vier Tage später, am 22. Januar 1990, berief der Zentrale Runde Tisch Georg Böhm, Werner Fischer und Bischof Gottfried Forck (der dann zu seiner Vertretung Ulrich Schröter benannte) zu Beauftragten des Zentralen Runden Tisches für die Kontrolle der Stasi-Auflösung. Damit begann eine neue Etappe auf diesem Gebiet. Für den Abend des 24. Januar 1990 hatte Ministerpräsident Modrow alle drei Beauftragten zu einem Gespräch eingeladen, welches zugleich das erste Zusammentreffen der vom Runden Tisch Bevollmächtigten mit dem neuernannten Regierungsbeauftragten war. Anwesend war auch Günter Eichhorn, der als Leiter einer für die Auflösung des MfS/AfNS zu schaffenden Behörde vorgesehen war.

Ministerpräsident Modrow nannte im Verlauf des Gesprächs vier Aufgaben, die aus seiner Sicht vorrangig zu erfüllen seien:

- Nachdem die Kreisdienststellen des MfS bereits aufgelöst worden waren, seien nunmehr auch die Bezirksdienststellen des MfS und die Zentrale aufzulösen. Als spätesten Zeitpunkt für den Abschluß der völligen Auflösung nannte er den Monat Mai 1990.
- Zweitens sei zu sichern, daß einige bisher vom MfS/AfNS wahrgenommene Aufgaben wie Paßkontrolle, Personenschutz, abhörgeschützte Regierungsnachrichtenübermittlung sowie die Terrorbekämpfung künftig von Organen des Verteidigungs- beziehungsweise Innenministeriums wahrgenommen würden.
- Drittens müsse nach Wegen gesucht werden, wie mit dem Auslandsnachrichtendienst – der Hauptverwaltung Aufklärung –, der seiner Meinung nach nie zum MfS hätte gehören dürfen, zu verfahren sei. Die Hauptverwaltung Aufklärung sollte zwar auch aufgelöst werden, doch wäre ein kleiner Teil davon eventuell durch die NVA zu übernehmen.
- Viertens sei es notwendig, mit dem vorhandenen Aktenmaterial sorgsam umzugehen. Es müsse ein Maximum an Sicherheit gewährleistet werden, damit niemand Zugriff zu diesem Material erhielte, bevor nicht eine entsprechende Ordnung geschaffen wäre. Auf jeden Fall müsse verhindert werden, daß es zur Vernichtung von Aktenmaterial komme. Sowohl die historische Aufarbeitung und die Rehabilitierung Betroffener als auch die gerichtliche Verfol-

gung von Straftaten, die Angehörige des MfS verübt haben, wären sonst gefährdet.

Am 29. Januar 1990 trafen sich die vom Zentralen Runden Tisch Beauftragten und der Regierungsbeauftragte zu ihrer ersten Arbeitsberatung – das neue Gremium zur Kontrolle der MfS/AfNS-Auflösung nahm damit offiziell seine Arbeit auf. Einen Tag zuvor, am 28. Januar 1990, hatten sich in Verhandlungen von Ministerpräsident Modrow mit den Vertretern des Zentralen Runden Tisches alle Parteien und Bürgerbewegungen darauf geeinigt, je einen Minister ohne Geschäftsbereich in eine «Regierung der nationalen Verantwortung» zu entsenden. Damit waren alle Gruppierungen des Runden Tisches in der Regierung vertreten, so daß die vom Runden Tisch mit der Kontrolle der MfS/AfNS-Auflösung Beauftragten zugleich auch Regierungsbevollmächtigte wurden, was sich in der Folgezeit als äußerst nützlich erweisen sollte.

b) Die Bürgerkomitees

Mit dem Beschluß der Modrow-Regierung, das Ministerium für Staatssicherheit in ein Amt für Nationale Sicherheit umzuwandeln, erfolgte im November 1989 die Anordnung, die Kreisdienststellen der Staatssicherheit aufzulösen. Zum größten Teil geschah dies unter Druck und Aufsicht von Bürgern, die sich oftmals spontan zu dieser Kontrolltätigkeit zusammengefunden hatten. Unter teilweise abenteuerlichen Bedingungen und in kürzester Zeit wurde mitunter in «Nacht-und-Nebel-Aktionen» das Schriftgut meist in Säcke gefüllt und in die Bezirksstädte abtransportiert.

Seit dem 4. Dezember 1989 bildeten sich innerhalb weniger Tage zunächst in Erfurt, dann in allen Bezirksstädten Bürgerkomitees, die die ehemaligen Stasi-Zentralen besetzten, um die Tätigkeit des AfNS zu kontrollieren und auf eine vollständige Auflösung der Staatssicherheit hinzuwirken. Oftmals waren diese Bürgerkomitees aus Demonstrationen hervorgegangen und vereinten Mitglieder und Sympathisanten der neuen Bürgerbewegungen und Parteien. In einer Situation, in der noch keineswegs entschieden war, was mit diesem Sicherheitsdienst geschehen würde, gehörte dazu großer Mut, denn daß Bürger einen eigentlich noch intakten Geheimdienst besetzt hielten, um dessen Arbeit zu überwachen, ist in der Geschichte ohne Beispiel.

Oberste Priorität hatte für die Bürgerkomitees die Sicherung des vorhandenen Schriftgutes, weil die Mitarbeiter des MfS / AfNS seit November darangegangen waren, systematisch Akten und Unterlagen zu vernichten. Ein großes Problem war dabei, daß die Bürgerkomitees naturgemäß keine Kenntnis der zu kontrollierenden Materie hatten. Sie mußten sich deshalb bei ihrer Arbeit und ihren Überlegungen auf Aussagen und Informationen von Mitarbeitern des AfNS stützen, so daß es letztlich in deren Ermessen lag, was die Bürgerkomitees in dieser Phase über Struktur und Arbeitsweise des MfS erfuhren. Wichtige Kenntnisse über Zusammenhänge erhielten sie oftmals erst nach energischem Drängen und Fordern.

Eine besondere Rolle spielte die sogenannte «Sicherheitspartnerschaft» zwischen Bürgerkomitees und der jeweiligen Bezirksbehörde der Volkspolizei beziehungsweise der Staatsanwaltschaft. Diese bedeutete, daß Vertreter der Polizei, der Staatsanwaltschaft und der Bürgerkomitees gemeinsam die Auflösung der Staatssicherheit überwachten. Dadurch erhielt die Arbeit der Bürgerkomitees einen offiziellen Anstrich und nicht zuletzt einen gewissen staatlichen Schutz; auf der anderen Seite wurden mit dieser «Sicherheitspartnerschaft» jedoch ausgerechnet jene mit der Auflösung und Kontrolle der Staatssicherheit beauftragt, die bis zuletzt «Partner des politisch-operativen Zusammenwirkens» eben dieses Sicherheitsdienstes waren.

Am 4. Januar 1990 kamen erstmals Vertreter aller Bürgerkomitees zu einem Koordinierungstreffen zusammen. Am Tag, als die Volkskammer die ersatzlose Auflösung des Amtes für Nationale Sicherheit beziehungsweise des geplanten Verfassungsschutzes beschloß, also am 12. Januar 1990, trafen sich Delegierte aller Bürgerkomitees der Bezirke zu einem weiteren Erfahrungsaustausch. Die Vertreter des Berliner Bürgerkomitees, das die Bezirksverwaltung Berlin in der Kowalkestraße kontrollierte, informierten dabei darüber, daß die Zentrale des ehemaligen Ministeriums in der Normannenstraße immer noch selbständig unter der Leitung des Generalmajors der Staatssicherheit, Heinz Engelhardt, verwaltet und aufgelöst würde. Dieses wichtigste Objekt des ehemaligen MfS werde also immer noch nicht durch Bürgerkomitees kontrolliert, die Akten nicht gesichert, und es gäbe sogar Anzeichen, daß die Arbeit des MfS dort andauere. Daraufhin beschloß man, am 14. Januar 1990 eine erweiterte Sitzung der Bürgerkomitees in Berlin-Friedrichsfelde durchzuführen, um eine Resolution für die Sitzung des Runden Tisches am 15. Januar 1990 zu verfassen. Aus dem Protokoll dieses Koordinierungstreffens am 14. Januar 1990 geht hervor, was die Bürgerkomitees im Kern von den Vertretern am Zentralen Runden Tisch verlangten: «Das Anliegen der Bürgerkomitees der Bezirke ist, per 15. Januar 1990 die in den Bezirken bewährte Methode zur Auflösung des MfS Normannenstraße miteinzubringen und damit die Sicherstellung des Zentralen Amtes zu beginnen sowie bisher nicht vorhandene Kontrolle auf das zentrale Amt zu übertragen.»

In den darauffolgenden Tagen, ja Stunden, überschlugen sich die Ereignisse um die Zentrale des ehemaligen Ministeriums für Staatssicherheit. Für den Nachmittag des 15. Januar hatte das «Neue Forum» zu einer Demonstration aufgerufen. Nachdem am Vormittag Vertreter der Bürgerkomitees am Runden Tisch ihr Anliegen erläutert hatten, trafen sich zur Vorbereitung der Demonstration gegen 13.45 Uhr Vertreter der Bürgerkomitees und Mitglieder der Arbeitsgruppe Sicherheit des Zentralen Runden Tisches in der ehemaligen MfS-Zentrale in der Berliner Normannenstraße. Dabei wurde vereinbart, daß die in den Gebäuden befindlichen Mitarbeiter diese bis 15.00 Uhr zu verlassen hätten. Ab 16.30 Uhr strömten dann Demonstranten nach Berlin-Lichtenberg, um ihrem Unwillen Ausdruck zu geben, daß die Staatssicherheit nach wie vor sich selbst auflöste. Zwischen 17.00 Uhr und 18.00 Uhr drangen einige Demonstranten in das Gelände des ehemaligen Ministeriums ein, da sich die Tore von innen her öffneten. Daraufhin stürmten mehrere Tausend verschiedene Gebäude des ehemaligen Ministeriums. In diesen mehrere Stunden andauernden chaotischen Zuständen wurde in verschiedenen Häusern erheblicher Sachschaden angerichtet. Akten flogen durch die Luft, Bilder wurden zertrümmert, Türen aufgetreten und Wände mit Parolen beschrieben. Bis heute ist jedoch nicht geklärt, ob die Erstürmung der Zentrale ein – durch wen auch immer – lancierter Vorgang war, um unauffällig Akten verschwinden zu lassen. Augenzeugen berichteten nämlich, daß, bevor Demonstranten überhaupt das Gelände betraten, schon in verschiedenen Häusern Licht brannte und Papierbündel aus den Fenstern flogen. Erstaunlich ist auch, daß gerade die wichtigen Gebäudeteile wie die Hauptabteilung XX und das Archiv des Staatssicherheitsdienstes, die die Überwachung der Bevölkerung zum Gegenstand hatten, oder die für Spionage zuständige Hauptverwaltung Aufklärung nicht gestürmt und in Mitleidenschaft gezogen wurden, sondern der Demonstrationszug offenbar gezielt in das Haus 2 (Spionageabwehr) und in den harmlosen Versorgungsbereich des MfS geführt wurde. Auch eine Expertengruppe der Kriminalpolizei, die nach dem 15. Januar 1990 eingesetzt wurde, um die Ereignisse zu untersuchen, entwickelte zur Klärung dieser Fragen wenig Aktivitäten und lieferte keine Erkenntnisse.

Während dieses «Sturms auf die Stasi-Zentrale» taten sich verschiedene Bürger spontan zusammen, um die aufgebrachte Menge zu beruhigen, sie aus dem Gelände zu leiten und mit Sicherungsmaßnahmen, aber auch mit Aufräumungsarbeiten zu beginnen. Sie bildeten den Grundstock des späteren Bürgerkomitees Normannenstraße. Mehrere hundert Menschen hatten sich darüber hinaus bereit erklärt, die verschiedenen Eingänge des Geländes zu bewachen, um ein weiteres Eindringen zu verhindern und um zu kontrollieren, daß keine Materialien mehr aus dem Gelände herausgebracht werden konnten.

In den nächsten Tagen wurde mit Unterstützung der Bürgerkomitees der Bezirke, die ihre Erfahrungen bei der Auflösung der Staatssicherheit in die Überlegungen mit einbrachten, die Struktur eines Bürgerkomitees für die MfS-Zentrale entwickelt. Analog zu den meisten Bezirksbürgerkomitees wurden 7 Arbeitsgruppen gebildet:

1. Gebäude / Inventar (Immobilien / Einrichtung)
2. Akten
3. Quellenschutz (besonders zu schützende Akten)
4. Informatik (EDV-Technik und elektronische Datenträger)
5. Objektsicherung (Bewachung der MfS-Objekte)
6. Öffentlichkeitsarbeit
7. Personalfragen des Bürgerkomitees

Auf einer ersten Pressekonferenz am 16. Januar 1990 riefen die Vertreter des neuen Berliner Bürgerkomitees zur Hilfe bei der Lösung seiner Aufgaben auf. Hannelore Köhler fungierte als Sprecherin des Bürgerkomitees, Koordinator wurde David Gill. Bei den mehreren hundert Menschen, die sich bereit erklärt hatten, an Wacheinsätzen, Aufräumungsarbeiten und vor allen Dingen auch an einer kontinuierlichen Kontrolltätigkeit bei der Auflösung des MfS / AfNS als Mitglieder des Bürgerkomitees mitzuwirken, gab es in der ersten Zeit eine größere Fluktuation. Viele erkannten, daß eine Mitarbeit im Bürgerkomitee nur dann sinnvoll wäre, wenn man sich ihr ganz, das heißt mehr oder weniger hauptberuflich, widmete. Auf diese Weise schrumpfte das Bürgerkomitee in der Normannenstraße sehr schnell auf einen Stamm von etwa 100 Bürgern verschiedenster Herkunft – von der Hausfrau über den Studenten, den Arbeiter oder Betriebsdirektor bis hin zum Arzt oder Akademiker.

Am 19. Januar 1990 tagte zum erstenmal jenes Gremium, das von nun an die Auflösung der Staatssicherheit zentral koordinierte. Die drei Träger der Auflösung waren hier zum erstenmal gemeinsam vertreten:

1. Bürgerkomitee als Kontrollinstanz,
2. Vertreter der Regierung als Verantwortliche für die Auflösung,
3. Vertreter des ehemaligen MfS / AfNS als Nachlaßverwalter und Abwickelnde der praktischen Auflösung.

Dieser Arbeitsstab behandelte während der folgenden Monate die grundlegenden Probleme bei der Auflösung des ehemaligen Ministeriums (vgl. S. 204).

Um ihre Arbeit zu koordinieren und ihre Erfahrungen auszutauschen, trafen sich von nun an die Bürgerkomitees der Bezirke und das der Zentrale bis zum Juni 1990 in regelmäßigen Abständen. Eine herausragende Rolle – vor allem in den ersten Wochen – spielte dabei die Diskussion über den Umgang mit den Unterlagen des ehemaligen Staatssicherheitsdienstes. Hauptziel der Bürgerkomitees war es, die Unterlagen vor unbefugtem Zugriff zu sichern. Dafür gab es verschiedene Modelle – bis hin zu dem Vorschlag, große Teile von ihnen zu vernichten, um einen Zugriff Unbefugter – zum Beispiel fremder Geheimdienste – zu verhindern. Dies ist glücklicherweise nicht beschlossen worden, doch diese Überlegungen haben schließlich zu dem Entschluß geführt, sämtliche elektronischen Datenträger des ehemaligen MfS zu vernichten. Ob eine solche Entscheidung, die zur unwiederbringlichen Vernichtung wichtiger Dokumente wie der kompletten IM-Kartei geführt und damit die Aufdeckung der MfS-Arbeit außerordentlich erschwert hat, von ehemaligen (getarnten) Mitarbeitern forciert wurde – darüber kann heute nur spekuliert werden (vgl. dazu S. 221).

Nach relativ kurzer Zeit waren sich die Bürgerkomitees jedoch einig, daß die Akten und Unterlagen des MfS nicht vernichtet werden dürften, sondern aufgearbeitet werden müßten – wodurch zu ihrer Arbeit ein ganz neuer Bereich hinzutrat. Allerdings wurde auch hier in den

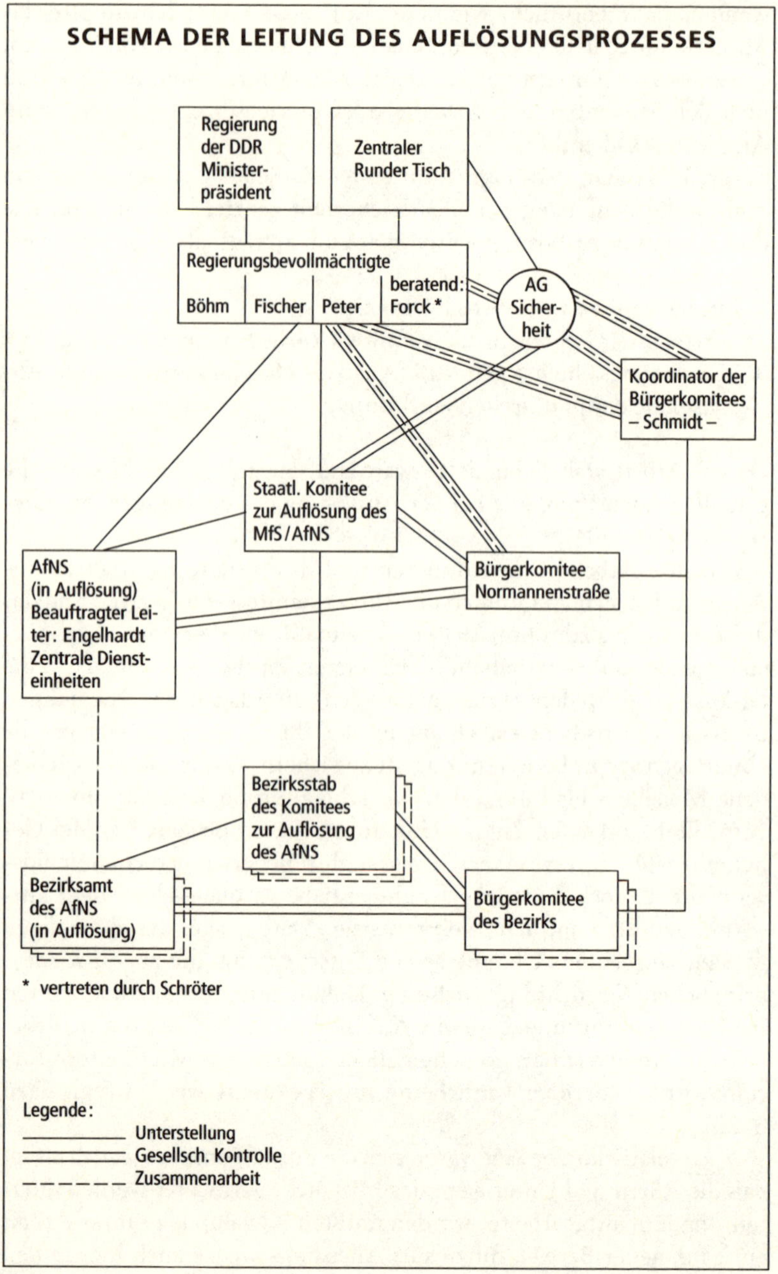
SCHEMA DER LEITUNG DES AUFLÖSUNGSPROZESSES
Regierung der DDR Minister-präsident
Zentraler Runder Tisch
Regierungsbevollmächtigte
Böhm
Fischer
Peter
beratend: Forck *
AG Sicher-heit
Koordinator der Bürgerkomitees – Schmidt –
Staatl. Komitee zur Auflösung des MfS / AfNS
Bürgerkomitee Normannenstraße
AfNS (in Auflösung) Beauftragter Lei-ter: Engelhardt Zentrale Dienst-einheiten
Bezirksstab des Komitees zur Auflösung des AfNS
Bezirksamt des AfNS (in Auflösung)
Bürgerkomitee des Bezirks
* vertreten durch Schröter
Legende:
Unterstellung
Gesellsch. Kontrolle
Zusammenarbeit

einzelnen Bezirken sehr unterschiedlich vorgegangen: In Cottbus zum Beispiel wurden im Frühjahr 1990, nachdem sämtliches Archivgut zusammengeführt worden war, die Lagerräume kurzerhand zugemauert, um sie vor fremdem Zugriff zu schützen; in Leipzig begann man dagegen mit einer intensiven Sichtung des Materials und konnte dabei wichtige Erkenntnisse über die Tätigkeit des MfS gewinnen. Einige Bezirksbürgerkomitees veröffentlichten ihre Ergebnisse und einen Teil der gefundenen Unterlagen.

Nach den ersten freien Wahlen zur Volkskammer am 18. März 1990 stellte sich nachdrücklich die Frage nach der Legitimation der Bürgerkomitees, besonders in der Zentrale, denn nun gab es eine demokratisch gewählte Regierung. Auch die vom Runden Tisch beauftragten und von der Regierung Modrow bevollmächtigten Auflöser des MfS/AfNS verfügten nun über kein Mandat mehr. Die neue Regierung von Lothar de Maizière und vor allem ihr Innenminister – Peter-Michael Diestel – wollten ihrerseits, aus welchen Gründen auch immer, die Bürgerkomitees aus der Auflösungsarbeit herausdrängen und entzogen ihnen ihre bisherigen Kompetenzen. Hinzu kam, daß die Bereitschaft der Betriebe, die Mitglieder der Bürgerkomitees von der Arbeit freizustellen, mehr und mehr zurückging, so daß der Stamm ihrer Mitarbeiter abbröckelte. Faktisch war eine Kontrolle der Auflösung des ehemaligen MfS durch Bürgerkomitees damit nicht mehr gegeben.

Das Bürgerkomitee Normannenstraße, das sich von Anfang an als eine Art Vorläufer eines parlamentarischen Kontrollausschusses gesehen hatte, wandte sich daher am 20. März 1990 an alle Fraktionen der neugewählten Volkskammer mit der Bitte, so schnell wie möglich einen solchen Ausschuß zu gründen. Alle Parteien zollten den Bürgerkomitees ihre Anerkennung und vertrösteten sie damit, daß das Parlament einen entsprechenden Ausschuß baldmöglichst einberufen werde.

Die Bürgerkomitees hatten mittlerweile ihre Zusammenarbeit untereinander weiter ausgebaut und trafen sich wöchentlich oder zweiwöchentlich zu Beratungen in Berlin. Bei diesen Sitzungen nahmen der Erfahrungsaustausch und die Berichte über den Stand der Auflösung in den Bezirken einen breiten Raum ein. Darüber hinaus stand immer wieder die Frage zur Diskussion, welcher Teil des Schriftgutes zu archivieren sei und welcher Teil schrittweise einer Vernichtung zugeführt werden könnte. Da die Bürgerkomitees eine enge Zusammenarbeit mit dem Staatlichen Komitee und seinen Bezirksarbeitsstäben anstrebten, fanden ab Anfang Februar 1990 regelmäßig auch Treffen mit deren Vertretern sowie mit den Regierungsbeauftragten für die einzelnen Bezirke statt. Neben der «Vernichtungsproblematik» standen hier vor allem praktische Schritte der Auflösung auf der Tagesordnung: die Sicherung der Archive in Zusammenarbeit mit der jeweiligen Bezirksbehörde der Volkspolizei, die materielle und finanzielle Sicherstellung der Bürgerkomitees, die durch das Staatliche Komitee erfolgen sollte, etc. Bei diesen Verhandlungen spielte der Koordinator der Bürgerkomitees der DDR, Thomas Schmidt aus Schwerin, eine wichtige Rolle.

Mehr und mehr häufte sich jedoch die Kritik der Bürgerkomitees an der Arbeit des Staatlichen Komitees (s. S. 194ff.). Zum einen bestand ein berechtigtes Mißtrauen gegenüber dessen Personalpolitik – wichtige mit der Auflösung beauftragte Mitarbeiter stellten sich in der Folgezeit als ehemalige MfS-Offiziere heraus. Zum anderen wurden Verabredungen und Absprachen zwischen dem Staatlichen Komitee und den Bürgerkomitees nicht eingehalten und die Bürgerkomitees bei wichtigen Entscheidungen oftmals nicht einbezogen. Es kam zu einer Reihe von Eigenmächtigkeiten des Staatlichen Komitees – bis dahin, daß ein versiegelter Raum im Zentralen Archiv in der Berliner Normannenstraße einfach aufgebrochen wurde. Die Hoffnungen, daß eine demokratisch legitimierte Regierung – anders als die Regierung Modrow – hier Abhilfe schaffen würde, erfüllten sich leider nicht. Augenscheinlich hatte der mit der Auflösung beauftragte Minister Peter-Michael Diestel wenig Interesse an einer konstruktiven Mitarbeit der Bürgerkomitees, da er meinte, daß diese nach der Wahl einer demokratisch legitimierten Regierung überflüssig geworden wären. Bei seinen Konzepten für die weitere Auflösung der Staatssicherheit spielten daher die Bürgerkomitees eine untergeordnete Rolle.

Gleichwohl konnten sie einiges durchsetzen: Die Kontrolle der Archive und die Versiegelung der Archivräume wurde bis September 1990 gemeinsam von Vertretern der Bürgerkomitees und Mitarbeitern der Staatlichen Archivverwaltung beziehungsweise des Staatlichen Komitees wahrgenommen. Zur Mitarbeit in der Regierungskommission für die Auflösung der Staatssicherheit bot der Innenminister den Bürgerkomitees einen Sitz an, der von Dr. Michael Kummer eingenommen wurde.

Nach der Konstituierung eines Volkskammersonderausschusses zur Auflösung des MfS/AfNS stellte das Bürgerkomitee Normannenstraße am 30. Juni 90 seine Tätigkeit ein, da es in diesem Ausschuß eine Fortsetzung seiner Arbeit sah. Der Sonderausschuß, der sich bei seiner Tätigkeit vor allen Dingen auf die Erfahrungen und die Mitarbeit von Mitgliedern der Bürgerkomitees stützte, bezog eine Reihe von deren Mitgliedern in seine Arbeit ein (vgl. S. 281 f.).

c) Bildung eines Staatlichen Komitees zur Auflösung des MfS / AfNS

Es war der vom Zentralen Runden Tisch und der Regierung eingesetzten Vierergruppe – Böhm, Fischer, Forck (Schröter) und Peter – von Anfang an klar, daß sie allein die Auflösung eines so gewaltigen Apparates wie den des ehemaligen MfS – immerhin eine Behörde in der personellen Größenordnung einer Armee – niemals hätte bewältigen können. Es galt daher, möglichst schnell eine staatliche Einrichtung zu schaffen, die sachlich und personell in der Lage war, unter ihrer Kontrolle die Auflösung in Angriff zu nehmen. Zugleich sahen es die vier als eine ihrer vordringlichsten Aufgaben an, mit dem Bürgerkomitee Normannenstraße Kontakt aufzunehmen und möglichst eng zusammenzuarbeiten. Tatsächlich konnte mit diesem in allen entscheidenden Fragen Konsens hergestellt werden.

Die Situation, in der sich die vom Zentralen Runden Tisch Bevollmächtigten und der von der Regierung eingesetzte Beauftragte zum Zeitpunkt ihrer Arbeitsaufnahme befanden, verdeutlicht eine Information, die Werner Fischer am 5. Februar 1990 dem Zentralen Runden Tisch vorlegte und die im folgenden wiedergegeben wird:

«Information zur Arbeitsstruktur und Arbeitsweise für den Runden Tisch

Dies ist kein (...) Bericht über den Stand der Auflösung des ehemaligen AfNS. Vielmehr möchte ich den Versuch unternehmen, die Situation zu beschreiben, in der sich alle mit der Auflösung befaßten Gremien befinden.

Es gab und gibt in der Öffentlichkeit Irritationen darüber, wer nun eigentlich mit der Auflösung des ehemaligen AfNS beauftragt ist und wie diese Arbeit organisiert wird. Ich halte es für unerläßlich, die Bevölkerung nicht nur über den Ergebnisstand zu informieren, sondern auch unsere Arbeitsweise und Schwierigkeiten transparent zu machen. (...)

Zur bisherigen Arbeitsweise der Regierungsbeauftragten

Die bisherigen, von der Regierung eingesetzten und nach und nach vom Runden Tisch abgelehnten Beauftragten zur Auflösung des ehemaligen Amtes für Nationale Sicherheit hatten einen eigenen Arbeitsstab, der sich schwerpunktmäßig mit der materiellen Auflösung befaßte. Die Mitarbeiter dieses Arbeitsstabes sind allesamt Mitglieder der SED / PDS. Ihre Berichte zum Stand der Auflösung der Bezirksverwaltungen erhielten sie von den dort eingesetzten Regierungsvertretern, die wiederum auf die Zuarbeit der jeweiligen amtierenden Leiter des ehemaligen AfNS in den Bezirken angewiesen waren. Eine Überprüfbarkeit der an die Regierung übermittelten Angaben durch eine demokratische Kontrollinstanz, wie die der Bürgerkomitees, war in der Regel nicht möglich. Eigene wichtige Erkenntnisse der Bürgerkomitees wurden mangels Vertrauen in den Regierungsstab nicht weitergegeben.

An dieser Stelle möchte ich erwähnen, daß die Mehrheit der Mitglieder der Bürgerkomitees engagiert und problembewußt Enormes bei der Sicherung und Auflösung geleistet hat. Die Arbeitsgruppe Sicherheit des Runden Tisches konnte ihrer Aufgabenstellung als Kontrollorgan lange Zeit nicht gerecht werden, da die damaligen Regierungsbeauftragten der Arbeitsgruppe keinerlei Berichte und Informationen zukommen ließen. Vertreter der Arbeitsgruppe intervenierten am 15. Januar 1990 bei Staatssekretär Herrn Halbritter und forderten Aufklärung über die Arbeitsweise des Regierungsstabes. Im Ergebnis dieser Forderung erhielt die AG Berichte aus den Bezirken ausgehändigt, adressiert an Herrn Halbritter und verfaßt von den amtierenden Leitern der Bezirksverwaltungen des ehemaligen AfNS. Diese Berichte – datiert vom 7. Januar 1990 – also noch zu einer Zeit, als die Bildung eines Amtes für Verfassungsschutz beschlossen war – hatten den Charakter von Dossiers über das Verhalten der Bürgerkomitees und waren inhaltlich verfälscht. Nach einem vorgegebenen Fragenkatalog wurde

– bis hin zu Namensnennungen – berichtet, inwieweit die Bildung dieses Amtes behindert oder gefördert wird.

Herr Halbritter bestätigte, daß dies keine Ausarbeitungen der Regierungsbeauftragten in den Bezirken waren. Er brachte sein Bedauern über diesen Vorgang zum Ausdruck.

Zur jetzigen Situation

Am 18. Januar 1990 wurde als neuer Regierungsbeauftragter zur Auflösung des ehemaligen AfNS Herr Fritz Peter (Generaloberst und ehemaliger Chef der Zivilverteidigung) eingesetzt.

Am 22. Januar 1990 beschloß der Zentrale Runde Tisch die Bildung einer Dreiergruppe, die zusammen und gleichberechtigt mit dem Regierungsvertreter die Leitung der weiteren Auflösung des ehemaligen AfNS mit Regierungsvollmacht übernimmt.

Dieses vom Runden Tisch einstimmig benannte Triumvirat besteht aus:

Dr. Böhm, Georg, Mitglied des Parteivorstandes der DBD; Fischer, Werner, Initiative Frieden und Menschenrechte; Dr. Forck, Gottfried, Bischof der Evangelischen Kirche Berlin-Brandenburg – als dessen ständiger Vertreter Oberkonsistorialrat Schröter, Ulrich.

Durch diese neue Konstellation hat sich zwangsläufig der Charakter der Arbeitsgruppe Sicherheit verändert. Als Arbeitsstab der Dreiergruppe nimmt sie Kontroll- und Koordinierungsaufgaben zur DDR-weiten Auflösung des ehemaligen AfNS wahr. Festzustellen ist, daß die Arbeitskontinuität der Arbeitsgruppe beeinträchtigt ist durch gänzliches Fernbleiben oder Fluktuation einiger Vertreter von Parteien und politischen Vereinigungen. Gleichzeitig ist aber auch festzustellen, daß ein großer Teil der Mitglieder diese Arbeit sehr ernst nimmt und jede Unterstützung gibt. Besonders hervorheben möchte ich das Engagement der Vertreter der NDPD, der SPD, des Neuen Forums, der Vereinigten Linken und der Initiative Frieden und Menschenrechte.

Erfreulich ist die Tatsache, daß sachbezogen gearbeitet wird und wahltaktische Manöver nicht stattfinden, so daß die Frage der einst angestrebten Parität für mich eine untergeordnete Rolle spielt.

Die beiden Herren Böhm und Schröter der Dreiergruppe konnten aus terminlichen Gründen an etlichen wichtigen Besprechungen nicht teilnehmen. Notwendige Maßnahmen zur Schaffung einer einheitlichen Arbeitsstruktur auf Republikebene wurden daher mit Unterstützung der Arbeitsgruppe Sicherheit und der Beratergruppe – zusammengesetzt aus Vertretern der Opposition – durch mich in Absprache mit dem Regierungsvertreter eingeleitet.

Trotz des unterschiedlichen Standes der Auflösung der ehemaligen Bezirksämter und der unterschiedlichen territorialen Bedingungen schien es notwendig und sinnvoll, das zentrale Modell – Dreiergruppe plus Regierungsvertreter – auf die Bezirke zu übertragen und die direkte Zusammenarbeit mit den Runden Tischen zu sichern. Bei mehreren Zusammenkünften mit Vertretern der Bürgerkomitees und den Regierungsbeauftragten der Bezirke wurden die unterschiedlichen Erfahrungen diskutiert, und es wurde beschlossen, prinzipiell so zu verfahren. Somit ist der ständige Informationsfluß gesichert, die wöchentlichen Berichte werden in Zusammenarbeit mit den Bürgerkomitees erarbeitet, mitunterzeichnet und der zentralen Arbeitsgruppe Sicherheit zur Zusammenfassung und Auswertung zugeleitet. Gleichzeitig wird der Problemstand seitens der Regierung offengelegt, um zu den grundsätzlichen Problemen vorzudringen und gemeinsam Lösungen zu finden.

Die Arbeitsgruppe Sicherheit berät zweimal wöchentlich. Der Runde Tisch erhält die Protokolle.

Zum Selbstverständnis unserer Arbeit

In einem ersten Gespräch mit dem Ministerpräsidenten am 24. Januar 1990 habe ich unsere Vorstellungen über das weitere Vorgehen zur Auflösung des ehemaligen AfNS erläutert. Ich habe die Auffassung vertreten, daß die materielle Auflösung nicht ausschließlich Ziel unserer Arbeit sein kann. Parallel dazu ist es notwendig, die Strukturen dieses Apparates aufzudecken und öffentlich zu machen, seine Verflechtung mit der SED und anderen Organisationen sowie die Zusammenarbeit mit anderen Ministerien aufzuklären.

Es geht um die Aufdeckung noch arbeitsfähiger Objekte (oft ausgestattet mit Nachrichten- und Rechentechnik) und konspirativer Treffpunkte. Hierzu haben wir eine operative Gruppe gebildet, die sofort Hinweisen und Informationen aus der Bevölkerung nachgeht und bereits Erfolge aufzuweisen hat.

Bisher wurde in einer Art und Weise gearbeitet, als ginge es um die

Auflösung eines normalen Betriebes, der sich als unrentabel erwiesen hat, und nicht um die Auflösung eines Geheimdienstes (zudem eines der besten der Welt). In einem früheren Bericht des Regierungsvertreters hieß es, die alten Strukturen seien zerschlagen. Bis ich es wage, eine solche Behauptung aufzustellen, wird noch einige Zeit vergehen und muß noch sehr intensiv gearbeitet werden.

Richtig ist, daß die Arbeitsfähigkeit des ehemaligen AfNS nach unseren Erkenntnissen nicht mehr gegeben ist. Es besteht zur Zeit nicht die Gefahr der Reorganisation der Staatssicherheit, aber wir müssen unsere Arbeit so organisieren, daß es nicht ein Kampf mit einem Drachen wird, dessen abgeschlagene Köpfe immer wieder nachzuwachsen drohen.

Für diese zu bewältigende Aufgabe waren alle bisherigen technischen und personellen Voraussetzungen sowie die Herangehensweise dürftig.

Auch die seit Einsetzung der Dreiergruppe geschaffenen Arbeitsstrukturen sind mehr oder weniger hilflose Versuche, den Anforderungen gerecht zu werden. Es bedarf eines professionell arbeitenden großen Apparates, der imstande ist, all die gewaltigen Probleme, die mit der Auflösung des ehemaligen AfNS in Zusammenhang stehen, umfassend zu lösen. Dies braucht eine erhebliche Zeitspanne.

Im Ergebnis dieser Überlegungen ist der Entwurf zu einem Beschluß erarbeitet worden, der die Schaffung einer Dienststelle unter Leitung der Dreiergruppe und des Regierungsbeauftragten festlegt. In dieser Dienststelle werden hauptamtlich Spezialisten wie Juristen, Computerfachleute, Nachrichtentechniker, Psychologen, Historiker, Kriminaltechniker und andere Fachleute tätig sein.

Der Entwurf wird der kommenden Ministerratssitzung vorgelegt, und bei Bestätigung kann mit der Einrichtung dieser Dienststelle bereits in der nächsten Woche begonnen werden. Mir kommt es besonders darauf an, daß die Arbeit dieser Dienststelle einer demokratischen Kontrolle unterliegt. In diesem Zusammenhang möchte ich den Runden Tisch eindringlich bitten, den Standpunkt des Rechtsausschusses des Runden Tisches zur ‹Ordnung über die Bürgerkomitees› vom 10. Januar 1990 zu beraten und möglichst schnell zu einem Beschluß zu kommen, der die Rechte und Pflichten der Bürgerkomitees eindeutig regelt.

Zum Schluß: Eine wichtige Dimension der Auflösung

Unser Land sieht sich mit einem sehr großen Problem konfrontiert, welches – wird es nicht schnell und von uns allen gemeinsam gelöst – schwerwiegende politische Folgen haben kann.

Wir haben das alte Regime zu Fall gebracht, um demokratische Verhältnisse und Rechtsstaatlichkeit zu schaffen. Die Wahrung der Menschenrechte sollte für die radikale Umgestaltung unserer Gesellschaft oberstes Gesetz sein – und zwar für jeden. Das ehemalige MfS war eine verfassungswidrige Organisation, die Verbrechen an vielen Menschen begangen hat. Aber: Nicht alle Stasi-Mitarbeiter waren Verbrecher, und vermutlich wird es nie eine absolute Gewißheit geben, wer wieweit und in welchem Maße schuldig geworden ist.

Wir sehen, daß der Volkszorn durchaus berechtigt ist – aber nicht weiterhilft. Wenn sich weiterhin Betriebe weigern, ehemalige Stasi-Mitarbeiter einzustellen, wenn weiter mit Streik gedroht wird, werden wir alle mit dem Problem nicht fertig.

Es gab die Forderung ‹Stasi in die Volkswirtschaft›. Die Frage steht und muß beantwortet werden: Wie gehen wir nun mit diesen Menschen um und mit all jenen, die in welcher Form auch immer, im alten Partei- und Staatsapparat, in den Betrieben, in den Hausgemeinschaften und anderswo, direkt oder indirekt, gewollt oder ungewollt mit dazu beigetragen haben, daß dieser Repressionsapparat so funktionieren konnte?

Wir wissen es doch alle: Die Verfilzung geht quer durch alle Arbeitskollektive, Freundschaften und Familien.

Wir müssen etwas tun, damit wir einander einmal ohne Mißtrauen ins Gesicht sehen können. Wir müssen lernen, mit dieser Erblast zu leben, ohne zu verdrängen und zu schnell zu vergessen.

Wenn wir Rechtsstaatlichkeit wollen, dann gilt das auch für ehemalige Stasi-Mitarbeiter; sie sind erst schuldig gesprochen, wenn es im Einzelfall erwiesen ist.

Die Beauftragten zur Auflösung des ehemaligen AfNS sind sich darin einig, daß alles getan werden muß, die Verbrecher vor Gericht zu bringen, und daß die Voraussetzungen geschaffen werden müssen, daß nie wieder eine solche Organisation die Chance hat, aktiv zu werden.

Die ehemaligen Angehörigen der Staatssicherheit dürfen selbstverständlich nicht in den Genuß von Privilegien kommen wie Staatsrenten, Prämienzahlungen, Vorkaufsrechte von Häusern und was auch immer in dieser Richtung denkbar ist. Ich meine auch, daß die Besetzung von Leitungsfunktionen nicht unkontrolliert erfolgen darf. Und gleichzeitig muß es allen Menschen möglich sein, unter gleichen Bedingungen ein neues Leben aufzubauen. Wenn es nicht gelingt, auch für ehemalige MfS-Mitarbeiter Rechtsstaatlichkeit zu garantieren, haben wir aus der Unsicherheit der Betroffenen ein Gewaltpotential im Land, das jede friedliche Weiterentwicklung verhindert. Wenn uns dies nicht gelingt, dann ist unser Anspruch an Demokratie gescheitert.

Wir, die Arbeitsgruppe am Runden Tisch, haben einen Teil Verantwortung für eine doppelte Aufgabe übernommen: Die Auflösung und Verhinderung eines Neuaufbaues der ehemaligen Stasi und gleichzeitig die Wahrung der Menschenrechte und Menschenwürde aller Menschen dieser Gesellschaft.

Was wir heute dringend benötigen, ist die Zusage aller demokratischen Kräfte hier am Tisch und stellvertretend die Zusage der Gesellschaft, daß sie hinter uns stehen, wenn wir Gerechtigkeit auch für die Menschen der ehemaligen Stasi fordern. Wir müssen die Kraft haben, auch angesichts der Opfer keine Rache, sondern Gerechtigkeit zuzulassen und das Klima der Hexenverfolgung schnellstens zu beenden.»

Zu dem Zeitpunkt, als Werner Fischer diesen Bericht gab, waren die Arbeiten an einem Beschluß des Ministerrates «Über weitere Maßnahmen zur Auflösung des ehemaligen Amtes für Nationale Sicherheit» bereits abgeschlossen. Er wurde von der Regierung Modrow am 8. Februar 1990 zum Beschluß (13/4/90) erhoben und hat folgenden Wortlaut:

«1. Die Leitung der weiteren Auflösung des ehemaligen Amtes für Nationale Sicherheit wird mit Regierungsvollmacht durch die
Herren Dr. Böhm, Georg – Vertreter des Runden Tisches
Fischer, Werner – Vertreter des Runden Tisches
Peter, Fritz – Regierungsbeauftragter
wahrgenommen.
Beratend ohne Stimmrecht nimmt teil
Dr. Forck, Gottfried – Vertreter des Runden Tisches
als ständiger Vertreter – Oberkonsistorialrat Schröter, Ulrich.

2. Zur weiteren Auflösung des ehemaligen Amtes für Nationale Sicherheit wird als Zentrales Staatsorgan ein Komitee zur Auflösung des ehemaligen Amtes für Nationale Sicherheit (nachfolgend Komitee genannt) gebildet.

3. Als Leiter des Komitees wird Herr Günter Eichhorn, bisher Leiter des Arbeitsstabes zur Auflösung des ehemaligen Amtes für Nationale Sicherheit, eingesetzt.
4. Der Leiter des Komitees wird durch die mit der Leitung beauftragten Regierungsbevollmächtigten angeleitet und ist ihnen und der Regierung rechenschaftspflichtig.
5. Bei der Bildung des Komitees, der inhaltlichen Bestimmung seiner Tätigkeit und seiner Organisation ist von den Grundsätzen (Anlage 1) auszugehen. Dem Vorsitzenden des Ministerrates sind die Grobstruktur, die Anzahl der benötigten Planstellen und die Anforderungen für die finanzielle und materiell-technische Ausstattung zur Bestätigung vorzulegen.
6. Das Komitee ist juristische Person und Haushaltsorganisation. Sein Sitz ist in Berlin. Es wird im Rechtsverkehr durch den Leiter vertreten. Vollmachten können erteilt werden.
7. Die Finanzierung des Komitees erfolgt aus dem Staatshaushalt.
8. Das Komitee übernimmt die Abwicklung von Forderungen und Verbindlichkeiten des ehemaligen Amtes für Nationale Sicherheit.
9. Den im Dienstleistungs-, Betreibungs- und Verwaltungsbereich des Gebäudekomplexes Normannenstraße beschäftigten ca. 140 Werktätigen, die zur Aufrechterhaltung der Funktionsfähigkeit des Gebäudekomplexes erforderlich sind, sind durch den VEB Dienstleistungskombinat beim Ministerrat mit Wirkung vom 1. Februar 1990 Arbeitsverträge nach dem Rahmenkollektivvertrag Einrichtungen des Ministerrates anzubieten.

   Die dafür erforderlichen Lohnfondsmittel und weiteren finanziellen Aufwendungen sind vom Sekretariat des Ministerrates bereitzustellen.

   Bei Rechtsträgerwechsel sind diese Arbeitskräfte objektgebunden durch den neuen Rechtsträger zu übernehmen.

   Verantwortlich: Direktor des VEB Dienstleistungskombinat beim Ministerrat
   Minister der Finanzen und Preise
   Leiter des Komitees zur Auflösung des ehemaligen Amtes für Nationale Sicherheit

   Termin: Februar 1990
10. Für die Behandlung von durch das Ministerium für Staatssicherheit / Amt für Nationale Sicherheit für das Jahr 1990 abgeschlossenen Wirtschaftsverträgen gelten die Grundsätze gemäß Anlage 2.

11. Für die Behandlung des Schriftgutes des ehemaligen Amtes für Nationale Sicherheit gelten die Grundsätze gemäß Anlage 3.
12. Die Festlegungen zur Aufhebung der Schweigepflicht (Anlage 4) werden bestätigt.
13. Der Leiter des Komitees wird beauftragt, Grundsätze für die Behandlung der Grundmittel festzulegen.
14. Die mit der Leitung beauftragten Regierungsbevollmächtigten sind berechtigt, die Presse über den Inhalt dieses Beschlusses zu informieren.»

Weiter wurden 4 Anlagen beschlossen, von denen Anlage 1 wegen ihrer besonderen Bedeutung ebenfalls im Wortlaut vorgestellt werden soll:

«Grundsätze zum Vorgehen zur weiteren Auflösung des ehemaligen Amtes für Nationale Sicherheit:

1. Das Komitee sollte vor allem folgende Bereiche umfassen:
   - Rechtsfragen einschließlich Rechtsnachfolge
   - Personalfragen/Sozialwesen (einschließlich der Führung von Entlassungsgesprächen)
   - Schriftgut/Archivwesen
   - Informatik
   - Materielle und finanzielle Probleme der Auflösung (gemäß bisheriger Aufgabenstellung der AG Eichhorn)
   - Kontrolle und Revision
   - Bürgereingaben
   - Öffentlichkeitsarbeit
2. Das Komitee wird aus vorhandenen Spezialisten, Personalvorschlägen von den Vertretern des Runden Tisches und erforderlichenfalls aus entlassenen Spezialisten des ehemaligen Amtes für Nationale Sicherheit gebildet. Mitarbeiter für das Komitee sind durch zeitlich begrenzte Delegierungsverträge aus anderen zentralen Staatsorganen, Kombinaten, Betrieben und Einrichtungen und durch Neueinstellung zu gewinnen.

   Die Entlohnung der delegierten Mitarbeiter erfolgt aus den Mitteln des Komitees. (...)
3. Bis zur endgültigen Auflösung der ehemaligen Bezirksämter unterhält das Komitee Arbeitsstäbe in den Bezirken. Diese übernehmen die Abwicklung von Forderungen und Verbindlichkeiten der ehemaligen Bezirks- und Kreisämter des Amtes für Nationale Sicherheit.

Die Vorsitzenden der Räte der Bezirke sind für die materielle Sicherstellung der Arbeitsstäbe verantwortlich. Über die Leitung und Zusammenarbeit dieser Arbeitsstäbe sollte auf bezirklicher Ebene eigenverantwortlich in Konsens Runder Tisch, Bürgerkomitee und Rat des Bezirkes entschieden werden.

4. Das Komitee hat eng mit den Regierungsbeauftragten in den Bezirken zusammenzuarbeiten.
5. Es ist weiterhin eine enge Zusammenarbeit der Regierungsbeauftragten in den Bezirken mit den Runden Tischen und Bürgerkomitees einschließlich abgestimmter Informationen über den Stand der Auflösung zu gewährleisten.
6. Die Regierungsbeauftragten haben gemeinsam mit den Bürgerkomitees zu gewährleisten, daß die Gesundheitsunterlagen der ehemaligen Mitarbeiter des Ministeriums für Staatssicherheit/Amt für Nationale Sicherheit dem staatlichen Gesundheitswesen zur Verfügung gestellt werden.»

Anlage 2 des Ministerratsbeschlusses regelte die Behandlung der durch das MfS/AfNS für das Jahr 1990 abgeschlossenen Wirtschaftsverträge; gleichzeitig ging es darum, den technischen Betrieb der vorhandenen Objekte (zum Beispiel die Versorgung mit Elektroenergie, Gas, Kohle, Wasser und Entsorgungsleistungen) zu sichern. Anlage 3 formulierte Grundsätze zum Umgang mit dienstlichem Schrift- und Archivgut (vgl. dazu S. 211 ff.). Anlage 4 regelte die Aufhebung der Schweigepflicht für alle ehemaligen Mitarbeiter des MfS/AfNS in bezug auf anvertraute Staats- und Dienstgeheimnisse. Durch ihre Aussagen dürften jedoch die Persönlichkeitsrechte Dritter nicht verletzt werden.

Nachdem die Regierung Modrow diesen Beschluß gefaßt hatte, informierten Werner Fischer und Dr. Georg Böhm noch am Nachmittag des 8. Februars 1990 im Internationalen Pressezentrum Vertreter von Presse, Funk und Fernsehen über die Beschlüsse zur weiteren Auflösung des AfNS. Nunmehr waren die staatsrechtlichen Grundlagen für die Bildung des Staatlichen Komitees zur Auflösung des MfS/AfNS gegeben. Diese Institution bot die Voraussetzungen dafür, um mit der komplizierten und zeitaufwendigen Arbeit zu beginnen. Einerseits galt es nun, das neugeschaffene Staatliche Komitee personell aufzubauen und andererseits zügig und organisiert die Auflösung des ehemaligen MfS/AfNS zu betreiben. Gleichzeitig ging es darum, die bis dahin noch immer nicht völlig durchschaubaren Strukturen des ehemaligen MfS aufzudecken und deren Wirkungsmechanismen und -methoden bloßzulegen.

Für diesen Zweck mußten Mitarbeiter gefunden werden, die imstande waren, in kürzester Zeit die Aufgaben der Auflösungsbehörde sachgerecht zu erfüllen. Zu einem geringen Teil kamen sie aus den Bürgerbewegungen und den Bürgerkomitees, manche hatten in der Arbeitsgruppe Sicherheit und deren operativer Gruppe bereits Erfahrungen gewonnen; andere kamen aus verschiedenen Betrieben, die meisten jedoch aus dem Staatsapparat. Darüber hinaus war es notwendig, sich auch einiger ehemaliger MfS-Mitarbeiter zu bedienen, die sich kooperationsbereit verhielten. Diese hatten unter demokratischer Kontrolle dazu beizutragen, den Auflösern die komplizierten Strukturen des MfS deutlich zu machen, die unterschiedlichen Aufgaben der verschiedenen Diensteinheiten zu benennen und unbekannte Zusammenhänge offenzulegen. Über diese Entscheidung gab es manche Irritation in der Öffentlichkeit, doch ohne das Einbeziehen einzelner ehemaliger Mitarbeiter des MfS wäre manches im Dunkel geblieben, und viele Maßnahmen im Zuge der Auflösung des MfS/AfNS hätten bedeutend länger gedauert.

Zu den Aufgaben des neu zu schaffenden Komitees gehörte neben der Entlassung der ehemaligen Mitarbeiter des MfS/AfNS die Sicherstellung des umfangreichen Aktenmaterials in Zusammenarbeit mit der Staatlichen Archivverwaltung und den Bürgerkomitees. Außerdem war Klarheit über die vorhandenen Immobilien und sonstigen Vermögenswerte des ehemaligen MfS/AfNS zu schaffen und zu gewährleisten, daß diese geordnet in die Hände neuer Nutzer kamen. So entstand schließlich eine Dienststelle mit einer Struktur, wie sie aus dem Schema auf S. 202 zu ersehen ist.

Die Gesamtstärke des Auflösungskomitees wurde auf 176 Mitarbeiter begrenzt; hinzu kamen noch die 15 Arbeitsstäbe in den ehemaligen Bezirksverwaltungen des MfS mit durchschnittlich je fünf Mitarbeitern, so daß insgesamt 251 Mitarbeiter zur Verfügung standen.

69 Mitarbeiter des Komitees kamen aus dem ehemaligen MfS/AfNS; diese verfügten vor allem auf dem Gebiet des Liegenschaftsdienstes, der Wohnungswirtschaft, des beweglichen Sachvermögens, des Abschlusses von Wirtschaftsverträgen und der Finanzen über die notwendigen Spezialkenntnisse, die dringend benötigt wurden, um Einblick in die komplizierten Sachfragen zu gewinnen. Sechs von ih-

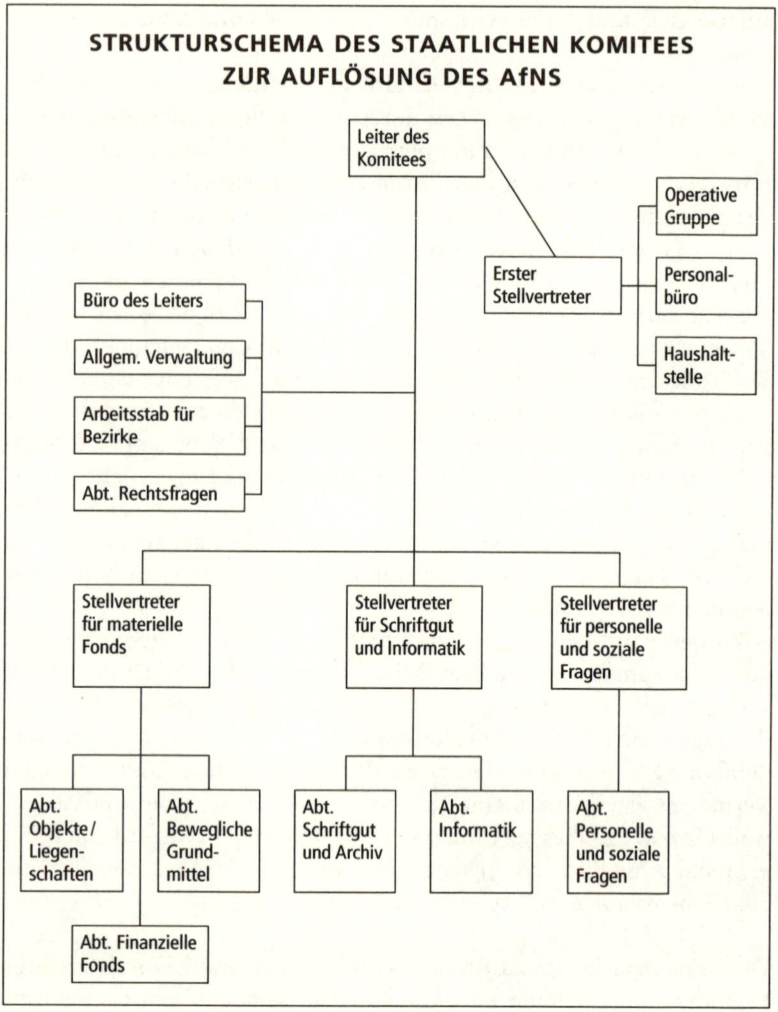

nen waren in den Bereichen Archivwesen, Informatik und Sozialwesen beschäftigt, 19 waren technische Kräfte wie Kraftfahrer und Schreibkräfte.

Nach der Entlassung aller Mitarbeiter der aufgelösten Staatssicherheit aus ihrem Dienstverhältnis per 31. März 1990 wurden durch das Staatliche Komitee 672 befristete Arbeitsverträge mit ehemaligen Mitarbeitern des AfNS abgeschlossen, die Teilaufgaben bei der weiteren Auflösung der Diensteinheiten übernehmen sollten. Das betraf vor allem Diensteinheiten, deren Auflösung ein komplizierterer Prozeß war, für den ein längerer Zeitrahmen veranschlagt wurde:

250 ehemalige Mitarbeiter der Hauptabteilung Aufklärung, da die Verbindungen zu den Mitarbeitern im Ausland aus konspirativen Gründen nicht abrupt abgebrochen werden konnten
76 ehemalige Mitarbeiter der Abteilung XII (Archiv)
51 ehemalige Mitarbeiter im Bereich Finanzen
45 ehemalige Mitarbeiter der Hauptabteilung III (Funkelektronische Aufklärung)
41 ehemalige Mitarbeiter der Hauptabteilung II (Spionageabwehr)
36 ehemalige Mitarbeiter der Abteilung VIII (Observation)
56 ehemalige Mitarbeiter zur Funktionserhaltung in Sportobjekten und Wohnheimen

Außerdem war für 47 Musiker des ehemaligen Orchesters des Wachregimentes noch keine Weiterbeschäftigung gefunden.

Im Zuge der Auflösung der Diensteinheiten wurde die Anzahl dieser Mitarbeiter schrittweise reduziert. Bis zum 31. Mai 1990 wurden 152 Arbeitsverhältnisse beendet, und im August 1990 waren noch insgesamt 377 ehemalige MfS-Mitarbeiter beim Staatlichen Komitee tätig.

d) Personelle und materielle Auflösung des MfS / AfNS

Mit dem Ministerratsbeschluß 6/18a/90 vom 14. Dezember 1989 war – wie erwähnt – der Generalmajor des MfS, Heinz Engelhardt, mit der Auflösung des Amtes für Nationale Sicherheit und mit vorbereitenden Maßnahmen zur Bildung eines Verfassungsschutzes beauftragt worden. Diese doppelte Aufgabenstellung begünstigte die fehlerhafte Entscheidung, den zweiten Teil dieses Auftrages mit Vorrang zu betreiben, zumal als Endtermin für die Auflösung erst der 20. Juni 1990 benannt war.

Unter dem Druck der Öffentlichkeit waren jedoch bis Mitte Januar 1990 die Kreisdienststellen seit Wochen geräumt worden und die Auflösung der Bezirksämter unter der Kontrolle der Bürgerkomitees weit fortgeschritten.

Erst nachdem die Volkskammer am 12. Januar 1990 entschieden hatte, daß auch kein Verfassungsschutz gebildet werden sollte, wurde mit der Auflösung des Zentralen Amtes für Nationale Sicherheit und seiner Diensteinheiten begonnen. Diese Aktivitäten wurden jedoch nach dem Sturm auf die Zentrale in der Normannenstraße am 15. Januar 1990 wieder – wenn auch nur kurzzeitig – unterbrochen. Die Diensträume und Panzerschränke wurden zu diesem Zeitpunkt unter der Kontrolle des neugebildeten Bürgerkomitees Normannenstraße von Staatsanwälten versiegelt und die MfS-Mitarbeiter sofort beurlaubt.

In den folgenden Tagen wurde in der Normannenstraße ein Arbeitsstab gebildet, dem Vertreter des Bürgerkomitees, der Regierung und der Leiter des in Auflösung befindlichen AfNS angehörten. Außerdem wurden Vertreter der Generalstaatsanwaltschaft und des Innenministeriums hinzugezogen. Auch die Arbeitsgruppe Sicherheit des Zentralen Runden Tisches hatte Vertreter benannt. Die Beratungen dieses Gremiums leiteten Superintendent Rißmann von der evangelischen und Pfarrer Kucklick von der katholischen Kirche.

Ein in diesem Arbeitsstab beschlossener Maßnahmeplan bildete die Arbeitsgrundlage für die Auflösung der zentralen Diensteinheiten. Er enthielt folgende inhaltliche Schwerpunkte:

(1) Personelle Entlassungen aller MfS-Mitarbeiter aus dem Dienstverhältnis bis zum 31. März 1990.
(2) Übergabe des beweglichen Sachvermögens an das Staatliche Komitee und an Einrichtungen, die vom Ministerrat bestimmt waren.
(3) Vorbereitung der Gebäude und Liegenschaften des ehemaligen MfS zur Übergabe an ihre neuen Nutzer.
(4) Auflösung der zentralen Diensteinheiten und Zusammenführung des Schriftgutes im dafür zu schaffenden Archiv in der Normannenstraße.

Die Realisierung dieser Aufgaben war dem Leiter des AfNS (in Auflösung) übertragen worden, der sachkundige, kooperationsbereite Mitarbeiter des AfNS hinzuzog. Sie vollzog sich nach dem Ministerratsbeschluß vom 8. Februar 1990 (13/4/90) unter Kontrolle der Regierungsbevollmächtigten und des Bürgerkomitees. Heinz Engelhardt war den Regierungsbevollmächtigten Böhm, Fischer, Schröter (Forck) und dem Regierungsbeauftragten Peter – im folgenden kurz: Regierungsbevollmächtigte – unterstellt und war an ihre Weisungen gebunden.

Um die Wirksamkeit dieser Kontrolle auch wirklich zu sichern, wurden von den Regierungsbevollmächtigten für jede Diensteinheit je ein staatlich Verantwortlicher – zumeist handelte es sich um Offiziere der Nationalen Volksarmee – und ein vom Bürgerkomitee bestimmter Vertreter eingesetzt.

Das im Aufbau befindliche Staatliche Komitee übernahm im Laufe der Monate Februar bis März 1990 schrittweise die staatliche Leitung dieser komplizierten Aufgaben. Seit dem 1. April 1990 – nach der Entlassung aller Mitarbeiter des MfS aus dem Dienstverhältnis – oblagen ihm alle weiteren Auflösungsaufgaben, kontrolliert vom Bürgerkomitee, dessen Kompetenzen jedoch in der Folgezeit mehr und mehr mit dem Hinweis auf die demokratisch gewählte Volkskammer, die nun die Auflösung kontrollieren sollte, in Zweifel gezogen und beschnitten wurden.

Von diesem Zeitpunkt an wurde der letzte Chef der DDR-Staatssicherheit, Heinz Engelhardt, mit einer aus ehemaligen MfS-Mitarbeitern bestehenden kleinen Beratergruppe in ein Arbeitsverhältnis beim Staatlichen Auflösungskomitee übernommen.

Die personelle Entlassung

In den Bezirken begannen im Dezember 1989 die Entlassungen der MfS-Mitarbeiter, die im Januar 1990 kontinuierlich fortgesetzt wurden – bis zum 1. Februar 1990 waren auf diese Weise bereits 28 240 ehemalige MfS-Mitarbeiter entlassen worden, was etwa 70 Prozent der in den Bezirken ehemals Beschäftigten entsprach. In den zentralen Diensteinheiten setzten die Entlassungen demgegenüber erst Mitte Januar 1990 ein. Kompliziert wurde diese Aufgabe durch die Notwendigkeit, alle 33 121 Mitarbeiter über eine zentrale Stelle im Objekt Gotlindestraße zu entlassen. Nur dort bestanden nämlich die Bedingungen, um die erforderlichen Formalitäten zu erledigen und eine Dokumentation für später notwendig werdende Untersuchungen anzulegen.

Die Entlassung aus dem Dienstverhältnis des MfS bedeutete nicht nur, jeden der hauptamtlichen Mitarbeiter des MfS arbeitsrechtlich freizusetzen, sondern auch daß er aus dem MfS-eigenen Sparkassensystem und dem Gesundheitswesen herausgelöst und seine Wohnung von der Wohnungsverwaltung der Staatssicherheit der Kommunalen Wohnungsverwaltung überschrieben werden mußte. Durchschnittlich wurden auf diese Weise täglich 500 bis 600 Personen entlassen, so daß am 3. Februar 1990 16763, zehn Tage später 19572 und Mitte März 29920 MfS-Angehörige ausgeschieden waren. Bis zum 31. März 1990 waren alle ehemaligen Mitarbeiter des MfS/AfNS aus dem Dienstverhältnis entlassen worden. 23 ehemalige Mitarbeiter hatten sich trotz Aufforderung nicht gemeldet. Über ihren Verbleib konnte nichts in Erfahrung gebracht werden.

Was die Zahlung von Renten und Übergangsgeldern anbetrifft, so hatte der Ministerrat auf Proteste der Bevölkerung hin nach seinem Beschluß vom 14. Dezember 1989 (6/18c/89) über die soziale Sicherstellung von Angehörigen des AfNS bei ihrem Ausscheiden aus dem Dienstverhältnis wiederholt seine Festlegungen ändern müssen. Im Schnitt bewegten sich die Übergangsgelder trotzdem bei mehreren tausend Mark, teilweise wurden auch fünfstellige Summen gezahlt, je nach Dienstzeit und Rang im MfS.

Übergabe des beweglichen Sachvermögens

Sämtliche Waffen und die gesamte Munition des AfNS wurden Mitte Januar 1990 an die Volkspolizei beziehungsweise an die Nationale Volksarmee übergeben und von diesen unter Verschluß genommen. Dabei wurde in einigen Bezirken festgestellt, daß sogar mehr Waffen abgeliefert wurden, als in den Ausrüstungsnachweisen geführt waren. Diese Diskrepanz konnte nicht aufgeklärt werden.

Kraftfahrzeuge der AfNS-Dienststellen wurden in der Regel dem Maschinenbauhandel zugeführt, der sie an die Bevölkerung und an Handwerksbetriebe verkaufte. In den Bezirken hatten die Räte der Bezirke in Abstimmung mit den Runden Tischen über die weitere Verwendung der Kraftfahrzeuge entschieden. Durch das Staatliche Komitee erfolgte der Direktverkauf an Betriebe und Einrichtungen sowie auf Anforderung die kostenlose Übergabe an zentrale Dienststellen (Ministerium für Innere Angelegenheiten, Ministerium für Nationale Verteidigung, Sekretariat des Ministerrates, Zollverwaltung). Aus einem Bericht des Staatlichen Komitees geht hervor, daß aus diesen Verkäufen Erlöse von 45 Millionen Mark der DDR und 600000 DM erzielt wurden. EDV-Einrichtungen des MfS wurden ebenfalls erfaßt und zum Verkauf angeboten. Büroausstattungen und andere Einrichtungen wie medizinisches Gerät oder Werkzeuge verblieben nach ihrer

Inventarisierung in der Regel in den Objekten, um durch die Nachnutzer später mit übernommen werden zu können.

Die nachrichtentechnischen Anlagen des AfNS hatte einem Regierungsentscheid zufolge das Ministerium für Post- und Fernmeldewesen der DDR übernommen. In einem Bericht des Ministers für Post- und Fernmeldewesen an die Regierungsbevollmächtigten zur Auflösung des MfS / AfNS vom 28. Februar 1990 hieß es dazu:

«(...) Die Palette der vom ehemaligen AfNS übernommenen nachrichtentechnischen Anlagen, Einrichtungen und Materialien ist äußerst umfangreich.

Eine grobe Einteilung läßt folgende Aussage zu:

- umfangreiche Kabelanlagen
- Anlagen der Vermittlungstechnik
- Anlagen der Übertragungstechnik
- Anlagen der Funktechnik
- Meß- und Prüfmittel
- Ersatzsortimente der Fernmeldetechnik
- Bestände an Kabeln unterschiedlicher Typen
- Netzersatzanlagen und Stromversorgungsgeräte
- Fernsprechapparate und Fernschreibapparate
- Fernmeldebaumaterial
- Kraftfahrzeuge (Lkw, Pkw)
- Werkzeuge, Kleinmaterial.

Der überwiegende Teil der Anlagen, die der Abhörtätigkeit dienten, wurde verschrottet. Die Zuführung zur Sekundärrohstofferfassung erfolgte, bis auf einige Ausnahmen, durch das Ministerium für Innere Angelegenheiten. Ein geringer Teil der Bandgeräte wurde den Studiotechniken für Rundfunk und Fernsehen für betriebliche Zwecke zugeführt.

In den Kontrollstellen des Postverkehrs wurde keine Technik vorgefunden. Eine wertmäßige Erfassung der gesamten übernommenen Technik und Gebäude ist z. Z. noch nicht möglich. (...) Die Übernahme der Funknetze des ehemaligen AfNS ist im wesentlichen erfolgt. Alle Netze sind außer Betrieb, die Technik ist gesichert. Die Leitstellen in den Bezirken sind bis auf Schwerin, Frankfurt / Oder und Gera (Beschädigungen beim Demontieren) einsatzbereit. Die Übergabe der Leitstelle des Duplexnetzes Gotlindestraße erfolgt mit der Übernahme des Objektes Haus 43, Gotlindestraße, durch das Fernmeldeamt der Regierung (...).»

Erhebliche Arbeit bereitete auch die Übergabe der militärischen Bekleidung und Ausrüstung an die Nationale Volksarmee. Etwa 200000 vollständige Bekleidungs- und Ausrüstungsgarnituren mußten in fünf Hallen und sechs Bunkern im zentralen Lager des MfS in Freienbrinck bei Berlin eingelagert werden. Von diesen wurden im März/April 79 Eisenbahnwaggons in das zentrale Lager der Nationalen Volksarmee überführt.

Die spezielle militärische Technik (mobile Nachrichtentechnik, Technik und Ausrüstung des Medizinischen Dienstes, Verpflegungsvorräte, Beleuchtungs- und Nebel-Tarnsätze, Ersatzmaterial für Nachrichtentechnik, Schutzmasken, Kernstrahlungsmeßtechnik und Unterkunftsgerät) übergab das Staatliche Komitee an das Ministerium für Nationale Verteidigung.

In den Objekten befanden sich darüber hinaus Büromöbel für mehrere zehntausend Büroarbeitsplätze mit entsprechender Bürotechnik und Büromaterialien. Außerdem waren diverse Unterkunftsmöbel, Haushaltswaren und Werkstattausrüstungen vorhanden.

Der Gesamtwert des beweglichen Sachvermögens konnte nicht genau ermittelt werden, da Nachweisunterlagen nicht vollständig und zum Teil ungenau waren. Im Zusammenhang mit Zerstörungen und Diebstählen während der Auflösungsphase sind nicht unerhebliche Schäden entstanden. Nicht auszuschließen ist, daß Bereiche, die zum MfS gehörten, aber als solche nicht bekannt wurden, gänzlich oder teilweise verlorengingen beziehungsweise daß sich einzelne daran bereicherten. Einem Bericht des Staatlichen Komitees ist zu entnehmen, daß bis zum 30. Juni 1990 bewegliches Sachvermögen im Werte von 83998000 Mark der DDR verkauft wurde.

Vorbereitung der Gebäude und Liegenschaften des AfNS zur Übergabe an neue Nutzer

Mit dem Ministerratsbeschluß vom 8. Februar 1990 (13/4/90) wurde der Leiter des Staatlichen Komitees beauftragt, Grundsätze für die Behandlung der materiellen Hinterlassenschaft des MfS festzulegen. Das erwies sich in der Praxis als äußerst kompliziert, da zunächst gesetzliche Regelungen fehlten und spätere Entscheidungen der Regierung und des Parlaments bereits getroffene Festlegungen erneut in Frage stellten. Diese Situation trug dazu bei, daß bis Ende 1990 nur ein Teil der ehemaligen MfS-Immobilien ordnungsgemäß einer neuen Nutzung zugeführt werden konnte.

Von den 216 Gebäuden der Kreisdienststellen waren Anfang Februar 1990 bereits 187 auf Entscheidung der örtlichen Räte und der Runden Tische neuen Nutzern übergeben worden. In den Bezirken war mit der entschädigungslosen Übergabe von Immobilien an Kommunen und staatliche Einrichtungen begonnen worden. Auf zentraler Ebene ging eine Reihe von Dienstobjekten an andere Staatsorgane, denen die Regierung am 14. Dezember 1989 (Beschluß 6/18a/90) einzelne Aufgaben übertragen hatte, die bisher vom AfNS wahrgenommen wurden. Der Beschluß sah vor:

- Paßkontrolle und Fahndung (Hauptabteilung VI) übernahmen die Grenztruppen (Ministerium für Nationale Verteidigung);
- die Untersuchung von Straftaten (Hauptabteilung IX), der Untersuchungshaftvollzug (Hauptabteilung XIV), der Personen- und Objektschutz, der Einsatz von Antiterrorkräften (Hauptabteilung XXII) ging an das Ministerium für Innere Angelegenheiten;
- die Geheimen Regierungsnachrichtenverbindungen verwaltete das Fernmeldeamt der Regierung (Ministerium für Post- und Fernmeldewesen);
- das Zentrale Chiffrierwesen übernahm der Ministerrat.

Für alle weiteren Objekte – insgesamt waren es nach einer Aufstellung des Staatlichen Komitees über 9200 – mußten jedoch gangbare Regelungen gefunden werden. Noch Mitte Januar 1990 war den damals mit der Auflösung Beauftragten und den Bürgerkomitees nur ein Teil dieser Objekte bekannt. Insbesondere über konspirative Objekte und solche Räumlichkeiten, die zwar vom MfS/AfNS genutzt wurden, aber anderen Rechtsträgern gehörten, gab es keinen Überblick. Jede zentrale Diensteinheit hatte ihr eigenes Nachweissystem. So beschränkte sich der Computerausdruck, der zu dieser Zeit vorlag, nur auf die offiziellen Dienst- und Erholungsobjekte. Hinzu kam, daß immer wieder Gebäude oder Wohnungen bekannt wurden, in denen Tätigkeiten festgestellt wurden, die der Bevölkerung verdächtig vorkamen – ein Thema, über das es an den Runden Tischen zu erregten Debatten kam.

Der Berliner Runde Tisch beispielsweise forderte vor diesem Hintergrund die Offenlegung aller MfS-Objekte und drohte mit einem Proteststreik. Schließlich entsandte er am 19. Januar 1990 20 Gruppen von Bürgerrechtlern in Begleitung von Staatsanwälten in einige hundert inzwischen bekanntgewordene Berliner MfS-Objekte mit dem Auftrag, diese zu versiegeln und alle MfS-Mitarbeiter daraus zu verweisen. Ziel dieser Aktion war es, die Fortsetzung der Tätigkeit einzelner Teile des ehemaligen MfS zu verhindern und das vorhandene Schriftgut sicherzustellen.

Auf Drängen der Regierungsbevollmächtigten und des Bürgerkomitees Normannenstraße vervollständigte die Arbeitsgruppe Engelhardt im Februar 1990 die Übersichten und stellte diese den Regierungsbeauftragten und den Bürgerkomitees der Bezirke zur Verfügung. Ungeachtet dessen wurden auch in den folgenden Wochen noch konspirative Objekte aufgedeckt, die in den Übersichten fehlten. Die Erfassung solcher unbekannter MfS-Objekte war vor allem ein Verdienst der Bürgerkomitees in den Bezirken und der Kontrollgruppe der Arbeitsgruppe Sicherheit des Zentralen Runden Tisches.

Für die *Versorgungseinrichtung* des Ministerrates, eine Institution, die für den Ministerrat der DDR unter anderem Häuser verwaltete, wurde durch Ministerpräsident Modrow eine spezielle Untersuchung angewiesen, die zur Offenlegung von 216 Objekten des ehemaligen MfS führte.

Die überwiegende Mehrzahl der MfS-Objekte, vor allem konspirative Wohnungen und Räume, wurde den Örtlichen Räten beziehungsweise den entsprechenden Betrieben und Einrichtungen übergeben. Für größere Dienststellen bereitete das Staatliche Komitee Entscheidungsvorschläge vor, die durch den Ministerrat zu bestätigen waren.

Wiederholt hatten sich die Regierungsbevollmächtigten zur Auflösung des MfS / AfNS mit der Übergabe von Objekten zu befassen, die von mehreren Bewerbern beansprucht wurden. Einige Entscheidungsvorschläge des Komitees wurden von Örtlichen Räten beziehungsweise Bürgerkomitees angefochten. Das betraf vor allem das Objekt Normannenstraße – Sitz der ehemaligen MfS-Zentrale –, das dem Ministerium für Wissenschaft und Technik zugewiesene Institut für Wissenschaftlichen Gerätebau (IWG), die Schorfheide mit den darin gelegenen ehemaligen MfS-Objekten, die Siedlung Wandlitz – Wohnsitz der früheren SED-Führungsspitze – und den Führungsbunker Honeckers im Raum Prenden bei Bernau.

Allein der Gebäudekomplex Normannenstraße umfaßte über 3000 Verwaltungsräume mit kompletter Infrastruktur und verschiedenen Dienstleistungs- und Versorgungseinrichtungen. Da hier sowohl die Arbeitsgruppe Sicherheit des Zentralen Runden Tisches, die Regierungsbevollmächtigten, das Staatliche Komitee zur Auflösung des

AfNS als auch das Bürgerkomitee tätig waren, mußte schnell eine Interimslösung dafür gefunden werden, wer die Dienstleistungseinrichtungen des Objektes betreiben sollte. Später wurde die Versorgung und Sicherstellung dem größten Teilnutzer des Gebäudekomplexes, der Deutschen Reichsbahn, übertragen.

Eine besonders heikle Angelegenheit war die Übergabe von Objekten des sogenannten Komplexes 5000 – der zentralen geschützten Führungsstelle der ehemaligen Partei- und Staatsführung einschließlich des «Mielke-Bunkers» – an das Ministerium für Nationale Verteidigung. Bürgermeister und Bürgerkomitees der umliegenden Gemeinden im Kreis Bernau befürchteten, daß das MfS / AfNS hier weiter tätig sein könnte. Deshalb wurde eine Kontrollgruppe der Arbeitsgruppe Sicherheit des Zentralen Runden Tisches eingesetzt, die an Ort und Stelle die notwendigen Festlegungen vorbereitete über Bewachung, technische Sicherstellung, Übernahme der Nachrichtenanlagen und Entlassung ehemaliger MfS-Angehöriger. Diese Festlegungen wurden von den Regierungsbevollmächtigten bestätigt.

Trotz aller Bemühungen war es den Regierungsbevollmächtigten nicht möglich, in der ihnen zur Verfügung stehenden Zeit alle Objekte einer neuen Nutzung zuzuführen. Auch das Staatliche Komitee war mit dieser Aufgabe überfordert. So war selbst nach der Vereinigung beider deutscher Staaten noch eine Reihe von Rechtsträgerentscheidungen ungelöst und mußte der Treuhandanstalt übergeben werden. Das ursprünglich gesetzte Ziel, einen erheblichen Anteil der Liegenschaften des MfS den Kommunen zu übertragen, wurde wegen der unklaren Eigentumsverhältnisse und Übereignungsmodalitäten nur teilweise erreicht.

Auflösung der Diensteinheiten und Zusammenführung des Schriftgutes

Einen besonderen Schwerpunkt der Auflösung bildete die Liquidierung der zentralen Diensteinheiten des MfS. Dazu gehörte die Sicherung des Schriftgutes, seine Selektierung und schließlich die Zusammenführung des Aktenmaterials in den dafür vorbereiteten Häusern 7, 8 und 9 im Objekt Normannenstraße. Sie umfaßte ferner die Abgabe der persönlichen Dienstbekleidung und Ausstattung der Mitarbeiter sowie die Inventarisierung des beweglichen Sachvermögens.

Nach abgestimmtem Zeitplan wurden die beurlaubten Mitarbeiter der jeweiligen Diensteinheit nacheinander in die Dienststelle beordert. Dort lösten der Staatsanwalt beziehungsweise durch ihn bevollmächtigte Mitglieder des Bürgerkomitees die Versiegelung der Räume, so daß das Schriftgut gesichtet und geordnet werden konnte. Verantwortlich dafür war die Arbeitsgruppe Akten des Bürgerkomitees.

Das Aktenmaterial wurde gebündelt oder in Säcke gefüllt und anschließend ins Archiv gebracht. Dort wurde es durch Mitarbeiter der Staatlichen Archivverwaltung übernommen, die für diese Zwecke freigestellt und dem Staatlichen Komitee zugeordnet waren. Anschließend wurden die Archivräume durch bevollmächtigte Vertreter des Staatlichen Komitees und des Bürgerkomitees versiegelt. Die eigentliche Archivierung konnte angesichts des enormen Umfangs des Schriftgutes und aus Zeitgründen nur sehr grob erfolgen und wird sicher noch erhebliche Zeit in Anspruch nehmen. Damals ging es zunächst um die sichere, nach Diensteinheiten und Sachgebieten getrennte Unterbringung des Materials.

Das ehemalige Ministerium für Staatssicherheit hatte mit unwahrscheinlicher Akribie die von Inoffiziellen Mitarbeitern sowie durch Telefon- und Postkontrolle, Funkaufklärung, Vernehmungen, Befragungen usw. zusammengetragenen Daten gespeichert und aufbewahrt. Allein im Zentralen Archiv ergeben die Akten aneinandergereiht eine Länge von ca. 100000 laufenden Metern – ohne die aus den Diensteinheiten hinzugekommenen «ungeordneten Akten», die den größeren Teil des Materials ausmachen, zu rechnen. Daraus läßt sich absehen, wie lange ihre sorgfältige Aufarbeitung dauern und wie kompliziert ihre Auswertung für die Rehabilitierung Betroffener beziehungsweise die Untersuchung strafrechtlicher Handlungen sein wird.

Noch schwieriger dürfte sich dieser Prozeß in den Archiven der ehemaligen Bezirksverwaltungen des MfS gestalten, wo das Schriftgut der Kreisdienststellen unter Zeitdruck meist unsortiert eingelagert wurde. Diese Arbeit verrichteten die Bürgerkomitees gemeinsam mit den Regierungsbeauftragten und später mit den Arbeitsstäben, die dem Staatlichen Komitee unterstanden. In Veröffentlichungen der Bürgerkomitees aus Leipzig, Frankfurt/Oder, Neubrandenburg, Rostock und anderen Städten wird darüber berichtet.

Da der Ministerratsbeschluß vom 8. Februar 1990 (13/4/90) zum Schutz der persönlichen Daten der Bürger das Schrift- und Archivgut bis zu einer gesetzlichen Regelung gesperrt hatte und eine Einsichtnahme der einstimmigen Entscheidung der Regierungsbevollmächtigten bedurfte, hatten diese im Verlauf ihrer Tätigkeit mehrfach über derartige Anträge zu befinden. Um die Archivierung in den Bezirken und im Zentralarchiv zu fördern und den Beginn der historischen Aufarbeitung nicht zu verzögern, erteilten sie deshalb einzelnen von den Bürgerkomitees benannten Personen die entsprechende Vollmacht zur Arbeit mit dem Schriftgut unter folgendem Titel: «Autorisierung der Bürgerkomitees zur weiteren politischen Auswertung der Arbeit des ehemaligen MfS/AfNS durch die Regierungsbevollmächtigten vom 28. März 1990 über den Umgang mit dienstlichem Schriftgut».

Während der Auflösung der Diensteinheiten ließen sich die Regierungsbevollmächtigten auch Bericht erstatten von den mit der Auflösung ausgewählter Diensteinheiten Beauftragten; sie kontrollierten den Fortgang der Arbeiten und führten Befragungen von Mitarbeitern durch. Die eigentliche Arbeit aber oblag dem Staatlichen Komitee, unterstützt und begleitet vom Bürgerkomitee. Die Auflösung der Diensteinheiten endete mit der Übergabe des Schriftgutes, der Abnahme der Objekte durch das Staatliche Komitee und einem Abschlußbericht der jeweiligen Diensteinheit. Bereits am 15. März 1990 war die Hälfte aller zentralen Diensteinheiten aufgelöst. Im Mai/Juni 1990 wurde die Abwicklung auch für die letzten Diensteinheiten (II, VI, VIII, IX, XXII) beendet. So konnte auf Initiative der Regierungsbevollmächtigten Mitte Mai 1990 die überwiegende Mehrzahl der Mitarbeiter in der Beratergruppe Engelhardt entlassen werden.

Eine Sonderstellung im Auflösungsprozeß nahm die Hauptverwaltung Aufklärung ein, die bis 1987 Markus Wolf unterstanden hatte und der 4000 Mitarbeiter angehörten. Die Arbeitsgruppe Sicherheit des Zentralen Runden Tisches faßte dazu am 23. Februar 1990 folgenden Beschluß:

«Zur kontinuierlichen Weiterführung des Auflösungsprozesses des ehemaligen AfNS wird in Berücksichtigung der spezifischen Bedingungen für die planmäßige und ersatzlose Auflösung der Hauptverwaltung Aufklärung beschlossen:

1. Die Anzahl der Mitarbeiter wird bis zum 15. März 1990 auf 250 reduziert. Diese sich weiter verringernde Anzahl hat die Auflösung bis Ende Juni 1990 abzuschließen.
2. Die von der Hauptverwaltung Aufklärung genutzten Objekte werden zu folgenden Terminen für die Übergabe an andere Rechtsträger geräumt:

Haus 15, Normannenstraße 15. März 1990
Objekt Hoppegarten 28. Februar 1990
Schulobjekt Gosen 15. März 1990

3. Die die Auflösung der Hauptverwaltung Aufklärung abschließenden Mitarbeiter verlegen in der Zeit vom 01. bis 10. März 1990 in das Objekt Rödernstraße 30...», wobei «verlegen» den Umzug von rund 250 Mitarbeitern aus der Normannenstraße in die Rödernstraße anzeigt.

Diese Maßnahmen wurden durch die Arbeitsgruppe Sicherheit im Zusammenwirken mit Kirchenvertretern und dem Bürgerkomitee Normannenstraße kontrolliert. Nach Aussagen der verantwortlichen Mitarbeiter der Hauptverwaltung Aufklärung wurde ihre nachrichtendienstliche Tätigkeit mit dem 24. Februar 1990 vollständig eingestellt. Auch für diese Diensteinheit war die Auflösung mit dem 30. Juni 1990 abgeschlossen. Die Länge dieser Auflösungszeit hängt damit zusammen, daß die inoffiziellen und offiziellen Mitarbeiter der HVA im Ausland unauffällig zurückgezogen werden sollten. Hierzu mußten langfristig geplante Treffen im Ausland wahrgenommen werden. Daß die HVA diese lange Auflösungsphase auch zum Vertuschen ihrer eigenen Tätigkeit nutzte, steht heute außer Zweifel.

Die Übernahme spezieller MfS-Aufgaben durch andere Staatsorgane

Gemäß dem Beschluß des Ministerrates der DDR vom 14. Dezember 1989 wurden einige Aufgaben, die bis zu diesem Zeitpunkt dem MfS/AfNS oblagen, an das Ministerium für Nationale Verteidigung und das Ministerium für Innere Angelegenheiten übertragen. Die Regierungsbevollmächtigten bekamen dazu Auskunftsberichte von leitenden Vertretern dieser Ministerien und führten mit Unterstützung der Arbeitsgruppe Sicherheit des Zentralen Runden Tisches entsprechende Kontrollen durch.

Das Ministerium für Nationale Verteidigung hatte mit Wirkung vom 1. Januar 1990 die Verantwortung für die Paßkontrolle und Fahndung im grenzüberschreitenden Verkehr übernommen. Dazu wurde der Befehl 144/89 des Ministers für Nationale Verteidigung erlassen. Auf dieser Grundlage wurde die Hauptabteilung VI des AfNS aufgelöst. Sie verfügte am 5. Oktober 1989 über insgesamt 8423 Mitarbeiter, die an 87 Grenzübergangsstellen eingesetzt waren. Bis zum 31. Dezember 1989 war ihre Anzahl durch Ergänzungen aus den Bezirksverwaltungen der Staatssicherheit auf 11901 Mitarbeiter an nunmehr 176 Grenzübergangsstellen erhöht worden. Erst allmählich konnten die Grenztruppen eigene Kräfte für die Erfüllung der spezifischen Aufgaben an den Grenzübergangsstellen, Flughäfen und Seehäfen vorbereiten. So waren am 1. März 1990 noch 6566 ehemalige Mitarbeiter des AfNS in einem Dienstverhältnis der Grenztruppen, davon

2394 Offiziere
3041 Fähnriche
1131 Berufsunteroffiziere.

Besonderer Wert wurde darauf gelegt, daß sie keine leitenden Funktionen bekleideten und daß keine geschlossenen Struktureinheiten übernommen wurden.

Die Leitung aller Maßnahmen zur Auflösung der Hauptabteilung VI, die Übernahme der erforderlichen Infrastruktur und die Bildung neuer Strukturen der Paßkontrolle lag in den Händen einer Kommission, die mit der Anordnung 01/90 des Chefs der Grenztruppen gebildet worden war. Die Kontrolle übten die örtlichen Bürgerkomitees aus.

Das Verteidigungsministerium übernahm außerdem die Bewachung und technische Sicherstellung der für den Verteidigungszustand vorgesehenen unterirdischen Führungsstellen. Dabei kam es wiederholt zu Interventionen von Bürgerkomitees und der Bevölkerung, wenn die Objektkommandanten nicht sofort alle in diesem Zusammenhang erforderlichen Maßnahmen öffentlich gemacht hatten.

Die Auflösung der Hauptabteilung I (Militärabwehr) wurde zunächst damit eingeleitet, daß die Räumlichkeiten versiegelt, die Mitarbeiter beurlaubt und die materielle Ausrüstung der Nationalen Volksarmee übergeben wurde. Auf Drängen der Bürgerkomitees wurde schließlich die Auflösung der Hauptabteilung I des AfNS ebenfalls der Leitung des Staatlichen Komitees unterstellt. Das Schriftgut beider Diensteinheiten (HA I und HA VI) gelangte in das Zentralarchiv beziehungsweise in die Bezirksarchive. Die späteren Bestrebungen des Ministers für Abrüstung und Verteidigung zur Bildung einer eigenen Militärabwehr wurden aufgrund der schnellen Vorbereitungen zur Vereinigung beider deutscher Staaten gegenstandslos und aufgegeben.

Das Ministerium für Innere Angelegenheiten übernahm zunächst die Aufgaben der Untersuchung von Straftaten, des Untersuchungshaftvollzuges, des Personen- und Objektschutzes sowie die Antiterrorkräfte, in der Folge dann auch die geheimen Regierungsnachrichtenverbindungen und das Zentrale Chiffrierwesen. Am 15. Januar 1990 wurde unter der Leitung eines der Stellvertretenden Minister für Innere Angelegenheiten, Generalinspekteur Schmalfuß, mit der Auflösung des Wachregimentes des MfS «Felix Dzierzynski» begonnen. Dieser Truppenteil unterstand bis dahin dem Leiter des AfNS (in Auflösung). Seine Personalstärke betrug 10992 Angehörige, davon 1748 Offiziere.

Dem MfS-Regiment oblagen die Bewachung von Gebäuden der Partei- und Staatsführung sowie weitere Sicherungs- und Repräsentationsaufgaben. Ein erheblicher Teil der Soldaten war allerdings in der zweiten Hälfte der achtziger Jahre zu Arbeiten in der Energiewirtschaft, im Transport und im Bereich der Dienstleistungen eingesetzt worden. Die Entlassung der Angehörigen wurde Ende März 1990 abgeschlossen, die Waffen, Munition, Technik und Ausrüstung übernahm das Innenministerium.

Für die Übernahme von Spezialisten des AfNS zur Erfüllung der dem Innenministerium übertragenen Aufgaben, die anderweitig nicht verfügbar waren, hatte die Arbeitsgruppe Sicherheit des Zentralen Runden Tisches allerdings folgende Kriterien festgelegt:

- Keine Übernahme kompletter Struktureinheiten;
- kein Einsatz von Spezialisten in leitenden Funktionen;
- Gewährleistung der Kontrolle durch
  - Mitsprache der Polizeigewerkschaft bei den Einstellungsgesprächen und
  - Begrenzung der Einstellung auf die Zeit eines Jahres.

Allerdings gab es immer wieder Hinweise, daß diese Kriterien im Ministerium für Innere Angelegenheiten nicht eingehalten wurden. Unter dem Druck der Oppositionsbewegungen ernannte Ministerpräsident Modrow Herrn Dankward Brinksmeier (SPD), der bis dahin in der Arbeitsgruppe Sicherheit mitgearbeitet hatte, zum Regierungsbeauftragten im Innenministerium. Ziel war es, auch in diesem sensiblen Bereich der öffentlichen Sicherheit die zentrale und unabhängige Kontrolle zu gewährleisten.

Eine Aufgabe ganz anderer Art erwuchs dem Ministerium für Innere Angelegenheiten aus der Verantwortung für die Archive, in denen das Schriftgut des ehemaligen AfNS einzulagern war. Der Ministerratsbeschluß vom 8. Februar 1990 (13/4/90) über weitere Maßnahmen zur Auflösung des ehemaligen AfNS hatte dazu festgelegt: «Die Sicherung des Schriftgutes und des Archivgutes, die Verwaltung und der Schutz der Depots erfolgen in Verantwortung des Ministeriums für Innere Angelegenheiten.» Daraus ergab sich die Notwendigkeit, eine Archivorganisation aufzubauen und die Deutsche Volkspolizei für die Sicherung der Archive einzusetzen. Sowohl in der Zentrale als auch in den Bezirken wurde die «Sicherheitspartnerschaft» zwischen Volkspolizei und Bürgerkomitees dazu erweitert.

Die Zusammenarbeit mit den Auflösungsorganen in den Bezirken

Die Regierungsbevollmächtigten und die Arbeitsgruppe Sicherheit des Zentralen Runden Tisches legten besonderen Wert auf die konstruktive Zusammenarbeit mit den Regierungsbeauftragten und Bürgerkomitees in den Bezirken. Bis Ende Januar 1990 kamen die Regierungsbeauftragten und Vertreter der Bürgerkomitees der Bezirke jeweils zu getrennten Beratungen in Berlin zusammen. Das erwies sich jedoch als ungünstig, da es zu Informationsverlusten führte und gegenseitige Abstimmungen erschwerte. Deshalb wurden ab dem 2. Februar 1990 die Beratungen gemeinsam unter Teilnahme der Regierungsbevollmächtigten und Beauftragten der Arbeitsgruppe Sicherheit durchgeführt. Hierbei berichteten die Vertreter der zentralen Staatsorgane über den Fortgang der Auflösung, und weitere Auflösungsschritte wurden beraten.

Wie diese Beratungen vonstatten gingen, zeigt zum Beispiel die Tagesordnung der Sitzung am 2. Februar 1990:

«1. Gesamtübersicht zum Stand der Auflösung des AfNS durch den Leiter des Lagezentrums beim Ministerrat.
2. Erläuterungen durch einen Vertreter der Rechtsabteilung des Ministerrates zum Entwurf eines Beschlusses des Ministerrates über weitere Maßnahmen zur Auflösung des ehemaligen AfNS.
3. Bericht des Stellvertretenden Chefs der Grenztruppen zum Stand der Übernahme der Paßkontrollaufgaben zu den Grenztruppen.
4. Bericht des Regierungsbeauftragten über den Stand der Auflösung der Hauptabteilung I (Militärabwehr).
5. Erläuterungen des Regierungsbevollmächtigten, Werner Fischer, über den Beschluß der Arbeitsgruppe Sicherheit zur Verfahrens-

weise hinsichtlich der Einsichtnahme in Akten der ehemaligen Ämter für Nationale Sicherheit durch Untersuchungsorgane, Staatsanwaltschaft und Gerichte.»

Fortan wurden mehrere solcher Beratungen durchgeführt. Der Koordinator der Bürgerkomitees der Bezirke, Thomas Schmidt aus Schwerin, war mit der Vorbereitung und Auswertung der Tagungen betraut. Die seit Anfang Dezember 1989 in den Bezirken tätigen Regierungsbeauftragten, die mit der Anleitung der Örtlichen Räte betraut waren, konzentrierten sich bald auf die Koordinierung der Auflösungsmaßnahmen in den Bezirken. Sie waren gehalten, in Sicherheitspartnerschaft mit Volkspolizei und Bürgerkomitee das Mißtrauen in der Bevölkerung gegen die Auflösungsmaßnahmen abzubauen und Gewaltfreiheit zu sichern. Erst später wurde bekannt, daß auch unter ihnen ehemalige MfS-Offiziere waren. Die bezirklichen Regierungsbeauftragten waren nämlich im Dezember 1989 aus dem Apparat des Ministerrates bestimmt worden. Keiner von ihnen wurde damals auf eine eventuelle Zusammenarbeit mit dem MfS überprüft. Eine solche Überprüfung gab es auch im Staatlichen Komitee und in einigen Bürgerkomitees erst zu einem wesentlich späteren Zeitpunkt. Aus diesem Grunde wirkten im Auflösungsprozeß auch solche Personen mit, die selber belastet waren. Die Auswirkungen dieser Tatsache auf die Auflösung des MfS/AfNS werden wohl nur in Einzelfällen bekannt werden.

Als die Regierungsbeauftragten in den Bezirken am 15. März 1990 ihre Tätigkeit beendeten, waren die Kreisdienststellen aufgelöst, die personelle und materielle Auflösung der Bezirksämter stand kurz vor dem Abschluß. Die verbleibenden staatlichen Aufgaben bei der Auflösung übernahmen in der Folgezeit die Arbeitsstäbe des Staatlichen Komitees in Zusammenarbeit mit den örtlichen Staatsorganen und den Bürgerkomitees.

e) Die Arbeitsgruppe Sicherheit

Die Arbeitsgruppe Sicherheit war nach einem Beschluß des Zentralen Runden Tisches vom 27. Dezember 1989 gebildet worden. Sie hatte die Aufgabe, alle wichtigen Maßnahmen bei der Auflösung des ehemaligen MfS/AfNS zu überprüfen und dafür zu sorgen, daß dieser Prozeß im

Sinne der vom Runden Tisch festgelegten Prinzipien verlief. Alle am Zentralen Runden Tisch vertretenen Parteien, Bewegungen und Organisationen hatten in diese Arbeitsgruppe ihre Vertreter entsandt. Die Arbeitsgruppe Sicherheit konstituierte sich unmittelbar nach dem Beschluß des Runden Tisches und beschloß, wöchentlich zweimal zu Beratungen zusammenzutreten. Die Leitung sollte im Wechsel jeweils ein Repräsentant der in der Arbeitsgruppe Sicherheit vertretenen Parteien, Bewegungen oder Organisationen innehaben. Durchschriften der Protokolle der Beratungen erhielt das Sekretariat des Zentralen Runden Tisches. Die Mitglieder der Arbeitsgruppe erhielten Ausweise, die sie zum Betreten der Objekte des ehemaligen MfS berechtigten.

Recht bald stellte sich heraus, daß es nicht ausreichte, lediglich Beratungen durchzuführen, sondern es erwies sich als notwendig, den um die Jahreswende 1989/90 und danach sich häufenden Hinweisen aus der Bevölkerung auf konspirative Objekte des MfS nachzugehen. Vor allem wurden sowohl der Runde Tisch als auch die Arbeitsgruppe Sicherheit immer wieder darauf hingewiesen, daß bestimmte Häuser oder Wohnungen mitten in Wohngebieten über Jahre hinweg offensichtlich als Treffpunkt für Inoffizielle Mitarbeiter des MfS mit ihren Führungsoffizieren gedient hatten und daß auch zum damaligen Zeitpunkt noch verdächtige Personen ein und aus gingen.

Um solchen Hinweisen rasch und wirksam nachgehen zu können, wurde eine sogenannte «Operative Gruppe» gebildet. Diese Operative Gruppe leistete in der Folgezeit eine wertvolle Arbeit, indem sie kurzfristig solchen Hinweisen nachging und auch von sich aus Hinweise auf zahlreiche konspirative Objekte des MfS erbrachte. Die Operative Gruppe handelte dabei im Auftrage der Arbeitsgruppe Sicherheit, und ihr Leiter berichtete vor dieser in jeder Beratung über die Ergebnisse ihrer Tätigkeit und nahm neue Aufträge entgegen.

Seit der Konstituierung der vom Zentralen Runden Tisch berufenen Dreiergruppe Böhm, Fischer, Schröter (für Bischof Forck) und der Nominierung des Regierungsbeauftragten Peter, die als Kontrollinstanz des vom Ministerrat berufenen Komitees zur Auflösung des AfNS fungieren sollten, nahmen alle vier regelmäßig an den Beratungen der Arbeitsgruppe Sicherheit teil; sie berichteten über die Tätigkeit des Komitees und sorgten dafür, daß Hinweise und Empfehlungen der Arbeitsgruppe ihren Niederschlag in der praktischen Tätigkeit des Komitees fanden.

Insofern war die Arbeitsgruppe Sicherheit nicht nur ein Kontrollorgan, sondern initiierte zusammen mit den Bürgerkomitees auch Maßnahmen, die in der Folgezeit zum Teil Grundlagen für Regierungsentscheidungen bei der Auflösung des MfS/AfNS waren. Dazu gehören vor allem die Initiative zur Vernichtung der elektronischen Datenträger des MfS, die Aufhebung der Schweigepflicht für ehemalige Inoffizielle Mitarbeiter des MfS sowie die Aufhebung internationaler Verträge über die Beziehungen zwischen dem ehemaligen MfS und den Staatssicherheitsorganen anderer Länder.

Die Arbeitsgruppe Sicherheit beriet auch über den Umzug der noch verbliebenen Teile der Hauptverwaltung Aufklärung vom Gelände des Ministeriums für Staatssicherheit in ein speziell zu sicherndes Objekt in der Rödernstraße im Stadtbezirk Lichtenberg. Diese Maßnahme wurde erforderlich, um die Gebäude, in denen einst 4000 Mitarbeiter des Auslandsaufklärungsdienstes des MfS beschäftigt waren – bei Beginn der Tätigkeit der Arbeitsgruppe Sicherheit waren davon noch etwa 1000 und Mitte Februar 1990 noch ca. 250 mit der Auflösung dieses Apparates befaßt –, kurzfristig für zivile Zwecke zu räumen. Damals war nämlich nach Aussagen der HVA absehbar, daß es noch bis Juni 1990 dauern würde, bis die Hauptverwaltung Aufklärung vollständig aufgelöst und die mit der Rückführung von Kräften im Ausland zusammenhängenden Aktivitäten beendet sein würden. Diese Aussagen wurden akzeptiert, zumal man von einem «normalen» Geheimdienst, der Auslandsspionage betrieb, ausging (s. S. 216f.).

Darüber hinaus war die Erfassung und künftige Verwendung der Immobilien des ehemaligen MfS Beratungsgegenstand der Arbeitsgruppe Sicherheit. Grundsätzliche und zum Teil konträre Diskussionen entstanden auch über das Problem des Umganges mit den Millionen Akten, die das MfS über Bürger der DDR und zum Teil auch der BRD angelegt hatte. Die Arbeitsgruppe Sicherheit entschied sich mehrheitlich gegen deren Vernichtung, jedoch für eine sichere Verwahrung unter strenger Kontrolle, um Unbefugten den Zugang zu verwehren.

In der Arbeitsgruppe Sicherheit stießen Vertreter der verschiedenen Parteien, Bewegungen und Organisationen mit den unterschiedlichsten Auffassungen und Erfahrungen aufeinander. Vor allem die neuentstandenen Bürgerbewegungen machten nunmehr die Vertreter der Altparteien mit den Praktiken des MfS in der Zeit vor der Wende vertraut. Die ursprünglich sorgsam gewahrte Parität bei der Zusammensetzung der Arbeitsgruppe Sicherheit zwischen den Parteien und Organisationen, die bereits vor der Wende bestanden hatten einerseits, und den oppositionellen Parteien und Bewegungen andererseits hatte bei den Beratungen bald kaum noch Bedeutung. Sachfragen gewannen die Oberhand, und die Mitglieder der Arbeitsgruppe waren bemüht, die Probleme bei der Auflösung des MfS / AfNS so effektiv wie möglich zu lösen.

Die Arbeitsgruppe Sicherheit entwickelte sich trotz Startschwierigkeiten zu einer Instanz, die sich recht bald Geltung verschaffte und von großem Nutzen war. Bei der Auflösung des MfS war sie ein wichtiges Instrument des Zentralen Runden Tisches, der durch die Protokolle ihrer Beratungen und durch mündliche Berichte über ihre Tätigkeit unterrichtet wurde. Außerdem standen die Vertreter der Arbeitsgruppe Sicherheit in ständigem Kontakt mit ihrer Partei, Bewegung oder Organisation und informierten diese über die in der Arbeitsgruppe Sicherheit behandelten Probleme.

f) Die Vernichtung der elektronischen Datenträger des ehemaligen MfS / AfNS

Als dem Bürgerkomitee Normannenstraße, der Arbeitsgruppe Sicherheit des Zentralen Runden Tisches und dem Staatlichen Komitee die Strukturen des ehemaligen MfS deutlicher wurden, erfuhren sie, daß in den Datenspeichern der Hauptabteilung XII des MfS zu etwa sechs Millionen Personenunterlagen vorhanden sind, die umfassende Angaben über Bürger der DDR, BRD und anderer Staaten enthielten. Die Dossiers und Akten von Inoffiziellen Mitarbeitern waren über ein System von verschiedenen Findhilfsmitteln (Karteien) zu erschließen und gaben unter anderem Auskunft darüber, ob eine Person als Informant oder als Opfer geführt wurde. Neben diesen riesigen Aktenbeständen gab es elektronische Datenträger, auf denen alle wesentlichen Angaben gespeichert waren. Im Unterschied zu den Karteien war es mit den elektronischen Datenträgern möglich, innerhalb kürzester Zeit Zugang zu den personenbezogenen Daten zu erlangen.

Als im Bürgerkomitee Normannenstraße, in der Arbeitsgruppe Sicherheit und im Staatlichen Komitee Klarheit darüber bestand, daß die personenbezogenen Daten aus den verschiedensten Gründen unter sicherer Kontrolle aufzubewahren seien, spielte die Frage eine immer größere Rolle, wie mit den magnetischen Datenträgern zu verfahren sei. Über die Arbeitsgruppe Sicherheit wurde diese Problematik auch an den Zentralen Runden Tisch herangetragen.

Kernpunkt der Überlegung war die Befürchtung, daß es in einer Zeit des allgemeinen Umbruchs und des rapiden Autoritätsverfalls staatlicher Instanzen angesichts der vermuteten Aktivitäten von Nachrichtendiensten anderer Länder auf dem Gebiet der DDR – insbesondere in Berlin – Kennern der Materie relativ leichtfallen müßte, sich Zugang zu diesen Datenträgern zu verschaffen. Sie könnten so in den Besitz von Informationen gelangen, mit denen man später Menschen erpressen konnte.

In den verschiedensten Gremien und zum Teil unabhängig voneinander wurde das Für und Wider der unterschiedlichsten Vorschläge beraten. Auch die vom Zentralen Runden Tisch gebildete Arbeitsgruppe ‹Recht› wurde in diese Überlegungen einbezogen. Sie führten schließlich zu der Auffassung, daß die sicherste Verfahrensweise die physische Vernichtung der elektronischen Datenträger sei. Zur 13. Beratung des Zentralen Runden Tisches am 19. Februar 1990 wurde durch die Arbeitsgruppe Sicherheit und die Arbeitsgruppe Recht ein gemeinsamer Standpunkt unterbreitet, der nach längerer Diskussion einstimmig beschlossen wurde und folgenden Wortlaut trug:

«Ausgehend vom Recht des Bürgers auf Schutz der Persönlichkeit und Selbstbestimmung stellen die Mitglieder der Arbeitsgruppe Recht fest, daß die Erfassung und Bearbeitung von Daten, wie sie durch das ehemalige MfS bzw. das Amt für Nationale Sicherheit erfolgte, eine verfassungswidrige Verletzung von Bürgerrechten darstellt.

Mit dem Ziel, den verfassungsmäßigen Zustand wiederherzustellen und um zukünftig einen Mißbrauch der gesammelten personenbezogenen Daten des ehemaligen MfS bzw. des Amtes für Nationale Sicherheit weitgehendst auszuschließen und eine unverzügliche vollständige Zerstörung der Strukturen dieser Organe bis hin zur physischen Vernichtung ihrer materiellen Datenträger zu sichern, empfehlen die Arbeitsgruppen Recht und Sicherheit dem Runden Tisch zu beschließen:

1. Die physische Vernichtung aller magnetischen Datenträger (Magnetbänder, Wechselplatten, Disketten, Kassetten) mit personenbezogenen Daten, einschließlich der dazugehörigen magnetischen Da-

tenträger mit der Anwendersoftware, am Ort ihrer Aufbewahrung unter Leitung von Vertretern der Regierung, bei Kontrolle des Runden Tisches und im Beisein der Bürgerkomitees. Als zweckmäßige Technologien der Vernichtung sind die Verbrennung bzw. mechanische Zerstörung der Datenträger zu nennen.

2. In Vorbereitung der physischen Vernichtung der magnetischen Datenträger zu personenbezogenen Daten ist eine vollständige Aufstellung aller vorhandenen derartigen Datenträger (auch der Sicherheitskopien) durch die ehemaligen Nutzer anzufertigen und eidesstattlich zu beglaubigen.

   Die Projektunterlagen sind zu archivieren, um eine Analyse der Tätigkeit des AfNS, der Art und Weise der Datenerfassung und -auswertung auch in Zukunft zu ermöglichen und um gegebenenfalls die strafrechtliche Relevanz dieser Vorgänge zu überprüfen.

3. Die Vernichtung der magnetischen Datenträger ist bis zum 09. März 1990 abzuschließen, um eine Rechenschaftslegung über die vollständige Vernichtung am 12. März 1990 vor dem Runden Tisch zu gewährleisten.

Begründung:
Das ehemalige MfS / AfNS hat unter grober Verletzung der Verfassung der DDR, insbesondere der Bestimmungen über die Grundrechte und Grundpflichten der Bürger, umfangreiche Sammlungen personenbezogener Daten angelegt.

Mit dem Ziel, den verfassungsmäßigen Zustand wiederherzustellen, den Schutz der persönlichen Daten der Bürger zu gewährleisten und künftig einen Mißbrauch der gesammelten personenbezogenen Daten weitestgehend auszuschließen, hat der Zentrale Runde Tisch in seiner Sitzung am 19. 02. 1990 als ersten Schritt die Zustimmung zur vollständigen Vernichtung aller elektronischen Datenträger entsprechend der im vorliegenden Beschluß enthaltenen Verfahrensweise gegeben. Damit wird der schnelle Zugriff auf die vorhandenen elektronischen Datenträger verhindert. Über die Vernichtung der anderen Datenträger mit personenbezogenen Daten (Akten, Karteien usw.) ist gesondert zu entscheiden.»

Unmittelbar nach diesem Beschluß befaßten sich die Arbeitsgruppe Sicherheit und das Staatliche Komitee mit einigen Detailfragen. So war die Frage aufgetaucht, ob mit der vorgesehenen Vernichtung der elektronischen Datenträger nicht die Gefahr bestünde, die Namen der Inoffiziellen Mitarbeiter des ehemaligen MfS nicht mehr feststellen zu können. Durch das Staatliche Komitee, insbesondere durch den Leiter der Abteilung Akten/Informatik, Klaus Eichler, wurde jedoch darauf hingewiesen, daß die vorhandenen Karteikarten eine vollständige Feststellung auf inoffizielle Zusammenarbeit mit dem MfS möglich machten.

Eine weitere Frage lautete, ob es aus ökonomischen Gründen nicht zweckmäßiger wäre, die elektronischen Datenträger wie Magnetbänder, Disketten usw. nicht zu zerstören, sondern nur zu löschen und sie danach der Wirtschaft zur Verfügung zu stellen. Fachleute erklärten jedoch, daß selbst nach Mehrfachlöschung der Ursprungstext reaktiviert werden könnte, so daß als einzig sichere Methode die physische Vernichtung anzusehen sei.

Am 26. Februar 1990 faßte der Ministerrat schließlich einen entsprechenden Beschluß, unter wörtlicher Übernahme der Begründung des Zentralen Runden Tisches (16/I.6/90): «In Übereinstimmung mit dem Zentralen Runden Tisch beschließt der Ministerrat:

1. Unter Leitung von Vertretern der Regierung, bei Kontrolle des Runden Tisches und im Beisein der Bürgerkomitees ist die physische Vernichtung aller magnetischen Datenträger (Magnetbänder, Wechselplatten, Disketten, Kassetten) mit personenbezogenen Daten, einschließlich der dazugehörigen magnetischen Datenträger mit der Anwendersoftware, am Ort ihrer Aufbewahrung vorzunehmen. Als zweckmäßigste Technologie der Vernichtung sind die mechanische Zerstörung bzw. Verbrennung der Datenträger anzuwenden.
   Verantwortlich: Regierungsbevollmächtigte für die Auflösung des ehemaligen AfNS
2. In Vorbereitung der physischen Vernichtung der magnetischen Datenträger zu personenbezogenen Daten ist eine vollständige Aufstellung aller vorhandenen derartigen Datenträger (einschließlich der Sicherheitskopien) durch die ehemaligen Nutzer anzufertigen und eidesstattlich zu beglaubigen.
3. Die Projektunterlagen sind zu archivieren, um auch in Zukunft eine Analyse der Tätigkeit des MfS/AfNS sowie der Art und Weise der Datenerfassung und -auswertung zu ermöglichen und gegebenenfalls die strafrechtliche Relevanz dieser Vorgänge zu überprüfen.
   Verantwortlich: Minister für Innere Angelegenheiten
4. Über den Stand der Vernichtung der magnetischen Datenträger zu

personenbezogenen Daten ist der Ministerrat am 15. 03. 1990 zu unterrichten.
Verantwortlich: Regierungsbevollmächtigte für die Auflösung des ehemaligen AfNS»

Nach diesem Beschluß der Regierung wurde mit der Vernichtung begonnen, die noch vor dem 9. März 1990 beendet wurde. Durchgeführt wurde sie durch Mitarbeiter des Staatlichen Komitees zur Auflösung des AfNS unter Kontrolle von Mitgliedern der Arbeitsgruppe Sicherheit und des Bürgerkomitees Normannenstraße.

Aus heutiger Sicht ist diese Entscheidung umstritten, weil sie einen unwiederbringlichen Verlust von wichtigen Informationen über die Tätigkeit des MfS/AfNS bedeutete. Ein wichtiges Argument für die Vernichtung lautete damals, daß alle Informationen, die die elektronischen Datenträger enthielten, ebenfalls in der Kartei des Archives des ehemaligen MfS enthalten seien. Schon damals wurden jedoch Befürchtungen geäußert, daß diese Angaben nicht in vollem Maße der Wahrheit entsprächen. Inzwischen liegen Beweise vor, daß an der Kartei, zu welchem Zeitpunkt auch immer, Manipulationen stattgefunden haben, das heißt, daß Karteikarten über verschiedene Personen entfernt wurden. Vermutlich haben auch Personen, die ein Interesse an der Vernichtung dieser wichtigen Informationsquelle hatten, die moralischen Überlegungen und die Sorge der Bürgerkomitees und des Runden Tisches um die Sicherheit im eigenen Lande benutzt, die Entscheidungsfindung in die gewünschte Richtung zu lenken.

g) Die Aufhebung der Schweigepflicht für Inoffizielle Mitarbeiter des MfS

Mit dem Beschluß des Ministerrates vom 8. Februar 1990 (13/4/90) waren die ehemaligen Mitarbeiter des MfS bereits von ihrer Schweigepflicht entbunden worden. Die Öffentlichkeit fürchtete sich jedoch auch vor der Tätigkeit der Inoffiziellen Mitarbeiter des MfS. Es gab die weitverbreitete Meinung, daß diese aufgrund der Verpflichtung, die sie gegenüber dem MfS abgegeben hatten, sich unter Umständen noch immer veranlaßt sehen könnten, gesetzwidrige Handlungen zu begehen. Auch könnten sie sich aufgrund der ihnen auferlegten Schweigepflicht darin gehindert fühlen, über ihre Tätigkeit und ihre Erlebnisse aus der Zeit ihrer Zusammenarbeit mit dem MfS zu berichten – und sei es auch nur gegenüber einer Person ihres Vertrauens. Um diese Unsicherheit der ehemaligen Inoffiziellen Mitarbeiter zu beseitigen und Ängste in der Bevölkerung abzubauen, reichten die Regierungsbevollmächtigten nach Beratungen mit Vertretern der Bürgerkomitees in den Bezirken und in der Arbeitsgruppe Sicherheit Anfang März 1990 dem Ministerrat einen Beschlußvorschlag ein, der von diesem bereits am 8. März 1990 mit folgendem Wortlaut zum Beschluß (17/21/90) erhoben wurde:

«1. Die Festlegungen zur Aufhebung der Verpflichtung inoffizieller Mitarbeiter des ehemaligen Ministeriums für Staatssicherheit werden bestätigt. (Anlage)
2. Über den Beschluß ist in den Massenmedien zu informieren:
Verantwortlich: Regierungssprecher und Leiter des Presse- und Informationsdienstes der Regierung der DDR

Anlage:
Festlegungen zur Aufhebung der Verpflichtungen inoffizieller Mitarbeiter des ehemaligen MfS/AfNS
1. Mit dem Beschluß zur Auflösung des ehemaligen MfS/AfNS vom 14. 12. 1989 sind alle mündlich oder schriftlich abgegebenen Verpflichtungen gegenüber dem ehemaligen MfS/AfNS, seinen Leitern und Mitarbeitern gegenstandslos. Hinsichtlich der Schweigepflicht gelten für inoffizielle Mitarbeiter, die sich offenbaren wollen oder im Zusammenhang mit Untersuchungen auszusagen haben, die Festlegungen entsprechend Anhang.
2. Jegliche Aktivitäten und Planungen für eine konspirative Tätigkeit ehemaliger Mitarbeiter des MfS/AfNS sind verboten. Zuwiderhandlungen werden entsprechend den strafrechtlichen Bestimmungen verfolgt.»

FESTLEGUNGEN
zur Aufhebung der Schweigepflicht für inoffizielle Mitarbeiter, soweit sie sich offenbaren wollen

1. Werden im Zusammenhang mit Untersuchungshandlungen von Staatsanwälten oder Angehörigen der Kriminalpolizei Aussagen von ehemals inoffiziellen Mitarbeitern gefordert, kann ohne Einschränkung ausgesagt werden. Die Geheimhaltung wird durch das Dienstverhältnis der Staatsanwälte und der Angehörigen der Kriminalpolizei gewahrt.
2. Ehemalige inoffizielle Mitarbeiter können sich gegenüber Personen ihrer Wahl über ihre Tätigkeit offenbaren. Sie kommen damit nicht in Konflikt zu früher eingegangenen Verpflichtungen.
   Kein ehemaliger inoffizieller Mitarbeiter kann mit Ausnahme in den Fällen gem. 1. gezwungen werden, seine Tätigkeit als inoffizieller Mitarbeiter offenzulegen.
3. Es ist zu gewährleisten, daß bei allen Aussagen keine Verletzung von Persönlichkeitsrechten Dritter erfolgt.
4. Staatsgeheimnisse aus dem Bereich der geheimdienstlichen und nachrichtendienstlichen Tätigkeit unterliegen nach wie vor der Schweigepflicht. In Zweifelsfällen sind die Leiter der Dienststellen der Militärstaatsanwaltschaft berechtigt, zu entscheiden, ob die Notwendigkeit der weiteren Geheimhaltung besteht.
5. Diese Festlegungen berühren nicht das Aussageverweigerungsrecht gemäß der Strafprozeßordnung der DDR.»

Offen blieb nach diesem Beschluß noch die Frage der Entbindung vom Fahneneid, den die ehemaligen Mitarbeiter des MfS abgelegt hatten. Sowohl in der Arbeitsgruppe Sicherheit als auch im Staatlichen Komitee zur Auflösung des MfS/AfNS bestand Klarheit darüber, daß diese Maßnahme der aus den ersten freien Wahlen am 18. März 1990 hervorgehenden Volkskammer vorbehalten bleiben sollte. Auch mit dem Ministerpräsidenten gab es darüber Übereinstimmung.

h) Die Überprüfung der am 18. März 1990 gewählten Volkskammerabgeordneten hinsichtlich einer eventuellen Zusammenarbeit mit dem MfS

Bereits vor der Volkskammerwahl am 18. März 1990 waren verschiedene Vermutungen und Beschuldigungen in die Öffentlichkeit gelangt, wonach Kandidaten für die Volkskammer Inoffizielle Mitarbeiter des MfS gewesen seien. Solche Informationen kamen besonders von einigen Bürgerkomitees, die mit der Auflösung der früheren Bezirksverwaltungen der Staatssicherheit befaßt waren und sich zum damaligen Zeitpunkt der Archivierung vorgefundener schriftlicher Materialien widmeten. Der «Unabhängige Untersuchungsausschuß Rostock» hatte kurz vor der Wahl darauf hingewiesen, daß der Vorsitzende des Demokratischen Aufbruch, Wolfgang Schnur, in schwerwiegender Weise in die Tätigkeit des MfS verstrickt gewesen sei; Aussagen, die nur durch Einsichtnahme in Akten des MfS, die damals grundsätzlich gesperrt waren, zustande gekommen sein konnten.

Die Vorwürfe, einmal in die Öffentlichkeit gelangt, wurden mit Zustimmung von Wolfgang Schnur zum Anlaß genommen, um nach Einwilligung der Regierungsbevollmächtigten eine Überprüfung im Zentralarchiv des ehemaligen MfS in der Berliner Normannenstraße vorzunehmen. Sie wurde im Beisein eines Vertreters der Generalstaatsanwaltschaft und des Stellvertreters von Wolfgang Schnur, Pfarrer Rainer Eppelmann, vorgenommen. Daraufhin wurde die Akteneinsicht in der Bezirksverwaltung Rostock notwendig. Sie führte zusammen mit dem Eingeständnis des Betroffenen zu dem eindeutigen Ergebnis, daß Wolfgang Schnur über viele Jahre hinweg Inoffizieller Mitarbeiter des MfS gewesen war. Daraufhin erfolgte sein Rücktritt von allen Ämtern, die Streichung von der Kandidatenliste für die Volkskammer und schließlich sein Ausschluß aus der Partei «Demokratischer Aufbruch».

Durch diese Ereignisse sensibilisiert, forderten nach der Volkskammerwahl verstärkt Teile der Öffentlichkeit Klarheit darüber, ob die neu gewählten Abgeordneten von solchen oder ähnlichen Belastungen frei seien, zumal das Gerücht nicht verstummte, mindestens 40 von ihnen hätten in dieser oder jener Form mit dem MfS zusammengearbeitet. Rasch wurde deutlich, daß eine Volksvertretung, mit solchen Vorwürfen belastet, die soeben durch freie und geheime Wahlen gewonnene Legitimation wieder verlieren könnte. Da offensichtlich die Parteien und Wählerverbindungen, die sich zur Wahl gestellt hatten, nicht die Möglichkeit gefunden hatten, vor der Nominierung ihrer Kandidaten über diese Frage Klarheit zu schaffen, mußte dies nun zumindest nach erfolgter Wahl geschehen.

Die Regierungsbevollmächtigten wandten sich daher am 21. März 1990 mit einem Schreiben an die Vorstände der in der neugewählten Volkskammer vertretenen Parteien und Wählerverbindungen und boten ihnen die Möglichkeit an, ihre Volkskammerabgeordneten überprüfen zu lassen, ob sie mit dem MfS zusammengearbeitet hatten. Dieses Schreiben, unterzeichnet von Dr. Georg Böhm, Werner Fischer, Dr. Gottfried Forck und Fritz Peter hatte folgenden Wortlaut:

«Den Bevollmächtigten sind in den letzten Tagen ernst zu nehmende Hinweise zugegangen, wonach sich unter den zur Wahl in die Volkskammer nominierten Persönlichkeiten Bürger befinden, die in unterschiedlicher Weise mit dem MfS / AfNS zusammengearbeitet haben sollen.

Um solche und anders geartete Verdächtigungen auszuschließen und dadurch den Schutz und die Integrität der Abgeordneten zu gewährleisten, erbitten wir Ihre Zustimmung zur Überprüfung der Mitglieder Ihrer Partei / Wählerverbindung, die in die Volkskammer gewählt wurden.

Die Überprüfung würde in Anwesenheit eines Beauftragten des Generalstaatsanwaltes durch einen Vertreter Ihrer Partei / Wählerverbindung sowie eines Vertreters der Kirchen in der DDR stattfinden.

Wir bitten, den Vertreter Ihrer Partei zu benennen. Die Koordinierung würden die Bevollmächtigten übernehmen.

Über das Ergebnis der Überprüfung werden die Betroffenen unter Wahrung des Persönlichkeitsschutzes unterrichtet. Sollten sich Verdächtigungen bestätigen, wird den Betroffenen die Möglichkeit eingeräumt, die Unterlagen selbst einzusehen und erforderlichenfalls eine Stellungnahme abzugeben.

In Anbetracht der Dringlichkeit der Angelegenheit erbitten wir Ihre Zustimmung bis Freitag, dem 23. März 1990, 17.00 Uhr, in schriftlicher Form unter Nennung der Namen und des Geburtsdatums der Abgeordneten.»

Am gleichen Tag wandten sich die Unterzeichner des Schreibens auch an die Bürgerkomitees zur Auflösung des ehemaligen MfS / AfNS und baten sie, dieses Anliegen zu unterstützen und von eigenen Aktivitäten in dieser Angelegenheit abzusehen.

Der damalige Generalstaatsanwalt der DDR, Joseph, der eine Durchschrift des Schreibens erhalten hatte, wandte sich jedoch am 22. März 1990 mit einem Protest an die Vorstände der in der Volkskammer vertretenen Parteien und Wählerverbindungen, in denen er den Standpunkt vertrat, die Regierungsbevollmächtigten seien nicht berechtigt, eine derartige Überprüfung anzuregen und durchzuführen. Dies könne nur die Volkskammer selbst nach ihrer Konstituierung beschließen. Auch der ehemalige MfS-General Heinz Engelhardt, von Modrow beauftragter Leiter des AfNS (in Auflösung), als solcher verstand er sich zum damaligen Zeitpunkt noch, wandte sich in einem Brief an die Regierungsbevollmächtigten und den Koordinator des Bürgerkomitees Normannenstraße gegen eine solche Überprüfung. In diesem Brief heißt es:

«(...) Mit Bestürzung wurde von mir und meinen Kollegen die begonnene Kampagne für eine Überprüfung der frei gewählten Abgeordneten der Volkskammer der DDR zur Kenntnis genommen.

Ich bin der grundsätzlichen Auffassung, daß eine solche Maßnahme zu unterlassen ist, um das international allgemein anerkannte Prinzip des Schutzes persönlicher Daten auch in der DDR zu achten. Wir als ehemalige Mitarbeiter der Staatssicherheit stehen zu diesem Prinzip auch aus Gründen der Anständigkeit und der Fairneß gegenüber solchen Persönlichkeiten, welche aus ehrlicher Überzeugung in den verschiedensten gesellschaftlichen Bereichen für die Interessen unseres Landes gewirkt haben. Ihre Tätigkeit für das ehemalige MfS/AfNS ist ein für allemal beendet. Nirgendwann haben sie Straftaten begangen.

Wir halten eine Überprüfung und Offenlegung von Personendaten generell für verfassungswidrig und außerdem als dringend straftatverdächtig gemäß § 245 StGB (...).

Die voraussehbaren Folgen einer derartigen Maßnahme machen deutlich, daß offensichtlich eine weitere Destabilisierung des Landes mit sicher sehr negativen persönlichen Folgen für viele Menschen in beiden deutschen Staaten angesteuert werden soll (...).

Mit dem Beginn einer Überprüfung in und der Offenlegung von Daten aus den Speichern des ehemaligen MfS würden darüber hinaus in einem hohen Maße auch Interessen der UdSSR berührt (...)»

Eine Anlage zu diesem Brief versucht die Zweifel Engelhardts an der Rechtmäßigkeit solcher Überprüfung zu begründen:

«(...) Eine Überprüfung und Offenlegung geschützter Personendaten ist verfassungswidrig. Das ergibt sich daraus, daß diese Handlungen – gleichgültig, in welchem Rahmen sie öffentlich wirksam werden –,

– ‹der Achtung und dem Schutz der Würde ... der Persönlichkeit› als Gebot für alle staatlichen Organe (Artikel 19 der Verfassung) und
– im gegenwärtigen Fall im besonderen zusätzlich den mit der Immunität als Abgeordneter verbundenen Rechten (Artikel 60 der Verfassung)

widersprechen (...).

Über eine Prüfung und über die Offenlegung von Ergebnissen, ob von Abgeordneten mit dem ehemaligen MfS zusammengearbeitet wurde, könnte unseres Erachtens unter Beachtung der geltenden Verfassung nicht einmal von der Volkskammer selbst ohne weiteres beschlossen werden (...).

(...) Damit ist zweifelsfrei der dringende Tatverdacht des Geheimnisverrates gemäß § 245 StGB für alle jene Personen zu prüfen, die Handlungen zur Prüfung und Offenlegung von Personendaten betreiben (...).

Diese unheilvolle undemokratische Entwicklung kann nur verhindert werden, wenn

– durch die Autorität der Regierung der DDR jedweder Zugriff zu den Speichern des ehemaligen MfS endgültig verhindert wird und
– zu allen an derartigen Aktionen beteiligten Personen – unabhängig von ihrer Stellung – die Gesetzlichkeit mit Nachdruck durchgesetzt wird.»

Nicht alle Vorstände der in der Volkskammer vertretenen Parteien und Wählerverbindungen hatten außerdem zu dem angegebenen Zeitpunkt ihre Zustimmung zur Überprüfung ihrer Abgeordneten erteilt – es fehlte die der CDU. Deshalb wandten sich der Regierungsbeauftragte und die Regierungsbevollmächtigten am Abend des 23. März 1991 mit einer Presseerklärung mehrheitlich (ohne Werner Fischer, der Punkt 1 der Erklärung nicht mittragen konnte) an die Öffentlichkeit. Diese hatte folgenden Wortlaut:

«1. Die Regierungsbevollmächtigten und der Regierungsbeauftragte haben von dem Schreiben des Generalstaatsanwaltes an die in die Volkskammer gewählten Parteien/Wählerverbindungen vom 22. März 1990 Kenntnis erhalten. Nach dem Rechtsstandpunkt des Generalstaatsanwaltes liegt die vorgesehene Überprüfung nicht im Kompetenzbereich der Regierungsbevollmächtigten und des Regierungsbeauftragten zur Auflösung des ehemaligen MfS/AfNS. Die Überprüfung der in die Volkskammer gewählten Vertreter sei nur durch die Volkskammer selbst zu entscheiden. Der Generalstaatsanwalt wird deshalb keinen Vertreter für die vorgesehene Überprüfung benennen.

2. Bis Freitag, den 23. März 1990, 17.00 Uhr, haben nicht alle in der künftigen Volkskammer vertretenen Parteien/Wählerverbindungen ihre Zustimmung zu dem Vorschlag der Regierungsbevollmächtigten und des Regierungsbeauftragten vom 21. März 1990 erklärt.
3. Die Regierungsbevollmächtigten und der Regierungsbeauftragte sind nach Lage der Dinge mehrheitlich der Meinung, daß nunmehr das Parlament die Überprüfung vorrangig und in der gebotenen Gründlichkeit sowie Vertraulichkeit durchführen sollte. Dabei muß die außerordentlich schwierig zu lösende Aufgabe des Quellen- und Personenschutzes bei der Überprüfung voll gewährleistet sein.»

Am 29. März 1990 fand beim amtierenden Präsidenten der Volkskammer der vorherigen Legislaturperiode, Günther Maleuda, eine Zusammenkunft von Vertretern aller Fraktionen statt, bei der die Überprüfung der neugewählten Abgeordneten auf eine eventuelle MfS-Zusammenarbeit diskutiert wurde. Mit Ausnahme der CDU stimmten alle Fraktionen einer solchen Überprüfung zu. Dieses Ergebnis wurde dem Regierungsbeauftragten und den Regierungsbevollmächtigten übermittelt, und bereits am 30. März 1990 waren in deren Auftrag durch das Staatliche Komitee zur Auflösung des MfS/AfNS alle notwendigen Vorbereitungen zur Überprüfung getroffen. Insgesamt waren 237 Abgeordnete zu überprüfen, die hierzu mit ihrer Unterschrift ihre Zustimmung erteilt hatten; als erster Schritt sollte jedoch zunächst nur eine Vorprüfung anhand der Klarnamenkartei F 16 und der Vorgangskartei F 22 beziehungsweise, wenn ein archivierter Vorgang vorlag, F 22a vorgenommen werden. Aus diesen Karteien konnte ersehen werden, wer Inoffizieller oder Gesellschaftlicher Mitarbeiter für Sicherheit des MfS war, ohne allerdings den vollen Umfang der Mitarbeit beurteilen zu können. Die von den jeweiligen Vorständen genannten Personen des Vertrauens, die Staatsanwälte und die Vertreter der Kirchen, die daran teilnehmen sollten, wurden von den Regierungsbevollmächtigten bestätigt.

Am Montag, dem 2. April 1990, wurden die Abgeordneten des Bündnisses 90, der Grünen Partei, des Unabhängigen Frauenverbandes sowie der Sozialdemokratischen Partei Deutschlands überprüft; am Dienstag, dem 3. April 1990, die Abgeordneten der Demokratischen Bauernpartei Deutschlands, des Bundes Freier Demokraten, der Deutschen Sozialen Union sowie der Partei des Demokratischen Sozialismus. Ab 5. April 1990 folgten schließlich die Abgeordneten des Demokratischen Aufbruchs, der National-Demokratischen Partei Deutschlands, des Demokratischen Frauenbundes Deutschlands und der Vereinigten Linken.

Noch am Nachmittag des 4. April 1990 wurde im Auftrag der Regierungsbevollmächtigten und des Regierungsbeauftragten durch das Staatliche Komitee zur Auflösung des AfNS eine Presseerklärung über die Überprüfung veröffentlicht. Diese hatte folgenden Wortlaut:

«Auf der Grundlage der von den Vorständen der Parteien und Organisationen gestellten Anträge zur Überprüfung ihrer am 18. März 1990 gewählten Abgeordneten für die Volkskammer hinsichtlich einer Zusammenarbeit mit dem ehemaligen MfS/AfNS und des persönlich abgegebenen Einverständnisses eines jeden Abgeordneten wurde in der Zeit vom Montag, dem 2. April 1990, bis Mittwoch, dem 4. April 1990, die erforderliche erste Einsichtnahme in die zentrale Personenkartei des ehemaligen MfS/AfNS vorgenommen.

Die Einsichtnahme erfolgte fraktionsweise nach Prüfung der persönlichen, schriftlich vorgelegten Einwilligungen eines jeden Abgeordneten durch die von den Fraktionen/Parteivorständen benannte Person des Vertrauens, den Anwalt des Vertrauens, einen Vertreter der Kirche, einen Vertreter des Bürgerkomitees zur Gewährleistung des Quellenschutzes und dem jeweils erforderlichen Mitarbeiter der Staatlichen Archivverwaltung.

Entsprechend der gemeinsam getroffenen Übereinkunft aller Parteivorstände und Fraktionen am 29. März 1990 verfügt nur die jeweilige Person des Vertrauens der Parteivorstände/Fraktionen über entsprechende Erkenntnisse aus der Karteiüberprüfung. Der weitere Umgang mit diesen Ergebnissen obliegt ausschließlich der Entscheidung der Parteivorstände und Fraktionen in persönlicher Rücksprache mit den Abgeordneten. Eine Einsichtnahme in die Akten des ehemaligen MfS/AfNS kann nur durch einen von der Volkskammer bestätigten, unabhängigen parlamentarischen Untersuchungsausschuß gemeinsam mit den betroffenen Abgeordneten erfolgen.

Von allen an der Einsichtnahme in die Personenkartei des ehemaligen MfS/AfNS beteiligten Vertrauenspersonen der Parteien/Fraktionen wurde die Gewährleistung des korrekten Verlaufes der erforderlichen Überprüfung durch das Staatliche Komitee zur Auflösung des MfS/AfNS, das Bürgerkomitee Normannenstraße und die Staatliche Archivverwaltung bestätigt.»

Noch vor Beginn der Volkskammersitzung am 12. April 1990 konnte auch die Überprüfung der Abgeordneten der Christlich-Demokratischen Union, die erst nach langem Zögern dem Verfahren zugestimmt hatte, abgeschlossen werden.

Neben diesen jeweils in Blöcken durchgeführten Überprüfungen gab es schon vorher Einzelersuchen, zum Beispiel von Gregor Gysi, Lothar de Maizière, Manfred Stolpe, Ibrahim Böhme, Martin Kirchner und designierten Ministern. Diese wurden nach den gleichen Maßstäben wie die Überprüfung der übrigen Abgeordneten durchgeführt. Damit endete die Verantwortung des Regierungsbeauftragten und der Regierungsbevollmächtigten zur Auflösung des MfS/AfNS in dieser Angelegenheit. Die danach erfolgten Maßnahmen geschahen unter Verantwortung des nach Konstituierung der Volkskammer geschaffenen parlamentarischen Untersuchungsausschusses unter Leitung des Abgeordneten Dankward Brinksmeier (SPD) und später Peter Hildebrand (Bündnis 90). Nach langen Verzögerungen und Schwierigkeiten konnte der Ausschuß erst zur vorletzten, der 37. Sitzung der Volkskammer am 28. September 1990, die Ergebnisse der Abgeordnetenüberprüfungen vorlegen; sein entsprechender Bericht, in den Kriterien umstritten, führte zu einer denkwürdigen Aussprache im Plenum, während deren die betroffenen Abgeordneten zu ihrer Verflechtung mit dem MfS Stellung nahmen oder aber die Beschuldigungen zurückwiesen.

Der Verlauf der Abgeordnetenüberprüfungen und die Verzögerungen bei der Offenlegung der MfS-Verflechtungen wurde von großen Teilen der Öffentlichkeit als unbefriedigend empfunden und war auch dem Prozeß des geordneten Zusammenwachsens der beiden deutschen Staaten nicht förderlich. Statt dessen hätte gleich nach der Konstituierung der Volkskammer eine schnelle, intensive Untersuchung in dieser Angelegenheit Klarheit schaffen müssen, gefolgt von den notwendigen persönlichen Konsequenzen der belasteten Abgeordneten. Problematisch in diesem Zusammenhang war unter anderem, daß bei der Überprüfung bis zum 12. April 1990 nicht deutlich war, ob der Rücktritt einzelner Abgeordneter auf die Überprüfung zurückzuführen war und ob alle Nachfolgekandidaten durch die Überprüfung erfaßt wurden. Darüber gibt nur die Namensliste Aufschluß, die dem Untersuchungsausschuß der Volkskammer übergeben wurde.

Ein weiteres Problem war, daß die blockweise Überprüfung und diejenige einzelner Abgeordneter zwar im Prinzip nach demselben Verfahren vorgenommen wurde, doch nicht immer die gleichen Personen des Vertrauens anwesend waren. Auch die Vertreter des Generalstaatsanwaltes und der Kirche wechselten. Dadurch gab es im Grunde niemanden, der einen *vollständigen* Überblick über die MfS-Belastungen der Volkskammerabgeordneten hatte. Um alle Zweifel auszuschließen und wirklich alle Abgeordneten zu erfassen, wäre es günstig gewesen, die Überprüfung aller Volkskammerabgeordneten noch einmal von der ersten Kartei der Klarnamenkartei F 16 über die Vorgangskartei F 22/22a an zu beginnen, statt einzelne davon auszunehmen.

Bei den von einer MfS-Mitarbeit «freigesprochenen» Abgeordneten wurde im Protokoll auch nicht zwischen denen unterschieden, über die überhaupt keine Karteikarte in der Klarnamenkartei F 16 vorhanden war, und denen, deren Karteikarten F 16 und F 22/22a keine Bemerkungen enthielten, die Anlaß gaben, in den Akten weiter nachzuforschen. Dies war vor allem deshalb ein schwerwiegendes Versäumnis, weil es inzwischen als sicher gilt, daß nicht mehr alle Karteikarten der Ausgangskartei F 16 zum Zeitpunkt der Überprüfung vorhanden waren.

i) Bericht der Arbeitsgruppe Sicherheit vor dem Zentralen Runden Tisch der DDR am 12. März 1990

«Der Bericht gliedert sich in folgende Schwerpunkte:

I. Auftrag
Selbstverständnis und Arbeitsweise

II. Zusammenarbeit mit Regierungsvertretern
und Bürgerkomitees

III. Probleme bei der Auflösung des ehemaligen Amtes

Berichterstatter: Herr Werner Fischer

I. Zum Auftrag und zur Arbeitsweise der Arbeitsgruppe Sicherheit und zum Selbstverständnis

Auf Empfehlung des Zentralen Runden Tisches wurde am 3. Januar 1990 die Arbeitsgruppe Sicherheit gebildet. Die Mitglieder beschlossen auf ihrer 3. Beratung am 17. Januar 1990 in Kenntnis des Berichtes der Regierung vom 15. Januar 1990 vor dem Zentralen Runden Tisch und im übereinstimmenden Selbstverständnis Grundsätze der Arbeitsweise für das Herangehen an die aufgetragene Arbeit. Ein großer Teil der Mitglieder hat diese Arbeit sehr ernst genommen.

Ihre ständige Mitarbeit gewährleisteten:

- Demokratische Bauernpartei Deutschlands
- Demokratie Jetzt
- Grüne Partei
- Initiative Frieden und Menschenrechte
- Liberal-Demokratische Partei
- Neues Forum
- National-Demokratische Partei Deutschlands
- SED/PDS bzw. jetzt Partei des Demokratischen Sozialismus
- Sozialdemokratische Partei Deutschlands
- Vereinigte Linke
- Vereinigung der gegenseitigen Bauernhilfe

Einstimmig billigte der Zentrale Runde Tisch am 18. Januar 1990 die Vorlage der Arbeitsgruppe zu Fragen der Sicherheit.

Dazu gehörten:

- *Grundsätze* zur Auflösung des MfS/AfNS
- *Kompetenzen* der Arbeitsgruppe Sicherheit
- Sicherstellung der *materiellen und personellen Unterstützung* durch die Regierungskommission
- Komplexe *Informationspflicht der Regierung* zu gefaßten Beschlüssen, aber auch zu vorhandenen Struktur- und Funktionsplänen der Bereiche des ehemaligen Amtes zur Aufnahme sachbezogener Kontrolltätigkeit
- Gewährleistung der direkten *Kommunikation zwischen den Bürgerkomitees und der Arbeitsgruppe Sicherheit* des Zentralen Runden Tisches

Die Arbeitsgruppe Sicherheit betonte immer wieder, daß bei der Auflösung des ehemaligen MfS/AfNS die Grund- und Menschenrechte auch für die ehemaligen Mitarbeiter Gültigkeit haben.

Die Regierung ist deshalb in der Pflicht, auf der Basis des Rechts deren Tätigkeit *differenziert* zu bewerten, auf der Grundlage von Ermittlungen das geltende Recht durchzusetzen, aber unseres Erachtens nach den größeren Teil dieser Mitarbeiter in die Gesellschaft einzugliedern. In diesem Zusammenhang wurde die Regierung durch den Zentralen Runden Tisch aufgefordert, ein entsprechendes Integrationsprogramm vorzubereiten.

Anfangs sah sich die Arbeitsgruppe Sicherheit Partnern gegenüber, denen sie in ihrer Kontrollpflicht nur durch konkrete Mißtrauensvoten und Protestverlautbarungen beikommen konnte. Davon war im Bericht vom 5. Februar 1990 vor dem Zentralen Runden Tisch ausführlich die Rede.

Die Bestätigung der Regierungsbevollmächtigten durch den Zentralen Runden Tisch sowie der Beschluß des Ministerrates vom 8. Februar 1990 über die Bildung eines Komitees zur Auflösung des ehemaligen MfS/AfNS entsprachen dringendsten Erfordernissen.

Die Arbeit der Arbeitsgruppe hatte folgende Schwerpunkte:

- Analytische Arbeit, die zur Aufdeckung der Strukturen und Diensteinheiten führte;
- Operative DDR-weite Arbeit, vor allem in den Bezirken Potsdam und Frankfurt (Oder) – dort befanden sich die zentralen Ausweichobjekte des ehemaligen Amtes;
- Aufdeckung der Arbeitsweise des Archivwesens, der Informatik und des Quellenschutzes.

Dazu wurden durch die Arbeitsgruppe Sicherheit notwendige differenzierte Beschlüsse gefaßt bzw. Vorschläge für den Zentralen Runden Tisch unterbreitet (vergleiche Anlage 1).

- Verflechtung des ehemaligen MfS mit der SED-Führung (siehe Anlage 1a).

II. Zur Zusammenarbeit mit Regierungsvertretern und den Bürgerkomitees

1. Zur Zusammenarbeit mit Regierungsvertretern

Anfangs wurde die Tätigkeit der Arbeitsgruppe wesentlich dadurch erschwert, daß kein klares Konzept der Regierung für den komplizierten Prozeß der Auflösung eines solchen gesellschaftlichen Mechanismus – wie ihn das ehemalige MfS darstellt – zu erkennen war. Die Inkompetenz hemmte die Tätigkeit der Arbeitsgruppe. Erst mit dem Einsatz des Regierungsbeauftragten, Herrn Peter, gestaltete sich die Kontrollarbeit kooperativ.

Eine folgerichtige Entscheidung des Zentralen Runden Tisches war die Bildung eines Dreiergremiums mit Regierungsvollmacht. Zwischen diesen drei Personen und dem Beauftragten des Vorsitzenden des Ministerrates erfolgten maßgebliche Absprachen in der laufenden Tätigkeit und wichtige Entscheidungen.

Die Kontrollfunktion der Arbeitsgruppe erhielt durch einen Operativstab größeres Gewicht. Diese operative Gruppe der Arbeitsgruppe Sicherheit besteht seit Mitte Januar. Sie hat ca. 20 Mitarbeiter zur Verfügung.

Die Aufgaben der operativen Gruppe liegen in der ständigen Überwachung auffälliger Abläufe der Auflösung des ehemaligen MfS/AfNS. Dabei steht die Kontrolle der Einhaltung der Beschlüsse des Zentralen Runden Tisches zur Auflösung des MfS/AfNS im Mittelpunkt der Arbeit.

Die Kontrolle der Auflösung wird von der operativen Gruppe zumeist vor Ort geleistet. Dabei werden gezielt Dienststellen des ehemaligen Amtes kontrolliert und eventuell noch bestehende Widersprüche aufgedeckt. Durch diese Kontrollen vor Ort werden von der operativen Gruppe viele bisher nicht klar erkannte Abläufe bzw. Strukturen des ehemaligen Amtes beleuchtet.

Die Begehung von Objekten erfolgt zum Teil auch auf direkte Bürgerhinweise bzw. auf Hinweise durch Informanten des ehemaligen Amtes.

Alle von der Gruppe gewonnenen Fakten werden in entsprechenden Protokollen registriert. Viele Fakten konnten nur durch die enge Zusammenarbeit mit den entsprechenden Arbeitsgruppen der Bürgerkomitees zusammengetragen werden.

Nur durch die eigenständigen Entscheidungsmöglichkeiten der

Gruppe und den sofortigen operativen Einsatz konnten bis jetzt so viele konkrete Ergebnisse erbracht werden.

Die operative Gruppe hat durch ihre Tätigkeit bewiesen, daß die eigenständige operative Tätigkeit ein wichtiger Bestandteil bei der Auflösung des Amtes war und auch bei der weiteren Auflösung sein muß!

2. Zusammenarbeit mit den Bürgerkomitees

Die Tätigkeit der Bürgerkomitees verdient insgesamt Hochachtung, da sie mit großer Einsatzbereitschaft Aufgaben zur Sicherung und Kontrolle bei der Auflösung des Amtes erfüllen.

Bei der Sitzung der Arbeitsgruppe Sicherheit am 17. Januar 1990 beschlossen die anwesenden Vertreter, zwei Mitglieder der Arbeitsgruppe zur ständigen Zusammenarbeit mit dem Bürgerkomitee Normannenstraße zu berufen. Die beiden Vertreter hielten seither regelmäßigen direkten Kontakt, nahmen an Entscheidungsfindungen teil und brachten die Auffassungen und Standpunkte der Arbeitsgruppe Sicherheit und des Bürgerkomitees wechselseitig ein.

Der Koordinator der DDR-weiten Bürgerkomitees sorgte für den Kontakt zwischen den Bürgerkomitees der einzelnen Bezirke und der Arbeitsgruppe Sicherheit.

Bewährt haben sich regelmäßige Zusammenkünfte der Arbeitsgruppe Sicherheit mit den Vertretern der Bürgerkomitees und den Regierungsbeauftragten der Bezirke.

Die Arbeitsweise der Bürgerkomitees in den Bezirken bildete eine wichtige Grundlage für Entscheidungen, Vorschläge und Hinweise der Arbeitsgruppe Sicherheit.

III. Zu Fragen der personellen Auflösung, der Objekte und materiellen Mittel und des Schrift- und Archivgutes – Informatik

Immer wichtiger wurden Personalfragen, der Umgang mit Daten und Schriftgut bzw. die Verwendung von Objekten bei der Auflösung des Amtes.

In den 15 Bezirken ist der Prozeß der Auflösung der Kreisämter vollständig sowie der Bezirksämter im wesentlichen abgeschlossen. In der Zentrale wird der Auflösungsprozeß personell im wesentlichen bis Ende März abgeschlossen sein, jedoch bei Objekten, materiell-technischen Mitteln sowie Schrift- und Archivgut doch noch einige Monate in Anspruch nehmen.

Grundsatzentscheidungen werden durch das neue Parlament und die Regierung zu treffen sein.

1. *Die personelle Auflösung* des ehemaligen Amtes war ein Schwerpunkt der Tätigkeit der Arbeitsgruppe Sicherheit. Besondere Aufmerksamkeit wurde darauf gerichtet, vorhandene Strukturen zu demontieren und einen zügigen Verlauf der Entlassung der ehemaligen Mitarbeiter zu sichern.

Auf der Bezirksebene sind gegenwärtig 38750 von 40409 (96 %) und in der Zentrale 28815 von 33121 (87 %) der ehemaligen Mitarbeiter entlassen.

Das gilt auch für die Hauptverwaltung Aufklärung, die den Auftrag hat, mit einem Kräftebestand von 250 Mitarbeitern diesen Bereich aufzulösen.

Durch die Übernahme spezieller Aufgaben des ehemaligen Amtes in das Ministerium für Innere Angelegenheiten und das Ministerium für Nationale Verteidigung wurden durch Vertreter der Arbeitsgruppe mit dem Minister für Innere Angelegenheiten beispielsweise konkrete Festlegungen zur Übernahme von nicht anderweitig verfügbaren Spezialisten und für die Eingliederung ehemaliger Mitarbeiter getroffen. Als zu beachtende Kriterien für die Übernahme wurde folgendes festgelegt:

(1) Keine Übernahme ganzer Struktureinheiten
(2) Übernahme von Spezialisten zur Lösung der dem Ministerium übertragenen Aufgaben, aber nicht in leitende Funktionen
(3) Eine Kontrolle dadurch:
  - daß die Gewerkschaft der Volkspolizei bei den Einstellungsgesprächen beteiligt wird;
  - daß die Anstellungen für die Zeit von zunächst einem Jahr stattfinden sollen;
  - daß nach diesem einen Jahr die Übernahmen unter Befragung der Arbeitskollektive rechtlich vorgenommen werden sollen.

Diese Grundsätze – konkret für Spezialbereiche im Ministerium für Innere Angelegenheiten erarbeitet – sollten generell für andere bewaffnete Organe gelten.

Im Ergebnis der Kontrolltätigkeit der Arbeitsgruppe wurde festgestellt, daß diese Vereinbarungen nur in einigen Teilgebieten erfüllt wurden. Bei den Überprüfungen stellte sich heraus, daß es große Strukturbereiche gab, wo die Forderungen der Arbeitsgruppe Sicherheit zum Teil in unverantwortlicher Weise bewußt umgangen wurden.

Um dem Auftrag der zivilen Kontrolle gerecht werden zu können, sah sich die Arbeitsgruppe veranlaßt, beim Ministerpräsidenten vorstellig zu werden. Es wurde eine Einigung erzielt, daß mit der Einsetzung eines Regierungsbevollmächtigten im Ministerium für Innere Angelegenheiten die zivile Kontrolle bei der Auflösung der Staatssicherheit und Übernahme von Arbeitsaufgaben in das Ministerium für Innere Angelegenheiten zielgerichtet vorangetrieben werden sollte. Diese Arbeit des Regierungsbeauftragten wurde seitens des Ministeriums für Innere Angelegenheiten seit Montag, d. 5. März 1990, unterstützt.

2. Objekte und materielle Mittel

2.1. In den 15 Bezirken und in der Zentrale waren insgesamt 2253 Dienstobjekte vorhanden. Bisher wurden davon 1888 für die Übergabe vorbereitet bzw. ist der Rechtsträgerwechsel bereits erfolgt. Bei weiteren Objekten ist die Übergabe eingeleitet.
Die Arbeitsgruppe möchte nachdrücklich darauf aufmerksam machen, daß die Vergabe von Objekten in eine neue Rechtsträgerschaft mit großer Verantwortung erfolgen muß. Unserer Meinung nach sind folgende Schwerpunkte zu beachten:
(1) Ablösung alter ‹Betriebsstrukturen› durch Demontage der Leitungs- und Unterstellungsverhältnisse
(2) Tragfähige Verwendung der Objekte im Sinne staatlichen Eigentums, sofern nicht ausdrücklich soziale Aspekte zu realisieren sind, und das mit dem Maßstab des sozialen Vorrangs vor marktwirtschaftlicher Ausnutzung
(3) Es ist zu verhindern, daß Aneignungen im Sinne neu entstehender Betriebe in unlauterer Absicht erfolgen – übrigens unter aktiver Mithilfe einiger ehemaliger Mitarbeiter des MfS, welche aus eigennütziger Absicht Selbstbeteiligung anstreben und aufklärend tätig werden.

An dieser Stelle muß bekräftigt werden, daß auf keinen Fall zugelassen werden sollte, daß Immobilien – so sie nicht auf gesetzlicher Grundlage und den Normativen der Vergabe von Wohnraum be-

ruhen – verkauft werden; ansonsten ist dies rückgängig zu machen. Die örtlichen Staatsorgane, bis zu den Gemeinden, insbesondere die Organe der Wohnraumlenkung und die Abteilungen Finanzen, Liegenschaften etc. sind angehalten, ihre Verantwortung zu dieser Problematik voll wahrzunehmen.
Auf diesem Gebiet gibt es auch zunehmend Verzögerungen insbesondere dadurch, daß die neuen vorgesehenen Rechtsträger finanzielle Schwierigkeiten haben und der Annahme waren, daß die Objekte unentgeltlich übergeben werden. (Beispiele: Objekt Siegfriedstraße durch die BVB und das Objekt Freienwalder Straße durch Auto-Service Berlin)
Was Nutzfahrzeuge und Personenkraftwagen betrifft, war ein Gesamtbestand von 13855 Fahrzeugen vorhanden, 9757 wurden in vorgesehene Bereiche bzw. den Maschinenbauhandel gegeben. Die Übergabe der Kraftfahrzeuge wird bis Ende März abgeschlossen sein. Da die Verteilung überwiegend zu Gunsten Berlins erfolgte, gibt es Übereinstimmung zwischen der Arbeitsgruppe Sicherheit und dem Komitee zur Auflösung des Amtes, im Monat März auch den Bezirken weitere Kraftfahrzeuge zur Verfügung zu stellen, vorrangig für den Einsatz im Gesundheitswesen und zur Versorgung der Bevölkerung.
Besonders große Probleme bereitete im Verlauf der Kontrolle zur Auflösung des ehemaligen Amtes die Neugründung von Betrieben aus dem Stasi-Vermögen, so zum Beispiel der Ingenieurbetrieb für wissenschaftlichen Gerätebau. Dieser Betrieb ist auf Grund eines Ministerratsbeschlusses vom 13. Januar 1990 überhastet und ohne ausreichende Information der Bevölkerung aus mehreren Betriebsteilen des ehemaligen MfS/AfNS und deren Nachfolgeeinrichtungen gegründet worden. Dieser Betrieb besteht neben seinen drei Hauptwerken

- Berlin-Köpenick
- Leipzig-Beucha
- Berlin-Hohenschönhausen

jeweils mit außergewöhnlicher technischer Ausstattung sowie aus einer Vielzahl kleinerer Produktions- und Lagerstätten. Dazu kommen noch mindestens 16 Erholungsobjekte mit einer Gesamtkapazität von über 4000 Plätzen, ein Kinderferienlager mit 544 Plätzen sowie eine unbekannte Anzahl Wohngrundstücke.
So entstand durch die Übernahme zum Ministerium für Wissen-

schaft und Technik mit Ministerratsbeschluß vom 13. Januar 1990 ein

‹Ingenieurbetrieb für wissenschaftlichen Gerätebau›,

in dem nach wie vor über 1500 ehemalige Mitarbeiter des MfS und vor allem *seiner nachgeordneten Betriebe* aus alter Struktur tätig sind.

Die durch den neu berufenen Betriebsdirektor und 10 weitere Leitungskader eingeleiteten Maßnahmen reichen aus unserer Sicht nicht aus, um dem bisher auf Spionage-, Abhör- und Sicherungstechnik ausgerichteten Großunternehmen einen zivilen Charakter im Interesse der Bevölkerung dieses Landes zu geben.

Die Empfehlungen einer unabhängigen Spezialistenkommission von Mitgliedern der Akademie der Wissenschaften der DDR wurden von der neuen Betriebsleitung weitgehend mißachtet.

Im Interesse der Wiederherstellung des Vertrauens zu diesen Einrichtungen sowie im Interesse von wirtschaftlich sinnvollem Umgang mit Staatseigentum wurden der neuen Regierung folgende Maßnahmen vorgeschlagen:

(1) Aufhebung des Ministerratsbeschlusses im Sinne der vorgenannten Grundsätze.

(2) Das schließt eine Gesamtinventur aller Bereiche unter gesellschaftlicher Kontrolle ein.

(3) Das erfordert das Einsetzen einer unabhängig tätigen wissenschaftlichen Kontrollkommission. Sie sollte überprüfen,
   a) ob ein unabhängiges Arbeiten der Betriebsteile Köpenick und Beucha sowie der anderen Produktionsstätten möglich ist;
   b) ob das wissenschaftlich-technische Zentrum Hohenschönhausen als DDR-Umweltzentrum geeignet ist und dem Umweltministerium sofort unterstellt werden kann.

(4) Neuentscheidung zum Wechsel der Rechtsträgerschaft von Ferien- und Naherholungsobjekten.

(5) Es sind die derzeit getroffenen personellen Entscheidungen – insbesondere im Leitungsbereich des neuentstandenen volkseigenen Betriebes – durch das zuständige Ministerium nochmals gewissenhaft zu prüfen.

Bisher wurden von ca. 50 000 laufenden Metern Akten und Schriftgut ca. 7500 Meter ins Zentralarchiv eingelagert. In 17 von 39 Diensteinheiten sind diese Arbeiten abgeschlossen. Diese sehr umfangreichen Arbeiten werden insgesamt nicht vor August d. J. abgeschlossen sein.

Eine zentrale Frage ist die nach dem weiteren Umgang mit diesem Material.

Die Arbeitsgruppe Sicherheit schlug in Übereinstimmung mit den Bürgerkomitees der Bezirke vor, alle magnetischen Datenträger mit personengebundenen Daten der Bürger zu vernichten. Dies ist eine dringend erforderliche Schutzmaßnahme, denn damit werden keine Daten endgültig vernichtet, jedoch der schnelle Zugriff unmöglich gemacht.

Nach Zustimmung der Vertreter am Zentralen Runden Tisch wurde der Vorschlag am 26. Februar 1990 durch den Ministerrat zum Beschluß erhoben. Unter Kontrolle des Bürgerkomitees wurde die dreifache Löschung der Datenträger mit personengebundenen Daten am 10. 3. 1990 abgeschlossen. Gegenwärtig erfolgt die weitere Zerlegung der Magnetbänder, Disketten und Wechselplatten unter Kontrolle der Arbeitsgruppe Sicherheit, des Bürgerkomitees und der Staatsanwaltschaft sowie ihre vollständige Vernichtung. Die vollständige Vernichtung der personengebundenen elektronischen Datenträger ist in Verantwortung des Komitees zur Auflösung des Amtes bis 16. März 1990 abzuschließen. Die Vernichtung der Magnetbänder der ehemaligen Hauptverwaltung Aufklärung steht noch aus.

Aufbauend auf diesen Beschluß wurde ein Stufenprogramm zur weiteren Verfahrensweise bei der Vernichtung bzw. Sicherung der Akten erarbeitet, abgestimmt und durch den Ministerpräsidenten zustimmend zur Kenntnis genommen.

- Die Stufe I sieht die sofortige physische Vernichtung aller elektronischen Speichermedien – wie bereits vorher genannt – vor.
- Die Stufe II sieht die Beseitigung der Verzweigungen der Personendateien vor, deren Weg zu den Dossiers führt, so daß nur noch ein Hauptweg von der Basisdatei zu den Akten bestehen bleibt. Ein Informationsverlust tritt auch hierdurch nicht ein.
- Die Stufe III sieht die Vernichtung aller Akten und Karteien mit personenbezogenen Daten auf der Grundlage einer Entscheidung durch das neugewählte Parlament vor.

Aus der Sicht der Sachverständigen besteht die Notwendigkeit, das für die historische Forschung relevante Material von den Datendossiers schon im Prozeß der Einlagerung der einzelnen Hauptabteilungen zu trennen. Dadurch dürfte eine wesentliche Verkürzung des Zeitraumes erreicht werden, der notwendig ist, stufenweise Bestände des ehemaligen MfS der öffentlichen Benutzung zugänglich zu machen. Aus der Arbeit mit dem Archivgut wird ersichtlich, daß die Erarbeitung einer neuen Archivbenutzungsordnung und eines Datenschutzgesetzes unbedingt erforderlich ist. Dazu sollte möglichst rasch eine Kommission aus Juristen, Archivwissenschaftlern und Historikern gebildet werden.

Zum Gesamtkomplex Akten und Schriftgut möchte ich noch folgendes erklären:

Die Herausgabe der eigenen Akte wünschen jetzt viele. Das Offenlegen besonders der Informanten, der Quellen wird gefordert. Manche fordern die öffentliche Aushängung der Namen, das gebiete die Gerechtigkeit. Die Akten sollen deshalb auf jeden Fall aufbewahrt werden. Es ist klar – das Kennenlernen der eigenen Akte würde manches offenlegen. Jeder wüßte, wer ihn bespitzelte, wer über ihn ausgesagt hat.

Ich meine aber, daß solch eine Kenntnis das Verdächtigungsklima oder die Selbstjustiz nur noch mehr fördern würde. Überschätze hier keiner seine menschliche Größe.

Wir müssen den Einwand zur Kenntnis nehmen, daß damit wieder einmal Schuldige straffrei ausgehen. Das mag zutreffen. Die 109000 inoffiziellen Mitarbeiter zittern angesichts der vorhandenen Akten. Aber vielleicht nicht nur sie. Sind nicht auch die Beobachteten mit der Skizzierung ihrer Schwachstellen zukünftig erpreßbar? Wer garantiert denn die absolute Sicherheit der Akten vor einem Mißbrauch durch wen auch immer? Sind nicht auch die gefährdet, die ihre Akte einsehen wollen?

Wir schlagen deshalb vor, daß die Volkskammer unverzüglich über den Umgang mit den Personendossiers zu befinden hat. Sie hat dazu das Recht und die Pflicht.

An dieser Stelle sei erwähnt, daß auch in Salzgitter genügend Material zusammengetragen worden ist. Wir fordern auch die Regierung der BRD auf, Stellung zu diesem Problem zu nehmen.

Offiziellen und inoffiziellen Mitarbeitern des ehemaligen MfS/AfNS sollte eine persönliche Rehabilitation angeboten werden. Eine verordnete Umerziehung, das Ausstellen von Scheinen lehnen wir ab. Hier kann nur absolute Freiwilligkeit gelten.

Wir halten es jedoch für sehr wichtig, daß offizielle und inoffizielle Mitarbeiter die Möglichkeit erhalten, sich aus eigenem Wunsch aussprechen zu können, um so von ihrer Vergangenheit loszukommen. Wir plädieren für Einzel- oder Gruppengespräche mit absoluter Vertraulichkeit. Psychologen, Juristen, Pfarrer im Team oder einzeln sollten zu diesen Gesprächen bereit sein.

Nach solchen Gesprächen wäre es zum Beispiel auch möglich, daß sie – ohne den Inhalt der Gespräche preiszugeben – auf Anfrage und mit Zustimmung der Betroffenen ein gutes Wort für die ehemaligen Mitarbeiter einlegen könnten.

Wir möchten die Opfer des Mfs/AfNS ermutigen, das ihnen auferlegte und abgezwungene Schweigen über die Behandlungsweise zu durchbrechen. Viele fühlen sich durch die aufgezwungene Schweigepflicht noch heute gebunden. Wir möchten zur Offenlegung ermutigen. Es sollten Erlebnisprotokolle gesammelt werden, um das Erfahrene auszusprechen und anderen zugänglich zu machen. Mit dem Verschweigen schaden wir uns selbst am meisten. Überwindung des Erlebten ist im offenen Umgang mit dem Erlittenen möglich. Auch hier sind Einzel- oder Gruppengespräche eine Angebotshilfe.

Das ehemalige MfS/AfNS ist nicht mehr arbeitsfähig. Es werden von ihm keine Telefongespräche mehr abgehört, keine Post kontrolliert, keine Personen observiert. Und das sei an dieser Stelle auch nochmals deutlich gesagt, wenn es schon mal im Hörer geknackt hat, dann waren und sind es immer noch altersschwache Leitungen und Einrichtungen der Deutschen Post. Die Stasi war schon in der Leitung, wenn der Teilnehmer den Hörer für ein zu führendes oder bei ihm ankommendes Gespräch abnahm. Die Befehlszentralen und die Verwaltung der Staatssicherheit sind demontiert worden.

Allerdings kann nicht ausgeschlossen werden, daß kleine Gruppen noch aktiv sind. Auch läßt sich nicht sagen, ob noch Strukturen existieren, die uns nicht bekannt sind. Deshalb sind Wachsamkeit und ein gesundes Mißtrauen auch in Zukunft berechtigt. Dies gilt z. B. im Bereich der Wirtschaft, der Wissenschaft, im militärischen und polizeilichen Bereich, wo frühere informelle Verbindungen noch wirksam sein könnten, nicht nur im Hinblick auf mögliche Reorganisation, sondern auch in Hinsicht auf die Ausnutzung von Informationen zum persönlichen Vorteil. Das erfordert besondere Aufmerksamkeit beim Einsatz ehemaliger Mitarbeiter der Staatssicherheit in leitende Funktionen.

Ausmaß und Arbeitsweise des Staatssicherheitsdienstes sind nun öffentlich geworden. Millionen Menschen sind davon betroffen, viele waren über Jahre den Repressalien dieses Geheimdienstes ausgesetzt. Sie haben den kompromißlosen Einsatz gegen friedlich Demonstrierende erlebt. Sie haben Schläge, Verhöre und ungerechtfertigte Strafen hinnehmen müssen. Aussagen wurden erpreßt. Menschen wurden gedemütigt, entwürdigt und manchmal in ihrer Persönlichkeit zerstört. Wut und Zorn und das Bedürfnis nach Vergeltung und Strafe sind sehr verständlich.

Eine wichtige Aufgabe des Komitees zur Auflösung des ehemaligen MfS/AfNS besteht in der Zukunft auch darin aufzuklären, wo strafrechtlich gegen ehemalige Mitarbeiter vorzugehen ist.

Wir haben es hier aber nicht mit einem Stück Geschichte zu tun, dem man nur mit einer Reihe von Prozessen beikommen kann. Die Geschichte muß aufgearbeitet werden. Das braucht Zeit und setzt voraus, daß uns Bewältigung der Vergangenheit wichtiger ist als Bestrafen, Verdrängen. Echte Bewältigung kann nur unter Beteiligung von Tätern und Opfern erfolgen.

So schwierig es auch für manchen ist: die ehemaligen Mitarbeiter müssen sich der Tatsache stellen, daß sie im Bereich eines Ministeriums gearbeitet haben, das Menschenrechte in verachtender und gewalttätiger Weise verletzt hat. Die Tätigkeit des Ministeriums war verfassungswidrig, auch wenn die Mitarbeiter sich jederzeit auf geltendes Gesetz berufen konnten.

Unabhängig vom Maß der Verantwortung und von der Art der Tätigkeit war jeder Mitarbeiter, war jeder darin verstrickt. Jeder wußte, daß sämtliche Bereiche des Lebens vom Staatssicherheitsdienst durchdrungen waren.

Für das künftige Miteinander der Bürger wird es wesentlich darauf ankommen, daß ehemalige offizielle oder inoffizielle Mitarbeiter sich diesen Tatsachen und Einsichten stellen.

Dieser Umgang mit der eigenen Vergangenheit kann nur in einer gesellschaftlichen Atmosphäre erfolgen, die dem einzelnen eine Chance zum Neuanfang läßt. Dazu gehört, daß Menschen, die einen Schlußstrich unter ihre Vergangenheit setzen möchten, offen mit ihr umgehen dürfen ohne die Angst, für immer angefeindet und ausgegrenzt zu sein. Dazu gehören Kollegen, Nachbarn und Familienangehörige, die für diese Aufarbeitung Gesprächspartner sind.

In diesem Zusammenhang möchte ich darauf aufmerksam machen, daß inoffizielle Mitarbeiter oft mit ausgeklügelter psychologischer Strategie ‹angeworben› wurden. Schwachstellen in ihrer Persönlichkeit oder in ihrer Vergangenheit wurden hemmungslos ausgenutzt, um drohend oder mit Vergünstigungen lockend den Betreffenden in ein Netz von Abhängigkeiten zu verwickeln. Die Zwänge innerhalb eines streng militärisch aufgebauten Systems waren ungemein stark, ein Entkommen nur unter Gefahr möglich, Disziplinarstrafen zerrten Zweifelnde zurück. Viele wurden so in ihrer Persönlichkeit zerstört und damit zu willfährigen Werkzeugen. Wie auch in anderen Bereichen, gab es ein Oben und ein Unten. In den Genuß der Privilegien kamen nur jene, die ganz oben waren. Man kann davon ausgehen, daß ein großer Teil der ‹kleinen Mitarbeiter› durch Angst, Doppelleben und verdrängte Gewissensbisse in ihrer Persönlichkeit deformiert sind und resozialisiert werden müssen.

Wohlverstanden: Wenn ich mich hier so ausführlich zu dieser Problematik geäußert habe, dann nicht, um vorschnell zu erklären und zu entschuldigen, sondern um ein künftiges Zusammenleben ohne Verdrängung von Schuld und Zorn zu ermöglichen.

Sinnvoll wäre das Angebot einer persönlichen Beratung durch Psychologen, Juristen, Pfarrer, bei der Vertraulichkeit gewahrt bleibt, möglicherweise auch in Gruppen.

Zum Schluß möchte ich jene ansprechen, die in der Vergangenheit zu Opfern der Staatssicherheit wurden und, weil man sie unter Bedrohung zum Schweigen verpflichtete, bisher geschwiegen haben. Diese Pflicht ist aufgehoben worden. Bitte, brechen Sie das Schweigen, machen Sie Ihre Erfahrungen anderen zugänglich.

<u>Anlage 1</u>

Übersicht der von der Arbeitsgruppe Sicherheit des Zentralen Runden Tisches gefaßten wichtigsten Beschlüsse und unterbreiteten Vorschläge

1. Grundsätze der Arbeit der Arbeitsgruppe Sicherheit
2. Umgang mit Schriftgut, dessen Archivierung im ehemaligen MfS/AfNS vorgenommen wurde

3. Weiterführende Verwendung der in der Dokumentenabteilung des ehemaligen MfS/AfNS archivierten Materialien (gemeinsam mit AG Recht)
4. Zurverfügungstellung von Materialien zur Dokumentation für die Untersuchungskommission der Volkskammer zu den Ereignissen vom 6. und 7. Oktober 1989 (Aktenanforderung bzw. Schriftgut)
5. Beschluß über Herausgabe von Akten und Schriftgut für die in Erwägung gezogenen Kassations- bzw. Rehabilitierungsverfahren
6. Vorschlag zur weiteren Verfahrensweise mit magnetischen Datenträgern und Projektunterlagen von personengebundenen Daten (gemeinsam mit AG Recht)
7. Vorschlag zur Entbindung der Schweigepflicht für
   - ehemalige hauptamtliche Mitarbeiter
   - inoffizielle Mitarbeiter

   (beide Vorschläge finden sich in Ministerratsbeschlüssen wieder).
8. Vorschlag zur Regelung sozialer Maßnahmen, insbesondere
   - Regelungen in Anwendung des AGB* und daraus ableitend zu erlass. Verordnungen des Ministeriums für Arbeit und Löhne
   - Gedanken zur Berechnung von Rentenansprüchen im Zusammenhang mit der zu erwartenden Neuregelung der Renten
9. Beschluß der AG Sicherheit, des Bürgerkomitees/AG II Akten und des Zentralen Staatsarchivs zur Übergabe des Objektes Freienwalder Straße 3
10. Zustimmung zur Übernahme von Spezialisten des ehemaligen MfS entsprechend Ministerratsbeschluß vom 14. 12. 1989
11. Befürwortung des Zusammenstellens einer Hilfssendung aus Waren und Textilien des ehemaligen MfS für Rumänien
12. Vorschlag zur generellen Verfahrensweise mit personenbezogenen Akten, einschließlich zugehöriger Zugriffskarteien (Stufe I, Stufe II, Stufe III)
13. Beschluß zur Aufforderung an alle Vereinigungen und Parteien, durch Delegierungsvorschläge bzw. Überleitungsverträge Mitarbeiter für das Komitee zur Auflösung des Amtes für Nationale Sicherheit zu gewinnen
14. Beschluß zur Vorbereitung der Kündigung/Beendigung/Überleitung internationaler Vereinbarungen des ehemaligen MfS/AfNS

* Abkürzungsverzeichnis auf S. 524–527

Anlage 1 a)

MfS Dokumentenverwaltung
1 0 3 5 4 3

MINISTERRAT
DER DEUTSCHEN DEMOKRATISCHEN REPUBLIK
Ministerium für Staatssicherheit
Stellvertreter des Ministers

Berlin, 30. 12. 1988
Vertrauliche Verschlußsache
VVS-0008
MfS-Nr.: 82/88
559. Ausf./Bl. 1 –

Diensteinheiten
Leiter

Bildung des Verbandes der Freidenker in der DDR (VdF)

Auf der Grundlage eines entsprechenden Beschlusses des Politbüros des ZK der SED ist vorgesehen, einen Verband der Freidenker in der DDR zu bilden.

Die Bildung des Verbandes ergibt sich aus der Notwendigkeit, in einer Zeit verstärkter ideologischer Auseinandersetzung zwischen Sozialismus und Imperialismus noch breiter mit vielfältigen Methoden unsere Weltanschauung in alle Schichten der Bevölkerung hineinzutragen, ihnen Ideologie und Politik der Partei zu erläutern und Versuchen reaktionärer kirchlicher Kräfte, ihren religiösen Einfluß zu erweitern, und dem politischen Mißbrauch verfassungsmäßig garantierter Rechte der Kirchen offensiv zu begegnen.

Ziel des Verbandes ist es, eine auf dem wissenschaftlichen Atheismus begründete freigeistige Weltanschauung zu verbreiten. Es soll eine vielseitig praktische und propagandistische Arbeit auf der Grundlage der sozialistischen Ideologie und der Politik der Partei geleistet werden, die im Einklang mit den Wertauffassungen der sozialistischen Gesellschaftsordnung zur Ausprägung des kommunistischen Menschenbildes beiträgt und sich zu Erscheinungen äußert, die der materialistischen Weltanschauung nicht entsprechen.

In diesem Sinne ist der Verband den Idealen des Sozialismus, des Humanismus und des Friedens verpflichtet.

Ein wesentliches Anliegen des Verbandes besteht darin, das Verhältnis von Wissenschaft und Religion sowie von Wissen und Glaube bewußt zu machen, religiöse Positionen vom wissenschaftlichen Standpunkt aus sachlich zu kritisieren und die politischen Auseinandersetzungen mit jeder Form des klerikalen Antikommunismus zu führen.

Der Verband wird auch die Aufgabe haben, allen Bürgern in wichtigen individuellen Lebens- und Entscheidungssituationen (Geburt, Namensgebung, Jugendweihe, Hochzeiten, Sterbefälle, Bestattungen) zu helfen.

Er wird mit den anderen gesellschaftlichen Organisationen eng zusammenarbeiten. Mitglied des Verbandes können – unabhängig von ihrer Mitgliedschaft in Parteien und Massenorganisationen – alle Bürger ab dem vollendeten 13. Lebensjahr werden, soweit sie die Satzungen des Verbandes anerkennen und bereit sind, sich in diesem Sinne zu engagieren.

Der Verband ist eine selbständige Organisation. Er gliedert sich in Zentralvorstand, Bezirks- und Kreisvorstände mit eigenen Geschäftsstellen sowie Gruppen in den Wohngebieten. In seinem Rahmen werden 80 hauptamtliche Mitarbeiter tätig sein, die auf den Zentralvorstand mit Sitz in der Hauptstadt der DDR – Berlin – sowie die Bezirksvorstände – je drei Mitarbeiter – entfallen. Die Tätigkeit im Verband soll vorwiegend durch eine breite ehrenamtliche Mitarbeit charakterisiert sein.

Der Entwurf der Satzungen soll auf dem 1. Verbandstag beschlossen werden.

Die 1. Sekretäre der Bezirksleitungen der SED wurden über den Beschluß des Politbüros, einen Verband der Freidenker in der DDR zu bilden, informiert mit der Maßgabe, die 1. Sekretäre der Kreisleitungen der Partei davon mündlich in Kenntnis zu setzen.

Den Bezirks- und Kreisleitungen der SED wurde die Aufgabe gestellt, die Bildung und Profilierung der Bezirks- und Kreisvorstände des Verbandes zu unterstützen.

Sie haben darauf Einfluß zu nehmen, daß die Arbeit des Verbandes im Sinne der Politik der Partei erfolgt. Für die Vorstände sind geeignete Kader auszuwählen, die in der Lage sind, das politische Grundanliegen des Verbandes durchzusetzen.

Die Leiter aller Diensteinheiten des MfS haben durch den zielgerichteten Einsatz der operativen Kräfte diesen Prozeß der Bildung und Profilierung der Vorstände zu unterstützen. Unter der Federführung der Hauptabteilung XX sowie der Abteilungen XX der Bezirksverwaltungen sind

- die politische Zuverlässigkeit der vorgesehenen Kader zu prüfen;
- die Vorstände und Gruppen rechtzeitig mit geeigneten operativen Kräften zu durchdringen;
- erforderliche Vorbeugungsmaßnahmen zur Verhinderung des politischen Mißbrauchs einzuleiten;
- Versuche der Unterwanderung der Vorstände und Gruppen durch feindlich-negative Kräfte zu verhindern.

Von allen Diensteinheiten ist ständig zu prüfen, welche Möglichkeiten des Verbandes zur Unterstützung des MfS bei der Lösung spezifischer Aufgabenstellungen genutzt werden können.

gez. Mittig
Generaloberst»

2. Fortsetzung der Auflösung des MfS/AfNS in der Amtszeit der Regierung de Maizière

a) Die Übergabe der Verantwortung an die Regierung de Maizière

Mit den Abschlußberichten an den Zentralen Runden Tisch und an Ministerpräsident Modrow hatten die Regierungsbevollmächtigten ihre Vorstellungen über die Fortsetzung der Auflösungsarbeiten unterbreitet.

Am 4. April 1990 berichteten die leitenden Vertreter des Staatlichen Komitees vor den Regierungsbevollmächtigten und dem Koordinator der Bürgerkomitees über den Stand der Auflösungsarbeiten. In diesem Zusammenhang wurden für das Staatliche Komitee Festlegungen getroffen, die seine Tätigkeit bis zu einer grundsätzlichen Entscheidung der neuen Regierung regeln sollten. Die Regierungsbevollmächtigten verlangten den Abschluß der Auflösung des ehemaligen MfS / AfNS bis zum 30. Juni 1990 und die Vorbereitung eines neuen Regierungsbeschlusses. Die gesellschaftliche Kontrolle des Auflösungsprozesses sollte durch das Bürgerkomitee Normannenstraße (vgl. S. 189) erfolgen, bis ein zu bildender Parlamentarischer Ausschuß der Volkskammer die Arbeit aufnehmen würde.

Die neugewählte Regierung unter Lothar de Maizière beauftragte den Minister des Innern, Peter-Michael Diestel, mit der Leitung aller weiteren staatlichen Maßnahmen. Am 17. April 1990 trugen ihm die Regierungsbevollmächtigten ihre Vorstellungen zur weiteren Arbeit des Staatlichen Komitees vor. Den mit den Regierungsbevollmächtigten abgestimmten Auskunftsbericht erstattete der Leiter des Staatlichen Komitees zur Auflösung des AfNS, Günther Eichhorn. Er enthielt im wesentlichen eine Fortschreibung der von den Regierungsbevollmächtigten erstatteten Abschlußberichte. Bezogen auf das Staatliche Komitee wurden folgende Schlußfolgerungen gezogen:

«(1) Ausgehend von den bisherigen Erfahrungen bei der Auflösung sollten die sachbezogenen Aufgaben, die gegenwärtig vom Staatlichen Komitee zu lösen sind, fortgesetzt werden.

(2) Durch das Staatliche Komitee sind folgende Aufgaben vorzubereiten, die dem Ministerrat zur Beschlußfassung vorgelegt werden sollen:

– Eine Verordnung zur Wiederherstellung der Ordnungsmäßigkeit im Zusammenhang mit dem Rechtsträgerwechsel bzw. von Übernahme- und Übergabeprotokollen für unbewegliches und bewegliches Sachvermögen.
  Diese Verordnung sollte Aufgaben festlegen zur Überprüfung sämtlicher Vorgänge im Umgang mit dem Vermögen des ehemaligen MfS nach seiner Auflösung.
– Entscheidungsvorschläge zur künftigen Nutzung bedeutender Objekte des ehemaligen MfS, insbesondere des zentralen Gebäudekomplexes in der Normannenstraße / Gotlindestraße.
– Entscheidungsvorschläge zur Verwendung bzw. Verbringung von allgemeinem Schriftgut, damit kurzfristig eine vollständige Beräumung der Diensteinheiten des ehemaligen MfS und damit die Wiedernutzung der Objekte erfolgen kann.

(3) Es wird empfohlen, den zuständigen Organen des Ministerrates die Aufgabe zu stellen, insbesondere folgende Rechtsvorschriften vorzubereiten:

– Staatliche Archivordnung im Zusammenhang mit der Behandlung und dem Umgang mit Quellen- und Archivmaterial des ehemaligen MfS;
– Rehabilitierungsgesetz zur Gewährleistung der ordnungsgemäßen Bearbeitung vorliegender Anträge auf Rehabilitation;
– Beschluß zur rechtlichen und sozialen Sicherstellung von Müttern und Schwangeren im Zusammenhang mit einer notwendigen Beendigung von Dienst- und Arbeitsrechtsverhältnissen beim ehemaligen MfS;
– Aufgaben zur Verantwortung der Bürgerkomitees und ihre materielle Sicherstellung im Zusammenhang mit noch zu lösenden Aufgaben bis zur endgültigen Auflösung des Amtes für Nationale Sicherheit.»

Davon ausgehend traf der Innenminister folgende Festlegungen:

«(1) Das Staatliche Komitee zur Auflösung des AfNS ist dem Innenminister unterstellt. Herr Eichhorn wird als Leiter bestätigt.

(2) Es ist in Abstimmung mit den zutändigen Zentralen Staatsorganen ein Regierungsbeschluß vorzubereiten, der die weiteren Aufgaben zur Abwicklung des ehemaligen AfNS festlegt.
(3) Der Regierungsbeauftragte hat seine Tätigkeit weiterhin auszuüben, bis mit dem Regierungsbeschluß neue Entscheidungen getroffen werden.»

Ungeklärt blieb zunächst die Rolle der Bürgerkomitees bei der weiteren Auflösungsarbeit. Hierüber entwickelte sich bald ein grundsätzlicher Streit, der sich bereits zuvor während der vielfach mit Spannungen belasteten Zusammenarbeit des Staatlichen Komitees zur Auflösung des AfNS mit den die gesellschaftliche Kontrolle ausübenden Bürgerkomitees angedeutet hatte. Obwohl beim Aufbau des Staatlichen Komitees einige frühere Mitglieder der Arbeitsgruppe Sicherheit des Zentralen Runden Tisches und des Bürgerkomitees Normannenstraße im März/April 1990 Anstellungsverträge erhalten hatten – in den Bezirken erhielten Mitglieder der Bürgerkomitees eine Anstellung bei den Staatlichen Arbeitsstäben –, blieb ein gegenseitiges Mißtrauen auf beiden Seiten. Es erhielt immer dann neue Nahrung, wenn einzelne Mitarbeiter des Staatlichen Komitees versuchten, unter Hinweis auf staatsrechtliche Festlegungen die Kontrollbefugnisse der Bürgerkomitees einzuschränken.

In dieser Interimszeit, nachdem der Zentrale Runde Tisch seine Tätigkeit für beendet erklärt und die Regierung de Maizière noch nicht ihren Beschluß vom 16. Mai 1990 zur MfS-Problematik gefaßt hatte, bedurfte es des koordinierenden Einflusses der Regierungsbevollmächtigten, um den Auflösungsprozeß geordnet fortzusetzen und die Übergabe der Verantwortung an den Innenminister vorzubereiten.

Ein wesentlicher Streitpunkt war in dieser Zeit die Tätigkeit der Beratergruppe Engelhardt, dem letzten Chef der Staatssicherheit, im Staatlichen Komitee. Das Auftreten einiger Mitarbeiter dieser Gruppe nährte Befürchtungen, daß es zu restaurativen Maßnahmen kommen könnte, zumindest aber die weitere Aufdeckung der Strukturen und der Arbeitsweise des MfS behindert würde. Nach einer Aussprache mit allen Beteiligten am 7. Mai 1990 wurde deshalb von den Regierungsbevollmächtigten die Auflösung der Beratergruppe Engelhardt und die Entlassung der überwiegenden Mehrzahl ihrer Mitarbeiter, darunter noch drei ehemalige MfS-Generäle, angeordnet.

Als Berater im Staatlichen Komitee verblieb lediglich der ehemalige Leiter der Hauptabteilung XIX des AfNS, Edgar Braun.

Die Tätigkeit des auf etwa 190 Mitarbeiter angewachsenen Staatlichen Komitees konnten die Regierungsbevollmächtigten nur schwerpunktmäßig kontrollieren. Dies galt sowohl für die Auflösung der größeren Diensteinheiten als auch für die Sicherung der Archive und die Vorbereitung von Entscheidungen, an wen die größeren Objekte des MfS übergeben werden sollten. Von großer Bedeutung war es, auf das Ministerium für Wissenschaft und Technik Einfluß zu nehmen, als es um die weitere Verfahrensweise bei der Nutzung des aus ehemaligen MfS-Objekten gebildeten Institutes für Wissenschaftlichen Gerätebau (IWG) ging. In mehreren Beratungen mit dem Minister, Professor Budig, und seinen Beauftragten konnten Übereinkünfte erzielt werden, die der Entscheidung des Zentralen Runden Tisches entsprachen und das Fortbestehen alter MfS-Strukturen verhindern sollten.

Ende April 1990 wandten sich der Koordinator der Bürgerkomitees, Thomas Schmidt, und der Vorsitzende des Bürgerkomitees Normannenstraße, David Gill, in einem Schreiben an Innenminister Diestel, in dem sie auf die Rolle der Bürgerkomitees im Auflösungsprozeß auch unter der demokratisch gewählten Regierung hinwiesen. In diesem Schreiben hieß es unter anderem:

«Das Mißtrauen der Bevölkerung gegen das ehemalige MfS/AfNS ist groß. Aus diesem Grunde haben die bestehenden Bürgerkomitees zur Auflösung des ehemaligen MfS/AfNS einen starken Rückhalt im Volke.

Im Bereich der ehemaligen MfS-Zentrale ist es daher im Interesse der Öffentlichkeit dringend erforderlich, kurzfristig einen Parlamentarischen Kontrollausschuß einzusetzen. Die Mitglieder des Bürgerkomitees Normannenstraße stellen sich einem solchen Gremium zur Verfügung, das den Prozeß der Auflösung noch eine geraume Zeit begleiten muß. (In der Zentrale sind z. B. von 100 km Akten erst 20 km archiviert.) Auf Bezirksebene gibt es noch keine demokratisch gewählten Gremien, die in der Lage wären, eine gesellschaftliche Kontrolle der Auflösung des ehemaligen MfS/AfNS zu gewährleisten. Deshalb ist es in den Bezirken erforderlich, die Fortführung der gesellschaftlichen Kontrolle durch die nunmehr von hoher Sachkompetenz und Verantwortungsbewußtsein gekennzeichnete Arbeit der Bürgerkomitees zu unterstützen.

Nach demokratisch durchgeführten Wahlen wäre auch in den Bezirken die durch die Bürgerkomitees gewährleistete gesellschaftliche Kontrolle der Auflösung (...) in die Hände Parlamentarischer Kontrollausschüsse zu überführen. Grundlage der sachbezogenen Arbeit dieser Bürgerkomitees sind:

- Beschluß des Ministerrates Nr. 13/4/90 vom 8. Februar 1990
- Verordnung über die Tätigkeit der Bürgerkomitees und Bürgerinitiativen vom 01. März 1990
- Autorisierung der Bürgerkomitees zur weiteren politischen Auswertung der Arbeit des ehemaligen MfS/AfNS durch die Regierungsbevollmächtigten vom 28. März 1990 (Umgang mit dienstlichem Schriftgut)
- Vereinbarung über die Zusammenarbeit zwischen dem Staatlichen Komitee und den Bürgerkomitees vom 11. April 1990.

Diese Dokumente sind Ergebnis eines demokratischen Ringens um Übereinstimmung zwischen den verschiedenen Positionen. Sie erwiesen sich als praktikable Arbeitsgrundlage der sachbezogenen Arbeit der Bürgerkomitees. Daher ist es nicht ratsam, diese Dokumente inhaltlich wesentlich zu verändern, sondern diese als weitere Arbeitsgrundlage der Bürgerkomitees zu bestätigen (...).»

Da diesem Anliegen der Bürgerkomitees nur zögernd und nie umfassend entsprochen wurde, Presseveröffentlichungen über tatsächliche oder vermeintliche Spitzel unter den gewählten Abgeordneten die Stimmung in der Bevölkerung nachhaltig beeinflußten und sich die Bildung und Konstituierung eines Parlamentarischen Untersuchungsausschusses hinauszögerte, entwickelten sich im Mai 1990 zunehmender berechtigter Unmut und wachsendes Mißtrauen gegen den damaligen Innenminister Diestel und das ihm unterstellte Staatliche Komitee; sie konnten in der gesamten Amtszeit der Regierung de Maizière nicht völlig abgebaut werden.

b) Der Beschluß des Ministerrates vom 16. Mai 1990 und die Bildung einer Regierungskommission

Nachdem sich die am 18. März 1990 gewählte Volkskammer am 5. April 1990 konstituiert und Lothar de Maizière mit der Regierungsbildung beauftragt hatte, befaßte sich der Ministerrat der DDR am 16. Mai 1990 erstmals mit der Problematik der weiteren Auflösung des ehemaligen MfS/AfNS. Es wurde dazu ein «Beschluß über weitere Aufgaben und Maßnahmen, die sich aus der Auflösung des ehemaligen Ministeriums für Staatssicherheit/Amtes für Nationale Sicherheit (MfS/AfNS) (6/6/90) ergeben», gefaßt. Der Ministerratsbeschluß vom 8. Februar 1990 (13/4/90) war damit aufgehoben. Während vor der Wahl zur Volkskammer die Organe zur Auflösung des MfS/AfNS dem Ministerpräsidenten direkt unterstanden hatten, wurde diese Verantwortung nunmehr dem Minister des Innern übertragen. Dieser hatte den Leiter des Staatlichen Komitees zu berufen, der ihm rechenschaftspflichtig war. Der Beschluß legte ferner fest, daß alle zur weiteren Auflösung des ehemaligen MfS/AfNS erforderlichen Aufgaben und Maßnahmen durch das Staatliche Komitee durchzuführen seien. Die personelle Zusammensetzung des seit Februar 1990 tätigen Staatlichen Komitees änderte sich nicht wesentlich. Dagegen war die Verantwortung der Regierungsbevollmächtigten und des Regierungsbeauftragten erloschen, die bis dahin das Staatliche Komitee zu kontrollieren hatten. Anleitung und Kontrolle erfolgten jetzt durch den Innenminister selbst beziehungsweise durch einen noch zu bildenden Parlamentarischen Ausschuß. Zur Vorbereitung grundsätzlicher Entscheidungen sollte unter Leitung des Innenministers eine Regierungskommission berufen werden.

Der Ministerratsbeschluß befaßte sich auch mit den komplizierten Problemen der materiellen Hinterlassenschaft des MfS/AfNS. Alle bis dahin getroffenen Entscheidungen, Vereinbarungen oder Verträge über Objekte, staatlichen Grund und Boden, bewegliche und unbewegliche Grundmittel sollten mit dem Ziel überprüft werden, Entscheidungen, die dem genannten Ministerratsbeschluß widersprachen, aufzuheben. Erlöse aus dem Verkauf von beweglichen und unbeweglichen Grundmitteln, die nach geltendem Recht vorzunehmen waren, sollten an den Staatshaushalt abgeführt werden. Die Örtlichen Räte, die unbewegliche Grundmittel erworben hatten, bekamen das Recht, zehn Prozent des Kaufpreises zweckgebunden zur Verbesserung der Infrastruktur in ihrem Territorium einzubehalten. Bis zum Rechtsträgerwechsel oblag die treuhänderische Verwaltung aller in Rechtsträgerschaft des ehemaligen MfS/AfNS befindlichen Grundstücke, beweglichen und unbeweglichen Grundmittel dem Staatlichen Komitee. Bis zur Übernahme der Objekte durch neue Nutzer sollte die Deutsche Volkspolizei bei der Sicherung behilflich sein. Zur Bewertung der Grundmittel hatten die Ministerien für Wirtschaft, Finanzen sowie Bauwesen/Städtebau/Wohnungswirtschaft dem Staatlichen Komitee Fachleute zur Verfügung zu stellen.

Bestätigt wurde die in Übereinstimmung mit den Regierungsbevollmächtigten getroffene Entscheidung der Regierung Modrow über die Nutzung des Gebäudekomplexes des ehemaligen Sitzes der Staatssicherheit in der Berliner Normannenstraße/Gotlindestraße durch das Gesundheitsministerium, die Staatliche Archivverwaltung, die Deutsche Reichsbahn, das Amt für Arbeit und die Deutsche Post. Besondere Erwähnung fand dabei die Einrichtung einer Forschungs- und Gedenkstätte im Haus I der ehemaligen MfS/AfNS-Zentrale, womit der Ministerrat einer entsprechenden Empfehlung des Zentralen Runden Tisches nachkam. Die Verantwortung dafür wurde dem Minister für Kultur übertragen, der sich darüber mit dem Innenminister abzustimmen hatte.

Der Ministerratsbeschluß behandelte auch die Sicherstellung des Schriftgutes des ehemaligen MfS/AfNS und den zukünftigen Umgang damit. Verwaltung, Aufbereitung und Sicherung des Schrift- und Archivgutes des ehemaligen MfS/AfNS sollte durch die Staatliche Archivverwaltung erfolgen. Entsprechend Anlage 3 des Beschlusses waren für die Sicherung, Bewertung, Erschließung und Auswertung des Schriftgutes in der Zentrale des ehemaligen MfS/AfNS die Staatliche Archivverwaltung und für das Schriftgut in den ehemaligen Bezirksverwaltungen und Kreisdienststellen die jeweiligen Staatsarchive zuständig. Kein Schriftgut sollte ohne Genehmigung der zuständigen Archive vernichtet oder entfernt, nichts verfälscht oder entfremdet werden, jeglicher Informationsmißbrauch im Umgang mit solchem Schriftgut sollte ausgeschlossen und «die Vernichtung unter Beachtung der Sicherheitsinteressen der Gesellschaft und ihrer Bürger durchgeführt» werden.

Anlage 3 legte fest, daß das Schriftgut zu bewerten sei, «um es in seinem Umfang zu reduzieren und alle Dokumente auszuwählen, die bedeutungsvoll sind für die politische und historisch-wissenschaftliche Aufarbeitung der Vergangenheit, die Geltendmachung von Ansprüchen der Bürger auf Rehabilitierung und Wiedergutmachung erlittenen Unrechts, die strafrechtliche Verfolgung von Menschenrechtsverletzungen, Rechtsbeugungen und anderen Verbrechen».

Punkt 12 des Beschlusses sah vor, im Interesse des Schutzes der persönlichen Daten der Bürger das personenbezogene Schriftgut des ehemaligen MfS/AfNS grundsätzlich zu sperren. Die Einsichtnahme in dieses Schriftgut sollte einem Parlamentarischen Untersuchungsausschuß der Volkskammer vorbehalten bleiben. Der Staatsanwaltschaft und den Gerichten wurde die Einsichtnahme im Zusammenhang mit Ermittlungs-, Gerichts- und Rehabilitierungsverfahren sowie zur Klärung von Ansprüchen auf Herausgabe von persönlichem Eigentum gestattet.

Der Ministerratsbeschluß legte ferner fest, daß der Volkskammer durch die Minister des Innern und der Justiz im zweiten Halbjahr 1990 die Entwürfe für ein Datenschutzgesetz und ein Gesetz zum Archivwesen zur Beschlußfassung vorzulegen seien; Maßnahmen, die aufgrund des am 3. Oktober 1990 erfolgten Beitritts der Deutschen Demokratischen Republik zur Bundesrepublik Deutschland nicht mehr realisiert werden konnten.

Schrift- und Archivgut des Ministeriums für Nationale Verteidigung, des Ministeriums des Innern, der Generalstaatsanwaltschaft und der Militärstaatsanwaltschaft, das durch das ehemalige MfS / AfNS unter Verschluß genommen worden war, sollte umgehend an die genannten Behörden zurückgegeben werden. Außerdem sollte das Ministerium des Innern das im Bestand des ehemaligen MfS / AfNS vorhandene Schriftgut und Sachmaterial zur Bekämpfung von Terrorismus und Extremismus erhalten.

Der Ministerratsbeschluß bestätigte im übrigen die Aufhebung der Schweigepflicht von ehemaligen Mitarbeitern des MfS / AfNS sowie von Inoffiziellen Mitarbeitern. Er verbot «jegliche Aktivitäten und Planungen für eine konspirative Tätigkeit ehemaliger Mitarbeiter des MfS / AfNS». Die ehemaligen Mitarbeiter des MfS / AfNS sollten dem Beschluß zufolge in die Vorbereitung und Durchführung von Umschulungsmaßnahmen einbezogen werden. Weiblichen Angehörigen des ehemaligen MfS / AfNS, denen gegenüber der gesetzliche Anspruch auf besonderen Kündigungsschutz von Schwangeren und Müttern mit der Auflösung der Staatssicherheit nicht eingelöst werden konnte, sollte das Schwangerschafts- und Wochengeld beziehungsweise die Mütterunterstützung für das Babyjahr entsprechend den Bestimmungen durch das Staatliche Komitee zur Auflösung des AfNS gezahlt werden. Eine nicht unumstrittene Festlegung besagte: «Die Dauer der geleisteten Dienstzeit ist den ehemaligen Angehörigen des MfS / AfNS in ihrer weiteren beruflichen Tätigkeit anzuerkennen, sofern diese im Rahmen der ehemaligen Tätigkeit keine strafbaren Handlungen begangen bzw. anderen Bürgern durch diese Tätigkeit keinen Schaden zugefügt haben. Die geleistete Dienstzeit gilt als versicherungspflichtige Tätigkeit.»

Verabschiedet wurde schließlich ein Antrag an die Volkskammer mit der Bitte, einen Ausschuß zu bilden, der die parlamentarische Kontrolle über die endgültige Auflösung des MfS/AfNS ausüben solle: «Im Interesse der Nutzung der Erfahrungen bei der bisherigen Auflösung wird empfohlen, in diese parlamentarische Kontrolle sachkundige Vertreter der Bürgerkomitees einzubeziehen.»

Mit dem Ministerratsbeschluß vom 16. Mai 1990 waren wichtige Entscheidungen für die weitere Arbeit zur Auflösung des MfS/AfNS getroffen worden. Nachdem bis zu diesem Zeitpunkt die ehemaligen Angehörigen des MfS/AfNS entlassen, die weitaus überwiegende Anzahl der Diensteinheiten aufgelöst sowie Akten, Dokumente und anderes Schriftgut, soweit es die Umstände erlaubten, gesichert waren, schälte sich als wichtigstes Problem der künftige Umgang mit den personenbezogenen Daten heraus. Diesem widmeten sich in der Folgezeit alle Instanzen, die mit den Aufgaben und Maßnahmen der weiteren Auflösung des ehemaligen MfS/AfNS befaßt waren, so auch die Regierungskommission, die dem Ministerratsbeschluß zufolge zu bilden war.

Bereits am 22. Mai 1990 erfolgte die Berufung ihrer Mitglieder durch den Minister des Innern, Dr. Diestel. Ihr gehörten der Schriftsteller Stefan Heym, der unter Ulbricht inhaftierte ehemalige Leiter des Aufbauverlages Walter Janka, der Physiker Dr. Michael Kummer als Delegierter der Bürgerkomitees, die Juristen Dr. Günther Krone und Prof. Dr. Manfred Mühlmann sowie Monsignore Helmut Puschmann und Oberkonsistorialrat Dr. Ulrich Schröter für die katholische und evangelische Kirche an.

Am 30. Mai 1990 trat die Regierungskommission zu ihrer konstituierenden Sitzung zusammen. Der Innenminister gab bekannt, daß dieses Gremium keine Entscheidungsbefugnis habe, er jedoch Wert darauf lege, daß keine Entscheidungen gegen den erklärten Willen der Regierungskommission getroffen würden.

In dieser ersten Beratung äußerten die Kommissionsmitglieder ernste Vorbehalte, daß die staatliche Archivverwaltung die Verantwortung für das Schrift- und Archivgut des ehemaligen MfS/AfNS tragen sollte. Die Bedenken beruhten darauf, daß der Leitung dieser Einrichtung vorwiegend solche Personen angehörten, die der Politik der früheren Partei- und Staatsführung bedingungslos gefolgt waren. Außerdem hätten die Bürgerkomitees, die bis dahin diese Aufgaben verantwortungsbewußt ausgeübt hätten, künftig keine Möglichkeit mehr, ihre Erfahrungen einzubringen. Die Regierungskommission legte ferner Wert darauf, daß Struktur und Arbeitsweise des MfS aufgedeckt würden. Das staatliche Komitee erhielt den Auftrag, unter Einbeziehung von Vertretern des Bürgerkomitees Normannenstraße eine entsprechende Dokumentation auszuarbeiten.

Im Anschluß an die Konstituierung der Kommission fand eine Pressekonferenz statt, auf der Innenminister Diestel die Regierungskommission vorstellte und sich zum weiteren Vorgehen bei der Auflösung des MfS/AfNS äußerte. Diestel teilte mit, daß ihm dafür das Kabinett einstimmig die Verantwortung übertragen habe; außerdem nahm er Stellung zur Tätigkeit der Bürgerkomitees, die durch die Regierung entsprechend gewürdigt worden sei. Dem zu schaffenden Volkskammerausschuß zur Kontrolle der endgültigen Auflösung der Staatssicherheit sollte empfohlen werden, kompetente Vertreter der Bürgerkomitees in seine Tätigkeit einzubeziehen. Darüber hinaus sollten etwa 50 Vertreter des Bürgerkomitees Normannenstraße – dem Sitz des ehemaligen MfS/AfNS – beim staatlichen Komitee, das unter seiner Verantwortung arbeite, kurzfristig eine Anstellung erhalten. Dies ist jedoch nie erfolgt. Der Leiter des Staatsarchivs sei beauftragt worden, Leitungskräfte im Zentralarchiv des MfS, die Mitarbeiter dieses Ministeriums gewesen waren, unverzüglich abzulösen und durch zivile Kräfte zu ersetzen.

Innenminister Diestel gab auch bekannt, daß er das staatliche Komitee beauftragt habe, bis zum 15. Juli 1990 eine Dokumentation zu erarbeiten, die Auskunft über Struktur und Arbeitsweise des ehemaligen MfS/AfNS gäbe. Hierbei machte sich Diestel eine Konzeption zu eigen, die unabhängig von seinem Hause bereits durch die Bürgerkomitees zusammen mit dem staatlichen Komitee erarbeitet war. Dabei sollte auch offengelegt werden, welchen Einfluß die Führung der SED auf die Tätigkeit des MfS ausgeübt habe, wie sich die Zusammenarbeit mit dem sowjetischen Geheimdienst gestaltete und mit welchen Mitteln und Methoden insbesondere die konspirative Tätigkeit des MfS erfolgte. Diese Dokumentation wurde später der Regierungskommission vorgelegt – Teile davon, vor allem über die Struktur des MfS, seine Unterstellung unter die SED-Führung und über die Juristische Hochschule des MfS sind in diesem Buch verarbeitet worden.

Mit der Regierungskommission war eine neue Instanz geschaffen worden, die nunmehr bei der weiteren Auflösung des ehemaligen MfS / AfNS bestimmte Kompetenzen besaß. Zu diesem Zeitpunkt wußte man allerdings noch nicht, daß ihr nur eine relativ kurze Zeit zur Verfügung stehen würde, um mit ihren Gedanken und Vorschlägen den Prozeß der weiteren Auflösung des ehemaligen MfS / AfNS zu fördern; doch wurden diese wenigen Wochen, bis Ende September 1990, so effektiv wie möglich genutzt.

Bereits bei der Vorbereitung ihrer konstituierenden Sitzung sowie während der Pressekonferenz machte es sich negativ bemerkbar, daß die Regierungskommission über kein eigenes Sekretariat verfügte, welches vorbereitende Arbeiten leisten konnte. Das staatliche Komitee hätte diese Aufgabe nicht übernehmen können, da dies im Widerspruch zur Kontrollfunktion der Kommission gestanden hätte. Das Büro des Ministers konnte diese Aufgaben ebenfalls nicht übernehmen, einerseits aus Gründen der Arbeitsüberlastung, andererseits aus der Erwägung heraus, daß der Eindruck hätte entstehen können, der Minister beeinflusse die Tätigkeit der Regierungskommission. Aus diesem Grunde berief der Minister einen Tag nach der Konstituierung der Regierungskommission auf Anregung von Dr. Michael Kummer, Vertreter des Berliner Bürgerkomitees, und von Thomas Schmidt, dem Koordinator aller Bürgerkomitees, Fritz Peter – vormals Regierungsbeauftragter – zum Sekretär der Regierungskommission und Dr. Georg Böhm – ehemaliger Regierungsbevollmächtigter – zu dessen Stellvertreter. Damit verfügte die Regierungskommission über ein Sekretariat, das in deren Auftrag ihre Beratungen vorbereitete und bei der Umsetzung ihrer Beschlüsse behilflich war. Außerdem hielt es Verbindung zum Volkskammersonderausschuß zur Kontrolle der weiteren Auflösung des ehemaligen MfS / AfNS.

c) Schwerpunkte der Tätigkeit der Regierungskommission

Das Rehabilitierungsgesetz

Bereits in ihrer zweiten Beratung befaßte sich die Regierungskommission mit der Rehabilitierung von Bürgern der DDR, die aus politischen Gründen verfolgt und verurteilt worden waren beziehungsweise denen erheblicher individueller und materieller Schaden entstanden war. Ausgangspunkt waren entsprechende Forderungen des Zentralen Runden Tisches, doch auch Betroffene hatten sich an die Gerichte oder die Öffentlichkeit gewandt. Die Regierung Modrow hatte am 18. Januar 1990 eine entsprechende Konzeption beschlossen, doch ein Rehabilitierungsgesetz gab es noch nicht.

Die Regierungskommission ließ sich davon leiten, daß Gerichtsverfahren und -urteile gegen politisch Andersdenkende, ihre berufliche und gesellschaftliche Diskriminierung, die ideellen und materiellen Schäden, die ihnen zugefügt worden waren, beinahe ausnahmslos unmittelbar mit dem Wirken des ehemaligen MfS / AfNS zusammenhingen beziehungsweise auf dessen Aktivitäten zurückzuführen waren. Deshalb sah es die Regierungskommission als eine ihrer Aufgaben an, sich mit dem im Entstehen begriffenen Rehabilitierungsgesetz vertraut zu machen.

Der vierte Entwurf des Rehabilitierungsgesetzes, welcher der Regierungskommission vom Justizministerium vorgelegt wurde, war soweit gediehen, daß empfohlen werden konnte, ihm der Volkskammer zur Behandlung und Bestätigung vorzulegen. Die Regierungskommission ging davon aus, daß ein solches Gesetz dringend notwendig sei, um aus rechtspolitischen, juristischen, humanitären und sozialen Gründen jenes Unrecht zu beseitigen, das durch die Verletzung verfassungsmäßiger Grundrechte der Bürger zustande gekommen war. Sie begrüßte, daß der Gesetzentwurf sich nicht auf die strafrechtliche Rehabilitierung beschränkte, sondern auch solche Personen einbezog, denen durch verfassungswidrige Entscheidungen von staatlichen Organen oder Betrieben materielle, gesundheitliche oder andere Nachteile erwachsen waren oder die nach dem 8. Mai 1945 von alliierten Besatzungsmächten oder deren Behörden inhaftiert, interniert oder anderweitig in Gewahrsam genommen wurden.

Die *strafrechtliche Rehabilitierung* sollte sich dem Gesetzesentwurf zufolge auf Personen erstrecken,

- die politischen Widerspruch in Wort und Tat, durch friedliche Demonstration oder Zusammenschlüsse erhoben,
- gewaltlosen Widerstand geleistet,
- mit friedlichen Mitteln Einfluß auf die Genehmigung einer Ausreise aus der DDR genommen oder
- Kontakt zu ausländischen Dienststellen, Organisationen und Personen aufgenommen hatten, wobei Spionage- oder Agententätigkeit ausgeschlossen sein sollten.

Die Rehabilitierung sollte auch Personen umfassen, die wegen der Wahrnehmung ihrer verfassungsmäßigen politischen Grundrechte strafversetzt wurden oder erheblichen beruflichen oder anderweitigen schwerwiegenden Nachteilen ausgesetzt waren und deswegen die DDR entgegen den damals geltenden gesetzlichen Bestimmungen verließen oder verlassen wollten. Eine Rehabilitierung sollte jedoch ausgeschlossen sein, wenn solche Handlungen mit Gewalt oder unter Androhung von Gewalt begangen wurden oder wenn sie Kriegshetze oder -propaganda, faschistische oder militaristische Propaganda, Völker- oder Rassenhetze darstellten.

Die Rehabilitierten sollten Anspruch haben auf Rückgabe oder Entschädigung für Gegenstände oder andere Vermögenswerte, die in Zusammenhang mit der Verurteilung, derentwegen sie rehabilitiert wurden, durch gerichtliche Entscheidung eingezogen worden waren. Die Höhe der Entschädigung sollte dem Wiederbeschaffungswert der eingezogenen Gegenstände oder anderen Vermögenswerten entsprechen. Auch bezahlte Geldstrafen, Gebühren und Auslagen im Rahmen der Strafverfahren sollten erstattet werden. Es war auch daran gedacht, daß Rehabilitierten, die zu Freiheitsentzug verurteilt worden waren und diese Strafe verbüßt hatten, bei der Festsetzung der Renten oder sonstigen Versorgungsleistungen die Gesamtdauer des Freiheitsentzuges als Arbeitszeit angerechnet würde.

Die Frist, innerhalb deren ein Antrag auf Rehabilitierung gestellt werden konnte, betrug ein Jahr nach Inkrafttreten des Gesetzes. Anträge auf Rehabilitierung konnten dem Gesetzesentwurf nach die Betroffenen selbst und nach deren Tode auch die Ehegatten, Geschwister oder Verwandten in gerader Linie bei den zuständigen Gerichten stellen.

Die vorgesehene Rehabilitierung von Personen, die durch alliierte

Besatzungsmächte ungerechtfertigterweise inhaftiert, interniert oder anderweitig in Gewahrsam genommen wurden, war von den Betroffenen, die wegen Nichtigkeiten oder vollends grundlos oftmals langjährige Haftstrafen hinnehmen mußten, immer wieder gefordert worden. Zur selben Zeit erfuhr die Öffentlichkeit erstmals von Massengräbern, die in der Nähe von Oranienburg entdeckt worden waren und nachweislich aus der Zeit stammten, als die sowjetischen Besatzungsbehörden im ehemaligen Konzentrationslager Sachsenhausen Zehntausende inhaftiert hatten. Das Rehabilitierungsgesetz sah vor, daß Personen, denen von alliierten Besatzungsmächten Unrecht zugefügt worden war, die gleichen Ansprüche zugestanden werden sollten wie den strafrechtlich Rehabilitierten.

Keinen Anspruch auf Rehabilitierung sollten solche Personen haben, «die

- Verbrechen gegen den Frieden, gegen die Menschlichkeit begangen hatten oder an Kriegsverbrechen beteiligt waren,
- gegen die Alliierten oder deren Maßnahmen aktiv Widerstand geleistet hatten,
- wegen allgemeiner krimineller Handlungen in Gewahrsam genommen worden waren,
- Naziaktivist gewesen sind».

Darüber hinaus sah der Gesetzesentwurf auch die verwaltungsrechtliche Rehabilitierung vor. Diese war für alle Personen vorgesehen, denen in Verletzung ihrer verfassungsmäßig garantierten Grundrechte Nachteile durch solche Verwaltungsakte von Behörden der DDR entstanden waren. Die verwaltungsrechtliche Rehabilitierung sollte Personen betreffen,

- die enteignet worden waren,
- denen die Staatsbürgerschaft der DDR aberkannt worden war oder
- die aus dem Grenzgebiet der DDR zur BRD oder zu West-Berlin zwangsweise ausgesiedelt worden waren.

Der Gesetzesentwurf legte fest, daß es sich auch dann um eine mißbräuchliche Zufügung von Nachteilen handelte, wenn die Behörden das geltende Recht zwar richtig angewandt hatten, das Recht selbst aber im Widerspruch zur Verfassung stand oder rechtsstaatlichen Maßstäben nicht gerecht wurde.

Auch an die *berufliche Rehabilitierung* war gedacht. Diese bezog sich auf Personen, die wegen ungerechtfertigter staatlicher Sicherheitsforderungen ihre bisherige Tätigkeit ändern oder aufgeben mußten und dadurch berufliche Nachteile erlitten hatten. Solche betrieblichen Maßnahmen waren vielfach getroffen worden, wenn DDR-Bürger politische oder religiöse Anschauungen geäußert hatten, die den herrschenden Auffassungen widersprachen, wenn sie Verbindungen zu ausländischen Personen oder Einrichtungen unterhielten oder eine Übersiedlung in den Westen angestrebt hatten. Berufliche Benachteiligungen waren oft auch die Folge von politischen Strafurteilen oder Verwaltungsentscheidungen.

Im Falle ihrer Rehabilitierung hatten die Betroffenen Anspruch auf Wiederbegründung des früheren oder eines gleichwertigen Arbeitsverhältnisses unter der Bedingung, daß sie inzwischen noch nicht das Rentenalter erreicht hatten oder erwerbsunfähig geworden waren. Entzogene akademische Grade oder andere Titel sollten ab dem Zeitpunkt des Entzuges wieder gültig sein. Die Rehabilitierung begründete ferner einen Anspruch auf soziale Ausgleichszahlungen, wenn den Betroffenen durch betriebliche Entscheidungen im Falle einer politischen Verfolgung erhebliche Einkommensverluste entstanden waren.

Um gerichtliche Entscheidungen zu erleichtern, enthielt der Entwurf zum Rehabilitierungsgesetz einen Anhang, der jene Straftatbestände auflistete, auf deren Grundlage die unrechtmäßigen Verurteilungen erfolgt waren. Er wird zum besseren Verständnis der Gesamtsituation mit angefügt:

«Für eine Rehabilitierung kommen, sofern sie die allgemeinen Kriterien des § 2 erfüllen, insbesondere Personen in Betracht, die auf der Grundlage der im folgenden aufgeführten Straftatbestände verurteilt worden sind:

1. Strafgesetzbuch vom 15. Mai 1871
   - § 129 – Teilnahme an staatsfeindlichen Verbindungen
   - § 131 – Staatsverleumdung
2. Kontrollratsdirektive Nr. 38 vom 12. 10. 1946
   Artikel III A. III. – Erfindung und Verbreitung tendenzierter Gerüchte
3. Verfassung der DDR von 1949
   Artikel 6 – Boykotthetze gegen demokratische Einrichtungen und Organisationen (...) und alle sonstigen Handlungen

4. Strafrechtsergänzungsgesetz vom 11. Dezember 1957

§ 13 Ziffer 1	– Staatsverrat
§ 15	– Sammlung von Nachrichten
§ 16	– Verbindung zu verbrecherischen Organisationen oder Dienststellen
§ 19 Absatz 1 Ziffer 2	– Staatsgefährdende Propaganda und Hetze (nur in der Alternative der Hetze)
§ 19 Absatz 2	– Herstellung, Einführung oder Verbreitung hetzerischer Schriften und Gegenstände
§ 20	– Staatsverleumdung, soweit die Handlung nicht von § 137 Absatz 2 StGB (i. d. F. des 6. StÄG) erfaßt wird

5. Strafgesetzbuch vom 12. Januar 1968

§ 106 Absatz 1 Ziffern 1 bis 3	– Staatsfeindliche Hetze
§ 107 Absätze 1 und 2	– Staatsfeindliche Gruppenbildung
§ 108	– Staatsverbrechen gegen einen verbündeten Staat (soweit es eine Rehabilitierungsstraftat zum Gegenstand hat)
§ 218 Absatz 1	– Vereinsbildung zur Verfolgung gesetzwidriger Ziele
§ 220 Absätze 1 und 2	– Staatsverleumdung, soweit die Handlung nicht von § 137 Absatz 2 StGB (i. d. F. des 6. StÄG) erfaßt wird

6. Strafgesetzbuch von 1968 i. d. F. des 3. Strafrechtsänderungsgesetzes vom 28. Juni 1979

§ 99	– Landesverräterische Nachrichtenübermittlung
§ 100	– Landesverräterische Agententätigkeit

In bezug auf beide Straftatbestände ist davon auszugehen, daß durch sie die politische Meinungsäußerung im Ausland kriminalisiert wurde.

§ 106 Absätze 1 bis 4	– Staatsfeindliche Hetze
§ 139 Absatz 3	– Beleidigung, soweit die Handlung nicht von § 137 Absatz 2 StGB (i. d. F. des 6. StÄG) erfaßt wird
§ 213	– Ungesetzlicher Grenzübertritt, soweit die Voraussetzungen des § 3 Absatz 3 des Rehabilitierungsgesetzes vorliegen
§ 214 Absatz 1	– Beeinträchtigung staatlicher und gesellschaftlicher Tätigkeit (primär in der Alternative der Bekundung)
§ 215 Absatz 1	– Rowdytum (in der Alternative der groben Belästigung)
§ 217 Absatz 1	– Zusammenrottung
§ 218 Absatz 1	– Zusammenschluß zur Verfolgung gesetzwidriger Ziele
§ 219 Absatz 2 Ziffer 1 und 2	– Ungesetzliche Verbindungsaufnahme
§ 220 Absätze 1 und 2	– Öffentliche Herabwürdigung, soweit die Handlung nicht von § 137 Absatz 2 StGB (i. d. F. des 6. StÄG) erfaßt wird
§ 225	– Unterlassung der Anzeige, soweit dieser Straftatbestand sich auf die vorstehenden Strafgesetze bezieht.»

Das Rehabilitierungsgesetz wurde von der Volkskammer der DDR am 6. September 1990 beschlossen, aber nicht in den Einigungsvertrag übernommen.

Versorgungsleistungen für ehemalige Mitarbeiter des MfS

Seit dem Herbst 1989 gab es erregte Debatten über das Problem von Rentenzahlungen für ehemalige Mitarbeiter des MfS, die aus Altersgründen oder wegen Invalidität aus dem Dienst ausgeschieden waren, sowie über die Frage, ob diejenigen Mitarbeiter, die vor Erreichen der Altersgrenze ausscheiden mußten, Übergangsgelder erhalten sollten. Im Zusammenhang mit der beginnenden Auflösung des MfS/AfNS waren nämlich nicht nur die bisherigen Gehälter von MfS-Mitarbeitern bekanntgeworden, sondern auch die dementsprechend hohen Renten für ehemalige MfS-Angehörige. Die Erregung erhielt neue Nahrung, als bekannt wurde, daß Angehörige des MfS, die nicht in das neu zu schaffende Amt für Nationale Sicherheit übernommen werden sollten, drei Jahre lang eine Ausgleichszahlung bekommen sollten, die der Differenz zwischen ihrem bisherigen Gehalt und dem der neuen Arbeitsstelle entsprechen sollte – in manchen Fällen fünfstellige Summen. Als feststand, daß auch das AfNS aufgelöst wird und die Bildung eines Verfassungsschutzes vorgesehen war, sollte diese Regelung auf einen erweiterten Kreis ehemaliger Mitarbeiter angewandt werden. Der Zentrale Runde Tisch, zahlreiche Bürgerkomitees und eine immer größer werdende Anzahl von Bürgern wandten sich empört an die Regierung, die Volkskammer und an die Massenmedien des Landes mit der Forderung, diese Zahlungen umgehend zu beenden.

Die Koalitionsregierung Modrow verkürzte zunächst die Dauer, für die die Übergangsgelder gezahlt werden sollten, auf ein Jahr und leitete Maßnahmen zur Überprüfung der Rentenzahlungen ein. Anhaltende Proteste führten Anfang des Jahres 1990 zu der Entscheidung, die Ausgleichszahlungen ganz zu beenden. Das im Entstehen begriffene staatliche Komitee zur Auflösung des MfS/AfNS wurde beauftragt, Vorschläge für eine Neuregelung der Rentenzahlung an ehemalige MfS-Mitarbeiter zu erarbeiten und dabei mit dem Ministerium für Arbeit und Soziales zusammenzuarbeiten.

Schließlich kam ein Gesetzesentwurf zustande, der vorsah, die Ministerratsbeschlüsse vom 14. Dezember 1989, vom 1. Februar 1990 und vom 16. Mai 1990 aufzuheben. Vor allem aber sollte die Versorgungsordnung des ehemaligen MfS/AfNS mit Wirkung vom 30. Juni 1990 aufgehoben, und die bestehenden Versorgungen sollten in die allgemeine Rentenversicherung überführt werden.

Der Gesetzentwurf sah vor, daß die Alters- und Invalidenrente um

50 Prozent des die damalige Mindestrente (495,– DM) übersteigenden Betrages zu kürzen sei, 1200,– DM jedoch nicht überschreiten dürfe. Dieser Betrag wurde durch die Volkskammer bei der Beschlußfassung über den Gesetzesentwurf auf 990,– DM als Höchstgrenze reduziert.

Am 5. Juli 1990 beriet die Regierungskommission über einen Tagesordnungspunkt, der sich mit einem speziellen Aspekt des Gesetzes über die Aufhebung der Versorgungsordnung des ehemaligen MfS/AfNS befaßte. Paragraph 5 des Gesetzes sah vor, daß Ansprüche aus der Versorgungsordnung weiter gekürzt werden könnten, wenn der Berechtigte «in schwerwiegendem Maße seine Stellung zum eigenen Vorteil oder zum Nachteil anderer mißbraucht hat». Da eine so allgemein gehaltene Regelung der Willkür breiten Raum ließ, vertrat die Regierungskommission den Standpunkt, daß nur Gerichtsentscheidungen die Grundlage für weitere Kürzungen der Versorgungsleistungen bilden könnten. Innenminister Diestel wurde gebeten, diesen Standpunkt der Regierung mitzuteilen und zu versuchen, den Paragraphen 5 des genannten Gesetzes zu präzisieren.

Die Regierungskommission beschloß außerdem, sich noch einmal mit der gesamten Problematik der sozialen Leistungen und der Rentenmaßnahmen für ehemalige Angehörige des MfS/AfNS zu befassen; sie beauftragte den Leiter des staatlichen Komitees, dazu eine zusammenfassende Übersicht erarbeiten zu lassen. Diese lag der Regierungskommission in ihrer Beratung am 20. September 1990 vor und hatte folgenden Wortlaut:

«In Umsetzung der Regelungen des Gesetzes vom 29. Juni 1990 über die Aufhebung der Versorgungsordnung des ehemaligen Ministeriums für Staatssicherheit/Amtes für Nationale Sicherheit wurden mit Wirkung vom 01. Juli 1990 folgende Kürzungen von gewährten Leistungen vorgenommen:

Rentenart	Anzahl der Renten	Durchschnittliche Rentenhöhe vor 29. Juni	nach 01. Juli
Altersrenten	4476	1177,–	823,30
Invalidenrenten	4287	1505,–	926,40
Dienstbeschädigtenvollrenten	88	1207,–	844,25
Dienstbeschädigtenteilrenten	1296	191,–	142,00
Witwenrenten	3458	558,–	379,80
Halbwaisenrenten	467	443,–	308,00
Vollwaisenrenten	14	426,–	341,85

Gleichzeitig wurden 15870 Übergangsrenten in der durchschnittlichen Höhe von 820,– DM auf durchschnittlich 481,85 DM gesenkt.

Damit wurden die bisher gewährten Sozialleistungen für ehemalige Angehörige des Ministeriums für Staatssicherheit / Amtes für Nationale Sicherheit um 9,8 Mio DM monatlich gekürzt.

Zum 30. September 1990 wurden weitere Leistungsgewährungen reduziert bzw. ersatzlos eingestellt:

a) Hinterbliebenenrenten an erwerbsfähige Witwen, die bereits 2 Jahre gewährt wurden, werden eingestellt.
b) Hinterbliebenenrenten an erwerbsfähige Witwen, die noch nicht 2 Jahre gewährt wurden, werden bis zum Ablauf der Zahlungsfrist auf 270,– DM reduziert.

Die Zahlung der Übergangsrenten wird mit Wirkung vom 31. Dezember 1990 eingestellt.

Die von der Regierungskommission zur Auflösung des Amtes für Nationale Sicherheit beschlossene Regelung zur weiteren Kürzung bzw. Aberkennung von Ansprüchen aus der Versorgungsordnung für ehemalige Angehörige, die in schwerwiegendem Maße ihre Stellung zum eigenen Vorteil oder zum Nachteil anderer mißbraucht haben, kam bisher nicht zur Anwendung, da vom Generalstaatsanwalt keine Mitteilungen über rechtskräftige Verurteilungen ehemaliger Angehöriger vorliegen.

Die nach § 5, Absatz 3 des Gesetzes vom 29. Juni 1990 vorzunehmenden Nachbegutachtungen von insgesamt 1085 Invalidisierungen nach dem 01. Oktober 1989 wurden eingeleitet. Von den bisher durch die Bezirksgutachterärztekommissionen überprüften 235 Erstgutachten wurden 126 bestätigt. Für 76 Betroffene wurden medizinische Nachuntersuchungen angeordnet. Die Zahlung von 33 Invalidenrenten wurde im Ergebnis der Nachbegutachtung eingestellt.

Nach dem erfolgten Beitritt der DDR zur Bundesrepublik Deutschland am 03. Oktober 1990 sind, vorbehaltlich der Ratifizierung, die Regelungen des Vertrages zwischen der BRD und der DDR über die Herstellung der Einheit Deutschlands – Einigungsvertrag – insbesondere Anlage II, Kapitel VIII, Sachgebiet H: gesetzliche Rentenversicherung, Abschnitt III, Punkt 9 (S. 331), Regelungen für Sonder- und Zusatzversorgungssysteme (Versorgungssysteme) anzuwenden. Danach sind die erworbenen Ansprüche und Anwartschaften aus Versorgungssystemen auf Leistungen wegen verminderter Erwerbsunfähigkeit, Alter und Tod, soweit dies noch nicht geschehen ist, bis zum 31. Dezember 1991 in die Rentenversicherung zu überführen. Das betrifft die Überführung der

- Alters-/Invaliden-/Hinterbliebenenrenten an die Rentenversicherung (ca. 13500 Renten) und der
- Dienstbeschädigtenvoll-/-teilrenten an die Unfallversicherung (ca. 1500 Renten).

Die dazu eingeleiteten Maßnahmen sind mit den nach dem 03. Oktober 1990 zuständigen Leistungsträgern weiter zu präzisieren.

In der Zeit seit Inkrafttreten des Gesetzes vom 29. Juni 1990 ist das Staatliche Komitee mit einer Reihe von Widersprüchen und ungelösten Fragen der sozialen Absicherung ehemaliger Angehöriger konfrontiert, die aus beschlossenen Rechtsvorschriften, wie z. B. dem Arbeitsförderungsgesetz vom 22. Juni 1990, der Verordnung über den Vorruhestand vom 08. Februar 1990, resultieren.

Das dokumentiert sich in den allein im Staatlichen Komitee Berlin, Bereich personelle und soziale Fragen, vorliegenden 2312 mündlichen bzw. schriftlichen Eingaben, Anfragen und Protesten. Diese konzentrieren sich auf folgende Schwerpunkte:

1. Mit dem Wegfall der Übergangsrenten per 31. Dezember 1990 haben die ehemaligen Angehörigen, die bereits länger als 2 Jahre diese Leistungen erhielten und deshalb in keinem Beschäftigungsverhältnis standen, keinen Anspruch auf Arbeitslosengeld (laut Arbeitsförderungsgesetz vom 22. Juni 1990). Gleiches trifft auch für die Gewährung von Arbeitslosenhilfe zu (betr. ca. 1700 ehemalige Angehörige).
2. Ehemalige Angehörige im entsprechenden Lebensalter konnten eine Leistung gemäß der Verordnung über den Vorruhestand vom 08. Februar 1990 nicht beanspruchen, da sie aus einem Dienst- und nicht aus einem Arbeitsverhältnis ausgeschieden sind. Für die Inanspruchnahme der mit dem Einigungsvertrag getroffenen Regelung auf die Gewährung von Altersübergangsgeld fehlen die Anspruchsvoraussetzungen. Für sie wird die Zahlung der Übergangsrente per 31. Dezember 1990 eingestellt (betr. ca. 1400 ehemalige Angehörige).
3. Für erwerbsfähige Witwen, für die die Zahlung einer Witwenrente ab 01. Oktober 1990 wegen Fristenablauf eingestellt wird, besteht auch bei Arbeitslosigkeit kein Anspruch auf Arbeitslosengeld, wenn

sie in der Rahmenfrist von 3 Jahren nicht mindestens 1 Jahr in einem Beschäftigungsverhältnis standen.

4. Ehemalige Angehörige, deren Leistungsanspruch auf Übergangsrente sich auf 50 %igen Körper- und Gesundheitsschaden gründet, haben mit Wegfall dieser Leistung durch ihre geminderte Erwerbsfähigkeit spürbare soziale Einbußen zu verzeichnen (betr. ca. 1400 ehemalige Angehörige).

Bei dem Personenkreis handelt es sich in der Regel um ehemalige Angehörige im Alter ab 50 Jahren bzw. ab 60 (Männer) oder 55. Lebensjahr (Frauen), die aufgrund der gegenwärtigen Lage auf dem Arbeitsmarkt nur sehr schwer bzw. kaum vermittelbar sind. Dadurch entstehen in erheblichem Maße soziale Härtefälle.

Schlußfolgerungen

Nach dem Inkrafttreten des Einigungsvertrages sollte die Möglichkeit der Realisierung nachstehender Vorschläge geprüft werden:

1. Schaffung eines Zugangs zur Gewährung von Altersübergangsgeld für ehemalige Angehörige in höherem Lebensalter (ab 57. Lebensjahr). (ca. 700 Anträge liegen bereits vor.)
2. Schaffung einer Möglichkeit des Zugangs zu Lohnersatzleistungen nach dem Arbeitsförderungsgesetz.
3. Regelung zum Bezug einer Berufsunfähigkeitsrente für ehemalige Angehörige, die aufgrund eines 50 %igen Körper- und Gesundheitsschadens Leistungsempfänger aus der Versorgungsordnung waren.

Zur Überprüfung der Bestandsrenten in die Renten- bzw. Unfallversicherung sind entsprechende Regelungen zu treffen.»

Die Regierungskommission stimmte der Vorlage zu und beauftragte den Leiter der Rechtsabteilung des Ministeriums des Innern, Prof. Dr. Schüßler, die ungelöst gebliebenen sozialen Fragen den zuständigen Ressorts des Bundesinnenministeriums zur Entscheidung vorzulegen.

Einrichtung einer Forschungs- und Gedenkstätte

Nachdem der Ministerrat der DDR – einer Anregung des Zentralen Runden Tisches folgend – am 16. Mai 1990 den Minister für Kultur beauftragt hatte, gemeinsam mit dem Innenminister die Bildung einer Forschungs- und Gedenkstätte für die Opfer des Stalinismus in der DDR vorzubereiten, das heißt konzeptionelle Vorschläge zu unterbreiten und die materiellen, finanziellen und personellen Voraussetzungen dafür zu schaffen, nahm die Regierungskommission am 30. August 1990 zu dieser Problematik Stellung.

Bereits Ende März 1990 hatten sich Mitglieder des Bürgerkomitees Normannenstraße an verschiedene Parteien und Institutionen sowie an die Regierungsbevollmächtigten gewandt und ihre Vorstellungen über die Bildung einer solchen Forschungs- und Gedenkstätte unterbreitet. Heinz Meier teilte in ihrem Namen in einem Schreiben mit, daß als Räumlichkeiten an das Haus I des ehemaligen MfS in der Normannenstraße gedacht war. Hier war bis zum Herbst 1989 der Sitz des früheren Ministers für Staatssicherheit, Erich Mielke, und einiger seiner Stellvertreter. Die damaligen Vorstellungen sahen vor, 56 Mitarbeiter mit Arbeitsvertrag und zwölf auf Honorarbasis zu beschäftigen; der Jahresetat sollte insgesamt 3,6 Millionen Mark betragen bei vermuteten Einnahmen in Höhe von 0,7 Millionen Mark pro Jahr.

Der Regierungsbeauftragte Fritz Peter hatte auf diese Vorschläge am 29. März 1990 im Auftrag der Regierungsbevollmächtigten geantwortet, daß die neue Regierung eine solche Nutzungsmöglichkeit von Haus I des ehemaligen MfS billigen sollte; wegen der schwierigen Finanzlage sei es aber unwahrscheinlich, in der geplanten personellen und finanziellen Größenordnung vorgehen zu können. Peter empfahl daher, zunächst mit zwei bis drei Mitarbeitern, die vom staatlichen Komitee bezahlt werden könnten, die weitere konzeptionelle Arbeit voranzubringen.

Als sich die Regierungskommission am 30. August 1990 mit den Arbeiten zum Aufbau einer solchen Forschungs- und Gedenkstätte befaßte, war noch nicht viel geschehen, was die Hoffnung gerechtfertigt hätte, daß ein solches Vorhaben bald realisiert werden könnte. Das Ministerium für Kultur hatte sich außerstande erklärt, finanzielle Mittel bereitzustellen, und zudem darauf verwiesen, daß die Kulturhoheit in Kürze auf die Länder übergehen werde. Das staatliche Komitee, das nur noch begrenzte Zeit tätig sein würde, war lediglich in der Lage, drei Mitarbeiter bis Jahresende 1990 zu bezahlen.

Heinz Meier, der als Gast zu dieser Beratung geladen war, teilte mit, daß sich inzwischen aus interessierten Bürgern eine «Stiftung antistalinistische Aktion Normannenstraße» gebildet habe, die mit Förderern und Sponsoren rechne. Sie wolle sich den Zielen und Aufgaben widmen, die in einem Informationspapier des staatlichen Komitees enthalten waren, welches der Regierungskommission vorlag.

Demnach sollte sich die Forschungs- und Gedenkstätte für die Opfer des Stalinismus in der DDR dem Gedanken verpflichtet fühlen, «die gesellschaftskritische Auseinandersetzung mit den politischen Entwicklungsprozessen auf dem Gebiet der DDR in den letzten Jahrzehnten unter besonderer Berücksichtigung der Rolle des MfS zu erforschen, anhand von Sachzeugen zu dokumentieren sowie durch die Schaffung von Begegnungsmöglichkeiten die aktive Auseinandersetzung der Bürger mit ihrer Geschichte zu fördern».

Bis Ende 1990 solle Sachmaterial gesammelt und inventarisiert, bis Anfang November 1990 eine erste Ausstellung vorbereitet und mit dem Aufbau einer themenbezogenen Handbibliothek begonnen werden. Das staatliche Komitee erklärte sich bereit, bis zur endgültigen Klärung der Rechtsträgerschaft im Haus I Normannenstraße geeignete Räumlichkeiten zur Verfügung zu stellen sowie Arbeitsmaterialien und «Sachzeugen» (Inventar, Arbeitsausrüstungen wie Kameras, Abhörgeräte etc.) als Leihgabe zu überlassen.

Die Forschungs- und Gedenkstätte sollte in drei thematische Bereiche gegliedert werden: ein musealer Bereich, ein Bereich, der sich der Forschung und Dokumentation widmen sollte, sowie ein dritter Bereich für Öffentlichkeitsarbeit, dem eine Bibliothek zuzuordnen sei.

Der Regierungskommission wurde folgende Funktionsstruktur der Forschungs- und Gedenkstätte unterbreitet:

«Struktureinheiten	Funktionen
Koordinierung	Leitung, Rechtsvertretung, Finanzen und Buchhaltung, Koordinieren und Initiieren von Projekten und Forschungsaufgaben, Kontakt zu anderen Einrichtungen auf nationaler und internationaler Aufgabenabstimmung Personal: Sekretär bzw. Geschäftsführer, Finanzsachbearbeiter, Jurist, Schreibkräfte

Sammlung/ Dokumentation	Sammeln, Pflegen, Bewahren und Erfassen von Sachzeugen, Inventarisation, Aufbereitung für Ausstellung, Dokumentieren, Fotografieren, Einrichtung eines Kataloges und einer Diathek, Beratung von Benutzern (Wissenschaftlern und interessierten Laien), Betreuung von Sammlungskabinetten
Öffentlichkeitsarbeit	Ausstellungstätigkeit Ständige Ausstellung in originalen und Funktionsräumen, thematische Dokumentation und Gesamtdarstellungen Sonderausstellungen zu speziellen Themen, Einzeldarstellungen, Kunst und politische Themen usw. Planung, Gestaltung und Aufbau sowie Aufsicht, Sicherheit und Ausstellungstechnik (auch Foto- und Vervielfältigungstechnik) Pädagogik Besucherbetreuung, Führungen, Organisation von Vorträgen, Gesprächen und Symposien, Zusammenarbeit mit Bildungseinrichtungen (Schulen, Universitäten usw.), Sprachmittlung (Übersetzungen – d. V.), Filmvorführung und Diavorträge Personal: Pädagogen, Museumspädagogen, Sprachmittler (Dolmetscher – d. V.), Filmtechniker Publikation, Werbung, Kontakte Erarbeitung, Redaktion, Herausgabe und Vertrieb von Informations- und Werbematerialien zur Thematik. Herausgabe von wissenschaftlichen und populärwissenschaftlichen Publikationen, Zusammenarbeit mit anderen Einrichtungen (Außenbeziehungen), Planung, Vorbereitung, Durchführung und Vermittlung von Veranstaltungen Personal: Gebrauchswerber, Journalisten, Organisator (Sachbearbeiter)
Archiv/Bibliothek	Archivieren: Sammeln, Systematisierung und Dokumentieren des Archivgutes, Einrichtung eines Verwaltungsarchivs, Herausgabe von Archivberichten, Übersichten und Dokumentationen, Einrichten und Betreuen von Studienkabinetten für Benutzer und Zuarbeit für Forschungszwecke

Bibliothek:
Anlegen einer Präsenzbibliothek, Benutzerbetreuung und Beratung, Einrichtung eines Lesekabinettes im Ausstellungsbreich (Lesecafé), Beschaffung von Literatur

Personal: Archivar, Bibliothekar, Bibliothekstechniker»

Abschließend stimmte die Regierungskommission dem Grundinhalt des Vorhabens zur Bildung einer Forschungs- und Gedenkstätte zu, wie sie in der Vorlage des Komitees geschildert und von Heinz Meier mündlich vorgestellt worden war.

Dem staatlichen Komitee wurde empfohlen, an den Bundesinnenminister – den Rechtsnachfolger des Staatlichen Komitees – einen Antrag auf Überlassung des Hauses I Normannenstraße für den genannten Zweck zu richten.

Aus dem Entwurf der Funktionsstruktur der Forschungs- und Gedenkstätte sollte durch das Staatliche Komitee in Zusammenarbeit mit dem Vorstand der Stiftung ein unter den gegebenen Umständen realisierbares Konzept entwickelt, die begonnene Arbeit sollte aber auf jeden Fall weitergeführt werden. Inzwischen ist in den ehemaligen Diensträumen Erich Mielkes in der Normannenstraße ein kleines Museum eröffnet worden.

Arbeit an dem Gesetz zum Umgang mit den personenbezogenen Daten des ehemaligen MfS / AfNS

Die Regierungskommission beriet während ihrer Tätigkeit mehrmals über den künftigen Umgang mit den personenbezogenen Daten des ehemaligen MfS / AfNS, der nach wie vor ungeregelt war. Sie ging davon aus, daß in der Zeit, in der die DDR noch bestehen würde, die Volkskammer ein Gesetz verabschieden müßte, das dann Bestandteil des Einigungsvertrages werden sollte.

In ihrem Auftrag erarbeiteten das Staatliche Komitee und später die Rechtsabteilung des Innenministeriums Entwürfe eines entsprechenden Gesetzes. Eine Zeitlang arbeiteten Regierungskommission und Volkskammersonderausschuß zur selben Zeit, jedoch unabhängig voneinander, an solchen Entwürfen. [Dieser Werdegang wird auf den Seiten 289 ff. beschrieben.]

Als die Regierungskommission am 20. September 1990 ihre Tätigkeit beendete und feststand, daß das von der Volkskammer am 24. August 1990 beschlossene und am 30. August 1990 noch einmal bekräftigte Gesetz nicht in den Einigungsvertrag übernommen wurde, wandte sie sich mit folgender von Stefan Heym erarbeiteten Erklärung an die Öffentlichkeit:

«Die Kommission, die den Innenminister in Sachen der weiteren Verfügung über die Stasi-Akten beraten sollte, war sich von vornherein im klaren, daß ihre Beschlüsse, was sie auch sein mochten, nur Gültigkeit haben würden, solange die DDR noch existiere. Die Kommission hoffte jedoch, Vorschläge vorzulegen, die so einleuchtend und vernünftig sein würden, daß auch jene, denen nach dem 03. Oktober 1990 die Entscheidungen obliegen würden, sie akzeptieren könnten.

Die Hauptfrage war von vornherein: Vernichten oder Aufbewahren. Die Akten, etwa sechs Millionen insgesamt, waren eine Dokumentation menschlicher Selbsterniedrigung: hier bespitzelte der Nachbar den Nachbarn, der Bruder den Bruder, der Sohn den Vater, die eigene Frau ihren Mann, und all das war säuberlich niedergeschrieben und abgeheftet und stand in kilometerlangen Reihen in den festungsartigen Bauten der Staatssicherheit in allen größeren Städten der DDR und besonders in Berlin.

Das Zeug dem Reißwolf zu übergeben, wäre eine seelische Erleichterung gewesen nicht nur für Mitglieder der Kommission: tabula rasa und Neuanfang und fertig.

Aber was da lag, zunächst schlecht bewacht und dem Zugriff jedes x-beliebigen preisgegeben, war nicht nur diese Art von Dynamit: es war auch historisches Material. Kaum je in der Geschichte eines Landes ist eine Periode so ausführlich und gründlich dokumentiert worden wie diese vierzig Jahre DDR durch ihre Geheimpolizei. Kein Winkel des menschlichen Lebens, der da nicht durchstöbert, kein Aspekt menschlicher Gedanken, der da nicht durchleuchtet worden wäre. Das alles zu zerstören, hätte die Vernichtung von Unersetzlichem bedeutet, die Enkel hätten es uns nie verziehen.

Außerdem befanden sich in manchen dieser Akten die Beweise für die absolute Ehrenhaftigkeit zahlloser Bürger, die durch die Machenschaften der Stasi unschuldig ins Gefängnis gekommen oder des Landes verwiesen worden waren und Verluste an Stellung und Eigentum und andere Unbill erlitten hatten. Diese hatten ein Anrecht auf Entschädigung und Rehabilitierung, und hier war das Material, auf dem ihre Ansprüche basieren konnten.

Aber, und das war das Komplizierte, auch der Anlaß für weiteren Zwist und Streit, ja für Mord und Totschlag, fand sich in diesen Papieren und Bändern; wer hätte sich nicht rächen wollen an vermeintlichen oder echten Denunzianten, eine blutige Saat würde ausgehen von den Akten der Stasi, falls sie in unrechte Hände gerieten, und auf Jahre hinaus würde alles öffentliche Leben in Deutschland vergiftet sein und Erpressern aller Art wären Tür und Tor geöffnet.

Die Kommission mußte also Wege finden, die Akten sicherzustellen und zuverlässig aufbewahren zu lassen, und Verfahrensweisen, durch die sie einerseits vor dem Zugriff Unberufener geschützt sein und andererseits Zutritt zu ihnen für legitime Zwecke – also für juristische und historische – gewährleistet sein würden.

Als Aufbewahrungsort empfahl die Kommission eine noch zu bestimmende Stelle auf dem Gebiet der DDR beziehungsweise in den Ländern, die auf diesem Gebiet entstehen würden. Die Verfügungsgewalt sollte nach Bestimmungen, die noch festzulegen waren, ein Sonderbeauftragter haben, dem ein Beirat zur Seite stehen würde, alles integre Personen mit DDR-Vergangenheit, die das Vertrauen der Bevölkerung genossen. Die Bindung des Materials an das Gebiet und die Menschen der DDR war erforderlich nicht etwa, weil irgend jemand in der Kommission so besonders gierig auf den Besitz der Akten gewesen wäre, sondern weil diese einen Teil der Vergangenheit der DDR und ihrer Bürger darstellten und nötig waren zur Aufarbeitung und Bewältigung dieser Vergangenheit.

Gedanken und Empfehlungen der Kommission fanden ihren Niederschlag in den Gesetzen, welche die Volkskammer am 24. August und 14. September 1990 annahm.

Die Kommission bedauert, daß das von ihr gewünschte Rehabilitierungsgesetz sowie das Gesetz über den Umgang mit personenbezogenen Daten des ehemaligen MfS nicht in vollem Umfang in den Einigungsvertrag übernommen wurden.

Die Kommission hofft, daß Sinn und Inhalt dieser Gesetze ihre Gültigkeit behalten werden, auch nachdem Deutschland eines geworden ist.»

d) Der Sonderausschuß der Volkskammer zur Kontrolle der Auflösung des MfS / AfNS

Bereits am 20. März 1990 – fünf Tage nach der Wahl – hatte sich das Bürgerkomitee Normannenstraße an die in der Volkskammer vertretenen Parteien mit der Bitte gewandt, zum frühestmöglichen Zeitpunkt einen Kontrollausschuß zur Auflösung des MfS zu bilden, um die Arbeit des Staatlichen Komitees auch in Zukunft überwachen zu können. Am 31. Mai 1990 kam es dann durch einen Antrag aller Fraktionen der Volkskammer der Deutschen Demokratischen Republik zur Bildung dieses Ausschusses. Am 7. Juni 1990 wurde dieser Antrag in Form einer Beschlußempfehlung des Innenausschusses der Volkskammer in der Drucksache Nr. 27a zur Abstimmung gestellt. Bereits die Beschlußempfehlung legte fest, sachkundige Vertreter der Bürgerkomitees mit beratender Stimme hinzuzuziehen. Ein Zusatzantrag der Fraktion der Liberalen in der Drucksache Nr. 27b benannte neben der allgemeinen Kontrolle der Auflösung des MfS / AfNS drei weitere Schwerpunkte der Arbeit des Sonderausschusses: Zum einen sollte sich der Sonderausschuß mit den Vorkommnissen in der Nervenklinik Waldheim bei Leipzig befassen, wo es zu einer Zusammenarbeit mit dem Staatssicherheitsdienst gekommen sein sollte; zum zweiten wurde eine Untersuchung zu den geplanten Internierungslagern des MfS angeregt; zum dritten wurden Recherchen zu den sowjetischen Internierungslagern auf dem Gebiet der späteren DDR gefordert. Beiden Anträgen stimmte die Volkskammer zu.

Aufgrund der Hinweise auf Verbindungen zwischen dem Ministerium für Staatssicherheit und der Rote-Armee-Fraktion brachte wiederum die Fraktion der Liberalen am 20. Juni 1990 einen Antrag ein (Drucksache 117), der den Sonderausschuß beauftragte, auch die Vernetzung des MfS / AfNS mit internationalen und nationalen Terroristenorganisationen sowie mit einzelnen Terroristen und deren Tätigkeit aufzudecken.

Zu seiner konstituierenden Sitzung kam der Sonderausschuß am 21. Juni 1990 unter Leitung des stellvertretenden Präsidenten der Volkskammer, Reinhard Höppner, zusammen.

Die Mitglieder des Sonderausschusses gehörten allen Fraktionen der Volkskammer an: drei Abgeordnete der Fraktion CDU / DA, zwei Abgeordnete der PDS, zwei der SPD und jeweils ein Abgeordneter den

Fraktionen von Bündnis 90/Grüne, den Liberalen, der DSU sowie der DBD/DFD. Zu seinem Vorsitzenden wählte der Ausschuß Joachim Gauck, Abgeordneter der Fraktion Bündnis 90/Grüne.

Wie durch den Innenausschuß der Volkskammer empfohlen, spielte schon in dieser ersten Sitzung die Zusammenarbeit mit den Bürgerkomitees eine wichtige Rolle. Der Koordinator des Bürgerkomitees in der Berliner Normannenstraße, David Gill, wurde zum Sekretär des Ausschusses berufen. Darüber hinaus wurde beschlossen, aus den Bürgerkomitees zur Auflösung der Bezirksverwaltungen und der Zentrale des ehemaligen MfS Mitarbeiter zu gewinnen, die die Aufgaben des Sonderausschusses vor Ort übernehmen sollten. Diese sollten durch die jeweiligen Bürgerkomitees benannt werden und nahmen zum großen Teil auch mit beratender Stimme an den Sitzungen des Sonderausschusses teil.

Schon bald stellte sich heraus, daß die in den Anträgen Drucksache Nr. 117 und Nr. 27b genannten Aufgaben des Sonderausschusses neben der allgemeinen Kontrolle der Auflösung des MfS nicht zu bewältigen wären. Deshalb wurde auf Antrag aller Fraktionen der Volkskammer der DDR am 5. Juli 1990 ein parlamentarischer Untersuchungsausschuß gebildet, der sich allein mit den Vorgängen um die psychiatrische Klinik in Waldheim und ähnlich gelagerten Fällen des Mißbrauchs von medizinischen Einrichtungen durch das MfS/AfNS widmen sollte.

Das besondere Interesse des Sonderausschusses konzentrierte sich anfangs auf die Arbeit des Staatlichen Komitees. Vor allem die Personalpolitik des Staatlichen Komitees, für die das Innenministerium der damaligen DDR die Verantwortung trug, war einer der herausragenden Kritikpunkte. Immer wieder wurde angemahnt, daß die Konzentration von ehemaligen Mitarbeitern des MfS vor allem im Archivbereich, aber auch bei den Arbeitsstäben in den einzelnen Bezirken unbedingt verringert werden müsse.

Der erste Schwerpunkt der Arbeit des Sonderausschusses war die Problematik der Offiziere im besonderen Einsatz (OibE). Die Regierungskommission hatte das Staatliche Komitee beauftragt, diese Personen, die immer noch zum Teil hohe Funktionen in Staatsapparat und anderen Bereichen ausübten, zu ermitteln. An der Aufrichtigkeit und Ernsthaftigkeit des Staatlichen Komitees, an dieses Problem heranzugehen, bestanden im Sonderausschuß erhebliche Zweifel, zumal ausgerechnet solche Personen mit dieser Aufgabe betraut waren, von denen angenommen wurde, daß sie selber durch eine MfS-Mitarbeit belastet waren.

Der Ausschuß beschloß deshalb am 27. Juni 1990, sich dieser Aufgabe selbst anzunehmen. Noch am gleichen Tage versiegelten die Abgeordneten persönlich die Besoldungsstammkartenkartei des MfS, die über eine eventuelle Tätigkeit als OibE Auskunft geben konnte, um etwaige Manipulationen zu verhindern. In den darauffolgenden Tagen wurden anhand der Besoldungsstammkartenkarteien Listen mit den Namen der OibE zusammengestellt. Diese Listen waren quantitativ und qualitativ sehr mangelhaft, was kurz darauf ein aufgefundenes «Finanzprojekt» aus dem Jahre 1989 bestätigte. Dieses Finanzprojekt, in dem alle Gehaltsempfänger des MfS von 1989 verzeichnet waren, diente dem staatlichen Komitee noch bis in den Sommer 1990 hinein zur Berechnung der Renten und Arbeitslosenunterstützungen für ehemalige Mitarbeiter des MfS / AfNS. Der Sonderausschuß ließ sich eine Kopie dieses Besoldungsprojektes in Form von Computerbändern aushändigen, um anhand dieses Materials eine neue, erweiterte OibE-Liste zusammenzustellen. Die Mitarbeiter des Sonderausschusses begannen dann zu recherchieren, wo diese ehemaligen OibE tätig waren.

Zur Herauslösung der OibE vor allem aus höheren Positionen führten die Abgeordneten sowohl mit den Betroffenen als auch in Einzelfällen mit der personalführenden Stelle Gespräche, um sie zu einer Kündigung beziehungsweise Entlassung zu bewegen. Vor allem in den Bezirken ist dieses Ziel weitgehend erreicht worden. Bei der Vielzahl der Offiziere im besonderen Einsatz im Berliner Bereich war es jedoch dem Sonderausschuß schon nach kurzer Zeit nicht mehr möglich, alle diese Gespräche selber zu führen. Deshalb wurden vor allem die Ministerien gebeten, ihre Mitarbeiter durch den Sonderausschuß dahingehend überprüfen zu lassen, ob unter ihnen eventuell ehemalige OibE zu finden wären. Dies ist dann anhand von Computervergleichen in den nächsten Monaten zum größten Teil geschehen.

Sowohl bei der Arbeit des Sonderausschusses als auch bei der Tätigkeit des Ausschusses, der die Überprüfung der Abgeordneten vornehmen sollte, kam es immer wieder zu Diskrepanzen mit Innenminister Peter-Michael Diestel. Ausgelöst durch die Übernahme des «Lohnprojektes» durch den Sonderausschuß sowie durch das Bestreben des sogenannten Überprüfungsausschusses der Volkskammer, die MfS-Akten über die Volkskammerabgeordneten in Berlin zusammenzuführen, verfügte der Innenminister am 10. Juli 1990 die Sperrung der Archive des ehemaligen MfS für die Abgeordneten beider Ausschüsse. Aus Sicht des Innenministeriums maßten sich die Ausschüsse exekutive Befugnisse an. Die Sperrung der Archive war Anlaß dafür, daß sich das Präsidium der Volkskammer auf seiner Sitzung am 11. Juli 1990 mit diesem Problem beschäftigte. Neben den beiden Ausschußvorsitzenden Gauck und Brinksmeier nahm auch Innenminister Diestel an dieser Sitzung teil. Sie hatte zum Ergebnis, daß der Sonderausschuß seine Tätigkeit ungehindert fortsetzen könne, im Falle von Aktentransporten jedoch eine einvernehmliche Lösung mit dem Innenministerium gefunden werden sollte. Um weiteren Auseinandersetzungen vorzubeugen, entstand unter Einbeziehung und Vermittlung der Regierungskommission eine Übereinkunft zwischen dem Sonderausschuß der Volkskammer und dem Ministerium des Innern, die am 8. August 1990 unterzeichnet wurde.

Diese regelte eine engere Zusammenarbeit zwischen dem Ministerium des Innern und dem Sonderausschuß. Das Ministerium des Innern sicherte dem Sonderausschuß dabei unter anderem folgende Unterstützung zu:

- ständige Teilnahme an den Beratungen der Regierungskommission sowie des Leiters des Staatlichen Komitees mit den Leitern der Bezirksstäbe,
- Anfertigung von protokollarisch belegten Kopien personenbezogener Daten, soweit dies erforderlich ist,
- Regelung von Aktentransporten,
- Zurverfügungstellung von Erkenntnissen unter anderem zu Verbindungen zwischen RAF und MfS.

Ein weiterer Schwerpunkt der reichlich dreimonatigen Tätigkeit des Sonderausschusses war die Erarbeitung eines Gesetzes zum Umgang mit den personenbezogenen Unterlagen des ehemaligen Staatssicherheitsdienstes. Dieses war dringend notwendig, da bisher eine Regelung lediglich durch den Ministerratsbeschluß vom 16. 5. 1990, nicht jedoch durch ein eigenes Gesetz erfolgt war.

Erste Sichtungen solcher personenbezogenen Daten, die in kilometerlangen Reihen in den MfS-Archiven aufbewahrt wurden, hatten zum Teil Erschreckendes zutage gebracht. Da waren Angaben zusammengetragen worden, die bis ins kleinste Detail Auskunft darüber gaben, was die Betreffenden dachten, woher sie Post bekommen hatten und was in ihren Briefen stand; der Inhalt von Telefongesprächen war wiedergegeben, ja selbst die Intimsphäre nicht ausgespart worden. Die Akten enthielten aber auch den exakten Nachweis, wer alles aus dem Freundeskreis, der Nachbarschaft, selbst aus der eigenen Familie dem MfS Auskunft gegeben hatte; sie belegten, wer inoffizieller Mitarbeiter war und was er dem MfS berichtet hatte. Oftmals hatten diese Berichte weitreichende Folgen für die darin Denunzierten – bis hin zu schwerwiegenden beruflichen Nachteilen.

Was sollte mit all diesen Unterlagen geschehen? Sollte alles sofort und ohne jede Einschränkung jedermann zugänglich gemacht werden? War es besser, zunächst alles unter Verschluß zu halten, oder wäre es am besten, alles zu vernichten, da dieses Material unter verfassungswidrigen Bedingungen zusammengetragen worden war und folglich in rechtsstaatlichem Sinne keine Beweiskraft haben kann? Und wenn nein, wo sollten die personenbezogenen Unterlagen, die zum Teil in der Zentrale, zum Teil in den Bezirksverwaltungen des MfS lagerten, endgültig aufbewahrt werden – zentral oder dezentral?

Schon einige Wochen nach der «Wende» in der DDR hatten sich der Zentrale Runde Tisch, seine Arbeitsgruppe Sicherheit und die Bürgerkomitees mit dieser Problematik befaßt. Ein erstes Ergebnis dieser Diskussionen war die Entscheidung, daß alle personenbezogenen Daten des ehemaligen MfS / AfNS grundsätzlich gesperrt seien, was der Ministerratsbeschluß vom 8. Februar 1990 schließlich bestätigte. Zu diesem Zeitpunkt bestand weitgehend Übereinstimmung darin, daß eine endgültige Entscheidung erst von einer Volkskammer getroffen werden könnte, die aus freien Wahlen hervorgegangen wäre. Bis dahin sollte das Aktenmaterial von zuverlässigen Mitarbeitern unter Kontrolle von Beauftragten der Runden Tische und der Bürgerkomitees geordnet und sicher aufbewahrt werden.

Die Regierungskommission befaßte sich am 5. Juli 1990 zum erstenmal mit einem Entwurf zu einem entsprechenden Gesetz, der in ihrem Auftrag durch das Staatliche Komitee erarbeitet worden war. Dieser erste Entwurf beinhaltete bereits zwei wesentliche Eckpunkte eines zukünftigen Gesetzes: Paragraph 3 sah vor, daß «die Erhebung, Verarbeitung, Nutzung und Weitergabe personenbezogener Daten (...) für eine geheimdienstliche Tätigkeit (...)» verboten sei.

Paragraph 7 dieses Entwurfes sah vor, daß jeder Bürger das Recht haben sollte, «selbst oder durch einen Rechtsanwalt beim Sonderbeauftragten Auskunft zu beantragen, ob über ihn im Bestand des ehemaligen MfS / AfNS personenbezogene Daten vorliegen».

Zur zweiten Beratung der Regierungskommission über dieses Thema am 12. Juli 1990, an der für den Sonderausschuß Joachim Gauck, Ralf Geisthardt und David Gill teilnahmen, lag ein überarbeiteter Entwurf vor, der unter maßgeblicher Mitarbeit von Eckhard Werthebach, einem hohen Beamten des Bonner Innenministeriums (seit 1. 3. 1991 Präsident des Bundesamtes für Verfassungsschutz), erarbeitet worden war. Ein Zugriff auf personenbezogene Daten sollte diesem zufolge nur im Zusammenhang mit Rehabilitierungen und im Fall von Strafverfahren möglich sein. Die Lagerung und Verwaltung der personenbezogenen Unterlagen sollte zentral geschehen.

Am 20. Juli 1990 nahm der Ministerrat der DDR zu dieser Gesetzesvorlage Stellung und brachte sie in die Volkskammer ein, welche sich am 22. Juli in erster Lesung damit befaßte. Die Beratung, die offensichtlich darunter litt, daß die Abgeordneten nur wenig Zeit gehabt hatten, sich mit dem Text umfassend vertraut zu machen, machte deutlich, daß es Bedenken vor allem hinsichtlich der zentralen Lagerung der personenbezogenen Daten gab. Zum Teil wurden diese damit begründet, daß der Zustand der Akten, die in den Bezirksverwaltungen für Staatssicherheit lagerten, so beschaffen sei, daß eine Umverlagerung nahezu ihrer Vernichtung gleichkomme. Auch wurde geltend gemacht, daß die Zentralisierung der anzustrebenden föderalen Struktur des künftigen politischen Systems widerspräche. Besser wäre es, die Aktenbestände des MfS in den Ländern zu belassen, jedoch eine zentrale Verwaltung darüber einzurichten. Schließlich wurde der Gesetzesvorschlag zur Überarbeitung an den Sonderausschuß zur Kontrolle des MfS / AfNS überwiesen, wobei der Rechts- und der Innenausschuß daran beteiligt werden sollten.

In enger Zusammenarbeit mit Vertretern der Regierungskommission, des Ministeriums der Justiz und dem West-Berliner Datenschutzbeauftragten Garstka wurde schließlich ein neuer Gesetzesentwurf erarbeitet. Diesem zufolge sollten die Unterlagen des MfS nun in Sonderarchiven der Länder archiviert und aufgearbeitet werden, wozu in jedem Land ein Beauftragter durch den Landtag gewählt werden sollte. Die Regierungskommission, die sich am 16. August 1990 mit dem Entwurf des Sonderausschusses befaßte und besonders in der Frage der dezentralen Lagerung eine andere Meinung vertrat, bat daraufhin den Vertreter des Bundesinnenministeriums, Eckhard Werthebach, die Auffassung der Bundesregierung zu dem Gesetzesentwurf zu übermitteln. Daraufhin ging am 21. August 1990 bei dem Leiter der

Rechtsabteilung des Ministeriums des Innern der DDR, Gerhard Schüßler, ein Telefax von Werthebach ein, das am 22. August dem Volkskammer-Sonderausschuß zugestellt wurde:

«Betreff: Gesetzentwurf über die Sicherung und Nutzung der personenbezogenen Daten des ehemaligen MfS

Sehr geehrter Herr Prof. Dr. Schüßler,
in der Sitzung der Regierungskommission am Donnerstag, 16. August d. J., wurde ich gebeten, die Auffassung der Bundesregierung zu dem vorgenannten Gesetzentwurf zu übermitteln. In einer Ressortbesprechung am 17. des Monats ist die Auffassung der betroffenen Bundesministerien und des Bundesbeauftragten für den Datenschutz mit folgendem Ergebnis ermittelt worden:

1. Dem von den Mitarbeitern des Ausschußvorsitzenden Gauck erarbeiteten Entwurf wird nachdrücklich widersprochen.
2. Nach einhelliger Auffassung müßten die Archivbestände zentral verwaltet werden. Eine zentrale Lagerung wird nachdrücklich befürwortet.
3. Die Leitung des Archivs soll einem Sonderbeauftragten unterstellt werden. Es wird vorgeschlagen, den Präsidenten des Bundesarchivs der Bundesrepublik Deutschland in Personalunion damit zu beauftragen. Eine solche Übertragung auf ein Organ der Bundesrepublik Deutschland ist nach Artikel 8 der verfassungsrechtlichen Grundsätze der DDR möglich.
4. Eine differenziertere Vernichtungsregelung wird unbedingt als erforderlich angesehen.
5. Die Bundesministerien halten auch nach dem Beitritt der DDR eine gesamtdeutsche gesetzliche Übergangsregelung für notwendig. Sie soll in Kraft bleiben, bis der gesamtdeutsche Gesetzgeber eine neue gesetzliche Regelung erläßt.

Ich wäre dankbar, wenn sie verabredungsgemäß dieses Ergebnis den Herren Peter und Gill übermitteln könnten.

Mit freundlichen Grüßen
gez. Dr. Werthebach»

Dieses Telefax zeigte die unterschiedliche Auffassung zwischen dem Bundesinnenministerium und dem Volkskammersonderausschuß über den zukünftigen Umgang mit den Unterlagen des ehemaligen MfS/AfNS. Ohne die Bedenken des Bundesinnenministeriums zu berücksichtigen, verabschiedete jedoch die Volkskammer am 24. August 1990 mit überwältigender Mehrheit das Gesetz in der vom Sonderausschuß überarbeiteten Fassung. Ausdrücklich forderte sie, daß dieses Gesetz Bestandteil des Einigungsvertrages werden sollte.

Parallel zu den Arbeiten am Gesetz war jedoch in den Vorbereitungen zum Einigungsvertrag festgelegt worden, daß die Unterlagen der ehemaligen Staatssicherheit durch das Bundesarchiv übernommen werden sollten. Empört über diese Mißachtung des Volkskammerwillens machte die Volkskammer bei einer erneuten Abstimmung mit nur wenigen Enthaltungen deutlich, daß sie an der Forderung festhielt, das Gesetz vom 24. August in den Einigungsvertrag einfließen zu lassen. Gleichzeitig besetzten Vertreter der Bürgerbewegungen einen Seitenflügel des Archivs in der ehemaligen MfS-Zentrale, um deutlich zu machen, daß der Umgang mit den Unterlagen des ehemaligen Staatssicherheitsdienstes im Einigungsvertrag neu geregelt und ein Recht der Opfer auf Akteneinsicht und -übernahme darin verankert werden müßte. Schließlich wurden zu diesem Punkt unter dem Druck der Proteste erneut Verhandlungen aufgenommen, die zu einer Änderung des ursprünglichen Textes führten.

Im Einigungsvertrag Anlage I, Kapitel II, Sachgebiet B, Abschnitt II 2. hieß es nun unter Paragraph 1 (1): «Die Dateien und Unterlagen des ehemaligen Ministeriums für Staatssicherheit/Amtes für Nationale Sicherheit der Deutschen Demokratischen Republik, die personenbezogene Daten enthalten, sind bis zu einer endgültigen gesetzlichen Regelung durch einen Sonderbeauftragten der Bundesregierung in sichere Verwahrung zu nehmen und gegen unbefugten Zugriff zu sichern. Der Sonderbeauftragte wird auf Vorschlag des Ministerrats der Deutschen Demokratischen Republik, der der Zustimmung der Volkskammer bedarf, bis spätestens zum 2. Oktober 1990 von der Bundesregierung berufen.» Sein ständiger Vertreter ist der Präsident des Bundesarchivs.

Weiter heißt es in Paragraph 2: «Die im § 1 genannten Dateien und Unterlagen sind gesperrt (...). Die personenbezogenen Daten dürfen nur für folgende Zwecke übermittelt und genutzt werden, soweit dies unerläßlich und nicht bis zu einer abschließenden gesetzlichen Regelung aufschiebbar ist:

1. für Zwecke der Wiedergutmachung und der Rehabilitierung von Betroffenen,
2. zur Feststellung einer offiziellen oder inoffiziellen Tätigkeit für das

ehemalige Ministerium für Staatssicherheit/Amt für Nationale Sicherheit der Deutschen Demokratischen Republik, und zwar

a) für die Überprüfung von Abgeordneten und Kandidaten für parlamentarische Mandate mit Zustimmung der Betroffenen,
b) für die Weiterverwendung von Personen im öffentlichen Dienst (...) mit deren Kenntnis und
c) für die Einstellung von Personen in den öffentlichen Dienst und für Sicherheitsüberprüfungen mit Zustimmung der Betroffenen,

3. zur Verfolgung von Straftaten im Zusammenhang mit der Tätigkeit des ehemaligen Ministeriums für Staatssicherheit/Amtes für Nationale Sicherheit der Deutschen Demokratischen Republik und
4. zur Aufklärung und Verfolgung der in Artikel 1 § 2 Abs. 1 des Gesetzes zur Beschränkung des Brief-, Post- und Fernmeldegeheimnisses genannten Straftaten durch Strafverfolgungsbehörden und andere Behörden im Rahmen ihrer gesetzlichen Aufgaben.»

Damit war zwar dem Anliegen der Volkskammer, das Gesetz vom 24. August 1990 zum Bestandteil des Einigungsvertrages zu machen, nicht Genüge getan, doch wurde eine gesonderte Behandlung der Unterlagen des ehemaligen MfS festgeschrieben. Zusätzlich wurde am 18. September 1990 durch die Verhandlungsführer des Einigungsvertrages, Innenminister Schäuble und Staatssekretär Krause, eine Vereinbarung zwischen der Bundesrepublik Deutschland und der Deutschen Demokratischen Republik unterzeichnet, in der es hieß:

«Zu der Frage der weiteren Vorgehensweise hinsichtlich der vom ehemaligen Staatssicherheitsdienst der Deutschen Demokratischen Republik gewonnenen personenbezogenen Informationen stellen die Regierungen der beiden Vertragsparteien übereinstimmend fest:

1. Sie erwarten, daß der gesamtdeutsche Gesetzgeber die Grundsätze, wie sie in dem von der Volkskammer am 24. August 1990 verabschiedeten Gesetz über die Sicherung und Nutzung der personenbezogenen Daten des ehemaligen Ministeriums für Staatssicherheit/Amtes für Nationale Sicherheit zum Ausdruck kommen, umfassend berücksichtigt.
2. Sie erwarten, daß der gesamtdeutsche Gesetzgeber die Voraussetzungen dafür schafft, daß die politische, historische und juristische Aufarbeitung der Tätigkeit des ehemaligen Ministeriums für Staatssicherheit/Amtes für Nationale Sicherheit gewährleistet bleibt.
3. Sie gehen davon aus, daß ein angemessener Ausgleich zwischen
   – der politischen, historischen und juristischen Aufarbeitung,

- der Sicherung der individuellen Rechte der Betroffenen und
- dem gebotenen Schutz des einzelnen vor unbefugter Verwendung seiner persönlichen Daten geschaffen wird.

4. Sie gehen davon aus, daß von den in Artikel 1 des Einigungsvertrages genannten Ländern bestellte Beauftragte den Sonderbeauftragten bei der Erfüllung seiner gesetzlichen Aufgaben beraten und unterstützen, damit die Interessen der Bürger der neuen Bundesländer in besonderer Weise Berücksichtigung finden.
5. Sie stellen Einvernehmen darüber fest, daß bei zentraler Verwaltung die sichere Verwahrung, Archivierung und Nutzung der Unterlagen zentral und regional erfolgen kann. In wichtigen Angelegenheiten der sicheren Verwaltung, Archivierung und Nutzung der Unterlagen soll sich der Sonderbeauftragte mit dem Beauftragten des jeweiligen Landes ins Benehmen setzen.
6. Sie gehen davon aus, daß sobald wie möglich den Betroffenen ein Auskunftsrecht – unter Wahrung der schutzwürdigen Interessen Dritter – eingeräumt wird.
7. Sie gehen davon aus, daß der Sonderbeauftragte unverzüglich eine Benutzerordnung erläßt, die die gesetzlichen Vorgaben ausfüllt. Mit dieser Benutzerordnung werden zugleich Inhalt, Art und Umfang der Beratung und Unterstützung durch die Landesbeauftragten näher bestimmt.
8. Sie gehen davon aus, daß bis auf die unumgängliche Mitwirkung bei der Aufklärung und Verfolgung von Straftaten entsprechend § 2 Abs. 1 Nr. 4 der Maßgabe b) zum Bundesarchivgesetz die Nutzung oder Übermittlung von Daten für nachrichtendienstliche Zwecke ausgeschlossen wird. Der Bundesminister des Innern wird das Bundesamt für Verfassungsschutz anweisen, bis zum Erlaß der in Nummer 7 genannten Benutzerordnung keine diesbezüglichen Anfragen an den Sonderbeauftragten zu richten. Die verwendeten Informationen aus den Akten sind so zu kennzeichnen, daß Art, Umfang und Herkunft der übermittelten Daten kontrollierbar und eine abschließende gesetzgeberische Entscheidung über den Verbleib der Daten möglich bleibt.
9. Die Regierungen der beiden Vertragsparteien gehen davon aus, daß die Gesetzgebungsarbeit zur endgültigen Regelung dieser Materie unverzüglich nach dem 3. Oktober 1990 aufgenommen wird. Dabei soll das Volkskammergesetz in Verbindung mit dem Einigungsvertrag als Grundlage dienen.»

Der Vorsitzende des Sonderausschusses der Volkskammer, Joachim Gauck, wurde schließlich auf Vorschlag der Regierung der DDR durch die Volkskammer fast einstimmig zum Sonderbeauftragten der Bundesregierung gewählt und Anfang Oktober 1990 durch die Bundesregierung berufen.

Am 3. Oktober 1990 übernahm er die Unterlagen des ehemaligen Staatssicherheitsdienstes. Den personellen Grundstock seiner Behörde bildeten vor allem die Mitarbeiter des Sonderausschusses der Volkskammer.

3. Ausblick

Entgegen dem Wunsch vieler ist die Hinterlassenschaft des MfS / AfNS nach wie vor eine der unerledigten Herausforderungen, vor die sich die Deutschen in den neuen, zunehmend aber auch in den alten Bundesländern gestellt sehen.

Beachtenswert ist jedoch, daß es trotz der oftmals erschütternden Details über die in alle Lebensbereiche eingedrungene Tätigkeit des im Auftrage der SED handelnden MfS / AfNS niemals zur Selbstjustiz gekommen ist. Dieses friedliche Verhalten ist mit dafür ausschlaggebend, jedem einzelnen Bürger künftig per Gesetz das Recht auf Einsicht in die eigene Akte zu gewähren. Obwohl die Konfrontation mit den Akten für den einzelnen möglicherweise bis an die Grenze des Faßbaren und Ertragbaren führen kann, wird es Aufgabe bleiben, die friedliche und dennoch nichts verdrängende Aufarbeitung durch weitere Informationen und durch Gespräche zwischen Betroffenen und ehemaligen Mitarbeitern des MfS / AfNS zu begleiten.

Das Scheitern der Politik der SED und ihres Geheimdienstes führt – trotz gravierender Unterschiede zu anderen Geheimdiensten und deren Aufgaben – schließlich zu der Frage, ob Geheimdienste und die mit ihnen zwangsläufig verbundenen konspirativen Methoden für die heutige Politik überhaupt noch ein sinnvolles Instrument sein können. Angesichts der immanenten Tendenz von Geheimdiensten, sich den vorgegebenen Rechtsstrukturen zu entziehen, ist das keineswegs eine nur akademische Frage.

Teil III

Dokumente des Ministeriums für Staatssicherheit

Grundsatzdokumente des MfS sind bisher im vollen Wortlaut nicht veröffentlicht worden. Von den Richtlinien, Dienstanweisungen, Direktiven, Befehlen, Ordnungen, Durchführungsbestimmungen, auf denen die Arbeit des MfS beruhte, erschienen lediglich Auszüge. Struktur und Arbeitsweise der DDR-Staatssicherheit sind jedoch nicht zu verstehen ohne die Kenntnis seiner Grundlagen. Angesichts der Fülle bürokratisch-penibler Bestimmungen kann auch in diesem Buch nur eine kleine Auswahl an Dokumenten der Öffentlichkeit zugänglich gemacht werden. Dabei handelt es sich zudem nur um solche Dokumente, die bis zur Auflösung Gültigkeit besaßen. Die jeweiligen Schriftstücke haben jedoch immer eine eigene Geschichte innerhalb des MfS. So geht zum Beispiel der Richtlinie Nr. 1/79 über die Arbeit mit Inoffiziellen Mitarbeitern die Richtlinie Nr. 1/68 (GVS MfS 008–1001/68) sowie die Richtlinie Nr. 1/58 voraus. Auch die beim Bekanntwerden der OibE-Ordnung von 1986 im Jahre 1990 aufgestellte These, mit den Offizieren im besonderen Einsatz sei eine Art Überlebensstrategie des MfS angesichts eines möglichen politischen Umbruchs wie im Herbst 1989 entwickelt worden, ist nicht aufrechtzuerhalten. Die Tatsache, daß der Einsatz von OibE bereits 1968 geregelt wurde, wie der Schlußbestimmung der OibE-Ordnung von 1986 zu entnehmen ist, spricht dagegen.

Die einzelnen Richtlinien, Dienstanweisungen, Direktiven, Befehle, Ordnungen, Durchführungsbestimmungen oder Schreiben gehen deutlich auf verschiedene Autoren und Autorengruppen zurück, auch wenn sie letztlich alle von Mielke unterzeichnet wurden. Literaturanalytikern wird noch Gelegenheit gegeben sein, diese Abweichungen, aber auch insgesamt die bizarre Sprache des MfS mit ihrer Abstraktheit und ihren eigenen Wortprägungen zu untersuchen.

Es bleibt nach wie vor erstaunlich – wenngleich für eine Behörde, zumal eine mit militärischer Struktur, wiederum verständlich –, daß die meisten Vorgaben bis in feinste Einzelheiten schriftlich fixiert wurden. Die Zersetzungsstrategie in der Richtlinie Nr. 1/76 zur Entwicklung und Bearbeitung Operativer Vorgänge, wie sie unter Punkt 2.6. entwickelt wird, demonstriert anschaulich, wie dieser Geheimdienst sein gesellschaftszerstörendes Werk stabsplanmäßig fixierte. Die veröffentlichten Dokumente sind jeweils von den Autoren mit einer kurzen Einleitung versehen worden; nur die Seitenangaben in den Gliederungen wurden – zur besseren Auffindbarkeit – an die Zählung dieses Buches angepaßt.

«Sicherheitspolitisch negativ zu werten»

Die Richtlinie zur Durchführung von Sicherheitsüberprüfungen

Die SED-Führung war sich ihres eigenen Machtapparates niemals wirklich sicher. Zu seiner besseren Überwachung erfolgten zu zahllosen Personen, die für höhere Positionen oder als «Reisekader» vorgesehen waren, sogenannte Sicherheitsüberprüfungen, die durch die *Richtlinie Nr. 1/82 zur Durchführung von Sicherheitsüberprüfungen (GVS MfS 0008–14/82)* geregelt wurden.

Gliederung

Die weitere erfolgreiche Gestaltung der entwickelten sozialistischen Gesellschaft in der DDR vollzieht sich unter den Bedingungen harter Klassenauseinandersetzungen mit dem Imperialismus.

Eine Grundvoraussetzung für die ständige Gewährleistung der staatlichen Sicherheit ist, daß nur zuverlässige Personen in sicherheitspolitisch bedeutsamen Positionen der DDR im In- und Ausland eingesetzt werden bzw. sicherheitspolitisch bedeutsame Erlaubnisse und Genehmigungen insbesondere für Reisen nach nichtsozialistischen Staaten und Westberlin nur an solche Personen erteilt werden, die diese nicht mißbrauchen und dem Gegner keine Ansatzpunkte für subversive Aktivitäten bieten.

Für die Auswahl, die Überprüfung und den Einsatz der Personen bzw. die Erteilung der Erlaubnisse und Genehmigungen tragen die Leiter staatlicher und wirtschaftsleitender Organe, Kombinate, Betriebe und Einrichtungen sowie die zuständigen Funktionäre der gesellschaftlichen Organisationen eine hohe politische Verantwortung.

Das MfS hat – ohne diese Verantwortung einzuschränken – durch den zielgerichteten Einsatz der erforderlichen operativen Kräfte und Mittel, durch die Zusammenführung im MfS gespeicherter Informationen und durch die Auswertung der von anderen Organen und Einrichtungen bzw. gesellschaftlichen Organisationen erarbeiteten Überprüfungsergebnisse die Überprüfung der sicherheitspolitischen Eignung der Personen (Sicherheitsüberprüfungen) vorzunehmen. Damit ist entsprechend den konkreten sicherheitspolitischen Anforderungen die Frage «Wer ist wer?» zu klären, um sicherheitspolitisch richtige Entscheidungen für oder gegen den vorgesehenen Einsatz bzw. die Erteilung einer Erlaubnis oder Genehmigung treffen zu können.

Auf der Grundlage der Ergebnisse der Sicherheitsüberprüfungen ist auf den Einsatz bzw. die Erteilung der Erlaubnis oder Genehmigung durch die zuständigen staatlichen Leiter und Funktionäre gesellschaftlicher Organisationen durch Zustimmung bzw. Nichtzustimmung Einfluß zu nehmen.

Die im Ergebnis der Sicherheitsüberprüfungen zu treffenden Entscheidungen tragen einen zutiefst politischen Charakter und können zugleich weitgehende Auswirkungen auf die persönliche Entwicklung und die Realisierung persönlicher Interessen der überprüften Personen haben. Dabei ist mit hohem politischem Verantwortungsbewußtsein zu prüfen, ob die sozialistische Gesellschaft der betreffenden Person das für den vorgesehenen Einsatz bzw. für die zu erteilende Erlaubnis oder Genehmigung erforderliche Vertrauen entgegenbringen kann oder ob aus anderen sicherheitspolitischen Gründen zum Schutz der Person und zur Verhinderung anderer Gefahren eine ablehnende Entscheidung erforderlich ist.

Die Entscheidungen sind immer im Interesse der erfolgreichen Durchsetzung der Politik der Partei- und Staatsführung zu treffen.

Sicherheitsüberprüfungen sind ein wichtiger Bestandteil der politisch-operativen Arbeit der operativen Diensteinheiten des MfS und planmäßig, in abgestimmter Zusammenarbeit der Diensteinheiten und im engen politisch-operativen Zusammenwirken mit den anderen zuständigen Organen und Einrichtungen bzw. gesellschaftlichen Organisationen durchzuführen.

Die Ergebnisse der Sicherheitsüberprüfungen sind zugleich für die Einschätzung der politisch-operativen Lage im Verantwortungsbereich und die Lösung anderer politisch-operativer Aufgaben zu nutzen.

Die weitere Durchsetzung der offensiven Politik der Partei- und Staatsführung unter den Bedingungen der Verschärfung des internationalen Klassenkampfes und der verstärkten subversiven Angriffe des Gegners erfordert bei weiterhin steigender Anzahl die Erhöhung der Qualität der Sicherheitsüberprüfungen durch alle operativen Diensteinheiten.

Damit ist in allen Verantwortungsbereichen ein wichtiger Beitrag zur Erhöhung der Wirksamkeit der politisch-operativen Arbeit und zur konsequenten Durchsetzung der Politik der Partei- und Staatsführung zu leisten.

1. Die politisch-operative Zielstellung von Sicherheitsüberprüfungen

Sicherheitsüberprüfungen sind durchzuführen zu Personen, denen sicherheitspolitisch bedeutsame Aufgaben, Funktionen, Befugnisse und Vollmachten übertragen bzw. denen sicherheitspolitisch bedeutsame Erlaubnisse und Genehmigungen erteilt werden sollen.

Sicherheitsüberprüfungen sind politisch-operative Überprüfungsmaßnahmen des MfS.

Durch den zielgerichteten Einsatz der operativen Kräfte und Mittel sowie die Auswertung gespeicherter und von anderen staatlichen Organen und Einrichtungen bzw. gesellschaftlichen Organisationen erarbeiteter Informationen sind alle erforderlichen Informationen zu der zu überprüfenden Person, zu ihrem Umgangskreis und ihren Verbindungen zu erarbeiten bzw. zusammenzuführen, die eine Einschätzung der sicherheitspolitischen Eignung gemäß den an sie zu stellenden sicherheitspolitischen Anforderungen ermöglichen.

Zum Abschluß jeder Sicherheitsüberprüfung ist die Entscheidung zu treffen, ob dem vorgesehenen Einsatz bzw. der Erteilung der Erlaubnis oder Genehmigung zugestimmt werden kann.

Die politisch-operative Zielstellung der Sicherheitsüberprüfungen besteht darin,

- zu gewährleisten, daß sicherheitspolitisch bedeutsame Aufgaben, Funktionen, Befugnisse und Vollmachten bzw. Erlaubnisse und Genehmigungen nur solchen Personen übertragen bzw. erteilt werden, die den sicherheitspolitischen Anforderungen unter den jeweiligen Lagebedingungen gerecht werden,
- vorbeugend zu verhindern, daß durch ein Eindringen des Gegners bzw. feindlich-negativer und anderer sicherheitspolitisch ungeeigneter Personen in sicherheitspolitisch bedeutsame Positionen und Bereiche politische, ideologische und materielle Schäden und Gefahren entstehen können.

Die politisch-operative Zielstellung ist in Abhängigkeit von der jeweils zu übertragenden Aufgabe, Funktion, Befugnis, Vollmacht bzw. zu erteilenden Erlaubnis oder Genehmigung, dem vorgesehenen Einsatzbereich sowie den sich dadurch objektiv ergebenden Möglichkeiten des Mißbrauchs zu präzisieren.

Ausgehend vom jeweiligen Grund der Einleitung sind Sicherheitsüberprüfungen auf solche politisch-operativen Erfordernisse zu konzentrieren, wie auf die vorbeugende Verhinderung

- des Mißbrauchs staatlicher oder gesellschaftlicher Funktionen,
- des ungesetzlichen Verlassens der DDR,
- des Verrates, der unbefugten Offenbarung und des fahrlässigen Umgangs mit Staatsgeheimnissen u. a. geheimzuhaltenden Informationen und Gegenständen,

- von Gefahren für die Sicherheit und Ordnung vor allem in Bereichen mit hohen Sicherheitserfordernissen und beim Umgang mit Waffen und Sprengmitteln sowie mit Giften u. a. gefährlichen Stoffen,
- des Eindringens feindlich-negativer bzw. ungeeigneter Personen in andere Schutz- und Sicherheitsorgane sowie in andere gesellschaftliche Bereiche mit hohen Sicherheitserfordernissen.

2. Die Einleitung von Sicherheitsüberprüfungen

Sicherheitsüberprüfungen sind einzuleiten, wenn
- durch staatliche Anordnungen das jeweilige staatliche oder wirtschaftsleitende Organ, das Kombinat, der Betrieb, die Einrichtung oder die gesellschaftliche Organisation verpflichtet ist bzw. durch Vereinbarung mit der zuständigen Diensteinheit des MfS festgelegt wurde, für den vorgesehenen Einsatz von Personen die Zustimmung des MfS einzuholen,
- im Zusammenhang mit dem vorgesehenen Einsatz oder der zu erteilenden Erlaubnis bzw. Genehmigung gemäß einer dienstlichen Bestimmung oder Weisung im MfS die Durchführung von Sicherheitsüberprüfungen festgelegt ist,
- auf Grund spezifischer sicherheitspolitischer Erfordernisse durch den Leiter der operativen Diensteinheit die Entscheidung zur Durchführung von Sicherheitsüberprüfungen getroffen wurde.

Die zu überprüfenden Personen können durch staatliche Leiter oder Funktionäre gesellschaftlicher Organisationen ausgewählt und vorgeschlagen werden, durch Bewerbung für die entsprechende Tätigkeit oder durch Antragstellung auf eine bestimmte Erlaubnis bzw. Genehmigung sowie durch die politisch-operative Sicherung des Verantwortungsbereiches bekannt werden.

3. Die Herausarbeitung und Bestimmung der sicherheitspolitischen Anforderungen an die jeweils zu überprüfende Person und die Festlegung des Informationsbedarfs

Als Voraussetzung für das differenzierte und zielgerichtete Erarbeiten der erforderlichen Informationen sind, ausgehend von der jeweils zu übertragenden sicherheitspolitisch bedeutsamen Aufgabe, Funktion, Befugnis, Vollmacht bzw. zu erteilenden Erlaubnis oder Genehmigung, dem vorgesehenen Einsatzbereich und den jeweiligen Lagebedingungen, gemäß den Festlegungen unter den Ziffern 3.1. bis 3.3. die an die zu überprüfende Person zu stellenden konkreten sicherheitspolitischen Anforderungen verantwortungsbewußt herauszuarbeiten und der sich daraus ergebende Informationsbedarf festzulegen.

Hierbei sind besonders zu beachten:

- grundlegende sicherheitspolitische Anforderungen, die bei allen Sicherheitsüberprüfungen zu stellen sind,
- spezifische sicherheitspolitische Anforderungen, die bei bestimmten Sicherheitsüberprüfungen vorrangig zu stellen sind,
- weitere Kriterien, die im jeweiligen Einzelfall zu berücksichtigen sind.

3.1. Grundlegende sicherheitspolitische Anforderungen, die bei allen Sicherheitsüberprüfungen zu stellen sind

In Übereinstimmung mit der politisch-operativen Zielstellung der Sicherheitsüberprüfungen sind an alle zu überprüfenden Personen folgende grundlegende sicherheitspolitische Anforderungen zu stellen:

- positive oder zumindest loyale Einstellung zum sozialistischen Staat und zur gesellschaftlichen Entwicklung in der DDR;
- ablehnende Einstellung gegenüber feindlichen und anderen negativen Aktivitäten, Erscheinungen und Einflüssen;
- strikte Einhaltung des sozialistischen Rechts;
- keine Verhaltens- und Lebensweisen, die dem Gegner als Ansatzpunkte für Kontaktaufnahmen und subversive Aktivitäten dienen könnten;
- keine engen Kontakte und Verbindungen zu Personen, die eine feindlich-negative Einstellung haben.

Wird unabhängig vom Grund der Einleitung eine zu überprüfende Person diesen grundlegenden sicherheitspolitischen Anforderungen nicht gerecht, ist keine Zustimmung zu erteilen. Eine weitere Prüfung der sicherheitspolitischen Eignung ist nicht erforderlich. Die Einleitung erforderlicher politisch-operativer Maßnahmen ist zu prüfen.

3.2. Spezifische sicherheitspolitische Anforderungen, die bei bestimmten Sicherheitsüberprüfungen vorrangig zu stellen sind

Im Zusammenhang mit den für alle Sicherheitsüberprüfungen geltenden grundlegenden sicherheitspolitischen Anforderungen sind weitere spezifische sicherheitspolitische Anforderungen zu beachten, von deren Erfüllung die Gewährleistung der staatlichen Sicherheit in besonderem Maße beeinflußt wird. Diese ergeben sich aus der zu übertragenden Aufgabe bzw. zu erteilenden Erlaubnis oder Genehmigung, dem vorgesehenen Einsatzbereich und den sich daraus objektiv ergebenden Möglichkeiten des Mißbrauchs.

Die unter den Ziffern 3.2.1. bis 3.2.6. gestellten spezifischen sicherheitspolitischen Anforderungen können im jeweiligen Fall in unterschiedlicher Kombination für eine Sicherheitsüberprüfung zutreffen und sind entsprechend zu berücksichtigen.

3.2.1. Sicherheitsüberprüfungen zu Personen, die in sicherheitspolitisch bedeutsamen staatlichen und gesellschaftlichen Funktionen tätig werden sollen und damit bedeutsame Entscheidungsbefugnisse bzw. Einflußmöglichkeiten auf bestimmte gesellschaftliche Bereiche übertragen bekommen

An die zu überprüfenden Personen sind vorrangig folgende sicherheitspolitische Anforderungen zu stellen:

- durch Auftreten, Verhalten und erbrachte Leistungen besonders in Bewährungssituationen nachgewiesene politische Zuverlässigkeit,
- Bereitschaft und Fähigkeit zur konsequenten Durchsetzung der Politik der Partei- und Staatsführung,
- konsequentes und unduldsames Verhalten gegenüber Rechtsverletzungen und sie begünstigende Bedingungen, politische Wachsamkeit gegenüber feindlich-negativen Aktivitäten, gegnerischen Kontaktversuchen und Erscheinungsformen der politisch-ideologischen Diversion,
- vorbildliches und moralisch sauberes Verhalten im Arbeits-, Wohn- und Freizeitbereich,
- kaderpolitische Eignung gemäß der vorgesehenen Funktion.

Dem vorgesehenen Einsatz von Personen, die diesen Anforderungen nicht entsprechen, ist nicht zuzustimmen.

3.2.2. Sicherheitsüberprüfungen zu Personen, bei denen aus unterschiedlichen Gründen Reisen nach nichtsozialistischen Staaten, nach anderen politisch-operativ interessierenden Staaten oder nach Westberlin beabsichtigt sind, die eine Erlaubnis bzw. Genehmigung zum Aufenthalt im Schutzstreifen an der Staatsgrenze zur BRD und in besonders gefährdeten Bereichen des Grenzgebietes zu Westberlin bzw. zum Befahren der Seegewässer außerhalb der Grenzzonen der DDR erhalten oder die eine Tätigkeit ausführen sollen, die objektiv Möglichkeiten zum widerrechtlichen Passieren der Staatsgrenze bietet (z. B. mit Luft- und Wasserfahrzeugen)

An die zu überprüfenden Personen sind unter Beachtung der stark differenzierten sicherheitspolitischen Bedeutsamkeit und der objektiven Möglichkeiten des Mißbrauchs vorrangig folgende sicherheitspolitische Anforderungen zu stellen:

- Bindung an die gesellschaftlichen Verhältnisse in der DDR, Wertschätzung der sozialen Sicherheit, grundsätzliche Übereinstimmung persönlicher und gesellschaftlicher Interessen, Übereinstimmung von Wort und Tat;
- Bindung an die Familie, an Verwandte und Freunde, an die berufliche Tätigkeit und das Arbeitskollektiv;

- Persönlichkeitsmerkmale, die den Schluß zulassen, daß feindlich-negativen Beeinflussungs-, Korruptions- und Mißbrauchsversuchen widerstanden wird;
- Persönlichkeitseigenschaften, die erwarten lassen, daß zu verwandtschaftlichen u. a. privaten Verbindungen nach nichtsozialistischen Staaten bzw. Westberlin eine gefestigte positive Einstellung als Bürger der DDR eingenommen wird. (Dabei beachten: mögliche Einflüsse von Personen, die ungesetzlich oder durch Übersiedlung die DDR verlassen haben, mögliche berufliche Entwicklungs- und Verdienstmöglichkeiten bei Nichtrückkehr, Erlangen von Erbschaften u. a. Vermögenswerten im Ausland.)
- Bindung an vorhandene materielle Werte, wie Wohnungseinrichtungen, Fahrzeuge, Wochenendgrundstücke, Ersparnisse u. a. Vermögenswerte;
- Bindung an ideelle Werte, wie gesellschaftliche Auszeichnungen und Anerkennungen, berufliche und familiäre Traditionen, Heimatverbundenheit u. dgl.

Dem vorgesehenen Einsatz bzw. der Erteilung der vorgesehenen Erlaubnis oder Genehmigung ist bei Personen, die diesen Anforderungen nicht entsprechen sowie bei Feststellung von Hinweisen auf Absichten zum ungesetzlichen Verlassen der DDR bzw. auf Übersiedlungsabsichten und bei Vorliegen von Konfliktsituationen nicht zuzustimmen.

Dem Einsatz als Reise- oder Auslandskader (einschließlich Ehepartner) ist nur zuzustimmen, wenn bei den betreffenden Personen eine hohe politische Zuverlässigkeit vorliegt und ein würdiges Vertreten der DDR im Ausland erwartet werden kann.

Der Erteilung von Erlaubnissen bzw. Genehmigungen zum Aufenthalt
- im Grenzgebiet zur BRD außerhalb des Schutzstreifens,
- im Grenzgebiet zu Westberlin außerhalb der besonders gefährdeten Bereiche sowie
- zur Lösung volkswirtschaftlicher Aufgaben in festgelegten Bereichen außerhalb des Grenzgebietes zu Westberlin, in denen besondere Sicherheitserfordernisse vorliegen,

ist nicht zuzustimmen, wenn Hinweise auf Absichten zum ungesetzlichen Verlassen der DDR oder auf Übersiedlungsabsichten vorliegen, bzw. wenn von der betreffenden Person feindlich-negative Handlungen oder andere Gefahren für die Sicherheit und Ordnung im Grenzgebiet ausgehen können.

3.2.3. Sicherheitsüberprüfungen zu Personen, denen Staatsgeheimnisse oder andere geheimzuhaltende Informationen oder Gegenstände anvertraut werden sollen

An die zu überprüfenden Personen sind unter Berücksichtigung des vorgesehenen Geheimhaltungsgrades bzw. der konkreten Bedeutung der geheimzuhaltenden Informationen und Gegenstände vorrangig folgende sicherheitspolitische Anforderungen zu stellen:

- gefestigte positive Einstellung zum sozialistischen Staat und zur gesellschaftlichen Entwicklung in der DDR;
- Einsicht und Bereitschaft zur unbedingten Wahrung von Staatsgeheimnissen u. a. geheimzuhaltenden Informationen gegenüber unbefugten Personen;
- Wachsamkeit gegenüber allen Versuchen unberechtigter Personen, Kenntnis über Staatsgeheimnisse oder andere geheimzuhaltende Informationen oder Gegenstände zu erlangen;
- Verschwiegenheit über anvertraute Informationen und interne Angelegenheiten im beruflichen und privaten Bereich;
- Standhaftigkeit gegenüber Versuchen der Korruption u. a. Methoden einer feindlich-negativen Einflußnahme;
- disziplinierter und pflichtbewußter Umgang mit dienstlichen Unterlagen u. a. Materialien;
- Bereitschaft zum Verzicht bzw. zur Meldung und zum Abbruch privater Verbindungen und Kontakte nach nichtsozialistischen Staaten und Westberlin sowie Bereitschaft zum Verzicht auf private Reisen nach nichtsozialistischen Staaten und Westberlin, differenziert gemäß den dafür geltenden Rechtsvorschriften, einschließlich durch im Haushalt lebende Angehörige.

Dem vorgesehenen Einsatz von Personen als Geheimnisträger, die diesen sicherheitspolitischen Anforderungen nicht gerecht werden oder bei denen Persönlichkeitseigenschaften, wie übersteigertes Geltungsbedürfnis, Schwatzhaftigkeit, Prahlsucht, Oberflächlichkeit oder leichtfertiges Handeln festgestellt werden, ist nicht zuzustimmen.

3.2.4. Sicherheitsüberprüfungen zu Personen, die in Bereichen mit hohen Sicherheitserfordernissen zum Einsatz kommen sollen, denen im Zusammenhang mit dem Umgang mit Waffen, Sprengmitteln, Giften u. a. gefährlichen Stoffen Erlaubnisse oder Genehmigungen erteilt oder denen andere zur Gewährleistung von Sicherheit und Ordnung bedeutsame Aufgaben übertragen werden sollen

An die zu überprüfenden Personen sind vorrangig folgende sicherheitspolitische Anforderungen zu stellen:
- positive Einstellung zur Durchsetzung des sozialistischen Rechts und Bereitschaft zur ständigen Gewährleistung von Sicherheit und Ordnung;
- konsequentes und unduldsames Auftreten gegenüber Rechtsverletzungen;
- besondere Ausprägung solcher Persönlichkeitseigenschaften wie Diszipliniertheit, Zuverlässigkeit, Gewissenhaftigkeit und Pflichtbewußtsein bzw. einer solchen Einstellung, die ein leichtfertiges Handeln, z. B. beim Umgang mit Waffen und Sprengmitteln sowie mit Giften u. a. gefährlichen Stoffen, weitgehend ausschließt;
- vorbildliche Erfüllung beruflicher Pflichten u. a. übertragener Aufgaben über einen längeren Zeitraum.

Dem vorgesehenen Einsatz bzw. der Erteilung der vorgesehenen Erlaubnis oder Genehmigung ist bei Personen, die diesen Anforderungen nicht gerecht werden, sowie bei Feststellung von Hinweisen auf Gleichgültigkeit und Oberflächlichkeit bei der Wahrnehmung übertragener Pflichten nicht zuzustimmen.

3.2.5. Sicherheitsüberprüfungen zu Personen, denen in anderen Schutz- und Sicherheitsorganen sicherheitspolitisch bedeutsame Aufgaben übertragen werden sollen

An die zu überprüfenden Personen sind vorrangig folgende sicherheitspolitische Anforderungen zu stellen:
- eine gefestigte positive Einstellung zum sozialistischen Staat und zur gesellschaftlichen Entwicklung in der DDR;
- die Bereitschaft, die sozialistische Staatsmacht und die gesellschaftliche Entwicklung gegen alle feindlichen Angriffe zuverlässig zu schützen;
- eine positive Einstellung zur Sowjetunion und zu den anderen Staaten der sozialistischen Staatengemeinschaft sowie zur Militär- und Sicherheitspolitik der Mitgliedstaaten des Warschauer Vertrages;
- die positive Einstellung zur militärischen Disziplin und die Bereitschaft zur konsequenten Erfüllung übertragener Pflichten und Aufgaben sowie erteilter Befehle und Weisungen;
- die Bereitschaft zur konsequenten Bekämpfung von Rechtsverletzungen sowie die vorbildliche Einhaltung des sozialistischen Rechts;
- die Bereitschaft zum Verzicht auf alle Verbindungen und Kontakte zu Personen aus nichtsozialistischen Staaten und Westberlin.

Steht der vorgesehene Einsatz in einem Schutz- und Sicherheitsorgan im engen Zusammenhang mit der Sicherung der Staatsgrenze, mit dem Einsatz in den Grenzgebieten, mit dem Dienst auf Luft- und Wasserfahrzeugen, mit der Wahrung wichtiger militärischer Geheimnisse oder mit der Sicherung von Waffen, Munition, Kampfstoffen und militärischem Gerät, sind an die zu überprüfenden Personen zugleich die unter den Ziffern 3.2.2. bis 3.2.4. festgelegten spezifischen sicherheitspolitischen Anforderungen zu stellen.

Werden zu überprüfende Personen diesen sicherheitspolitischen Anforderungen nicht gerecht, ist dem vorgesehenen Einsatz nicht zuzustimmen.

3.2.6. Sicherheitsüberprüfungen zu Personen, die die DDR auf dem Gebiet des Leistungssports international vertreten und repräsentieren sollen

An die zu überprüfenden Personen sind unter Beachtung der Festlegungen in der Dienstanweisung Nr. 4/71 vorrangig folgende sicherheitspolitische Anforderungen zu stellen:
- Bereitschaft, auf Versuche feindlich-negativer Beeinflussung sowie der Verleitung zum Verrat an der DDR ablehnend zu reagieren und das Vorhanden-

sein einer festen Bindung an die DDR gemäß den Festlegungen unter der Ziffer 3.2.2. bei Berücksichtigung der sich aus den Tendenzen der Kommerzialisierung des Leistungssportes in nichtsozialistischen Staaten ergebenden materiellen Angebote, differenziert entsprechend der Sportart, sportlichen Perspektive, möglichen Profi-Verträgen;
- Bereitschaft zur Wahrung geheimzuhaltender Informationen über Mittel und Methoden der Ausbildung von Leistungssportlern, die Entwicklung der Sportmedizin und der Sportwissenschaft;
- Bereitschaft zum Erzielen sportlicher Höchstleistungen bzw. zur Entwicklung und Erziehung leistungsfähiger Sportler im Interesse der Erhöhung des internationalen Ansehens der DDR;
- Bereitschaft, durch diszipliniertes, bescheidenes und prinzipienfestes Auftreten im Ausland sowie durch sportlich faires Verhalten die DDR würdig zu vertreten;
- Unterordnung persönlicher Interessen und Bedürfnisse unter die sportliche Zielstellung und die gesellschaftlichen Interessen.

Dem Einsatz in nichtsozialistischen Staaten und Westberlin von Personen, die diesen sicherheitspolitischen Anforderungen nicht gerecht werden, insbesondere wenn Hinweise vorliegen, daß sie materiellen Angeboten bzw. Korruptionsversuchen feindlich-negativer Kräfte nicht widerstehen könnten, ist nicht zuzustimmen.

3.3. Weitere Kriterien, die bei der Herausarbeitung und Bestimmung der konkreten sicherheitspolitischen Anforderungen im jeweiligen Einzelfall zu berücksichtigen sind

Ausgehend von der jeweils zu übertragenden sicherheitspolitisch bedeutsamen Aufgabe, Funktion, Befugnis, Vollmacht bzw. zu erteilenden Erlaubnis oder Genehmigung, dem vorgesehenen Einsatzbereich und den jeweiligen Lagebedingungen sind unter Berücksichtigung der grundlegenden sowie der bei bestimmten Sicherheitsüberprüfungen vorrangig zu stellenden spezifischen sicherheitspolitischen Anforderungen in jedem Einzelfall die konkreten sicherheitspolitischen Anforderungen und der dementsprechende Informationsbedarf herauszuarbeiten.

Dabei sind folgende Kriterien zu beachten:
- Die konkrete sicherheitspolitische Bedeutsamkeit des vorgesehenen Einsatzes, der zu lösenden Aufgaben bzw. der zu erteilenden Erlaubnis oder Genehmigung. Aus der objektiven Einschätzung der auch innerhalb bestimmter Sicherheitsüberprüfungen stark differenzierten sicherheitspolitischen Bedeutsamkeit sind die an die jeweilige Person zu stellenden konkreten sicherheitspolitischen Anforderungen und Maßstäbe für ihre Durchsetzung abzuleiten.
- Das gegenwärtige und zu erwartende Interesse des Gegners an der Person

sowie die objektiven Möglichkeiten des Gegners zu ihrer Beeinflussung und zu deren Mißbrauch.

Aus dieser Einschätzung ist abzuleiten, welchen sicherheitspolitischen Anforderungen die jeweilige Person besonders entsprechen muß, damit gegen sie gerichtete feindlich-negative Aktivitäten unwirksam bleiben.

- Mögliche politische, ideologische und materielle Schäden bzw. Gefahren für die DDR, die als Folge des Fehlverhaltens der zu überprüfenden Person eintreten könnten.

  Hierbei sind erforderliche sicherheitspolitische Anforderungen zur vorbeugenden Verhinderung, insbesondere schwerwiegender Schäden, abzuleiten bzw. zu präzisieren.
- Die aktuellen und zu erwartenden Bedingungen, die auf die zu überprüfende Person beim vorgesehenen Einsatz bzw. im Falle der Erteilung der Erlaubnis oder Genehmigung einwirken und das Verhalten beeinflussen können.

  Hierbei sind einzubeziehen:
  - Bedingungen, die sich im Zusammenhang mit dem vorgesehenen Einsatz- bzw. Aufenthaltsort bzw. -land ergeben,
  - Charakter und Dauer des Einsatzes bzw. des Aufenthaltes sowie Wirksamwerden als Einzelperson oder mit Ehepartner bzw. als Angehöriger eines Kollektivs oder einer Delegation,
  - Einflußmöglichkeiten feindlich-negativer und positiver Kräfte,
  - Möglichkeiten zu feindlich-negativen u. a. rechtswidrigen Handlungen,
  - Möglichkeiten der Kontrolle sowie des Verhinderns feindlich-negativer u. a. rechtswidriger Handlungen durch operative Kräfte des MfS oder positive Kräfte anderer Organe.
- In der Vergangenheit bzw. gegenwärtig vorhandene offizielle oder inoffizielle Beziehungen der zu überprüfenden Person zum MfS bzw. zu anderen Schutz- und Sicherheitsorganen. Hierbei sind besonders die gezeigte Bereitschaft zur Unterstützung, die Ehrlichkeit und Zuverlässigkeit, die erbrachten Leistungen und mögliche Gefahren für die Sicherheit der Person, vor allem bei Reisen nach nichtsozialistischen Staaten und Westberlin, zu berücksichtigen.

Weiter ist herauszuarbeiten, welche Angehörigen und sonstigen Verbindungen der zu überprüfenden Person gemäß den Festlegungen in anderen dienstlichen Bestimmungen oder auf Grund von sicherheitspolitischen Erfordernissen im Einzelfall in die Sicherheitsüberprüfung einzubeziehen sind und welche weiteren Probleme (z. B. kaderpolitische Erfordernisse) bei der zu treffenden Entscheidung beachtet werden müssen.

4. Verantwortlichkeit für die Einleitung und Durchführung von Sicherheitsüberprüfungen sowie für das Treffen der Entscheidung

4.1. Verantwortlichkeit für die Einleitung von Sicherheitsüberprüfungen

Verantwortlich für das Einleiten von Sicherheitsüberprüfungen ist der Leiter der Diensteinheit, die für die staatlichen und wirtschaftsleitenden Organe, Kombinate, Betriebe und Einrichtungen bzw. gesellschaftlichen Organisationen, denen die Übertragung sicherheitspolitisch bedeutsamer Aufgaben, Funktionen, Befugnisse oder Vollmachten bzw. die Erteilung sicherheitspolitisch bedeutsamer Erlaubnisse oder Genehmigungen obliegt, zuständig ist.

Ist die zu überprüfende Person für eine andere Diensteinheit aktiv erfaßt oder arbeitet bzw. wohnt diese im Verantwortungsbereich einer anderen Diensteinheit, hat der Leiter der für die Einleitung der Sicherheitsüberprüfung verantwortlichen Diensteinheit gemäß Ziffer 4.2. den Leitern dieser Diensteinheiten die zur Durchführung der Sicherheitsüberprüfung bzw. die zur Realisierung von notwendigen Überprüfungsmaßnahmen erforderlichen Informationen zu übermitteln:

- Personalien, Arbeitsstelle und gegenwärtige Tätigkeit der zu überprüfenden Personen,
- Gründe für das Einleiten der Sicherheitsüberprüfung,
- sicherheitspolitische Anforderungen, die sich aus Besonderheiten des vorgesehenen Einsatzes bzw. der zu erteilenden Erlaubnis oder Genehmigung ergeben und nicht durch die durchführende oder einbezogene Diensteinheit selbständig abgeleitet werden können,
- Hinweise auf bereits vorliegende Informationen als eine Grundlage für gezielte Überprüfungsmaßnahmen und zur Vermeidung von Doppelarbeit,
- Hinweise auf weitere Diensteinheiten, die bereits in die Durchführung der Sicherheitsüberprüfung einbezogen wurden,
- Form und Termin für die Übersendung der Ergebnisse der Sicherheitsüberprüfung.

4.2. Verantwortlichkeit für die Durchführung von Sicherheitsüberprüfungen

Für die Durchführung von Sicherheitsüberprüfungen zu aktiv erfaßten Personen ist die Diensteinheit verantwortlich, für die die Person aktiv erfaßt ist, soweit andere dienstliche Bestimmungen keine anderen Festlegungen enthalten bzw. keine anderen Vereinbarungen zwischen den Diensteinheiten getroffen wurden.

Wenn andere Festlegungen bestehen bzw. andere Vereinbarungen getroffen wurden, hat die Diensteinheit, für die eine aktive Erfassung besteht, zu gewährleisten, daß die bei ihr vorhandenen und für die Sicherheitsüberprüfung erforderlichen Informationen der durchführenden Diensteinheit zur Kenntnis gelangen und festzulegen, welche Überprüfungsmaßnahmen durchgeführt bzw. nicht durchgeführt werden können.

Für die Durchführung von Sicherheitsüberprüfungen zu Personen, die nicht aktiv erfaßt sind, ist die objektmäßig bzw. territorial zuständige Diensteinheit verantwortlich.

Die Verantwortlichkeit für die Durchführung umfaßt die Erarbeitung aller für die zu treffende Entscheidung notwendigen Informationen zu der zu überprüfenden Person und – soweit erforderlich – zu deren Angehörigen und Verbindungen.

Der Leiter der für die Durchführung der Sicherheitsüberprüfung verantwortlichen Diensteinheit ist, wenn Überprüfungsmaßnahmen im Verantwortungsbereich anderer operativer Diensteinheiten durchzuführen sind, berechtigt, diese Diensteinheiten zu ersuchen, gemäß ihrer Zuständigkeit die erforderlichen Maßnahmen durchzuführen bzw. Stellungnahmen einzuholen (z. B. bei Kaderorganen von Schutz- und Sicherheitsorganen, bei denen Angehörige der zu überprüfenden Person tätig sind). Dazu sind die konkrete Aufgabenstellung, Hinweise auf bereits vorliegende Informationen, der Informationsbedarf und die Terminvorgabe zu übermitteln.

4.3. Verantwortlichkeit für die Entscheidung

Grundsätzlich hat der Leiter der für das Einleiten der Sicherheitsüberprüfung verantwortlichen Diensteinheit die Entscheidung über die Zustimmung oder Nichtzustimmung für den vorgesehenen Einsatz bzw. die zu erteilende Erlaubnis oder Genehmigung zu treffen, sofern andere dienstliche Bestimmungen und Weisungen keine anderen Festlegungen enthalten.

Die in die Sicherheitsüberprüfung einbezogenen Diensteinheiten haben festgestellte Ausschließungsgründe bzw. von ihnen erarbeitete, für die Entscheidung wesentliche Gesichtspunkte der für die Durchführung verantwortlichen Diensteinheit zu übermitteln.

Die für die Durchführung der Sicherheitsüberprüfung verantwortliche Diensteinheit hat alle Überprüfungsergebnisse und für die Entscheidung wesentlichen Gesichtspunkte zusammenzufassen. Der Leiter hat die für die Entscheidung bedeutsamen Überprüfungsergebnisse mit seinem Entscheidungsvorschlag der einleitenden Diensteinheit zu übermitteln. Erarbeitete Hinweise auf unmittelbar drohende Gefahren wie Vorbereitungshandlungen zum ungesetzlichen Verlassen u. a. politisch-operativ bedeutsame Feststellungen sind der einleitenden Diensteinheit sofort mitzuteilen.

5. Die Erarbeitung, Zusammenführung und Einschätzung erforderlicher Informationen für die zu treffende Entscheidung

Ausgehend von den jeweils konkreten sicherheitspolitischen Anforderungen sind die für eine objektive Einschätzung der sicherheitspolitischen Eignung erforderlichen Informationen zu erarbeiten bzw. zusammenzuführen. Dazu sind alle Möglichkeiten zu nutzen und die gespeicherten Informationen auszuwerten.

Die erforderlichen Informationen sind zielstrebig durch den Einsatz aller operativen Kräfte und Mittel, vorrangig durch den zielgerichteten personenbezogenen Einsatz der IM und GMS in den Arbeits-, Wohn- und Freizeitbereichen, zu erarbeiten.

Zur Gewährleistung des rationellen und differenzierten Einsatzes der operativen Kräfte und Mittel sowie zur Vermeidung von Doppelarbeit ist gewissenhaft zu prüfen, welche der von den anderen staatlichen Organen und Einrichtungen bzw. gesellschaftlichen Organisationen in Wahrnehmung ihrer Verantwortung zur Durchsetzung der entsprechenden Rechtsvorschriften erarbeiteten Hinweise zur Klärung der Frage «Wer ist wer?» genutzt werden können.

Werden bei Sicherheitsüberprüfungen Fakten festgestellt, die gemäß dieser Richtlinie, anderen dienstlichen Bestimmungen und Weisungen oder staatlichen Regelungen als Ausschließungsgründe gelten, ist eine ablehnende Entscheidung zu treffen.

5.1. Die Speicherüberprüfung

Personen, zu denen Sicherheitsüberprüfungen durchgeführt werden und einzubeziehende Angehörige und Verbindungen sind grundsätzlich zu überprüfen

- in der Abteilung XII des MfS gemäß Dienstanweisung Nr. 2/81,
- in der VSH-Kartei der einleitenden, durchführenden und einbezogenen Diensteinheit,
- im Reisedatenspeicher der Hauptabteilung VI gemäß der Ordnung Nr. 4/80,
- in den Speichern der Abteilungen M und Abteilungen PZF.

Zur Zusammenführung und Auswertung weiterer erforderlicher gespeicherter Informationen entsprechend dem festgelegten Informationsbedarf sind differenziert und zielgerichtet weitere Speicher des MfS gemäß der Ordnung Nr. 9/80 sowie Speicher der DVP, der Zollverwaltung der DDR und weiterer Organe und Einrichtungen, wie die Karteien der Ämter für Arbeit, zu nutzen.

Die Überprüfung der betreffenden Personen in den zentralen Speichern hat durch die einleitende Diensteinheit zu erfolgen. Die Ergebnisse sind – soweit das zutrifft und erforderlich ist – an die durchführende bzw. an die einbezogene Diensteinheit zu übermitteln. Werden der durchführenden bzw. einbezogenen Diensteinheit weitere Personen bekannt, die in die Sicherheitsüberprüfung einzubeziehen sind, hat diese die Überprüfung zu veranlassen.

5.2. Die Nutzung der von anderen staatlichen und wirtschaftsleitenden Organen, Kombinaten, Betrieben und Einrichtungen bzw. gesellschaftlichen Organisationen erarbeiteten Überprüfungsergebnisse

Von den Leitern der für die Einleitung der Sicherheitsüberprüfungen zuständigen operativen Diensteinheiten ist auf die für den Einsatz der Personen bzw. für die Erteilung der Erlaubnisse bzw. Genehmigungen verantwortlichen staatlichen Organe und Einrichtungen bzw. gesellschaftlichen Organisationen Einfluß zu nehmen, daß deren Überprüfungsergebnisse zur Begründung des vorgesehenen Einsatzes, der Erteilung der Erlaubnis oder Genehmigung vollständig in schriftlicher Form übergeben werden.

Diese Informationen sind kritisch auf Wahrheitsgehalt, Aktualität und Vollständigkeit zu prüfen, bei Notwendigkeit durch das jeweilige Organ vervollständigen zu lassen und – soweit das zutrifft – der durchführenden Diensteinheit zu übergeben.

Ausgehend von dieser Einschätzung und den Ergebnissen der Speicherüberprüfung ist festzulegen, welche Maßnahmen zur Überprüfung der vorliegenden und zur Beschaffung weiterer erforderlicher Informationen gemäß den konkreten sicherheitspolitischen Anforderungen einzuleiten sind.

Die weitere Nutzung offizieller Möglichkeiten dieser oder anderer Organe oder Einrichtungen bzw. gesellschaftlicher Organisationen hat gemäß den Festlegungen unter den Ziffern 5.4.2. und 8. zu erfolgen.

5.3. Der Einsatz der IM und GMS

Der zielgerichtete und personenbezogene Einsatz der IM und GMS ist auf die Erarbeitung solcher Informationen zu konzentrieren, die nicht offiziell bzw. nur mit konspirativen Kräften, Mitteln und Methoden beschafft werden können.

Die IM und GMS sind zielgerichtet zu beauftragen und personenbezogen einzusetzen, insbesondere zur

- Erarbeitung von Informationen zu Verhaltensweisen und Äußerungen im Arbeits-, Wohn- und Freizeitbereich, die begründete Schlüsse auf Motive für Bewerbungen und Anträge, auf politisch-ideologische Einstellungen und auf andere operativ bedeutsame Persönlichkeitseigenschaften zulassen,
- Erarbeitung von Informationen zu politisch-operativ bedeutsamen Persönlichkeitsmerkmalen und Verhaltensweisen, die durch den Gegner als Ansatzpunkte für subversive Aktivitäten mißbraucht werden können,

- Feststellung von operativ bedeutsamen Kontakten und Verbindungen sowie zur Aufklärung ihres Charakters,
- Überprüfung der offiziell erarbeiteten Informationen und Klärung auftretender Widersprüche bei den erarbeiteten bzw. zusammengeführten Informationen zur Gewährleistung wahrheitsgemäßer Aussagen.

Die Leiter der operativen Diensteinheiten haben zu gewährleisten, daß dafür die IM und GMS allseitig genutzt und insbesondere die zum Einsatz gebracht werden, die auf Grund ihrer bestehenden oder relativ kurzfristig herstellbaren Kontakte zu den zu überprüfenden Personen in der Lage sind, die erforderlichen Informationen zu erarbeiten. Ausgehend von ihren konkreten Möglichkeiten sind auch zielgerichtet IM in Schlüsselpositionen zum Einsatz zu bringen.

5.4. Die Nutzung anderer operativer Kräfte, Mittel und Methoden sowie offizieller Möglichkeiten

Zur Realisierung der Sicherheitsüberprüfungen sind auch die anderen dem MfS zur Verfügung stehenden operativen Kräfte, Mittel und Methoden zielgerichtet, entsprechend den Erfordernissen einzusetzen bzw. zu nutzen.

Über den Einsatz bzw. die Anwendung spezieller operativer Kräfte, Mittel und Methoden haben die gemäß meinen dienstlichen Bestimmungen dazu befugten Leiter zu entscheiden.

5.4.1. Operative Ermittlungen

Zur Gewinnung der erforderlichen Informationen aus dem Arbeits-, Wohn- und Freizeitbereich der zu überprüfenden Personen, ihrer Angehörigen und Verbindungen sind in Abhängigkeit von der Nutzung anderer Möglichkeiten operative Ermittlungen durchzuführen.

Den mit der Durchführung beauftragten Mitarbeitern bzw. Diensteinheiten sind konkrete Vorgaben und Hinweise auf bereits vorhandene Informationen zu übermitteln, insbesondere

- der konkrete Informationsbedarf gemäß den erforderlichen sicherheitspolitischen Anforderungen sowie
- Ausgangsinformationen, die eine qualifizierte Durchführung der operativen Ermittlungen unter Einhaltung der Konspiration ermöglichen.

Bei Notwendigkeit sind mit den ermittlungsführenden Diensteinheiten Absprachen zu führen.

5.4.2. Die Nutzung offizieller Möglichkeiten

Offizielle Möglichkeiten sind entsprechend den konkreten politisch-operativen Erfordernissen zu nutzen.

Das sind insbesondere:

- weitere Möglichkeiten der DVP sowie der anderen Organe des MdI, die sich vorrangig ergeben aus
  - der Arbeit mit den inoffiziellen Kräften des Arbeitsgebietes I der Kriminalpolizei,
  - den Ergebnissen der operativen bzw. staatlichen Kontrolle gemäß der Dienstvorschrift Nr. 031/80 (Personenkontrollvorschrift) des Ministers des Innern und Chefs der DVP,
  - den Arbeitsergebnissen und Tätigkeiten der ABV, einschließlich ihrer freiwilligen Helfer,
  - den Ergebnissen der Tätigkeit der Dienstzweige Paß- und Meldewesen, der Schutzpolizei (Erlaubniswesen) usw.;
- Möglichkeiten der Zollverwaltung der DDR, Ergebnisse der zolldienstlichen Arbeit und Erkenntnisse aus der Bearbeitung von Zoll- und Devisenstraftaten;
- die Möglichkeiten der Abteilungen Innere Angelegenheiten der Räte der Kreise/Städte;
- die Möglichkeiten der Ämter für Arbeit;
- die Möglichkeiten der Leiter der unterschiedlichen Leitungsebenen der staatlichen und wirtschaftsleitenden Organe, Betriebe, Kombinate und Einrichtungen sowie der Funktionäre und zuverlässigen Kräfte gesellschaftlicher Organisationen.

Die Zweckmäßigkeit der Nutzung offizieller Kräfte und Möglichkeiten ist verantwortungsbewußt zu prüfen. Die Leiter der operativen Diensteinheiten haben zu gewährleisten, daß das Zusammenwirken nur mit überprüften und zuverlässigen Personen erfolgt.

6. Die im Ergebnis der Sicherheitsüberprüfung zu treffende Entscheidung

Zum Abschluß jeder Sicherheitsüberprüfung ist nach Einschätzung der zu überprüfenden Person auf der Grundlage der erarbeiteten und zusammengeführten Informationen die Entscheidung zu treffen, ob durch das MfS dem vorgesehenen Einsatz bzw. der Erteilung der Erlaubnis oder Genehmigung aus sicherheitspolitischen Gründen zugestimmt werden kann.

Diese Entscheidung ist in jedem Einzelfall im Interesse der

- konsequenten Durchsetzung der Politik der Partei- und Staatsführung,
- Gewährleistung der staatlichen Sicherheit,

- Durchsetzung objektiver Erfordernisse der gesellschaftlichen Entwicklung,
- vorbeugenden Verhinderung von politischen, ideologischen und materiellen Schäden

zu treffen.

Als Voraussetzung für eine begründete Entscheidung sind zu prüfen:
- Ergebnisse der Speicherüberprüfungen;
- Vollständigkeit, Wahrheitsgehalt und Aktualität der erforderlichen Informationen gemäß dem festgelegten Informationsbedarf;
- Vollständigkeit der von anderen operativen Diensteinheiten angeforderten Überprüfungsergebnisse.

Die erarbeiteten und zusammengeführten Informationen sind sorgfältig zu analysieren, zueinander in Beziehung zu setzen und einzuschätzen.

Die Einschätzung der zu überprüfenden Person hat entsprechend den konkreten sicherheitspolitischen Anforderungen zu erfolgen. Besonders zu beachtende Punkte, wie zweifelhafte Verbindungen, sicherheitspolitisch negativ zu wertende Persönlichkeitsmerkmale und Verhaltensweisen, unklare familiäre Verhältnisse, Konfliktsituationen und dgl. sind herauszuarbeiten, Widersprüche festzustellen und – wenn erforderlich – durch weitere Maßnahmen zu klären.

Bei der Einschätzung der überprüften Person ist verantwortungsbewußt zu beurteilen, wie sie sich im Falle ihres Einsatzes bzw. bei Erteilung der Erlaubnis oder Genehmigung unter den zu erwartenden Bedingungen verhalten könnte und ob sie damit den konkreten sicherheitspolitischen Anforderungen gerecht wird.

Es ist sorgfältig zu prüfen, ob einzelne festgestellte negative Persönlichkeitsmerkmale u. a. zu beachtende Punkte durch positive Persönlichkeitsmerkmale u. a. Fakten kompensiert werden oder ernstzunehmende Risiken beinhalten.

Bei sehr geringen oder nicht vorhandenen Möglichkeiten der Auswahl von Personen für die Lösung erforderlicher Aufgaben, z. B. wenn Betriebe erforderliche Aufgaben in Objekten bewaffneter Organe zu lösen haben und dafür nicht genügend zuverlässige Spezialisten zur Verfügung stehen oder bei vorgesehenen Auslandsreisen von Spezialisten, die nicht durch andere Personen ersetzt werden können, oder von Personen, die wichtige Mitglieder von Delegationen, Ensembles oder Mannschaften sind, ist die Vertretbarkeit bestimmter Risiken mit den negativen Folgen im Falle der Ablehnung abzuwägen. Dabei ist gleichzeitig zu prüfen, ob durch politisch-operative Maßnahmen abzusehende Risiken vermindert werden können.

Nach Abwägung aller zu beachtenden Punkte und möglichen Risiken ist eine eindeutige Entscheidung zu treffen, ob dem vorgesehenen Einsatz bzw. der Erteilung der Erlaubnis oder Genehmigung zugestimmt werden kann oder nicht. Bei komplizierten Entscheidungen von hoher politisch-operativer Bedeutsamkeit ist die Zustimmung des übergeordneten Leiters einzuholen.

Die Entscheidung bzw. der Entscheidungsvorschlag ist mit hohem politischem Verantwortungsbewußtsein zu treffen bzw. zu unterbreiten. Der entscheidungsbefugte Leiter hat für die Entscheidung bzw. den Entscheidungsvorschlag die volle Verantwortung zu übernehmen. Die festgelegten Verantwortlichkeiten für die politisch-operative Sicherung der betreffenden Personen bleiben davon unberührt.

Die Entscheidung ist zu dokumentieren. Dabei sind die in anderen dienstlichen Bestimmungen vorgeschriebenen Formen zu beachten.

Die getroffene Entscheidung ist – soweit das zutrifft – dem anfragenden staatlichen oder wirtschaftsleitenden Organ, Kombinat, Betrieb, der Einrichtung oder gesellschaftlichen Organisation ohne Angabe von Gründen – soweit es sich nicht um offiziell bekannte Ausschließungsgründe handelt – mündlich mitzuteilen. Eine schriftliche Bestätigung hat nur zu erfolgen, wenn das in anderen dienstlichen Bestimmungen bzw. staatlichen Regelungen festgelegt wurde. Es ist zu sichern, daß die Entscheidung nur zuverlässigen Personen mitgeteilt wird, die vom staatlichen Leiter bzw. verantwortlichen Funktionär der gesellschaftlichen Organisation beauftragt sind und über den Umgang mit derartigen Informationen belehrt wurden.

Zur Gewährleistung der Geheimhaltung und Konspiration sind, soweit erforderlich, dem zuständigen staatlichen Organ bzw. der gesellschaftlichen Organisation für das Gespräch mit der zu überprüfenden Person geeignete Legenden bzw. Argumente zu übermitteln, so daß bei der betreffenden Person keine Vermutung einer Mitwirkung des MfS an der Entscheidung aufkommen kann.

Im Zusammenhang mit der für das anfragende staatliche Organ bzw. die gesellschaftliche Organisation eindeutigen Entscheidung sind – soweit erforderlich – weitere personenbezogene politisch-operative Maßnahmen festzulegen und einzuleiten.

Im Falle der Zustimmung ist die Notwendigkeit des Einleitens spezifischer politisch-operativer Kontrollmaßnahmen, der politisch-operativen Sicherung durch den Einsatz von IM, der weiteren Aufklärung unklarer Verbindungen, der terminlichen Festlegung einer Wiederholungsüberprüfung oder anderer Maßnahmen zu prüfen.

Bei Nichtzustimmung ist zu prüfen, ob Maßnahmen einzuleiten sind zur

- politisch-operativen Bearbeitung bzw. operativen Kontrolle der überprüften Person, durch Anlegen eines Operativen Vorganges bzw. Einleiten der OPK bei Vorliegen der Voraussetzungen gemäß den Richtlinien Nr. 1/76 bzw. 1/81,
- vorbeugenden Verhinderung feindlich-negativer Aktivitäten, wenn den Umständen entsprechend die Person von dem zuständigen Organ einen ablehnenden Bescheid erhält,
- Herauslösung der Person aus einer bereits innegehabten Position bzw. Veränderung ihr bereits bekannter Entwicklungsmöglichkeiten.

7. Wiederholungsüberprüfungen

Die operativen Diensteinheiten haben die Personen, denen mit Zustimmung des MfS sicherheitspolitisch bedeutsame Aufgaben, Funktionen, Befugnisse und Vollmachten übertragen bzw. Erlaubnisse und Genehmigungen erteilt wurden, weiterhin entsprechend den politisch-operativen Erfordernissen differenziert in die Klärung der Frage «Wer ist wer?» einzubeziehen.

Unter Berücksichtigung der Dynamik der gesellschaftlichen Entwicklung, der Entwicklung der Persönlichkeit und des Umgangskreises, der veränderlichen Pläne, Absichten, Mittel und Methoden des Gegners und der politisch-operativen Lage ist die aktuelle Kenntnis darüber zu sichern, ob die überprüften Personen weiterhin den sicherheitspolitischen Anforderungen gerecht werden.

Mit dieser Zielstellung sind neben anderen politisch-operativen Maßnahmen – soweit erforderlich – Wiederholungsüberprüfungen von den objektmäßig bzw. territorial zuständigen Diensteinheiten durchzuführen.

Wiederholungsüberprüfungen sind durchzuführen:

- gemäß den Festlegungen in anderen dienstlichen Bestimmungen und Weisungen,
- gemäß der vom entscheidungsbefugten Leiter bei der Erstüberprüfung bzw. bei der letzten Wiederholungsüberprüfung getroffenen terminlichen Festlegung,
- bei Feststellung von operativ bedeutsamen Hinweisen über veränderte Einstellungen und Verhaltensweisen, über das Zustandekommen zweifelhafter Verbindungen und Kontakte, über Konflikte und Veränderungen im familiären Bereich und im Umgangskreis sowie
- bei erneutem Einsatz, bei Veränderungen der Einsatzbedingungen, der politisch-operativen Lage und sich ergebenden weiteren Sicherheitserfordernissen.

Wiederholungsüberprüfungen sind auf die Prüfung möglicher Unsicherheitsfaktoren zu konzentrieren. Die Ergebnisse der Erstüberprüfung sowie zurückliegender Wiederholungsüberprüfungen und andere Ergebnisse der politisch-operativen Arbeit sind zu berücksichtigen. Widersprüche und andere zu beachtende Punkte sind herauszuarbeiten und zu klären.

Zum Abschluß der Wiederholungsüberprüfungen ist die eindeutige Entscheidung zu treffen, ob dem weiteren oder erneuten Einsatz der Person bzw. der Aufrechterhaltung oder Neuerteilung der Erlaubnis oder Genehmigung zugestimmt werden kann und welche weiteren politisch-operativen Maßnahmen erforderlich sind. Dabei ist auch zu prüfen, ob die Festlegung einer erneuten Wiederholungsüberprüfung erforderlich ist.

Kann auf Grund sich entwickelnder Unsicherheitsfaktoren diese Zustimmung nicht gegeben werden, sind im politisch-operativen Zusammenwirken mit den zuständigen Organen das Herauslösen der überprüften Personen aus der sicherheitspolitisch bedeutsamen Tätigkeit – beim Einsatz im Ausland auch die Rückführung in die DDR – sowie die erforderlichen politisch-operativen Maßnahmen zur vorbeugenden Verhinderung feindlich-negativer Aktivitäten zu veranlassen.

8. Das politisch-operative Zusammenwirken mit anderen staatlichen und wirtschaftsleitenden Organen, Kombinaten, Betrieben und Einrichtungen sowie gesellschaftlichen Organisationen

Durch die Leiter der operativen Diensteinheiten ist zu gewährleisten, daß das politisch-operative Zusammenwirken mit den staatlichen und wirtschaftsleitenden Organen, Kombinaten, Betrieben und Einrichtungen sowie gesellschaftlichen Organisationen nur über solche Kräfte erfolgt, die überprüft und zuverlässig sind.

Durch das politisch-operative Zusammenwirken ist Einfluß darauf zu nehmen, daß die Eigenverantwortung der staatlichen Leiter und Funktionäre gesellschaftlicher Organisationen entsprechend den staatlichen Regelungen zur Auswahl, zur Eignungsüberprüfung sowie zum Einsatz von Personen, an die sicherheitspolitische Anforderungen zu stellen sind, zielgerichtet erhöht und alle ihnen dazu zur Verfügung stehenden Möglichkeiten umfassend genutzt werden.

Das sicherheitspolitische Denken und Handeln der staatlichen Leiter und zuständigen Funktionäre gesellschaftlicher Organisationen ist so zu beeinflussen, daß sie die durch das MfS getroffenen Entscheidungen akzeptieren, sich mit diesen gegenüber den überprüften Personen identifizieren und sie als ihre eigenen Entscheidungen ausgeben.

8.1. Die Erhöhung der Verantwortung der anderen staatlichen und wirtschaftsleitenden Organe, Kombinate, Betriebe und Einrichtungen bzw. gesellschaftlichen Organisationen bei der Auswahl und Überprüfung von Personen, denen sicherheitspolitisch bedeutsame Aufgaben, Funktionen, Befugnisse und Vollmachten übertragen bzw. Erlaubnisse und Genehmigungen erteilt werden sollen

Die Leiter der operativen Diensteinheiten haben durch das politisch-operative Zusammenwirken darauf Einfluß zu nehmen, daß die staatlichen Leiter und Funktionäre gesellschaftlicher Organisationen

- durch eine zielstrebige Kaderarbeit Voraussetzungen schaffen, daß für den Einsatz in sicherheitspolitisch bedeutsamen Positionen bzw. Bereichen geeignete Personen zur Verfügung stehen,
- bei der Herstellung solcher Arbeitsrechtsverhältnisse, die perspektivisch mit dem Einsatz in sicherheitspolitisch bedeutsamen Positionen bzw. Bereichen

verbunden sind, sowie bei derartigen Delegierungen zum Studium bzw. bei Immatrikulationen die sicherheitspolitischen Erfordernisse beachten,

- ständig rechtzeitig darüber informieren, wie viele und möglichst welche Personen langfristig für einen Einsatz in bestimmten sicherheitspolitisch bedeutsamen Positionen bzw. Bereichen vorgesehen sind bzw. bestimmte Erlaubnisse oder Genehmigungen erhalten sollen, um die Sicherheitsüberprüfungen planmäßig in die politisch-operative Aufgabenstellung der Diensteinheit einordnen zu können,
- bereits bei der Auswahl der Personen mit der zuständigen Diensteinheit des MfS eine Vorabstimmung herbeiführen, um möglichst sicherheitspolitisch geeignete Personen festzulegen, Sicherheitsüberprüfungen zu ungeeigneten Personen zu vermeiden und um andere politisch-operative Interessen realisieren zu können,
- Personen, die entsprechend der eigenen Überprüfung des jeweiligen Organs oder der Einrichtung bzw. der gesellschaftlichen Organisation zum Einsatz gebracht werden bzw. die Erlaubnis oder Genehmigung erteilt bekommen sollen, der zuständigen Diensteinheit rechtzeitig mitgeteilt und alle erforderlichen Unterlagen auf den aktuellen Stand gebracht und übergeben werden, damit die erforderlichen Sicherheitsüberprüfungen planmäßig erfolgen können,
- alle ihnen zur Verfügung stehenden Möglichkeiten zur Auswahl, Überprüfung und Beurteilung der sicherheitspolitischen Eignung der Personen nutzen,
- gewährleisten, daß die durch sie vorgeschlagenen Personen vor der Zustimmung durch das MfS keine Kenntnis von ihrem vorgesehenen Einsatz erhalten, soweit die Bewerbung bzw. Beantragung nicht durch sie selbst erfolgte.

8.2. Die Durchsetzung der im Ergebnis der Sicherheitsüberprüfungen getroffenen Entscheidung

Die Leiter der operativen Diensteinheiten haben durch politisch-operative Einflußnahme zu sichern, daß die staatlichen Leiter und Funktionäre gesellschaftlicher Organisationen beim Einsatz von Personen in sicherheitspolitisch bedeutsame Funktionen bzw. bei der Erteilung entsprechender Genehmigungen oder Erlaubnisse von der Entscheidung ausgehen, die durch das MfS im Ergebnis der durchgeführten Sicherheitsüberprüfung getroffen wurde.

Zur Erreichung dieses Zieles sind alle Möglichkeiten des politisch-operativen Zusammenwirkens zu nutzen.

Durch die zuständige operative Diensteinheit ist zu sichern, daß bei Zustimmung des MfS die Leiter der staatlichen und wirtschaftsleitenden Organe, Kombinate, Betriebe und Einrichtungen sowie die zuständigen Funktionäre der gesellschaftlichen Organisationen

- die überprüften Personen nur mit den Aufgaben betrauen bzw. nur die Er-

laubnisse und Genehmigungen erteilen, deren sicherheitspolitische Anforderungen Gegenstand der Überprüfung waren,
- konsequent ihrer Verantwortung für die mit dem Einsatz, der erteilten Erlaubnis oder Genehmigung verbundenen Maßnahmen zur Kontrolle, Qualifizierung und Entwicklung nachkommen,
- über alle sicherheitspolitisch bedeutsamen Hinweise zu den bestätigten Personen, wie operativ bedeutsame Veränderungen, Vorkommnisse, sich herausbildende Unsicherheitsfaktoren u. a., die zuständige Diensteinheit des MfS informieren.

Wird im Ergebnis der Sicherheitsüberprüfung festgestellt, daß eine überprüfte Person sicherheitspolitisch nicht geeignet ist, hat der Leiter der zuständigen Diensteinheit durch politisch-operative Einflußnahme zu sichern, daß
- die Übermittlung der Nichtzustimmung so erfolgt, daß die Leiter der staatlichen und wirtschaftsleitenden Organe, Kombinate, Betriebe und Einrichtungen sowie die zuständigen Funktionäre der gesellschaftlichen Organisationen keine Rückschlüsse auf eingesetzte operative Kräfte, Mittel und Methoden des MfS ziehen können,
- soweit erforderlich, die Mitteilung der Entscheidung durch das jeweilige Organ, die Einrichtung bzw. gesellschaftliche Organisation als ihre Entscheidung erfolgt und die betreffenden Personen keine Überprüfungshandlungen des MfS erkennen können,
- bei entsprechenden Erfordernissen mit den anderen Organen, Einrichtungen bzw. gesellschaftlichen Organisationen solche Maßnahmen festgelegt werden, die ein rechtzeitiges Erkennen und Verhindern feindlich-negativer Aktivitäten der betreffenden Personen auf Grund der erteilten Ablehnung ermöglichen,
- Personen, die sich bereits in sicherheitspolitisch bedeutsamen Positionen befinden bzw. derartige Erlaubnisse und Genehmigungen erhalten haben, herausgelöst oder umgesetzt bzw. ihnen die Erlaubnisse und Genehmigungen entzogen werden.

Erfolgt durch die staatlichen Leiter bzw. die zuständigen Funktionäre entgegen der Entscheidung des MfS der vorgesehene Einsatz bzw. die Erteilung der Erlaubnis oder Genehmigung, hat der Leiter der zuständigen Diensteinheit seinen übergeordneten Leiter zu informieren und weitere erforderliche Maßnahmen vorzuschlagen.

Das politisch-operative Zusammenwirken der Diensteinheiten des MfS mit den Organen des MdI bei der Durchführung von Sicherheitsüberprüfungen hat auf der Grundlage der dafür geltenden dienstlichen Bestimmungen im MfS und der mit dem MfS abgestimmten Bestimmungen des MdI bzw. der getroffenen Vereinbarungen zu erfolgen.

9. Die Speicherung und Nutzung der Ergebnisse der Sicherheitsüberprüfungen

9.1. Die Speicherung der Ergebnisse der Sicherheitsüberprüfungen

Grundlage für die Speicherung der bei Sicherheitsüberprüfungen erarbeiteten Informationen sind die Erfassung der überprüften Personen und die für das jeweilige Erfassungsverhältnis zur Speicherform getroffenen Festlegungen.

Alle Personen, zu denen Sicherheitsüberprüfungen eingeleitet bzw. die in Sicherheitsüberprüfungen einbezogen werden, sind in der VSH-Kartei der einleitenden, durchführenden und einbezogenen Diensteinheit zu erfassen, damit auch später festgestellte operativ bedeutsame Hinweise der einleitenden Diensteinheit übermittelt werden können.

Bei Vorliegen entsprechender Voraussetzungen sind die überprüften Personen aktiv in der Abteilung XII zu erfassen. Dabei sind die Möglichkeiten der aktiven Erfassung gemäß der

> «Ordnung über die Erfassung von Personen in der Abteilung XII auf der Grundlage von Sicherungsvorgängen»

zu nutzen.

Die bei den Sicherheitsüberprüfungen erarbeiteten Ergebnisse sind bei Vorliegen der entsprechenden Voraussetzungen gemäß den weiteren Festlegungen in der

> «Dienstanweisung Nr. 1/80 über Grundsätze der Aufbereitung der Erfassung und Speicherung operativ bedeutsamer Informationen durch die operativen Diensteinheiten des MfS»

zu speichern.

Die zu den nicht aktiv erfaßten Personen erarbeiteten Ergebnisse sind in der Zentralen Materialablage der jeweiligen Diensteinheit zu speichern oder, wenn das Material nicht mehr benötigt wird, in der Abteilung XII gemäß der 3. Durchführungsbestimmung zur Dienstanweisung Nr. 2/81 zu archivieren.

9.2. Die Nutzung der Ergebnisse der Sicherheitsüberprüfungen

Die Ergebnisse der Sicherheitsüberprüfungen sind zur politisch-operativen Durchdringung und politisch-operativen Sicherung des Verantwortungsbereiches, zur aktuellen Einschätzung der politisch-operativen Lage und damit zur ständigen Klärung der Frage «Wer ist wer?» zu nutzen.

Erarbeitete Informationen und Hinweise sind insbesondere für die Lösung solcher politisch-operativen Aufgaben zu nutzen, wie die

- Entwicklung und Bearbeitung Operativer Vorgänge,
- Einleitung und Durchführung von OPK,

- Einleitung politisch-operativer Maßnahmen zur Sicherung der überprüften Personen,
- Feststellung geeigneter Personen zur Gewinnung als IM und GMS,
- Auswahl erforderlicher offizieller Kontakte,
- Suche und Auswahl von Kadern für das MfS,
- ständige Qualifizierung der vorbeugenden und schadensverhütenden politisch-operativen Arbeit,
- Organisierung des politisch-operativen Zusammenwirkens mit anderen Organen und Einrichtungen sowie
- Erarbeitung aussagefähiger Informationen und Einschätzungen an leitende Partei- und Staatsfunktionäre.

Die Leiter der operativen Diensteinheiten haben periodisch den Umfang und die qualitäts- und termingerechte Durchführung der Sicherheitsüberprüfungen kritisch einzuschätzen. Gute Ergebnisse sind zu würdigen, erkannte Mängel und Schwächen herauszuarbeiten, Ursachen für Fehlentscheidungen festzustellen und konkrete Schlußfolgerungen festzulegen.

10. Schlußbestimmungen

Diese Richtlinie enthält Festlegungen zu Grundfragen der Durchführung von Sicherheitsüberprüfungen. In Abhängigkeit vom jeweiligen Grund der Einleitung einer Sicherheitsüberprüfung sind weitere Festlegungen in anderen dienstlichen Bestimmungen und Weisungen zu beachten.

Das sind insbesondere Festlegungen über
- weitere spezifische sicherheitspolitische Anforderungen und den Informationsbedarf,
- einzubeziehende Angehörige der zu überprüfenden Personen,
- weitere konkrete Ausschließungsgründe,
- Verantwortlichkeiten und Zusammenarbeit der Diensteinheiten,
- Entscheidungsbefugnisse,
- Einspruchsrechte und Formen ihrer Wahrnehmung,
- Realisierungs- und Einspruchsfristen,
- die Durchführung von Wiederholungsüberprüfungen sowie
- inhaltliche und formelle Anforderungen an die Aufbereitung und Übergabe der Ergebnisse der Sicherheitsüberprüfungen.

Die Leiter der operativen Diensteinheiten haben zu gewährleisten, daß alle operativen Mitarbeiter, die Aufgaben im Zusammenhang mit Sicherheitsüberprüfungen wahrzunehmen haben, mit dem Inhalt dieser Richtlinie vertraut gemacht und die getroffenen Festlegungen konsequent durchgesetzt werden.

Mielke
Armeegeneral

«Wer ist wer?»

Die Richtlinie über die Operative Personenkontrolle

Interessierte sich das MfS eingehender für einzelne Personen, führte dies zu einer sogenannten «Operativen Personenkontrolle» (OPK).

Ausgangspunkte dafür konnten unter anderem Verbindungen zu oppositionellen Gruppen sein, aber auch die Tätigkeit der betreffenden Person in «sicherheitspolitisch bedeutsamen Positionen oder Bereichen».

Die OPK dienten der Erstellung von detailliertem Auskunftsmaterial über eine Person und führten unter Umständen zu sogenannten «Operativen Vorgängen» oder zu Ermittlungsverfahren, aber auch zu Versuchen einer Werbung zum Inoffiziellen Mitarbeiter. Grundlage der Arbeit an OPK war die *Richtlinie Nr. 1/81 über die Operative Personenkontrolle (OPK) (GVS MfS 0008–10/81).*

Gliederung

Die weitere Gestaltung der entwickelten sozialistischen Gesellschaft in der DDR, die allseitige Stärkung der sozialistischen Staatengemeinschaft sowie der Kampf um die Festigung des Friedens und der internationalen Sicherheit, um Entspannung, Rüstungsbegrenzung und Abrüstung erfolgen in harter Klassenauseinandersetzung mit dem Imperialismus.

Die zuverlässige Gewährleistung der staatlichen Sicherheit der DDR und der anderen Staaten der sozialistischen Staatengemeinschaft unter allen Bedingungen der Entwicklung der internationalen Lage erfordert die weitere Verstärkung der Arbeit am Feind und Erhöhung der Wirksamkeit der vorbeugenden politisch-operativen Arbeit.

Im Zusammenhang mit der dazu notwendigen Weiterentwicklung und Vervollkommnung der operativen Kräfte, Mittel und Methoden ist die Wirksamkeit der OPK, als ein wesentlicher Bestandteil der Klärung der Frage «Wer ist wer?», weiter zu erhöhen. Die OPK ist planmäßig und zielstrebig vor allem zur Entwicklung von Ausgangsmaterial für Operative Vorgänge zu nutzen und auf Personen aus den politisch-operativen Schwerpunktbereichen bzw. den Zielgruppen des Gegners auszurichten, zu denen operativ bedeutsame Anhaltspunkte vorliegen.

Entsprechend ihrem aktiv vorbeugenden Charakter sind mit der OPK wirksame Beiträge zur Vorbeugung und Aufdeckung feindlich-negativer Handlungen, zum rechtzeitigen Erkennen und Verhindern gegnerischer Wirkungsmöglichkeiten, zur vorbeugenden Sicherung durch den Gegner besonders gefährdeter Personen und damit zur Klärung der Frage «Wer ist wer?» in den Verantwortungsbereichen zu leisten. Die sich dabei ergebenden Möglichkeiten sind umfassend zum rechtzeitigen Erkennen und Beseitigen von feindlich-negativen Handlungen begünstigenden Umständen und Bedingungen sowie zur Durchsetzung anderer schadensverhütender Maßnahmen zu nutzen. Damit ist in den Verantwortungsbereichen wirksam zur Durchsetzung der Politik der Partei- und Staatsführung beizutragen.

Diese Richtlinie ist die für alle operativen Diensteinheiten verbindliche Grundlage für die Organisierung der OPK.

Die Leiter der operativen Diensteinheiten tragen für die Realisierung der mit dieser Richtlinie vorgegebenen Ziel- und Aufgabenstellung zur weiteren Erhöhung der Wirksamkeit der OPK, insbesondere für die darauf ausgerichtete politisch-ideologische und fachlich-tschekistische Erziehung und Befähigung der Angehörigen ihrer Diensteinheiten und weitere Vervollkommnung der leitungsmäßigen Voraussetzungen, eine hohe persönliche Verantwortung. Die Realisierung dieser Ziel- und Aufgabenstellung hat ständig und nachweisbar Bestandteil ihrer Leitungstätigkeit zu sein. Sie haben zu gewährleisten, daß die im Ergebnis der OPK erarbeiteten operativ bedeutsamen Informationen und Beweise allseitig ausgewertet und zur Lösung der Gesamtaufgabenstellung des MfS genutzt werden.

Bei der Organisierung der OPK sind die Erfordernisse der Konspiration und Geheimhaltung strikt durchzusetzen.

Die Lösung der in dieser Richtlinie gestellten Aufgaben hat unter Berücksichtigung ihres engen Zusammenhanges mit den in anderen Grundsatzdokumenten, wie meinen Richtlinien Nr. 1/76 und Nr. 1/79, sowie anderen dienstlichen Bestimmungen und Weisungen gestellten Aufgaben zu erfolgen.

1. Die politisch-operative Zielstellung der OPK

Ausgehend von den vorliegenden operativ bedeutsamen Anhaltspunkten ist die OPK auszurichten auf

- die Erarbeitung des Verdachts der Begehung von Verbrechen gemäß erstem oder zweitem Kapitel des StGB – Besonderer Teil – oder einer Straftat der allgemeinen Kriminalität, die einen hohen Grad an Gesellschaftsgefährlichkeit hat und in enger Beziehung zu den Staatsverbrechen steht bzw. für deren Bearbeitung entsprechend meinen dienstlichen Bestimmungen und Weisungen das MfS zuständig ist, und damit auf die zielgerichtete Entwicklung von Ausgangsmaterial für Operative Vorgänge,
- das Erkennen von Personen mit feindlich-negativer Einstellung bzw. operativ bedeutsamen Verbindungen und Kontakten, von denen unter be-

stimmten Bedingungen und Umständen feindlich-negative Handlungen zu erwarten sind, sowie das rechtzeitige Verhindern bzw. Einschränken ihres entsprechenden Wirksamwerdens,

die vorbeugende Sicherung von Personen, die in sicherheitspolitisch besonders bedeutsamen Positionen oder Bereichen tätig sind oder tätig werden sollen und bei denen aufgrund vorhandener Ansatzpunkte die Gefahr ihres Mißbrauchs durch den Gegner besteht, und damit auf das rechtzeitige Erkennen sowie die wirksame Bekämpfung feindlicher Angriffe auf bzw. feindlich-negativer Handlungen durch diese Personen.

Die OPK hat insgesamt dazu beizutragen, feindlich-negative Handlungen – auch unterhalb der Schwelle strafrechtlicher Relevanz – rechtzeitig zu erkennen und wirksam zu unterbinden.

Bereits während der Durchführung der OPK sind – in Abhängigkeit von den Kontrollzielen und den erreichten Kontrollergebnissen – alle notwendigen vorbeugenden, schadensverhütenden Maßnahmen, einschließlich solcher zum rechtzeitigen Erkennen und Beseitigen von feindlich-negative Handlungen begünstigenden Umständen und Bedingungen, einzuleiten und zu realisieren.

Zur Durchsetzung der politisch-operativen Zielstellung sind für jede OPK konkrete und realistische Kontrollziele festzulegen, die durch aktive politisch-operative Maßnahmen, durch den offensiven Einsatz operativer Kräfte, Mittel und Methoden zu realisieren sind.

Durch beweiskräftige Dokumentation der Ergebnisse der OPK sind Voraussetzungen für weiterführende bzw. andere operative Prozesse zu schaffen.

2. Operativ bedeutsame Anhaltspunkte als Voraussetzung für das Einleiten der OPK

OPK sind einzuleiten, wenn operativ bedeutsame Anhaltspunkte vorliegen, die eine gezielte Kontrolle von Personen begründen und erfordern.

Operativ bedeutsame Anhaltspunkte liegen vor, wenn im Ergebnis der politisch-operativen und rechtlichen Bewertung von überprüften und in der Regel bereits verdichteten Informationen auf feindlich-negative Handlungen oder Einstellungen bekannter Personen bzw. deren Mißbrauch durch den Gegner geschlußfolgert werden kann.

Operativ bedeutsame Anhaltspunkte weisen vielfach auf die Vorbereitung oder Durchführung von feindlich-negativen Handlungen bzw. entsprechende Pläne und Absichten hin, begründen jedoch noch nicht den Verdacht einer Straftat unter Bezug auf objektive und subjektive Tatbestandsmerkmale des Strafrechts.

Sie ergeben sich insbesondere aus Informationen über Personen, die

Handlungen (durch Tun oder Unterlassen) beabsichtigen oder begehen,

die entsprechend den politisch-operativen Erkenntnissen des MfS mögliche Begehungsweisen feindlich-negativer Tätigkeit sein können,
negative oder ablehnende Einstellungen zur sozialistischen Entwicklung bzw. zur Politik der Partei- und Staatsführung zum Ausdruck bringen oder verbreiten,
operativ bedeutsame Verbindungen oder Kontakte, vor allem in das bzw. aus dem Operationsgebiet, unterhalten sowie
weitere operativ bedeutsame Persönlichkeitsmerkmale besitzen, die Ansatzpunkte für einen Mißbrauch durch feindlich-negative Kräfte sein können.

Bei Personen, die in sicherheitspolitisch besonders bedeutsamen Positionen oder Bereichen tätig sind oder tätig werden sollen, sind derartige Informationen aus der Sicht ihres möglichen Mißbrauchs durch den Gegner zu bewerten.

Zur Herausarbeitung operativ bedeutsamer Anhaltspunkte sind alle vorliegenden Informationen verantwortungsbewußt einzuschätzen.

Bei der Bewertung von Informationen als operativ bedeutsame Anhaltspunkte ist insbesondere auszugehen von

- den politisch-operativen Erkenntnissen und Erfahrungen über Pläne, Absichten, Maßnahmen sowie Mittel und Methoden feindlich-negativer Kräfte,
- der politisch-operativen Lage im Verantwortungsbereich und den aktuellen politisch-operativen Erfordernissen,
- bereits erkennbaren oder zu erwartenden Schäden bzw. Gefahrenmomenten für die innere Sicherheit im Verantwortungsbereich,
- den geltenden Rechtsvorschriften der DDR,
- meinen dienstlichen Bestimmungen, Weisungen und Orientierungen sowie den dazu durch die Leiter der HA/selbst. Abteilungen und BV/V getroffenen Festlegungen,
- der sicherheitspolitischen Bedeutung der Tätigkeit und Stellung der betreffenden Person, ihrem Einfluß sowie ihrer Persönlichkeit.

Die Bewertung erfordert eine tiefgründige, allseitige und objektive Analyse aller Informationen. Sie setzt eine gründliche Überprüfung der Informationen auf Wahrheitsgehalt und Aktualität voraus. Es ist stets zu prüfen, welche Versionen sich zu den Zielen, Motiven, Einstellungen, schädigenden Handlungen, Verbindungen und Kontakten ergeben.

Operativ bedeutsame Anhaltspunkte sind vor allem zu erarbeiten

- in politisch-operativen Schwerpunktbereichen,
- unter jenen Personen und Personenkreisen, auf die sich entsprechend politisch-operativen Erkenntnissen der Feind konzentriert bzw. bei denen Ansatzpunkte für einen Mißbrauch vorhanden sind und die bedeutenden Einfluß auf die gesellschaftliche Entwicklung haben,
- entsprechend den in meinen dienstlichen Bestimmungen, Weisungen und Orientierungen getroffenen Festlegungen.

Operativ bedeutsame Anhaltspunkte sind zielstrebig und durch die allseitige Nutzung der Ergebnisse aller politisch-operativen Aktivitäten, vor allem durch den Einsatz von IM und GMS, zu gewinnen. Dazu ist zu sichern, daß die erarbeiteten Informationen zusammengeführt und analytisch verarbeitet werden.

OPK können über Bürger der DDR sowie über Ausländer, die sich ständig oder zeitweilig auf dem Territorium der DDR aufhalten, eingeleitet werden, wenn entsprechend dieser Richtlinie operativ bedeutsame Anhaltspunkte vorliegen.

OPK können bei Vorliegen operativ bedeutsamer Anhaltspunkte auch über Ausländer mit ständigem Wohnsitz im Operationsgebiet eingeleitet werden, wenn das im Interesse der vorbeugenden politisch-operativen Arbeit zur Gewährleistung der inneren Sicherheit der DDR notwendig ist.

3. Das Einleiten der OPK

3.1. Die Bestimmung konkreter Kontrollziele

Die Kontrollziele sind auszurichten auf die Klärung der operativ bedeutsamen Anhaltspunkte, die Erarbeitung weiterer Informationen über mögliche feindlich-negative Handlungen und Einstellungen der unter OPK stehenden Personen bzw. deren Mißbrauch durch den Gegner sowie auf die rechtzeitige Vorbeugung und Schadensverhütung.

Für jede OPK sind konkrete und realistische Kontrollziele zu bestimmen.

Bei ihrer Bestimmung ist auszugehen von

- der politisch-operativen Zielstellung der OPK (Ziffer 1. dieser Richtlinie),
- den Ergebnissen der Einschätzung der über die zu kontrollierenden Personen vorliegenden Informationen, insbesondere den herausgearbeiteten operativ bedeutsamen Anhaltspunkten und den dazu aufgestellten Versionen,
- der politisch-operativen Lage im Verantwortungsbereich, insbesondere in den Arbeits-, Wohn- und Freizeitbereichen der jeweils zu kontrollierenden Personen,
- den politisch-operativen Erkenntnissen und Erfahrungen über Pläne, Absichten, Maßnahmen sowie Mittel und Methoden feindlich-negativer Kräfte.

Bei Notwendigkeit sind unter Zugrundelegung der Kontrollziele Etappenziele festzulegen. Die Kontroll- bzw. Etappenziele (im folgenden Kontrollziele) sind in den Maßnahmeplänen zu dokumentieren.

Die Bestimmung und Fixierung konkreter Kontrollziele haben den zu ihrer Realisierung erforderlichen Informationsbedarf einzuschließen.

Entsprechend den während der OPK erreichten politisch-operativen Ergebnissen sowie der Entwicklung der politisch-operativen Lage sind die Kontrollziele rechtzeitig zu präzisieren bzw. zu aktualisieren.

Die Leiter der operativen Diensteinheiten haben zu entscheiden, bei welchen OPK als Grundlage dafür Zwischenberichte zu erarbeiten sind.

Die Leiter und die mittleren leitenden Kader haben die operativen Mitarbeiter bei der Bestimmung konkreter und realistischer Kontrollziele unmittelbar anzuleiten und zu unterstützen.

3.2. Die Festlegung der Kontrollmaßnahmen

Es sind solche politisch-operativen Maßnahmen festzulegen, die das zügige Erreichen der konkreten Kontrollziele sichern. Dazu hat der offensive, auf die Gewinnung des Vertrauens der zu kontrollierenden Personen gerichtete Einsatz geeigneter IM im Mittelpunkt der festzulegenden Kontrollmaßnahmen zu stehen.

Eine wirksame Kontrolle ist sowohl in den Arbeits- als auch in den Wohn- und Freizeitbereichen zu gewährleisten.

Die Kontrollmaßnahmen sind in Maßnahmeplänen zu dokumentieren. Die Maßnahmepläne bedürfen der Bestätigung durch die gemäß Ziffer 3.3. dieser Richtlinie entscheidungsbefugten Leiter. Sie haben Festlegungen zu enthalten über

- die einzusetzenden IM und GMS, die durch sie zu lösenden Aufgaben, einschließlich der zu erarbeitenden Informationen, sowie das operativ-taktische Vorgehen und Verhalten der IM und GMS,
- die Gewinnung von zur Klärung der operativ bedeutsamen Anhaltspunkte einzusetzenden IM bzw. GMS,
- die zweckmäßige Anwendung operativer Mittel und Methoden, die mit dem Einsatz der IM und GMS abzustimmen ist,
- politisch-operative Maßnahmen, die in Zusammenarbeit mit anderen Diensteinheiten zu lösen sind,
- die zu nutzenden Möglichkeiten anderer Organe und Einrichtungen,
- die durchzuführenden Speicherüberprüfungen,
- die Termine und Verantwortlichkeiten für die Realisierung der politisch-operativen Maßnahmen sowie
- die Kontrolle der Realisierung der politisch-operativen Maßnahmen.

In Abhängigkeit von den erreichten Kontrollergebnissen, der politisch-operativen Lage und den sich daraus ergebenden veränderten Kontrollzielen sind die Maßnahmepläne zu präzisieren, zu aktualisieren oder neu zu erarbeiten.

Die Leiter und die mittleren leitenden Kader haben zu gewährleisten, daß jede OPK auf der Grundlage eines aktuellen Maßnahmeplanes durchgeführt wird. Sie haben die operativen Mitarbeiter bei der Erarbeitung der Maßnahmepläne, der ständigen politisch-operativen und rechtlichen Einschätzung der erarbeiteten Informationen und der rechtzeitigen Einleitung und Durchführung sich daraus ergebender politisch-operativer Maßnahmen anzuleiten und zu unterstützen. Die Leiter und mittleren leitenden Kader haben durch eine wirksame Kontrolle die qualitäts- und termingerechte Realisierung der Maßnahmepläne sowie die beweiskräftige Dokumentation der Ergebnisse zu sichern.

3.3. Die Entscheidung über das Einleiten der OPK

Die Entscheidung über das Einleiten der OPK haben zu treffen:
- die Leiter der Abteilungen in den HA/selbst. Abteilungen und BV/V, einschließlich gleichgestellter Leiter, sowie die Leiter der KD/OD;
- bei Personen in besonders bedeutsamen staatlichen und gesellschaftlichen Positionen der Leiter der zuständigen HA/ selbst. Abteilung bzw. BV/V oder dessen Stellvertreter.

Eine OPK ist auch über Personen einzuleiten, zu denen ein Kontrollersuchen der Sicherheitsorgane befreundeter sozialistischer Staaten vorliegt.

In begründeten Fällen, wenn die vorliegenden operativ bedeutsamen Anhaltspunkte auf bestehende Zusammenhänge hinweisen, kann die operative Kontrolle mehrerer Personen auf der Grundlage einer OPK-Akte erfolgen, insbesondere wenn
- sie gemeinschaftlich oder arbeitsteilig handeln,
- es sich um Ehepartner, nahe Verwandte, Verlobte oder Personen mit gemeinsamer Wohnung handelt,
- zwischen ihnen enge persönliche Beziehungen im Arbeits-, Wohn- oder Freizeitbereich bestehen (z. B. gemeinsame berufliche oder gesellschaftliche Aufgaben, gemeinsame Freizeitinteressen u. a.).

Voraussetzung ist, daß zu jeder einzelnen Person operativ bedeutsame Anhaltspunkte vorliegen, die das Einleiten der OPK begründen.

Es ist zu sichern, daß die zu jeder einzelnen Person vorliegenden operativ bedeutsamen Anhaltspunkte zweifelsfrei geklärt werden.

Dem entscheidungsbefugten Leiter sind der Einleitungsbericht und der erste Maßnahmeplan zur Bestätigung vorzulegen.

Der Einleitungsbericht hat zu enthalten:
- die Personalien der zu kontrollierenden Person bzw. Personen,
- die Begründung für die Notwendigkeit der Einleitung der OPK, ausgehend von den herausgearbeiteten operativ bedeutsamen Anhaltspunkten und den dazu aufgestellten Versionen,
- Angaben zu den Quellen der vorliegenden Informationen,
- die konkreten Kontrollziele.

Die entscheidungsbefugten Leiter haben im Zusammenhang mit der zu treffenden Entscheidung zu gewährleisten, daß
- die OPK vorrangig auf Personen in den politisch-operativen Schwerpunktbereichen, aus den Zielgruppen des Gegners und auf andere in dienstlichen Bestimmungen und Weisungen festgelegte Personen ausgerichtet wird,

- das Einleiten der OPK durch die vorliegenden operativ bedeutsamen Anhaltspunkte begründet und notwendig ist,
- konkrete, realistische und den differenzierten Erfordernissen entsprechende Kontrollziele erarbeitet werden,
- die vorgesehenen politisch-operativen Maßnahmen, vor allem der offensive Einsatz der IM, die zielstrebige Realisierung der Kontrollziele garantieren.

Sie haben für jede OPK eine konkrete Kontrollfrist (Laufzeit) festzulegen. Unter Zugrundelegung dieser Kontrollfrist sind die Termine für die Realisierung der Etappenziele – sofern solche festgelegt wurden – vorzugeben.

In Abhängigkeit von den vorliegenden operativ bedeutsamen Anhaltspunkten und der politisch-operativen Lage im Verantwortungsbereich sind diese Kontrollfristen und Termine so festzulegen, daß damit auf eine zügige, möglichst kurzfristige und zweifelsfreie Klärung der operativ bedeutsamen Anhaltspunkte Einfluß genommen bzw. den zum Teil längerfristig angelegten Versuchen des Gegners, sich Personen in besonders bedeutsamen Positionen oder Bereichen zu nähern und sie für seine subversiven Zwecke zu mißbrauchen, Rechnung getragen wird.

Durch die entscheidungsbefugten Leiter sind weiterhin Festlegungen zur Verantwortlichkeit für die Anleitung und Kontrolle des die OPK führenden operativen Mitarbeiters sowie – entsprechend den jeweiligen Erfordernissen – zur Durchführung der OPK in Intervallen u. dgl. zu treffen.

Sie haben zu sichern, daß rechtzeitig die erforderlichen Voraussetzungen zur kurzfristigen Gewährleistung einer verstärkten, weitgehend lückenlosen Kontrolle solcher Personen geschaffen werden, von denen in politischen Spannungssituationen oder während politisch-operativer Aktionen ein feindlich-negatives Wirksamwerden zu erwarten ist.

Die Leiter und mittleren leitenden Kader haben durch eine wirksame Kontrolle die ständige Übersicht über die Durchführung der OPK und die dabei erzielten Ergebnisse sowie die strikte Einhaltung der Kontrollfrist, der Termine für die Realisierung der Etappenziele und der anderen zur jeweiligen OPK getroffenen Festlegungen zu gewährleisten.

Sind bei einer unter OPK zu stellenden Person Zuständigkeiten mehrerer Diensteinheiten gegeben, ist die Verantwortung für die Durchführung der OPK *einer* Diensteinheit zu übertragen.

Dabei ist von den Festlegungen in zentralen dienstlichen Bestimmungen und Weisungen sowie davon auszugehen, welche Diensteinheit bereits politisch-operative Maßnahmen eingeleitet oder durchgeführt hat und die günstigsten Voraussetzungen zur Durchführung der OPK besitzt.

Die Entscheidung ist zwischen den Leitern der Diensteinheiten, deren Zuständigkeit gegeben ist, abzustimmen. In Zweifelsfällen haben die Leiter der HA/selbst. Abteilungen bzw. BV/V die Verantwortlichkeit für die Durchführung der OPK festzulegen.

4. Die Durchführung der OPK

4.1. Der Einsatz der IM und GMS

Der offensive und zielgerichtete Einsatz der IM – der Hauptkräfte zur Realisierung der Kontrollziele und der dazu erforderlichen politisch-operativen Maßnahmen – ist in den Mittelpunkt der Durchführung der OPK zu stellen.

Die IM und GMS sind entsprechend den konkreten Kontrollzielen der OPK einzusetzen zur

- Erarbeitung und beweiskräftigen Dokumentierung von operativ bedeutsamen Informationen, die zur Klärung der operativ bedeutsamen Anhaltspunkte bzw. zu weiteren Erkenntnissen über feindlich-negative Handlungen oder Einstellungen bzw. den Mißbrauch durch den Gegner führen, insbesondere

  zu Handlungen und zum Verhalten der Personen in den Arbeits-, Wohn- und Freizeitbereichen,

  zum Umfang und Charakter operativ bedeutsamer Verbindungen und Kontakte,

  zur Entwicklung der Persönlichkeit und ihrer politischen Einstellung;
- Organisierung und Gewährleistung einer aktiven vorbeugenden und schadensverhütenden Arbeit, insbesondere durch

  Herbeiführung solcher Veränderungen, die das Wirksamwerden feindlich-negativer Kräfte rechtzeitig verhindern bzw. einschränken,

  aktive Einflußnahme auf die unter OPK stehenden Personen, um diese zu veranlassen, beabsichtigte feindlich-negative Handlungen bzw. Rechts- und Pflichtverletzungen zu unterlassen oder endgültig davon Abstand zu nehmen,

  vorbeugende Sicherung von Personen in sicherheitspolitisch besonders bedeutsamen Positionen oder Bereichen, bei denen auf Grund entsprechender Ansatzpunkte die Gefahr ihres Mißbrauchs durch den Gegner besteht,

  Feststellen und Einschränken bzw. Beseitigen von feindlich-negative Handlungen begünstigenden Bedingungen und Umständen.

Ausgehend von den vorliegenden operativ bedeutsamen Anhaltspunkten und den festgelegten Kontrollzielen hat der Einsatz der IM zur Lösung der genannten Aufgaben vorrangig über die Gewinnung des Vertrauens der zu kontrollierenden Personen zu erfolgen.

Beim Einsatz der IM ist zu gewährleisten, daß nur solche IM ausgewählt werden, die den Anforderungen zur Klärung der operativ bedeutsamen Anhaltspunkte und der Erreichung der Kontrollziele der OPK entsprechen.

Einzusetzen sind vor allem solche IM, die durch die Erarbeitung von operativ bedeutsamen Informationen wesentlich zum Einleiten der OPK beitrugen, die bereits operativ nutzbare Kontakte zu den unter OPK stehenden Personen haben bzw. die für diese aus persönlichen Gründen oder im Zusammenhang mit möglichen feindlich-negativen Handlungen von Interesse sind.

Beim Einsatz der IM, insbesondere bei der direkten Arbeit an den unter OPK stehenden Personen, sind die erforderlichen Maßnahmen zur Gewährleistung ihrer Konspiration und Sicherheit durchzusetzen.

Bei der Durchführung der OPK ist zu sichern, daß die IM bei der Entwicklung der OPK zum Operativen Vorgang zur wirksamen Bearbeitung eingesetzt werden können.

Die Leiter und mittleren leitenden Kader haben zu gewährleisten, daß die in den Diensteinheiten vorhandenen IM und GMS für die Durchführung der OPK zweckentsprechend genutzt werden.

Entsprechend den politisch-operativen Erfordernissen sind Werbungen von IM durchzuführen, die den konkreten Anforderungen entsprechen.

4.2. Die Anwendung operativer Mittel und Methoden

Zur zielstrebigen Durchführung der OPK können, vor allem im Zusammenhang mit dem Einsatz der IM und GMS, alle dem MfS zur Verfügung stehenden operativen Mittel und Methoden angewendet werden, um

- eine kurzfristige Klärung der operativ bedeutsamen Anhaltspunkte und die Erarbeitung weiterer Informationen über mögliche feindlich-negative Handlungen und Einstellungen sowie den Mißbrauch durch den Gegner entsprechend den Kontrollzielen zu erreichen,
- vorbeugend und schadensverhütend wirksam zu werden,
- Voraussetzungen für einen offensiven Einsatz der IM zu schaffen.

Bei der Entscheidung über ihre Anwendung ist jeweils auszugehen von

- den aus den Kontrollzielen der OPK und der politisch-operativen Lage im Verantwortungsbereich abzuleitenden politisch-operativen Erfordernissen,
- einer zweckmäßigen Abstimmung des Einsatzes der IM und GMS sowie der operativen Mittel und Methoden,
- den realen Möglichkeiten und dem zu erwartenden politisch-operativen Nutzeffekt.

Über die Anwendung spezieller operativer Mittel und Methoden haben die gemäß meinen dienstlichen Bestimmungen und Weisungen dazu befugten Leiter zu entscheiden.

Die Anwendung operativer Legenden und Kombinationen hat gemäß den Grundsätzen meiner Richtlinie Nr. 1/76, Ziffer 2.4., zu erfolgen.

4.3. Die Nutzung der Möglichkeiten staatlicher sowie wirtschaftsleitender Organe, Betriebe, Kombinate und Einrichtungen, gesellschaftlicher Organisationen und Kräfte

Die differenzierte Nutzung hat entsprechend den politisch-operativen Erfordernissen und Möglichkeiten zu erfolgen zur

Gewinnung von operativ bedeutsamen Informationen für die zielstrebige Klärung der operativ bedeutsamen Anhaltspunkte sowie weiteren Informationen entsprechend den Kontrollzielen,

Durchführung vorbeugender und schadensverhütender Maßnahmen entsprechend der Eigenverantwortung der genannten Organe und Einrichtungen gemäß den in Rechtsvorschriften festgelegten Pflichten und Rechten (z. B. Vorbeugungsgespräche, Auseinandersetzungen im Arbeitskollektiv, Umsetzung auf der Arbeitsstelle, Erlaubnisentzug, Beseitigung begünstigender Umstände und Bedingungen).

Entsprechend den konkreten politisch-operativen Erfordernissen sind u. a. zu nutzen:

- die vielfältigen Möglichkeiten der Deutschen Volkspolizei, die sich insbesondere ergeben aus

  der Arbeit mit den IM der Arbeitsrichtung I der Kriminalpolizei,

  der Durchführung der operativen bzw. staatlichen Kontrolle gemäß der Dienstvorschrift 031/80 (Personenkontrollvorschrift) des Ministers des Innern und Chefs der DVP,

  der Tätigkeit der ABV und ihrer freiwilligen Helfer,

  der Lösung der Aufgaben der Abteilungen Paß- und Meldewesen, Erlaubniswesen;
- die Abteilungen Innere Angelegenheiten der Räte der Kreise/Städte;
- die Leiter der verschiedensten Leitungsebenen der staatlichen und wirtschaftsleitenden Organe, Betriebe, Kombinate und Einrichtungen sowie die Funktionäre der gesellschaftlichen Organisationen.

Unter OPK stehende Personen können in Ausnahmefällen gleichzeitig unter volkspolizeiliche Personenkontrolle gestellt werden. Die Entscheidung darüber haben die unter Ziffer 3.3. dieser Richtlinie genannten Leiter zu treffen. Wesentliche Bedingungen dafür sind, daß

- die Konspiration und Geheimhaltung der politisch-operativen Maßnahmen gegenüber der Deutschen Volkspolizei gewährleistet wird,
- die erforderliche Abstimmung zu den zu realisierenden politisch-operativen und volkspolizeilichen Maßnahmen erfolgt und der spezifische Anteil des MfS und der Deutschen Volkspolizei in den Maßnahmeplänen konkret ausgewiesen wird,
- die Verantwortung der Deutschen Volkspolizei gemäß der Dienstvorschrift 031/80 des Ministers des Innern und Chefs der DVP nicht eingeschränkt wird.

Durch die Leiter der für das politisch-operative Zusammenwirken mit den

Organen des MdI verantwortlichen Diensteinheiten ist zu gewährleisten, daß vor Einleiten einer Personenkontrolle gemäß der Dienstvorschrift 031/80 des Ministers des Innern und Chefs der DVP die erforderliche Abstimmung mit dem Leiter der zuständigen operativen Diensteinheit erfolgt.

Die Ergebnisse der Personenkontrolle gemäß Dienstvorschrift 031/80 des Ministers des Innern und Chefs der DVP sind durch die zuständigen operativen Diensteinheiten gründlich auszuwerten und zur Lösung der politisch-operativen Aufgaben, einschließlich der Durchführung der OPK, zu nutzen.

Die Zweckmäßigkeit der Nutzung der Möglichkeiten der staatlichen und wirtschaftsleitenden Organe, Betriebe, Kombinate und Einrichtungen sowie gesellschaftlichen Organisationen und Kräfte ist bei jeder OPK verantwortungsbewußt zu prüfen. Dabei ist einzuschätzen, ob und inwieweit sie auf der Grundlage der ihnen in Rechtsvorschriften übertragenen Pflichten und Rechte konkrete Beiträge zur Erreichung der Kontrollziele leisten können.

Die Nutzung der Möglichkeiten der genannten Organe und Einrichtungen hat unter strikter Wahrung der Konspiration und Geheimhaltung zu erfolgen. Durch sie darf keine Gefährdung der Sicherheit eingesetzter IM und GMS sowie der Konspiration angewandter operativer Mittel und Methoden eintreten.

Das politisch-operative Zusammenwirken hat nur mit überprüften, zuverlässigen Personen zu erfolgen.

Die Leiter der Diensteinheiten sind verantwortlich dafür, daß die durch die genannten Organe und Einrichtungen zu lösenden Aufgaben konkret herausgearbeitet und mit dem Einsatz der operativen Kräfte, Mittel und Methoden des MfS abgestimmt werden.

Die Aufgaben sind in den Maßnahmeplänen zur OPK zu dokumentieren und hinsichtlich ihrer Realisierung entsprechend auszuwerten.

4.4. Anforderungen an die analytische Arbeit

Wesentlicher Bestandteil der Durchführung der OPK – entsprechend den sich aus den Kontrollzielen der OPK ergebenden Erfordernissen – ist die analytische Arbeit.

Bei der Durchführung der OPK ist eine ständige Vergleichs- und Verdichtungsarbeit sowie eine politisch-operative und rechtliche Wertung der gewonnenen Informationen zu gewährleisten.

In den Mittelpunkt der Einschätzung jeder OPK sind zu stellen:

- der Stand der Klärung der operativ bedeutsamen Anhaltspunkte entsprechend den festgelegten Kontrollzielen und -maßnahmen;
- der Stand und die Wirksamkeit der vorbeugenden und schadensverhütenden Arbeit;
- die Effektivität des Einsatzes der IM und GMS sowie der angewandten operativen Mittel und Methoden;
- die Wirksamkeit der Maßnahmen zur Gewährleistung einer den Erfor-

dernissen entsprechenden Qualität und Intensität der Kontrolle in den Arbeits-, Wohn- und Freizeitbereichen;

die Ergebnisse der Zusammenarbeit mit anderen Diensteinheiten und die Wirksamkeit der Nutzung der Möglichkeiten staatlicher sowie wirtschaftsleitender Organe, Betriebe, Kombinate und Einrichtungen, gesellschaftlicher Organisationen und Kräfte;

die Wahrung der Konspiration und Geheimhaltung während der Durchführung der OPK.

Die Leiter haben zu gewährleisten, daß auf der Grundlage der Ergebnisse der analytischen Arbeit rechtzeitig die erforderlichen Entscheidungen getroffen und hierzu durch die Mitarbeiter und mittleren leitenden Kader konkrete Vorschläge vorgelegt werden, insbesondere über

- die weiteren Maßnahmen zur Erreichung der Kontrollziele der OPK, vor allem bezogen auf den offensiven Einsatz der IM sowie die Anwendung operativer Mittel und Methoden, die Zusammenarbeit mit anderen Diensteinheiten und das Zusammenwirken mit den unter Ziffer 4.3. dieser Richtlinie genannten Organen und Einrichtungen,
- die Präzisierung oder Neufestlegung der Kontrollziele der OPK und die sich daraus ergebenden politisch-operativen Aufgaben und Maßnahmen,
- den Abschluß der OPK,
- das Einstellen der OPK.

5. Der Abschluß und das Einstellen der OPK

5.1. Die Einschätzung der Ergebnisse der OPK

Zur Vorbereitung des Abschlusses der OPK ist

politisch-operativ und rechtlich, insbesondere strafrechtlich, einzuschätzen, mit welchem Ergebnis die operativ bedeutsamen Anhaltspunkte entsprechend den festgelegten Kontrollzielen geklärt wurden und welche operativ bedeutsamen Informationen und Beweise dafür vorliegen,

verantwortungsbewußt zu prüfen, ob weitere politisch-operative Voraussetzungen für den Abschluß gegeben bzw. welche noch zu schaffen sind, um die festgelegten Kontrollziele vollständig zu realisieren,

um auf dieser Grundlage begründete Entscheidungen zu treffen.

Bei der Einschätzung abzuschließender OPK sind herauszuarbeiten:

- feindlich-negative Handlungen der unter OPK stehenden Personen;
- Umfang und Charakter der Verbindungen und Kontakte der unter OPK stehenden Personen, vor allem nach dem Operationsgebiet;
- Versuche des Gegners, die unter OPK stehenden Personen für feindlich-negative Zwecke zu mißbrauchen, sowie deren Reaktion auf diese Versuche;

- Einflüsse und Einflußmöglichkeiten der unter OPK stehenden Personen auf andere Personen bzw. sicherheitspolitisch bedeutsame Bereiche sowie Hinweise auf die Nutzung der Einflußmöglichkeiten für feindlich-negative Zwecke;
- politisch-ideologische Einstellungen und Haltungen der unter OPK stehenden Personen;
- begünstigende Bedingungen, Gefahrenmomente, personelle sowie andere Unsicherheitsfaktoren, einschließlich bereits erzielter Ergebnisse beim Ausräumen derselben.

Die objektive und kritische Einschätzung hat stets unter konkretem Bezug auf die gewonnenen operativ bedeutsamen Informationen und Beweise zu erfolgen. Die politisch-operativen Erkenntnisse und Erfahrungen über Pläne, Absichten, Maßnahmen sowie Mittel und Methoden feindlich-negativer Kräfte sowie Informationen über die politisch-operative Lage im Verantwortungsbereich sind gründlich analytisch zu verarbeiten und mit den in der abzuschließenden OPK erarbeiteten Tatsachen in Beziehung zu setzen.

Führt die Einschätzung zu dem Ergebnis, daß die Voraussetzungen für das Anlegen Operativer Vorgänge oder das Einleiten von Ermittlungsverfahren vorliegen, sind die in meiner Richtlinie Nr. 1/76 unter den Ziffern 1.8. und 2.8. getroffenen Festlegungen zur Einschätzung von Ausgangsmaterialien für Operative Vorgänge und zur Einschätzung abzuschließender Operativer Vorgänge zu beachten.

Auf der Grundlage der Ergebnisse der Einschätzung ist über den Abschluß der OPK zu entscheiden. Zu jeder abzuschließenden OPK ist grundsätzlich ein Abschlußbericht zu erarbeiten. Dieser hat zu enthalten:
- die politisch-operative und rechtliche, insbesondere strafrechtliche Einschätzung der Ergebnisse der OPK;
- die Begründung für den Abschluß der OPK, der damit anzustrebenden politischen und politisch-operativen Ziele sowie der vorgeschlagenen Abschlußart;
- die Art und Weise der Realisierung des Abschlusses unter Beachtung des Herauslösens der eingesetzten IM.

Ein Abschlußbericht ist nicht erforderlich beim Anlegen eines Operativen Vorganges, beim Einleiten eines Ermittlungsverfahrens und beim Anlegen eines IM-Vorlaufes, wenn
- die dazu in meinen Richtlinien Nr. 1/76 und Nr. 1/79 sowie anderen dienstlichen Bestimmungen und Weisungen festgelegten Dokumente vorliegen und
- alle erarbeiteten Informationen gründlich ausgewertet sind.

Die Bestätigung des Abschlußberichtes bzw. die Entscheidung über den Abschluß der OPK haben die gemäß Ziffer 3.3. dieser Richtlinie zur Entscheidung über das Einleiten der OPK befugten Leiter zu treffen.

Werden mehrere Personen auf der Grundlage einer OPK-Akte kontrolliert, können Teilabschlüsse bzw. Teileinstellungen erfolgen. Ein Teilabschluß bzw.

eine Teileinstellung kann erfolgen, wenn die genannten Voraussetzungen zu den betreffenden Personen gegeben sind und gesichert wird, daß die OPK zu den anderen Personen weitergeführt wird.

5.2. Die Abschlußarten und die Durchführung des Abschlusses der OPK

Abschlußarten von OPK sind:
- Anlegen Operativer Vorgänge gemäß meiner Richtlinie Nr. 1/76;
- Einleiten von Ermittlungsverfahren;
- Anlegen eines IM-Vorlaufes gemäß meiner Richtlinie Nr. 1/79, Ziffer 4.1.;
- Herauslösen von Personen aus sicherheitspolitisch bedeutsamen Objekten, Bereichen bzw. Positionen;
- Übergabe von Material über Straftaten der allgemeinen Kriminalität an zuständige staatliche Organe;
- öffentliche Auswertung bzw. Übergabe von Material an leitende Partei- und Staatsfunktionäre zur Auswertung.

Zur Durchführung des Abschlusses der OPK sind, differenziert nach den Abschlußarten, insbesondere Festlegungen erforderlich über
- den Einsatz operativer Kräfte, vor allem zuverlässiger IM und GMS,
- das operativ-taktische Vorgehen,
- die Zusammenarbeit mit anderen operativen Diensteinheiten bzw. das Zusammenwirken mit anderen Schutz- und Sicherheitsorganen,
- die Nutzung zuverlässiger, überprüfter offizieller Kräfte, die auf der Grundlage gesetzlich festgelegter Rechte und Befugnisse unter strikter Wahrung der Konspiration zu erfolgen hat.

Beim Abschluß der OPK sind alle Möglichkeiten konsequent und umfassend zu nutzen, um entsprechend den bisherigen Ergebnissen der OPK weitere operativ bedeutsame Informationen und Beweise zu erarbeiten, begünstigende Bedingungen auszuräumen bzw. einzuschränken sowie Schäden zu verhindern.

5.3. Das Einstellen von OPK

OPK sind einzustellen, wenn nachgewiesen wurde, daß die Anhaltspunkte nicht bedeutsam sind oder entfallen.

Zur Vorbereitung des Einstellens von OPK sind die betreffenden OPK gemäß Ziffer 5.1. dieser Richtlinie gründlich einzuschätzen und zu analysieren. Die Ergebnisse sind in einem Bericht auszuweisen.

Beim Einstellen von OPK zu Personen, die in sicherheitspolitisch bedeutsamen Positionen oder Bereichen tätig sind oder tätig werden sollen, ist zu prüfen, ob die Personen in ihrer Funktion bzw. für einen bestimmten Einsatz bestätigt werden können.

Die Entscheidung über das Einstellen von OPK haben die gemäß Ziffer 3.3. dieser Richtlinie zur Entscheidung über das Einleiten der OPK befugten Leiter zu treffen. Sie haben zu sichern, daß bei veränderter politisch-operativer Lage bzw. bei entsprechenden politisch-operativen Erfordernissen eine Wiedervorlage eingestellter OPK erfolgt.

Die Leiter der Abteilungen in den HA/selbst. Abteilungen und BV/V, einschließlich gleichgestellter Leiter, sowie die Leiter der KD/OD haben zu sichern, daß abgeschlossene und eingestellte OPK gründlich ausgewertet, zur Lösung anderer politisch-operativer Aufgaben genutzt und erforderlichenfalls Folgemaßnahmen festgelegt werden.

6. Grundsätzliche Aufgaben der Leitungstätigkeit

6.1. Die Vorgabe von Aufgabenstellungen und Orientierungen zur OPK

Die Leiter der HA/selbst. Abteilungen und BV/V haben auf der Grundlage der durch mich und meine Stellvertreter gestellten Aufgaben und gegebenen Orientierungen herauszuarbeiten und vorzugeben, auf welche Personenkreise, besonders in den politisch-operativen Schwerpunktbereichen bzw. aus den Zielgruppen des Gegners, die operativen Diensteinheiten die OPK zu konzentrieren haben.

Mit diesen Vorgaben ist zu sichern, daß die OPK vorrangig zur zielgerichteten Entwicklung von Ausgangsmaterial für Operative Vorgänge genutzt wird.

Die Vorgaben sind entsprechend der Leitungsebene in Planvorgaben, Planorientierungen, Jahresplänen, Sicherungskonzeptionen und anderen Dokumenten zu fixieren.

Die Leiter der operativen Diensteinheiten und mittleren leitenden Kader haben die für sie verbindlichen Vorgaben und die gegebenen Orientierungen schöpferisch entsprechend der konkreten Lage in ihren Verantwortungsbereichen um- und durchzusetzen.

6.2. Die ständige Einschätzung der Wirksamkeit der OPK und die sich daraus ergebenden Aufgaben

Die Einschätzung der Wirksamkeit der OPK hat als Bestandteil der ständigen Einschätzung der politisch-operativen Lage in den Verantwortungsbereichen zu erfolgen.

Darüber hinaus notwendige gesonderte Einschätzungen der Wirksamkeit der OPK haben auf der Grundlage entsprechender Planfestlegungen zu erfolgen.

Durch die Einschätzung der Wirksamkeit der OPK sind reale Grundlagen für Entscheidungen zu erarbeiten, die auf die weitere Erhöhung der Qualität und Wirksamkeit der OPK insgesamt sowie der einzelnen OPK gerichtet sind. Einzuschätzen ist vor allem der konkrete, abrechenbare Beitrag der OPK

zur Entwicklung von Ausgangsmaterial für Operative Vorgänge,

zum rechtzeitigen Erkennen und Verhindern bzw. Einschränken des feindlich-negativen Wirksamwerdens von Personen,

zur vorbeugenden Sicherung von Personen in sicherheitspolitisch besonders bedeutsamen Positionen oder Bereichen,

zum rechtzeitigen Erkennen und Beseitigen begünstigender Umstände und Bedingungen für feindlich-negative Handlungen

und damit zur Klärung der Frage «Wer ist wer?» in den Verantwortungsbereichen.

Die Leiter der Diensteinheiten haben durch zweckmäßige Einbeziehung ihrer Auswertungs- und Informationsorgane eine ständige aktuelle Übersicht über den Stand und die Ergebnisse der OPK in ihren Verantwortungsbereichen, vorrangig nach qualitativen Gesichtspunkten, zu gewährleisten.

Auf der Grundlage der Einschätzung der Wirksamkeit der OPK insgesamt und der einzelnen OPK sowie der Übersicht über den Stand und die erreichten Ergebnisse sind rechtzeitig die erforderlichen Entscheidungen über Maßnahmen zur Erhöhung der Qualität und Wirksamkeit der OPK, zum Abschluß der OPK bzw. über weiterführende Maßnahmen zu treffen.

Die Leiter haben – differenziert entsprechend der Leitungsebene – unmittelbar, vorrangig durch Anleitung und Kontrolle der zuständigen operativen Mitarbeiter, Einfluß auf die Gewährleistung einer hohen Qualität und Wirksamkeit der OPK, vor allem der erforderlichen Zielstrebigkeit, durch den offensiven Einsatz der IM zu nehmen.

6.3. Die Zusammenarbeit der operativen Diensteinheiten

Die Leiter der operativen Diensteinheiten haben entsprechend der ihnen übertragenen Verantwortung die notwendige aufgabenbezogene Zusammenarbeit ihrer Diensteinheiten, insbesondere die Koordinierung der arbeitsteilig bzw. in unmittelbarer Zusammenarbeit mehrerer Diensteinheiten zu realisierenden Maßnahmen, zu gewährleisten.

Die Leiter der HA/selbst. Abteilungen haben – über die Aufgabenstellung unter Ziffer 6.1. hinausgehend – eine schwerpunktorientierte Anleitung und Unterstützung der Abteilungen und KD/OD der BV/V bei der Realisierung der politisch-operativen Aufgabenstellungen zur OPK zu gewährleisten. Dabei sind die spezifischen Möglichkeiten der HA/selbst. Abteilungen für die Diensteinheiten der BV/V nutzbar zu machen.

Die Zusammenarbeit zur gemeinsamen Durchführung von OPK hat in Abstimmung mit den Leitern bzw. zuständigen Stellvertretern operativ der BV/V zu erfolgen und ist auf sicherheitspolitisch besonders bedeutsame OPK zu konzentrieren.

Durch die Abteilungen der BV/V ist unter Nutzung ihrer spezifischen Möglichkeiten und Voraussetzungen den KD/OD bei der Realisierung der politisch-operativen Aufgabenstellungen zur OPK, insbesondere in den politisch-operativen Schwerpunktbereichen der KD/OD, die notwendige und mögliche Unterstützung, bis hin zum Einsatz von IM der Abteilungen zur Durchführung von OPK der KD/OD, zu geben.

Die Leiter der BV/V haben verbindlich vorzugeben, worauf die Anleitung und Unterstützung der KD/OD durch die Abteilungen der BV/V vorrangig auszurichten ist und welche bedeutsamen OPK gemeinsam durchzuführen sind.

Die Zusammenarbeit der HA/selbst. Abteilungen und der Diensteinheiten der BV/V sowie der Abteilungen der BV/V und der KD/OD hat stets auf der Grundlage abrechen- und kontrollierbarer Ziel- und Aufgabenstellungen zu erfolgen.

Die Leiter der KD/OD haben entsprechend den sich aus der politisch-operativen Lage in ihren Verantwortungsbereichen ergebenden Erfordernissen Initiativen zur Zusammenarbeit mit den Abteilungen der BV/V bzw. den HA/selbst. Abteilungen zu entwickeln.

7. Die Erfassung der zu kontrollierenden Personen in den Informationsspeichern der zuständigen Diensteinheiten sowie die Registrierung, Führung und Archivierung der OPK-Akten

7.1. Die Erfassung der zu kontrollierenden Personen in den Informationsspeichern der operativen Diensteinheiten und in der Zentralen Personendatenbank des MfS (ZPDB)

Die Erfassung der zu kontrollierenden Personen sowie die Erfassung und Speicherung der zu diesen Personen erarbeiteten operativ bedeutsamen Informationen in den Informationsspeichern der operativen Diensteinheiten (Vorverdichtungs-, Such- und Hinweiskarteien, Sichtlochkarteien) und in der ZPDB haben gemäß meiner Dienstanweisung Nr. 1/80 über

Grundsätze der Aufbereitung, Erfassung und Speicherung operativ bedeutsamer Informationen durch die operativen Diensteinheiten des MfS

zu erfolgen.

7.2. Die Registrierung der OPK-Akten und die Erfassung der zu kontrollierenden Personen in den Abteilungen XII

Über die zu kontrollierenden Personen sind nach Bestätigung durch die gemäß Ziffer 3.3. dieser Richtlinien dazu berechtigten Leiter Kontrollakten anzulegen und in der zuständigen Abteilung XII zu registrieren.

Gleichzeitig sind die zu kontrollierenden Personen in der zuständigen Abteilung XII zu erfassen.

Zur Registrierung und Erfassung sind der zuständigen Abteilung XII vorzulegen:

- der bestätigte «Übersichtsbogen zur operativen Personenkontrolle», Form 310.

  Ist die OPK mehrerer Personen auf der Grundlage einer OPK-Akte vorgesehen, sind die erforderlichen Angaben zu diesen Personen auf *einem* Übersichtsbogen zu dokumentieren;
- in der Abteilung XII des MfS überprüfte Suchaufträge, Form 10, zu den zu erfassenden Personen, mit denen nachzuweisen ist, daß diese Personen nicht aktiv für andere Diensteinheiten erfaßt sind. Ist eine zu erfassende Person aktiv für eine andere Diensteinheit erfaßt, ist ein überprüfter Suchauftrag vorzulegen und die Zustimmung des Leiters der für die bisherige Erfassung zuständigen Diensteinheit nachzuweisen. Dazu ist ein Löschauftrag, Form 5a, zu verwenden. Die Überprüfungsergebnisse dürfen nicht älter als vier Wochen sein;
- zwei ausgefüllte Karteikarten Form 16 zu jeder zu erfassenden Person, durch Diensteinheiten des MfS Berlin (außer HA I) und die BV Berlin nur je 1 Exemplar.

Die Abteilungen XII haben bei Vorlage der zur Registrierung und Erfassung erforderlichen Unterlagen eine Registriernummer zu vergeben und diese auf den Übersichtsbogen, Form 310, und die Karteikarten, Form 16, aufzutragen.

Bei operativer Notwendigkeit können zu kontrollierende Personen unter Vorlage der angeführten Unterlagen nachträglich erfaßt werden.

Bei erforderlichen Änderungen oder Berichtigungen der Personengrunddaten (Name, Vorname, Personenkennzahl, Geburtsdatum, Geburtsort) der erfaßten Personen sind der zuständigen Abteilung XII unverzüglich der Übersichtsbogen, Form 310, sowie neue Karteikarten, Form 16, vorzulegen.

Weitere Änderungen oder Berichtigungen der auf der Karteikarte, Form 16, geforderten Personendaten sind der zuständigen Abteilung XII mittels eines Veränderungs- und Ergänzungsauftrages, Form 5, mitzuteilen.

Zur Führung der OPK-Akten sind von der zuständigen Abteilung XII bereitzustellende Aktenhefter zu verwenden, die mit dem Aufkleber, Form 311, zu versehen sind. Wurde durch den gemäß Ziffer 3.3. dieser Richtlinie berechtigten Leiter die Verwendung eines Decknamens bestätigt, ist dieser auf den Übersichtsbogen, Form 310, und den Aktenhefter aufzutragen.

Die OPK-Akten haben in folgender Reihenfolge zu enthalten:

Inhaltsverzeichnis – Form 8,
Übersichtsbogen zur operativen Personenkontrolle – Form 310,
Suchaufträge zu den erfaßten Personen mit dem Überprüfungsergebnis der Abteilung XII,
Einleitungsbericht,
erster Maßnahmeplan,
Informationen der Abteilung XII des MfS über erfolgte Überprüfungen der erfaßten Personen,
weitere Dokumente in chronologischer Reihenfolge.

Die erarbeiteten operativ bedeutsamen Informationen und Beweise sind in den OPK-Akten so einzuordnen, daß

eine allseitige und detaillierte Analyse der Ergebnisse der OPK möglich ist und

die erarbeiteten Beweismittel so aufbewahrt werden, daß sie vor Beschädigung oder Verlust geschützt und gesichert sind (ggf. sind die Beweismittel gesondert aufzubewahren).

Die OPK-Akten sind durch den mit der Durchführung der OPK beauftragten operativen Mitarbeiter zu führen.

7.3. Die Übergabe bzw. Übernahme von OPK-Akten

Bei Wohnungs- oder Arbeitsplatzwechsel einer unter OPK stehenden Person ist, sofern dadurch die Veränderung der Verantwortlichkeit für die Durchführung der OPK notwendig wird, der Leiter der für den neuen Wohn- bzw. Arbeitsbereich zuständigen operativen Diensteinheit zu informieren.

Der Leiter der für den neuen Wohn- bzw. Arbeitsbereich zuständigen operativen Diensteinheit (s. Ziffer 3.3. dieser Richtlinie) hat im Ergebnis einer verantwortungsbewußten Prüfung über die Übernahme zu entscheiden. Seine schriftlich zu fixierende Entscheidung ist in der OPK-Akte nachzuweisen.

Wird der Übernahme zugestimmt, ist die OPK-Akte einschließlich einer zusammenfassenden Einschätzung der Ergebnisse der OPK in ordnungsgemäßem Zustand zusammen mit einer vom dazu berechtigten Leiter bestätigten Übergabemitteilung, Form 6a, der zuständigen Abteilung XII zur Weiterleitung zu übergeben. Wird der Übernahme nicht zugestimmt, ist die OPK durch die bisher zuständige operative Diensteinheit einzustellen.

Werden auf der Grundlage einer OPK-Akte mehrere Personen kontrolliert und erfolgt nur durch einen Teil der kontrollierten Personen ein Wohnungs- bzw. Arbeitsplatzwechsel, ist bezüglich der Übergabe bzw. Übernahme des zu diesen Personen erarbeiteten Materials analog zu verfahren. Zu diesem Zweck kann die OPK-Akte getrennt werden.

Die für den neuen Wohn- bzw. Arbeitsbereich zuständige operative Diensteinheit hat bei Zustimmung zur Übernahme eine neue OPK-Akte anzulegen.

Anderenfalls ist das Material zu diesen Personen gemäß Ziffer 7.5. dieser Richtlinie zu archivieren.

Bei Übergaben innerhalb einer Diensteinheit ist der zuständigen Abteilung XII nur die bestätigte Übergabemitteilung, Form 6a, zu übersenden.

7.4. Veränderungen des Erfassungsverhältnisses der unter OPK stehenden Personen bzw. der Registrierung der OPK-Akten

Bei Abschluß der OPK durch Anlegen eines Operativen Vorganges gemäß meiner Richtlinie Nr. 1/76 bzw. eines IM-Vorlaufes gemäß meiner Richtlinie Nr. 1/79 sind der zuständigen Abteilung XII

die OPK-Akte und ein bestätigter Beschluß – Form 1b für Operative Vorgänge bzw. Form 1a für IM-Vorläufe –

vorzulegen.

Die Übergabe neuer Karteikarten, Form 16, ist nicht erforderlich. Die Registriernummer der OPK-Akte ist für den Operativen Vorgang bzw. die IM-Vorlaufakte beizubehalten. Das in der OPK-Akte enthaltene Material ist in den Operativen Vorgang bzw. die IM-Vorlaufakte aufzunehmen. Bei allen anderen Fragen der Erfassung, Registrierung und Aktenführung ist gemäß den entsprechenden Festlegungen der 1. Durchführungsbestimmung zur Richtlinie Nr. 1/76 bzw. der 1. Durchführungsbestimmung zur Richtlinie Nr. 1/79 zu verfahren.

Wird nur ein Teil der Personen, die auf der Grundlage einer OPK-Akte kontrolliert werden, im anzulegenden Operativen Vorgang bearbeitet, ist das Material zu den anderen Personen aus der OPK-Akte herauszulösen und

bei Weiterführung der OPK zu diesen Personen in eine neu anzulegende OPK-Akte aufzunehmen,

bei Einstellen der OPK zu diesen Personen gemäß Ziffer 7.5. dieser Richtlinie zu archivieren.

7.5. Die Archivierung der OPK-Akten

Nach Abschluß bzw. Einstellen der OPK sind die OPK-Akten – soweit nicht die Festlegungen unter 7.4. dieser Richtlinie zutreffen – im Archiv der zuständigen Abteilung XII unter der Bezeichnung «AOPK» zu archivieren. Dazu ist der zuständigen Abteilung XII der bestätigte Übersichtsbogen, Form 310, vorzulegen.

Entsprechend den politisch-operativen Erfordernissen ist bei der Abverfügung zu entscheiden, ob die Archivierung unter dem Klassifizierungsvermerk «gesperrt» oder «nicht gesperrt» zu erfolgen hat. Diese Entscheidung ist auf dem Übersichtsbogen, Form 310, zu vermerken.

Vor Abverfügung der OPK-Akten an das Archiv der zuständigen Abteilung

XII sind die einzelnen Blätter der Akten in der rechten oberen Ecke mit einem radierfesten, dunklen Schreibmittel (kein Rotstift) fortlaufend zu numerieren. Die Akten sind zu versiegeln bzw. durch eine VS-Plombe zu verschließen. Die Nummer der Petschaft bzw. der Plombe ist auf der hinteren Innenseite des Aktendeckels mit einem radierfesten, dunklen Schreibmittel zu vermerken und vom zuständigen operativen Mitarbeiter durch Unterschrift zu bestätigen.

Die Abteilungen XII haben die zu archivierenden OPK-Akten mit einer Archivsignatur zu versehen.

Durch die Abteilungen XII kann das in den archivierten OPK-Akten enthaltene Schriftgut ersatzverfilmt und anschließend vernichtet werden. Wenn dem aus politisch-operativen Gründen nicht zugestimmt werden kann, ist das im Zusammenhang mit der Abverfügung der OPK-Akten auf dem Übersichtsbogen, Form 310, zu vermerken und vom zuständigen Leiter gesondert zu bestätigen.

Die Abteilung XII haben die AOPK-Akten bzw. Ersatzfilme unter Berücksichtigung des Klassifizierungsvermerkes «gesperrt» bzw. «nicht gesperrt» zur Einsichtnahme zur Verfügung zu stellen.

Bei erneuter Erfassung der kontrollierten Personen auf der Grundlage

- eines operativen Vorganges,
- eines IM-Vorganges, IM-Vorlaufes oder einer GMS-Akte
- oder
- einer OPK-Akte

kann die archivierte OPK-Akte in die im Zusammenhang mit der neuen Erfassung anzulegenden Akten übernommen werden. Der zuständigen Abteilung XII ist das mittels eines Veränderungs- und Ergänzungsauftrages, Form 5, mitzuteilen.

Bei mit dem Klassifizierungsvermerk «gesperrt» versehenen AOPK-Akten ist zusätzlich die Zustimmung des Leiters der operativen Diensteinheit, durch den die Festlegung dieses Klassifizierungsvermerkes erfolgte, erforderlich.

8. Schlußbestimmungen

8.1. Die Realisierung der in anderen dienstlichen Bestimmungen und Weisungen zur OPK gestellten Aufgaben und getroffenen Regelungen hat unter Berücksichtigung der spezifischen Aufgaben der operativen Diensteinheiten und der politisch-operativen Lage in den Verantwortungsbereichen auf der Grundlage dieser Richtlinie zu erfolgen.

8.2. Der Leiter der HA Kader und Schulung hat die Durchführung der operativen Fachschulung zu dieser Richtlinie zu gewährleisten und dazu die erforderlichen Festlegungen zu treffen.

Der Rektor der Juristischen Hochschule Potsdam hat zu sichern, daß rechtzeitig das erforderliche Schulungsmaterial erarbeitet wird.

8.3. Die Leiter der operativen Diensteinheiten sind dafür verantwortlich, daß die operativen Mitarbeiter ihrer Diensteinheiten entsprechend ihrem Aufgabengebiet in Dienstversammlungen und in der operativen Fachschulung mit dem Inhalt dieser Richtlinie vertraut gemacht werden.

8.4. OPK, die zum Zeitpunkt des Inkrafttretens dieser Richtlinie durchgeführt und bis zum 31. 12. 1981 nicht abgeschlossen oder eingestellt werden, sind nachträglich gemäß Ziffer 7.2. dieser Richtlinie in der zuständigen Abteilung XII zu registrieren. Die nachträgliche Registrierung ist mit der zuständigen Abteilung XII abzustimmen und bis zum 31. 12. 1981 abzuschließen.

8.5. Diese Richtlinie tritt mit Wirkung vom 1. 4. 1981 in Kraft. Gleichzeitig tritt die Richtlinie Nr. 1/71 über die operative Personenkontrolle, VVS MfS 008–876/70, außer Kraft.

Mielke
Armeegeneral

«Feindlich-negative Handlungen rechtzeitig bearbeitet»

Die Richtlinie zur Bearbeitung Operativer Vorgänge

Bei besonders intensivem Interesse an einer bestimmten Person legte das Ministerium für Staatssicherheit einen sogenannten operativen «Vorgang» (OV) an. Im Verlauf eines solchen OV wurden durch den Einsatz von Inoffiziellen Mitarbeitern, durch Informationen der Volkspolizei, des Ministeriums des Innern und anderer Institutionen, detaillierte Angaben über die jeweilige Person oder Gruppe zusammengetragen.

Ergebnis eines OV konnte zum Beispiel die Einleitung eines Ermittlungsverfahrens, die Zersetzung einer oppositionellen Gruppe oder auch die gezielte Weitergabe von kompromittierendem Material sein. Alles das regelte die *Richtlinie Nr. 1/76 zur Entwicklung und Bearbeitung Operativer Vorgänge (OV) (GVS MfS 008–100/76).*

Gliederung

Die weitere Gestaltung der entwickelten sozialistischen Gesellschaft in der DDR, die allseitige Stärkung der sozialistischen Staatengemeinschaft, die weitere Durchsetzung der Prinzipien der friedlichen Koexistenz und der Kampf um die Erhaltung und Sicherung des Friedens erfolgen in harter Klassenauseinandersetzung mit dem Imperialismus.

Der zuverlässige Schutz der gesellschaftlichen Entwicklung und die allseitige Gewährleistung der inneren Sicherheit der DDR erfordern vom Ministerium für Staatssicherheit die zielstrebige, konzentrierte und schwerpunktmäßige vorbeugende Verhinderung, Aufdeckung und Bekämpfung aller subversiven Angriffe des Feindes.

Eine wichtige Voraussetzung für die erfolgreiche Lösung dieser Hauptaufgabe ist die ständige Qualifizierung der Entwicklung und Bearbeitung Operativer Vorgänge auf der Basis einer schwerpunktbezogenen politisch-operativen Grundlagenarbeit zur Gewährleistung der Sicherheit und Ordnung im jeweiligen Verantwortungsbereich.

Mit der zielstrebigen Entwicklung und Bearbeitung Operativer Vorgänge ist vor allem vorbeugend ein Wirksamwerden feindlich-negativer Kräfte zu unterbinden, das Eintreten möglicher Schäden, Gefahren oder anderer schwerwiegender Folgen feindlich-negativer Handlungen zu verhindern und damit ein wesentlicher Beitrag zur kontinuierlichen Durchsetzung der Politik der Partei- und Staatsführung zu leisten.

Die Leiter der operativen Diensteinheiten haben ihre Führungs- und Leitungstätigkeit auf die Entwicklung und Bearbeitung Operativer Vorgänge zu konzentrieren und zu gewährleisten, daß die operativen Kräfte und Mittel, insbesondere die IM und GMS, zur Lösung dieser Aufgaben konzentriert eingesetzt und entwickelt werden. Durch die Leiter aller Leitungsebenen sind alle Möglichkeiten zur zielgerichteten politisch-ideologischen Erziehung der operativen Mitarbeiter und zu ihrer tschekistischen Befähigung für eine qualifizierte Entwicklung und Bearbeitung Operativer Vorgänge zu nutzen.

Die Lösung der in dieser Richtlinie festgelegten Aufgaben hat im engen Zusammenhang mit der Durchsetzung der in anderen Grundsatzdokumenten, wie den Richtlinien Nr. 1/68, 2/68, 1/70 und 1/71, sowie in den anderen dienstlichen Bestimmungen festgelegten politisch-operativen Aufgaben zu erfolgen.

Bei der Führungs- und Leitungstätigkeit zur Qualifizierung der Entwicklung und Bearbeitung Operativer Vorgänge, bei der Vorbereitung und Durchführung aller darauf gerichteten politisch-operativen Maßnahmen sowie bei der Führung der Vorgangsakten sind die Festlegungen über die Gewährleistung von Konspiration und Geheimhaltung konsequent durchzusetzen.

1. Die zielstrebige Entwicklung Operativer Vorgänge

1.1. Die systematische, schwerpunktbezogene Erarbeitung von Ausgangsmaterialien für Operative Vorgänge mit hoher sicherheitspolitischer Bedeutung

Zur Verwirklichung der dem MfS von der Partei- und Staatsführung gestellten Aufgaben hat die Entwicklung von Ausgangsmaterialien für Operative Vorgänge vor allem zur Sicherung politisch-operativer Schwerpunktbereiche und zur Bearbeitung politisch-operativer Schwerpunkte zu erfolgen. Das schließt ein, wenn Hinweise auf feindlich-negative Handlungen außerhalb bisher erkannter politisch-operativer Schwerpunktbereiche bekannt werden, diese ebenfalls zielstrebig zu Ausgangsmaterialien für Operative Vorgänge zu entwickeln bzw. anderweitig zu klären. Es ist zu gewährleisten, daß alle Hinweise auf feindlich-negative Handlungen rechtzeitig erkannt und konzentriert bearbeitet werden.

Die Leiter haben zu gewährleisten, daß Ausgangsmaterialien für Operative Vorgänge vor allem dort entwickelt werden, wo
- durch feindliche Angriffe die größten Gefahren für die innere Sicherheit der DDR hervorgerufen werden können;
- der Feind nach unseren Erkenntnissen mit hoher Wahrscheinlichkeit angreifen wird und bedeutende Schäden herbeiführen kann;
- feindlich-negative Handlungen, Einflüsse und Gefahren sowie andere, die gesellschaftliche Entwicklung störende und hemmende Erscheinungen offensiv zu bekämpfen sind;
- begünstigende Bedingungen und Umstände für die Schädigung der DDR bzw. den Mißbrauch, die Ausnutzung und die Einbeziehung von Bürgern der DDR in die Feindtätigkeit vorbeugend zu beseitigen sind.

Die systematische Entwicklung von Ausgangsmaterialien für Operative Vorgänge erfordert die gründliche und allseitige politisch-operative Durchdringung der politisch-operativen Schwerpunktbereiche. Sie hat folgenden Anforderungen gerecht zu werden:
1. Die umfassende Vertiefung der Kenntnisse über die sicherheitspolitische Bedeutung der politisch-operativen Schwerpunktbereiche, insbesondere hinsichtlich ihrer Bedeutung für die Erfüllung der von der Partei- und Staatsführung gestellten Aufgaben und der in der Vergangenheit gegen die politisch-operativen Schwerpunktbereiche gerichteten feindlichen Angriffe bzw. aufgetretenen feindlich-negativen Handlungen.
2. Die Herausarbeitung der Bereiche, Prozesse, Personenkreise und Personen, die innerhalb des politisch-operativen Schwerpunktbereiches bedeutenden Einfluß auf die planmäßige Realisierung der gesellschaftlichen Schwerpunktaufgaben haben, zu denen operativ bedeutsame Hinweise vorliegen und die aus anderen Gründen im Mittelpunkt zu erwartender feindlicher Angriffe stehen.

3. Die Gewährleistung einer ständigen Übersicht über alle im politisch-operativen Schwerpunktbereich vorhandenen operativen Materialien, Personenkontrollakten, Operativen Vorgänge sowie anderen mit dem politisch-operativen Schwerpunktbereich im Zusammenhang stehenden politisch-operativen Arbeitsergebnisse, insbesondere die Ergebnisse der Klärung der Frage «Wer ist wer?» im politisch-operativen Schwerpunktbereich, und deren exakte Analyse.

Der Einsatz der IM und GMS ist bei der politisch-operativen Durchdringung der politisch-operativen Schwerpunktbereiche zu konzentrieren auf das Erkennen und Herausarbeiten von

- Hinweisen auf feindlich-negative Handlungen;
- Personen bzw. Personenkreisen in den politisch-operativen Schwerpunktbereichen, auf die sich der Feind konzentriert und über die er seine Pläne, Absichten und Maßnahmen durchzusetzen versucht, und Möglichkeiten des Feindes (Wege, Verbindungen, Kontakte), auf diese Personenkreise Einfluß zu nehmen und wirksam zu werden;
- begünstigenden Bedingungen und Umständen für die Durchführung und Verschleierung feindlich-negativer Handlungen;
- imperialistischen Geheimdiensten und anderen feindlichen Zentren, Organisationen und Kräften, die gegen den politisch-operativen Schwerpunktbereich wirksam werden;
- Bereichen, Prozessen, Personenkreisen und Personen im politisch-operativen Schwerpunktbereich, die für die Gewährleistung der Sicherheit und Ordnung sowie die Erfüllung der gesellschaftlichen Schwerpunktaufgaben von besonderer Bedeutung sind;
- Hinweisen auf operativ bedeutsame Vorkommnisse, Gefahren und Sachverhalte und damit im Zusammenhang stehende Personen.

Auf der Grundlage der dabei erarbeiteten Informationen haben die Leiter der operativen Diensteinheiten den unterstellten Leitern und operativen Mitarbeitern konkret vorzugeben,

- welche Bereiche, Prozesse, Personenkreise und Personen, die innerhalb des politisch-operativen Schwerpunktbereiches bedeutenden Einfluß auf die Erfüllung der gesellschaftlichen Schwerpunktaufgaben haben, durch den konzentrierten Einsatz der operativen Kräfte und Mittel langfristig und kontinuierlich zu sichern sind;
- wo und wann vorrangig Ausgangsmaterialien über welche Personen oder Sachverhalte zur Abwehr feindlich-negativer Handlungen zu entwickeln sind;
- wo und wann bei Vorliegen von Hinweisen auf die Planung, Vorbereitung und Durchführung von Terror- oder Diversionsverbrechen, von staatsfeindlichem Menschenhandel, ungesetzlichem Verlassen der DDR, Gewaltverbrechen sowie schweren Militärstraftaten das Einleiten von Sofortmaßnahmen zu deren rechtzeitigen Verhinderung notwendig ist;

- auf der Grundlage welcher bereits verdichteter und überprüfter Ausgangsmaterialien ein Operativer Vorgang anzulegen ist;
- wo, wann und wie Informationen an andere Staats- und wirtschaftsleitende Organe, Betriebe, Kombinate und Einrichtungen sowie gesellschaftliche Organisationen und Kräfte zur Einleitung wirksamer vorbeugender Maßnahmen zu übergeben sind.

Die erforderlichen politisch-operativen Aufgaben und Maßnahmen zur Entwicklung Operativer Vorgänge sind entsprechend der Richtlinie Nr. 1/70 in die Arbeitspläne der Diensteinheiten aufzunehmen.

Für die Schaffung von Voraussetzungen zur Entwicklung von Ausgangsmaterialien für Operative Vorgänge ist eine auf die politisch-operativen Schwerpunktbereiche bezogene ständige analytische Einschätzung (Bestandsaufnahme) der Wirksamkeit der operativen Kräfte und Mittel, insbesondere der IM und GMS, vorzunehmen. Dabei ist vorrangig zu erarbeiten:
- welche IM und GMS zur zielstrebigen Entwicklung von Ausgangsmaterialien für Operative Vorgänge zur Verfügung stehen;
- mit welchen Aufträgen die IM und GMS bisher eingesetzt wurden, welche Möglichkeiten vorhanden sind und welche politisch-operativen Ergebnisse bisher durch die IM und GMS erzielt wurden;
- welcher konkrete Stand bei der planmäßigen Qualifizierung der IM und GMS zur Entwicklung von Ausgangsmaterialien für Operative Vorgänge erreicht wurde.

Die Leiter der operativen Diensteinheiten haben auf der Grundlage dieser Einschätzungen festzulegen,
- wie die operativen Kräfte und Mittel, insbesondere die IM und GMS, zur vorbeugenden Verhinderung und Aufdeckung von feindlich-negativen Handlungen einzusetzen sind;
- welche Maßnahmen zur weiteren Qualifizierung und Profilierung der IM und GMS eingeleitet werden müssen;
- wie bestehende Lücken bei der Sicherung der politisch-operativen Schwerpunktbereiche, insbesondere durch zielgerichtete Gewinnung geeigneter IM und GMS, zu schließen sind;
- wie vorhandene Möglichkeiten für die Entwicklung Operativer Vorgänge zu erschließen sind.

Diese Festlegungen sind in die Arbeitspläne und die Bearbeitungskonzeptionen für die politisch-operativen Schwerpunktbereiche aufzunehmen und haben die erforderlichen Verantwortlichkeiten und Termine zu enthalten.

1.2. Der qualifizierte Einsatz der IM und GMS zur Entwicklung von Ausgangsmaterialien für Operative Vorgänge

1.2.1. Die Einsatzrichtungen der IM und GMS zur Entwicklung von Ausgangsmaterialien für Operative Vorgänge

Die Leiter der operativen Diensteinheiten und die operativen Mitarbeiter haben entsprechend ihrer Verantwortlichkeit auf der Grundlage der Ergebnisse der politisch-operativen Durchdringung der politisch-operativen Schwerpunktbereiche den weiteren personen- und sachbezogenen Einsatz der IM und GMS festzulegen, zu organisieren und zu kontrollieren.

Der Einsatz der IM und GMS ist auf die Erarbeitung und Dokumentierung solcher Informationen und Beweise zu orientieren, die Hinweise auf feindlich-negative Handlungen enthalten. Gleichzeitig sind vorbeugende und schadensverhütende Maßnahmen zu realisieren.

Generelle Einsatzrichtungen der IM und GMS sind:

1. Feststellung und Aufklärung von Hinweisen auf Erscheinungsformen und Auswirkungen der politisch-ideologischen Diversion, der feindlichen Kontaktpolitik/Kontakttätigkeit und der feindlichen Stützpunkttätigkeit

Zur Feststellung und Aufklärung der politisch-ideologischen Diversion ist mit den IM und GMS vor allem zu erarbeiten,

- welche Mittel und Methoden angewandt werden;
- über welche Kanäle sie wirksam wird;
- wer zu den Trägern und Verbreitern gehört;
- welche nachweisbaren Auswirkungen, insbesondere unter den Zielgruppen, es gibt;
- welche begünstigenden Bedingungen und Umstände vorhanden sind und wie sie überwunden werden können.

Zur Feststellung und Aufklärung der feindlichen Kontaktpolitik/Kontakttätigkeit ist mit den IM und GMS vor allem zu erarbeiten,

- wie operativ bedeutsame Kontakte hergestellt, aufrechterhalten und ausgebaut und welche Personen hierzu eingesetzt werden;
- welche Personen bereits operativ bedeutsame Kontakte haben bzw. bei welchen Hinweise dazu vorliegen;
- in welchen Bereichen sich operativ bedeutsame Kontakte konzentrieren;
- welche Auswirkungen eingetreten sind;
- welche imperialistischen Geheimdienste, anderen feindlichen Zentren, Organisationen und Kräfte besondere Aktivitäten entwickeln und welche Methoden sie dabei anwenden;
- welche Rückverbindungen zur feindlichen Kontakttätigkeit genutzt werden;
- welche Kontaktaktivitäten von den bevorrechteten Personen ausgehen.

Zur Feststellung und Aufklärung der feindlichen Stützpunkttätigkeit ist mit den IM und GMS vor allem zu erarbeiten,

- welche imperialistischen Geheimdienste, anderen feindlichen Zentren, Organisationen und Kräfte bestrebt sind, feindliche Stützpunkte (Einzelpersonen oder Gruppen) zu schaffen;
- welche Mittel und Methoden sie dabei anwenden und wie sich das stufenweise Vorgehen vollzieht;
- an welchen Personen besonderes Interesse besteht und wo es Anzeichen für die Wirksamkeit feindlichen Vorgehens gibt;
- welche Merkmale diese Personen aufweisen, wie z. B. eine feindlich-negative Einstellung zur DDR; bestimmte Persönlichkeitseigenschaften wie Karrierismus, Egoismus, Bestechlichkeit; eine berufliche Stellung und Qualifikation, die Möglichkeiten beinhaltet, Entscheidungen zum Schaden der DDR herbeizuführen; dienstliche oder private Verbindungen zu Personen in Konzernen und anderen Einrichtungen der verschiedenen gesellschaftlichen Bereiche der BRD, anderer nichtsozialistischer Staaten und Westberlins sowie zu Personen in staatlichen Einrichtungen dieser Länder bzw. im Senat von Westberlin, die als Organisatoren der feindlichen Stützpunkttätigkeit in der DDR auftreten.

Zur Aufdeckung der verbrecherischen Tätigkeit der imperialistischen Geheimdienste in ihrer gesamten Breite sind die IM und GMS im Rahmen dieser Einsatzrichtung zielgerichtet zu beauftragen und zu instruieren. Die Möglichkeiten der IM und GMS sind darüber hinaus zielgerichtet zur Erarbeitung von Einschätzungen über Veränderungen im Vorgehen des Feindes, seine Ziele und Interessen und damit zur Vervollständigung des Feindbildes zu nutzen.

2. Feststellung und Aufklärung von Hinweisen auf beabsichtigte vorbereitete, versuchte oder bereits durchgeführte staatsfeindliche Handlungen und angrenzende schwere Straftaten der allgemeinen Kriminalität sowie andere feindlich-negative Handlungen

Dabei sind solche feindlich-negative Handlungen zu beachten, die vom Feind bewußt unterhalb der Grenze strafrechtlicher Relevanz gehalten werden.

Mit den IM und GMS sind Informationen und Beweise zu erarbeiten, aus denen sich Hinweise auf die Verletzung konkreter Straftatbestände ergeben, wie

- Landesverratsverbrechen und Geheimnisverratsdelikte;
- staatsfeindlicher Menschenhandel, ungesetzliches Verlassen der DDR;
- Sabotage- oder Diversionsverbrechen, Vertrauensmißbrauch, Untreue zum Nachteil des sozialistischen Eigentums, Bestechung, Straftaten gegen die allgemeine Sicherheit;
- Terrorverbrechen, Waffendelikte, Straftaten gegen Leben oder Gesundheit;
- staatsfeindliche Hetze, staatsfeindliche Gruppenbildung sowie andere kri-

minelle Personenzusammenschlüsse, schwerwiegende Straftaten gegen die staatliche und öffentliche Ordnung, wie insbesondere Rowdytum, Zusammenrottungen.

3. Feststellung und Aufklärung operativ bedeutsamer Vorkommnisse

Die IM und GMS sind in Verbindung mit kriminal- und operativ-technischen und anderen Mitteln und Methoden vorrangig einzusetzen zur

- Feststellung der Ursachen;
- Feststellung von Hinweisen auf feindlich-negative Handlungen;
- Feststellung eingetretener Schäden und Auswirkungen sowie des Eintretens einer Gefährdung der inneren Sicherheit der DDR;
- Feststellung der Personenbewegung und Überprüfung operativ bedeutsamer Personen;
- Personen- und Sachfahndung;
- Beschaffung von Beweisen bzw. von Vergleichsmaterial;
- Mitarbeit in Expertenkommissionen.

4. Feststellung und Aufklärung operativ bedeutsamer Verletzungen von Sicherheit, Ordnung und Disziplin

Die IM und GMS sind vorrangig einzusetzen zur

- Personifizierung der Verursacher;
- Aufklärung der Persönlichkeit der Verursacher bzw. verdächtiger Personen sowie ihrer Motive und Zielstellungen.

5. Feststellung und Aufklärung von Hinweisen auf Organisatoren und Inspiratoren staatsfeindlicher Tätigkeit im Operationsgebiet, die gegen den Verantwortungsbereich wirksam werden

Mit geeigneten IM ist eine aufgaben- und vorgangsbezogene politisch-operative Arbeit im bzw. nach dem Operationsgebiet zu gewährleisten.

Durch einen differenzierten und zielgerichteten, mit der Hauptverwaltung Aufklärung bzw. der jeweils zuständigen Hauptabteilung abgestimmten Einsatz dieser IM, deren ständiger gründlicher Überprüfung besondere Bedeutung beizumessen ist, sind vorrangig Informationen zu gewinnen über

- Pläne, Absichten, Maßnahmen, Mittel und Methoden der imperialistischen Geheimdienste, anderer feindlicher Zentren, Organisationen und Kräfte, die gegen den Verantwortungsbereich gerichtet sind;
- Personen, die zur Verwirklichung der feindlichen Pläne und Absichten der imperialistischen Geheimdienste, anderer feindlicher Zentren, Organisationen und Kräfte eingesetzt werden sowie der Möglichkeiten (Wege, Verbindungen, Kontakte u. a.), die dazu mißbraucht bzw. benutzt werden;
- Methoden und Bedingungen zur Verschleierung der Feindtätigkeit.

Auf der Grundlage dieser generellen Einsatzrichtungen ist unter Berücksichtigung der konkreten politisch-operativen Lage im Verantwortungsbereich sowie der Möglichkeiten und Fähigkeiten der IM und GMS festzulegen, in welchen konkreten Einsatzrichtungen der jeweilige IM bzw. GMS einzusetzen ist.

1.2.2. Die Intensivierung des Einsatzes der IM und GMS und die Gewinnung von IM

Zur Entwicklung perspektivvoller Ausgangsmaterialien für Operative Vorgänge ist die Intensivierung des Einsatzes der IM und GMS zu konzentrieren auf:
- die ständige Herausarbeitung sowie die personen- und sachbezogene Nutzung aller den IM und GMS zur Verfügung stehenden operativen Möglichkeiten sowie die zielgerichtete Schaffung neuer operativer Möglichkeiten;
- die zielgerichtete politisch-operative Qualifizierung der IM und GMS und ihre personen- und sachbezogene Auftragserteilung und Instruierung;
- die Entwicklung und den Einsatz von sachkundigen IM (Experten-IM), die bei komplizierten Sachverhalten zur Ursachenfeststellung und weiteren Aufklärung beitragen können;
- die Befähigung der IM, insbesondere zum

  Aufspüren und Erkennen operativ bedeutsamer Hinweise und Sachverhalte,

  selbständigen und richtigen Reagieren in allen politisch-operativen Situationen,

  Anwenden und Beherrschen qualifizierter, entwicklungsfähiger operativer Legenden,

  Aufspüren und Sichern von Beweisen,

  unmittelbaren persönlichen Einsatz zur vorbeugenden Verhinderung von Schäden, Gefahren oder anderen schwerwiegenden Folgen feindlich-negativer Handlungen.

Für IM, die zur Entwicklung von Ausgangsmaterialien für Operative Vorgänge eingesetzt werden können, sind in den Plandokumenten, den Bearbeitungskonzeptionen für die politisch-operativen Schwerpunktbereiche und in den jährlichen Einschätzungen der IM gemäß der Richtlinie Nr. 1/68 der konkrete Einsatz und die zur Realisierung notwendigen grundsätzlichen politisch-operativen Aufgaben und Maßnahmen festzulegen.

Ausgehend von den Ergebnissen der Bestandsaufnahme sind zur weiteren Qualifizierung der Arbeit am Feind und zur Schließung der erkannten Lücken insbesondere solche IM zu gewinnen, die günstige Voraussetzungen haben,
- in die Konspiration des Feindes einzudringen, feindlich-negative und schwankende Personen bzw. Personenkreise aufzuklären, deren Vertrauen zu erringen sowie sie unter wirksamer Kontrolle zu halten;
- feindlich-negative Handlungen aufzudecken;
- komplizierte Vorkommnisse, Sachverhalte und Prozesse zu erkennen, operativ richtig einzuschätzen und zu ihrer Klärung wirksam beizutragen.

Die Leiter der operativen Diensteinheiten haben zu gewährleisten, daß
- konkret festgelegt wird, wo und zur Lösung welcher Aufgaben welche IM zu gewinnen sind;
- die operativen Mitarbeiter sich bei der Suche, Auswahl und Gewinnung auf Personen konzentrieren, die den festgelegten Anforderungen entsprechen;
- die Möglichkeiten der Diensteinheit zur qualifizierten Gewinnung von IM allseitig und ideenreich genutzt werden;
- die Methoden für die Gewinnung von IM angewandt werden, die entsprechend den Aufklärungsergebnissen notwendig sind.

1.3. Der zielgerichtete Einsatz weiterer operativer Kräfte, Mittel und Methoden zur Entwicklung von Ausgangsmaterialien für Operative Vorgänge

Zur zielstrebigen Entwicklung von Ausgangsmaterialien für Operative Vorgänge sind im Zusammenhang mit dem zielgerichteten Einsatz der IM und GMS alle anderen operativen Kräfte, Mittel und Methoden den politisch-operativen Erfordernissen entsprechend zweckmäßig und sinnvoll einzusetzen.

Das betrifft insbesondere:
- operative Ermittlungen und Beobachtungen zur Feststellung und Überprüfung von Hinweisen auf feindlich-negative Handlungen;
- operative Fahndungsmaßnahmen, vor allem im grenzüberschreitenden Verkehr;
- die Möglichkeiten der Abteilungen M, Postzollfahndung und 26 zur Feststellung und Aufklärung feindlich-negativer Verbindungen;
- operativ-technische und kriminal-technische Mittel und Methoden;
- die Informationsspeicher der Abteilungen M und Postzollfahndung, der Diensteinheiten der Linie VI über den grenzüberschreitenden Verkehr sowie die Informationsspeicher anderer Diensteinheiten;
- die Möglichkeiten der Hauptabteilung IX bzw. der Abteilungen IX der Bezirksverwaltungen/Verwaltungen im Rahmen
  von Ermittlungsverfahren,
  von Vorkommnisuntersuchungen,
  von Prüfungshandlungen nach § 95 (2) StPO,
  der Mitwirkung an der operativen Vorgangsbearbeitung,
  der Nutzung spezieller Möglichkeiten der Untersuchungsarbeit.

Der Einsatz dieser Kräfte, Mittel und Methoden zur Entwicklung von Ausgangsmaterialien für Operative Vorgänge ist mit dem Einsatz der IM und GMS zweckmäßig zu kombinieren bzw. hat Voraussetzungen für den zielgerichteten Einsatz der IM und GMS zu schaffen.

Des weiteren sind damit Informationen der IM und GMS zu überprüfen, zu vervollständigen und zu verdichten sowie Beweise zu erarbeiten.

1.4. Die ständige politisch-operative Einschätzung, zielgerichtete Überprüfung und analytische Verarbeitung der gewonnenen Informationen

Alle Informationen, die im Ergebnis des Einsatzes der IM und GMS und weiterer operativer Kräfte, Mittel und Methoden zur politisch-operativen Durchdringung des Verantwortungsbereiches erarbeitet werden, sind ständig auf ihre politisch-operative und rechtliche Bedeutsamkeit einzuschätzen, zu überprüfen und durch eine qualifizierte analytische, insbesondere Vergleichsarbeit, weiter zu verdichten. Dabei sind alle Hinweise einzubeziehen, die bei Vorkommnisuntersuchungen, operativen Ermittlungen, politisch-operativen Sicherheitsüberprüfungen zu Personen, operative Beobachtungen und der Durchführung operativer Aktionen erarbeitet werden.

1.4.1. Aufgaben bei der Durchführung der Treffs

Die politisch-operative Einschätzung, Überprüfung, Analyse und Verdichtung der vorliegenden und zu erarbeitenden Informationen erfordert:

1. die Bewertung der politisch-operativen und rechtlichen Bedeutsamkeit

Beim Treff ist herauszuarbeiten, ob die gewonnenen Informationen Hinweise auf feindlich-negative Handlungen oder andere, die innere Sicherheit der DDR gefährdende Handlungen enthalten.

Herauszuarbeiten ist insbesondere, inwieweit die erarbeiteten Informationen Hinweise enthalten über

- Personen oder Personenkreise, die eine feindlich-negative Tätigkeit ausüben, eine feindlich-negative Einstellung haben oder auf die sich der Feind konzentriert bzw. konzentrieren könnte;
- imperialistische Geheimdienste, andere feindliche Zentren, Organisationen und Kräfte, die vorrangig gegen den Verantwortungsbereich tätig werden;
- Personen in den politisch-operativen Schwerpunktbereichen, die für die Gewährleistung der Sicherheit und Ordnung und die Erfüllung der Aufgaben besonders bedeutsam sind, und Möglichkeiten des Feindes, auf diese Personenkreise Einfluß zu nehmen und wirksam zu werden;
- begünstigende Bedingungen und Umstände für die Durchführung und Verschleierung feindlich-negativer Handlungen;
- Personen, die unter Nutzung ihrer Möglichkeiten durch ihre Handlungen einschließlich der Nichterfüllung von Pflichten Sicherheit und Ordnung entscheidend gefährden;

2. die Prüfung der Vollständigkeit und politisch-operative Maßnahmen zur Komplettierung

Beim Treff sind alle Möglichkeiten der IM und GMS zu nutzen, um möglichst vollständige Informationen zu gewinnen bzw. Hinweise zu erarbeiten, mit welchen politisch-operativen Maßnahmen die spätere Komplettierung erfolgen kann. Die tiefgründige und umfassende Abschöpfung der IM und GMS unter besonderer Beachtung einer objektiven Berichterstattung verlangt eine qualifizierte Entgegennahme und Verarbeitung der Informationen durch den operativen Mitarbeiter. Ein wichtiges Hilfsmittel dabei sind die 8 W-Fragen (wann, wo, was, wie, womit, warum, wer, wen);

3. die Überprüfung auf Wahrheitsgehalt und auf Möglichkeiten zur Schaffung von Beweisen

Durch gezielte Befragung der IM und GMS ist vor allem zu klären,
- wie sie in den Besitz der Informationen gelangt sind;
- welche Beziehungen zwischen den IM und GMS und den Personen bzw. Sachverhalten, die in der Information genannt wurden, bestehen;
- wer noch vom Gegenstand der Information Kenntnis hat;
- wer befragt werden könnte;
- welche Möglichkeiten zur Schaffung von Beweisen genutzt werden könnten;

4. die Festlegung weiterer politisch-operativer Maßnahmen

Auf der Grundlage der Einschätzung der gewonnenen Information ist – soweit erforderlich und möglich – zu entscheiden, welche weiteren Aufträge und Instruktionen den IM und GMS zu erteilen bzw. welche Sofortmaßnahmen einzuleiten sind, z. B. bei Hinweisen auf ungesetzliches Verlassen der DDR, auf staatsfeindlichen Menschenhandel, auf terroristische Anschläge und Handlungen und bedeutende Gefahrenzustände.

1.4.2. Aufgaben der operativen Mitarbeiter und Leiter bei der Auswertung der Treffs

Bei der Auswertung der Treffs ist zu prüfen und zu dokumentieren, ob der Auftrag durchgeführt wurde und welche weiteren politisch-operativen Maßnahmen, insbesondere zur Auftragserteilung und Instruierung der IM und GMS, festzulegen sind.

Dabei ist zu sichern
- das Vergleichen der erarbeiteten Informationen und ihre weitere Überprüfung.
  Es ist zu prüfen, ob die erarbeiteten Informationen dem Auftrag und dem Informationsbedarf entsprechen und ob bereits zur Person / Sache Informationen vorliegen.
  Es ist zu gewährleisten, daß dazu vor allem die VSH-Kartei und die Kerblochkartei der Diensteinheit, soweit erforderlich, die zentralen Informa-

tionsspeicher des MfS sowie die Informationsspeicher der anderen staatlichen Organe, genutzt werden;

- die Einleitung der erforderlichen politisch-operativen Maßnahmen zur Realisierung der Sofortmeldepflicht bei operativ besonders bedeutsamen Informationen entsprechend den geltenden dienstlichen Bestimmungen und Weisungen;
- die Entscheidung über die Verwertung der Informationen.
  Es ist zu sichern, daß alle operativ bedeutsamen Informationen erfaßt und so aufbereitet werden, daß die Speicherung und kontinuierliche Verdichtung ermöglicht wird;
- die Entscheidung über einzuleitende politisch-operative Maßnahmen.
  Es ist festzulegen, wie die in den Informationen enthaltenen Hinweise zu klären und welche politisch-operativen Maßnahmen dazu notwendig sind. Diese Entscheidung bezieht sich insbesondere auf den Einsatz der operativen Kräfte, Mittel und Methoden, die Einleitung der operativen Personenkontrolle (OPK), das Anlegen Operativer Vorgänge, die Einleitung von vorbeugenden, schadensverhütenden Maßnahmen und die Erarbeitung von Informationen an leitende Partei- und Staatsfunktionäre.

1.4.3. Aufgaben der Auswerter

Durch die Auswerter ist zu sichern:

- der ständige Vergleich aller neu gewonnenen mit den in der Diensteinheit bereits gespeicherten Informationen, insbesondere zu Tatbestandsmerkmalen, Verbindungen und Angaben zu Personen, mit dem Ziel der Herausarbeitung von Ausgangsmaterialien für Operative Vorgänge;
- die lückenlose Erfassung und Speicherung aller gewonnenen Informationen zu Personen und Sachverhalten;
- die systematische analytische Arbeit mit den gespeicherten Informationen entsprechend den aktuellen politisch-operativen Erfordernissen;
- die Übergabe der im Ergebnis der analytischen Arbeit gewonnenen Informationen, die Grundlage für die Entwicklung von Ausgangsmaterialien für Operative Vorgänge sein können, mit konkreten Vorschlägen für die weitere Bearbeitung an den zuständigen Leiter;
- die Führung der Übersicht über die Ergebnisse der weiteren politisch-operativen Arbeit zur Entwicklung von Ausgangsmaterialien und die ständige Information des Leiters der Diensteinheit über den erreichten Stand der Bearbeitung.

1.5. Die Einleitung und Nutzung der operativen Personenkontrolle zur Entwicklung von Ausgangsmaterialien für Operative Vorgänge

Die Leiter der operativen Diensteinheiten haben zu sichern, daß die OPK zielstrebig zur Entwicklung von Ausgangsmaterialien für Operative Vorgänge genutzt bzw. angewandt und in diesen Prozeß eingeordnet wird.

Ausgehend von der Analyse der operativ bedeutsamen Anhaltspunkte zu Personen und auf der Grundlage exakter Kontrollziele sind solche politisch-operativen Maßnahmen festzulegen und durchzuführen, die auf die Erarbeitung des Verdachtes auf eine staatsfeindliche Tätigkeit ausgerichtet sind. Bereits im Verlaufe der Bearbeitung der OPK sind vorbeugende und schadensverhütende Maßnahmen zu realisieren. Die Leiter und Mitarbeiter haben zur konsequenten Nutzung der Möglichkeiten der OPK für die Entwicklung von Ausgangsmaterialien für Operative Vorgänge folgende Aufgaben zu lösen:

1. Die OPK ist auf die operativ bedeutsamen Personen und Personenkreise, vorrangig in den politisch-operativen Schwerpunktbereichen, zu konzentrieren.

Dazu sind die in den dienstlichen Bestimmungen und Weisungen gegebenen Orientierungen auf Personen bzw. Personenkreise entsprechend der konkreten politisch-operativen Lage im Verantwortungsbereich durch die Leiter umzusetzen und zu präzisieren.

Durch exakte Vorgaben ist zu gewährleisten, daß mit dem Ziel der Entwicklung von Ausgangsmaterialien für Operative Vorgänge solche Personen kontrolliert werden, bei denen tatsächlich operativ bedeutsame Anhaltspunkte auf feindlich-negative Handlungen vorliegen.

2. Die IM und GMS sind zielstrebig zur Klärung der operativ bedeutsamen Anhaltspunkte zu Personen einzusetzen.

Zur zielstrebigen Bearbeitung der OPK und zur Klärung der operativ bedeutsamen Anhaltspunkte sind die IM offensiv einzusetzen, vorrangig über den Weg der Herstellung vertraulicher Beziehungen.

Die IM und GMS haben – ausgehend vom konkreten Inhalt und Charakter der tatsächlich vorliegenden operativ bedeutsamen Anhaltspunkte – zu erarbeiten:

- Informationen zur Aufklärung von Handlungen und des Verhaltens der Personen in den Arbeits-, Wohn- und Freizeitbereichen, aus denen sich weitere Anhaltspunkte für eine mögliche feindliche Tätigkeit ergeben, z. B.
  über konkrete Rechts- bzw. Pflichtverletzungen,
  über Äußerungen und Reaktionen, die auf feindlich-negative Einstellungen und Zielstellungen hinweisen,
  über die Verbreitung revisionistischer und antisozialistischer Theorien,
  über den wiederholten Anfall an militärischen Objekten,

über das erkennbare Interesse an geheimzuhaltenden Tatsachen, Gegenständen, Forschungsergebnissen oder an der Art und Weise der Grenzsicherung;

- Informationen zur Aufklärung des Umfangs und des Inhalts operativ bedeutsamer Verbindungen und Kontakte, inbesondere
zu Personen aus nichtsozialistischen Staaten und Westberlin,
zu solchen Personen, die Verbindungen und Kontakte nach nichtsozialistischen Staaten und Westberlin unterhalten,
zu bevorrechteten Personen, die sich in der DDR aufhalten,
zu operativ bedeutsamen Personen, zu denen Verbindungen und Kontakte während dienstlicher oder privater Auslandsreisen aufgenommen wurden,
zu feindlich negativ eingestellten Personen oder Personengruppen innerhalb der DDR;

- Informationen über die Entwicklung der Persönlichkeit und ihrer politischen Einstellung, vor allem hinsichtlich ihrer Bedeutsamkeit und Wirksamkeit für das aktuelle oder zu erwartende Handeln bzw. Verhalten dieser Personen, z. B. über
die Herkunft und Entwicklung sowie über die Einstellung der Personen zur sozialistischen Staats- und Gesellschaftsordnung,
das Verhalten während politischer Höhepunkte und in Spannungssituationen,
das widersprüchliche Auftreten der Personen in den Arbeits-, Wohn- und Freizeitbereichen und deren Ursachen,
die konkrete Einstellung zur Wahrnehmung übertragener Aufgaben und Rechtspflichten,
die Charakter- und Willenseigenschaften, die einen fördernden oder hemmenden Einfluß auf die Entscheidung zu einem nicht gesellschaftsgemäßen Verhalten haben können sowie
den Umgangskreis, vor allem hinsichtlich seines Einflusses auf die Entwicklung der Persönlichkeit und ihrer politischen Einstellung sowie auf die Verhaltensweisen der Person.

Die Leiter der operativen Diensteinheiten haben – ausgehend von den Kontrollzielen – eine ständige Kontrolle über die Ergebnisse der OPK zu gewährleisten und sind verantwortlich, daß beim Vorliegen der entsprechenden Voraussetzungen rechtzeitig die erforderlichen Entscheidungen zum Anlegen Operativer Vorgänge getroffen werden.

1.6. Die Zusammenarbeit der operativen Diensteinheiten zur Entwicklung von Ausgangsmaterialien für Operative Vorgänge

Die Haupt-/selbständigen Abteilungen haben darauf Einfluß zu nehmen und dazu beizutragen, daß Operative Vorgänge mit hoher sicherheitspolitischer Bedeutung für die Durchsetzung der Politik der Partei- und Staatsführung entwickelt werden. Dazu hat die Zusammenarbeit der operativen Diensteinheiten des MfS nach folgenden Grundsätzen zu erfolgen:

1. Auf der Grundlage meiner dienstlichen Bestimmungen und Weisungen sowie der meiner Stellvertreter haben die Leiter der Haupt-/selbständigen Abteilungen und die Leiter der Bezirksverwaltungen/Verwaltungen insbesondere in den Planorientierungen bzw. Planvorgaben vorzugeben,
- wo sich aktuelle bzw. perspektivische Sicherheitsbedürfnisse entwickeln;
- wo in den politisch-operativen Schwerpunktbereichen bzw. zur Bearbeitung welcher politisch-operativer Schwerpunkte Operative Vorgänge zu entwickeln sind;
- auf welche konkreten feindlichen Angriffe sowie Mittel und Methoden der Feindtätigkeit die politisch-operative Arbeit vorrangig zu konzentrieren ist;
- wo welche operativen Kräfte und Mittel vorrangig einzusetzen und zu schaffen sind;
- welche operativen Methoden zur Entwicklung Operativer Vorgänge mit hoher sicherheitspolitischer Bedeutung anzuwenden sind.

2. Entsprechend meinem Befehl Nr. 299/65 haben die Haupt-/selbständigen Abteilungen Rückflußinformationen zu erarbeiten und nach entsprechender Bestätigung an die Bezirksverwaltungen/Verwaltungen und – soweit erforderlich – an andere Haupt-/selbständige Abteilungen zu geben.

Mit diesen Rückflußinformationen ist insbesondere zu orientieren auf
- neue Pläne, Absichten und Maßnahmen der imperialistischen Geheimdienste und anderen feindlichen Zentren, Organisationen und Kräfte;
- neue und zu erwartende Angriffsrichtungen sowie Mittel und Methoden der Feindtätigkeit;
- neue Möglichkeiten und Ansatzpunkte, die vom Gegner zur Organisierung von Feindtätigkeit genutzt werden;
- bewährte operative Kräfte, Mittel und Methoden zur Entwicklung von Ausgangsmaterialien für Operative Vorgänge.

3. Die Haupt-/selbständigen Abteilungen haben die unmittelbare praktische Unterstützung gegenüber den Bezirksverwaltungen/Verwaltungen bei der Entwicklung Operativer Vorgänge zu konzentrieren auf:
- die Bestimmung und politisch-operative Durchdringung der politisch-operativen Schwerpunktbereiche und die Bestimmung der politisch-operativen Schwerpunkte;

- die Entwicklung und Qualifizierung der politisch-operativen Grundlagenarbeit in den politisch-operativen Schwerpunktbereichen;
- die politisch-operative und strafrechtliche Einschätzung von Ausgangsmaterialien für Operative Vorgänge mit hoher sicherheitspolitischer Bedeutung;
- die Abstimmung von politisch-operativen Maßnahmen, den Einsatz und die Schaffung geeigneter operativer Kräfte und Mittel sowie die Erarbeitung gemeinsamer Konzeptionen zur Entwicklung von Ausgangsmaterialien und zur Bearbeitung Operativer Vorgänge, die eine hohe sicherheitspolitische Bedeutung besitzen;
- die Anwendung operativer Methoden, insbesondere operativer Legenden und Kombinationen;
- die Qualifizierung der analytischen und Vergleichsarbeit in den politisch-operativen Schwerpunktbereichen;
- die Koordinierung des Zusammenwirkens mit zentralen staatlichen Organen und Einrichtungen, inbesondere mit den Organen des MdI und der Zollverwaltung der DDR.

4. Diese für die Haupt-/selbständigen Abteilungen festgelegten politisch-operativen Aufgaben und Maßnahmen sind von den Fachabteilungen der Bezirksverwaltungen/Verwaltungen entsprechend der konkreten Lage im Verantwortungsbereich umzusetzen und in der Zusammenarbeit mit den Kreis-/Objektdienststellen zu realisieren.

5. Zwischen den operativen Diensteinheiten ist entsprechend den konkret festgelegten Verantwortlichkeiten und operativen Möglichkeiten die Gewinnung von Informationen über operativ bedeutsame Personen und Sachverhalte zur Entwicklung von Ausgangsmaterialien für Operative Vorgänge planmäßig abzustimmen.

Die gewonnenen Informationen sind bei den zuständigen Diensteinheiten zur rechtzeitigen Entwicklung von Ausgangsmaterialien zusammenzuführen. Die Festlegung der Zusammenarbeit hat – soweit erforderlich – in Koordinierungsfestlegungen zu erfolgen. Die Leiter der Haupt-/selbständigen Abteilungen und Bezirksverwaltungen/Verwaltungen haben zu gewährleisten, daß dafür die notwendigen leitungsmäßigen Voraussetzungen vorhanden sind und alle operativen Möglichkeiten allseitig genutzt werden.

6. Die Hauptabteilung IX bzw. die Abteilungen IX der Bezirksverwaltungen/Verwaltungen sind unter voller Wahrung der Verantwortlichkeit der betreffenden operativen Diensteinheit bei der Entwicklung von Ausgangsmaterialien für Operative Vorgänge einzubeziehen, wenn rechtlich komplizierte Probleme, insbesondere auf Grund neuer Formen der Feindtätigkeit, vorliegen.

Die Hauptabteilung IX bzw. die Abteilungen IX der Bezirksverwaltungen/Verwaltungen haben den operativen Diensteinheiten differenziert Hinweise für die politisch-operative und strafrechtliche Einschätzung der Ausgangsmaterialien sowie für das Anlegen und die weitere Bearbeitung Operativer Vorgänge, vor allem für die Erarbeitung erforderlicher Beweise, zu geben.

7. Die Diensteinheiten der Linien VI und VIII sowie die Abteilungen M, Postzollfahndung, 26 und die Spezialfunkdienste des MfS haben alle vorhandenen Möglichkeiten entsprechend ihrer Verantwortlichkeit und dem von anderen operativen Diensteinheiten vorgegebenen spezifischen Informationsbedarf zur Entwicklung von Ausgangsmaterialien für Operative Vorgänge zielgerichtet und konsequent zu nutzen. Der dazu erforderliche Informationsfluß ist zwischen den o. g. Diensteinheiten und anderen operativen Diensteinheiten planmäßig zu organisieren.

8. Die für die Realisierung der Zusammenarbeit der operativen Diensteinheiten des MfS zur Entwicklung von Ausgangsmaterialien für Operative Vorgänge erforderlichen Maßnahmen sind in die betreffenden Plandokumente aufzunehmen.

1.7. Die Nutzung der Möglichkeiten der DVP und anderer Organe des MdI sowie anderer Staats- und wirtschaftsleitender Organe, Betriebe, Kombinate und Einrichtungen sowie gesellschaftlicher Organisationen und Kräfte für die Entwicklung von Ausgangsmaterialien für Operative Vorgänge

1.7.1. Nutzung der Möglichkeiten der Dienstzweige der DVP und der anderen Organe des MdI für die Entwicklung von Ausgangsmaterialien für Operative Vorgänge

Unter Beachtung der in den Dienstzweigen der DVP und den anderen Organen des MdI geltenden dienstlichen Bestimmungen ist das operative Zusammenwirken und die gegenseitige Unterstützung nach folgenden Grundsätzen durchzusetzen:

1. Die für die Abwehrarbeit in der DVP und in den anderen Organen des MdI zuständigen operativen Diensteinheiten des MfS sowie die Diensteinheiten der Linie IX haben zu gewährleisten, daß ständig und rechtzeitig alle Informationen über feindlich-negative Handlungen den zuständigen Diensteinheiten des MfS zugänglich gemacht werden. Entsprechend den politisch-operativen Notwendigkeiten sind geeignete Maßnahmen innerhalb des MfS sowie im operativen Zusammenwirken mit der DVP und den anderen Organen des MdI zur weiteren Bearbeitung bzw. Klärung einzuleiten.

2. Durch die für die Abwehrarbeit in der DVP und in den anderen Organen des MdI zuständigen operativen Diensteinheiten des MfS ist auf den gezielten Einsatz der Kräfte, Mittel und Methoden der DVP und der anderen Organe des MdI zur Feststellung von Hinweisen auf feindlich-negative Handlungen Einfluß zu nehmen, insbesondere bei der

- Untersuchung von Straftaten der allgemeinen Kriminalität;
- Kontrolle ausgewählter Personenkreise;
- Bearbeitung von Anträgen auf Entlassung aus der Staatsbürgerschaft der DDR, Übersiedlung in nichtsozialistische Staaten und nach Westberlin sowie Eheschließung mit Personen aus nichtsozialistischen Staaten und Westberlin;
- Sicherung volkswirtschaftlich bedeutsamer Objekte;
- Sicherung von Schußwaffen, wesentlichen Teilen von Schußwaffen, Munition, Sprengmitteln, Giften und radioaktiven Materialien;
- Sicherung der Grenzgebiete an der Staatsgrenze zur BRD und zu Westberlin;
- Gewährleistung der Sicherheit und Ordnung auf und an den Transitwegen;
- Abwicklung des Antrags- und Genehmigungsverfahrens für Aus- und Einreisen und der Kontrolle der Einreisen von Personen aus nichtsozialistischen Staaten und Westberlin und ihres Aufenthaltes in der DDR und der in diesem Zusammenhang aufgenommenen Kontakte.

3. Bei der Untersuchung von Vorkommnissen, insbesondere bei anonymen und pseudonymen Gewaltandrohungen, Gewaltverbrechen, Bränden, Havarien und Störungen, ist ein abgestimmtes Vorgehen zur Erarbeitung von Ausgangsmaterialien für Operative Vorgänge zu gewährleisten.

1.7.2. Nutzung der Möglichkeiten anderer Staats- und wirtschaftsleitender Organe, Betriebe, Kombinate und Einrichtungen sowie gesellschaftlicher Organisationen und Kräfte

Zur Nutzung der Möglichkeiten anderer Staats- und wirtschaftsleitender Organe, Betriebe, Kombinate und Einrichtungen sowie gesellschaftlicher Organisationen und Kräfte für die Entwicklung von Ausgangsmaterialien für Operative Vorgänge hat eine wirksame gegenseitige Unterstützung zwischen diesen und den zuständigen operativen Diensteinheiten zur Lösung der ihnen gestellten spezifischen Aufgaben zu erfolgen.

Das ist zu gewährleisten durch

1. die Unterstützung der Leiter bzw. zuständigen Funktionäre von Staats- und wirtschaftsleitenden Organen, Betrieben, Kombinaten und Einrichtungen sowie gesellschaftlichen Organisationen bei der Gewährleistung von Sicherheit, Ordnung und Disziplin, der Entwicklung des sozialistischen Bewußtseins der Werktätigen und der weiteren Hebung der Massenwachsamkeit. Dazu sind

ihnen durch die operativen Diensteinheiten entsprechend meinen grundsätzlichen Weisungen zur Informationstätigkeit des MfS an leitende Partei- und Staatsfunktionäre unter Wahrung der Konspiration und Geheimhaltung Informationen über

- neue bzw. zu erwartende feindliche Angriffe sowie Grundkenntnisse des Feindbildes entsprechend den politisch-operativen Erfordernissen;
- Einflüsse und Wirkungen der politisch-ideologischen Diversion, der feindlichen Kontaktpolitik/Kontakttätigkeit und feindlichen Stützpunkttätigkeit;
- vorhandene begünstigende Bedingungen und Umstände für die Gefährdung von Sicherheit und Ordnung;
- bestehende Gefahren und eingetretene Schäden;
- die gesellschaftliche Entwicklung insgesamt hemmende Faktoren und Erscheinungen,

unter Beachtung der angewiesenen Formen zu übermitteln. Diese Informationen müssen u. a. geeignet sein, erforderliche Maßnahmen zur Erhöhung der Sicherheit, Ordnung und Disziplin einleiten und durchführen zu können. Darüber hinaus sind entsprechend der politisch-operativen Lage gezielte Maßnahmen der Öffentlichkeitsarbeit unter Wahrung der Konspiration und Geheimhaltung durchzuführen;

2. die ständige Erschließung und Nutzung der Möglichkeiten der Staats- und wirtschaftsleitenden Organe, Betriebe, Kombinate und Einrichtungen sowie gesellschaftlichen Organisationen und Kräfte zur Entwicklung von Ausgangsmaterialien für Operative Vorgänge durch die zuständigen operativen Diensteinheiten, insbesondere

- bei der Beschaffung und Sicherung von Informationen und Beweisen zu operativ bedeutsamen Personen, Vorkommnissen und Sachverhalten;
- für die sicherheitspolitische Einschätzung komplizierter Prozesse und Sachverhalte, insbesondere durch die zielgerichtete Einbeziehung der Experten- und Gutachtertätigkeit;
- zur Schaffung strafprozessual verwertbarer Beweismittel auf der Grundlage von inoffiziellen Informationen und Beweisen;
- zur Aufdeckung, Einschränkung und Beseitigung straftatbegünstigender Bedingungen und Umstände, von Gefahren und Schäden bzw. Schadensursachen; Herausarbeitung von Möglichkeiten feindlich-negativer Kräfte (Wege, Verbindungen, Kontakte) zur Realisierung feindlich-negativer Handlungen;
- zur Schaffung einer höheren Effektivität des Einsatzes der IM und GMS, insbesondere durch die Anwendung von operativen Legenden und Kombinationen sowie anderer operativer Mittel und Methoden;

3. die Ausnutzung und Erweiterung der spezifischen Möglichkeiten der Sicherheitsbeauftragten, Offiziere im besonderen Einsatz und IM in Schlüsselpositionen zur aktiven Einflußnahme auf die Realisierung des Zusammenwirkens zur Entwicklung von Ausgangsmaterialien für Operative Vorgänge.

1.8. Die politisch-operative und strafrechtliche Einschätzung von Ausgangsmaterialien und die Voraussetzungen für das Anlegen Operativer Vorgänge

Durch die politisch-operative und strafrechtliche Einschätzung von Ausgangsmaterialien sind Voraussetzungen für begründete Entscheidungen zum Anlegen Operativer Vorgänge einschließlich der Festlegung erforderlicher Maßnahmen zu schaffen. Auf der Grundlage der erarbeiteten Informationen und Beweise ist bei der politisch-operativen und strafrechtlichen Einschätzung stets davon auszugehen, daß mit dem Anlegen, der Bearbeitung und dem Abschluß Operativer Vorgänge ein offensiver Beitrag zur Durchsetzung der Politik von Partei und Regierung in der Klassenauseinandersetzung mit dem Imperialismus zu leisten, ein hoher sicherheitspolitischer Nutzeffekt zu erreichen und die politisch-operative Lage im Verantwortungsbereich positiv zu verändern ist. Die politisch-operative und strafrechtliche Einschätzung ist deshalb stets als Einheit zu realisieren.

1.8.1. Anforderungen an die politisch-operative und strafrechtliche Einschätzung von Ausgangsmaterialien für Operative Vorgänge

1. Ausgangsmaterialien sind zur Herausarbeitung ihrer politisch-operativen Bedeutung nach folgenden Fragestellungen einzuschätzen:

- Welche Ziele werden mit den vermutlich feindlichen Handlungen verfolgt? In welcher Weise werden Sicherheit und Ordnung im Verantwortungsbereich gefährdet?
- Worin besteht die Bedeutung der angegriffenen Bereiche, Prozesse, Personenkreise und Personen für die Entwicklung der DDR und die sozialistische Integration?
- Welche Pläne, Absichten und Maßnahmen der imperialistischen Geheimdienste, anderer feindlicher Zentren, Organisationen und Kräfte sind erkennbar, und welche neuen Aspekte werden insgesamt dabei sichtbar?
- Sind die Ausgangsmaterialien in den politisch-operativen Schwerpunktbereichen bzw. zur Bearbeitung politisch-operativer Schwerpunkte entwickelt worden, welche konkreten Beziehungen bestehen zu diesen?
- Ergeben sich aus den Ausgangsmaterialien neue politisch-operative Schwerpunkte bzw. die Notwendigkeit der Präzisierung erkannter politisch-operativer Schwerpunkte?

- Wie werden im Verantwortungsbereich die Klassenkampfsituation und die konkrete politisch-operative Lage durch die vermutlich feindlichen Handlungen beeinflußt?
- Welche Stellung und welchen Einfluß haben die verdächtigen Personen, über welche Möglichkeiten zur Herbeiführung von Schäden und Gefahren verfügen sie?
- Welche Verbindungen und Kontakte unterhalten sie zu operativ bedeutsamen Personen innerhalb und außerhalb der DDR?
- Welche Mittel und Methoden der Tatdurchführung und Verschleierung werden von den verdächtigen Personen angewandt?

2. Ausgangsmaterialien sind hinsichtlich der strafrechtlichen Verantwortlichkeit nach folgenden Fragestellungen einzuschätzen:

- Durch welche Handlungen der verdächtigen Personen wurden welche Straftatbestände möglicherweise verletzt?
- Welche Informationen und Beweise liegen zu den objektiven und subjektiven Anforderungen der verletzten Straftatbestände vor? (Was ist bereits bewiesen, was noch nicht?)
- Welches Entwicklungsstadium und welche Beteiligungsformen sind gegeben?
- Kann die bearbeitete Person die vermutliche Straftat begangen haben?
- Welche Strafaufhebungs- bzw. Strafausschließungsgründe liegen möglicherweise vor?

3. Zur weiteren zielstrebigen Bearbeitung des Ausgangsmaterials ist zu prüfen:

- Welche operativen Kräfte und Mittel stehen für die weitere Bearbeitung zur Verfügung, werden benötigt bzw. sind zu schaffen?
- Mit welchen anderen Diensteinheiten des MfS und welchen staatlichen und wirtschaftsleitenden Organen, Betrieben, Kombinaten und Einrichtungen sowie gesellschaftlichen Organisationen und Kräften ist zu welchem Zweck zusammenzuarbeiten bzw. zusammenzuwirken?
- Welche weiteren Informationsquellen und -speicher sind für die weitere Bearbeitung zu nutzen?
- Welche Sofortmaßnahmen sind insbesondere für die Beweissicherung, Verhinderung von Schäden und zur Veränderung der politisch-operativen Lage notwendig?

4. Die Hauptabteilung IX bzw. die Abteilungen IX der Bezirksverwaltungen/Verwaltungen sind einzubeziehen, wenn die Ausschöpfung der Sachkunde oder der Mittel und Möglichkeiten der Untersuchungsarbeit von Beginn an erforderlich ist, z. B.

- bei rechtlich komplizierten Problemen;
- bei der Notwendigkeit der Durchführung strafprozessualer Maßnahmen und der Mitwirkung des Staatsanwaltes;
- bei spezifischen Problemen in der Beweisführung wie Spurensicherung, Festlegungen für Dokumentierungen u. a.;

- wenn von Beginn an komplizierte, in der Untersuchung fortzuführende Probleme des Herauslösens von IM auftreten;
- wenn der Sachverhalt Informationen und Beweise für geplante oder vorbereitete Gewaltverbrechen wie Attentate, Geiselnahmen, Entführungen oder Terrorverbrechen enthält;
- bei spezifischen Delikten wie Schleusungen im Transitverkehr;
- wenn an der Begehung der Straftat Diplomaten oder andere bevorrechtete Personen oder Personen in bedeutenden beruflichen oder gesellschaftlichen Stellungen beteiligt sind bzw. sein können.

1.8.2. Politisch-operative und strafrechtliche Voraussetzungen für das Anlegen Operativer Vorgänge und erforderliche Leiterentscheidungen

Operative Vorgänge sind anzulegen, wenn der Verdacht der Begehung

> von Verbrechen gemäß erstem oder zweitem Kapitel des StGB – Besonderer Teil – oder einer Straftat der allgemeinen Kriminalität, die einen hohen Grad an Gesellschaftsgefährlichkeit hat und in enger Beziehung zu den Staatsverbrechen steht bzw. für deren Bearbeitung entsprechend meinen dienstlichen Bestimmungen und Weisungen das MfS zuständig ist,

durch eine oder mehrere bekannte oder unbekannte Personen vorliegt.

Der Verdacht auf eine der o. g. Straftaten liegt vor, wenn aus überprüften inoffiziellen bzw. offiziellen Informationen und Beweisen auf Grund einer objektiven, sachlichen, kritischen und tatbestandsbezogenen Einschätzung mit Wahrscheinlichkeit auf die Verletzung eines Straftatbestandes oder mehrerer Straftatbestände geschlossen werden kann.

Das Vorliegen des Verdachtes ist aus der Gesamtheit aller überprüften Informationen und Beweise zu den objektiven und subjektiven Tatumständen einschließlich der Täterpersönlichkeit abzuleiten. Dabei sind alle be- und entlastenden Hinweise zu berücksichtigen.

Zur Herausarbeitung des Verdachtes der Verletzung objektiver Tatbestandsmerkmale müssen in der Regel insbesondere überprüfte Informationen und Beweise zu solchen objektiven Umständen der Straftat vorliegen, aus denen Erkenntnisse abgeleitet werden können

- zur möglichen Angriffsrichtung, zu den angegriffenen Objekten und Bereichen, gesellschaftlichen Verhältnissen, Erscheinungen und Prozessen,
- zur Art und Weise der Begehung, den dabei zur Anwendung gelangten Mitteln und Methoden der Tatdurchführung und -verschleierung,
- zu den mit der Handlung herbeigeführten oder angestrebten Folgen wie materiellen und ideellen Schäden bzw. Gefahrenzuständen,
- zum kausalen Zusammenhang zwischen Handlung und herbeigeführten Folgen,
- zu Ort und Zeit der Tatdurchführung, unter besonderer Berücksichtigung der Klassenkampfsituation und der politisch-operativen Lage,

- zu Kontakten und Verbindungen der Verdächtigen zu imperialistischen Geheimdiensten, anderen feindlichen Zentren, Organisationen und Kräften, insbesondere bei Staatsverbrechen.

Zur Herausarbeitung der subjektiven Tatbestandsmerkmale müssen in der Regel insbesondere überprüfte Informationen und Beweise vorhanden sein, aus denen auf das Vorliegen solcher subjektiver Umstände der Straftat geschlossen werden kann wie:
- schuldhaftes Handeln in der Form des Vorsatzes oder der Fahrlässigkeit;
- schuldhaftes Verletzen von Rechtspflichten;
- schuldhaftes Herbeiführen von Folgen;
- auf die der Tat zugrunde liegenden Motive und die mit der Handlung verfolgten Ziele;
- Zurechnungsfähigkeit des Verdächtigen bzw. Schuldfähigkeit bei verdächtigen Jugendlichen.

Zur Herausarbeitung des Verdachtes müssen in der Regel wesentliche Seiten der Persönlichkeit der Verdächtigen und deren Entwicklung aufgeklärt sein, wie insbesondere:
- feindliche oder negative Einstellung zur sozialistischen Staats- und Gesellschaftsordnung;
- berufliche und gesellschaftliche Stellung und Qualifikation;
- Persönlichkeitseigenschaften wie Habsucht, Schwatzhaftigkeit, Karrierismus u. a., die Anknüpfungspunkte für imperialistische Geheimdienste, andere feindliche Zentren, Organisationen und Kräfte sein können;
- Abweichen vom gesellschaftsgemäßen Verhalten bzw. von allgemein üblichen gesellschaftlichen oder individuellen Verhaltensweisen oder Gewohnheiten;
- Verbindungen, Kontakte und Beziehungen zu anderen Personen innerhalb und außerhalb der DDR, die negativen Einfluß auf die Persönlichkeitsentwicklung und damit auf die Begehung der Straftat haben können.

Zum Zeitpunkt der Entscheidung über das Anlegen eines Operativen Vorganges ist es nicht erforderlich, daß zu allen objektiven und subjektiven Umständen der Straftat überprüfte Informationen und Beweise vorliegen. Erforderlich sind überprüfte Informationen und Beweise, aus denen tatbestandsbezogene Erkenntnisse über den Verdacht der Begehung einer Straftat gewonnen werden können.

Besonders geeignete Informationen und Beweise sind u. a.

qualifizierte und überprüfte IM-, Beobachtungs- und Ermittlungsberichte; Informationen der Abteilungen M, PZF und 26 sowie der Spezialfunkdienste; sichergestellte bzw. kopierte operativ bedeutsame Dokumente, Tatortbefundsberichte oder kriminalistisch gesicherte Spuren bzw. Tatwerkzeuge; Aussagen Inhaftierter, Strafgefangener und Zeugen; Befragungsprotokolle; gutachterliche Einschätzungen; Hinweise,

Mitteilungen und Anzeigen von Staats- und wirtschaftsleitenden Organen, Betrieben, Kombinaten und Einrichtungen, gesellschaftlichen Organisationen und Kräften sowie von Bürgern der DDR und anderer Staaten.

Bei der politisch-operativen und strafrechtlichen Einschätzung der Ausgangsmaterialien und der dabei erfolgenden Prüfung der politisch-operativen und strafrechtlichen Voraussetzungen für das Anlegen Operativer Vorgänge sind die gesicherten Kenntnisse und Erfahrungen über Angriffsrichtungen und -objekte, Pläne, Absichten und Maßnahmen sowie Kräfte, Mittel und Methoden des Feindes, spezifische Begehungsweisen, insbesondere solche der Tarnung und Verschleierung, sowie Informationen zur politisch-operativen Lage im Verantwortungsbereich und zur Persönlichkeit der Verdächtigen gründlich analytisch zu verarbeiten und für eine politisch-operativ begründete Entscheidung mit den im Ausgangsmaterial enthaltenen Tatsachen in Beziehung zu setzen.

Die Entscheidung über das Anlegen Operativer Vorgänge trifft
in den Haupt- / selbständigen Abteilungen
der Leiter / Stellvertreter,
in den Bezirksverwaltungen / Verwaltungen
der Leiter / Stellvertreter Operativ.

Für die Bestätigung zum Anlegen eines Operativen Vorganges ist dem zuständigen Leiter vorzulegen:
- der Beschluß zum Anlegen,
- der Eröffnungsbericht,
- der erste Operativplan.

Der Eröffnungsbericht hat zu enthalten:
- die Ergebnisse der politisch-operativen und strafrechtlichen Einschätzung des Ausgangsmaterials,
- die Begründung der politisch-operativen sowie strafrechtlichen Voraussetzungen für das Anlegen,
- die im Operativen Vorgang zu erreichenden Ziele.

Zur Bearbeitung von Personen fremder Staatsangehörigkeit bzw. von Bürgern der DDR in besonderen Stellungen und Funktionen ist die Zustimmung einzuholen:
- bei bevorrechteten Personen und dem Personal ausländischer Vertretungen in der DDR sowie akkreditierten Korrespondenten vom Leiter der Hauptabteilung II,
- bei Bürgern befreundeter sozialistischer Staaten von den Sicherheitsorganen dieser Staaten über die zuständigen Hauptabteilungen durch die Abteilung X,
- bei Bürgern der DDR in besonderen Stellungen oder Funktionen, wie Abgeordneten der Volkskammer, der Bezirks- und Kreistage, Nomenklaturkadern des Staatsapparates, der Partei und anderer gesellschaftlicher Organisationen entsprechend der Nomenklatur, von mir, meinen zuständigen

Stellvertretern oder vom Leiter der Bezirksverwaltung/Verwaltung bzw. der zuständigen Hauptabteilung.

Zentrale Operative Vorgänge (ZOV) und dazugehörige Teilvorgänge (TV) sind anzulegen, wenn

die angegriffenen Bereiche, Prozesse oder Personen und die verdächtigen Personen zum Verantwortungsbereich mehrerer Haupt-/selbständigen Abteilungen, Bezirksverwaltungen/Verwaltungen oder mehrerer Diensteinheiten einer Haupt-/selbständigen Abteilung, Bezirksverwaltung/Verwaltung gehören und deshalb die Zusammenarbeit dieser Diensteinheiten erforderlich wird bzw. infolge des Umfangs und der Komplexität der Feindtätigkeit die Konzentration operativer Kräfte und Mittel mehrerer Diensteinheiten erforderlich ist.

Entscheidungen zum Anlegen von Zentralen Operativen Vorgängen und Teilvorgängen werden durch mich bzw. meine zuständigen Stellvertreter getroffen.

Über das Anlegen weiterer Teilvorgänge zu bereits vorhandenen Zentralen Operativen Vorgängen ist in Abstimmung zwischen dem Leiter der den Zentralen Operativen Vorgang führenden Haupt-/selbständigen Abteilung bzw. Bezirksverwaltung/Verwaltung und dem Leiter der Haupt-/selbständigen Abteilung bzw. Bezirksverwaltung/Verwaltung, in dessen Verantwortungsbereich der Teilvorgang geführt werden soll, zu entscheiden.

Über das Anlegen von Zentralen Operativen Vorgängen und Teilvorgängen, die ausschließlich im Verantwortungsbereich einer Haupt-/selbständigen Abteilung bzw. Bezirksverwaltung/Verwaltung zu führen sind, entscheidet deren Leiter.

2. Die zielstrebige Bearbeitung und der Abschluß Operativer Vorgänge

2.1. Die politisch-operativen Zielstellungen der Bearbeitung Operativer Vorgänge

Die politisch-operativen Zielstellungen der Bearbeitung Operativer Vorgänge bestehen darin:

- durch eine offensive, konzentrierte und tatbestandsbezogene Bearbeitung die erforderlichen Beweise für den Nachweis des dringenden Verdachtes eines oder mehrerer Staatsverbrechen bzw. einer Straftat der allgemeinen Kriminalität zu erbringen;
- beginnend mit und im Verlauf der gesamten Bearbeitung rechtzeitig die erkannten oder zu erwartenden gesellschaftsschädigenden Auswirkungen der staatsfeindlichen Tätigkeit bzw. anderer Straftaten weitestgehend einzuschränken oder zu verhindern;
- bereits während der Bearbeitung die eine staatsfeindliche Tätigkeit oder an-

dere Straftaten auslösenden oder begünstigenden Bedingungen und Umstände festzustellen, zu beweisen und weitestgehend einzuschränken oder zu beseitigen;
- die Pläne, Absichten und Maßnahmen imperialistischer Geheimdienste, anderer feindlicher Zentren, Organisationen und Kräfte umfassend und ständig aufzuklären und durch entsprechend gezielte politisch-operative Maßnahmen ihre Realisierung rechtzeitig und wirkungsvoll zu verhindern.

Es ist zu sichern, daß diese generellen politisch-operativen Zielstellungen in den Operativen Vorgängen realisiert werden. Dazu sind für jeden Operativen Vorgang im Eröffnungsbericht und in den Operativplänen konkrete, tatbestandsbezogene und realisierbare Ziele festzulegen.

2.2. Die Arbeit mit Operativplänen

Der Operativplan ist das grundlegende und verbindliche Dokument für die rationelle, effektive sowie konzentrierte Leitung und Durchführung der Bearbeitung Operativer Vorgänge.

Die Erarbeitung des Operativplanes hat auf der Grundlage der konkreten politisch-operativen und strafrechtlichen Einschätzung der Ausgangsmaterialien bzw. Operativen Vorgänge und der dabei aufgestellten Versionen zu erfolgen.

Die Operativpläne haben Festlegungen zu enthalten über:
- die im Operativen Vorgang zu erreichenden Ziele und die daraus abgeleiteten Etappenziele;
- die vor allem zum Nachweis des dringenden Verdachts zu gewinnenden notwendigen Informationen und Beweise sowie die zu ihrer Erarbeitung erforderlichen politisch-operativen Aufgaben und Maßnahmen;
- die dazu legendiert einzusetzenden operativen Kräfte – insbesondere inoffiziellen Mitarbeiter – sowie operativen Mittel;
- das zweckmäßigste operativ-taktische Vorgehen und Verhalten der operativen Kräfte zur Beweisführung, wobei ein gut aufeinander abgestimmter und kombinierter Einsatz der operativen Kräfte, Mittel und Methoden in realisier- und kontrollierbarer Weise gesichert werden muß und solche bewährten politisch-operativen Maßnahmen den Vorrang haben wie Einführung von IM, Herausbrechen von IM-Kandidaten, operative Legenden und Kombinationen;
- politisch-operative Maßnahmen zur wirksamen Einschränkung der feindlich-negativen Handlungen, zur weitgehenden Beseitigung begünstigender Bedingungen und Umstände sowie zur Schadensverhütung;
- die effektive Zusammenarbeit mit anderen operativen Diensteinheiten bzw. das evtl. erforderliche Zusammenwirken mit staatlichen und wirtschaftsleitenden Organen, Betrieben, Kombinaten und Einrichtungen sowie gesellschaftlichen Organisationen und Kräften;

- den evtl. erforderlichen Einsatz zeitweiliger Arbeitsgruppen;
- die Termine und Verantwortlichkeiten für die Realisierung und Kontrolle der politisch-operativen Maßnahmen.

Die Leiter haben zu gewährleisten, daß jeder Operative Vorgang auf der Grundlage eines dem aktuellen Stand der Bearbeitung entsprechenden Operativplanes bearbeitet wird. Die operativen Mitarbeiter sind bei der Erarbeitung von Operativplänen anzuleiten und zu kontrollieren.

Die Leiter haben die inhaltliche und terminliche Realisierung der festgelegten politisch-operativen Maßnahmen, die ständige politisch-operative und strafrechtliche Bewertung der gewonnenen Informationen, die Erarbeitung von Zwischeneinschätzungen (Sachstandsberichten) und der sich daraus ergebenden politisch-operativen Aufgaben und Maßnahmen zu sichern.

Bei neuen Erkenntnissen über die feindlich-negativen Handlungen oder veränderten Bedingungen in der Bearbeitung von Operativen Vorgängen sind rechtzeitig neue Operativpläne auszuarbeiten bzw. die vorhandenen zu präzisieren.

Operativpläne sind zu bestätigen:

- in den Hauptabteilungen
  durch die Leiter der Abteilungen bzw. deren Stellvertreter;
- in den selbständigen Abteilungen
  durch die Leiter der Unterabteilungen / Referate bzw. deren Stellvertreter;
- in den Bezirksverwaltungen / Verwaltungen
  durch die Leiter der Abteilungen, Kreis- / Objektdienststellen bzw. deren Stellvertreter.

Bei Operativen Vorgängen, die von einem übergeordneten Leiter persönlich angeleitet und kontrolliert werden, sind die Operativpläne von diesem zu bestätigen.

2.3. Die Arbeit mit IM

Die Hauptkräfte für die Bearbeitung Operativer Vorgänge sind die IM, da sie am umfassendsten in die Konspiration des Feindes eindringen, diese weitgehend enttarnen, zielgerichtet auf die verdächtigen Personen einwirken und solche Informationen und Beweise gewinnen können, die eine offensive, tatbestandsbezogene Bearbeitung Operativer Vorgänge gewährleisten. Mit dem gezielten Einsatz der IM sind Voraussetzungen für die effektive Nutzung der operativen Mittel und Methoden zu schaffen.

Die ständige Qualifizierung der Arbeit mit IM entsprechend der Richtlinie Nr. 1/68 ist die entscheidende Voraussetzung für die erfolgreiche Bearbeitung Operativer Vorgänge.

Die Möglichkeiten der GMS sind im Rahmen der in der Richtlinie Nr. 1/68 für sie festgelegten grundsätzlichen Aufgaben zielgerichtet zur Lösung der im folgenden für die Arbeit mit IM gestellten Aufgaben zu nutzen.

2.3.1. Die Einsatzrichtungen der IM für eine erfolgreiche, qualifizierte und offensive Bearbeitung Operativer Vorgänge

Generelle Einsatzrichtungen sind:

1. Erarbeitung von Informationen und Beweisen zum Nachweis des dringenden Verdachtes von Straftaten

Durch die IM sind Informationen und Beweise (be- und entlastende) zu erarbeiten,

- zu den objektiven Tatbestandsmerkmalen wie Verhaltensweisen, der Art und Weise der Tatausführung, Mitteln und Methoden der Vorbereitung, Durchführung und Verschleierung, dem Ort und der Zeit der Handlungen (Tatort, Fundort, Eintrittsort der Folgen), den schädigenden Auswirkungen, der Kausalität zwischen Handlung und eingetretenen Folgen, weiteren geplanten bzw. bereits vorbereiteten Straftaten;
- zu den subjektiven Tatbestandsmerkmalen wie schuldhafte Nichteinhaltung von Rechtspflichten, Einstellungen und Haltungen der verdächtigen Personen zu ihren Pflichtverletzungen, Motive für das Handeln, angestrebte Ziele, Einstellungen zu den schädigenden Auswirkungen, Umstände, die schuldhaftes Handeln ausschließen bzw. beeinträchtigen könnten;
- zur allseitigen Aufklärung der Persönlichkeit, insbesondere ihrer politischen Entwicklung, Einstellung zum sozialistischen Staat in Vergangenheit und Gegenwart, zu ihrem Auftreten in der Öffentlichkeit und in den Arbeits-, Wohn- und Freizeitbereichen, ihrer beruflichen Qualifikation und Stellung, ihren Verbindungen zu anderen Personen in und außerhalb der DDR, Lebensgewohnheiten und Charaktereigenschaften.

2. Einschätzung und Begutachtung komplizierter Sachverhalte durch sachkundige IM (Experten-IM), insbesondere zur Erarbeitung und Beurteilung von Beweisen

Sachkundige IM (Experten-IM) sind zur Prüfung, sachkundigen Einschätzung und Begutachtung operativer Informationen und Materialien, insbesondere hinsichtlich ihres Beweiswertes, einzusetzen. Ihr Einsatz kann bei Notwendigkeit auch in Expertenkommissionen erfolgen. Insbesondere haben sie Informationen zu erarbeiten und Beweise festzustellen und zu beurteilen, die Auskunft geben über

- Ursachen von Vorkommnissen, den Umfang der schädigenden Auswirkungen, den Kausalzusammenhang zwischen Handlungen und Folgen, die Qualifikation der verdächtigen Personen, die herbeigeführten Gefahren und noch zu erwartende schädigende Auswirkungen;
- Rechtspflichten, ihre Verletzung durch die verdächtigen Personen und die objektiven Möglichkeiten zu ihrer Einhaltung.

3. Einleitung und Realisierung schadensverhütender und vorbeugender Maßnahmen

Die IM sind einzusetzen zur

- Gewinnung von Informationen über die vorhandenen begünstigenden Bedingungen und Umstände für feindlich-negative Handlungen und deren Ausnutzung durch den Feind sowie durch feindlich-negative Handlungen verursachte bzw. zu erwartende Schäden und Auswirkungen;
- unmittelbaren Verhinderung feindlich-negativer Handlungen, insbesondere solcher mit großer Gesellschaftsgefährlichkeit wie Terrorhandlungen und andere Gewaltverbrechen;
- Vorbereitung konkreter Maßnahmen zur Wiederherstellung bzw. Aufrechterhaltung von Sicherheit und Ordnung sowie zur Einleitung schadensverhütender und vorbeugender Maßnahmen entsprechend ihren Möglichkeiten unter Wahrung der Konspiration;
- politisch-operativen Kontrolle der Wirksamkeit der durch die anderen Sicherheitsorgane oder betreffenden Staats- und wirtschaftsleitenden Organe, Betriebe, Kombinate, Einrichtungen sowie gesellschaftlichen Organisationen und Kräfte eingeleiteten Maßnahmen, zur Feststellung der Reaktion verdächtiger Personen und zur Sicherstellung möglicher Beweise.

4. Aufklärung imperialistischer Geheimdienste, anderer feindlicher Zentren, Organisationen und Kräfte

Geeignete IM sind zur Aufklärung erkannter bzw. möglicher Verbindungen der verdächtigen Personen zu imperialistischen Geheimdiensten, anderen feindlichen Zentren, Organisationen und Kräften einzusetzen.

Der Einsatz dieser IM hat vor allem zu erfolgen zur

- Nachweisführung der feindlichen Tätigkeit – Schaffung und Sicherung von inoffiziellen und offiziellen Beweismitteln;
- möglichst umfassenden Identifizierung und Aufklärung der imperialistischen Geheimdienste, anderer feindlicher Zentren, Organisationen und Kräfte, ihrer Pläne, Absichten, Maßnahmen, Mittel und Methoden sowie der Personen, die von ihnen in die feindliche Tätigkeit einbezogen werden bzw. deren Einbeziehung beabsichtigt ist;
- Einschränkung und Beseitigung der feindlichen Einwirkungsmöglichkeiten und der sie begünstigenden Bedingungen und Umstände, insbesondere in politisch-operativen Schwerpunktbereichen.

5. Realisierung anderer erforderlicher politisch-operativer Maßnahmen zur Bearbeitung Operativer Vorgänge

Der Einsatz der IM hat zur Lösung der zur Bearbeitung Operativer Vorgänge erforderlichen vielfältigen Aufgaben zu erfolgen, wie zur

- umfassenden Kontrolle der verdächtigen Personen in ihren Bewegungsräumen (Arbeits-, Wohn- und Freizeitbereiche);
- Schaffung von Voraussetzungen für die Einführung von IM bzw. das Her-

ausbrechen von Personen aus feindlichen Gruppen, für operative Legenden und Kombinationen;
- Ermöglichung des Einsatzes der operativen Technik, der kriminaltechnischen Mittel und Methoden, der operativen Beobachtung, der konspirativen Durchsuchung;
- Vorbereitung des Einsatzes von Expertenkommissionen, Beschaffung von Schriftstücken und anderen Dokumenten zu Beweiszwecken aus den verschiedensten Einrichtungen und Institutionen.

Auf der Grundlage dieser generellen Einsatzrichtungen sind die konkreten Einsatzrichtungen der jeweiligen IM zur Bearbeitung des Operativen Vorganges festzulegen. Dabei sind die spezifischen Einsatzbedingungen und das zur Lösung der politisch-operativen Aufgaben erforderliche Verhältnis der IM zu den verdächtigen Personen zu berücksichtigen.

2.3.2. Die Erarbeitung des Anforderungsbildes für die zur Bearbeitung Operativer Vorgänge einzusetzenden IM

Zur erfolgreichen Bearbeitung Operativer Vorgänge sind an die einzusetzenden IM hohe Anforderungen zu stellen.

Die IM müssen
- eine solche berufliche oder gesellschaftliche Position aufweisen und über solche spezifische Persönlichkeitsmerkmale verfügen, die für die zu bearbeitenden Personen von Interesse sind;
- in der Lage sein, sich unauffällig ins Blickfeld der zu bearbeitenden Personen zu bringen, zu ihnen Kontakt herzustellen und ihr Vertrauen zu erwerben;
- den zu bearbeitenden Personen möglichst geistig ebenbürtig oder überlegen sein;
- zuverlässig, ehrlich, mit Eigeninitiative und Ausdauer die ihnen übertragenen Aufgaben lösen;
- ausreichende und konkrete Kenntnisse über das Feindbild sowie über wesentliche Anforderungen an die zu klärenden Straftatbestände haben;
- mit den Grundregeln der Konspiration zur Bekämpfung des Feindes vertraut sein, die qualifizierte Arbeit mit operativen Legenden beherrschen und auf Überprüfungsmaßnahmen des Feindes richtig reagieren;
- ein solches Einschätzungs- und Reaktionsvermögen besitzen, daß sie in bestimmten Situationen operativ richtig und schnell im Rahmen ihres Auftrages und ihrer Verhaltenslinie entscheiden können;
- sich durch Mut, Standhaftigkeit, Einsatzbereitschaft, Treue und feste Bindungen an das MfS auszeichnen, um die Aufgaben der Feindbekämpfung erfolgreich zu lösen und gegenüber feindlich-negativen Einflüssen gewappnet zu sein;
- im erforderlichen Maße – entsprechend der Deliktspezifik – über Spezialkenntnisse verfügen.

Diesen Anforderungen entsprechend ist für jeden zur Bearbeitung eines

Operativen Vorganges auszuwählenden und einzusetzenden IM ein reales Anforderungsbild zu erarbeiten. Das hat unter Berücksichtigung der vorgesehenen Einsatzrichtung, der zu beschaffenden Informationen und Beweise, der Deliktspezifik, des erforderlichen Verhältnisses zur verdächtigen Person, ihrer Persönlichkeit sowie der spezifischen Einsatzbedingungen zu erfolgen.

Das Anforderungsbild ist Grundlage für die Auswahl der IM bzw. IM-Kandidaten und ihre vorgangsbezogene politisch-ideologische und politisch-operative Erziehung und Befähigung.

Bei der Auswahl und dem Einsatz der IM ist festzulegen, über welche wesentlichen Voraussetzungen sie unbedingt verfügen müssen und welche ihnen in der Vorbereitung auf ihren Einsatz sowie in der Zusammenarbeit zur Lösung konkreter Aufgaben im Operativen Vorgang anzuerziehen sind.

Es sind vor allem die IM in die engere Auswahl einzubeziehen, die das Ausgangsmaterial erarbeitet haben, die bereits Kontakte oder Berührungspunkte zu den verdächtigen Personen besitzen, und solche IM, die bereits erfolgreich überörtlich eingesetzt wurden.

2.3.3. Die Einführung von IM in die Bearbeitung Operativer Vorgänge

Die Einführung von IM in die Bearbeitung Operativer Vorgänge ist darauf zu richten,

> qualifizierte, überprüfte, für die im jeweiligen Operativen Vorgang zu lösenden politisch-operativen Aufgaben geeignete IM an die verdächtigen Personen mit der Zielstellung heranzuführen, deren Vertrauen zu gewinnen, um Informationen und Beweise über geplante, vorbereitete oder durchgeführte feindlich-negative Handlungen sowie Mittel und Methoden des Vorgehens der verdächtigen Personen und ihrer Hintermänner rechtzeitig zu erarbeiten und Voraussetzungen für die vorbeugende Verhinderung bzw. Einschränkung der feindlich-negativen Handlungen zu schaffen.

Bei der Einführung von IM ist von folgenden Grundsätzen auszugehen:

- Die Einführung von IM ist bereits zu Beginn der Bearbeitung Operativer Vorgänge sorgfältig vorzubereiten.
- Die Anzahl der in die Bearbeitung eines Operativen Vorganges einzuführenden IM ist stets in Abhängigkeit von den konkreten politisch-operativen Erfordernissen und Bedingungen des Nachweises der feindlichen Tätigkeit, der Qualität der zur Verfügung stehenden IM und im Interesse der erfolgreichen Arbeit sowie der Gewährleistung der Konspiration und Geheimhaltung festzulegen.
- Die Herstellung des Kontaktes und die Festigung der Beziehungen hat so zu erfolgen, daß die Interessen, insbesondere die staatsfeindlichen Interessen, so angesprochen werden, daß die Initiativen zur Aufrechterhaltung und Festigung der Beziehungen von den verdächtigen Personen ergriffen werden und die eingeführten IM durch ihr auf diese Personen abgestimmtes, tak-

tisch kluges, natürliches, glaubhaft motiviertes Verhalten deren Vertrauen gewinnen.

- Die Einführung der IM ist erst dann als erfolgreich zu betrachten, wenn konkrete Ergebnisse zur Realisierung der Zielstellung der Operativen Vorgänge erarbeitet werden konnten, wie z. B. Informationen und Beweise über geplante, vorbereitete oder bereits durchgeführte Straftaten,
Verbindungen der verdächtigen Personen zu imperialistischen Geheimdiensten, anderen feindlichen Zentren, Organisationen und Kräften im Operationsgebiet,
feindlich-negative Einstellungen, Ziele und Motive, die den operativ bedeutsamen Handlungen und Unterlassungen der verdächtigen Personen zugrunde liegen.

Bei der Vorbereitung und Realisierung der Einführung von IM ist vor allem zu sichern:

- die sorgfältige Auswahl der für die Einführung geeigneten IM, die dem erarbeiteten Anforderungsbild entsprechende Voraussetzungen und Fähigkeiten haben bzw. bei denen diese kurzfristig geschaffen werden können;
- die Erarbeitung von ausbau- und entwicklungsfähigen operativen Legenden, die es den einzuführenden IM ermöglichen, offensiv auf die verdächtigen Personen einzuwirken, sowie der erforderlichen Verhaltenslinien und der für die Herstellung und Festigung der Kontakte erforderlichen operativen Kombinationen;
- die sorgfältige Vorbereitung der ausgewählten IM, insbesondere das Einstellen auf die Persönlichkeit sowie die Denk- und Verhaltensweisen der verdächtigen Personen, auf die konkreten Einsatzbedingungen, die Aneignung der operativen Legenden und erforderlichen Verhaltenslinien, die Vermittlung erforderlicher Kenntnisse über das konkrete Feindbild, die Deliktspezifik und die möglichen Begehungsweisen, die Vorbereitung auf Überprüfungen durch die verdächtigen Personen;
- die Schaffung erforderlicher Voraussetzungen für die Einführung der IM, wie z. B. die zeitweilige Freistellung von beruflichen oder gesellschaftlichen Aufgaben, die Schaffung von geeigneten Situationen und Möglichkeiten für die Kontaktaufnahme, die Beschaffung und Abdeckung von Dokumenten, Materialien u. dgl.

Nach der Erreichung konkreter politisch-operativer Ergebnisse ist weiterhin intensiv auf die Festigung des Vertrauens der verdächtigen Personen zu den eingeführten IM hinzuwirken. Durch das Verhalten der IM und die Anwendung geeigneter operativer Legenden und Kombinationen sind gegenüber den verdächtigen Personen Fakten zu schaffen, die diese in ihrem Sinne als Zuverlässigkeits- und Vertrauensbeweise werten.

Bei der Auswahl der IM, im Prozeß der Einführung und der Arbeit am Operativen Vorgang sind die Möglichkeiten ihres späteren Herauslösens ständig zu beachten und planmäßig zu schaffen.

Die Leiter der operativen Diensteinheiten haben die operativen Mitarbeiter bei der Auswahl der einzuführenden IM sowie bei der Vorbereitung und Durchführung der zur Einführung erforderlichen politisch-operativen Maßnahmen anzuleiten und aktiv zu unterstützen.

2.3.4. Das Herausbrechen von Personen aus feindlichen Gruppen

Das Herausbrechen ist darauf zu richten,

Personen aus feindlichen Gruppen für eine inoffizielle Zusammenarbeit zu werben, um dadurch in die Konspiration der Gruppe einzudringen und Informationen und Beweise über geplante, vorbereitete oder durchgeführte feindliche Handlungen sowie Mittel und Methoden ihres Vorgehens zu erarbeiten, Anknüpfungspunkte und Voraussetzungen für eine notwendige Paralysierung und Einschränkung der feindlichen Handlungen bzw. zur Auflösung der Gruppen zu schaffen.

Das Herausbrechen als offensive Methode ist insbesondere dann erforderlich bzw. zu prüfen, wenn

- wegen des Verdachts der Begehung einer Straftat mit hoher Gesellschaftsgefährlichkeit eine kurzfristige Aufklärung unbedingt erforderlich ist,
- für die Einführung von IM keine bzw. nur geringe Erfolgsaussichten bestehen;
- zwischen den Verdächtigen Widersprüche oder Differenzen vorhanden sind oder geschaffen werden können, die günstige Bedingungen für eine Werbung bieten.

Das Herausbrechen ist gründlich vorzubereiten. Dazu ist vor allem erforderlich:

- die Analyse des Operativen Vorganges, insbesondere
  der Gruppenstruktur, wie der Positionen der einzelnen Gruppenmitglieder und ihrer Aktivität, der Intensität und des Umfangs der gegenseitigen Beziehungen der Gruppenmitglieder, der Bestrebungen von Verdächtigen, sich aus der Gruppe zurückzuziehen und der Motive hierfür, des Charakters der persönlichen Beziehungen,
  des Umfangs und der Intensität der Straftaten sowie der dazu vorhandenen Beweise.
  Dabei sind bei Berücksichtigung aller Risikofaktoren die Personen festzustellen, die objektiv in der Lage sind, die erforderlichen Informationen und Beweise zu erarbeiten und bei denen günstige Möglichkeiten der konspirativen Kontaktaufnahme, Werbung und inoffiziellen Zusammenarbeit bestehen;
- die weitere Aufklärung und Überprüfung von Personen, die in die engere Auswahl für das Herausbrechen kommen, insbesondere hinsichtlich ihrer Eignung für eine inoffizielle Zusammenarbeit. Dabei haben im Vordergrund zu stehen
  ideologische, moralische und charakterliche Grundeinstellungen, die handlungsbestimmend sind, wie die Einstellung zur sozialistischen Gesellschaft,

die Einstellung zur Tätigkeit des MfS, die Einstellung zur feindlichen Tätigkeit, die Einstellung zu bzw. die Bindung an Personen und Personengruppen;

Persönlichkeitseigenschaften wie Wille, Zuverlässigkeit, Disziplin u. a., die mitbestimmend sind für typische Reaktionsweisen;

Persönlichkeitseigenschaften, von denen auf die Wirksamkeit des vorhandenen kompromittierenden Materials geschlossen werden kann bzw. die Grundlage und Ausgangspunkt für die Schaffung von wirkungsvollem kompromittierendem Material durch operative Kombinationen sein können;

- die Auswahl der herauszubrechenden Person;
  sie hat im Ergebnis der gewissenhaften und sachkundigen Analyse des Operativen Vorganges und der weiteren gezielten Aufklärung und Überprüfung zu erfolgen. Es ist diejenige Person als Kandidat auszuwählen, mit der die größte politisch-operative Wirksamkeit entsprechend den konkreten Zielstellungen des jeweiligen Operativen Vorganges, unter Berücksichtigung eines vertretbaren Risikos erreicht werden kann und die die entsprechenden Voraussetzungen für eine Zusammenarbeit mit dem MfS bietet.

Die für die Kontaktaufnahme bzw. die Werbung erforderlichen politisch-operativen Maßnahmen und das operativ-taktische Vorgehen sind im Vorschlag zum Herausbrechen festzulegen.

Dieser hat zu enthalten:
- die in der Bearbeitung erreichten Ergebnisse und die Einschätzung der politisch-operativen Situation im Operativen Vorgang;
- die Notwendigkeit und die Zielstellung des Herausbrechens;
- den Plan der Werbung – Ort und Zeit, Art und Weise der Werbung, Anwendung von kompromittierendem Material, Versionen über Reaktionen des Kandidaten und die entsprechenden Entscheidungsvarianten des MfS, Überprüfungsmaßnahmen während der Werbung, gezielte Kontrollmaßnahmen unmittelbar nach der Werbung, Rückzugslegenden, erste Auftragserteilung und Instruierung, Verantwortlichkeit;
- die Risikofaktoren und die sich daraus ergebenden politisch-operativen Maßnahmen zur weiteren Bearbeitung des Operativen Vorganges.

Bei Personen, denen bereits Straftaten nachgewiesen werden können bzw. bei denen im Verlauf der Befragung der dringende Verdacht erarbeitet wird, Straftaten begangen zu haben, ist vor der Werbung die zuständige Untersuchungsabteilung zu konsultieren.

Der Vorschlag zum Herausbrechen ist durch die Leiter/Stellvertreter der Haupt-/selbständigen Abteilungen bzw. der Bezirksverwaltungen/Verwaltungen zu bestätigen. Die Vorbereitung und Durchführung des Herausbrechens ist von den Leitern der operativen Diensteinheiten besonders zu unterstützen.

Der Kandidat kann nach erfolgter Bestätigung des Vorschlages konspirativ zur Befragung zugeführt werden. Diese ist so zu gestalten, daß bis zur Verpflichtung die Möglichkeit der Durchführung anderer politisch-operativer Maßnahmen einschließlich der strafrechtlichen Verfolgung offenbleibt. Dazu erforderliche Entscheidungen sind vom bestätigungsberechtigten Leiter einzuholen.

Entsprechend den politisch-operativen Erfordernissen ist es auch möglich, die Werbung unter geeigneten operativen Legenden durchzuführen, die sichern, daß der Kandidat die eigentlichen Absichten und Ziele des MfS nicht erkennt. Nach entsprechender Bewährung und Überprüfung des unter Legende geworbenen IM ist der IM zur Bearbeitung des Operativen Vorganges einzusetzen.

Nach dem erfolgten Herausbrechen sind verstärkt politisch-operative Maßnahmen zur Überprüfung der IM durchzuführen. Feindlich-negative Einstellungen sind systematisch, zielstrebig und individuell differenziert abzubauen.

Die Grundsätze des Herausbrechens aus feindlichen Gruppen sind bei der Werbung von Personen, die selbst nicht feindlich tätig sind, jedoch unmittelbare enge persönliche Beziehungen zu Verdächtigen unterhalten, oder bei Personen aus negativen Gruppierungen analog anzuwenden.

Zur wirksamen Bearbeitung Operativer Vorgänge, in denen feindliche Gruppen bearbeitet werden, die ihre Feindtätigkeit im Auftrage von Geheimdiensten, anderen feindlichen Zentren, Organisationen und Kräften durchführen, sind entsprechend den Möglichkeiten Überwerbungen durchzuführen. Damit sind gleichzeitig im Rahmen der Bearbeitung Operativer Vorgänge Voraussetzungen für die offensive Bearbeitung der imperialistischen Geheimdienste, anderen feindlichen Zentren, Organisationen und Kräfte zu schaffen.

2.3.5. Grundfragen der Zusammenarbeit mit den IM während ihres Einsatzes zur Bearbeitung Operativer Vorgänge

Die qualifizierte Zusammenarbeit mit den IM, insbesondere die konkrete personen- und sachbezogene Auftragserteilung, Instruierung, Berichterstattung und Auswertung der Berichte, muß ständig auf die offensive Realisierung der politisch-operativen Ziele der Operativen Vorgänge gerichtet sein.

Bei der Auftragserteilung und Instruierung sind folgende Grundsätze zu beachten:

- Die Auftragserteilung an die eingesetzten IM hat insbesondere auf der Grundlage der für sie festgelegten konkreten Einsatzrichtungen zu erfolgen.
- Die eingesetzten IM haben die für die Erfüllung ihrer Aufträge erforderlichen Informationen bei Gewährleistung der Konspiration und Geheimhaltung zu erhalten. Entsprechend den politisch-operativen Erfordernissen ist gegenüber den IM das Ziel ihres Einsatzes zu legendieren, insbesondere gegenüber IM, deren Zuverlässigkeit noch nicht in vollem Umfang erwiesen ist.
- Die IM haben für die Erfüllung der Aufträge Verhaltenslinien zu erhalten, die es ihnen gestatten, im Interesse der Erzielung optimaler Ergebnisse relativ selbständig und situationsgemäß zu reagieren. Sie sind mit operativen

Legenden auszurüsten, die die zielgerichtete Erfüllung der erteilten Aufträge und den erforderlichen Spielraum für die Anpassung an nicht vorhergesehene Situationen bzw. Reaktionen der verdächtigen Personen ermöglichen.

- Die IM müssen die konkreten Bedingungen, unter denen sie die Aufträge zu realisieren haben, möglichst genau kennen.
- Die IM müssen die Gewißheit haben, daß vom MfS alles getan wird, um ihre Sicherheit und die Konspiration zu gewährleisten.
- Die Aufträge, Verhaltenslinien und operativen Legenden für die in einem Operativen Vorgang eingesetzten IM sind sorgfältig aufeinander abzustimmen, um eine hohe politisch-operative Wirksamkeit aller IM zu erreichen, ihre Überprüfung zu ermöglichen und die Gefahr der Dekonspiration der IM gegenüber den verdächtigen Personen bzw. der IM untereinander auszuschließen.
- Die Aufträge, Verhaltenslinien und operativen Legenden sind so zu gestalten, daß das Herauslösen der IM jederzeit möglich ist. Die sozialistische Gesetzlichkeit ist konsequent einzuhalten. Die IM dürfen nicht provozieren bzw. nicht zu Straftaten anregen. Die scheinbare Beteiligung an Straftaten verdächtiger Personen darf nur soweit erfolgen, wie es zur Realisierung der Ziele der Bearbeitung unumgänglich ist. Sie bedarf einer gründlichen Prüfung und der Bestätigung des Leiters der Diensteinheit.
- Zu den im Operativen Vorgang eingesetzten IM ist eine stabile Verbindung zu gewährleisten, die den spezifischen Erfordernissen der Bearbeitung des jeweiligen Operativen Vorganges entspricht und den IM die sofortige Verbindungsaufnahme zum MfS ermöglicht.

Über die Durchführung der den IM erteilten Aufträge und die erreichten politisch-operativen Ergebnisse ist eine konkrete, wahrheitsgemäße, alle für die Bearbeitung des Operativen Vorganges bedeutsamen Details erfassende Berichterstattung zu gewährleisten.

Nach den Treffs hat sofort die weitere und gründliche Auswertung der gewonnenen Informationen zu erfolgen.

Dabei ist vor allem herauszuarbeiten:

- Gibt es Hinweise auf feindlich-negative Handlungen, die sofortmeldepflichtig sind bzw. die Einleitung von Sofortmaßnahmen erfordern?
- Was ist möglicherweise als Beweis zu verwenden, bzw. welche Hinweise sind vorhanden, wo und unter welchen Umständen Beweise gesichert werden könnten?
- Welche politisch-operativen Maßnahmen ergeben sich aus den Informationen des IM für die weitere Bearbeitung des Operativen Vorganges bzw. für die Auftragserteilung und Instruierung?
- Gibt es Anzeichen für die Verletzung von Konspiration und Geheimhaltung, und welche Konsequenzen ergeben sich daraus für die Bearbeitung des Operativen Vorganges?
- Gibt es Widersprüche in den Informationen des IM in bezug auf Personen,

Personenbeschreibungen, Situationsschilderungen, Erfolge oder Mißerfolge, erzielte Ergebnisse, Reaktionen verdächtiger oder anderer Personen bzw. Widersprüche zu bereits vorliegenden Informationen, und was können die Ursachen dafür sein?

2.4. Die Arbeit mit operativen Legenden und operativen Kombinationen

2.4.1. Grundsätze der Ausarbeitung und Anwendung operativer Legenden zur Bearbeitung Operativer Vorgänge

Ziel der Anwendung operativer Legenden ist der wirksame Einsatz der IM sowie anderer Kräfte, Mittel und Methoden zur offensiven Bearbeitung Operativer Vorgänge, insbesondere

- das Eindringen in die Konspiration des Feindes, indem verdächtige Personen durch vorgegebene Motive, Begründungen, Erklärungen und Aussagen veranlaßt werden, Hinweise auf ihre feindlich-negativen Absichten, Handlungen und Verbindungen preiszugeben;
- die Gewährleistung der Konspiration und Geheimhaltung der Ziele, Absichten und Maßnahmen sowie Kräfte, Mittel und Methoden des MfS.

Die Leiter der operativen Diensteinheiten haben zu gewährleisten, daß die schöpferische Arbeit mit operativen Legenden zur Lösung der vielfältigen politisch-operativen Aufgaben zur Bearbeitung Operativer Vorgänge in ihrem Verantwortungsbereich ständig und systematisch qualifiziert wird.

Bei der Ausarbeitung und Anwendung operativer Legenden ist insbesondere von folgenden Grundsätzen auszugehen:

- Grundlagen für die Ausarbeitung operativer Legenden sind die konkrete, mit der Anwendung der operativen Legenden verfolgte Zielstellung, die Analyse des Operativen Vorganges sowie die gründliche Kenntnis der Persönlichkeit der Zielpersonen, einschließlich ihrer Besonderheiten, Eigenarten und Gepflogenheiten.
- Operative Legenden müssen geeignet sein, die verhaltensbestimmenden Interessen der Zielpersonen anzusprechen, um dadurch verhaltenswirksam zu werden.
- Operative Legenden müssen weitgehend auf natürlichen und überprüfbaren Grundlagen aufbauen, den üblichen Gepflogenheiten des Lebens entsprechen, möglichst unkompliziert und glaubhaft sein.
- Die wirksame Anwendung operativer Legenden setzt die gründliche Kenntnis der Möglichkeiten, Fähigkeiten, Eigenschaften und politisch-operativen Erfahrungen der IM bzw. der Personen, die mit den operativen Legenden arbeiten sollen, voraus. Sie müssen für ihren jeweiligen Träger paßfähig sowie entwicklungs- und ausbaufähig sein. Vor ihrer Anwendung sind sie mit den einzusetzenden IM zu beraten und auf dieser Grundlage gegebenenfalls zu präzisieren.

- Die Anwendung operativer Legenden, die damit erreichten Ergebnisse sowie dabei aufgetretene Komplikationen sind exakt zu dokumentieren.
- Die schematische und wiederholte Anwendung operativer Legenden ist zu vermeiden.

2.4.2. Grundsätze der Ausarbeitung und Anwendung operativer Kombinationen zur Bearbeitung Operativer Vorgänge

Ziel der Anwendung operativer Kombinationen ist die offensive, beschleunigte Bearbeitung Operativer Vorgänge, insbesondere
- die Einwirkung mit komplexen, sich gegenseitig bedingenden und ergänzenden sowie aufeinander abgestimmten politisch-operativen Maßnahmen auf die verdächtigen Personen, um sie zu Reaktionen zu veranlassen, die Rückschlüsse auf durchgeführte oder geplante staatsfeindliche Tätigkeit zulassen und die Sicherung bzw. Dokumentierung entsprechender Beweise ermöglichen;
- die beschleunigte und effektive Lösung anderer komplizierter politisch-operativer Aufgaben bei Wahrung der Konspiration über die Ziele, Absichten und Maßnahmen, Kräfte, Mittel und Methoden des MfS.

Die Leiter der operativen Diensteinheiten haben darauf Einfluß zu nehmen, daß durch zielgerichtete Anwendung qualifizierter operativer Kombinationen eine höhere Qualität der Bearbeitung Operativer Vorgänge in ihrem Verantwortungsbereich erreicht wird. Sie haben den operativen Mitarbeitern bei der Erarbeitung und Durchführung operativer Kombinationen die erforderliche Anleitung und Unterstützung zu geben.

Operative Kombinationen sind insbesondere anzuwenden:
- bei komplizierten Werbungen, zur Heranführung von IM an die bearbeiteten Personen, zur Einführung von IM in die Bearbeitung Operativer Vorgänge, zum Herausbrechen von Personen aus feindlichen Gruppen, zur Zusammenführung von IM, zur Überprüfung eingesetzter IM sowie zum Herauslösen von IM aus der Bearbeitung Operativer Vorgänge;
- zum Erlangen von kompromittierendem oder anderweitig bedeutsamem operativem Material einschließlich der Beschaffung und Dokumentation notwendiger Vergleichsmaterialien;
- zur Vorbereitung der Anwendung und zur Anwendung operativ-technischer und kriminaltechnischer Mittel und Methoden;
- zur Sicherung strafprozessual verwertbarer Beweise bzw. zu deren Schaffung auf der Grundlage inoffizieller Beweise und Informationen;
- zur Verhinderung geplanter Straftaten;
- zur Identifizierung unbekannter Täter;
- zur Gewährleistung konspirativer Festnahmen und Durchsuchungen;
- zur Desinformation des Gegners.

Bei der Ausarbeitung und Anwendung operativer Kombinationen ist insbesondere von folgenden Grundsätzen auszugehen:

- Voraussetzung für die Durchführung operativer Kombinationen ist das Vorliegen ausreichender und überprüfter Informationen über den Sachverhalt bzw. die verdächtigen Personen und deren gründliche Analyse.
  Darauf aufbauend hat die Erarbeitung der jeweiligen operativen Kombination einschließlich der Zielstellung sowie Bestimmung des richtigen Zeitpunktes für ihre Durchführung zu erfolgen. Dabei sind begründete Versionen zu den möglichen Reaktionen der Verdächtigen auf die Maßnahmen des MfS zu erarbeiten und politisch-operativ zu bewerten.
- Die operativen Kombinationen einschließlich der Zielstellung sind durch die zuständigen Leiter und operativen Mitarbeiter zu beraten. Die schematische und wiederholte Anwendung operativer Kombinationen ist zu vermeiden. Es ist ein vertretbares Verhältnis zwischen Aufwand und zu erwartendem Nutzen zu sichern und davon auszugehen, daß die Ergebnisse das entscheidende Kriterium für den Wert operativer Kombinationen sind.
- Hauptbestandteil der operativen Kombinationen hat der zielgerichtete legendierte Einsatz zuverlässiger, bewährter, erfahrener und für die Lösung der vorgesehenen Aufgaben geeigneter IM, der mit der Anwendung anderer operativer Mittel und Methoden exakt abzustimmen ist, zu sein.
  Die Auswahl, Vorbereitung und der Einsatz der IM hat entsprechend den Grundsätzen und Regelungen des Abschnittes 2.3. dieser Richtlinie zu erfolgen.
- Operative Kombinationen sind weitgehend auf natürlichen Umständen und Bedingungen aufzubauen. Die künstlich herbeigeführten Umstände müssen den tatsächlichen Gegebenheiten angepaßt sein, auf diesen aufbauen und wie natürliche wirken sowie möglichen Überprüfungen standhalten. Diese Anforderungen sind analog auch an die im Rahmen operativer Kombinationen anzuwendenden operativen Legenden zu stellen.

Die unmittelbare Vorbereitung und Durchführung der operativen Kombinationen hat auf der Grundlage des zu erarbeitenden Planes zu erfolgen.

Der entsprechend der logischen Folge des Ablaufes aufgebaute und mit den beteiligten Diensteinheiten abzustimmende Plan hat zu enthalten:
- das Ziel der operativen Kombination;
- die kurze Darstellung des zum Verständnis der operativen Kombination notwendigen Sachverhaltes;
- die konkreten politisch-operativen Aufgaben und Maßnahmen;
- das komplexe, zeitlich aufeinander abgestimmte Zusammenwirken der politisch-operativen Maßnahmen;
- Festlegungen zum Einsatz der IM, ihre Aufträge und Verhaltenslinien, Festlegungen zum Verbindungssystem;
- die Verantwortlichkeiten und Termine.

Er ist zu bestätigen:
- in den Hauptabteilungen
  durch die Leiter der Abteilungen bzw. deren Stellvertreter;
- in den selbständigen Abteilungen

durch die Leiter der Unterabteilungen / Referate bzw. deren Stellvertreter;
- in den Bezirksverwaltungen / Verwaltungen
  durch die Leiter der Abteilungen, Kreis- / Objektdienststellen bzw. deren Stellvertreter.

Bei Operativen Vorgängen, die von einem übergeordneten Leiter persönlich angeleitet und kontrolliert werden, sind die Pläne von diesem zu bestätigen.

In politisch-operativ besonders bedeutsamen Fällen sind die Pläne mir bzw. meinem jeweils zuständigen Stellvertreter zur Bestätigung vorzulegen.

Durch die straffe, einheitliche Leitung der Durchführung der operativen Kombinationen sind die ständige Einschätzung des Standes der Durchführung der jeweiligen operativen Kombination, das ständige, effektive und reibungslose Zusammenwirken der beteiligten Kräfte und angewandten Mittel sowie die sichere Bewältigung evtl. auftretender Komplikationen zu gewährleisten.

Die Ergebnisse der operativen Kombinationen sind gründlich auszuwerten. Es ist zu sichern, daß entstandene günstige Bedingungen zielstrebig und offensiv zur weiteren operativen Bearbeitung der verdächtigen Personen genutzt, Ursachen für Mißerfolge umfassend aufgedeckt und die erforderlichen Maßnahmen zu deren Überwindung durchgeführt werden.

2.5. Der zielgerichtete Einsatz weiterer operativer Kräfte, Mittel und Methoden sowie die Einbeziehung von Kräften anderer Staats- und wirtschaftsleitender Organe, Betriebe, Kombinate und Einrichtungen sowie gesellschaftlicher Organisationen und Kräfte zur Bearbeitung Operativer Vorgänge

Die zielstrebige Bearbeitung Operativer Vorgänge erfordert im Zusammenhang mit dem Einsatz der IM und der Arbeit mit operativen Legenden und Kombinationen den zweckmäßigen Einsatz aller anderen, dem MfS zur Verfügung stehenden Kräfte, Mittel und Methoden sowie die Nutzung der Möglichkeiten anderer Staats- und wirtschaftsleitender Organe, Betriebe, Kombinate und Einrichtungen sowie gesellschaftlicher Organisationen und Kräfte.

Ihr differenzierter Einsatz ist zweckmäßig mit dem Einsatz der IM zu kombinieren und besonders darauf zu richten,
- Voraussetzungen für den zielgerichteten und wirksamen Einsatz der IM zu schaffen;
- die von IM und mit anderen operativen Kräften, Mitteln und Methoden erarbeiteten Informationen zu überprüfen und zu vervollständigen;
- Beweise für die feindlichen Handlungen verdächtiger Personen zu erarbeiten.

Bei Entscheidungen über ihren Einsatz ist auszugehen:
- von den politisch-operativen Erfordernissen unter Beachtung des Aufwandes im Verhältnis zu den zu erwartenden Ergebnissen;
- von den für den Einsatz dieser Kräfte, Mittel und Methoden jeweils geltenden dienstlichen Bestimmungen und Weisungen.

Zur Bearbeitung Operativer Vorgänge sind insbesondere folgende Kräfte, Mittel und Methoden einzusetzen:

- operative Ermittlungen und Beobachtungen durch Kräfte der Diensteinheiten der Linie VIII und der vorgangsbearbeitenden Diensteinheit;
- operative Fahndungen nach Personen und Gegenständen unter Einbeziehung der Fahndungsführungsgruppe bzw. der Möglichkeiten der Diensteinheiten der Linie VI, der DVP und der Organe der Zollverwaltung der DDR;
- Konspirative Durchsuchungen, insbesondere zur Feststellung und Dokumentation von Beweisen;
- operative Mittel der Abteilungen M, Postzollfahndung und 26, insbesondere zur Feststellung, Aufklärung und Dokumentation von feindlich-negativen Verbindungen sowie nachrichtendienstlichen Mitteln und Methoden;
- operative Mittel und Methoden der Diensteinheiten der Linie IX sowie anderer Linien, wie z. B. der Spezialisten für Schriftenfahndung und der Spezialisten der Diensteinheiten der Linie XVIII für die Bearbeitung von Bränden und Störungen;
- Möglichkeiten der Spezialfunkdienste des MfS;
- operativ-technische Mittel zur Überwachung von Personen und Einrichtungen sowie von Nachrichtenverbindungen;
- kriminaltechnische Mittel und Methoden;
- spezielle operativ-technische Mittel und Methoden des Operativ-Technischen Sektors, z. B. zur Erarbeitung von Untersuchungsberichten, Expertisen und Gutachten;
- Nutzung der Informationsspeicher der Diensteinheiten der Linie VI über den grenzüberschreitenden Verkehr sowie der Informationsspeicher anderer Diensteinheiten.

Zur Gewinnung von erforderlichen Informationen für die Bearbeitung Operativer Vorgänge sind auch die Möglichkeiten der DVP, der Zollverwaltung der DDR, anderer Staats- und wirtschaftsleitender Organe, Betriebe, Kombinate und Einrichtungen sowie gesellschaftlicher Organisationen und Kräfte zielstrebig zu nutzen.

2.6. Die Anwendung von Maßnahmen der Zersetzung

2.6.1. Zielstellung und Anwendungsbereiche von Maßnahmen der Zersetzung

Maßnahmen der Zersetzung sind auf das Hervorrufen sowie die Ausnutzung und Verstärkung solcher Widersprüche bzw. Differenzen zwischen feindlich-negativen Kräften zu richten, durch die sie zersplittert, gelähmt, desorganisiert und isoliert und ihre feindlich-negativen Handlungen einschließlich deren Auswirkungen vorbeugend verhindert, wesentlich eingeschränkt oder gänzlich unterbunden werden.

In Abhängigkeit von der konkreten Lage unter feindlich-negativen Kräften ist auf die Einstellung bestimmter Personen, bei denen entsprechende Anknüpfungspunkte vorhanden sind, dahingehend einzuwirken, daß sie ihre feindlich-negativen Positionen aufgeben und eine weitere positive Beeinflussung möglich ist.

Zersetzungsmaßnahmen können sich sowohl gegen Gruppen, Gruppierungen und Organisationen als auch gegen einzelne Personen richten und als relativ selbständige Art des Abschlusses Operativer Vorgänge oder im Zusammenhang mit anderen Abschlußarten angewandt werden.

Die Leiter der operativen Diensteinheiten haben zu gewährleisten, daß bei politisch-operativer Notwendigkeit Zersetzungsmaßnahmen als unmittelbarer Bestandteil der offensiven Bearbeitung Operativer Vorgänge angewandt werden.

Zersetzungsmaßnahmen sind insbesondere anzuwenden:

- wenn in der Bearbeitung Operativer Vorgänge die erforderlichen Beweise für das Vorliegen eines Staatsverbrechens oder einer anderen Straftat erarbeitet wurden und der jeweilige Operative Vorgang aus politischen und politisch-operativen Gründen im Interesse der Realisierung eines höheren gesellschaftlichen Nutzens nicht mit strafrechtlichen Maßnahmen abgeschlossen werden soll;
- im Zusammenhang mit der Durchführung strafrechtlicher Maßnahmen, insbesondere zur Zerschlagung feindlicher Gruppen sowie zur Einschränkung bzw. Unterbindung der Massenwirksamkeit feindlich-negativer Handlungen;
- zur wirksamen vorbeugenden Bekämpfung staatsfeindlicher Tätigkeit und anderer feindlich-negativer Handlungen, wie z. B.
  zur Verhinderung des staatsfeindlichen Wirksamwerdens negativer Gruppierungen,
  zur Einschränkung der Wirksamkeit politisch zersetzender Auffassungen bzw. von schadensverursachenden Handlungen,
  gegen Organisatoren und Hintermänner staatsfeindlicher Tätigkeit im Operationsgebiet;
- gegen Personen, Personengruppen und Organisationen, von denen Aktivitäten zur Verbreitung bzw. Forcierung der politisch-ideologischen Diversion und anderer subversiver Maßnahmen gegen die DDR ausgehen.

2.6.2. Formen, Mittel und Methoden der Zersetzung

Die Festlegung der durchzuführenden Zersetzungsmaßnahmen hat auf der Grundlage der exakten Einschätzung der erreichten Ergebnisse der Bearbeitung des jeweiligen Operativen Vorganges, insbesondere der erarbeiteten Ansatzpunkte sowie der Individualität der bearbeiteten Personen und in Abhängigkeit von der jeweils zu erreichenden Zielstellung zu erfolgen.

Bewährte anzuwendende Formen der Zersetzung sind:

- systematische Diskreditierung des öffentlichen Rufes, des Ansehens und des

Prestiges auf der Grundlage miteinander verbundener wahrer, überprüfbarer und diskreditierender sowie unwahrer, glaubhafter, nicht widerlegbarer und damit ebenfalls diskreditierender Angaben;

- systematische Organisierung beruflicher und gesellschaftlicher Mißerfolge zur Untergrabung des Selbstvertrauens einzelner Personen;
- zielstrebige Untergrabung von Überzeugungen im Zusammenhang mit bestimmten Idealen, Vorbildern usw. und die Erzeugung von Zweifeln an der persönlichen Perspektive;
- Erzeugen von Mißtrauen und gegenseitigen Verdächtigungen innerhalb von Gruppen, Gruppierungen und Organisationen;
- Erzeugen bzw. Ausnutzen und Verstärken von Rivalitäten innerhalb von Gruppen, Gruppierungen und Organisationen durch zielgerichtete Ausnutzung persönlicher Schwächen einzelner Mitglieder;
- Beschäftigung von Gruppen, Gruppierungen und Organisationen mit ihren internen Problemen mit dem Ziel der Einschränkung ihrer feindlich-negativen Handlungen;
- örtliches und zeitliches Unterbinden bzw. Einschränken der gegenseitigen Beziehungen der Mitglieder einer Gruppe, Gruppierung oder Organisation auf der Grundlage geltender gesetzlicher Bestimmungen, z. B. durch Arbeitsplatzbindungen, Zuweisung örtlich entfernt liegender Arbeitsplätze usw.

Bei der Durchführung von Zersetzungsmaßnahmen sind vorrangig zuverlässige, bewährte, für die Lösung dieser Aufgaben geeignete IM einzusetzen.

Bewährte Mittel und Methoden der Zersetzung sind:

- das Heranführen bzw. der Einsatz von IM, legendiert als Kuriere der Zentrale, Vertrauenspersonen des Leiters der Gruppe, übergeordnete Personen, Beauftragte von zuständigen Stellen aus dem Operationsgebiet, andere Verbindungspersonen usw.;
- die Verwendung anonymer oder pseudonymer Briefe, Telegramme, Telefonanrufe usw.; kompromittierender Fotos, z. B. von stattgefundenen oder vorgetäuschten Begegnungen;
- die gezielte Verbreitung von Gerüchten über bestimmte Personen einer Gruppe, Gruppierung oder Organisation;
- gezielte Indiskretionen bzw. das Vortäuschen einer Dekonspiration von Abwehrmaßnahmen des MfS;
- die Vorladung von Personen zu staatlichen Dienststellen oder gesellschaftlichen Organisationen mit glaubhafter oder unglaubhafter Begründung.

Diese Mittel und Methoden sind entsprechend den konkreten Bedingungen des jeweiligen Operativen Vorganges schöpferisch und differenziert anzuwenden, auszubauen und weiterzuentwickeln.

2.6.3. Das Vorgehen bei der Ausarbeitung und Durchführung von Zersetzungsmaßnahmen

Voraussetzung und Grundlage für die Ausarbeitung wirksamer Zersetzungsmaßnahmen ist die gründliche Analyse des Operativen Vorganges, insbesondere zur Herausarbeitung geeigneter Anknüpfungspunkte, wie vorhandener Widersprüche, Differenzen bzw. von kompromittierendem Material.

Auf der Grundlage der Ergebnisse der Analyse hat die exakte Festlegung der konkreten Zielstellung der Zersetzung zu erfolgen.

Entsprechend der festgelegten Zielstellung hat die gründliche Vorbereitung und Planung der Zersetzungsmaßnahmen zu erfolgen. In die Vorbereitung sind – soweit notwendig – unter Wahrung der Konspiration die zur Bearbeitung des jeweiligen Operativen Vorganges eingesetzten bzw. einzusetzenden IM einzubeziehen.

Die Pläne zur Durchführung von Zersetzungsmaßnahmen bedürfen der Bestätigung durch den Leiter der jeweiligen Haupt-/selbständigen Abteilung bzw. Bezirksverwaltung/Verwaltung.

Pläne zur Durchführung von Zersetzungsmaßnahmen gegen

Organisationen, Gruppen, Gruppierungen oder einzelne Personen im Operationsgebiet,

Personen in bedeutsamen zentralen gesellschaftlichen Positionen bzw. mit internationalem oder Masseneinfluß,

sowie in anderen politisch-operativ besonders bedeutsamen Fällen sind mir bzw. meinem jeweils zuständigen Stellvertreter zur Bestätigung vorzulegen.

Die Durchführung der Zersetzungsmaßnahmen ist einheitlich und straff zu leiten. Dazu gehört die ständige inoffizielle Kontrolle ihrer Ergebnisse und Wirkung. Die Ergebnisse sind exakt zu dokumentieren.

Entsprechend der politisch-operativen Notwendigkeit sind weitere politisch-operative Kontrollmaßnahmen festzulegen und durchzuführen.

2.7. Das Herauslösen der IM aus der Bearbeitung Operativer Vorgänge

2.7.1. Ziele und Grundsätze des Herauslösens

Mit dem Herauslösen ist zu sichern, daß

- die Konspiration der im Operativen Vorgang eingesetzten IM gewährleistet wird und sie für die weitere Arbeit am Feind erhalten bzw. dafür noch bessere Möglichkeiten geschaffen werden;
- durch die Nutzung und Schaffung günstiger Umstände, Bedingungen oder Situationen der Feind nachhaltig von den IM abgelenkt wird und die Ursachen für die Entlarvung in vom MfS angestrebten Zusammenhängen sucht und findet;
- die Tatsache sowie die Art und Weise des Einsatzes der IM gegenüber den

bearbeiteten Personen, ihrer Umgebung, den feindlichen Stellen sowie der Öffentlichkeit konspiriert und geheimgehalten wird und dadurch die persönliche Sicherheit der IM gewährleistet ist sowie ihr Vertrauen zum MfS weiter gefestigt wird.

Das Herauslösen der IM ist in allen Operativen Vorgängen als eine ständige und offensive Aufgabenstellung anzusehen und durchzusetzen. Es ist so früh wie möglich vorzubereiten und zu planen.

Entsprechend dem Bearbeitungsstand ist das Herauslösen kontinuierlich und zielstrebig, vor allem durch eine gut durchdachte Auftragserteilung, Instruierung und Legendierung der IM zu verwirklichen. Auf der Grundlage der exakten Berichterstattung der IM sind alle Hinweise, die für das Herauslösen Bedeutung haben oder haben können, herauszuarbeiten und sorgfältig zu nutzen. Ausgehend von der Spezifik des Operativen Vorganges ist einzuschätzen bzw. festzulegen:

- der weitere politisch-operative Einsatz und die wesentlichsten Aufgabenstellungen der herauszulösenden IM;
- der Charakter, konkrete Inhalt sowie die Tiefe des Vertrauensverhältnisses zwischen den IM und den verdächtigen Personen, die Umstände und Bedingungen, unter denen die IM die operativ bedeutsamen Informationen und Beweise einer staatsfeindlichen Tätigkeit oder anderen Straftat erarbeitet haben, Art und Umfang der scheinbaren Beteiligung der IM an Straftaten;
- der Charakter und der Beweiswert der erarbeiteten Beweise und damit die Beweislage insgesamt;
- die mögliche Nutzung dritter Personen bzw. die Schaffung günstiger Umstände, um von den herauszulösenden IM abzulenken.

Die Leiter haben zu sichern, daß im Verlauf der Bearbeitung und des Abschlusses Operativer Vorgänge das Herauslösen der eingesetzten IM gewährleistet wird.

2.7.2. Varianten des Herauslösens

Bewährte Varianten des Herauslösens sind:

- das Organisieren des scheinbar zufälligen Auffindens oder Entdeckens von Beweismitteln;
- der Einsatz von IM, um Zeugen strafbarer Handlungen zu einer Anzeige oder Mitteilung bei den Schutz- und Sicherheitsorganen bzw. zuverlässigen offiziellen Kräften zu bewegen;
- das Einleiten von strafprozessualen Maßnahmen wegen der Begehung von Straftaten der allgemeinen Kriminalität sowie die Ausnutzung von Kenntnissen über die Verletzung von Rechtsnormen außerhalb des Strafrechts, um dadurch zu Beweisen für eine staatsfeindliche Tätigkeit zu gelangen;
- die Anwendung der Zersetzung, um nachhaltig von herauszulösenden IM abzulenken;
- die Verbreitung von Beweistatsachen in einem größeren Personenkreis;

- die Befragung Verdächtiger gemäß § 95 (2) StPO;
- die Festnahme bearbeiteter Personen nach einer vorangegangenen Vernehmung Dritter.

Diese Varianten sind, ausgehend von den konkreten Bedingungen des jeweiligen Operativen Vorganges, einzeln oder kombiniert schöpferisch anzuwenden.

Die Bestätigung des konkreten Vorgehens zum Herauslösen und der dazu erforderlichen politisch-operativen Maßnahmen obliegt den zuständigen Leitern. Sie haben zu sichern, daß die dazu notwendigen Abstimmungen mit der Untersuchungsabteilung und anderen Fachabteilungen erfolgen.

2.8. Der Abschluß der Bearbeitung Operativer Vorgänge

2.8.1. Das Ziel des Abschlusses Operativer Vorgänge und die Abschlußarten

Der Abschluß Operativer Vorgänge hat stets den politischen Interessen der DDR zu dienen. Die dafür erforderlichen politisch-operativen Voraussetzungen sind in der Bearbeitung und beim Abschluß zu schaffen bzw. maximal zu nutzen. Die Leiter haben zu sichern, daß bereits während der Bearbeitung Operativer Vorgänge alle Möglichkeiten zur Stärkung der DDR, z. B. zur Unterstützung von Maßnahmen in der Außenpolitik, im Außenhandel, auf ökonomischem und wissenschaftlich-technischem Gebiet rechtzeitig erkannt und zielstrebig genutzt werden.

Das Ziel des Abschlusses muß darin bestehen:
- die vorliegende und bereits erkannte staatsfeindliche Tätigkeit bzw. andere Straftaten möglichst umfassend zu beweisen und zu unterbinden;
- ihre konkreten Ursachen, begünstigenden Bedingungen und Umstände durch Einflußnahme auf die dafür zuständigen Staats- und wirtschaftsleitenden Organe, Betriebe, Kombinate und Einrichtungen sowie gesellschaftlichen Organisationen weitgehend auszuräumen;
- weitere feindlich-negative Handlungen wirkungsvoll vorbeugend zu verhindern und Maßnahmen zur Gewährleistung oder Wiederherstellung von Sicherheit und Ordnung im jeweiligen Bereich einzuleiten bzw. diese zu erhöhen;
- die innere Sicherheit im Verantwortungsbereich maximal zu gewährleisten und damit die Politik von Partei und Regierung insgesamt durchsetzen zu helfen.

Arten des Abschlusses Operativer Vorgänge sind insbesondere:
- Einleitung eines Ermittlungsverfahrens mit bzw. ohne Haft,
- Überwerbung,
- Anwendung von Maßnahmen der Zersetzung,
- Anwerbung,
- Verwendung des Vorgangsmaterials als kompromittierendes Material ge-

genüber Konzernen, Betrieben, Institutionen, staatlichen Organen der BRD, anderer nichtsozialistischer Staaten bzw. Westberlins,
- Einleitung spezifischer Maßnahmen gegen bevorrechtete Personen,
- Übergabe von Material über Straftaten der allgemeinen Kriminalität an andere Schutz- und Sicherheitsorgane,
- öffentliche Auswertung bzw. Übergabe von Material an leitende Partei- und Staatsfunktionäre, verbunden mit Vorschlägen für vorbeugende Maßnahmen zur Gewährleistung von Sicherheit und Ordnung.

Bei jedem Vorgangsabschluß sind jene Abschlußarten bzw. auch Teilabschlüsse festzulegen, die den größten sicherheitspolitischen Nutzen erbringen.

Die Leiter haben bei der Anleitung und Kontrolle der Bearbeitung von Operativen Vorgängen unter Berücksichtigung der geltenden gesetzlichen Bestimmungen ständig zu prüfen, ob die politisch-operativen Zielstellungen mit der notwendigen Qualität und im notwendigen Umfang, insbesondere durch den Nachweis des dringenden Verdachts einer Straftat, realisiert wurden bzw. vorhandene oder drohende Gefahrenzustände, wie geplante Terrorverbrechen, gewaltsame Grenzdurchbrüche, Geiselnahmen, den Abschluß notwendig machen.

Die Hauptabteilungen bzw. Abteilungen der Bezirksverwaltungen/Verwaltungen haben die vorgangsbearbeitenden Diensteinheiten beim Abschluß von Operativen Vorgängen zu unterstützen. Das hat insbesondere durch aktive Mitwirkung bei der Erarbeitung von Beweisen, beim Einsatz der operativen Kräfte und Mittel sowie durch gemeinsame Festlegung und Realisierung der politisch-operativ zweckmäßigsten Abschlußart zu erfolgen.

2.8.2. Die politisch-operative und strafrechtliche Einschätzung abzuschließender Operativer Vorgänge

Im Stadium des Abschlusses Operativer Vorgänge ist eine konzentrierte Prüfung und Bewertung des gesamten Materials nach politisch-operativen, strafrechtlichen und strafprozessualen Gesichtspunkten vorzunehmen, um die Voraussetzungen für den Abschluß zu beurteilen und die Art des Abschlusses festzulegen.

Dazu ist es – insbesondere unter Beachtung der konkreten Klassenkampfsituation bzw. politisch-operativen Lage – erforderlich:
- das Vorgangsmaterial analytisch zu durchdringen, um seine politisch-operative und strafrechtliche Bedeutsamkeit festzustellen;
- die Tatbestandsmäßigkeit des im Operativen Vorgang erarbeiteten Materials, den Charakter und Umfang der Straftat, ihre gesellschaftsschädigenden Folgen, die Mittel und Methoden ihrer Begehung und Verschleierung sowie die mit der Tat angestrebten Ziele herauszuarbeiten (objektive und subjektive Anforderungen, Beteiligungsformen, Entwicklungsstadien);
- die Beweislage in be- und entlastender Hinsicht einzuschätzen (strafprozessual verwertbare und inoffizielle, direkte und indirekte Beweise, Beweiswert, Beweisführungsmöglichkeiten);

- Möglichkeiten der Herauslösung der IM bzw. den Stand der dazu bereits eingeleiteten politisch-operativen Maßnahmen zu prüfen;
- den Verdächtigen möglichst allseitig sowie den Inhalt und Umfang seiner Verbindungen zu beurteilen.

Im Ergebnis dieser Einschätzung ist durch die Leiter vorzuschlagen bzw. zu entscheiden, mit welcher Zielstellung der konkrete Operative Vorgang abzuschließen ist, welche Abschlußart die größte gesellschaftliche Wirksamkeit hat bzw. welcher politisch-operative Nutzeffekt mit ihr für die weitere Arbeit am Feind sowie die ideologische Offensive der Partei erzielt werden kann.

Beim Abschluß Operativer Vorgänge ist durch die vorgangsbearbeitende Diensteinheit – in Abstimmung mit den zuständigen Fachabteilungen – ein Abschlußbericht zu fertigen. Dieser muß die erreichten wesentlichen politisch-operativen und strafrechtlichen Ergebnisse, insbesondere die geschaffenen Beweise und den erreichten Stand bei der Klärung der Verdachtsgründe und der Herauslösung der IM ausweisen sowie den Vorschlag zum Abschluß und die zu wählende Abschlußart begründen.

Im Abschlußbericht müssen vorgesehene weitere politisch-operative Maßnahmen, wie Einleitung der OPK, Reisesperren u. a., zu den im Operativen Vorgang erfaßten Personen ersichtlich sein. Der Abschlußbericht muß eine rationelle Wiedergewinnung erarbeiteter Informationen für die künftige politisch-operative Arbeit ermöglichen.

Die Bestätigung des Abschlußberichtes und der darin enthaltenen Vorschläge erfolgt

in den Hauptabteilungen / selbständigen Abteilungen
durch die Leiter oder deren Stellvertreter,
in den Bezirksverwaltungen / Verwaltungen
durch die Leiter der Bezirksverwaltungen / Verwaltungen oder deren Stellvertreter Operativ.

2.8.3. Die Realisierung des Abschlusses Operativer Vorgänge und die Durchführung politisch-operativer Maßnahmen nach dem Vorgangsabschluß

Der Abschluß von Operativen Vorgängen ist so vorzubereiten und durchzuführen, daß die vorgesehene Zielstellung mit hoher Qualität erreicht wird. Das dazu erforderliche operativ-taktische Vorgehen, insbesondere zur Erarbeitung weiterer Beweismittel, zur Schadensverhütung, zur Ausräumung begünstigender Bedingungen und Umstände ist festzulegen und durch die Leiter zu bestätigen.

Die Einleitung von Ermittlungsverfahren ist dem Leiter der Haupt- / selbständigen Abteilung bzw. Bezirksverwaltung / Verwaltung durch die Untersuchungsabteilungen vorzuschlagen und zu begründen. Angeordnet wird die Einleitung von Ermittlungsverfahren durch den Leiter der Hauptabteilung IX bzw. der Bezirksverwaltung / Verwaltung.

Die Durchführung von Ermittlungsverfahren obliegt der Untersuchungsabteilung und hat unter strikter Einhaltung der dafür geltenden gesetzlichen Bestimmungen, insbesondere der StPO, zu erfolgen. Die vorgangsbearbeitenden Diensteinheiten und zuständigen Fachabteilungen haben mit der Untersuchungsabteilung bei Einleitung von Ermittlungsverfahren insbesondere festzulegen:

- Art und Weise der Verhaftung oder Festnahme sowie der Durchsuchung und Beschlagnahme;
- politisch-operativ zu beachtende Umstände in der Erstvernehmung, um eine schnelle Aussagebereitschaft zu erreichen;
- erforderliche politisch-operative Maßnahmen zur Kontrolle der verdächtigen Personen bei Ermittlungsverfahren ohne Haft;
- die unverzügliche Überprüfung von Aussagen und andere Maßnahmen zur Erarbeitung und Sicherung weiterer strafprozessual verwertbarer Beweise sowie den Informationsfluß über alle das Ermittlungsverfahren betreffenden Fragen;
- die Weiterführung des Herauslösens der IM;
- politisch-operative Maßnahmen zur Schadensverhütung sowie zur Feststellung von Reaktionen der imperialistischen Geheimdienste, anderer feindlicher Zentren, Organisationen und Kräfte, der Hintermänner, Inspiratoren, Mittäter, Angehörigen usw.

Soweit erforderlich, sind solche Entscheidungen auch bei anderen Abschlußarten zu treffen.

Bei allen Abschlußarten sind grundsätzlich Konsultationen mit der Untersuchungsabteilung vorzunehmen. Die mit und nach dem Abschluß Operativer Vorgänge arbeitsteilig zu lösenden Aufgaben zur Gewährleistung von Sicherheit und Ordnung sowie zur Ausräumung begünstigender Bedingungen und Umstände haben dabei im Mittelpunkt zu stehen. Die Leiter der vorgangsbearbeitenden Diensteinheiten haben dazu gemeinsam mit den zuständigen Leitern der Partei und den staatlichen Leitern entsprechende Festlegungen zu treffen sowie darauf Einfluß zu nehmen, daß die notwendigen Maßnahmen ausgearbeitet und durchgeführt werden.

Die eingeleiteten Maßnahmen sind durch den Einsatz operativer Kräfte und Mittel zu kontrollieren bzw. zu unterstützen, um auch nach dem Vorgangsabschluß die Realisierung der angestrebten Ziele zu gewährleisten.

Die Durchführung strafprozessualer Maßnahmen oder rechtlicher Sanktionen sowie die verstärkte Einschaltung des Staatsanwaltes im Rahmen der Gesetzlichkeitsaufsicht obliegt der Untersuchungsabteilung oder wird von ihr veranlaßt. Die Übergabe von Materialien an andere Schutz- und Sicherheitsorgane, andere Staats- und wirtschaftsleitende Organe, Betriebe, Kombinate und Einrichtungen sowie gesellschaftlicher Organisationen hat entsprechend meinen grundsätzlichen Weisungen zur Informationstätigkeit des MfS an leitende Partei- und Staatsfunktionäre zu erfolgen.

Alle Materialien aus den Bereichen der Haupt-/selbständigen Abteilungen und besonders bedeutsame operative Materialien aus den Bereichen der Bezirksverwaltungen / Verwaltungen sind mir zur Entscheidung vorzulegen.

Die Ergebnisse wichtiger politisch-operativer Maßnahmen im Zusammenhang mit dem Abschluß Operativer Vorgänge sind in den Operativen Vorgängen zu dokumentieren.

2.8.4. Politisch-operative und strafrechtliche Gründe für das Einstellen der Bearbeitung Operativer Vorgänge

Die Bearbeitung Operativer Vorgänge ist einzustellen, wenn

- die Verdachtsgründe, die zum Anlegen des Operativen Vorganges führten, eindeutig und nachweisbar widerlegt und somit weder Straftaten noch andere Rechtsverletzungen begangen wurden bzw. die Voraussetzungen für eine Strafverfolgung nicht mehr gegeben sind (wie Verjährung, Tod des Verdächtigen, Zurechnungsunfähigkeit) oder
- zur Zeit objektiv keine Möglichkeiten vorhanden sind, die Verdachtsgründe zu klären.

Die Leiter der die Operativen Vorgänge führenden Diensteinheiten haben zu sichern, daß die Gründe für das Einstellen von Operativen Vorgängen gewissenhaft geprüft, notwendige vorbeugende oder der Einhaltung / Wiederherstellung der Gesetzlichkeit dienende Maßnahmen eingeleitet bzw. veranlaßt und Abschlußberichte gefertigt werden. Die Entscheidung über das Einstellen treffen die für das Anlegen und den Abschluß Operativer Vorgänge entscheidungsberechtigten Leiter. Durch sie ist gleichzeitig zu prüfen, ob zu festgestellten Rechtsverletzungen, Mängeln, Mißständen usw. eine öffentliche Auswertung bzw. die Übergabe von Material an leitende Partei- und Staatsfunktionäre erfolgen soll.

Abgelegte Operative Vorgänge sind, insbesondere beim Bekanntwerden neuer operativ bedeutsamer Tatsachen zur Person und zum Sachverhalt, bei Veränderungen der politisch-operativen Lage sowie daraus resultierenden Sicherheitserfordernissen durch die Diensteinheit, die den jeweiligen Operativen Vorgang bearbeitete oder in deren Zuständigkeitsbereich die Person anfällt, erneut einzuschätzen und auf die Notwendigkeit einer Wiederaufnahme der Bearbeitung zu überprüfen.

3. Grundsätzliche Aufgaben der Leiter zur Qualifizierung der Entwicklung und Bearbeitung Operativer Vorgänge

3.1. Analysierung der Entwicklung und Bearbeitung Operativer Vorgänge im Verantwortungsbereich sowie die Festlegung erforderlicher Maßnahmen

Die bei der Entwicklung und Bearbeitung Operativer Vorgänge im Verantwortungsbereich erzielten Ergebnisse sind ständig und im Zusammenhang mit der Erarbeitung der Jahresanalyse einzuschätzen.

Die Ziele und Aufgaben der Qualifizierung der Entwicklung und Bearbeitung Operativer Vorgänge sind entsprechend der Richtlinie Nr. 1/70 in die Arbeitspläne der Leiter aufzunehmen.

Durch die analytische Tätigkeit sind insbesondere zu bewerten:

- die Erarbeitung von Ausgangsmaterialien für Operative Vorgänge und deren sicherheitspolitische Bedeutung;
- die Qualität der Beweisführung, insbesondere der politisch-operative Wert und die Verwendbarkeit der gewonnenen inoffiziellen und offiziellen Beweismittel für eine wirksame Feindbekämpfung;
- erfolgreiche Abschlüsse Operativer Vorgänge entsprechend den im Abschnitt 2.8. angeführten Abschlußarten und die damit erzielte sicherheitspolitische Wirkung;
- erreichte Aufklärungsergebnisse über die Geheimdienste, andere feindliche Zentren, Organisationen und Kräfte sowie deren Pläne, Absichten, Maßnahmen, Mittel und Methoden;
- erzielte Ergebnisse bei der vorbeugenden Abwehr bzw. Einschränkung geplanter feindlich-negativer Handlungen sowie bei der Schadensverhinderung und Aufrechterhaltung bzw. Wiederherstellung von Sicherheit und Ordnung;
- die Effektivität des Einsatzes der operativen Kräfte, Mittel und Methoden sowie die aufgewandte Bearbeitungszeit im Verhältnis zum erzielten gesellschaftlichen Nutzen;
- die Gründe für das Einstellen Operativer Vorgänge;
- erkannte Schwächen bei der Bearbeitung Operativer Vorgänge, bei der vorbeugenden Verhinderung von Schäden und Gefahren und erkannte Ursachen für die Nichtrealisierung festgelegter Zielstellungen für die Entwicklung und Bearbeitung Operativer Vorgänge;
- die Veränderungen im Bestand und in der sicherheitspolitischen Bedeutung Operativer Vorgänge im Vergleich zum Vorjahr;
- die Wirksamkeit durchgeführter Maßnahmen zur Qualifizierung der Bearbeitung Operativer Vorgänge;
- die von den Leitern und operativen Mitarbeitern bei der Entwicklung und Bearbeitung Operativer Vorgänge geleistete Arbeit, Ergebnisse der Zusammenarbeit mit anderen Diensteinheiten sowie das Zusammenwirken mit anderen Organen.

Die bei der Entwicklung und Bearbeitung Operativer Vorgänge sowie durch gründliche Auswertung abgeschlossener Operativer Vorgänge gewonnenen Erkenntnisse und Erfahrungen sind sorgfältig zu speichern und für die Planung und Organisierung der politisch-operativen Arbeit, insbesondere für

die weitere Qualifizierung der Entwicklung und Bearbeitung Operativer Vorgänge sowie

die systematische, vorgangsbezogene Qualifizierung und Entwicklung der operativen Mitarbeiter

ständig zu nutzen.

Jeder abgeschlossene Operative Vorgang ist hinsichtlich seiner Eignung zur Schulung der operativen Mitarbeiter einzuschätzen.

Für die zentrale Aufbereitung geeigneter Operativer Vorgänge für Schulungszwecke sind – bei Gewährleistung der erforderlichen Abstimmungen – die operativen Haupt-/selbständigen Abteilungen in enger Zusammenarbeit mit der Hauptabteilung Kader und Schulung und der Juristischen Hochschule Potsdam verantwortlich.

Hervorragende Leistungen operativer Mitarbeiter bei der Entwicklung und Bearbeitung Operativer Vorgänge und wertvolle Beiträge anderer Diensteinheiten sind entsprechend zu würdigen.

3.2. Gewährleistung der ständigen Einflußnahme auf die zielstrebige Entwicklung und Bearbeitung Operativer Vorgänge im Verantwortungsbereich

Die Leiter haben ständig zu sichern, daß die Entwicklung von perspektivvollen Ausgangsmaterialien vorrangig in den politisch-operativen Schwerpunktbereichen und zur Bearbeitung politisch-operativer Schwerpunkte erfolgt und die Operativen Vorgänge – insbesondere die mit hoher sicherheitspolitischer Bedeutung – zügig und mit hoher Qualität bearbeitet werden.

Dazu ist insbesondere erforderlich:

- Gewährleistung der Kontrolle und Übersicht über die Entwicklung von Ausgangsmaterialien für Operative Vorgänge;
- Differenzierung der Operativen Vorgänge im Verantwortungsbereich nach ihrer sicherheitspolitischen Bedeutung;
- Bestimmung des Einsatzes der operativen Kräfte, Konzentration der qualifiziertesten operativen Kräfte auf die Operativen Vorgänge mit hoher sicherheitspolitischer Bedeutung,

  Einsatz zeitweiliger Arbeitsgruppen entsprechend den politisch-operativen Erfordernissen;
- Festlegung der Verantwortlichkeit für die Anleitung und Kontrolle der für die Bearbeitung der Operativen Vorgänge verantwortlichen operativen Mitarbeiter, Festlegung der persönlichen Kontrolle und Anleitung bei Operativen Vorgängen mit hoher sicherheitspolitischer Bedeutung;

- rechtzeitige und sorgfältige Entscheidungen über das Anlegen, über erforderliche Maßnahmen zur zügigen Bearbeitung und zum Abschluß Operativer Vorgänge;
- exakte Kontrolle der qualitäts- und termingerechten Durchführung der in den Operativplänen festgelegten politisch-operativen Maßnahmen;
- Unterstützung der operativen Mitarbeiter bei der Auswahl und beim Einsatz der IM sowie der Ausarbeitung und Anwendung operativer Legenden und Kombinationen;
- Organisierung der Zusammenarbeit sowie der erforderlichen Konsultationen mit den Diensteinheiten der Linie IX;
- Organisierung der erforderlichen Zusammenarbeit mit anderen Diensteinheiten und des Zusammenwirkens mit anderen Organen;
- Gewährleistung der ständigen Auswertung der im Prozeß der Entwicklung und Bearbeitung Operativer Vorgänge erarbeiteten Informationen über das Vorgehen des Gegners, insbesondere über neue Pläne, Absichten, Mittel und Methoden und Angriffsobjekte, sowie über entstehende Gefahren und Auswirkungen. Sofortige Informierung der zuständigen Diensteinheiten und der zuständigen Partei- und Staatsorgane sowie Einleitung der erforderlichen Vorbeugungsmaßnahmen;
- Gewährleistung der Durchführung erforderlicher politisch-operativer Maßnahmen nach dem Abschluß Operativer Vorgänge wie z. B. die Gewährleistung der Sicherheit der IM, die Kontrolle der Durchführung von Maßnahmen zur Beseitigung begünstigender Bedingungen und Umstände, die weitere Kontrolle von Verbindungen der im Operativen Vorgang bearbeiteten Personen u. dgl.

Die Leiter der Haupt-/selbständigen Abteilungen und Bezirksverwaltungen/Verwaltungen haben auf ihrer Linie bzw. in ihrem Verantwortungsbereich die operativen Diensteinheiten bei der Bearbeitung von Operativen Vorgängen mit hoher sicherheitspolitischer Bedeutung wirksam zu unterstützen, insbesondere durch

- die ständige Anleitung und Kontrolle der Bearbeitung;
- den Einsatz qualifizierter erfahrener operativer Mitarbeiter und IM;
- den Einsatz spezieller Kräfte und Mittel.

Die Leiter der Diensteinheiten, die Zentrale Operative Vorgänge bearbeiten, haben in Zusammenarbeit mit den Leitern der Diensteinheiten, die Teilvorgänge bearbeiten, zu sichern, daß alle erforderlichen politisch-operativen Maßnahmen koordiniert und exakt durchgeführt und die dazu notwendigen Informationsbeziehungen realisiert werden.

3.3. Organisation des Zusammenwirkens mit den Sicherheitsorganen der befreundeten sozialistischen Staaten

Sofern bei der Entwicklung und Bearbeitung Operativer Vorgänge ein Zusammenwirken mit den Sicherheitsorganen der befreundeten sozialistischen Staaten erforderlich ist, haben die Leiter der operativen Diensteinheiten Ersuchen an die Sicherheitsorgane der befreundeten sozialistischen Staaten

- zur Durchführung politisch-operativer Maßnahmen durch die Sicherheitsorgane der befreundeten sozialistischen Staaten,
- zur gemeinsamen Durchführung politisch-operativer Maßnahmen,
- um Zustimmung dieser Sicherheitsorgane zur Einbeziehung von Bürgern dieser Staaten in die Bearbeitung Operativer Vorgänge bzw. in die inoffizielle und offizielle Zusammenarbeit

nach Abstimmung mit dem Leiter der jeweils federführenden Diensteinheit an die Abteilung X zu richten.

Die Übergabe im Prozeß der Entwicklung und Bearbeitung Operativer Vorgänge erarbeiteter politisch-operativer Hinweise zu Personen und Sachverhalten, für deren weitere Auswertung und Bearbeitung die Sicherheitsorgane der befreundeten sozialistischen Staaten zuständig sind, hat analog zu erfolgen.

Ersuchen um Rechtshilfe an die Sicherheitsorgane befreundeter sozialistischer Staaten (Festnahme, Durchsuchung, Vernehmung, Suche und Sicherung anderer strafprozessualer Beweise) sind rechtzeitig mit der Hauptabteilung IX abzustimmen.

Fahndungsersuchen sind nach Abstimmung mit der Hauptabteilung IX über die Fahndungsführungsgruppe einzuleiten und der Abteilung X zu übergeben.

Festnahmeersuchen bedürfen meiner Bestätigung.

Den Einsatz operativer Technik oder die operative Beobachtung durch die Sicherheitsorgane befreundeter sozialistischer Staaten betreffende Ersuchen sowie Ersuchen in anderen politisch-operativ besonders bedeutsamen Fällen bedürfen der Bestätigung durch mich bzw. meinen jeweils zuständigen Stellvertreter.

4. Schlußbestimmungen

4.1. Die Registrierung Operativer Vorgänge, die Erfassung von Personen und Objekten auf der Grundlage Operativer Vorgänge und die Führung der Vorgangsakten haben entsprechend der 1. Durchführungsbestimmung zu dieser Richtlinie zu erfolgen.

4.2. Diese Richtlinie ist von den Leitern der operativen Diensteinheiten persönlich aufzubewahren. Über die Einsichtnahme ist Nachweis zu führen.

4.3. Diese Richtlinie tritt mit Wirkung vom 1. 1. 1976 in Kraft.

Mielke
Generaloberst

«Außerplanmäßige Leerung von Briefkästen»

Die Dienstanweisung zur Kontrolle der Postsendungen

Das bis zuletzt geltende Grundsatzdokument für die Arbeit der Abteilung M war die *Dienstanweisung Nr. 3/85 zur politisch-operativen Kontrolle und Auswertung von Postsendungen durch die Abteilungen M (GVS MfS 0008–10/85)*. Sie legte genauestens fest, nach welchen Kriterien Postsendungen abgefangen wurden und wie dabei vorzugehen sei – vom konspirativen Öffnen und Schließen über die Dokumentation (Xerografie, Fotografie) bis hin zum Röntgen von Paketen.

Gliederung

Zur Qualifizierung der Aufklärung und Abwehr der gegen die DDR und die sozialistische Staatengemeinschaft gerichteten Pläne, Absichten und Maßnahmen imperialistischer Geheimdienste sowie anderer feindlicher Stellen und Kräfte unter Ausnutzung des Postverkehrs und der dabei von ihnen angewandten Mittel und Methoden

weise ich an:

1. Zielstellung der politisch-operativen Arbeit der Abteilungen M

Die Abteilungen M haben mit speziellen politisch-operativen und wissenschaftlich-technischen Mitteln und Methoden Postsendungen, die im internationalen und nationalen Verkehr der Deutschen Post befördert werden, zu kontrollieren und auszuwerten mit dem Ziel der

- Feststellung von geheimdienstlichen und anderen subversiven Verbindungen sowie von Hinweisen auf die Vorbereitung und Realisierung von weiteren Verratshandlungen,
- Verhinderung des Verbreitens von Materialien der politisch-ideologischen Diversion und der Feststellung und Einschränkung der Wirksamkeit der gegnerischen Kontaktpolitik / Kontakttätigkeit,
- Gewährleistung des Schutzes der führenden Repräsentanten der DDR und ihrer ausländischen Gäste, der Objekte und Einrichtungen der Partei- und Staatsführung der DDR, der führenden Partei-, Staats- und Wirtschaftsfunktionäre in den Bezirken, der Angehörigen der diplomatischen Vertretungen in der DDR, der in der DDR akkreditierten ständigen und Reisekorrespondenten ausländischer Publikationsorgane sowie weiterer Personen, die im Blickpunkt der Öffentlichkeit stehen, vor terroristischen Angriffen und Gewaltandrohungen,
- Aufdeckung subversiver Aktivitäten von Angehörigen der diplomatischen Vertretungen sowie der ausländischen Publikationsorgane und der in der DDR akkreditierten ständigen Korrespondenten und Reisekorrespondenten aus nichtsozialistischen u. a. operativ interessierenden Staaten sowie Westberlin,
- Erarbeitung und Zusammenführung von operativ-bedeutsamen Informationen über Einstellungen, Verhaltensweisen, Handlungen und Verbindungen von Personen und Sachverhalte, die von Bedeutung für die politisch-operative Arbeit des MfS sind bzw. sein können.

2. Federführung des Leiters der Abteilung M des MfS Berlin

Der Leiter der Abteilung M des MfS Berlin hat die Federführung bei der Durchsetzung der politisch-operativen Ziel- und Aufgabenstellung dieser Dienstanweisung wahrzunehmen. Er hat dabei insbesondere

- Maßnahmen der politisch-operativen Kontrolle und Auswertung von Postsendungen, die wegen ihrer operativen Bedeutung zentral koordiniert werden müssen, einzuleiten und zu führen;
- Grundsätze für die politisch-operative Kontrolle und Auswertung von Postsendungen festzulegen, auf grundsätzliche und aktuelle Schwerpunkte der

politisch-operativen Arbeit zu orientieren und ihre einheitliche Durchsetzung zu gewährleisten;
- die analytische Tätigkeit zur Schwerpunktbestimmung zu organisieren und nach einheitlichen Kriterien durchzusetzen;
- politisch-operative und operativ-technische Erkenntnisse und Erfahrungen zu verallgemeinern;
- in Zusammenarbeit mit den Leitern des OTS * und der VRD * die Entwicklung, die Bereitstellung und den Einsatz operativ-technischer Mittel und Verfahren zu gewährleisten;
- im politisch-operativen Zusammenwirken mit dem Ministerium für Post- und Fernmeldewesen und der Zollverwaltung der DDR die Interessen des MfS entsprechend der Aufgabenstellung der Abteilungen M wahrzunehmen.

3. Verantwortung und politisch-operative Aufgaben der Abteilungen M

3.1. Der Leiter der Abteilung M des MfS Berlin und die Leiter der Abteilungen M der Bezirksverwaltungen (nachfolgend Leiter der Abteilungen M genannt) sind verantwortlich für die politisch-operative Kontrolle und Auswertung von

Brief- und Kleingutsendungen entsprechend § 2, Absatz 1 der Anordnung über den Postdienst vom 21. 11. 1974 – Postordnung –,

Telegrammen

im internationalen Verkehr – Abgang in das und Eingang aus dem Ausland – sowie im nationalen Verkehr der Deutschen Post (nachfolgend Postsendungen genannt) im Territorium der Hauptstadt der DDR, Berlin, bzw. des jeweiligen Bezirkes.

3.2. Die Leiter der Abteilungen M haben die Realisierung folgender politisch-operativer Aufgaben zu gewährleisten:

3.2.1. Merkmalsfahndung zur Feststellung operativ bedeutsamer Postsendungen

Die Merkmalsfahndung umfaßt Maßnahmen zur
- politisch-operativen Kontrolle von Postsendungen nach äußeren Merkmalen, einschließlich solcher, die sich aus der Anweisung Nr. 2/83 des Leiters der Abteilung M des MfS Berlin ergeben,

* Abkürzungsverzeichnis auf S. 524ff. (d.V.)

- politisch-operativen Auswertung von Postsendungen nach inneren Merkmalen und inhaltlichen Kriterien entsprechend der Zielstellung der politisch-operativen Arbeit der Abteilungen M.

Die Leiter der Abteilungen M haben auf der Grundlage zentraler Festlegungen und Orientierungen sowie von Hinweisen und Erkenntnissen territorialer operativer Diensteinheiten
- die umfassende Anwendung der Merkmalsfahndung,
- die laufende Präzisierung der Schwerpunkte, insbesondere im Rahmen der Spionageabwehr sowie zur Abwehr der politisch-ideologischen Diversion und anderer subversiver Aktivitäten,
- die ständige analytische Arbeit zur Feststellung und Verallgemeinerung neuer Merkmale und Merkmalskomplexe

zu gewährleisten.

Zu Postsendungen mit zutreffenden Merkmalen/Inhalten (nachfolgend Merkmalspostsendungen genannt) sind folgende politisch-operative Erstmaßnahmen zu realisieren:
- Überprüfung von DDR-Absendern/-Empfängern auf Existenz (Personifizierung);
- Überprüfung als DDR-Absender angegebener existenter Personen auf Schrifturheberschaft (Identifizierung) bzw. Nachweis wechselseitiger postalischer Verbindungen;
- Überprüfung von Absendern und Empfängern in den Informationsspeichern der jeweiligen Abteilung M;
- politisch-operative Einschätzung des erarbeiteten Materials und dessen Dokumentation.

Zu Merkmalspostsendungen, die nach der Durchführung politisch-operativer Erstmaßnahmen operativ bedeutsame Informationen gemäß meiner Dienstanweisung Nr. 1/80 darstellen, ist durch die Abteilungen M zu veranlassen:
- Überprüfung personifizierter DDR-Absender/-Empfänger in der Abteilung XII. Bei operativer Notwendigkeit sind auch ausländische Empfänger- bzw. Absenderdaten in der Abteilung XII zu überprüfen.
- Speicherung der dokumentierten postalischen Verbindungen sowie der festgestellten Personalangaben von Absendern und Empfängern in den Informationsspeichern gemäß Ziffer 3.2.5. dieser Dienstanweisung.

Über operativ besonders bedeutsame Merkmalspostsendungen, insbesondere solche, die verdächtig sind, nachrichtendienstliche Verbindungsmittel imperialistischer Geheimdienste zu sein, ist durch den Leiter der Abteilung M des MfS Berlin der Leiter der Hauptabteilung II bzw. durch die Leiter der Abteilungen M der Bezirksverwaltungen der Leiter der jeweiligen Abteilung II zu informieren. Über operativ bedeutsame Informationen aus Merkmalspostsendungen, die ein sofortiges politisch-operatives Reagieren erfordern, haben die Leiter der Abteilungen M umgehend den Leiter der erfassenden bzw. sachlich, territorial oder objektmäßig zuständigen operativen Diensteinheit (nachfolgend zuständige Diensteinheit genannt) in Kenntnis zu setzen. Die Originale der operativ bedeutsamen Merkmalspostsendungen sind während der Bearbeitung, Auswertung und Untersuchung in den Abteilungen M so zu behandeln, daß Bearbeitungsspuren vermieden und vorhandene operativ bedeutsame Merkmale bzw. Spuren erhalten werden. Das betrifft auch Merkmalspostsendungen, die von der Weiterbeförderung ausgeschlossen und an die zuständige Diensteinheit zur weiteren operativen Bearbeitung bzw. als Beweismittel übergeben werden.

Operativ bedeutsame Merkmalspostsendungen, vor allem die ohne Absender, mit nicht existenten Absendern bzw. nicht identifizierten Schrifturhebern, die nicht sofort operativen Diensteinheiten zugeordnet werden können, sind durch die Abteilungen M zu operativen Ausgangsmaterialien zu entwikkeln.

Operative Ausgangsmaterialien sowie Informationen zu anderen operativ bedeutsamen Merkmalspostsendungen sind durch die Leiter der Abteilungen M mittels Anschreiben und Vordruck M 12 bzw. Vordruck M 12 an die zuständigen Diensteinheiten zu übergeben.

3.2.2. Anschriftenfahndung zur Feststellung von Postsendungen, die an Empfänger gerichtet sind, zu denen ein Fahndungsauftrag eingeleitet wurde

Die Anschriftenfahndung hat grundsätzlich nach dem Empfänger von Postsendungen zu erfolgen. Als Empfänger gelten Personen (Familienname) und Objekte mit einer im Rechtsverkehr gebräuchlichen Bezeichnung sowie deren Postanschrift (Land, Postleitzahl, Ort, Straße, Hausnr.).

Eine Anschriftenfahndung ohne Empfängername bzw. -bezeichnung unter Angabe von Land, Ort, Straße ist in operativ begründeten Einzelfällen durchzuführen. Voraussetzung für die Anschriftenfahndung zu Personen ist deren aktive Erfassung in der Abteilung XII durch die auftraggebende Diensteinheit.

Die Übergabe festgestellter Postsendungen zu Anschriftenfahndungsaufträgen an die auftraggebende Diensteinheit hat grundsätzlich zu erfolgen bei
- Briefsendungen als Kopie der geöffneten oder ungeöffneten Sendung,
- Kleingutsendungen als Dokumentation der Empfänger- und Absenderangabe,
- Telegrammen als Kopie.

Davon abweichende Übergabeformen bzw. spezielle Behandlungen oder Bearbeitungen der betreffenden Postsendungen durch die Abteilungen M sind bei operativer Notwendigkeit gesondert zu beantragen und durch den zuständigen Leiter der HV/V, der Hauptabteilung, selbständigen Abteilung bzw. der Bezirksverwaltung oder ihre Stellvertreter zu bestätigen.

3.2.3. Schriftenfahndung zur Identifizierung von Personen auf der Grundlage von Merkmalen ihrer Schrift und zur Feststellung von Postsendungen anhand von Schriftmerkmalen

Durch die Abteilungen M sind Schriftenfahndungen auf der Grundlage von Merkmalen von Hand- und Maschinenschriften zur
- Identifizierung von Personen nach den Merkmalen ihrer Handschrift,
- Feststellung von Postsendungen an unbekannte Empfänger anhand der Merkmale von Hand- und Maschinenschriften

im Auftrag der Leiter operativer Diensteinheiten und im Prozeß der Merkmalsfahndung durchzuführen. Der Leiter der Abteilung M hat in Abstimmung mit dem Leiter der betreffenden Diensteinheit über die Art und Weise, den Zeitpunkt des Beginns und die Zeitdauer der Schriftenfahndungsmaßnahmen zu entscheiden.

3.2.4. Politisch-operative Maßnahmen zur Sicherstellung von Postsendungen als offizielle Beweismittel auf der Grundlage von Rechtsvorschriften und unter Nutzung der Möglichkeiten, die sich aus der Arbeitsweise der Deutschen Post und der Zollverwaltung der DDR ergeben

Durch die Abteilungen M sind dazu vor allem folgende politisch-operative Maßnahmen durchzuführen:
- Realisierung von Anordnungen des Staatsanwaltes gemäß § 109 StPO zur Beschlagnahme von Postsendungen gemäß § 115 StPO gegenüber den zuständigen Dienststellen der Deutschen Post in den von den Diensteinheiten der Linie IX bearbeiteten Ermittlungsverfahren,
- Sicherstellung von politisch-operativ besonders bedeutsamen Postsendungen auf der Grundlage einer sofortigen Einleitung eines Ermittlungsverfahrens und der Erwirkung einer staatsanwaltschaftlichen Postbeschlagnahme in Zusammenarbeit mit den Diensteinheiten der Linie IX,
- Ausschluß von politisch-operativ relevanten Postsendungen von einer Weiterbeförderung und offizielle Übergabe an die zuständigen Diensteinheiten des MfS auf der Grundlage der §§ 11 und 12 der Anordnung über den Postdienst,
- Sicherstellung von Postsendungen auf der Grundlage des § 18 der 1. Durchführungsbestimmung zum Zollgesetz – Zollüberwachungsordnung – und ihre offizielle Verwendung in der für die weitere politisch-operative Arbeit günstigsten Variante,
- Sicherstellung von Postsendungen bzw. Realisierung anderer operativer Entscheidungen über Postsendungen in der Einfuhr durch zollrechtliche Maßnahmen zur Gesamteinziehung, Teileinziehung oder Rücksendung gemäß den Festlegungen in der Dienstanweisung Nr. 5/84 der Zollverwaltung der DDR und der 1. Durchführungsanweisung dazu,
- Sicherstellung von Postsendungen, die von observierten Personen in Brief-

kästen eingeworfen bzw. an Postschaltern aufgeliefert werden, durch außerplanmäßige Leerungen von Briefkästen (Sonkastenleerung) bzw. abgedeckte Abforderung der Sendungen von Auflieferungspostämtern,
- Feststellung operativ bedeutsamer Postsendungen und ihres Auflieferungsortes durch Einzelleerung von Briefkästen (Einzelkastenleerung),
- Überprüfung und Sicherstellung von postalischen Belegen (Zahlungsbelege, Paketkarten, Telegrammurschriften).

Durch die Leiter der Abteilungen M der Bezirksverwaltungen ist zu gewährleisten, daß über den Leiter der Abteilung M des MfS Berlin eine Abstimmung mit dem Leiter der Hauptabteilung IX erfolgt, sofern die Verwendung sichergestellter Postsendungen als wesentliche Beweismittel im Ermittlungsverfahren erforderlich ist.

3.2.5. Speicherführung und Speicherüberprüfung in den Abteilungen M

In den Abteilungen M sind Informationsspeicher über operativ bedeutsame postalische Verbindungen von DDR-Bürgern und Ausländern zu führen. Es sind
- Personenkarteien «DDR» (M/01)
- Personenkarteien «Ausland» (M/02)

auf einheitlichen Datenträgern (Karteitasche Form M 10 und Karteiblatt Form M 10/1) aufzubauen. Zu erfassen sind in den
- Personenkarteien «DDR» Informationen zu Postverbindungen von DDR-Bürgern sowie ständig oder zeitweilig in der DDR aufhältigen Ausländern.
  Die Erfassung hat in der Abteilung M zu erfolgen, in deren Zuständigkeitsbereich die betreffende Person mit Haupt- oder Nebenwohnung polizeilich gemeldet ist und postalische Verbindungen unterhält. Informationen zu postalischen Verbindungen über andere Anschriften sind außerdem der für die Hauptwohnung der betreffenden Person zuständigen Abteilung M zur Erfassung zu übergeben.
  Bei der Erfassung von Verbindungen aus dem nationalen Postverkehr ist gleichzeitig die zuständige Abteilung M zu informieren, wenn der Kontaktpartner in einem anderen Bezirk wohnhaft ist.
- Personenkarteien «Ausland» Daten zu Personen, die im Ausland wohnhaft sind und postalische Verbindungen in die DDR unterhalten. Die Erfassung hat vorerst in der Abteilung M zu erfolgen, in der der Kontaktpartner in der Personenkartei «DDR» (M/01) erfaßt ist bzw. in der die Verbindung feststellenden Abteilung M, wenn die als Kontaktpartner in der DDR wohnhafte Person noch nicht personifiziert bzw. identifiziert wurde.
  Der Leiter der Hauptabteilung II hat zu veranlassen, daß durch den Leiter der Abteilung M des MfS Berlin die Voraussetzungen für den Aufbau und die Nutzung eines zentralen Speichers M/02 geschaffen werden.
  Die Informationsspeicher M/01 und M/02 sind für die Überprüfung von

Personen durch die Abteilungen M sowie andere Diensteinheiten gemäß meiner Ordnung Nr. 9/80 – Speichernutzungsordnung des MfS – zu nutzen.

Die Leiter der Abteilungen M haben die Aktualität der Personenkarteien «DDR» durch die Nutzung der Personendatenbank der DDR sowie die Auswertung weiterer polizeilicher Meldeunterlagen zu gewährleisten. Dazu haben sie mit dem Leiter der ZAIG bzw. den Leitern der Diensteinheiten der Linie VII und der Kreisdienststellen zusammenzuarbeiten.

3.2.6. Operativ-technische Bearbeitung und Untersuchung von Postsendungen

Die operativ-technische Bearbeitung und Untersuchung von Postsendungen ist unter Anwendung moderner technischer Mittel und Verfahren durchzuführen und umfaßt:

das konspirative Öffnen,
das konspirative Schließen,
die Dokumentation (Xerografie, Fotografie),
das Röntgen,
die Untersuchung auf und die Sicherung von Spuren,
das Regenerieren (Beseitigen von Bearbeitungsspuren und Beschädigungen).

Zur Verhinderung von Bearbeitungsspuren und Beschädigungen an und in Postsendungen ist eine gründliche Vorauswahl unter den betreffenden Postsendungen zur Anwendung des geeigneten Verfahrens beim Öffnen, Schließen und bei der Untersuchung auf und der Sicherung von Spuren vorzunehmen.

Das Röntgen von Postsendungen hat unter strikter Beachtung der Ordnung Nr. 11/83 – Strahlenschutzordnung des MfS – zu erfolgen.

Der Leiter der betreffenden Abteilung M entscheidet über die weitere Behandlung von Postsendungen, an denen irreversible Spuren entstanden sind oder die im Bearbeitungsprozeß beschädigt wurden.

4. Politisch-operatives Zusammenwirken mit der Deutschen Post und der Zollverwaltung der DDR

Die Leiter der Abteilungen M haben das politisch-operative Zusammenwirken mit den Organen und Einrichtungen des Ministeriums für Post- und Fernmeldewesen bzw. der Zollverwaltung der DDR mit dem Ziel zu organisieren, die

- Arbeitsprozesse der Abteilungen M durch eine lückenlose und zeitgerechte Zuführung der zu bearbeitenden Postsendungen sicherzustellen,
- Tätigkeit der Abteilungen M in Objekten der Deutschen Post und der Zollverwaltung der DDR durch eine zweckmäßige Eingliederung abzudecken,
- Beförderungs- und Bearbeitungsprozesse den Erfordernissen der politisch-

operativen Kontrolle und Auswertung von Postsendungen durch die Abteilungen M anzupassen,
- Realisierung politisch-operativer Maßnahmen gemäß Ziffer 3.2.4. dieser Dienstanweisung zu gewährleisten.

Zur umfassenden Erfüllung dieser Aufgabenstellung ist eine enge Zusammenarbeit mit den für die politisch-operative Sicherung des Post- und Fernmeldewesens und der Zollorgane der DDR zuständigen operativen Diensteinheiten durch die Leiter der Abteilungen M zu gewährleisten.

Den Leitern anderer Diensteinheiten des MfS ist es nicht gestattet, Maßnahmen zur politisch-operativen Kontrolle von Postsendungen im politisch-operativen Zusammenwirken mit den Leitern der Organe und Einrichtungen der Deutschen Post bzw. der Zollverwaltung der DDR einzuleiten und durchzuführen.

5. Gewährleistung von Konspiration und Geheimhaltung sowie Sicherheit und Ordnung

5.1. Die Leiter der Abteilungen M haben die politisch-operative Arbeit und das politisch-operative Zusammenwirken mit der Deutschen Post und der Zollverwaltung der DDR so zu organisieren, daß Konspiration und Geheimhaltung in der Tätigkeit der Abteilungen M gewährleistet werden. Dazu haben sie vor allem

- die für die Abteilungen M festgelegten Bearbeitungszeiten der Postsendungen von maximal 12 Stunden konsequent einzuhalten,
- auszuschließen, daß bei der Auswahl, operativ-technischen Bearbeitung sowie politisch-operativen Kontrolle und Auswertung von Postsendungen Verluste, Beschädigungen und Verwechslungen eintreten,
- Originalsendungen an andere operative Diensteinheiten nur zu übergeben, wenn weitere operativ-technische Untersuchungen erfolgen oder die Entscheidung über den weiteren Verbleib der Postsendungen durch den Leiter der dafür zuständigen Diensteinheit zu veranlassen ist,
- Postsendungen nur einzubehalten, wenn dies zur Sicherung als Beweismittel erforderlich ist, andere zwingende politisch-operative Gründe vorliegen bzw. das Einbehalten angewiesen wird. Über das Einbehalten von Postsendungen aus zwingenden operativen Gründen entscheiden die Leiter der HV/V, der Hauptabteilungen/selbständigen Abteilungen bzw. der Bezirksverwaltungen oder ihre Stellvertreter,
- zu gewährleisten, daß die zur Lösung spezieller politisch-operativer Aufgaben und zur Absicherung der Außenstellen der Abteilungen M erforderlichen inoffiziellen Kräfte geworben und eingesetzt werden,
- Maßnahmen einzuleiten, um das Abfließen von Informationen über die Tätigkeit der Abteilungen M an außenstehende Personen – einschließlich der Angehörigen anderer Diensteinheiten – zu verhindern.

5.2. Zur Gewährleistung einer hohen inneren Sicherheit sowie von Sicherheit und Ordnung insgesamt haben die Leiter der Abteilungen M in Realisierung meiner dazu erlassenen dienstlichen Bestimmungen und Weisungen insbesondere

- die Frage «Wer ist wer?» unter den Angehörigen der Abteilungen M ständig zu klären und auch unter diesem Gesichtspunkt die Dienstkollektive zu formieren,
- die von den Angehörigen der Abteilungen M zu unterzeichnende Ergänzung zur Verpflichtung zu erläutern und die regelmäßige Belehrung zu gewährleisten,
- die Arbeitsordnungen für die Dienstkollektive zu erarbeiten und durchzusetzen,
- übersichtliche Arbeitsplätze zu schaffen und einen übersichtlichen und kontrollfähigen Arbeitsablauf zu organisieren,
- sicherzustellen, daß eine exakte Anleitungs- und Kontrolltätigkeit durch die Anwesenheit eines verantwortlichen Leiters ständig gewährleistet wird,
- die zuverlässige Sicherung der Außenstellen der Abteilungen M zu gewährleisten,
- regelmäßige Kontrollen der Außenstellen sowie der nachgeordneten Leiter und Mitarbeiter durchzuführen,
- den Stand von Sicherheit und Ordnung ständig gründlich zu analysieren, um jegliche Gefährdungen und Verletzungen, einschließlich möglichen Fehlverhaltens von Angehörigen der Abteilungen M, rechtzeitig zu erkennen und vorbeugend zu verhindern.

Die Leiter der Abteilungen M der Bezirksverwaltungen haben über in diesem Zusammenhang auftretende Probleme und Schwierigkeiten, die nicht selbständig überwunden werden können oder die von zentraler Bedeutung sind, umgehend den Leiter der Abteilung II der Bezirksverwaltung und den Leiter der Abteilung M des MfS Berlin zu informieren sowie Lösungsvorschläge zu unterbreiten.

6. Schlußbestimmungen

Der Leiter der Hauptabteilung II hat zur Durchsetzung dieser Dienstanweisung Durchführungsbestimmungen zu erlassen.

Diese Dienstanweisung tritt am 5. 6. 85 in Kraft.

Gleichzeitig werden

- mein Befehl Nr. 20/83 vom 20. 12. 1983 – GVS MfS o008–25/83

eingezogen sowie

- das Schreiben vom 19. 2. 1976 – VVS MfS 008–307/76
- die Ordnung vom 23. 3. 1976 – VVS MfS 008–308/76 – zur «Verfahrensweise beim Einbehalten von Postsendungen aus dem grenzüberschreiten-

den Verkehr mit nichtsozialistischen Staaten und Westberlin durch das MfS»

– das Schreiben vom 23. 3. 1976, Tgb.-Nr. BdL 671/76

außer Kraft gesetzt. Sie sind bis zum 28. 6. 1985 an die Dokumentenverwaltung zurückzusenden.

Mielke
Armeegeneral

«Hauptwaffe im Kampf gegen den Feind»

Die Richtlinie für die Arbeit mit Inoffiziellen Mitarbeitern

Die Arbeit mit Inoffiziellen Mitarbeitern, der wichtigsten Informationsquelle des Ministeriums für Staatssicherheit überhaupt, wurde durch die *Richtlinie Nr. 1/79 für die Arbeit im Inoffiziellen Mitarbeitern (IM) und Gesellschaftlichen Mitarbeitern für Sicherheit (GMS), (GVS MfS 0008–1/79)* geregelt. Sie erklärt nicht nur die verschiedenen Kategorien von IM, sondern beschreibt detailliert den Werdegang und die Einsatzgebiete eines IM. Wenngleich diese Darstellung dem Idealfall entspricht und die Praxis der inoffiziellen Tätigkeit oft weit weniger spektakulär verlief, war die Richtlinie für jeden IM-führenden Offizier bindend.

Inhaltsverzeichnis

Die weitere Gestaltung der entwickelten sozialistischen Gesellschaft in der DDR, die allseitige Stärkung der sozialistischen Staatengemeinschaft, der Kampf um den Frieden, die Vertiefung und den weiteren Ausbau der Entspannung sowie um die Durchsetzung der Prinzipien der friedlichen Koexistenz erfolgen in harter Klassenauseinandersetzung mit dem Imperialismus.

Der zuverlässige Schutz der gesellschaftlichen Entwicklung, die allseitige

Gewährleistung der inneren Sicherheit der DDR und die Stärkung der sozialistischen Staatengemeinschaft erfordern die weitere Verstärkung der Arbeit am Feind und der vorbeugenden, schadensverhütenden Arbeit. Damit ist wirksam zur kontinuierlichen Durchsetzung der Politik der Partei- und Staatsführung beizutragen.

Die erforderliche hohe gesellschaftliche und politisch-operative Wirksamkeit der politisch-operativen Arbeit insgesamt ist durch eine höhere Qualität und Wirksamkeit der Arbeit mit den IM – der Hauptwaffe im Kampf gegen den Feind – zu erreichen.

Es ist stets davon auszugehen, daß die Arbeit mit den IM Arbeit mit Menschen ist, die sich aus positiver gesellschaftlicher Überzeugung oder aus anderen Beweggründen zur inoffiziellen Zusammenarbeit mit dem MfS bereit erklärten und mit denen wir gemeinsam den Feind aufzuspüren und zu bekämpfen haben.

Der Hauptweg zur weiteren Erhöhung der Qualität und Wirksamkeit der Arbeit mit den IM ist die Intensivierung der Zusammenarbeit mit den IM.

In der Arbeit mit den IM sind ständig eine hohe Wachsamkeit und Geheimhaltung sowie der Schutz, die Konspiration und Sicherheit der IM zu gewährleisten.

Mit dieser Richtlinie wird die für alle operativen Diensteinheiten verbindliche Grundlage für die Arbeit mit IM und GMS vorgegeben. Die Richtlinie ist schöpferisch, unter Berücksichtigung gesicherter neuer politisch-operativer Erkenntnisse und Erfahrungen sowie der sich aus der Entwicklung der politisch-operativen Lage ergebenden Erfordernisse, durchzusetzen.

Die Leiter der operativen Diensteinheiten haben die Durchsetzung der Aufgabenstellung zur weiteren Erhöhung der Qualität und Wirksamkeit der Arbeit mit den IM ständig in den Mittelpunkt ihrer Führungs- und Leitungstätigkeit zu stellen.

Sie haben alle Möglichkeiten zur politisch-ideologischen und fachlich-tschekistischen Erziehung und Befähigung der mittleren leitenden Kader und IM-führenden Mitarbeiter für die qualifizierte Arbeit mit den IM zielgerichtet zu nutzen.

Die IM-führenden Mitarbeiter tragen für die schöpferische Durchsetzung der gestellten Aufgaben in der unmittelbaren Arbeit mit den IM eine hohe persönliche Verantwortung.

Die zuverlässige Gewährleistung der inneren Sicherheit in den Verantwortungsbereichen erfordert die differenzierte Mitwirkung der GMS und die weitere Erhöhung ihrer Wirksamkeit bei der Lösung politisch-operativer Aufgaben.

Die Lösung der in dieser Richtlinie gestellten Aufgaben hat im engen Zusammenhang mit der Durchsetzung der in anderen Grundsatzdokumenten, wie den Richtlinien Nr. 2/79, Nr. 1/70, Nr. 1/71, Nr. 1/76, sowie in anderen dienstlichen Bestimmungen und Weisungen festgelegten politisch-operativen Aufgaben zu erfolgen.

1. Kriterien für eine hohe gesellschaftliche und politisch-operative Wirksamkeit der Arbeit mit den IM

Die Anstrengungen aller operativen Diensteinheiten sind darauf zu konzentrieren, durch die weitere Intensivierung der Arbeit mit den IM solche politisch-operativen Arbeitsergebnisse zu erreichen, die nachweisbar dem zuverlässigen Schutz der gesellschaftlichen Entwicklung vor allen subversiven Angriffen des Feindes, der allseitigen Gewährleistung der inneren Sicherheit der DDR und der weiteren Stärkung der sozialistischen Staatengemeinschaft dienen.

Die Leiter der operativen Diensteinheiten, mittleren leitenden Kader und IM-führenden Mitarbeiter haben zu sichern, daß die ständige Entwicklung und Vervollkommnung, Planung und Organisation der Arbeit mit den IM, die unmittelbare tägliche Arbeit mit ihnen sowie die ständige Einschätzung und Bewertung ihrer politisch-operativen Wirksamkeit auf der Grundlage nachfolgender Qualitätskriterien erfolgt.

1.1. Die Gewinnung operativ bedeutsamer Informationen

Das Hauptanliegen der Arbeit mit den IM hat die zielgerichtete konspirative Gewinnung von Informationen mit hoher Qualität und Aussagekraft zur Bekämpfung aller subversiven Angriffe des Feindes zu sein.

Die Leiter der operativen Diensteinheiten und mittleren leitenden Kader haben zu gewährleisten, daß der Einsatz der IM auf die Erarbeitung operativ bedeutsamer Informationen konzentriert wird.

Operativ bedeutsame Informationen sind insbesondere:

1. Informationen über Pläne, Absichten, Maßnahmen, Mittel und Methoden der agenturführenden Dienststellen der imperialistischen Geheimdienste, der Zentren der politisch-ideologischen Diversion und anderer Zentren, Institutionen, Organisationen und Kräfte, von denen subversive Angriffe gegen die DDR ausgehen, einschließlich entsprechender Konzerne, der kriminellen Menschenhändlerbanden, deren Auftraggeber und Hintermänner sowie solcher feindlicher Kräfte, die von legalen Positionen aus in der DDR subversiv tätig werden (im folgenden als feindliche Stellen und Kräfte bezeichnet);

   Hierzu gehören Informationen und Beweise über
   - die Tätigkeit der agenturführenden Dienststellen der imperialistischen Geheimdienste der BRD und der anderen imperialistischen Hauptländer, vor allem über die Angriffsrichtungen, die Art und Weise der Sammlung von Spionageinformationen und der Durchführung anderer subversiver Handlungen, die Werbung von Spionen sowie das Verbindungswesen,
   - das Vorgehen zur Unterwanderung, Ausnutzung und zum Mißbrauch ab-

geschlossener und noch abzuschließender völkerrechtlicher Verträge, Abkommen und Vereinbarungen,
- die Aktivitäten und Maßnahmen zur Störung des Entspannungsprozesses und der Durchsetzung der Prinzipien der friedlichen Koexistenz,
- Personen im Operationsgebiet, die operativ bedeutsame Verbindungen zu feindlichen Stellen und Kräften besitzen oder solche anbahnen bzw. ausbauen können,
- neue Erscheinungsformen, Zentren, Institutionen, Organisationen, Kräfte, Initiatoren und Kanäle der politisch-ideologischen Diversion und der gegnerischen Kontaktpolitik/Kontakttätigkeit,
- konkrete Aktivitäten und Maßnahmen zur Organisierung eines politischen Untergrundes in der DDR, das Zusammenwirken mit feindlich-negativen Personen und Personenkreisen im Innern der DDR, die konkret verfolgten Ziele und geplanten Maßnahmen,
- Erscheinungsformen, Pläne, Absichten und Maßnahmen sowie Kräfte, Mittel und Methoden im Zusammenhang mit den unter Mißbrauch legaler Positionen nichtsozialistischer Staaten in der DDR vorgetragenen subversiven Angriffen,
- kriminelle Menschenhändlerbanden, ihre personelle Zusammensetzung, ihre Finanzquellen, angewandte Mittel und Methoden,
- Ostabteilungen entsprechender Konzerne, ihre personelle Zusammensetzung, die Durchsetzung mit Mitarbeitern imperialistischer Geheimdienste, ihre Tarnung u. a.,
- Verhalten, Auftreten, Verbindungen und Absichten von operativ interessierenden Personen, die aus der Staatsbürgerschaft der DDR entlassen wurden bzw. denen aus anderen Gründen die Übersiedlung aus der DDR gestattet wurde und die sich ständig im Operationsgebiet befinden,
- die Neuformierung und Konzentration reaktionärer Organisationen, Gruppen und Kräfte, insbesondere die Entwicklung extremistischer Organisationen, die Rechtskräfte sowie die von ihnen ausgehenden Aktivitäten gegen den Entspannungsprozeß und gegen antiimperialistische Kräfte,
- Veränderungen in der gegnerischen militärischen Strategie, das gegnerische militärische Potential, die Weiterentwicklung der Militärtechnik und andere Tatsachen zur Ausschaltung des Überraschungsmomentes.

Solche Informationen und Beweise sind sowohl durch den qualifizierten Einsatz von IM in diesen feindlichen Stellen bzw. mit aktiven Verbindungen zu diesen als auch durch verstärkte und zielgerichtete Abschöpfung der dort tätigen Kräfte durch geeignete IM im Innern der DDR und im Operationsgebiet zu gewinnen.

Vorgangs- und personenbezogene Maßnahmen mit IM im und nach dem Operationsgebiet sind grundsätzlich in Abstimmung und Koordinierung mit den anderen operativen Diensteinheiten durchzuführen, die entsprechend den Festlegungen in dienstlichen Bestimmungen und Weisungen für die Arbeit im und nach dem Operationsgebiet zuständig sind.

2. Informationen und Beweise über feindlich-negative Personen, Gruppen und Gruppierungen und ihr Wirksamwerden im Innern der DDR sowie entsprechende Informationen und Beweise zur Durchführung erforderlicher vorbeugender, schadensverhütender Maßnahmen;

Hierzu gehören Informationen und Beweise über

- Spionagetätigkeit der imperialistischen Geheimdienste und ihrer Agenturen,
- Terrorhandlungen, vor allem Attentate, Anschläge, Geiselnahmen und Entführungen, sowie Täter anonymer Gewaltandrohungen,
- staatsfeindlichen Menschenhandel und beabsichtigtes, geplantes bzw. vorbereitetes ungesetzliches Verlassen der DDR,
- Erscheinungsformen, Auswirkungen und Initiatoren der politisch-ideologischen Diversion und der gegnerischen Kontaktpolitik/Kontakttätigkeit,
- rechtswidrige Versuche von Bürgern der DDR, die Übersiedlung nach nichtsozialistischen Staaten und Westberlin zu erreichen,
- demonstratives und provokatorisches Auftreten, insbesondere von DDR-Bürgern,
- die Entstehung, die Ziele und das Wirksamwerden feindlich-negativer Gruppen und Gruppierungen,
- Erscheinungsformen politischer Untergrundtätigkeit in der DDR,
- Erscheinungsformen, Mittel und Methoden des subversiven Mißbrauchs gewährter Rechte durch bevorrechtete Personen von diplomatischen Vertretungen nichtsozialistischer und anderer operativ interessierender Staaten sowie durch akkreditierte Journalisten dieser Staaten,
- die Schaffung, den Ausbau und das Wirksamwerden feindlicher personeller Stützpunkte,
- Störtätigkeit gegen die Volkswirtschaft der DDR, die sozialistische Integration, die Außenwirtschaftsbeziehungen mit nichtsozialistischen Staaten u. a.,
- den subversiven Mißbrauch des Reiseverkehrs,
- Angriffe gegen die Staatsgrenze und Grenzübergangsstellen der DDR,
- Angriffe gegen die sozialistische Staatsmacht, insbesondere die Schutz- und Sicherheitsorgane der DDR und die Verteidigungskraft sowie gegen Maßnahmen der Warschauer Vertragsstaaten.

3. Informationen und Beweise über in Operativen Vorgängen zu bearbeitende staatsfeindliche Tätigkeit und solche Straftaten der allgemeinen Kriminalität, die einen hohen Grad an Gesellschaftsgefährlichkeit haben und in enger Beziehung zu den Staatsverbrechen stehen bzw. für deren Bearbeitung das MfS zuständig ist;

Entsprechend meiner Richtlinie Nr. 1/76 gehören hierzu Informationen und Beweise

- zum Nachweis des dringenden Verdachtes von Straftaten (zu den objektiven und subjektiven Tatbestandsmerkmalen sowie zur allseitigen tatbestandsbezogenen Aufklärung der Täterpersönlichkeit),

- zu den konkreten Entstehungsursachen von Straftaten und zu begünstigenden Bedingungen und Umständen, vor allem zur Vorbeugung und Verhinderung weiterer Straftaten,
- über die Organisatoren und Inspiratoren einer staatsfeindlichen Tätigkeit, ihre Pläne, Absichten, Maßnahmen, Mittel und Methoden.

4. Informationen und Beweise über begünstigende Bedingungen und Umstände für die Begehung und Verschleierung feindlich-negativer Handlungen sowie über die Gefährdung von Ordnung und Sicherheit;

Hierzu gehören Informationen und Beweise über
- Verletzungen gesetzlicher Bestimmungen einschließlich Geheimhaltungs- und Sicherheitsvorschriften bzw. deren Duldung,
- Erscheinungen, die zu Bränden, Störungen, Havarien, Explosionen, Vergiftungen u. ä. führen können,
- schwerwiegende Mängel in der Leitungstätigkeit in staatlichen und wirtschaftsleitenden Organen, Betrieben, Kombinaten und Einrichtungen,
- Verletzungen der Prinzipien der sozialistischen Kaderpolitik und der Arbeit mit den Menschen,
- Fehlverhalten und negative Einstellungen von Personen, vor allem in verantwortlichen Positionen anderer Schutz- und Sicherheitsorgane, in anderen staatlichen und wirtschaftsleitenden Organen, Betrieben, Kombinaten und Einrichtungen.

Die Leiter der Abteilungen in den HA/selbst. Abteilungen und BV/V, einschließlich gleichgestellter Leiter, sowie der Leiter der KD/OD (im folgenden Leiter der Abteilungen, KD/OD genannt) sowie deren Stellvertreter haben auf der Grundlage meiner dienstlichen Bestimmungen und Weisungen sowie der meiner Stellvertreter, der Analyse der politisch-operativen Lage im Verantwortungsbereich und den sich daraus ergebenden politisch-operativen Aufgaben eine Präzisierung der von den IM zu gewinnenden Informationen in den Jahresplänen, Sicherungs- und Bearbeitungskonzeptionen sowie in den Operativplänen vorzunehmen.

Durch die mittleren leitenden Kader sowie IM-führenden Mitarbeiter hat eine weitere Aufschlüsselung der von jedem IM zu gewinnenden Informationen zu erfolgen. Dafür sind die Einsatz- und Entwicklungskonzeptionen der IM zu nutzen.

1.2. Die verstärkte Mitwirkung der IM beim Herbeiführen von Veränderungen mit hoher gesellschaftlicher und politisch-operativer Nützlichkeit

Zum Schutz der sozialistischen Gesellschaft vor erheblichen Störungen, Schäden und Verlusten, zum rechtzeitigen Verhindern jeglicher feindlich-negativer Handlungen sowie zur Gewährleistung einer wirksamen vorbeugenden, schadensverhütenden Arbeit sind die IM verstärkt und differenziert zu nutzen.

Die Leiter der operativen Diensteinheiten und mittleren leitenden Kader sind verantwortlich dafür, daß geeignete und befähigte IM unter Wahrung ihrer Konspiration und Sicherheit zum Herbeiführen von Veränderungen mit hoher gesellschaftlicher und politisch-operativer Nützlichkeit eingesetzt werden.

Die IM sind vor allem einzusetzen zum

- Einleiten und Realisieren vorbeugender, schadensverhütender Maßnahmen wie zum rechtzeitigen Erkennen und Beseitigen bzw. Unterbinden von Mißständen, Schlamperei, Unordnung, Planmanipulationen, Fehlinformationen, Gefahren, personellen Unsicherheitsfaktoren, sich anbahnenden feindlich-negativen Handlungen u. a.,
- Verhindern von öffentlichkeitswirksamen Aktivitäten feindlich-negativer Kräfte wie rowdyhaftem Verhalten, dekadentem Auftreten u. a.,
- unmittelbaren Verhindern und zur Abwehr feindlich-negativer Handlungen, vor allem solcher mit hoher Gesellschaftsgefährlichkeit,
- Einschränken des Einflusses feindlich-negativer Personen und Personenkreise, Zersetzen feindlich-negativer Gruppen und Gruppierungen im Innern der DDR, Einschränken des Wirksamwerdens feindlicher personeller Stützpunkte,
- Desinformieren, Desorganisieren, Lähmen und Zerschlagen feindlicher Stellen und Kräfte sowie zur
- direkten und indirekten Einflußnahme auf Personen im Operationsgebiet, die maßgebliche Funktionen innehaben oder an wichtigen Stellen bedeutsame Entscheidungen vorbereiten bzw. treffen.

1.3. Die ständige Gewährleistung einer hohen Wachsamkeit und Geheimhaltung in der Arbeit mit den IM sowie des Schutzes, der Konspiration und Sicherheit der IM

Die Durchsetzung dieser Aufgabe ist ein Grunderfordernis des offensiven und erfolgreichen Kampfes gegen den Feind.

Sie ist insbesondere zu richten auf

- das Erzielen operativ bedeutsamer Arbeitsergebnisse,
- das Verhindern des Eindringens des Feindes in den IM-Bestand, das rechtzeitige Aufspüren und Entlarven von Doppelagenten sowie anderen feindlich-negativen Elementen,
- die Gewährleistung des Schutzes, der Konspiration und größtmöglichen Sicherheit der IM sowohl bei der Realisierung der zu lösenden politisch-operativen Aufgaben als auch im persönlichen Leben,
- die Entwicklung eines engen Vertrauensverhältnisses der IM zu den IM-führenden Mitarbeitern und zum MfS insgesamt.

Die Leiter der operativen Diensteinheiten und mittleren leitenden Kader haben zu gewährleisten, daß die Erfordernisse der Wachsamkeit und Geheimhaltung, des Schutzes, der Konspiration und Sicherheit strikt durchgesetzt, von jedem IM-führenden Mitarbeiter vorbildlich verwirklicht und dafür die entsprechenden Voraussetzungen geschaffen werden.

Es ist unduldsam gegen alle Verstöße gegen diese Erfordernisse vorzugehen. Deren Ursachen und Auswirkungen sind gründlich zu analysieren. Es sind Maßnahmen zu ihrer konsequenten Beseitigung bzw. Einschränkung zu treffen.

Die Durchsetzung der Erfordernisse einer hohen Wachsamkeit und Geheimhaltung in der Arbeit mit den IM sowie des Schutzes, der Konspiration und Sicherheit der IM erfordern:

- die ständige politisch-ideologische Erziehung und praktische Befähigung der IM-führenden Mitarbeiter und IM zum bewußten Einhalten der Regeln der Konspiration, zur Geheimhaltung und Wachsamkeit sowie das Herausbilden der dafür notwendigen tschekistischen Einstellungen;
- das gründliche Erläutern der Verhaltenslinien zur Durchführung der Aufträge und zur Gewährleistung des Schutzes, der Konspiration und Sicherheit der IM, vor allem die qualifizierte Arbeit mit operativen Legenden, operativen Kombinationen und operativen Spielen;
- die ständige Klärung der Frage «Wer ist wer?» im IM-Bestand, insbesondere zur Überprüfung der Ehrlichkeit und Zuverlässigkeit der IM und zum Verhindern von Doppelagententätigkeit;
- das rechtzeitige Erkennen von Gefahrenmomenten für den Schutz, die Konspiration und Sicherheit der IM;
- die Gewährleistung des zuverlässigen Quellenschutzes, insbesondere bei der Auswertung der von den IM erarbeiteten Informationen und Beweise sowie im Zusammenhang mit ihrem Herauslösen aus der Bearbeitung Operativer Vorgänge;
- den zweckmäßigen und differenzierten Einsatz operativer und operativtechnischer Mittel für den Schutz und die Gewährleistung der Konspiration und Sicherheit der IM;
- die Gewährleistung eines unter allen Lagebedingungen funktionsfähigen und operativ sicheren Verbindungssystems zwischen dem MfS und den IM;
- eine exakte Nachweisführung darüber, welche Mitarbeiter die IM persönlich kennen, wer Einsicht in die IM-Vorgänge genommen hat und welche KW bzw. KO von den IM aufgesucht wurden bzw. werden;
- die differenzierte Nutzung aller Möglichkeiten zum rechtzeitigen Erkennen der Pläne, Absichten, Maßnahmen, Mittel und Methoden des Feindes zur Enttarnung der IM.

Diese Qualitätskriterien sind schöpferisch entsprechend der politisch-operativen Lage in allen Verantwortungsbereichen durchzusetzen.

Eine wesentliche Voraussetzung dafür ist die allseitige und umfassende Nutzung der Möglichkeiten und Voraussetzungen der IM zur Lösung der politisch-operativen Gesamtaufgabenstellung des MfS.

Die Leiter der operativen Diensteinheiten und mittleren leitenden Kader haben zu sichern, daß die Möglichkeiten und Voraussetzungen der IM, operativ interessanten Verbindungen, Kontakte, Fähigkeiten und Kenntnisse der IM planmäßig erkundet, entwickelt, dokumentiert und auf der Grundlage der Einsatzrichtungen der IM voll zum Erreichen konkreter, abrechenbarer politisch-operativer Arbeitsergebnisse, insbesondere bei der Sicherung der politisch-operativen Schwerpunktbereiche und Bearbeitung der politisch-operativen Schwerpunkte, genutzt werden.

Dabei ist stets auch den Erfordernissen, die sich aus den Zielstellungen für die vorgangs- und personenbezogene Arbeit im und nach dem Operationsgebiet und aus den Zielstellungen für die Aufklärungstätigkeit des MfS ergeben, Rechnung zu tragen.

2. Die Funktionen der IM und die Anforderungen an ihre Tätigkeit

Die Vielfalt und Kompliziertheit der durch die IM zu lösenden politisch-operativen Aufgaben stellen qualitativ unterschiedliche Anforderungen an die IM und erfordern ihre zweckmäßige Konzentration auf die Realisierung bestimmter Funktionen.

Entsprechend diesen unterschiedlichen Funktionen der IM, den vorrangig durch sie zu bewältigenden politisch-operativen Aufgaben und den daraus resultierenden verschiedenartigen objektiven und subjektiven Anforderungen werden nachfolgende IM-Kategorien festgelegt.

2.1. IM zur politisch-operativen Durchdringung und Sicherung des Verantwortungsbereiches (IMS)

Das sind IM, die wesentliche Beiträge zur allseitigen Gewährleistung der inneren Sicherheit im Verantwortungsbereich leisten, in hohem Maße vorbeugend und schadensverhütend wirken und mithelfen, neue Sicherheitserfordernisse rechtzeitig zu erkennen sowie durchzusetzen. Ihre Arbeit muß der umfassenden, sicheren Einschätzung und Beherrschung der politisch-operativen Lage im Verantwortungsbereich und der Weiterführung des Klärungsprozesses «Wer ist wer»? dienen.

Sie sind einzusetzen zum

- Erarbeiten von Informationen, um jene Bereiche, Prozesse, Personen und Personenkreise im Verantwortungsbereich zu erkennen und zu sichern, die für die allseitige Erfüllung der sicherheitspolitischen Aufgaben von besonderer Bedeutung sind, insbesondere in den politisch-operativen Schwerpunktbereichen,
- Erarbeiten und Klären von Hinweisen auf feindlich-negative Handlungen bzw. operativ bedeutsamen Anhaltspunkten entsprechend meiner Richt-

linie Nr. 1/71 bzw. zum Erarbeiten von Ausgangsmaterialien für Operative Vorgänge entsprechend meiner Richtlinie Nr. 1/76,

- Feststellen und Aufklären von Gefahren, operativ bedeutsamen Vorkommnissen und Sachverhalten, damit im Zusammenhang stehenden Personen sowie der Entstehungsursachen für schädigende Ereignisse,
- Durchführen von Teilaufgaben in der Bearbeitung Operativer Vorgänge,
- Erarbeiten von Hinweisen zu Personen bzw. Personenkreisen, auf die sich der Feind konzentriert und über die er seine Pläne, Absichten und Maßnahmen durchzusetzen versucht (Zielgruppen), sowie zu Möglichkeiten des Feindes, auf diese Personen bzw. Personenkreise Einfluß zu nehmen und wirksam zu werden,
- Realisieren politisch-operativer Sicherungsmaßnahmen wie Sicherheitsüberprüfungen, Kontrollmaßnahmen zur Sicherung operativ bedeutsamer und interessierender Personen,
- Mitwirken bei Aktionen und Einsätzen,
- Feststellen und Aufklären von operativ bedeutsamen Verletzungen der sozialistischen Gesetzlichkeit, Sicherheit, Ordnung und Disziplin,
- Erkennen und Beseitigen begünstigender Bedingungen und Umstände sowie Einleiten und Realisieren weiterer vorbeugender und schadensverhütender Maßnahmen,
- Lösen von Teilaufgaben der operativen Fahndung, Ermittlung und Beobachtung,
- Erarbeiten von Hinweisen auf weitere politisch-operativ nutzbare Kontakte, Verbindungen und Möglichkeiten für die vorgangs- und personenbezogene Arbeit im und nach dem Operationsgebiet.

Wesentliche Anforderungen an IMS sind:

- objektive Möglichkeiten zur Erfüllung ihrer Aufgaben wie berufliche oder gesellschaftliche Tätigkeit und Stellung und daraus resultierende Pflichten und Rechte, Kontakte, Verbindungen und Einflußmöglichkeiten sowie erforderliche verfügbare Zeit;
- charakterliche und politisch-moralische Eigenschaften, die stabile Bindungen an das MfS und eine langfristige, ehrliche Zusammenarbeit gewährleisten;
- Fähigkeiten zum Umgang mit Menschen sowie Lebenserfahrungen;
- Einstellungen und Fähigkeiten zur Wahrung der Konspiration und Geheimhaltung sowie zur legendierten und konspirativen Auftragserfüllung bzw. zur Anwendung operativer Mittel und Methoden;
- Kenntnisse über die gesellschaftlichen Verhältnisse im Einsatzbereich und
- darauf beruhende Fähigkeiten zum Erkennen operativ bedeutsamer Sachverhalte, Erscheinungen und Handlungen sowie zur Erarbeitung operativ bedeutsamer Informationen.

2.2. IM der Abwehr mit Feindverbindung bzw. zur unmittelbaren Bearbeitung im Verdacht der Feindtätigkeit stehender Personen (IMB)

Das sind IM, die unmittelbar und direkt an feindlich tätigen Personen oder im Verdacht der Feindtätigkeit stehenden Personen arbeiten, deren Vertrauen besitzen, in ihre Konspiration eingedrungen sind und auf dieser Grundlage Kenntnis von deren Plänen, Absichten, Maßnahmen, Mitteln und Methoden erhalten, operativ bedeutsame Informationen und Beweise erarbeiten sowie andere Aufgaben zur Bekämpfung subversiver Tätigkeit sowie zum Zurückdrängen der sie begünstigenden Bedingungen und Umstände lösen.
Der Einsatz von IMB erfolgt vorrangig:
1. zum Eindringen in die Konspiration feindlicher Stellen und Kräfte;
Dadurch ist zu erreichen:
- Aufklärung der Angriffsrichtungen des Feindes, der Mittel und Methoden der subversiven Tätigkeit, insbesondere der Informationsgewinnung durch den Feind;
- Aufklärung des Vorgehens des Feindes bei der Schaffung von Stützpunkten und Agenturen;
- Aufdeckung seines Verbindungssystems, dessen Funktionsweise, einschließlich der angewandten technischen Mittel;
- Erkennen, Identifizieren und Aufklären von Mitarbeitern feindlicher Stellen sowie offensive Bearbeitung erkannter Mitarbeiter im Operationsgebiet;
- Aufdeckung und Aufklärung der unter Mißbrauch legaler Positionen in der DDR betriebenen subversiven Tätigkeit;
- Aufdeckung, Aufklärung und Dokumentierung von Verletzungen völkerrechtlicher Verträge und Vereinbarungen durch feindlich-negative Kräfte;
- Durchführung operativer Spiele und anderer Maßnahmen zur Desinformation, Zersetzung und Zerschlagung.

Wesentliche Anforderungen dazu sind:
- berufliche oder gesellschaftliche Tätigkeit und Stellung, Verbindungen und Einflußmöglichkeiten, die für feindliche Stellen und Kräfte interessant sind und die es den IM ermöglichen, zur Erfüllung ihrer Aufgaben auch außerhalb ihres eigentlichen Wirkungsbereiches bzw. überörtlich tätig zu werden;
- die nachweisbar feste Bindung an das MfS, unbedingte Ehrlichkeit und Zuverlässigkeit, Ausdauer, Standhaftigkeit, insbesondere gegenüber dem ideologischen Druck des Feindes und seinen Korruptionsversuchen, Risikobereitschaft und Mut;
- Fähigkeiten zur konspirativen Arbeit, insbesondere zum Herstellen von Kontakten und vertraulichen Beziehungen und zur Anwendung operativer Legenden;
- Einschätzungs- und Reaktionsvermögen und ein solcher Grad von Selbständigkeit, um als Einzelkämpfer politisch-operativ richtig zu handeln;

- moralische, bildungsmäßige und intellektuelle Eigenschaften, die ein überlegtes und besonnenes Auftreten beim persönlichen Zusammentreffen mit dem Feind bzw. bei Konfrontation mit Polizei-, Staatsschutz- und Justizorganen im Operationsgebiet ermöglichen;
- Regimekenntnisse entsprechend den zu lösenden politisch-operativen Aufgaben.

2. zur unmittelbaren Bearbeitung im Verdacht der Feindtätigkeit stehender Personen gemäß meiner Richtlinie Nr. 1/76;
Dadurch ist zu erreichen:

- Erarbeiten operativ bedeutsamer Informationen und Beweise zu den objektiven und subjektiven Tatbestandsmerkmalen sowie zur allseitigen tatbestandsbezogenen Aufklärung der Täterpersönlichkeit mit dem Ziel des Nachweises des dringenden Verdachts von Straftaten, insbesondere von Staatsverbrechen;
- Einleiten und Realisieren vorbeugender und schadensverhütender Maßnahmen unter Ausnutzung der vertraulichen Beziehungen zum Verdächtigen, insbesondere zum
  Verhindern feindlich-negativer Handlungen mit großer Gesellschaftsgefährlichkeit wie Terror und anderer Gewaltverbrechen sowie solcher mit großer Öffentlichkeitswirksamkeit,
  Hervorrufen sowie Ausnutzen und Verstärken solcher Widersprüche bzw. Differenzen zwischen feindlich-negativen Kräften, durch die sie zersplittert, gelähmt, desorganisiert und isoliert und ihre feindlich-negativen Handlungen einschließlich deren Auswirkungen verhindert, wesentlich eingeschränkt oder gänzlich unterbunden werden,
  Feststellen der Reaktion des Verdächtigen auf vorbeugende, schadensverhütende Maßnahmen und zum Sichern entsprechender Beweise;
- Aufklärung feindlicher Stellen und Kräfte, insbesondere zur
  möglichst umfassenden Identifizierung und Aufklärung dieser, ihrer Pläne, Absichten, Maßnahmen, Mittel und Methoden sowie der Personen, die von ihnen in die feindliche Tätigkeit einbezogen werden bzw. deren Einbeziehung beabsichtigt ist,
  Nachweisführung der feindlichen Tätigkeit – Schaffung und Sicherung von inoffiziellen und offiziellen Beweismitteln,
  unmittelbaren persönlichen Einflußnahme auf feindliche Kräfte, um dadurch subversive Handlungen zurückzudrängen, materielle und ideelle Schäden zu verhindern oder in anderer Weise zur Vorbeugung und Schadensverhütung beizutragen.

Wesentliche Anforderungen dazu sind:

- berufliche oder gesellschaftliche Tätigkeit und Stellung, Verbindungen, Einflußmöglichkeiten, örtlicher oder zeitlicher Aktionsradius oder spezifische Persönlichkeitsmerkmale, die für die zu bearbeitenden Personen von Interesse sind;
- in der politisch-operativen Arbeit bewiesene charakterliche und politisch-

moralische Eigenschaften wie Mut, Standhaftigkeit gegenüber feindlich-negativen Einflüssen, Einsatzbereitschaft, Risikobereitschaft, Treue und feste Bindung an das MfS;
- objektive Voraussetzungen und Fähigkeiten, sich unauffällig ins Blickfeld der zu bearbeitenden Personen zu bringen, zu ihnen Kontakt herzustellen und ihr Vertrauen zu erwerben;
- den zu bearbeitenden Personen möglichst ebenbürtig oder überlegen zu sein;
- Beherrschung der Arbeit mit operativen Legenden und richtige Reaktion auf Überprüfungsmaßnahmen des Feindes;
- Einschätzungs- und Reaktionsvermögen, um entsprechend dem Auftrag und der Verhaltenslinie operativ richtig und schnell zu entscheiden und zu handeln;
- ausreichende und konkrete Kenntnisse über den Feind, über die zu klärenden Straftatbestände sowie Spezialkenntnisse entsprechend dem Delikt.

2.3. IM zur Führung anderer IM und GMS (Führungs-IM bzw. FIM)

Das sind IM, die im Auftrag des MfS andere, ihnen übergebene IMS, IM-Ermittler, IM-Beobachter, IMK und GMS führen.

Ihr Einsatz und der Einsatz der ihnen übergebenen IM und GMS hat vorrangig zur komplexen politisch-operativen Sicherung von Bereichen, Territorien, Objekten und Personenkreisen zu erfolgen.
Sie sind einzusetzen zum
- Lösen von Aufgaben der Zusammenarbeit mit den ihnen übergebenen IM und GMS entsprechend den Grundsätzen unter Ziffern 3. bzw. 7. dieser Richtlinie und den ihnen dazu erteilten Vorgaben bzw. übertragenen Rechten und Pflichten. Das betrifft die relativ selbständige Erziehung und Befähigung, die Auftragserteilung und Instruierung, die qualifizierte Trefftätigkeit und Verbindungshaltung, die Gewährleistung des Schutzes, der Konspiration und Sicherheit der übergebenen IM und GMS sowie die Realisierung von Teilaufgaben zu deren Überprüfung,
- eigenständigen Erarbeiten operativ bedeutsamer Informationen entsprechend ihren objektiven Voraussetzungen und subjektiven Möglichkeiten bzw. zum differenzierten Mitwirken an der Lösung politisch-operativer Aufgaben, insbesondere zur Vorbeugung und Einschränkung feindlicher Tätigkeit,
- Realisieren von Teilaufgaben bei der Gewinnung von IM und GMS.

Die Entwicklung und der Einsatz der FIM und der ihnen übergebenen IM zur Lösung weitergehender Aufgaben bedarf der sorgfältigen Prüfung und Entscheidung durch die Leiter der Abteilungen, KD/OD bzw. deren Stellvertreter.
Wesentliche Anforderungen an FIM sind:
- eine solche berufliche oder gesellschaftliche Tätigkeit und Stellung sowie

Belastbarkeit, die für einen längeren Zeitraum die Gewähr für eine konspirative Arbeit bieten einschließlich der dazu erforderlichen Zeit;
- ein fester Klassenstandpunkt, ein klares Feindbild sowie Grundkenntnisse des Marxismus-Leninismus, um die Strategie und Taktik der Partei zu verstehen;
- die in der bisherigen politisch-operativen Arbeit unter Beweis gestellte Zuverlässigkeit, Ehrlichkeit und ein ausgeprägtes Verantwortungsbewußtsein;
- Erfahrungen und Fähigkeiten in der Erziehung und Führung von Menschen;
- ausreichende politisch-operative Erfahrungen und Ausbildung in der Arbeit als IM, vor allem in der Beherrschung der Regeln der Konspiration;
- Einschätzungs- und Urteilsfähigkeit, geistige Beweglichkeit sowie Selbständigkeit und Ausdauer;
- Kenntnisse über die zu sichernden Bereiche, Territorien, Objekte und Personenkreise.

FIM dürfen in der Regel keine aktiven Verbindungen in das Operationsgebiet haben.

Die Leiter der Abteilungen, KD/OD bzw. deren Stellvertreter haben zu sichern, daß nur überprüfte, für die Zusammenarbeit mit FIM geeignete IM und GMS, deren bisherige politisch-operativen Arbeitsergebnisse das belegen, übergeben werden. Sie haben weiterhin die Anzahl und die Zusammensetzung der zu übergebenden IM und GMS sowie die Nutzung von KW für jeden FIM individuell festzulegen und darüber einen exakten Nachweis zu gewährleisten.

2.4. IM für einen besonderen Einsatz (IME)

Das sind IM, die zur Lösung spezieller politisch-operativer Aufgaben eingesetzt werden.
Dazu gehören vor allem:
- IM in verantwortlichen Positionen in staatlichen und wirtschaftsleitenden Organen, Betrieben, Kombinaten und Einrichtungen sowie gesellschaftlichen Organisationen, die zur Herausarbeitung und Durchsetzung bedeutsamer Sicherheitserfordernisse, zum Erarbeiten operativ bedeutsamer Informationen über die Lage im Verantwortungsbereich sowie zur Legendierung operativer Kräfte, Mittel und Methoden des MfS wirksam werden (IM in Schlüsselpositionen);
- IM, die auf Grund ihrer politisch-operativen Erfahrungen und fachspezifischen Kenntnisse vorwiegend eingesetzt werden zum Einschätzen und Begutachten komplizierter Sachverhalte, zum Erarbeiten und Beurteilen von Beweisen, zur Klärung der Ursachen operativ bedeutsamer Vorkommnisse, des Umfangs der schädigenden Auswirkungen, des Kausalzusammenhanges zwischen Handlungen und Folgen, der Qualifikation Verdächtiger usw. (Experten-IM);
- IM, die ausschließlich oder überwiegend zur Durchführung operativer Be-

obachtungen und operativer Ermittlungen eingesetzt werden (IM-Beobachter und IM-Ermittler).

Wesentliche Anforderungen an IME sind:
- eine solche berufliche oder gesellschaftliche Tätigkeit und Stellung sowie solche Verbindungen, Einflußmöglichkeiten und anderen Voraussetzungen, die unter Nutzung vorhandener oder zu schaffender Möglichkeiten und Voraussetzungen die Gewähr bieten, die vorgesehenen Aufgaben zu lösen;
- gefestigte ideologische Positionen, Treue und Ergebenheit gegenüber der Partei der Arbeiterklasse und dem sozialistischen Staat;
- feste Bindungen an das MfS sowie unbedingte Zuverlässigkeit und Ehrlichkeit;
- ein hohes Maß an Erfahrungen in der konspirativen Arbeit;
- fachspezifische Kenntnisse und politisch-operative Fähigkeiten.

Entsprechend den den IME zu übertragenden politisch-operativen Aufgaben sind die dazu notwendigen konkreten Anforderungen herauszuarbeiten und durch die Leiter der Abteilungen, KD/OD bzw. deren Stellvertreter zu bestätigen.

2.5. IM zur Sicherung der Konspiration und des Verbindungswesens (IMK)

Das sind IM, die zur Sicherung der Konspiration und des Verbindungswesens ihre oder von ihnen verwaltete
- Zimmer oder Wohnungen (IMK/KW – Konspirative Wohnung) oder
- Objekte (IMK/KO – Konspiratives Objekt)

dem MfS zur Durchführung von Treffs zur Verfügung stellen.

Das sind weiterhin IM, die dem MfS zur Aufrechterhaltung der konspirativen Verbindung mit den IM
- ihre offizielle Anschrift (IMK/DA – Deckadresse) zur Verfügung stellen;
- den Telefonanschluß (IMK/DT – Decktelefon) zur Verfügung stellen, Mitteilungen entgegennehmen und in festgelegter Weise dem operativen Mitarbeiter übergeben bzw.
- andere Aufgaben zur Gewährleistung und Unterstützung der Konspiration (IMK/S – Sicherung der Konspiration) übernehmen. Das sind Personen, die ständig oder zeitweilig in die Lösung politisch-operativer oder operativtechnischer Aufgaben zur Sicherung der Konspiration einbezogen werden.

Wesentliche Anforderungen an IMK sind:
- objektive Voraussetzungen für eine konspirative Arbeit;
- ein fester Klassenstandpunkt, Treue und Ergebenheit gegenüber der Partei der Arbeiterklasse und eine positive Einstellung zur inoffiziellen Tätigkeit des MfS;
- nachweisbare unbedingte Ehrlichkeit, Zuverlässigkeit und Verschwiegenheit;
- Beherrschung der Grundregeln der Konspiration, Voraussetzungen und Fä-

higkeiten zur konspirativen Aufrechterhaltung der Verbindung zum MfS unter allen Bedingungen der politisch-operativen Lage.

Die Leiter der Abteilungen, KD/OD bzw. deren Stellvertreter haben zu sichern, daß

- periodische Überprüfungen, vor allem hinsichtlich der Gewährleistung des Schutzes, der Konspiration und Sicherheit der IM, durchgeführt und bei Hinweisen auf Dekonspiration oder Gefahren für die Konspiration Entscheidungen über die weitere Zusammenarbeit getroffen werden,
- die festgelegten Maßnahmen zur Legendierung unter Einbeziehung und Nutzung der Möglichkeiten der IMK selbst systematisch und gewissenhaft durchgesetzt werden,
- nur überprüfte und zuverlässige IM in einer den objektiven Bedingungen entsprechenden und vertretbaren Anzahl in den KW/KO getroffen werden und darüber eine konkrete Dokumentation erfolgt.

2.6. Der Einsatz hauptamtlicher IM

Hauptamtliche IM sind zuverlässige und überprüfte IM, mit denen auf Grund ihrer besonderen Fähigkeiten und Voraussetzungen zur Lösung spezieller politisch-operativer Aufgaben auf dem Territorium der DDR oder anderer Staaten bzw. Gebiete eine Vereinbarung über einen langfristigen Einsatz abgeschlossen wurde und die für diese Tätigkeit fortlaufend vom MfS finanziell und sozial versorgt werden.

In der Arbeit mit hauptamtlichen IM ist besonders zu gewährleisten:

- das konspirative Herauslösen der dafür vorgesehenen IM bzw. IM-Kandidaten aus ihrem bestehenden Arbeitsrechts- bzw. Dienstverhältnis;
- die dauerhafte Legendierung der konspirativen Tätigkeit, vor allem durch die Schaffung und Aufrechterhaltung eines stabilen Scheinarbeitsverhältnisses;
- die Konspirierung der Arbeits- bzw. Unterkunftsräume in Übereinstimmung mit dem Scheinarbeitsverhältnis sowie der zuverlässige Schutz notwendiger konspirativer Dokumente und operativ-technischer Mittel;
- die ständige Überprüfung sowie politisch-ideologische und fachlich-tschekistische Erziehung und Befähigung, vor allem hinsichtlich ihrer Ehrlichkeit und Zuverlässigkeit gegenüber dem MfS;
- die ständige Vervollkommnung und Aufrechterhaltung eines unter allen politisch-operativen Lagebedingungen funktionssicheren Verbindungssystems.

Die Leiter der HA/selbst. Abteilungen und BV/V haben nach gründlicher Prüfung aller Voraussetzungen, der politisch-operativen Notwendigkeit, der konkreten politisch-operativen Lage im Verantwortungsbereich, den gegenwärtigen und perspektivischen politisch-operativen Schwerpunktbereichen und Schwerpunkten sowie weiterer politisch-operativer Erfordernisse über die

Gewinnung und den Einsatz hauptamtlicher IM zu entscheiden. Dabei sind strenge Maßstäbe anzulegen.

Die finanzielle Sicherstellung und soziale Betreuung hauptamtlicher IM des MfS haben gemäß der 2. Durchführungsbestimmung zu dieser Richtlinie zu erfolgen.

3. Die politisch-operativ wirksame Zusammenarbeit mit den IM

Die Zusammenarbeit mit den IM ist auf das Erreichen hoher politisch-operativer Arbeitsergebnisse bei Gewährleistung der Wachsamkeit und Geheimhaltung in der Arbeit mit den IM sowie des Schutzes, der Konspiration und Sicherheit der IM entsprechend den unter Ziffer 1. dieser Richtlinie fixierten Qualitätskriterien auszurichten.

Der Hauptweg dafür ist die Intensivierung der individuellen Zusammenarbeit mit den IM auf der Grundlage langfristiger konzeptioneller Vorstellungen über ihren Einsatz und ihre Entwicklung sowie des für sie erarbeiteten konkreten Anforderungsbildes.

3.1. Die Erziehung und Befähigung der IM

Die politisch-ideologische und fachlich-tschekistische Erziehung und Befähigung der IM hat ständig, planmäßig und differenziert zu erfolgen.

Sie ist auf die Entwicklung erforderlicher innerer Voraussetzungen bei den IM auszurichten, damit sie bereit und in der Lage sind, unter allen politisch-operativen Lagebedingungen einschließlich der vorgangs- und personenbezogenen Arbeit im und nach dem Operationsgebiet Informationen mit hoher operativer Bedeutsamkeit zu erarbeiten, im Interesse notwendiger gesellschaftlicher Veränderungen aktiv und selbständig zu wirken und die Konspiration, Geheimhaltung und Wachsamkeit in ihrem Handeln durchzusetzen.

Es ist zu sichern, daß die Erziehung und Befähigung der IM insbesondere bei den Treffs erfolgt. Dabei sind folgende Grundsätze zu beachten:

- Die Erziehung und Befähigung hat differenziert, der Individualität der jeweiligen IM angepaßt, zu erfolgen.
  Das erfordert insbesondere die Beachtung der politisch-operativen Kenntnisse und Erfahrungen der IM, ihrer gesellschaftlichen Stellung und Verantwortung, ihrer ideologischen Grundposition und ihrer Motive für die Zusammenarbeit mit dem MfS sowie der sozialen Umweltbedingungen, speziell der Bedingungen, unter denen sie gegenwärtig und künftig ihre politisch-operativen Aufgaben zu lösen haben.

- Die IM sind anhand der durch sie zu lösenden politisch-operativen Aufgaben, insbesondere im Zusammenhang mit der Auftragserteilung und Instruierung sowie der Berichterstattung, zu erziehen und zu befähigen. Das hat vor allem durch ihre aktive Einbeziehung in die Beratung der Aufträge sowie ihre Mitarbeit bei der Ausarbeitung und Konkretisierung der erforderlichen Verhaltenslinien und operativen Legenden zu erfolgen.
- Die IM-führenden Mitarbeiter haben ihre eigene Vorbildwirkung so zu nutzen, daß damit bewußte erzieherische Wirkungen ausgelöst werden.
- Die Erziehung und Befähigung der IM ist durch eine klug abgestimmte Arbeit mit Lob und Anerkennung sowie Kritik zu verbinden.

3.1.1. Die politisch-ideologische Erziehung der IM und die Vermittlung eines aufgabenbezogenen Feindbildes

Die politisch-ideologische Erziehung der IM sowie die Vermittlung eines realen und aufgabenbezogenen Feindbildes an die IM sind insbesondere zu richten auf die Entwicklung eines festen Klassenstandpunktes, ihres politisch bewußten Handelns, ihrer Einsatzbereitschaft und Beharrlichkeit bei der Lösung ihnen übertragener politisch-operativer Aufgaben sowie ihrer Standhaftigkeit gegenüber feindlich-negativen Einflüssen.

Die IM-führenden Mitarbeiter haben sich dabei zu konzentrieren auf:

- das Entwickeln der Überzeugung von der Notwendigkeit des Schutzes der DDR und der sozialistischen Errungenschaften sowie des sicherheitspolitischen Denkens der IM;
- das Schaffen von Einsichten in den humanistischen und patriotischen Charakter der politisch-operativen Arbeit und der Zusammenarbeit mit dem MfS sowie das Auseinandersetzen mit Tendenzen ihrer Diskriminierung;
- das aktive Auseinandersetzen mit den IM über solche feindlichen Theorien und Auffassungen, mit denen sie selbst in Berührung kommen;
- die Vermittlung auf die Einsatzrichtung und die Persönlichkeit der IM ausgerichteter differenzierter Kenntnisse über den Feind, insbesondere über
  - das aggressive Wesen der imperialistischen Kräfte, vor allem der BRD, deren langfristige und aufeinander abgestimmte Pläne,
  - die konkreten Ausgangspunkte, Angriffsrichtungen, Mittel und Methoden sowie Erscheinungsformen subversiver Tätigkeit im Wirkungsbereich der IM,
  - solche Objekte, Bereiche, Personenkreise und Personen, die durch Feindangriffe besonders gefährdet sind;
- die Anerziehung solcher Überzeugungen, Wertungen und Gefühle wie die politisch-ideologische, moralische und rechtliche Verurteilung des Feindes und seines skrupellosen Vorgehens, Abscheu und Haß gegen den Feind, die Überzeugung, daß auch solche politisch-operativen Aufgaben der Feindbekämpfung dienen, bei denen das nicht offensichtlich ist.

3.1.2. Die Festigung der Bereitschaft der IM zur Erfüllung der politisch-operativen Aufgaben

Diese Aufgabe ist entsprechend der Entwicklung der politisch-operativen Lage, den sich verändernden politisch-operativen Aufgaben und der persönlichen Entwicklung der IM ständig zu stellen und zu realisieren.

In den Mittelpunkt sind dabei zu stellen:

- das Vertiefen der Einsicht in die Notwendigkeit und den Nutzen der Zusammenarbeit mit dem MfS und der übertragenen politisch-operativen Aufgaben;
- das Festigen grundsätzlicher und auf die jeweiligen Mitarbeiter bezogener Haltungen, die eine volle, rückhaltlose Identifikation der IM mit den politisch-operativen Aufgaben des MfS beinhalten;
- das Entwickeln gesellschaftlich wertvoller Motive für eine dauerhafte konspirative Zusammenarbeit mit dem MfS auf der Grundlage ideologischer Einsichten, des Pflichtbewußtseins oder der Wiedergutmachung;
- die engere Bindung der IM an das MfS und die Vertiefung des Vertrauensverhältnisses zwischen IM und Mitarbeiter, das richtige Reagieren auf persönliche Probleme der IM;
- das Schaffen von Erfolgserlebnissen für die IM sowie die Vertiefung der Einsicht und des Gefühls der Sicherheit und des Schutzes;
- das Beseitigen von Bedenken sowie Pflichten- oder Gewissenskollisionen bei den IM.

3.1.3. Die Erziehung und Befähigung der IM zur Wachsamkeit und Geheimhaltung und zur Wahrung der Konspiration

Die Erziehung und Befähigung der IM zur Wachsamkeit und Geheimhaltung und zur Wahrung der Konspiration ist inhaltlich auszurichten auf:

- das Vertrautmachen der IM mit den Regeln der Konspiration wie

  die ständige Selbstkontrolle und konsequente Vermeidung von Routine und Schematismus,

  das wirklichkeitsnahe und lebensechte Handeln auf der Grundlage geeigneter operativer Legenden und Kombinationen,

  das strikte Vermeiden und Verhindern der Preisgabe von operativen Kräften, Mitteln und Methoden des MfS durch übersteigertes Geltungsbedürfnis, Schwatzhaftigkeit, Abweichen vom Auftrag und von der Instruktion,

  die ständige Überprüfung der Verbindungen und Kontakte, die sowohl in der politisch-operativen Arbeit als auch im persönlichen Leben hergestellt bzw. gefestigt werden,

  das sichere Aufbewahren von operativen Dokumenten und Hilfsmitteln, die dem IM übergeben wurden, sowie

  die Beschränkung des eigenen politisch-operativen Wissens auf solche

Informationen, die zur Lösung der jeweiligen Aufgaben erforderlich sind;

- das Festigen der Bereitschaft der IM zur bewußten Durchsetzung der Regeln der Konspiration, insbesondere durch die Entwicklung bejahender Einstellungen zu diesen Erfordernissen, das Nutzen des persönlichen Sicherheitsbedürfnisses der IM und die Überwindung hemmender Verhaltensweisen und Persönlichkeitseigenschaften bei den IM;
- das Entwickeln von Fähigkeiten und Fertigkeiten zur Durchsetzung der Regeln der Konspiration, vor allem durch ständige praktische Demonstration und Übung.

3.1.4. Die Entwicklung erforderlicher politisch-operativer Fähigkeiten der IM

Die IM sind so zu erziehen und zu befähigen, daß sie im Rahmen der ihnen erteilten Aufträge und Instruktionen selbständig aktiv und schöpferisch politisch-operativ richtig handeln und in der Lage sind,

- feindlich-negative Personen und Handlungen rechtzeitig zu erkennen, weiter aufzuklären bzw. zu bearbeiten,
- vertrauliche Beziehungen zu operativ interessierenden Personen herzustellen und auszubauen,
- eigene Ideen und Initiativen zur Nutzung politisch-operativ günstiger Möglichkeiten bei der Realisierung von Aufträgen, zur Gewinnung operativ bedeutsamer Informationen sowie bei der Überwindung auftretender Schwierigkeiten zu entfalten,
- Personen und Situationen objektiv und sachlich einzuschätzen, zu beurteilen und entsprechend politisch-operativ richtig zu reagieren,
- operative Legenden selbständig zu entwickeln und anzuwenden.

In Abhängigkeit von der konkret zu lösenden Aufgabe sowie der Persönlichkeit der IM ist zu entscheiden, inwieweit es politisch-operativ notwendig ist, den IM noch weitere spezifische Kenntnisse und Fähigkeiten zu vermitteln bzw. anzuerziehen.

Die Leiter der operativen Diensteinheiten und mittleren leitenden Kader haben zu sichern, daß die IM-führenden Mitarbeiter zur Durchsetzung dieser Aufgaben politisch-ideologisch, fachlich-tschekistisch sowie methodisch vorbereitet und befähigt werden, ihre Überzeugungen, Kenntnisse und Fähigkeiten in differenzierter und psychologisch richtiger Art und Weise an die IM zu vermitteln.

3.2. Die personen- und sachbezogene Auftragserteilung und Instruierung der IM auf der Grundlage konkreter Einsatzrichtungen

Die Auftragserteilung und Instruierung der IM sind vor allem auszurichten auf die konspirative Gewinnung operativ bedeutsamer Informationen und Beweise sowie auf die konspirative Einleitung und Realisierung vorbeugender und schadensverhütender Maßnahmen mit einer hohen politisch-operativen Wirksamkeit entsprechend Ziffern 1.1. und 1.2. dieser Richtlinie.

Zur Gewährleistung einer kontinuierlichen und zielgerichteten Auftragserteilung und Instruierung der IM sind für jeden IM individuelle Einsatzrichtungen auszuarbeiten.

Diese haben die durch die jeweiligen IM entsprechend ihren realen Möglichkeiten in einem relativ längeren Zeitraum vorrangig zu lösenden politisch-operativen Aufgaben und zu gewinnenden operativ bedeutsamen Informationen zu enthalten.

Bei ihrer Bestimmung ist auszugehen von

- den im Verantwortungsbereich zu lösenden politisch-operativen Aufgaben und dem dazu erforderlichen Informationsbedarf,
- der politisch-operativen Lage und den jeweils spezifischen Einsatzbedingungen,
- den bei den IM vorhandenen bzw. zu entwickelnden objektiven und subjektiven Voraussetzungen, vor allem den sich aus der beruflichen und gesellschaftlichen Stellung, ihrer Parteizugehörigkeit usw. ergebenden Rechten und Pflichten,
- den in meiner Richtlinie Nr. 1/76 und in anderen zentralen dienstlichen Bestimmungen und Weisungen festgelegten generellen Einsatzrichtungen für IM,
- den Erfordernissen der Wachsamkeit, Geheimhaltung und Konspiration.

Die individuellen Einsatzrichtungen sind von den IM-führenden Mitarbeitern zu erarbeiten und durch die gemäß Ziffer 4.2.3. dieser Richtlinie zur Bestätigung der Werbungsvorschläge berechtigten Leiter zu bestätigen. Für hauptamtliche IM und IMB kann das Recht zur Bestätigung der Einsatzrichtungen unterstellten Leitern übertragen werden.

Durch die unmittelbare persönliche Einflußnahme der Leiter der operativen Diensteinheiten und vor allem der mittleren leitenden Kader auf die Vorbereitung und Durchführung der Treffs ist zu gewährleisten, daß die IM konkrete, abrechenbare personen- und sachbezogene Aufträge sowie die erforderlichen Verhaltenslinien erhalten.

Grundsätze für die Auftragserteilung und Instruierung:

- Die Auftragserteilung an die IM hat in zweckmäßiger Abstimmung mit dem Einsatz anderer operativer Kräfte sowie operativer Mittel und Methoden und entsprechend der beim Treff zu erwartenden Berichterstattung zu erfolgen.
- Die IM sind mit dem Inhalt und der Zielstellung der Aufträge vertraut zu

machen. Das hat entsprechend den politisch-operativen Erfordernissen und der Persönlichkeit der IM differenziert zu erfolgen. Die Zielstellung der Aufträge ist bei vorliegender Notwendigkeit zu legendieren.

- Die IM müssen für die Erfüllung der Aufträge geeignete Verhaltenslinien einschließlich operativer Legenden erhalten. Dabei sind der politisch-operative Handlungsspielraum und die Grenzen für das selbständige Handeln der IM exakt zu bestimmen.
- Die IM sind aktiv in die Erläuterung der Aufträge sowie in die Erarbeitung der erforderlichen Verhaltenslinien und operativen Legenden einzubeziehen. Dabei sind die spezifischen Kenntnisse und politisch-operativen Erfahrungen der IM bewußt zu fordern und zu nutzen.
- Den IM sind die zur selbständigen Durchführung der Aufträge und zur Gewährleistung ihres Schutzes, ihrer Konspiration und Sicherheit notwendigen Informationen zu übermitteln.
- Die Auftragserteilung und Instruierung der IM ist bewußt und zielgerichtet für ihre Erziehung und Befähigung zu nutzen.

In Abhängigkeit von der Bedeutung der zu lösenden politisch-operativen Aufgaben, den damit verbundenen Gefahren für den Schutz, die Konspiration und Sicherheit der IM, von der Persönlichkeit und dem Stand der Erziehung und Befähigung der IM u. a. sind Festlegungen über die Form (mündlich oder schriftlich) der Auftragserteilung und Instruierung zu treffen.

Schriftlich erteilte Aufträge sind von den IM zu unterzeichnen.

Es ist zu gewährleisten, daß über die erteilten Aufträge, die gegebenen Verhaltenslinien sowie die erreichten politisch-operativen Arbeitsergebnisse in den IM-Vorgängen ein exakter Nachweis geführt wird.

3.3. Die Berichterstattung der IM

Die Berichterstattung der IM beim Treff hat sich inhaltlich zu erstrecken auf

- erreichte politisch-operative Arbeitsergebnisse der IM entsprechend den erteilten Aufträgen bzw. die Gründe ihrer Nichterfüllung,
- das Vorgehen der IM bei der Auftragsdurchführung, Abweichungen von den vereinbarten Verhaltenslinien und operativen Legenden sowie die Ursachen dafür,
- aufgetretene bzw. zu erwartende Gefahren für den Schutz, die Konspiration und Sicherheit der IM, weiterer operativer Kräfte sowie operativer Mittel und Methoden,
- Möglichkeiten bzw. Gefahren für das weitere Vorgehen zur Lösung der betreffenden politisch-operativen Aufgaben.

Im Zusammenhang mit der Berichterstattung sind die Möglichkeiten zur Erziehung und Befähigung, zur Einschätzung und Überprüfung der IM sowie zu ihrer allseitigen Abschöpfung bewußt zu nutzen.

Die Berichterstattung hat vorwiegend schriftlich zu erfolgen.

Zur Gewährleistung einer hohen Qualität, politisch-operativen Aussagekraft und Objektivität der Berichte der IM haben die IM-führenden Mitarbeiter folgende Aufgaben zu lösen:

- Durch konkrete Vorgaben und Fragestellungen sowie die ständige Erziehung und Befähigung der IM ist zu sichern, daß sie objektiv, unverfälscht, konkret und vollständig berichten.
  Das erfordert insbesondere die bewußte Arbeit mit den 8 W-Fragen (wann, wo, was, wie, womit, warum, wer, wen) sowie das Herausarbeiten von Möglichkeiten zur weiteren Vervollständigung und Komplettierung der Informationen.
- Durch eine erste qualifizierte Einschätzung der Informationen sind Widersprüche, Unklarheiten bzw. Lücken in der Berichterstattung der IM zu erkennen und durch konkrete Fragestellung an die IM bzw. durch weiterführende Aufträge oder andere Möglichkeiten zu beseitigen. Sie dürfen auf keinen Fall unbeachtet bleiben.
- Die in den Berichten enthaltenen Informationen sind bereits während des Treffs auf ihre Aufgabenbezogenheit sowie operative und rechtliche Bedeutsamkeit einzuschätzen. Daraus sind konkrete Festlegungen für die weitere Auftragserteilung und Instruierung sowie Erziehung und Befähigung abzuleiten.
- Durch gezielte Fragen an die IM sind die Informationen bereits weitgehend auf ihren Wahrheitsgehalt zu überprüfen. Dazu ist vor allem zu klären, wie sie in den Besitz der Informationen gelangt sind, welche Beziehung zwischen den IM und der betreffenden Person bzw. dem Sachverhalt bestehen und ob es sich dabei um Tatsachen oder um Vermutungen, Einschätzungen usw. handelt.
- Das Vorgehen der IM zur Erfüllung der gestellten Aufgaben ist einzuschätzen und zu bewerten. Dabei ist in differenzierter Weise mit Lob und Kritik zu arbeiten.

Die mittleren leitenden Kader haben zu sichern, daß die Berichte der IM rationell und zweckmäßig dokumentiert, ihre Informationen objektiv und unverfälscht wiedergegeben, rechtzeitig unter Gewährleistung des Quellenschutzes weitergeleitet werden und daß kein operativ bedeutsamer Hinweis verlorengeht.

3.4. Die Überprüfung der IM

Die Überprüfung der IM als eine ständige, planmäßige Aufgabe zur Klärung der Frage «Wer ist wer?» im IM-Bestand ist auszurichten auf das Feststellen und Prüfen

- der Ehrlichkeit und Zuverlässigkeit der IM sowie ihrer Konspiration und Sicherheit, insbesondere zum Verhindern des Eindringens des Feindes in den IM-Bestand und von Doppelagententätigkeit, sowie zum Vermeiden von Desinformationen,

- ihrer inneren Bindungen an das MfS und ihrer Standhaftigkeit gegenüber feindlich-negativen Einflüssen sowie von Möglichkeiten zur Stabilisierung dieser Eigenschaften der IM,
- ihrer politisch-operativen Kenntnisse und Fähigkeiten für die Lösung aktueller und perspektivischer Aufgaben und sich daraus ergebender neuer Perspektiven,
- neuer Möglichkeiten und Verbindungen der IM sowohl aus der Sicht ihrer politisch-operativen Nutzung als auch der Gewährleistung des Schutzes, der Konspiration und der Sicherheit der IM.

Durch die Leiter der operativen Diensteinheiten und mittleren leitenden Kader ist zu sichern, daß diese Aufgaben unter strikter Beachtung der Erfordernisse der Wachsamkeit, Geheimhaltung und Konspiration sowie durch den differenzierten Einsatz dafür geeigneter operativer Kräfte, Mittel und Methoden realisiert werden.
Dabei ist von folgenden Grundsätzen auszugehen:
1. Die Überprüfung der IM hat in erster Linie während der Treffs, bei der Auftragserteilung, Instruierung und Berichterstattung der IM, durch den Vergleich der politisch-operativen Arbeitsergebnisse mit den realen Möglichkeiten der IM zu erfolgen.

Es ist insbesondere zu sichern, daß festgestellte Anzeichen möglicher Unehrlichkeit und Unzuverlässigkeit wie z. B. Nichterfüllen von oder Ausweichen vor bestimmten Aufträgen, unbegründetes Abweichen von den vereinbarten Verhaltenslinien und operativen Legenden oder andere Verstöße gegen die Regeln der Konspiration, das bewußte Verschweigen operativ bedeutsamer Kontakte und Verbindungen der IM oder das Zurückhalten operativ bedeutsamer Informationen unbedingt geklärt werden.
Das erfordert vor allem festzustellen,
- ob es sich dabei um einmalige oder um wiederholte Erscheinungen handelt,
- wodurch die IM zu solchem Verhalten veranlaßt wurden,
- worin die Ursachen und die Motive der IM dafür bestehen und
- welche Möglichkeiten zu deren Beseitigung oder Veränderung vorhanden sind bzw. geschaffen werden können.

2. Bei vorliegender Notwendigkeit, vor allem zur Klärung von Anzeichen auf Unehrlichkeit und Unzuverlässigkeit, sind die Möglichkeiten bereits überprüfter, ehrlicher und bewährter IM zu nutzen. Das kann sich beziehen auf
- das Erarbeiten von Vergleichsinformationen,
- die operative Aufklärung und Kontrolle von Verbindungen der IM,
- die zeitweilige operative Kontrolle der IM im Arbeits-, Wohn- oder Freizeitbereich,
- das direkte persönliche Zusammenführen mit den zu überprüfenden IM,
- das Erarbeiten von Einschätzungen und Beurteilungen über diese IM.

Beim Einsatz von IM zur Überprüfung anderer IM sind hohe Anforderungen an die Wachsamkeit, Geheimhaltung und Konspiration, vor allem an die Arbeit mit qualifizierten operativen Legenden, zu stellen.

3. In Abhängigkeit von der Bedeutung der IM, ihrer Einsatzrichtung und politisch-operativen Perspektive, ihrer Persönlichkeit sowie den vorliegenden Anlässen und Zielen sind zur Überprüfung der IM differenziert zu nutzen:
- operative Legenden und Kombinationen, insbesondere zur Schaffung von Bewährungssituationen;
- operative Ermittlungen und Beobachtungen;
- Speicher der Diensteinheiten der Linien M, PZF, VI und anderer Diensteinheiten sowie
- operativ-technische und kriminal-taktische Mittel und Methoden.

4. Die Leiter der operativen Diensteinheiten und mittleren leitenden Kader haben zu gewährleisten, daß
- die Erfordernisse, Maßnahmen und Ergebnisse der Überprüfung gründlich eingeschätzt und zweckmäßig, ohne unnötigen administrativen Aufwand, in den IM-Vorgängen dokumentiert,
- die wahren Ursachen für ungenügende Arbeitsergebnisse, für Dekonspirationen der IM usw. aufgedeckt und die notwendigen Maßnahmen und Entscheidungen kontrollfähig festgelegt und durchgesetzt,
- ein prinzipienfestes Verhalten gegenüber IM, die gegen Rechtsvorschriften verstoßen, durchgesetzt sowie rechtzeitig die erforderlichen Schlußfolgerungen gezogen und realisiert

werden.

3.5. Die Trefftätigkeit mit den IM

Die Treffs mit den IM dienen der systematischen Verwirklichung der Ziele und Aufgaben der konspirativen Zusammenarbeit sowie der Aufrechterhaltung einer funktionssicheren Verbindung mit den IM. Sie haben unter strengster Wahrung der Erfordernisse einer hohen Wachsamkeit und Geheimhaltung in der Arbeit mit den IM sowie des Schutzes, der Konspiration und Sicherheit der IM zu erfolgen und der Individualität der IM und ihrer Beziehung zu den sie führenden Mitarbeitern zu entsprechen.

3.5.1. Die Vorbereitung der Treffs

Zur Gewährleistung einer konkreten personen- und sachbezogenen Auftragserteilung, Instruierung und Berichterstattung sowie einer wirksamen aufgabenbezogenen Erziehung, Befähigung und Überprüfung der IM ist jeder Treff gründlich vorzubereiten. Die Treffvorbereitung hat inhaltlich zu erfassen:
- die bei den Treffs zu erreichenden Ziele und Ergebnisse sowie neu zu erteilenden Aufträge;
- konkrete und begründete Vorstellungen zur Art und Weise der Auftragsdurchführung, zu verschiedenen Lösungsvarianten, Verhaltenslinien und operativen Legenden;

- die sich aus den Aufträgen und Verhaltenslinien ergebenden Anforderungen an die IM und damit verbundene Aufgaben der Erziehung und Befähigung der IM;
- konkrete Vorstellungen zum Erreichen der erforderlichen Bereitschaft der IM zur Realisierung der Aufträge und Verhaltenslinien sowie mögliche Einwände und Bedenken der IM;
- erforderliche Maßnahmen zur Gewährleistung des Schutzes, der Konspiration und Sicherheit der IM während der Treffs;
- Überlegungen hinsichtlich eines zweckmäßigen und wirksamen Treffverlaufs.

Die mittleren leitenden Kader haben – entsprechend der unterschiedlichen Bedeutsamkeit der Treffs – Festlegungen darüber zu treffen, für welche Treffs schriftliche Treffvorbereitungen zu erarbeiten sind und die IM-führenden Mitarbeiter dabei konkret anzuleiten und zu kontrollieren. Die Vorbereitung wichtiger Treffs ist mit den Leitern der operativen Diensteinheiten bzw. deren Stellvertretern entsprechend ihrer Verantwortlichkeit abzusprechen und von diesen zu bestätigen.

3.5.2. Die unmittelbare Durchführung der Treffs

Treffs sind in KW bzw. KO durchzuführen. Treffs an anderen Orten sind als Ausnahmen durch die Leiter der Abteilungen, KD/OD bzw. deren Stellvertreter zu bestätigen.

Es ist zu sichern, daß
- der Treffort rechtzeitig vor den IM durch die Mitarbeiter aufgesucht wird,
- Beobachtungen der IM bzw. der IM-führenden Mitarbeiter auf dem Weg zum und vom Treffort festgestellt und entsprechende Maßnahmen eingeleitet werden,
- die IMK die IM nicht näher als unvermeidbar kennenlernen,
- zur Abdeckung der Treffs in KW/KO glaubwürdige operative Legenden angewandt und in periodischen Abständen überprüft werden,
- die Treffs möglichst störungsfrei durchgeführt werden.

Bei der Treffdurchführung sind folgende Grundsätze zu beachten:
- Die IM-führenden Mitarbeiter müssen den IM gegenüber Vorbild sein, in allen Fragen einen klaren Klassenstandpunkt vertreten und die IM an Diskussionen bedeutsamer politischer und politisch-operativer Probleme heranführen.
- Bei zu treffenden Einschätzungen und Entscheidungen sind die Einstellungen der IM, ihre Bindungen an das MfS zu beachten. Bei persönlichen Problemen, Sorgen und Wünschen der IM sind gemeinsam Möglichkeiten der Hilfe zu beraten, um das Vertrauen der IM zum MfS zu festigen. Es sind jedoch keine nichterfüllbaren Versprechungen abzugeben.
- Die IM sind von den an sie zu stellenden Forderungen zu überzeugen. Auf Einwände und Bedenken der IM gegenüber Aufträgen, Verhaltenslinien

oder anderen Forderungen ist mit der erforderlichen Sachlichkeit, mit Verständnis und Einfühlungsvermögen, aber auch mit angemessener Konsequenz zu reagieren.

- Bei den IM ist das Bewußtsein der Sicherheit ständig zu vertiefen. Sie müssen erkennen, daß keine außenstehende Person von ihrer Zusammenarbeit mit dem MfS Kenntnis erhält und ihre Informationen ohne Gefährdung ihres Schutzes, ihrer Konspiration und Sicherheit ausgewertet werden.

Die Leiter der operativen Diensteinheiten und die mittleren leitenden Kader haben durch differenzierte Treffteilnahmen persönlichen Einfluß auf eine qualifizierte Trefftätigkeit zu nehmen.

Treffteilnahmen haben vor allem bei solchen IM zu erfolgen, die an bedeutsamen politisch-operativen Aufgaben mitwirken, die bestimmte Schwierigkeiten in der Zusammenarbeit bereiten sowie bei FIM. Treffteilnahmen sind auch bei jungen, politisch-operativ noch wenig erfahrenen Mitarbeitern notwendig.

Treffteilnahmen sind durch die Leiter der operativen Diensteinheiten bzw. mittleren leitenden Kader zu dokumentieren und mit den betreffenden IM-führenden Mitarbeitern gründlich auszuwerten.

Die Festlegungen über Treffteilnahmen gelten analog für IM-führende Mitarbeiter, bezogen auf FIM.

3.5.3. Die Auswertung der Treffs

Bei der Auswertung der Treffs ist zu überprüfen, inwieweit die gestellten Ziele erreicht wurden und welche weiteren politisch-operativen Maßnahmen festzulegen und einzuleiten sind.

Es ist vor allem zu sichern:

- die gründliche politisch-operative Einschätzung, Wertung und weitestgehende Überprüfung der politisch-operativen Arbeitsergebnisse der IM sowie der Art und Weise ihrer Erlangung entsprechend den Festlegungen unter Ziffer 3.3. dieser Richtlinie;
- das Festlegen und Einleiten erforderlicher und geeigneter Maßnahmen zur weiteren Überprüfung, Vervollkommnung und Komplettierung der erarbeiteten Informationen sowie zu ihrer weiteren Verwertung;
- das Prüfen und Einleiten von Maßnahmen zur Gewährleistung des Schutzes, der Konspiration und Sicherheit der IM;
- die Einschätzung des Verhaltens der IM bei den Treffs, insbesondere bei der Auftragserteilung und Instruierung sowie beim Ansprechen persönlicher Probleme, das Festlegen und Einleiten sich daraus ergebender Maßnahmen zur weiteren Erziehung, Befähigung und Überprüfung der IM.

Die Leiter der operativen Diensteinheiten und mittleren leitenden Kader haben vor allem Einfluß zu nehmen auf eine reale und sachliche Einschätzung der politisch-operativen Arbeitsergebnisse und des Verhaltens der IM sowie auf das Festlegen und rechtzeitige Einleiten der erforderlichen und geeigneten Erziehungsmaßnahmen. Sie haben zu sichern, daß die Ergebnisse und der Verlauf der Treffs sowie die Ergebnisse ihrer Einschätzung in der vorgeschriebenen Form dokumentiert werden.

Bei operativ bedeutsamen Informationen und notwendigen Sofortmaßnahmen ist unmittelbar nach den Treffs bzw. bereits während der Treffs entsprechend den dienstlichen Bestimmungen und Weisungen Meldung zu erstatten.

Die Auswerter haben eine lückenlose und zugriffsbereite Erfassung und Speicherung aller gewonnenen Informationen zu Personen und Sachverhalten sowie deren weitere Verdichtung und systematische analytische Verarbeitung, insbesondere zum rechtzeitigen Erkennen neuer politisch-operativer Schwerpunkte und veränderter politisch-operativer Lagebedingungen, zu sichern.

3.6. Die Verbindung mit den IM

Zu den IM ist eine sichere und jederzeit funktionsfähige Verbindung als eine wichtige Voraussetzung für eine systematische, vertrauensvolle konspirative Arbeit mit den IM, für die Realisierung der politisch-operativen Aufgaben unter den verschiedensten politisch-operativen Lagebedingungen sowie für einen raschen und sicheren Informationsfluß zwischen den IM und dem MfS zu gewährleisten.

Die Verbindung mit den IM hat

- den Erfordernissen des Schutzes, der Konspiration und Sicherheit der IM zu entsprechen und darf dem Feind keine Möglichkeiten zum Erkennen von IM bzw. zum Eindringen in den IM-Bestand bieten,
- eine schnelle und möglichst verlustlose Informationsübermittlung zwischen IM und MfS unter den verschiedensten politisch-operativen Lagebedingungen zu ermöglichen,
- der Bedeutung der IM, den durch sie zu lösenden politisch-operativen Aufgaben sowie den individuellen Besonderheiten der IM zu entsprechen und ist differenziert und variabel auszugestalten,
- eine schnelle, gegenseitige konspirative Verbindungsaufnahme sowie die rasche Herstellung erhöhter Einsatzbereitschaft der IM und ihre zügige Aktivierung zu gewährleisten.

Wichtige Verbindungsarten für die IM der Abwehr sind:

- die Treffs in KW bzw. KO.
  Es ist zu sichern, daß die Treffs mit den jeweiligen IM unter Beachtung der Erfordernisse der Wachsamkeit, Geheimhaltung und Konspiration sowie differenzierter Treffregelungen möglichst langfristig geplant und konkrete Festlegungen zu Ersatztreffs getroffen werden.
- die telefonische Verbindung.
  Sie kommt vor allem zur abgedeckten gegenseitigen direkten oder über Decktelefon erfolgenden Verbindungsaufnahme zur Anwendung.

Darüber hinaus sind in Einzelfällen Möglichkeiten der postalischen Verbindung, einschließlich Deckadressen, Hinterlegungsstellen, Anlaufpunkten und TBK, sowie die ein- oder zweiseitige Funkverbindung abgedeckt zu nutzen. Diese Verbindungsarten bedürfen der Bestätigung durch die dazu berechtigten Leiter operativer Diensteinheiten.

Die Leiter der operativen Diensteinheiten und mittleren leitenden Kader haben entsprechend ihrer Verantwortlichkeit zu sichern, daß

- mit jedem einzelnen IM konkrete und verbindliche Festlegungen zum Verbindungswesen, einschließlich Möglichkeiten der Legendierung der Treffs, Losungsworte und Erkennungszeichen für außerplanmäßige Verbindungsaufnahmen sowie für das Verhalten bei telefonischen Verbindungsaufnahmen getroffen werden. Diese Festlegungen sind mit den IM gründlich zu beraten, einfach und übersichtlich in den IM-Vorgängen zu dokumentieren und bei Notwendigkeit zu aktualisieren;
- bei den IM durch eine ständige Erziehung und Befähigung die Bereitschaft und die Fähigkeiten zur praktischen Durchsetzung der getroffenen Festlegungen geschaffen bzw. vertieft werden;
- Zweckmäßigkeit und Wirksamkeit der Verbindung einer ständigen differenzierten Erprobung und Überprüfung unterzogen werden.

  Besonderer Wert ist dabei auf die Überprüfung der IMK/KW und IMK/KO zu legen. Im Ergebnis dessen sind geeignete Maßnahmen zur weiteren Vervollkommnung der Verbindung mit den IM einzuleiten.

3.7. Die Einsatz- und Entwicklungskonzeptionen für IM

Die Leiter der operativen Diensteinheiten und die mittleren leitenden Kader haben zu sichern, daß die Arbeit mit den einzelnen IM auf der Grundlage individueller Einsatz- und Entwicklungskonzeptionen erfolgt. Diese haben verbindlich und kontrollfähig zu enthalten:

- die individuelle Einsatzrichtung der IM, Maßnahmen zu ihrer Realisierung sowie die politisch-operative Perspektive der IM;
- Aufgaben zur Entwicklung operativ bedeutsamer Persönlichkeitseigenschaften entsprechend dem politisch-operativen Entwicklungsstand der IM;
- eine reale Einschätzung der bisher mit den IM erreichten politisch-operativen Arbeitsergebnisse und dabei aufgetretene Probleme;
- konkrete Aufgaben zur zielgerichteten Überprüfung auf Ehrlichkeit und Zuverlässigkeit;
- Festlegungen zur Gewährleistung des Schutzes, der Konspiration und Sicherheit der IM.

Es ist zu gewährleisten, daß diese Festlegungen für den Einsatz und die Entwicklung der IM zweckmäßig, rationell und ohne unnötigen administrativen Aufwand in den IM-Vorgängen dokumentiert werden.

Das kann erfolgen insbesondere in

- Werbungsvorschlägen,
- periodischen Einschätzungen der IM gemäß Ziffer 6.2. dieser Richtlinie bzw.
- in gesonderten Einsatz- und Entwicklungskonzeptionen.

Die Bestätigung der Einsatz- und Entwicklungskonzeptionen hat durch die gemäß Ziffer 4.2.3. dieser Richtlinie zur Bestätigung der Werbungsvorschläge berechtigten Leiter zu erfolgen. Für hauptamtliche IM und IMB kann das Recht zur Bestätigung der Einsatz- und Entwicklungskonzeptionen unterstellten Leitern übertragen werden.

3.8. Die Übergabe von IM

Die Übergabe von IM an andere Mitarbeiter der eigenen Diensteinheit, an andere Diensteinheiten oder an Führungs-IM hat nur dann zu erfolgen, wenn dadurch

- eine höhere politisch-operative Wirksamkeit erreicht werden kann,
- die Lösung politisch-operativer Aufgaben nicht gefährdet wird, der Schutz, die Konspiration und Sicherheit der IM gewährleistet werden können oder
- wenn eine Übergabe wegen personeller bzw. arbeitsmäßiger Veränderungen unumgänglich ist.

Die Übergabe von IM ist gründlich und möglichst langfristig vorzubereiten. Dazu sind erforderlich:

- eine reale Einschätzung der IM und der bisherigen politisch-operativen Arbeitsergebnisse und der in der weiteren Zusammenarbeit besonders zu beachtenden Probleme;
- das gründliche Prüfen eventueller negativer Auswirkungen bei den IM sowie für die weitere Arbeit mit ihnen;
- das rechtzeitige Einstellen der IM auf die Übergabe einschließlich einer der Persönlichkeit der IM sowie den Motiven für die Zusammenarbeit entsprechenden Begründung;
- die Wahl des günstigsten Zeitpunktes der Übergabe sowie
- das rechtzeitige Studium der IM-Vorgänge durch den übernehmenden Mitarbeiter.

Die Übergabe von IM hat in der Regel persönlich zu erfolgen. Übergaben von IM innerhalb von HA/selbst. Abteilungen und BV/V sowie solche Übergaben zwischen HA/selbst. Abteilungen und BV/V, die wegen personeller bzw. arbeitsmäßiger Veränderungen unumgänglich sind, bedürfen der Bestätigung durch die Leiter der Abteilungen, KD/OD.

Aus anderen Gründen notwendige Übergaben zwischen HA/selbst. Abteilungen und BV/V bedürfen der Bestätigung durch die Leiter dieser Diensteinheiten bzw. deren Stellvertreter.

Ist eine zeitliche Begrenzung der Übergabe abzusehen, sind durch die zuständigen Leiter konkrete Vereinbarungen zur Rückübergabe zu treffen.

Zeitweilige Übergaben von IM zur Durchführung politisch-operativer Aufgaben im Rahmen von Sondereinsätzen oder Aktionen haben entsprechend den dazu erlassenen dienstlichen Bestimmungen und Weisungen zu erfolgen.

3.9. Die zeitweilige Unterbrechung und die Beendigung der Zusammenarbeit mit den IM

Eine zeitweilige Unterbrechung der Zusammenarbeit hat zu erfolgen, wenn
- das aus Gründen des Schutzes, der Konspiration und Sicherheit der IM notwendig ist,
- aus persönlichen bzw. beruflichen Gründen den IM vorübergehend kein aktiver Einsatz möglich ist.

Die mittleren leitenden Kader haben zu sichern, daß mit diesen IM konkrete Vereinbarungen über die Wiederaufnahme der aktiven Zusammenarbeit getroffen werden.

Zeitweilige Unterbrechungen sind aktenkundig zu machen. Sie bedürfen der Bestätigung durch die gemäß Ziffer 4.2.3. dieser Richtlinie zur Bestätigung der Werbungsvorschläge berechtigten Leiter.

Eine Beendigung der Zusammenarbeit mit den IM hat zu erfolgen, wenn nachweislich solche Gründe vorliegen, wie
- fortgesetzte Unehrlichkeit, Dekonspiration,
- Entlarvung des IM als Doppelagent oder Provokateur,
- kategorische Ablehnung der weiteren Zusammenarbeit,
- erschöpfte Einsatzmöglichkeiten bzw. Perspektivlosigkeit oder
- langandauernde Erkrankung, Invalidität, Heirat oder Versorgung von Kindern, die keinen erfolgreichen Einsatz mehr zulassen.

Die Leiter der operativen Diensteinheiten haben zu sichern, daß vor Beendigung der Zusammenarbeit geprüft wird,
- welche politisch-operativen Einsatzmöglichkeiten – auch für andere Diensteinheiten – bei den IM noch vorhanden oder zu schaffen sind bzw. durch Umsetzungen oder andere politisch-operative Maßnahmen entwickelt werden können,
- worin die Ursachen sowie begünstigenden Bedingungen und Umstände dafür bestehen und welche Konsequenzen sich daraus für die Zusammenarbeit mit anderen IM ergeben,
- an welchen operativen Materialien die IM gearbeitet haben, welche Kenntnisse sie über die Arbeitsweise und Methoden des MfS besitzen, welche Mitarbeiter, anderen IM einschließlich IMK sie kennenlernten usw.,
- mit welchen Auswirkungen auf den Schutz, die Konspiration und Sicherheit anderer IM sowie auf die Erfüllung politisch-operativer Aufgaben zu rechnen ist.

Die Gründe für die Beendigung der Zusammenarbeit sowie die damit verbundenen Maßnahmen sind in einem entsprechenden Abschlußbericht aufzuführen.

Die Beendigung der Zusammenarbeit bedarf der Bestätigung durch die gemäß Ziffer 4.2.3. dieser Richtlinie zur Bestätigung der Werbungsvorschläge berechtigten Leiter.

Diese Leiter sind persönlich dafür verantwortlich, daß alle notwendigen Maßnahmen zur Gewährleistung des Schutzes, der Konspiration und Sicherheit eventuell gefährdeter anderer IM rechtzeitig eingeleitet und durchgeführt werden.

Über die Beendigung der Zusammenarbeit mit IM, die Bürger befreundeter sozialistischer Staaten sind, die Gründe für die Beendigung der Zusammenarbeit sowie evtl. erforderliche Maßnahmen ist der Leiter der Abteilung X zu informieren.

Sofern es sich um ständig in der DDR wohnhafte Bürger der UdSSR handelt, ist darüber der zuständige Verbindungsoffizier der Vertretung des KfS beim MfS zu informieren.

Eventuell erforderliche weitere Maßnahmen sind mit diesem abzustimmen.

Nach Beendigung der Zusammenarbeit hat unverzüglich die Archivierung der IM-Vorgänge in der Abteilung XII zu erfolgen.

4. Die Gewinnung von IM für die konspirative Zusammenarbeit mit dem MfS

Die zuverlässige Erfüllung der politisch-operativen Aufgaben erfordert die planmäßige qualitative Ergänzung und Erweiterung des IM-Bestandes.

Es ist zu sichern, daß solche Personen als IM geworben werden, die ausgehend von den konkret zu lösenden Ziel- und Aufgabenstellungen objektiv und subjektiv in der Lage sind, zur Erhöhung der gesellschaftlichen Wirksamkeit der politisch-operativen Arbeit entsprechend den unter Ziffer 1. dieser Richtlinie vorgegebenen Qualitätskriterien wesentlich beizutragen.

Die Leiter der operativen Diensteinheiten und mittleren leitenden Kader haben zu gewährleisten, daß alle Aufgaben zur Entwicklung und Bearbeitung der IM-Vorläufe und zur Werbung in hoher Qualität sowie bei strikter Durchsetzung der Erfordernisse der Wachsamkeit, Geheimhaltung und Konspiration gelöst werden.

Sie haben zu sichern, daß bei der Gewinnung von IM, die nicht Bürger der DDR sind, sowie in der Zusammenarbeit mit solchen IM die ausländertypischen Besonderheiten herausgearbeitet und berücksichtigt werden.

Diese Besonderheiten ergeben sich vor allem aus ihrem Rechtsstatus, dem Charakter der Beziehungen zwischen der DDR und dem Staat, dessen Bürger sie sind, den Gründen und der Dauer ihres Aufenthaltes in der DDR, ihrer Nationalität, Zugehörigkeit zu ethnischen Gruppen, Religionsgemeinschaften und aus anderen Faktoren.

Es ist zu gewährleisten, daß Ausländer betreffende politisch-operative Maßnahmen keine negativen Wirkungen auf die Durchsetzung der Politik der Partei- und Staatsführung auslösen.

4.1. Die ständige Entwicklung von IM-Vorläufen

Ausgehend von den generellen Vorgaben für die Intensivierung der Arbeit mit den IM, von der Einschätzung der politisch-operativen Lage im eigenen Verantwortungsbereich und den konkreten politisch-operativen Aufgaben haben die Leiter der operativen Diensteinheiten, mittleren leitenden Kader und alle IM-führenden Mitarbeiter ständig die Entwicklung von IM-Vorläufen zu gewährleisten.

Zur Erarbeitung von Ausgangsmaterial für die Gewinnung neuer IM sind alle politisch-operativen Arbeitsprozesse und deren Ergebnisse planmäßig und zielstrebig zu nutzen, insbesondere

- die Entwicklung und Bearbeitung Operativer Vorgänge,
- die Durchführung operativer Personenkontrollen und Sicherheitsüberprüfungen,
- die politisch-operative Durchdringung der Verantwortungsbereiche und die gezielte vorbeugende Arbeit in operativ interessierenden Personenkreisen,
- die politisch-operative Vorkommnisuntersuchung,
- die analytische Arbeit und die Arbeit mit Informationsspeichern.

Die Auswahl der IM-Kandidaten hat auf der Grundlage von konkreten Anforderungsbildern zu erfolgen.

Diese Anforderungsbilder haben zu enthalten:

- die zur Lösung der vorgesehenen Aufgaben erforderlichen objektiven Merkmale wie soziale und berufliche Stellung, persönliche Verbindungen, altersmäßige, territoriale und andere Besonderheiten, materielle Lebensbedingungen;
- die für die geforderten Leistungen und die festen Bindungen an das MfS notwendigen subjektiven Merkmale wie Kenntnisse, Fähigkeiten, Fertigkeiten, politisch-ideologische und charakterliche Persönlichkeitsqualitäten.

Die mittleren leitenden Kader haben zu gewährleisten, daß für jeden zu gewinnenden IM ein konkretes und reales Anforderungsbild erarbeitet, in geeigneter Weise dokumentiert und in allen Phasen der Gewinnung als Orientierung genutzt wird.

Über den Kandidaten ist ein IM-Vorlauf anzulegen.

Im Zusammenhang damit sind zu dokumentieren:

- die kleinen Personalien;
- die politisch-operative Notwendigkeit der Gewinnung des Kandidaten, die vorgesehene Einsatzrichtung und Kategorie;
- die konkreten Anforderungen an den Kandidaten und der bereits erkennbare Umfang und Grad ihrer Erfüllung;

- die Umstände der Erarbeitung der Ersthinweise auf den Kandidaten;
- die Schwerpunkte und ersten Maßnahmen zur konspirativen Aufklärung und Überprüfung des Kandidaten.

Das Anlegen (und Einstellen) von IM-Vorläufen bedarf der Bestätigung durch die gemäß Ziffer 4.2.3. dieser Richtlinie zur Bestätigung von Werbungsvorschlägen berechtigten Leiter. Für hauptamtliche IM, IMB und solche IM, die nicht Bürger der DDR sind, kann das Recht zur Bestätigung der IM-Vorläufe unterstellten Leitern übertragen werden.

Bei vorgesehener Entwicklung und Bearbeitung von IM-Vorläufen zur Werbung von Bürgern befreundeter sozialistischer Staaten haben die Leiter der HA / selbst. Abteilungen und BV / V Ersuchen um Zustimmung an den Leiter der Abteilung X zu richten.

Sofern es sich um ständig in der DDR wohnhafte Bürger der UdSSR handelt, hat eine Abstimmung mit dem zuständigen Verbindungsoffizier der Vertretung des KfS beim MfS zu erfolgen.

Bei Personen, die sich aus möglichen provokatorischen oder sonstigen Absichten ins Blickfeld rücken, eine Verbindung oder eine inoffizielle Zusammenarbeit mit dem MfS anstreben bzw. anbieten, sind alle erforderlichen politisch-operativen Maßnahmen zur Klärung ihrer Ziele und Beweggründe durchzuführen. Unter Berücksichtigung der Erfordernisse der Wachsamkeit darf eine Entscheidung zum Anlegen eines IM-Vorlaufs in solchen Fällen nur erfolgen, wenn im entsprechenden Verantwortungsbereich Gewinnungsmaßnahmen zur Erfüllung politisch-operativer Aufgaben objektiv erforderlich sind und nachweislich die Gefahr feindlichen Eindringens in den IM-Bestand auszuschließen ist.

4.2. Die systematische Bearbeitung von IM-Vorläufen

Die Bearbeitung der IM-Vorläufe hat mit dem Ziel der Nachweisführung der tatsächlichen Eignung, Zuverlässigkeit und Bereitschaft der IM-Kandidaten zu erfolgen.

Sie hat zu beinhalten:
- die konspirative Aufklärung und Überprüfung des Kandidaten;
- die konspirative Kontaktaufnahme;
- die Erarbeitung des Werbungsvorschlages.

4.2.1. Die zielstrebige konspirative Aufklärung und Überprüfung der IM-Kandidaten

Die konspirative Aufklärung und Überprüfung der Kandidaten hat mit dem Ziel der Einschätzung der
- Eignung der Kandidaten für die Lösung der für sie vorgesehenen gegenwärtigen und perspektivischen politisch-operativen Aufgaben entsprechend dem Anforderungsbild,

– Zuverlässigkeit und anderer charakterlich-moralischer Eigenschaften der Kandidaten, die für die vertrauensvolle konspirative Zusammenarbeit nötig sind, sowie der
– zu erwartenden Bereitschaft zur konspirativen Zusammenarbeit, der möglichen Werbungsgrundlagen und der sich daraus ergebenden zweckmäßigen Gewinnungsmöglichkeiten

zu erfolgen.

Zur Einschätzung der Eignung sind insbesondere Informationen zu erarbeiten über

– den Lebensweg und die Lebenssituation der IM-Kandidaten, die ihre mögliche politisch-operative Wirksamkeit und Nutzbarkeit belegen, wie die berufliche und soziale Stellung, politische, berufliche und sonstige persönliche Entwicklung, früherer und gegenwärtiger persönlicher Umgangskreis, Lebensalter und gesundheitliche Beschaffenheit sowie notwendige Angaben über die engsten Familienangehörigen,
– persönliche Leistungen, Arbeitsergebnisse und Verhaltensweisen der IM-Kandidaten, die auf Eigenschaften hinweisen, die für die inoffizielle Arbeit erforderlich sind, wie vor allem Einschätzungsvermögen und Menschenkenntnis, Kontaktfähigkeit und solche Eigenschaften, die der Konspiration förderlich sind.

Zur Einschätzung der Zuverlässigkeit sind insbesondere Informationen zu erarbeiten über

– gesellschaftlich wesentliche Verhaltensweisen der IM-Kandidaten und die ihnen zugrundeliegenden politischen, moralischen, religiösen und sonstigen Überzeugungen und Einstellungen,
– die gegenwärtige Haltung und Einstellung der IM-Kandidaten zum MfS, zu dessen Aufgaben und den ihnen persönlich bekannten Mitarbeitern,
– die Beziehungen der IM-Kandidaten zu feindlich-negativen Personen und Personenkreisen und ihre Grundeinstellung zum Feind,
– das Verhalten der IM-Kandidaten zu gesellschaftlichen, beruflichen und persönlichen Pflichten und ihre Einstellung zur Übernahme neuer Aufgaben.

Zur Einschätzung der Gewinnungsmöglichkeiten und der zu erwartenden Bereitschaft für die konspirative Zusammenarbeit sind insbesondere Informationen zu erarbeiten über

– die aktuellen Lebensumstände im Arbeits-, Wohn- und Freizeitbereich, aus denen sich Möglichkeiten der konspirativen Kontaktaufnahme, der Durchführung operativer Kombinationen zur Werbung und andere Möglichkeiten der Einflußnahme auf die Bereitschaft der IM-Kandidaten ergeben,
– den Standpunkt der IM-Kandidaten zur konspirativen Tätigkeit des MfS,
– die individuellen Interessen und Bedürfnisse der IM-Kandidaten und die sie besonders berührenden materiellen, geistigen und sozialen Anreize,
– Anknüpfungspunkte und Umstände für den Einsatz kompromittierenden Materials zur Entwicklung von Rückversicherungs- und Wiedergutmachungsbestrebungen unter besonderer Beachtung von Hinweisen auf

bisher nicht geahndete Gesetzesverletzungen,
Anzeichen ungerechtfertigter persönlicher Bereicherung,
Verletzung von Pflichten, Begünstigung von Fehlverhalten und Schädigungen,
Übertretungen moralischer und politisch-ideologischer Normen,
Verheimlichung belastender persönlicher Verbindungen, Fälschungen u. ä.

Die zur Einschätzung der IM-Kandidaten erforderlichen Informationen sind vor allem durch den zielgerichteten Einsatz von IM zu erarbeiten.

Darüber hinaus sind eigene Überprüfungshandlungen des Mitarbeiters und die gründliche Auswertung von Dokumenten und Speicherinformationen über die Kandidaten erforderlich.

Die Überprüfungsergebnisse sind kritisch auf ihren Wahrheitsgehalt einzuschätzen unter Berücksichtigung
- der unterschiedlichen Glaubwürdigkeit verschiedener Quellen,
- der Unterscheidung zwischen dem generellen Verhalten der IM-Kandidaten und aufgetretenen Einzelerscheinungen,
- der gesicherten Feststellungen zum Verhalten der IM-Kandidaten und unbestätigter Meinungen über sie,
- möglicher Widersprüche im Vorlaufmaterial insgesamt als Grundlage für weitere Maßnahmen zur Überprüfung und Einflußnahme auf die IM-Kandidaten.

4.2.2. Die konspirative Kontaktaufnahme

Die konspirative Kontaktaufnahme ist auszurichten auf
- das Erarbeiten neuer Informationen über die Kandidaten aus der direkten persönlichen Begegnung und die Fortsetzung ihrer Überprüfung,
- die unmittelbare Beeinflussung der Kandidaten für die Bereitschaft zur Zusammenarbeit, die erste Aufträge als Bestandteile des Gewinnungsprozesses einschließen kann,
- das Schaffen von Ausgangspunkten für entwicklungsfähige, vertrauensvolle Beziehungen der Kandidaten zum MfS.

Über die Ziele der Kontaktaufnahme, ihre Art und Weise, den Zeitpunkt sowie die Teilnahme eines Vorgesetzten haben auf der Grundlage der politisch-operativen Erfordernisse und der Überprüfungsergebnisse die Leiter zu entscheiden, die das Anlegen des betreffenden IM-Vorlaufs bestätigten.

Zur Festlegung der Art und Weise der konspirativen Kontaktaufnahme sind die Möglichkeiten zu prüfen
- zur legendierten Bestellung des Kandidaten zum Kontaktgespräch,
- zum direkten Ansprechen und Beginn des Kontaktgespräches durch den Mitarbeiter,
- zum Schaffen von Einflüssen und Umständen, durch die der Kandidat zur selbständigen Kontaktaufnahme mit dem MfS veranlaßt wird.

Das Kontaktgespräch ist taktisch beweglich unter ständiger Beachtung der Persönlichkeit und der Reaktionen des IM-Kandidaten zu führen.

Das erfordert insbesondere

- das Anknüpfen an die Bestellungslegende und deren Weiterentwicklung für die Fortführung des Kontaktes bzw. den erforderlichen Wechsel zu anderen Gesprächslegenden,
- die Nutzung realer oder künstlich geschaffener Umstände für das Stellen und Begründen erster Forderungen an den Kandidaten,
- das Beachten der Einflüsse, die vom Mitarbeiter und den räumlich-zeitlichen Umständen ausgehen.

Der Kontakt ist – legendiert oder offiziell – abzubrechen, wenn sich nachweislich Fakten ergeben, die weder eine momentane noch perspektivische inoffizielle Arbeit mit dem IM-Kandidaten notwendig bzw. möglich machen.

4.2.3. Der Vorschlag zur Werbung

Im Ergebnis der systematischen Bearbeitung des IM-Vorlaufs ist der Vorschlag zur Werbung auszuarbeiten. Er hat zu beinhalten:

- die Personalien des Kandidaten;
- die Begründung der politisch-operativen Notwendigkeit der Werbung, die vorgesehene Einsatzrichtung und Kategorie;
- die Einschätzung des IM-Kandidaten, insbesondere seine Eignung, voraussichtliche Zuverlässigkeit und zu erwartende Bereitschaft zur konspirativen Zusammenarbeit einschließlich widersprüchlicher und eventuell entgegenwirkender Faktoren;
- die Art und Weise des Bekanntwerdens des IM-Kandidaten und andere für die Gewährleistung der Wachsamkeit, Geheimhaltung und Konspiration wesentliche Gesichtspunkte aus der Bearbeitung des IM-Vorlaufs;
- die in der künftigen inoffiziellen Zusammenarbeit besonders zu beachtenden Faktoren, die sich aus dem Alter und der persönlichen Reife des IM-Kandidaten, aus seiner gesellschaftlichen Stellung, seiner Zugehörigkeit zu einer besonderen nationalen oder religiösen Gemeinschaft und weiteren Merkmalen ergeben können;
- den Plan zur Werbung, in dem insbesondere auf das legendierte Bestellen, auf die vorgesehene Werbegrundlage und die auf ihr beruhende Taktik des Werbungsgespräches, auf die Gestaltung der Verpflichtung, die evtl. Teilnahme eines Vorgesetzten, die örtlichen und zeitlichen Bedingungen und auf die künftige Sicherung der konspirativen Verbindung mit dem IM und weitere in der ersten Phase der Zusammenarbeit zu beachtende Probleme einzugehen ist.

Die Vorschläge zur Werbung sind durch die mittleren leitenden Kader gewissenhaft auf der Grundlage der Anforderungsbilder und ihrer persönlichen Einschätzung des Kandidaten zu prüfen.

Sie bedürfen der Bestätigung

- bei der Werbung hauptamtlicher IM durch die Leiter der HA/selbst. Abteilungen und BV/V,
- bei der Werbung von IMB durch die Leiter der HA/selbst. Abteilungen und BV/V bzw. deren Stellvertreter,
- bei der Werbung anderer IM durch die Leiter der Abteilungen, KD/OD.

Vorschläge zur Werbung von Personen, die nicht Bürger der DDR sind, bedürfen der Bestätigung durch die Leiter der HA/selbst. Abteilungen und BV/V bzw. deren Stellvertreter.

Notwendige kurzfristig zu realisierende Werbungen bedürfen der persönlichen Anleitung und Kontrolle der zur Bestätigung der Vorschläge zur Werbung berechtigten Leiter.

Voraussetzungen für solche Sofortwerbungen sind
- das Vorhandensein eines konkreten Anforderungsbildes,
- eine angemessene Aufklärung und Überprüfung zur Nachweisführung der tatsächlichen Eignung, Zuverlässigkeit und Bereitschaft des Kandidaten und
- der bestätigte Vorschlag zur Werbung.

Mit der Bestätigung von Sofortwerbungen tragen die dazu berechtigten Leiter die volle Verantwortung, daß die Qualitätskriterien gemäß Ziffer 1. dieser Richtlinie voll durchgesetzt und keine Zufälligkeiten oder unreale, perspektivlose Vorstellungen und Maßnahmen zugelassen werden.

Vorschläge zur Wiederaufnahme der Zusammenarbeit mit ehemaligen IM bedürfen der Bestätigung durch die zur Bestätigung der Vorschläge zur Werbung berechtigten Leiter.

Sie haben zu beinhalten:
- die Personalien des Kandidaten;
- die Begründung der politisch-operativen Notwendigkeit und Zielstellung der Wiederaufnahme der Zusammenarbeit bzw. die vorgesehene Einsatzrichtung und Kategorie;
- die Stellungnahme zu den Gründen für die Beendigung der Zusammenarbeit;
- die Einschätzung des Verhaltens des ehemaligen IM nach Beendigung der Zusammenarbeit sowie wesentlicher Veränderungen objektiver und subjektiver Persönlichkeitsmerkmale;
- das geplante Vorgehen zur Wiederaufnahme der Zusammenarbeit analog dem Plan zur Werbung.

4.3. Die Werbung der IM

Durch die Werbung sind
- die innere Bereitschaft der Kandidaten zur inoffiziellen Zusammenarbeit mit dem MfS zu schaffen bzw. auszubauen und ihre eigenständige Entscheidung herbeizuführen,
- feste Bindungen der Kandidaten an das MfS zu entwickeln,

- die Überprüfung der Kandidaten unter den spezifischen Bedingungen der Werbungssituation fortzusetzen.

Die Leiter der operativen Diensteinheiten und mittleren leitenden Kader haben in Vorbereitung der Werbung – als Höhepunkt im Gewinnungsprozeß – insbesondere zu sichern, daß
- die Werbung auf der Grundlage der bisherigen Resultate im Gewinnungsprozeß, vor allem unter Berücksichtigung der Aufklärungsergebnisse über die Persönlichkeit der Kandidaten, richtig geplant und
- die geeignete Vorgehensweise, Argumentation, Arbeit mit kompromittierendem Material u. ä. festgelegt

wird.

Bei besonders bedeutsamen und komplizierten Werbungen haben sie durch persönliche Teilnahme an der Werbung den Erfolg zu sichern.

Werbegrundlagen können sein
- positive gesellschaftliche Überzeugungen der Kandidaten,
- persönliche Bedürfnisse und Interessen der Kandidaten,
- Auslösung von Rückversicherungs- und Wiedergutmachungsbestrebungen der Kandidaten mit Hilfe kompromittierenden Materials oder

Kombinationen zwischen diesen verschiedenen Grundlagen.

1. Bei der Werbung auf der Grundlage positiver gesellschaftlicher Überzeugungen ist auf den bei den Kandidaten bereits vorhandenen weltanschaulichen, moralischen und politischen Überzeugungen aufzubauen und daraus die Bereitschaft zur Zusammenarbeit mit dem MfS zu entwickeln.

Dafür sind die Breite und Vielfalt möglicher Überzeugungsinhalte zu nutzen wie
- marxistisch-leninistische Überzeugungen von der Notwendigkeit der revolutionären Macht der Arbeiterklasse;
- das wissenschaftlich fundierte Feindbild;
- patriotische und demokratische Überzeugungen verschiedener weltanschaulicher Grundhaltung;
- das humanistische Berufsethos;
- die Wirkung von gesellschaftlichen Leitbildern und persönlichen Vorbildern.

2. Bei der Werbung auf der Grundlage persönlicher Bedürfnisse und Interessen sind die bei den Kandidaten bereits vorhandenen persönlichen Bestrebungen mit den möglichen Ergebnissen und Folgen der Arbeit für das MfS zu verbinden und daraus die Bereitschaft zur Zusammenarbeit zu entwickeln. Dafür sind die unterschiedliche Richtung und Qualität der Bedürfnisse und Interessen zu nutzen wie
- materielle Bedürfnisse, die auf das Erlangen finanzieller Zuwendungen und anderer Vorteile, auf die Befreiung von materiellen Belastungen und Verpflichtungen, auf das Beibehalten besonderer Lebensgewohnheiten gerichtet sind,
- soziale Bedürfnisse, die auf das Erlangen eines besonderen Ansehens und

Rufs, auf gesellschaftliche und staatliche Wertschätzung und Vertrauensbeweise, auf den Ersatz für tatsächliche oder scheinbare Benachteiligungen gerichtet sind,
- geistige Interessen, die auf neu- und andersartige Tätigkeiten und Wirkungsbereiche, auf den Gewinn eines neuen Lebensinhaltes, auf das Bekanntwerden mit bisher nicht zugänglichen Problemen und Erkenntnissen gerichtet sind.

Die Arbeit mit dieser Werbegrundlage erfordert:
- Überzeugungsarbeit zur bewußten Verknüpfung dieser persönlichen Bestrebungen mit den Erfordernissen der Zusammenarbeit;
- Vermeiden nicht erfüllbarer Versprechungen und illusionärer Angebote;
- die allmähliche Ergänzung oder Ersetzung der auf Materielles bezogenen Motive durch stabile Überzeugungen.

3. Bei der Werbung auf der Grundlage der Auslösung von Rückversicherungs- und Wiedergutmachungsbestrebungen der Kandidaten mit Hilfe kompromittierender Materialien ist auszugehen von der Verletzung gesellschaftlicher Normen durch die Kandidaten einerseits und andererseits von ihrem Verlangen, negative Folgen dieser Normverletzung von sich abzuwenden bzw. eingetretene Schäden durch eigene Leistung wiedergutzumachen oder zu ersetzen.

Das kompromittierende Material muß
- geeignet sein, den Kandidaten die Normverletzung bewußt zu machen, ihr Gewissen anzusprechen, Schuldgefühle zu wecken bzw. Unsicherheit zu erzeugen,
- auf die Besonderheiten der einzelnen Kandidaten, auf ihre konkreten Moralnormen, ihr Rechtsbewußtsein, auf ihre charakterliche Feinfühligkeit und Gefühlswelt, auf ihr berufliches Ethos oder ihr Geltungsbedürfnis ausgerichtet sein.

Der Einsatz des kompromittierenden Materials hat in Abhängigkeit von seiner Beschaffenheit und der Persönlichkeit des Kandidaten differenziert zu erfolgen durch
- die kompakte Anwendung des kompromittierenden Materials, um in ihrer feindlichen Einstellung verhärteten Kandidaten den Ernst der Lage bewußt zu machen,
- die ausgewählte, teilweise Anwendung des kompromittierenden Materials, um damit Impulse zur selbständigen Stellungnahme der Kandidaten zu geben,
- den Verzicht auf den direkten Einsatz des kompromittierenden Materials, dessen Vorhandensein die Kandidaten vermuten, um damit die Bereitschaft zur Zusammenarbeit, verbunden mit positiven Haltungen zu den operativen Mitarbeitern zu entwickeln.

Vorschläge zur Werbung mit Hilfe kompromittierender Materialien bedürfen der Bestätigung durch die Leiter der HA/selbst. Abteilungen und BV/V bzw. deren Stellvertreter.

Entsprechend den Erfordernissen hat eine Abstimmung mit der zuständigen

Diensteinheit der Linie IX zu erfolgen. Die unmittelbare Vorbereitung und Durchführung dieser Werbungen sind durch die Leiter der Abteilungen, KD/OD, deren Stellvertreter bzw. mittlere leitende Kader direkt anzuleiten.
Grundsätzliche Anforderungen an das Werbungsgespräch sind
- eine zielstrebige, offensive und überzeugende, auf die Individualität der Kandidaten ausgerichtete Argumentation,
- volle Klarheit über die Forderungen und Erwartungen, die an die Kandidaten gestellt werden können, und über die Folgen, die mit ihrer Entscheidung verbunden sind,
- das differenzierte Arbeiten mit dem vorhandenen Wissen über die Kandidaten,
- sachliches und vertrauenbildendes Reagieren auf kritische Punkte im Verlaufe des Werbungsgespräches,
- das bewußte Nutzen des Einflusses der Persönlichkeit der Mitarbeiter und ihres Verhaltens auf die Kandidaten,
- die richtige Wahl der äußeren Bedingungen für das Werbungsgespräch, die sowohl die Konspiration der Kandidaten garantieren als auch ihre Entscheidung positiv beeinflussen müssen.

Die Verpflichtung der neuen IM ist in würdiger Weise so durchzuführen, daß
- die Verbindlichkeit der getroffenen Vereinbarungen ausgedrückt wird,
- die prinzipiellen Forderungen an das künftige inoffizielle Handeln und die damit verbundenen Pflichten in konzentrierter Weise bewußt gemacht werden,
- die IM zur Übernahme und Realisierung der ersten Aufträge motiviert werden.

Bestandteile der Verpflichtung sind darüber hinaus:
- die Belehrung über die Geheimhaltung unter Bezugnahme auf die Erfordernisse der staatlichen Sicherheit und der persönlichen Sicherheit der IM und die strafrechtliche und politisch-moralische Verantwortlichkeit;
- die Festlegung eines Decknamens sowie erforderlicher Verbindungsmittel und -methoden.

Die Art und Weise der Verpflichtung ist in Abhängigkeit von der Spezifik des Gewinnungsverlaufs und der Persönlichkeit der Kandidaten zu gestalten und in schriftlicher, in Ausnahmen auch in mündlicher Form zu fassen.

Bericht über durchgeführte Werbung

Die durchgeführte Werbung ist durch den IM-führenden Mitarbeiter gründlich analytisch auszuwerten. Die mittleren leitenden Kader haben zu gewährleisten, daß in dieser Auswertung die für die bevorstehende inoffizielle Zusammenarbeit bedeutsamen Probleme erfaßt werden wie
- Einschätzung der Wirksamkeit der Werbegrundlage,
- Zustandekommen der Entscheidung, Probleme und Konflikte in ihrem Vorfeld, Reaktion auf die Werbungsargumentation,

– Haltung gegenüber den gestellten Forderungen und gegenüber der Verpflichtung und ihren Konsequenzen,
– Versuche des Ausweichens, Ablenkens, der Täuschung,
– neue Erkenntnisse über die Persönlichkeit des IM und Aufgaben zur weiteren Überprüfung,
– Inhalt der getroffenen Vereinbarung und erste Aufträge.

Die konzentrierten Ergebnisse der analytischen Auswertung der Werbung sind im Bericht über die durchgeführte Werbung zu dokumentieren und durch die für die Bestätigung der Vorschläge zur Werbung verantwortlichen Leiter zu bestätigen.

4.4. Die Grundaufgaben für die erste Phase der Zusammenarbeit mit neugeworbenen IM

In den Mittelpunkt der ersten Phase der Zusammenarbeit sind zu stellen:
– die Befähigung der IM zur Erfüllung erster konspirativer Aufgaben;
– die Förderung und Sicherung des zuverlässigen Verhaltens der IM und die Festigung ihres Vertrauensverhältnisses zu den operativen Mitarbeitern und
– die Festigung tragfähiger Motive für die Zusammenarbeit einschließlich der Entwicklung positiver Einstellungen zum MfS, zu den gestellten Aufgaben und zur Wahrung von Konspiration und Geheimhaltung.

Dazu sind insbesondere erforderlich:
– die Weiterführung der in den Werbungsgesprächen gestellten Forderungen und Aufgaben für die IM;
– der Übergang bzw. die verstärkte Aufgabenstellung zu den vorgesehenen Einsatzrichtungen bei allmählicher, der Persönlichkeit der IM angemessener Erhöhung der Anforderungen;
– die eindringliche und wiederholte Schulung und Instruierung zur Wachsamkeit und Geheimhaltung sowie zu den Regeln der Konspiration;
– die sorgfältige Kontrolle aller erteilten Aufträge bei den Treffs;
– die Überprüfung der inoffiziellen Arbeitsergebnisse und des konspirativen Verhaltens der IM während der Durchführung ihrer Aufgaben;
– das erzieherisch nachhaltige, individuelle Einwirken auf die IM durch das Verhalten der Mitarbeiter und das persönliche Gespräch bei den Treffs.

Die Leiter der operativen Diensteinheiten und mittleren leitenden Kader haben beständig auf ein planmäßiges und differenziertes Arbeiten mit den neu geworbenen IM zu orientieren und die Entwicklung solcher IM – insbesondere in politisch-operativen Schwerpunktbereichen – regelmäßig anhand der Vorschläge zur Werbung bzw. der Einsatz- und Entwicklungskonzeption zu kontrollieren.

In der ersten Phase der Zusammenarbeit hat durch die operativen Mitarbeiter die erste Einschätzung der neu geworbenen IM zu erfolgen.

Es ist – ausgehend von den Vorschlägen zur Werbung – einzuschätzen,

- in welchem Maße sich die Eignung der IM zur Lösung der vorgesehenen Aufgaben entwickelt hat,
- worin sich die Zuverlässigkeit der IM konkret äußert bzw. welche Schwierigkeiten und Widersprüche es gibt,
- wie sich die Motive der IM für die Zusammenarbeit mit dem MfS entwickelt haben, in welchem Maße sich politische Überzeugungen und Einsichten, Gefühle des Gebrauchtwerdens und stabile Bindungen an das MfS herausbilden.

5. Die Arbeit mit IM im und nach dem Operationsgebiet

Die Gewährleistung des Schutzes und der inneren Sicherheit der DDR, der Ausschaltung jeglicher Überraschungen erfordert, die Arbeit der operativen Diensteinheiten der Abwehr mit IM im und nach dem Operationsgebiet zur aktiven Bekämpfung der Ausgangspunkte der gegen die DDR gerichteten subversiven Tätigkeit zu intensivieren.

Es ist zu sichern, daß die Wirksamkeit der koordinierten Zusammenarbeit der operativen Diensteinheiten auf allen Leitungsebenen weiter erhöht und die Möglichkeiten und Voraussetzungen der IM nach dem Prinzip der höchsten Effektivität bei Gewährleistung einer hohen Wachsamkeit und Geheimhaltung in der Arbeit mit den IM und des Schutzes, der Konspiration und Sicherheit der IM genutzt werden.

5.1. Grundsätze für die Arbeit mit IM im und nach dem Operationsgebiet

Die Arbeit der operativen Diensteinheiten der Abwehr mit IM im und nach dem Operationsgebiet ist nach folgenden Grundsätzen zu organisieren:

- Die Arbeit mit IM im und nach dem Operationsgebiet ist vorgangs- und personenbezogen durchzuführen.
- Die zielstrebige und systematische Organisation der vorgangs- und personenbezogenen Arbeit mit IM im und nach dem Operationsgebiet hat entsprechend der politisch-operativen Aufgabenstellung und der politisch-operativen Lage im Verantwortungsbereich sowie unter Berücksichtigung der operativ bedeutsamen Regimebedingungen im Operationsgebiet auf der Grundlage langfristiger Konzeptionen zu erfolgen.
- Die vorgangs- und personenbezogene Arbeit mit IM im und nach dem Operationsgebiet hat grundsätzlich in Abstimmung und Koordinierung mit den anderen operativen Diensteinheiten zu erfolgen, die entsprechend den Festlegungen in dienstlichen Bestimmungen und Weisungen für die Arbeit im und nach dem Operationsgebiet zuständig sind.

- Bei allen Maßnahmen der Organisierung der vorgangs- und personenbezogenen Arbeit mit IM im und nach dem Operationsgebiet sind zur Gewährleistung des allseitigen Schutzes und der Sicherheit der operativen Kräfte, vor allem der IM, sowie der operativen Mittel und Methoden eine hohe Wachsamkeit und Geheimhaltung sowie die Regeln der Konspiration konsequent durchzusetzen.
- Die Aktionsfähigkeit der IM zur vorgangs- und personenbezogenen Arbeit im und nach dem Operationsgebiet ist unter allen Lagebedingungen zu sichern.
- Die gegenwärtigen und perspektivischen Möglichkeiten und Voraussetzungen der operativen Basis, insbesondere der IM, sind zur Qualifizierung der vorgangs- und personenbezogenen Arbeit mit IM im und nach dem Operationsgebiet sowie der Aufklärungstätigkeit planmäßig, zielgerichtet, allseitig und umfassend zu erkunden, zu entwickeln und in Abstimmung und Koordinierung mit den anderen operativen Diensteinheiten, die entsprechend den Festlegungen in dienstlichen Bestimmungen und Weisungen für die Arbeit im und nach dem Operationsgebiet zuständig sind, nach dem Prinzip der höchsten Effektivität zu nutzen.
- Die vorgangs- und personenbezogene Arbeit der operativen Diensteinheiten der Abwehr mit IM im und nach dem Operationsgebiet ist grundsätzlich nach den Festlegungen dieser Richtlinie und ihrer Durchführungsbestimmungen zu organisieren. Erfordert die Lösung spezieller Aufgaben die Anwendung spezieller politisch-operativer Methoden der Arbeit mit IM im und nach dem Operationsgebiet, ist gemäß den entsprechenden Regelungen meiner Richtlinie Nr. 2/79 zu verfahren.

5.2. Zielstellungen der vorgangs- und personenbezogenen Arbeit mit IM im und nach dem Operationsgebiet

Die vorgangs- und personenbezogene Arbeit mit IM im und nach dem Operationsgebiet hat mit folgenden Zielstellungen zu erfolgen:
- Erkennen und Aufklären der feindlichen Stellen und Kräfte (siehe Ziffer 1.1. dieser Richtlinie) sowie Aufklärung ihrer Pläne, Absichten, Maßnahmen, Mittel und Methoden;
- Schaffung von Voraussetzungen zur qualifizierten Entwicklung und Bearbeitung Operativer Vorgänge, insbesondere zum Nachweis von Staatsverbrechen;
- Einschränkung, Zurückdrängung und Paralysierung der subversiven Tätigkeit feindlicher Stellen und Kräfte an ihren Ausgangspunkten und -basen;
- Erarbeitung von Informationen zur Gewährleistung des Schutzes, der Sicherheit und Konspiration der eingesetzten operativen Kräfte, Mittel und Methoden.

Die Leiter der operativen Diensteinheiten haben zur Verwirklichung dieser

Zielstellungen die sich für ihren Verantwortungsbereich ergebenden Aufgaben und Maßnahmen ausgehend von der generellen Aufgabenstellung der operativen Diensteinheiten und den unter Ziffer 5.1. dieser Richtlinie genannten Grundsätzen festzulegen.

5.3. Die allseitige und umfassende Nutzung der Möglichkeiten und Voraussetzungen der IM für die vorgangs- und personenbezogene Arbeit im und nach dem Operationsgebiet

Die allseitige und umfassende Nutzung der Möglichkeiten und Voraussetzungen von IM für die vorgangs- und personenbezogene Arbeit im und nach dem Operationsgebiet hat grundsätzlich nur bei solchen IM zu erfolgen, die ihre feste Bindung zum MfS, ihre Zuverlässigkeit und Ehrlichkeit sowie tschekistische Fähigkeiten und Fertigkeiten in der inoffiziellen Zusammenarbeit unter Beweis gestellt haben.

Bei der Entwicklung und Nutzung der Möglichkeiten und Voraussetzungen der IM ist ständig von der Einheit der Erfordernisse auszugehen, die sich sowohl aus den Zielstellungen für die vorgangs- und personenbezogene Arbeit im und nach dem Operationsgebiet als auch aus den Zielstellungen der Aufklärungstätigkeit des MfS ergeben.

Das ständige planmäßige Erkunden, Entwickeln und Nutzen der Möglichkeiten und Voraussetzungen der IM hat in folgenden Hauptrichtungen zu erfolgen:

- unmittelbare Bearbeitung von hauptamtlichen Mitarbeitern, Agenturen und Stützpunkten imperialistischer Geheimdienste, von Personen aus Zentren, Institutionen, Organisationen und anderen Kräften, die subversive Angriffe gegen die DDR durchführen;
- Abschöpfung von Geheimnisträgern und anderen operativ interessierenden Personen des Operationsgebietes;
- Durchführung von Maßnahmen gegen feindliche Stellen und Kräfte zur Einschränkung, Zurückdrängung bzw. Paralysierung ihrer subversiven Tätigkeit;
- Eindringen in feindliche Stellen sowie in das Verbindungswesen der feindlichen Stellen und Kräfte;
- Tätigkeit in Agenturnetzen der imperialistischen Geheimdienste sowie als Kontaktpartner bzw. als Stützpunkt anderer subversiv gegen die DDR tätiger Zentren, Institutionen, Organisationen und Kräfte;
- Aufklärung der für die Lösung von politisch-operativen Aufgaben im und nach dem Operationsgebiet zu beachtenden Regimebedingungen;
- Durchführung von operativen Beobachtungen und operativen Ermittlungen sowie Realisierung von Kontroll- und Überprüfungsaufgaben im Operationsgebiet;
- Gewährleistung des operativen Verbindungswesens;

- Feststellen und Aufklären von Personen mit operativ interessanten Verbindungen zur Realisierung der unter Ziffer 5.2. dieser Richtlinie genannten Zielstellungen.

5.4. Die qualitative Erweiterung des Bestandes an IM für die vorgangs- und personenbezogene Arbeit im und nach dem Operationsgebiet

Die wirkungsvolle Bekämpfung der subversiven Tätigkeit an ihren Ausgangspunkten hat durch intensive Nutzung der Möglichkeiten und Voraussetzungen der vorhandenen IM und qualitative Erweiterung des IM-Bestandes gemäß den unter Ziffer 5.3. dieser Richtlinie genannten Hauptrichtungen zu erfolgen.

5.4.1. Die Gewinnung von IM für die vorgangs- und personenbezogene Arbeit im und nach dem Operationsgebiet

Die Suche und Auswahl von IM-Kandidaten für die vorgangs- und personenbezogene Arbeit im und nach dem Operationsgebiet ist auf folgende Personen zu konzentrieren:

- im Rahmen der Entwicklung und Bearbeitung von Operativen Vorgängen bekanntgewordene Mitarbeiter agenturführender Dienststellen der imperialistischen Geheimdienste sowie bekanntgewordene Mitarbeiter der Zentren, Institutionen, Organisationen und andere Kräfte, die subversive Angriffe gegen die DDR durchführen, sowie Personen, die über Verbindungen zu diesen bzw. über Möglichkeiten und Voraussetzungen zur Entwicklung derartiger Beziehungen verfügen;
- Personen aus dem Operationsgebiet, die auf Grund ihrer beruflichen oder gesellschaftlichen Tätigkeit und Stellung, ihres Wohnortes sowie ihrer Persönlichkeitseigenschaften Möglichkeiten und Voraussetzungen besitzen, operativ bedeutsame Informationen zu beschaffen, Offensivmaßnahmen durchzuführen bzw. im operativen Verbindungswesen eingesetzt zu werden;
- Personen aus der DDR, die sich vor allem auf Grund ihrer Persönlichkeitseigenschaften, ihrer Berufserfahrungen sowie entsprechenden Familienverhältnisse für längerfristige bzw. befristete Einsätze im Operationsgebiet eignen;
- Personen aus den Zielgruppen des Feindes, die auf Grund ihrer beruflichen oder gesellschaftlichen Tätigkeit und Stellung, ihrer Verbindungen und Kontakte in das Operationsgebiet sowie ihres Gesamtverhaltens Ansatzpunkte für die feindliche Kontakt- und Werbetätigkeit bieten;
- Personen aus dem grenzüberschreitenden Verkehr, deren ständige dienstliche, private bzw. touristische Reisetätigkeit unmittelbare Grundlage für eine operative Perspektive als IM ist.

Gemäß den Festlegungen über die Gewinnung von IM für die konspirative Zusammenarbeit mit dem MfS unter Ziffer 4. dieser Richtlinie sind bei der Suche, Auswahl, Aufklärung, Überprüfung und Werbung von Personen aus dem Operationsgebiet hohe Anforderungen an die Organisierung und Durchführung aller politisch-operativen Maßnahmen zu stellen und dabei folgendes besonders zu beachten:

- Die IM-Kandidaten sind unter Nutzung aller geeigneten Möglichkeiten im Operationsgebiet und in der DDR gründlich aufzuklären.
- Zur Erhöhung der Sicherheit im Gewinnungsprozeß und bei komplizierten Werbungen sind unter Beachtung der Erfordernisse der Konspiration und Geheimhaltung bei entsprechender Notwendigkeit andere IM einzubeziehen. Das bedarf grundsätzlich der Bestätigung durch den zuständigen Leiter.
- Über Kontakte der IM-Kandidaten in der DDR und in anderen sozialistischen Ländern sind entsprechend der konkreten politisch-operativen Zielstellung differenzierte Entscheidungen zu treffen.
- Bei Kontaktierungen sind die aktuellen Geheimnisschutzbestimmungen des Feindes und seine durch die Abwehrorgane manipulierte Öffentlichkeitsarbeit zu beachten.
- Zur weitgehenden Vermeidung der Ablehnung und zur Verhinderung der Offenbarung des Kontaktes hat die Kontaktierung nur nach gründlicher Aufklärung und bei Vorhandensein optimaler Kenntnisse zur Person sowie nach Feststellung der günstigsten zeitlichen und örtlichen Bedingungen zu erfolgen.
- In Abhängigkeit von der geplanten Einsatzrichtung sind vor allem die Möglichkeiten zur Kontaktierung und Werbung im Operationsgebiet zu nutzen.
- Vor der Werbung bzw. Kontaktierung sind die Möglichkeiten einer künftigen konspirativen Zusammenarbeit bzw. des Aufbaus funktionsfähiger Verbindungen zu prüfen.
- Die Werbeabsicht darf den Kandidaten nicht vorzeitig bekannt werden.

5.4.2. Die Überwerbung

Mit der Gewinnung von Personen, die durch imperialistische Geheimdienste o. a. feindliche Stellen geworben wurden und in deren direktem Auftrag subversiv gegen die DDR tätig sind, ist das Ziel zu verfolgen, in die Konspiration des Feindes einzudringen, um

- seine Pläne, Absichten, Maßnahmen, Mittel und Methoden zu erkunden, zu dokumentieren und offensiv zu bekämpfen,
- die unmittelbaren Aufträge und Handlungen solcher Personen zu paralysieren und sie zur Desinformation des Feindes und zur Störung seiner Maßnahmen zu nutzen.

Die Durchführung einer Überwerbung ist in Übereinstimmung mit den Regelungen über den Abschluß der Bearbeitung Operativer Vorgänge gemäß meiner Richtlinie Nr. 1/76, Ziffer 2.8., vorzubereiten und durchzuführen. Dabei sind die möglichen Risiken gründlich einzuschätzen und die Konspiration und Geheimhaltung unbedingt zu sichern.

Grundlegende Voraussetzungen zur Überwerbung sind:

- der dringende Verdacht einer im Auftrage imperialistischer Geheimdienste o. a. feindlicher Stellen begangenen Straftat und ihre Beweisbarkeit;
- die Verletzung von auferlegten Verhaltensnormen imperialistischer Geheimdienste u. a. feindlicher Stellen in einer für die geworbene Person erheblich belastenden Weise;
- das Vorhandensein anderer wirksamer und geprüfter kompromittierender Materialien.

Die Vorschläge zur Werbung bedürfen der Bestätigung durch die Leiter der HA/selbst. Abteilungen und BV/V bzw. deren Stellvertreter.

Die Leiter der operativen Diensteinheiten haben die Vorbereitung und Durchführung von Überwerbungen besonders zu unterstützen.

Dabei haben sie zu sichern:

- die gründliche Analyse des Bekanntwerdens der Kandidaten, um insbesondere das Eindringen feindlicher Kräfte in den IM-Bestand zu verhindern;
- die allseitige Aufklärung der Persönlichkeit der Kandidaten sowie die Überprüfung ihrer operativen Perspektive;
- die Konsultation der zuständigen Diensteinheit der Linie IX, vor allem im Zusammenhang mit der Einschätzung der Beweislage hinsichtlich des dringenden Verdachts begangener Straftaten.

Das Werbungsgespräch ist darauf auszurichten,

- die spezielle Mentalität und die nachrichtendienstlichen Kenntnisse des Kandidaten in Rechnung zu stellen,
- das Fehlen echter Alternativen für die Entscheidung zur Zusammenarbeit mit dem MfS überzeugend deutlich zu machen sowie die verbindlichen Konsequenzen und positiven Auswirkungen der Entscheidung zur Zusammenarbeit und die unabwendbaren Folgen ihrer Ablehnung hervorzuheben,
- die Bereitschaft zur Aussage und zur Preisgabe operativ bedeutsamer Informationen zu erreichen,
- beim Versuch der Ablehnung der Überwerbung oder des Ausweichens vor ihr die Realisierung der sich aus der strafrechtlichen Verantwortlichkeit ergebenden Konsequenzen deutlich zu machen und sie – bei Sicherung der Geheimhaltung des Kontaktes zwischen den Kandidaten und dem MfS – scheinbar einzuleiten.

Die Verpflichtung muß solche Festlegungen und Auflagen enthalten, durch deren Realisierung der IM weiter an das MfS gebunden wird. Die festzulegenden Vereinbarungen müssen die Konspiration umfassend gewährleisten und dürfen nicht im Widerspruch zu der vom Feind verlangten bzw. vorgegebenen Verhaltenslinie stehen.

5.5. Spezifische Probleme der Zusammenarbeit mit IM bei der vorgangs- und personenbezogenen Arbeit im und nach dem Operationsgebiet

Die Bedeutsamkeit der vorgangs- und personenbezogenen Arbeit mit IM im und nach dem Operationsgebiet, besonders unter den spezifischen Bedingungen im Operationsgebiet, erfordert von allen zuständigen Leitern und den betreffenden IM-führenden Mitarbeitern die konsequente Wahrnehmung der Verantwortung zur schöpferischen Realisierung der unter Ziffer 3. dieser Richtlinie festgelegten grundsätzlichen Anforderungen an die Zusammenarbeit mit IM.

5.5.1. Die Blickfeldarbeit

Die Blickfeldarbeit ist als eine politisch-operative Methode der Führung von IM zur Herstellung stabiler Beziehungen zu hauptamtlichen Mitarbeitern und Agenturen der imperialistischen Geheimdienste, zu Personen aus Zentren, Institutionen und Organisationen sowie zu Kräften, die subversive Angriffe gegen die DDR durchführen, darauf auszurichten, in die Konspiration des Feindes einzudringen. Damit ist das Ziel zu verfolgen, die Pläne, Absichten und Maßnahmen sowie Mittel und Methoden seiner subversiven Tätigkeit zu erkunden, zu dokumentieren und offensiv zu bekämpfen.

Die zur Blickfeldarbeit einzusetzenden IM müssen in der Lage sein, die Regeln der Konspiration schöpferisch anzuwenden, die Bereitschaft zu hohen physischen und psychischen Belastungen aufbringen sowie über geeignete berufliche bzw. gesellschaftliche Positionen, Wohnortbedingungen, Freizeitbeschäftigungen u. ä. verfügen.

Bei der Blickfeldarbeit ist vor allem zu beachten:

- die Kontaktinitiative der IM ist zu verschleiern;
- die operativen Legenden und Kombinationen müssen mehrmalige Kontaktversuche sichern;
- die IM sind auf mögliche Provokationen, abwehrmäßige Tests und Überprüfungen durch den Feind umfassend einzustellen;
- das vorschnelle bzw. übereilte Handeln der IM ist zu vermeiden, die in der Regel langfristig zu erreichende Zielstellung ist ständig zu berücksichtigen.

Zur Durchführung der Blickfeldarbeit sind entsprechende Pläne, insbesondere über die Zielstellung der Blickfeldarbeit und die Wege ihrer Realisierung, zu erarbeiten, die der Bestätigung durch die Leiter der HA / selbst. Abteilungen und BV / V bzw. deren Stellvertreter bedürfen.

Die Leiter der BV / V bzw. ihre Stellvertreter haben zu sichern, daß eine vorherige Abstimmung der Pläne mit den zuständigen HA / selbst. Abteilungen erfolgt.

5.5.2. Das Führen von IM mit aktiver Feindverbindung

Die Leiter der operativen Diensteinheiten haben beim Führen von IM mit aktiver Feindverbindung zu imperialistischen Geheimdiensten und zu anderen gegen die DDR subversiv tätigen Zentren, Institutionen, Organisationen und Kräften vor allem zu sichern:

- die ständige politisch-ideologische und fachlich-tschekistische Erziehung und Befähigung der IM einschließlich der Vermittlung eines aktuellen aufgabenbezogenen Feindbildes;
- die Durchführung wirkungsvoller operativer Spiele, um den Feind zum aktiven Handeln zu veranlassen;
- die gewissenhafte Auswahl und Bereitstellung geeigneter Informationen für die IM zur Übergabe an die feindlichen Stellen bzw. Kräfte;
- die Gestaltung eines sicheren und jederzeit funktionsfähigen Verbindungswesens, einschließlich erprobter Ausweichregelungen, zur Gewährleistung der Aktionsfähigkeit der IM unter allen politisch-operativen Lagebedingungen;
- die Vorbereitung der IM auf plötzlich eintretende Belastungs- und Bewährungssituationen, insbesondere hinsichtlich des Verhaltens bei indirekter bzw. direkter Konfrontation mit Polizei-, Staatsschutz- und Justizorganen;
- die Einleitung aller notwendigen Maßnahmen bei besonderen Vorkommnissen im Zusammenhang mit IM im Operationsgebiet, wie Festnahme, Verhaftung, Dekonspiration, Konfrontation mit Polizei-, Staatsschutz- und Justizorganen, gemäß den dafür geltenden dienstlichen Bestimmungen und Weisungen.

5.6. Spezielle Verantwortlichkeiten und Aufgaben bei der Organisierung der vorgangs- und personenbezogenen Arbeit mit IM im und nach dem Operationsgebiet

5.6.1. Verantwortlichkeiten und Aufgaben der HA/selbst. Abteilungen

Die Leiter der HA / selbst. Abteilungen haben zur Gewährleistung einer zielgerichteten, koordinierten, planmäßigen linienspezifischen vorgangs- und personenbezogenen Arbeit mit IM im und nach dem Operationsgebiet vor allem die Lösung folgender Aufgaben zu sichern:

- Herausarbeitung und Präzisierung der linienspezifischen Zielstellung für die vorgangs- und personenbezogene Arbeit mit IM im und nach dem Operationsgebiet in langfristigen Konzeptionen nach Abstimmung und Koordinierung mit den anderen für die Arbeit im und nach dem Operationsgebiet zuständigen operativen Diensteinheiten über meine Stellvertreter entsprechend ihrer Zuständigkeit sowie Festlegung der sich daraus ergebenden konkreten Aufgabenstellungen, insbesondere in den Planorientierungen, für die zuständigen operativen Diensteinheiten;

- Orientierung der Diensteinheiten über erkannte Angriffsrichtungen der feindlichen Stellen und Kräfte, insbesondere zur Gewährleistung des zielgerichteten Einsatzes der IM und der Erweiterung des IM-Bestandes;
- schwerpunktmäßige Anleitung, Unterstützung und Hilfe für die Abteilungen, KD/OD der BV/V bei der vorgangs- und personenbezogenen Arbeit mit IM im und nach dem Operationsgebiet;
- Koordinierung aller bedeutsamen Maßnahmen der vorgangs- und personenbezogenen Arbeit mit IM im und nach dem Operationsgebiet im Rahmen der linienspezifischen Zuständigkeit;
- Organisation der Zusammenarbeit mit anderen für die Arbeit im und nach dem Operationsgebiet zuständigen operativen Diensteinheiten hinsichtlich der Abstimmung von Maßnahmen und des Informationsaustausches auf der Grundlage von durch meine zuständigen Stellvertreter bestätigten gemeinsamen Konzeptionen bzw. Vereinbarungen.

5.6.2. Verantwortlichkeiten und Aufgaben der BV/V

Die Leiter der BV/V haben zu gewährleisten, daß
- die Abteilungen der BV/V

  bei der Erarbeitung und Realisierung der langfristigen Konzeptionen für die vorgangs- und personenbezogene Arbeit mit IM im und nach dem Operationsgebiet die sich aus den linienspezifischen Zielstellungen der zuständigen HA/selbst. Abteilungen ergebenden Aufgabenstellungen und Orientierungen durchsetzen,

  für die Planvorgabe des Leiters der BV/V zur Gewährleistung der allseitigen Erkundung sowie zielgerichteten und differenzierten Entwicklung und Nutzung der Möglichkeiten der operativen Basis durch die zuständigen operativen Diensteinheiten der Abwehr und der Aufklärung für die Arbeit im und nach dem Operationsgebiet einen entsprechenden Informationsbedarf erarbeiten,

  eng mit den KD/OD zusammenarbeiten und sie insbesondere bei der vorgangsbezogenen Bearbeitung von Personen aus dem Operationsgebiet unterstützen;
- die KD/OD die vorgangs- und personenbezogene Arbeit mit IM im und nach dem Operationsgebiet entsprechend den getroffenen Festlegungen und in Zusammenarbeit mit den zuständigen Abteilungen der BV/V ausrichten auf

  die operative Bearbeitung von Personen aus dem Operationsgebiet sowie

  die allseitige und umfassende Erkundung, Entwicklung und Nutzung der Möglichkeiten der operativen Basis der KD/OD, vor allem der IM, zur Erarbeitung von abwehrmäßig filtrierten Hinweisen zur Qualifizierung der Arbeit mit IM im und nach dem Operationsgebiet im politisch-operativen Interesse aller operativen Diensteinheiten der Abwehr und Aufklärung auf der Grundlage der entsprechenden Vorgaben des Leiters der BV/V.

6. Grundsätzliche Aufgaben der Führungs- und Leitungstätigkeit zur Erhöhung der Wirksamkeit der Arbeit mit den IM

Die Arbeit mit den IM hat auf allen Leitungsebenen ein Hauptbestandteil der Führungs- und Leitungstätigkeit zu sein.

Die Leiter der operativen Diensteinheiten haben zu gewährleisten, daß die Intensivierung als Hauptweg zur weiteren Qualifizierung der Arbeit mit den IM konsequent durchgesetzt wird.

6.1. Die Vorgabe langfristiger Orientierungen und Aufgabenstellungen

Die Leiter der operativen Diensteinheiten haben entsprechend der ihnen übertragenen Verantwortung zur Erhöhung der Wirksamkeit der Arbeit mit den IM auf der Grundlage entsprechender konzeptioneller Vorstellungen langfristige Orientierungen und Aufgabenstellungen zu erarbeiten und durchzusetzen.

Dabei ist ausgehend von der politisch-operativen Lage in den Verantwortungsbereichen zu sichern, daß die Arbeit mit den IM in enger Beziehung zu
- den politisch-operativen Schwerpunktbereichen und politisch-operativen Schwerpunkten, insbesondere zur Entwicklung und Bearbeitung Operativer Vorgänge und OPK,
- den sich aus der gesellschaftlichen Entwicklung für den konkreten Verantwortungsbereich ergebenden perspektivischen Sicherheitserfordernissen sowie
- den anderen politisch-operativen Aufgaben zur Gewährleistung der Sicherheit im Gesamtverantwortungsbereich

und in gründlicher Auswertung der Ergebnisse der ständigen Einschätzung der Wirksamkeit der Arbeit mit den IM geplant und realisiert wird.

Differenziert, entsprechend der jeweiligen Leitungsebene, sind vor allem
- Festlegungen zur Herstellung der Übereinstimmung zwischen den aktuell und perspektivisch zu lösenden politisch-operativen Aufgabenstellungen und der Qualität, Quantität und Dislozierung der IM,
- konkrete Erfordernisse und langfristige Orientierungen zur qualitativen Erweiterung des IM-Bestandes,
- Maßnahmen, die den zielgerichteten und aufeinander abgestimmten Einsatz der IM sowie die allseitige und umfassende Nutzung ihrer Möglichkeiten und Voraussetzungen gewährleisten,

zu erarbeiten.

Die Leiter der HA/selbst. Abteilungen und BV/V haben insbesondere die Entwicklungsziele und -richtungen zur Umsetzung meiner Vorgaben und Orientierungen sowie der meiner Stellvertreter zu erarbeiten.

Die Vorgaben sind entsprechend der Leitungsebene in Planorientierungen, Planvorgaben, Jahresplänen, Sicherungskonzeptionen u. a. Dokumenten zu fixieren.

Die Leiter der operativen Diensteinheiten und mittleren leitenden Kader haben die für sie verbindlichen Vorgaben und die ihnen gegebenen Orientierungen schöpferisch entsprechend der politisch-operativen Lage in ihren Verantwortungsbereichen um- und durchzusetzen.

Durch die Leiter der operativen Diensteinheiten ist die ständige Einflußnahme auf die konsequente Durchsetzung ihrer Vorgaben und Orientierungen sowie die praxiswirksame Anleitung und Kontrolle der unterstellten Leiter bzw. IM-führenden Mitarbeiter ihrer Diensteinheiten zu gewährleisten.

6.2. Die Einschätzung der Wirksamkeit der Arbeit mit den IM

Durch die Einschätzung der Wirksamkeit der Arbeit mit den IM (operativen Bestandsaufnahmen) sind reale Grundlagen für zu treffende Entscheidungen zur

- weiteren Intensivierung der Arbeit mit den IM, ihrer qualifizierten Erziehung und Befähigung,
- qualitativen Erweiterung des IM-Bestandes, insbesondere in den politisch-operativen Schwerpunktbereichen und unter den Zielgruppen des Feindes,

zu erarbeiten.

In ihrem Ergebnis sind die erforderlichen Maßnahmen zur Herstellung bzw. ständigen Gewährleistung der Übereinstimmung zwischen aktuellen und perspektivischen politisch-operativen Ziel- und Aufgabenstellungen sowie der Qualität, Quantität und Dislozierung der IM einzuleiten und durchzusetzen.

Die Einschätzung der Wirksamkeit der Arbeit mit den IM hat vorrangig nach qualitativen Gesichtspunkten, auf der Grundlage der unter Ziffer 1. dieser Richtlinie vorgegebenen Qualitätskriterien, unter besonderer Beachtung der von den IM im Kampf gegen den Feind erzielten Ergebnisse zu erfolgen.

Einzuschätzen sind:

- die erarbeiteten operativ bedeutsamen Informationen;
- die Ergebnisse bei der Herbeiführung notwendiger Veränderungen in den politisch-operativ zu sichernden Bereichen durch verstärkte Mitwirkung der IM;
- der erreichte Stand bei der Gewährleistung einer hohen Wachsamkeit und Geheimhaltung in der Arbeit mit den IM sowie des Schutzes, der Konspiration und Sicherheit der IM;
- die Struktur und Dislozierung des IM-Bestandes im Verantwortungsbereich, insbesondere inwieweit gewährleistet ist, daß

  der vorhandene IM-Bestand den politisch-operativen Erfordernissen zur Gewährleistung der Sicherheit im gesamten Verantwortungsbereich, vorrangig zur Sicherung der politisch-operativen Schwerpunktbereiche

und zur zielgerichteten Bearbeitung der politisch-operativen Schwerpunkte, und der vorgangs- und personenbezogenen Arbeit im und nach dem Operationsgebiet entspricht,
Übereinstimmung zwischen den aktuellen und perspektivisch zu lösenden politisch-operativen Ziel- und Aufgabenstellungen und der altersmäßigen, sozialen, beruflichen und bildungsmäßigen Zusammensetzung des IM-Bestandes sowie seiner Zusammensetzung nach Kategorien besteht,
die Möglichkeiten und Voraussetzungen der IM genügend erkannt, dokumentiert und zielgerichtet weiterentwickelt werden und der Einsatz der IM auf der Grundlage einer qualifizierten Auftragserteilung und Instruierung personen- und sachbezogen erfolgt,
die tatsächlichen Gründe für die Beendigung der Zusammenarbeit mit IM und die sich daraus ergebenden Schlußfolgerungen für die Intensivierung der Arbeit mit den IM und die qualitative Erweiterung des IM-Bestandes herausgearbeitet werden.

Die Leiter der operativen Diensteinheiten haben die Auswertungs- und Kontrollorgane zur Unterstützung ihrer Führungs- und Leitungstätigkeit zweckmäßig in die Lösung der Aufgaben zur Einschätzung der Wirksamkeit der Arbeit mit den IM einzubeziehen. Den Auswertungsorganen sind im Rahmen ihrer Gesamtaufgabenstellung insbesondere Aufgaben zu übertragen im Zusammenhang mit

- der Gewährleistung einer ständigen Übersicht – rationell, ohne unnötigen Aufwand – über die Ergebnisse der Arbeit mit den IM,
- der Herausarbeitung notwendiger Schlußfolgerungen zur weiteren Entwicklung und qualitativen Erweiterung des IM-Bestandes, einschließlich der Erarbeitung von Ausgangsmaterial für die Gewinnung geeigneter IM,
- der allseitigen und umfassenden Nutzung der Möglichkeiten und Voraussetzungen der IM, der Zusammenführung von Informationen zur Überprüfung von IM durch eine qualifizierte Vergleichs- und Verdichtungsarbeit.

Die Einschätzung der Qualität und Wirksamkeit des IM-Bestandes bzw. der Arbeit mit den IM hat auf allen Leitungsebenen durch operative Bestandsaufnahmen in Form

- der periodischen Erarbeitung von Teil- und Gesamteinschätzungen und
- der ständigen unmittelbaren Beurteilung der IM und ihrer politisch-operativen Arbeitsergebnisse im täglichen Arbeitsprozeß

zu erfolgen.

Periodische Teil- und Gesamteinschätzungen sind – in der Regel als Bestandteile der Einschätzung der politisch-operativen Lage im Verantwortungsbereich – in allen operativen Diensteinheiten auf der Grundlage entsprechender Planfestlegungen zu erarbeiten.

Durch sie ist ein exakter Überblick über die Wirksamkeit der Arbeit mit den IM im jeweiligen Verantwortungsbereich und über den erreichten Stand bei der Realisierung der in dieser Richtlinie und in anderen dienstlichen Bestimmungen und Weisungen erfolgten Aufgabenstellung zur Entwicklung und Qualifizierung der Arbeit mit den IM zu gewährleisten.

Auf ihrer Grundlage sind die erforderlichen Maßnahmen zur weiteren Durchsetzung dieser Aufgabenstellung festzulegen.

Die Leiter der HA / selbst. Abteilungen und der BV / V haben in eigener Verantwortung die erforderlichen Festlegungen zur Erarbeitung periodischer Teil- und Gesamteinschätzungen einschließlich zur Durchführung zielgerichteter Kontrollen durch die spezifischen Kontrollorgane der Diensteinheiten zu treffen.

Dabei ist ein den politisch-operativen Erfordernissen entsprechendes Verhältnis zwischen

- periodischen Gesamteinschätzungen des IM-Bestandes,
- Untersuchungen und Einschätzungen zur Wirksamkeit der IM bei der operativen Vorgangsbearbeitung und der operativen Personenkontrolle,
- Einschätzungen der Arbeit mit den IM zur Lösung bedeutsamer politisch-operativer Aufgabenstellungen in einzelnen gesellschaftlichen Bereichen,
- Untersuchungen und Einschätzungen zu einzelnen IM-Kategorien,
- monatlichen, halbjährlichen u. a. Übersichten zur Einschätzung der Treffftätigkeit, Gewinnung neuer IM u. ä.

zu gewährleisten.

Die ständige unmittelbare Beurteilung der IM und ihrer politisch-operativen Arbeitsergebnisse im täglichen Arbeitsprozeß ist insbesondere durch differenzierte Einbeziehung der mittleren leitenden Kader und der Auswertungsorgane zu gewährleisten.

Über alle IM sind entsprechend den politisch-operativen Erfordernissen, mindestens jedoch alle 3 Jahre, schriftliche Beurteilungen zu erarbeiten. Für hauptamtliche IM, IMB sowie FIM sind darüber hinaus jährlich kurze Einschätzungen über deren Arbeitsergebnisse sowie aufgetretene Probleme zu fertigen.

Besondere Vorkommnisse im Zusammenhang mit IM sind gemäß meinen dienstlichen Bestimmungen und Weisungen unverzüglich zu melden sowie umfassend aufzuklären und zu überprüfen.

6.3. Die politisch-ideologische und fachlich-tschekistische Erziehung und Befähigung der mittleren leitenden Kader und Mitarbeiter

Die politisch-ideologische und fachlich-tschekistische Erziehung und Befähigung der mittleren leitenden Kader und IM-führenden Mitarbeiter ist auszurichten auf

- das Vertiefen der Klarheit über die Grundfragen der Politik der Partei- und Staatsführung, das Festigen ihres Klassenstandpunktes und die Vermittlung eines realen Feindbildes,
- die konsequente Durchsetzung meiner grundsätzlichen Aufgabenstellungen und Orientierungen für den Kampf gegen den Feind,

- das Festigen der tschekistischen Einstellung zur Arbeit mit den IM,
- das Entwickeln der erforderlichen tschekistischen Fähigkeiten, Fertigkeiten und Verhaltensweisen für die qualifizierte Arbeit mit den IM, insbesondere des sicherheitspolitischen Denkens, der Fähigkeiten zur richtigen politisch-operativen und strafrechtlichen Einschätzung von Informationen sowie zur exakten Einschätzung der politisch-operativen Lage, zum Erkennen operativ bedeutsamer Zusammenhänge und zur weitgehend selbständigen Erarbeitung und Realisierung entsprechender Schlußfolgerungen,
- das Entwickeln und Festigen solcher Persönlichkeitseigenschaften wie Verantwortungsbewußtsein, Einsatzbereitschaft, Überzeugungskraft, Disziplin, Wachsamkeit, schöpferische Initiative und Einfallsreichtum,
- die Vermittlung der für die qualifizierte Lösung der ihnen übertragenen Aufgaben erforderlichen Kenntnisse.

Besondere Bedeutung ist der Qualifizierung der mittleren leitenden Kader, die Schaltstellen für die Um- und Durchsetzung der Aufgabenstellung zur Erhöhung der Wirksamkeit der Arbeit mit den IM sind, beizumessen.

Die politisch-ideologische und fachlich-tschekistische Erziehung und Befähigung der mittleren leitenden Kader und IM-führenden Mitarbeiter hat zielgerichtet und differenziert vorrangig im Prozeß der täglichen politisch-operativen Arbeit zu erfolgen.

Die Leiter der operativen Diensteinheiten und deren Stellvertreter haben diese Aufgaben durch ständige persönliche Einflußnahme und weitere Erhöhung ihrer Vorbildwirkung, in enger Zusammenarbeit mit den Parteiorganisationen ihrer Diensteinheiten und durch zweckmäßige Nutzung aller geeigneten Möglichkeiten zu realisieren.

Die Erhöhung der Vorbildwirkung ist – differenziert entsprechend der jeweiligen Leitungsebene – durch ihre Teilnahme an Treffs, an der Lösung von Aufgaben im Zusammenhang mit der Gewinnung von IM und anderer komplizierter Aufgaben sowie durch eigene qualifizierte Zusammenarbeit mit IM zu erreichen.

Die Möglichkeiten der operativen Fachschulung sind in Übereinstimmung mit den zentralen Vorgaben zweckmäßig zu nutzen.

Besondere Aufmerksamkeit ist der politisch-ideologischen und fachlich-tschekistischen Erziehung und Befähigung der jungen, politisch-operativ noch wenig erfahrenen IM-führenden Mitarbeiter beizumessen.

6.4. Die Organisation der Zusammenarbeit operativer Diensteinheiten zur weiteren Qualifizierung der Arbeit mit den IM

Die Leiter der operativen Diensteinheiten haben entsprechend der ihnen übertragenen Verantwortung eine den politisch-operativen Erfordernissen entsprechende aufgabenbezogene Zusammenarbeit ihrer Diensteinheiten zu gewährleisten, insbesondere zur allseitigen und umfassenden Nutzung der Möglichkeiten und Voraussetzungen der IM für die Erfüllung der Gesamtaufgabenstellung des MfS.

Dabei ist stets auch den Erfordernissen der vorgangs- und personenbezogenen Arbeit im und nach dem Operationsgebiet sowie der Aufklärung Rechnung zu tragen.

Als eine wesentliche Voraussetzung dafür sind die ständige Erkundung, zweckmäßige Dokumentierung und Entwicklung der Möglichkeiten und Voraussetzungen der IM zu sichern.

Durch die HA/selbst. Abteilungen ist den BV/V, insbesondere durch die Planorientierungen und unmittelbare praktische Anleitung und Hilfe, Unterstützung zu geben

- bei der Herausarbeitung, Durchdringung und Sicherung der politisch-operativen Schwerpunktbereiche und der Bearbeitung politisch-operativer Schwerpunkte,
- bei dem Erkennen und der Bekämpfung solcher feindlichen Angriffe sowie Mittel und Methoden der Feindtätigkeit, auf die die Arbeit mit den IM vorrangig zu konzentrieren ist,
- bei der Erarbeitung langfristiger, konzeptioneller Vorstellungen zur qualitativen Erweiterung des IM–Bestandes,
- durch Vermittlung politisch-operativer Erfahrungen bei der Bekämpfung der subversiven Angriffe des Feindes sowie bei der Aktualisierung und Präzisierung des Feindbildes,
- durch Abstimmung von politisch-operativen Maßnahmen, den Einsatz und die Schaffung geeigneter operativer Kräfte und Mittel einschließlich des Einsatzes von Experten-IM sowie für die vorgangs- und personenbezogene Arbeit im und nach dem Operationsgebiet,
- bei der Entwicklung und Anwendung operativer Legenden und Kombinationen,
- bei der inhaltlichen Gestaltung und Organisation des operativen Zusammenwirkens mit anderen staatlichen und wirtschaftsleitenden Organen, Betrieben, Kombinaten und Einrichtungen sowie gesellschaftlichen Organisationen.

Durch die Abteilungen der BV/V sind die Orientierungen der HA/selbst. Abteilungen schöpferisch entsprechend der Lage im jeweiligen Verantwortungsbereich umzusetzen und in ihrer eigenen politisch-operativen Arbeit sowie in der Zusammenarbeit mit den KD/OD zu realisieren.

Sie haben vor allem zu gewährleisten, daß

- die Erfahrungen über die effektive Gestaltung der Arbeit mit den IM zusammengeführt und den HA/selbst. Abteilungen übermittelt werden,
- die Erkenntnisse der HA/selbst. Abteilungen – vor allem auch die Rückflußinformationen – differenziert ausgewertet und für die Qualifizierung der Arbeit mit den IM genutzt werden,
- qualifizierte IM der Abteilungen sowohl für die Durchdringung des Verant-

wortungsbereiches der KD/OD als auch für die qualifizierte Bearbeitung Operativer Vorgänge eingesetzt werden,
- den KD/OD Hilfe und Unterstützung bei der Einführung von IM in die Bearbeitung Operativer Vorgänge sowie bei ihrem Herauslösen, bei der Durchführung operativer Kombinationen u. a. komplizierter Maßnahmen gewährt werden,
- Experten-IM in ihren Verantwortungsbereichen geschaffen und auch zur Unterstützung der KD/OD eingesetzt werden.

Die Leiter der KD/OD haben entsprechend den jeweiligen politisch-operativen Erfordernissen Initiativen zur Zusammenarbeit mit den Abteilungen der BV/V bzw. den HA/selbst. Abteilungen zu entwickeln.

7. Grundsätze für die Zusammenarbeit mit GMS und ihre Gewinnung

GMS sind Bürger der DDR mit einer auch in der Öffentlichkeit bekannten staatsbewußten Einstellung und Haltung, die sich für eine vertrauensvolle Zusammenarbeit mit dem MfS bereit erklären und entsprechend ihren Möglichkeiten und Voraussetzungen an der Lösung unterschiedlicher politisch-operativer Aufgaben mitarbeiten. Sie stellen eine wertvolle Ergänzung der operativen Basis, ein Reservoir für die Gewinnung von IM sowie für die Schaffung und Entwicklung von Kadern für das MfS dar.

Die Arbeit mit GMS ist auf die weitere Erhöhung der inneren Sicherheit im Verantwortungsbereich zu richten, insbesondere durch
- eine wirksame Ergänzung des Informationsaufkommens zur ständigen Einschätzung und Beherrschung der politisch-operativen Lage,
- die umfassende Durchsetzung der vorbeugenden und schadensverhütenden Arbeit des MfS.

GMS sind vorrangig einzusetzen zur Mitwirkung bzw. Lösung von Teilaufgaben bei der
- politisch-operativen Einflußnahme des MfS auf die offensive Durchsetzung sicherheitspolitischer Erfordernisse, auf die Einhaltung von Gesetzlichkeit, Ordnung, Disziplin und Sicherheit in den verschiedenen gesellschaftlichen Bereichen,
- Stärkung der Position progressiver Kräfte, der ideologischen Einflußnahme auf schwankende, vom Gegner irregeführte und mißbrauchte Personen, bei ihrer Zurückgewinnung sowie bei der offensiven Zurückdrängung feindlich-negativer Einflüsse,
- vorbeugenden Sicherung solcher Bereiche, Prozesse, Personen und Personenkreise, die für die innere Sicherheit im Verantwortungsbereich bedeutsam sind,

- Aufdeckung und Beseitigung von Mißständen sowie Bedingungen und Umständen, die feindliche Tätigkeit bzw. das Entstehen anderer schwerwiegender materieller und ideeller Schäden begünstigen oder ermöglichen,
- politisch-operativen Sicherung des Reiseverkehrs, operativen Kontrolle von Ausländern, die sich ständig oder zeitweilig in der DDR aufhalten, sowie anderer festgelegter Personen und Personenkreise,
- Durchführung operativer Ermittlungen, Sicherheitsüberprüfungen sowie von Personen und Sachfahndungen,
- Durchführung von operativen Aktionen und Einsätzen,
- Untersuchung von operativ bedeutsamen Vorkommnissen sowie Schaffung von Voraussetzungen für den Einsatz operativer Kräfte, Mittel und Methoden.

GMS dürfen in der Regel nicht zur direkten Bearbeitung feindlich-negativer Personen und Personenkreise sowie zur vorgangs- und personenbezogenen Arbeit im und nach dem Operationsgebiet eingesetzt werden.

Wesentliche Anforderungen an GMS sind vor allem:
- Anerkennung und bewußtes Durchsetzen der Politik von Partei und Regierung in ihrer beruflichen und gesellschaftlichen Tätigkeit sowie in der Öffentlichkeit;
- berufliche oder gesellschaftliche Tätigkeit und Stellung, Verbindungen und Einflußmöglichkeiten zur Erfüllung der vorgesehenen Aufgaben sowie entsprechende Verbindungen im Arbeits-, Wohn- und Freizeitbereich;
- Bereitschaft zur vertrauensvollen Zusammenarbeit mit dem MfS, Ehrlichkeit und Zuverlässigkeit bei der Lösung der ihnen übertragenen Aufgaben;
- Einschätzungs- und Urteilsvermögen, Verschwiegenheit, Selbständigkeit;
- Grundkenntnisse über die Regeln der Konspiration sowie die Fähigkeiten zu ihrer Durchsetzung.

7.1. Grundsätze für die Zusammenarbeit mit GMS

In der Arbeit mit GMS sind folgende Grundsätze durchzusetzen:
- Den GMS ist konkret vorzugeben, was sie festzustellen, zu kontrollieren, zu überwachen und worüber sie das MfS zu informieren haben sowie wann und in welchem Rahmen sie selbständig, offensiv und vorbeugend handeln müssen.

  Entsprechend der Zielstellung ihrer Gewinnung und ihrem Einsatz sind die GMS konkret zu beauftragen und zu instruieren. Je nach politisch-operativer Notwendigkeit müssen sie mit geeigneten operativen Verhaltenslinien und Legenden ausgerüstet sein.

  Die mittleren leitenden Kader haben zu gewährleisten, daß entsprechend den sicherheitspolitischen Erfordernissen und unter Beachtung der Möglichkeiten und Voraussetzungen der GMS festgelegt wird, zur Lösung welcher politisch-operativen Aufgaben, zur Beschaffung welcher Informationen sie einzusetzen sind.

- Unter Beachtung der staatsbewußten Einstellung und Haltung der GMS ist ihre Erziehung und Befähigung auszurichten auf die Entwicklung und Festigung stabiler Motive für die Zusammenarbeit und eines Vertrauensverhältnisses zum MfS, auf die relativ selbständige Erfüllung politisch-operativer Aufgaben und auf das immer bessere Erkennen sicherheitspolitischer Erfordernisse.
- Es sind konkrete Festlegungen zur Gewährleistung der Wachsamkeit, Geheimhaltung und Konspiration zu treffen und durchzusetzen.
  Es ist vor allem zu sichern, daß die GMS die ihnen übertragenen politisch-operativen Aufgaben unter Wahrung ihrer eigenen Konspiration erfolgreich lösen, entsprechend den Erfordernissen Decknamen festgelegt, die Treffs mit ihnen konspirativ durchgeführt werden und eine ständige Übersicht darüber besteht, welche Mitarbeiter und IM ihnen bekanntgeworden sind bzw. welche sie kennen.
- Die Verbindung zu den GMS ist entsprechend den konkreten politisch-operativen Erfordernissen variabel und differenziert zu gestalten.
  Für besondere Vorkommnisse ist unter Wahrung der Wachsamkeit, Geheimhaltung und Konspiration eine unverzügliche gegenseitige Verbindungsaufnahme zu gewährleisten.
- Die GMS sind unter Beachtung ihrer Persönlichkeit und der durch sie zu lösenden Aufgaben im erforderlichen Maße hinsichtlich ihrer Zuverlässigkeit und Ehrlichkeit, neuer Einsatz- und Entwicklungsmöglichkeiten sowie der Einhaltung der Konspiration zu überprüfen. Die dabei erzielten Ergebnisse sind ohne großen administrativen Aufwand zu dokumentieren.
- Die Führung der GMS kann entsprechend den zu lösenden politisch-operativen Aufgaben, der Persönlichkeit der GMS, ihrer beruflichen oder gesellschaftlichen Tätigkeit und Stellung durch einen operativen Mitarbeiter oder durch einen Führungs-IM erfolgen. Über die zweckmäßigste Form der Führung entscheiden die Leiter der Abteilungen, KD/OD bzw. deren Stellvertreter.
- Über die von den GMS erarbeiteten Informationen und anderweitig erzielten politisch-operativen Arbeitsergebnisse ist in den GMS-Akten in rationeller Weise ein konkreter und lückenloser Nachweis zu führen. Die Informationen sind unter Beachtung des Quellenschutzes gewissenhaft auszuwerten.
- Die Beendigung der Zusammenarbeit hat zu erfolgen, wenn kein politisch-operatives Interesse für eine weitere Zusammenarbeit besteht, der GMS dekonspiriert ist und zur Lösung der vorgesehenen politisch-operativen Aufgaben nicht mehr eingesetzt werden kann sowie bei festgestellter Unzuverlässigkeit und Unehrlichkeit.

Die Beendigung der Zusammenarbeit bedarf der Bestätigung durch die Leiter der Abteilungen, KD/OD bzw. deren Stellvertreter.

7.2. Grundsätze für die Gewinnung von GMS

Die Gewinnung von GMS ist Bestandteil der notwendigen Erweiterung der operativen Basis.

Es ist festzulegen, in welchen Bereichen und Objekten, unter welchen Personenkreisen, zur Lösung welcher politisch-operativen Aufgaben GMS gewonnen werden müssen. Durch die Leiter der operativen Diensteinheiten ist zu sichern, daß keine unbegründete Einbeziehung von Personen als GMS in die Zusammenarbeit erfolgt.

Bei der Gewinnung von GMS sind folgende Grundsätze durchzusetzen:

- Zur zielgerichteten Suche und Auswahl geeigneter Personen sind die wesentlichsten Anforderungen an die GMS zu bestimmen.
- Durch die Aufklärung und Überprüfung der vorgesehenen Personen sind Informationen zu erarbeiten, die hinreichend Auskunft geben, daß sie für die Lösung der vorgesehenen politisch-operativen Aufgaben geeignet sind und auf Grund ihrer politisch-ideologischen Einstellung und Bewährung, evtl. schon erbrachter Vertrauensbeweise gegenüber den Sicherheitsorganen, eine ehrliche und zuverlässige Zusammenarbeit mit dem MfS erwarten lassen.
  Die hierzu erforderlichen Maßnahmen sind unter Wahrung der Wachsamkeit, Geheimhaltung und Konspiration auf das notwendige Maß zu beschränken. Über die einzuleitenden Maßnahmen zur Aufklärung und Überprüfung der zu gewinnenden Personen entscheiden die Leiter der Abteilungen, KD/OD bzw. deren Stellvertreter.
- Die Ergebnisse der Aufklärung und Überprüfung sind in einem Vorschlag zur Bestätigung als GMS zusammenzufassen.
  Der Vorschlag hat zu enthalten:
  die Personalien,
  eine kurze Begründung der politisch-operativen Notwendigkeit der Gewinnung,
  eine kurze Begründung der Eignung, der Zuverlässigkeit und Ehrlichkeit der zu gewinnenden Person sowie Inhalt und Form der durch sie abzugebenden Bereitschaftserklärung,
  Angaben zur Führung des GMS und Art und Weise der Verbindung.

Die Vorschläge bedürfen der Bestätigung durch die Leiter der Abteilungen, KD/OD bzw. deren Stellvertreter.

8. Schlußbestimmungen

8.1. Die Registrierung und Führung der IM-Vorläufe, IM-Vorgänge und GMS-Akten sowie die Erfassung der IM-Kandidaten, IM und GMS haben gemäß der 1. Durchführungsbestimmung zu dieser Richtlinie zu erfolgen.

8.2. Die finanzielle Sicherstellung und soziale Betreuung hauptamtlicher IM haben gemäß der 2. Durchführungsbestimmung zu dieser Richtlinie zu erfolgen.

8.3. Die Leiter der Diensteinheiten sind persönlich verantwortlich für

- die sichere Aufbewahrung der ihnen übergebenen Exemplare dieser Richtlinie und der 2. Durchführungsbestimmung zu dieser Richtlinie,
- die Durchsetzung einer hohen Sicherheit und Ordnung im Umgang mit diesen Dokumenten sowie
- die Gewährleistung der Konspiration und Geheimhaltung.

Beide Dokumente sind durch die Leiter der Diensteinheiten *persönlich aufzubewahren.*

Sie können Angehörigen der Diensteinheiten zur persönlichen Kenntnisnahme übergeben werden, wenn das zur Lösung der ihnen übertragenen Aufgaben erforderlich ist.

Eine Weitergabe an andere Angehörige der jeweiligen Diensteinheit ist nicht statthaft.

Über die Einsichtnahme ist ein exakter Nachweis zu führen.

Die Anfertigung wörtlicher Auszüge aus beiden Dokumenten – ausgenommen Anlage 1 zur 2. Durchführungsbestimmung zu dem dafür festgelegten Zweck – ist untersagt.

Aufzeichnungen zum Inhalt beider Dokumente sind – soweit notwendig – in den dafür vorgesehenen Aufzeichnungsbüchern vorzunehmen.

Die Dokumente sind jeweils vor Dienstschluß bzw. vor Verlassen des Dienstobjektes dem Leiter zurückzugeben.

Die Beförderung beider Dokumente zwischen den Dienstobjekten des MfS hat ausschließlich durch den strukturmäßigen Kurierdienst gemäß den Regelungen der Kurierordnung und der VS-Ordnung des MfS zu erfolgen. Die Mitnahme beider Dokumente ist nur innerhalb der Dienstobjekte gestattet.

Die Leiter der Diensteinheiten haben diese Festlegungen entsprechend der Lage in ihren Verantwortungsbereichen zu konkretisieren bzw. zu ergänzen, deren konsequente Durchsetzung zu kontrollieren und die Angehörigen ihrer Diensteinheiten zur verantwortungsbewußten, disziplinierten Einhaltung der getroffenen Festlegungen zu erziehen.

8.4. Diese Richtlinie tritt mit Wirkung vom 1. 1. 1980 in Kraft.

Mielke
Generaloberst

«Feindliche Kräfte kompromittieren und zersetzen»

Die Richtlinie zur Spitzelarbeit im westlichen Ausland

Nicht nur in der DDR, sondern auch im westlichen Ausland verfügte das Ministerium für Staatssicherheit über zahlreiche Inoffizielle Mitarbeiter. Diese unterstanden in der Regel der Hauptverwaltung Aufklärung, die bis 1987 von Markus Wolf geführt wurde. Für diese IM im sogenannten «Operationsgebiet» – das betraf vor allem die NATO-Staaten und dort insbesondere die Bundesrepublik Deutschland und die USA – wurde ein eigenständiges Dokument erarbeitet: die *Richtlinie Nr. 2/79 für die Arbeit mit Inoffiziellen Mitarbeitern im Operationsgebiet (GVS MfS 0008-2/79).*

Inhaltsverzeichnis

Dem Ministerium für Staatssicherheit ist von der Partei- und Staatsführung die Aufgabe gestellt, alle Kraft auf die weitere allseitige Stärkung der Deutschen Demokratischen Republik, der sozialistischen Staatengemeinschaft sowie der anderen revolutionären Hauptkräfte zu konzentrieren, dem Feind keine Möglichkeit zur Störung des sozialistischen Aufbaues zu geben und die revolutionären Hauptkräfte bei der Abwehr der konterrevolutionären Anschläge des Imperialismus zu unterstützen.

Als Bestandteil der sozialistischen Staatsmacht erfüllt das MfS verantwortungsvolle Aufgaben bei der Verteidigung der Souveränität und der sozialistischen Errungenschaften der DDR, bei der Verhinderung imperialistischer Aggressionsakte, bei der Zurückweisung der subversiven Angriffe des Imperialismus sowie bei der Durchsetzung der offensiven Friedenspolitik der sozialistischen Staatengemeinschaft.

Die entscheidende Kraft bei der Lösung dieser Aufgaben stellen die *Inoffiziellen Mitarbeiter* (IM) dar.

Sie erfüllen den Kampfauftrag innerhalb und außerhalb der Grenzen der DDR.

Die Richtlinie Nr. 2/79 regelt die Arbeit mit IM der Diensteinheiten der Aufklärung im Operationsgebiet und ist als verbindliche Grundlage schöpferisch unter Berücksichtigung gesicherter neuer politisch-operativer Erkenntnisse und Erfahrungen sowie der sich aus der Entwicklung der politisch-operativen Lage ergebenden Erfordernisse durchzusetzen.

Erfordert die Lösung spezieller Aufgaben die Anwendung spezieller politisch-operativer Methoden der Arbeit mit IM im Operationsgebiet durch Diensteinheiten der Abwehr, ist gemäß den entsprechenden Regelungen dieser Richtlinie zu verfahren.

Die Richtlinie wird durch Befehle, Weisungen und Kommentare ergänzt und konkretisiert.

1. Die Hauptaufgaben und die Hauptmethoden der operativen Arbeit der Diensteinheiten der Aufklärung des MfS

1.1. Die Ziele der operativen Arbeit der Diensteinheiten der Aufklärung des MfS

Die operative Arbeit der Diensteinheiten der Aufklärung des MfS verfolgt das Ziel:

- die Sicherheit und die Interessen der DDR, der sozialistischen Staatengemeinschaft, der kommunistischen Weltbewegung und anderer revolutionärer Kräfte gefährdende oder beeinträchtigende Pläne, Absichten, Agentu-

ren, Mittel und Methoden des Feindes rechtzeitig und zuverlässig aufzuklären und Überraschungen auf politischem, militärischem, wirtschaftlichem und wissenschaftlich-technischem Gebiet zu verhindern;
- zur Aufdeckung und Zerschlagung feindlicher Stützpunkte und Agenturen in der DDR, in der sozialistischen Staatengemeinschaft, in der kommunistischen Weltbewegung sowie in anderen revolutionären Kräften beizutragen;
- exakte Kenntnisse über die wichtigsten Feindzentren, über das feindliche Potential sowie über die Widersprüche im Lager des Feindes zu erarbeiten und offensive Maßnahmen gegen feindliche Zentren und gegen im Operationsgebiet tätige feindliche Kräfte durchzuführen;
- die internationale Position des Sozialismus und seiner Verbündeten in der Klassenauseinandersetzung mit dem Imperialismus zu festigen und zu stärken, die offensive Friedenspolitik der sozialistischen Staatengemeinschaft zu unterstützen, antiimperialistische Bewegungen, Kräfte und Organisationen zu fördern und den fortschrittlichen Regierungen in den Entwicklungsländern bei der Festigung ihrer Macht zu helfen;
- die auf die ökonomische und militärische Stärkung sowie auf die weitere Erhöhung des Wohlstandes des Volkes gerichtete Politik der Partei- und Staatsführung zu unterstützen;
- die Sicherheit der Auslandsvertretungen der DDR sowie der DDR-Bürger im nichtsozialistischen Ausland zu gewährleisten.

Das Operationsgebiet der Diensteinheiten der Aufklärung erstreckt sich insbesondere auf die USA, die BRD, die anderen NATO-Staaten und Westberlin. Zunehmende Bedeutung gewinnt die operative Arbeit in Richtung VR China, in internationalen Krisenzonen und in ausgewählten Entwicklungsländern. Durch die Arbeit in der BRD sind zugleich günstige Voraussetzungen für die operative Arbeit gegen die USA, die internationalen imperialistischen Organisationen, die anderen imperialistischen Hauptstaaten sowie die VR China zu schaffen.

Die Diensteinheiten der Aufklärung erfüllen ihre Aufgaben in brüderlicher Zusammenarbeit mit den sowjetischen Tschekisten und mit den Sicherheitsorganen der eng befreundeten Staaten. Sie stützen sich auf staatsbewußte Bürger der DDR und solche Personen aus den imperialistischen Staaten und Entwicklungsländern, die geeignet sind, operative Aufträge zu erfüllen.

Durch eine hohe Qualität der Arbeit mit IM ist zu gewährleisten, daß von der operativen Arbeit keine Störungen für die Politik der Partei- und Staatsführung ausgehen.

1.2. Die Bearbeitung der feindlichen Zentren und Objekte

Die operative Arbeit der Diensteinheiten der Aufklärung ist vorrangig auf die Schaffung operativer Positionen in solchen feindlichen Zentren und Objekten gerichtet, in denen

- geheime Informationen über feindliche Pläne, Absichten, Agenturen, Mittel und Methoden konzentriert sind;
- günstige Ausgangspositionen für das Eindringen in die feindlichen Hauptobjekte geschaffen werden können;
- günstige Voraussetzungen für die Durchführung wirkungsvoller aktiver Maßnahmen bestehen.

Zu bearbeiten sind:

- Führungszentren der USA, der BRD, der anderen imperialistischen Staaten, Westberlins, der NATO, der Europäischen Gemeinschaften (EG), der VR China und anderer operativ bedeutsamer Staaten;
- Zentren, Dienststellen und Mitarbeiter der imperialistischen Geheimdienste, Polizei- und Abwehrorgane, insbesondere des CIA, des BND, des BfV, des MAD sowie anderer Zentren der Subversion;
- militärische Zentren der USA, der NATO, der BRD, anderer imperialistischer Staaten sowie der VR China;
- Führungszentren der systemtragenden Parteien, besonders in der BRD und in Westberlin sowie ihre internationalen Vereinigungen;
- rechts- und linksextremistische, einschließlich maoistische Organisationen und Gruppierungen;
- wirtschaftspolitische und wissenschaftlich-technische Zentren der USA, der BRD und anderer imperialistischer Staaten, insbesondere Zentren der Rüstungsforschung und Rüstungswirtschaft;
- Hochschulen und andere Basisobjekte, deren Bearbeitung günstige Voraussetzungen für das Eindringen in die imperialistischen Hauptobjekte schafft.

Die Bearbeitung der feindlichen Zentren und Objekte umfaßt

- ihre allseitige Aufklärung und Analyse; die Herausarbeitung der Bearbeitungsbedingungen und -möglichkeiten;
- die Schaffung stabiler operativer Positionen und deren allseitigen Nutzung;
- den Aufbau eines unter allen Lagebedingungen schnell, zuverlässig und beständig funktionierenden Systems, der Führung und Leitung, einschließlich des Verbindungswesens;
- den Einsatz geeigneter operativ-technischer Mittel zur Gewinnung, Sicherung und Übermittlung von Informationen und operativen Materialien.

Sie erfordert ein arbeitsteiliges und koordiniertes Vorgehen aller in die Objektbearbeitung einbezogenen IM aus dem Operationsgebiet und aus der DDR unter strikter Beachtung der Konspiration und hat, wenn in dienstlichen Bestimmungen und Weisungen festgelegte Zuständigkeiten anderer operativer Diensteinheiten berührt werden, grundsätzlich in Abstimmung und Koordinierung mit den Leitern dieser Diensteinheiten zu erfolgen.

Bei der Schaffung und systematischen Erweiterung der operativen Positionen in den feindlichen Zentren und Objekten sind folgende Methoden anzuwenden:
- die Werbung von Beschäftigten feindlicher Objekte als IM;
- die Einschleusung von IM;
- die Schaffung operativer Positionen in der personellen, institutionellen und territorialen Umgebung der zu bearbeitenden Objekte;
- die Entwicklung operativ-technischer Vorgänge.

Dafür sind alle konspirativen und legalen Positionen im Operationsgebiet und in der DDR zu erschließen und auszuschöpfen.

Vorrangig sind solche Personenkreise zu bearbeiten, die
- Geheimnisträger in feindlichen Objekten sind oder sich durch ihre Herkunft, Befähigung, Vertrauenswürdigkeit oder berufliche Stellung direkten Zugang zu den vom Feind geheimgehaltenen Informationen verschaffen können;
- auf Grund ihrer Verbindungen und Möglichkeiten in der Lage sind, Geheimnisträger aus feindlichen Objekten für die operative Arbeit zu werben bzw. abzuschöpfen;
- auf Grund ihrer zu erwartenden Ausbildung und Entwicklung perspektivisch entsprechende Positionen bekleiden werden und
- die Voraussetzungen erfüllen, um das funktionelle Zusammenwirken der im Operationsgebiet eingesetzten Kräfte zu ermöglichen und die Verbindung zur Zentrale aufrechtzuerhalten.

Unter Beachtung der Sicherheitsanforderungen der feindlichen Zentren und Objekte ist die operative Basis der DDR vorrangig für die Erarbeitung von Hinweisen, für die Werbung von Perspektiv-IM, Werbern, Quellen, Führungs-IM und IM im Verbindungswesen sowie für die Schaffung personeller Übersiedlungsgrundlagen zu nutzen.

1.3. Die Methoden zur Gewinnung und Auswertung operativ bedeutsamer Informationen

Von operativer Bedeutung sind Informationen über
- feindliche Pläne, Absichten, Agenturen, Mittel und Methoden entsprechend den unter Ziffer 1.1. formulierten Zielstellungen;
- Zusammenhänge, Fakten und Sachverhalte, die für die Vorbereitung und Durchführung aktiver Maßnahmen geeignet sind;
- feindliche Zentren und Objekte, operativ interessante Personen, Arbeitsmethoden feindlicher Abwehrorgane, Bedingungen im grenzüberschreitenden Verkehr und sonstige Regimebedingungen, die für die Gewährleistung einer hohen Effektivität und Sicherheit der operativen Arbeit erforderlich sind.

Der Informationsbedarf wird durch spezielle Weisungen sowie durch die jeweils zu lösende konkrete operative Aufgabe bestimmt.

Die Arbeit mit IM ist vorrangig auf die Beschaffung vom Feind geheimgehaltener Informationen und solcher Informationen auszurichten, die ausschließlich mit operativen Mitteln und Methoden zu erlangen sind.

Die Hauptmethoden der Informationsgewinnung sind

- der unmittelbare Zugang von IM zu den vom Feind geheimgehaltenen Dokumenten, Plänen, Absichten und Mustern;
- die Abschöpfung von feindlichen Geheimnisträgern;
- der Einsatz operativer Technik.

Ein *unmittelbarer Zugang* zu den vom Feind geheimgehaltenen Informationen liegt dann vor, wenn der IM durch seine Stellung innerhalb eines feindlichen Objektes zum Umgang mit geheimen Dokumenten befugt ist bzw. sich ohne Einschaltung Dritter mit operativ-technischen Mitteln oder auf andere Weise Zugang zu diesen Dokumenten und Informationen beschaffen kann.

Die *Abschöpfung* beinhaltet die beständige Beschaffung von Informationen aus feindlichen Zentren und Objekten unter Nutzung stabiler persönlicher Kontakte, wobei gegenüber den abzuschöpfenden Personen der nachrichtendienstliche Charakter der Informationsgewinnung verschleiert wird.

Der *Einsatz von operativer Technik* erfolgt in solchen Fällen, wo operativ bedeutsame Informationen durch das Abhören von feindlichen Nachrichtenkanälen oder andere Verfahren zur Aufnahme, Speicherung und Entschlüsselung von Schallwellen, elektrischen Impulsen u. a. gewonnen werden können.

Weitere Methoden der Informationsgewinnung sind

- die Befragung,
- die Beobachtung,
- die Analyse offizieller und halboffizieller Quellen.

Die *Befragung* beinhaltet die gezielte Beschaffung von Informationen über operativ interessante Personen, Objekte und Sachverhalte durch die Herstellung zeitlich begrenzter Kontakte, ohne daß die befragten Personen über das wirkliche Informationsziel sowie über den tatsächlichen Verwendungszweck der erlangten Informationen Auskunft erhalten.

Bei der *Beobachtung* erfolgt die Erlangung und Dokumentation von operativen Informationen durch visuelle Wahrnehmungen sowie durch den Einsatz entsprechender operativ-technischer Mittel.

Durch die *gezielte Auswertung und Analyse offizieller und halboffizieller Quellen* unter operativen Gesichtspunkten sind ebenfalls wichtige Informationen zu gewinnen.

Die *Ermittlung* beinhaltet Maßnahmen zur operativen Aufklärung und Überprüfung von Personen, Objekten und Sachverhalten. Sie bedient sich der verschiedensten Methoden zur operativen Informationsgewinnung, einschließlich der Nutzung von Datenspeichern.

Zur Auswertung der von den IM erarbeiteten Informationen sind diese in Abhängigkeit von ihrer Bedeutung und ihrem Verwendungszweck den für die Auswertung verantwortlichen Diensteinheiten, den Objektakten und den IM-Akten zuzuführen. Der Wert der durch die IM erarbeiteten Informationen ist sorgfältig einzuschätzen.

Bei der Auswertung der Informationen in der eigenen Diensteinheit, bei der Weitergabe an andere Diensteinheiten und an Organe außerhalb des Ministeriums sowie bei ihrer Nutzung zu aktiven Maßnahmen ist zu sichern, daß daraus keine Gefahren für die an der Informationsbeschaffung beteiligten IM entstehen können bzw. die Gefahren genau kalkuliert und erfaßt werden.

1.4. Aktive Maßnahmen

Aktive Maßnahmen sind darauf gerichtet, mit Hilfe operativer Kräfte, Mittel und Methoden
- den Feind bzw. einzelne feindliche Kräfte und Institutionen zu entlarven, zu kompromittieren bzw. zu desorganisieren und zu zersetzen;
- progressive Ideen und Gedanken zu verbreiten und fortschrittliche Gruppen und Strömungen im Operationsgebiet zu fördern;
- die Entwicklung von Führungspersönlichkeiten und solchen Personen zu beeinflussen, die bei der Bestimmung der öffentlichen Meinung eine besondere Rolle spielen.

Der Einsatz der konspirativen Kräfte, Mittel und Methoden ist so vorzunehmen, daß Ausgangspunkte, handelnde Personen und Zielsetzung der aktiven Maßnahmen verschleiert werden. Die Vorbereitung und Durchführung der aktiven Maßnahmen erfolgt auf der Grundlage spezifischer Befehle und Weisungen.

1.5. Die Konspiration

Die Konspiration ist ein entscheidendes Wesensmerkmal der operativen Arbeit. Sie dient der Durchbrechung der feindlichen Geheimschutz- und Abwehrmaßnahmen und der Sicherheit der Arbeit mit IM.

Die Konspiration umfaßt
- die Tarnung,
- die Geheimhaltung,
- die Wachsamkeit.

Die *Tarnung* beinhaltet die Verschleierung des Charakters von operativen Aktivitäten sowie vorbeugende Maßnahmen zur Verhinderung ihrer Wahrnehmung.

Die *Geheimhaltung* ist darauf gerichtet, das operative Wissen gegen den Einblick und den Zugang dritter, nicht unmittelbar an der Lösung der jeweiligen konkreten operativen Aufgaben beteiligten Personen zu schützen. Die Preisgabe operativen Wissens an IM ist auf jenes Maß zu beschränken, das für die Lösung der konkreten Aufgabe erforderlich ist und ihnen auf Grund der nachgewiesenen Zuverlässigkeit anvertraut werden kann.

Die *Wachsamkeit* beinhaltet das aktive Wirksamwerden der IM mit dem

Ziel, Gefährdungsmomente für die operative Arbeit zuverlässig und rechtzeitig zu erkennen und durch richtiges operativ-taktisches Verhalten abzuwenden.

Bei der Durchführung operativer Maßnahmen ist davon auszugehen, daß diese Elemente der Konspiration sich wechselseitig ergänzen und eine Einheit bilden. Ihr praktisches Umsetzen muß stets in Abhängigkeit von der operativen Aufgabenstellung, den konkreten Regimebedingungen und der Persönlichkeit der IM erfolgen. Die Konspiration muß den zu erwartenden feindlichen Sicherungs- und Abwehrmaßnahmen Rechnung tragen und auch unter komplizierten Bedingungen und in besonderen operativen Situationen gewährleistet werden.

Ein wichtiges Mittel der Konspiration ist die *Legende*. Ihre Funktion besteht darin, Personen über operative Absichten, Zusammenhänge und Sachverhalte zu täuschen und sie zu einem der Erfüllung operativer Aufgaben dienenden Verhalten zu veranlassen.

Legenden müssen
- weitgehend auf tatsächlichen Fakten und Zusammenhängen und deren logischen Verknüpfung mit lebensnahen fiktiven Angaben aufgebaut und möglichst überprüfbar sein;
- variabel gestaltet sein und Raum für den schöpferischen Ausbau in solchen Situationen bieten, die nicht oder nicht in vollem Umfange vorauszusehen waren;
- Ausweichvarianten gestatten;
- von den IM beherrscht und glaubhaft repräsentiert werden.

Eine spezifische Form der Legendierung ist die *legale Abdeckung*. Dabei werden die legalen gesellschaftlichen Positionen, persönlichen Verbindungen sowie Aufenthalts- und Bewegungsmöglichkeiten der IM im Operationsgebiet zur Verschleierung operativer Handlungen und Sachverhalte genutzt.

Weitere Mittel und Methoden der Konspiration sind
- die operative Selbstkontrolle und
- die Anwendung operativer Dokumente und operativ-technischer Mittel.

Die *operative Selbstkontrolle* erfaßt Maßnahmen der IM zur Überprüfung der Wirksamkeit der Konspiration, insbesondere vor, während und nach operativen Handlungen.

Schwerpunkte sind
- die Überprüfung der Übereinstimmung von operativem Auftrag, Regimebedingungen, Persönlichkeit der IM und der zur Verfügung stehenden Mittel und Methoden;
- die Verhinderung der unbewußten oder leichtfertigen Preisgabe von Anhaltspunkten für eine operative Tätigkeit;
- das sorgfältige Studium der Umgebung der Wohnung, des Arbeitsplatzes, des Bekanntenkreises usw. und die Registrierung und Analyse aller operativ bedeutsamen Veränderungen;
- die Anwendung spezifischer Mittel und Methoden zur Wahrnehmung und

zur Identifizierung einer feindlichen Bearbeitung, einschließlich solcher Maßnahmen, die den Feind zu eindeutigen identifizierbaren Handlungen zwingen.

Die Qualität der Konspiration wird vor allem durch *die Eignung der operativen Kräfte bestimmt.* Es ist zu sichern, daß die zum Einsatz gelangenden operativen Kräfte

- sorgfältig ausgewählt, auf ihre Eignung geprüft und auf ihren Einsatz vorbereitet werden;
- eine hohe operative Qualifikation besitzen, über konkrete Regimekenntnisse verfügen und in der Lage sind, ihr Verhalten den jeweiligen Regimebedingungen weitestgehend anzupassen.

Besonders hohe Anforderungen sind an die Geheimhaltung der Identität der IM zu stellen.

Die in den feindlichen Zentren und Objekten tätigen Quellen und ihre operativen Arbeitsergebnisse sind umfassend zu schützen. Dabei ist stets zu beachten, daß der Feind nicht nur im Operationsgebiet, sondern auch auf dem Boden der DDR große Anstrengungen unternimmt, um in das IM-Netz und die Zentrale einzudringen und die IM zu enttarnen.

1.6. Die Entwicklung eines funktionstüchtigen IM-Netzes

Die ständige Erhöhung der Effektivität und Sicherheit der operativen Arbeit und die Schaffung eines unter allen Lagebedingungen funktionstüchtigen IM-Netzes im Operationsgebiet stellen entscheidende Voraussetzungen für die Lösung der Aufgaben der Diensteinheiten der Aufklärung dar.

Es ist deshalb notwendig,

- den Umfang der operativen Positionen in den entscheidenden feindlichen Zentren und Objekten ständig zu erweitern und ihre Qualität zu erhöhen;
- die operativen Möglichkeiten des IM-Netzes und der einzelnen IM allseitig zu nutzen;
- ständig ein hohes Niveau der tschekistischen Erziehung der IM zu gewährleisten;
- ein unter allen Lagebedingungen schnell, zuverlässig und beständig funktionierendes System der Führung und Leitung der IM, einschließlich des Verbindungswesens aufzubauen;
- strenge Maßstäbe bei der Durchsetzung der Konspiration anzuwenden;
- die Flexibilität und das Reaktionsvermögen des IM-Netzes auf Veränderungen der politisch-operativen Lage zu erhöhen.

Die Qualität der Arbeit mit IM wird im entscheidenden Maße durch die Fähigkeit bestimmt, den Einsatz der Kräfte, Mittel und Methoden der operativen Arbeit ausgehend von der konkreten Aufgabenstellung und unter Beachtung der sich ständig verändernden Regimebedingungen zu organisieren.

2. Der Inoffizielle Mitarbeiter (IM)

2.1. Die Anforderungen an IM

IM sind Bürger der DDR und anderer Staaten, die auf der Grundlage ihrer objektiven und subjektiven Voraussetzungen Aufträge des MfS konspirativ erfüllen.

Ihre *operative Eignung* resultiert aus

- realen Möglichkeiten zur Lösung operativer Aufgaben;
- spezifischen Leistungs- und Verhaltenseigenschaften;
- der Bereitschaft zur bewußten operativen Arbeit.

Reale Möglichkeiten zur Lösung operativer Aufgaben liegen vor, wenn die IM durch ihre gesellschaftliche Stellung

- Zugang zu operativ interessanten Informationen besitzen oder sich verschaffen können;
- Verbindung zu operativ interessanten Personen haben bzw. sie herstellen und entwickeln können;
- die für die Aufrechterhaltung von operativen Verbindungen erforderliche Aufenthalts- und Bewegungsfreiheit besitzen bzw. erlangen können.

Die *spezifischen Leistungs- und Verhaltenseigenschaften* erfassen jene Charaktereigenschaften, Kenntnisse, Fähigkeiten und Fertigkeiten, die die IM in die Lage versetzen, ihre operativen Möglichkeiten für die Lösung der Aufgaben zu nutzen und zu entwickeln.

Die *Bereitschaft zur bewußten operativen Zusammenarbeit* gründet sich auf den Willen der IM zur Nutzung und ständigen Erweiterung ihrer operativen Möglichkeiten im Interesse eines tatsächlichen oder vorgetäuschten Beziehungspartners.

Die Bereitschaft zur bewußten operativen Zusammenarbeit beruht grundsätzlich auf einem Motivationsgefüge.

Im Motivationsgefüge werden im unterschiedlichen Maße politische Überzeugungen, materielle und sonstige persönliche Interessen und Bedürfnisse wirksam. Es sind die Motive zu nutzen, die geeignet sind, die Bereitschaft für eine bewußte operative Zusammenarbeit herbeizuführen und zu festigen.

Solche Motive sind:

- progressive politische Überzeugungen;
- divergierende reaktionäre Überzeugungen und Interessen;
- materielle und sonstige persönliche Interessen.

Progressive politische Überzeugungen erfassen alle politischen Auffassungen und Haltungen, in denen prinzipiell oder teilweise die Politik, Institutionen oder Repräsentanten des jeweiligen kapitalistischen Staates abgelehnt werden. In dieser Ablehnung kann gleichzeitig eine prinzipielle oder teilweise Übereinstimmung mit der Politik der sozialistischen Staatengemeinschaft zum Ausdruck kommen.

Progressive politische Überzeugungen reichen von festen weltanschaulichen marxistisch-leninistischen Positionen bis zu Positionen des bürgerlichen Humanismus und können auch Bestrebungen zur gesellschaftlichen Wiedergutmachung einschließen. Sie müssen ihrem Wesen nach antiimperialistisch sein.

Die weitgehende Übereinstimmung von gesellschaftlichen und persönlichen Interessen ist für die Effektivität und Stabilität der Zusammenarbeit besonders wertvoll.

Divergierende reaktionäre Überzeugungen und Interessen entspringen den Rivalitäten und Widersprüchen innerhalb der herrschenden Klasse. Sie werden bei solchen operativ interessanten Personen genutzt, die fest an das imperialistische System gebunden sind und deren politische Haltung eine bewußte Zusammenarbeit mit fortschrittlichen Organisationen und politischen Kräften ausschließt. Das trifft insbesondere auf Geheimnisträger aus den feindlichen Zentren und Objekten zu, die in Anbetracht ihrer operativen Möglichkeiten auf der Grundlage unterschiedlicher Motivationen und unter Berücksichtigung ihrer reaktionären politischen Positionen für die operative Arbeit gewonnen werden müssen.

Die Werbung dieser Personen setzt in der Regel die Täuschung der Werbekandidaten über den Beziehungspartner voraus.

Materielle und andere persönliche Interessen und Bedürfnisse finden ihren Ausdruck in Bestrebungen, eine bestimmte soziale Stellung zu sichern bzw. zu erlangen sowie anderweitige unmittelbar persönliche Ansprüche und Ambitionen zu befriedigen. Sie tragen außerordentlich differenzierten Charakter und reichen vom Streben nach der Erfüllung gerechtfertigter Bedürfnisse bis zu ausgeprägten egoistischen Bereicherungsabsichten und abnormen Ansprüchen. Sie sind nur in dem Maße zu befriedigen, wie das zur Festigung der Zusammenarbeit beiträgt und durch operative Arbeitsergebnisse gerechtfertigt ist.

Die für die Bereitschaft zur operativen Arbeit bestimmende Motivation wird entsprechend dem Stand der Vorgangsentwicklung als Werbegrundlage oder als Grundlage der Zusammenarbeit bezeichnet.

In der Arbeit mit IM ist davon auszugehen, daß die Eignungskriterien, operativen Möglichkeiten, Leistungs- und Verhaltenseigenschaften und Bereitschaft zur operativen Zusammenarbeit eine Einheit bilden und der konkreten operativen Aufgabenstellung sowie den Regimebedingungen entsprechen müssen.

In Abhängigkeit von der Aufgabenstellung und den Regimebedingungen sind für die IM konkrete *Anforderungsbilder* zu erarbeiten, die als Grundlage für eine zielstrebige und planmäßige Suche, Auswahl und Werbung von IM sowie für die Erziehung der IM dienen müssen.

2.2. Der Beziehungspartner

Eine wesentliche Voraussetzung für die Herstellung und Festigung der Bereitschaft zur operativen Arbeit bildet die Wahl des Beziehungspartners. Als Beziehungspartner wird jene Institution bezeichnet, für die der IM durch das MfS zur operativen Zusammenarbeit geworben wird.

Es ist zwischen dem tatsächlichen, dem legendierten und dem fremden Beziehungspartner zu unterscheiden.

Als tatsächlicher Beziehungspartner tritt das MfS mit seiner wirklichen Identität auf.

Beim legendierten Beziehungspartner handelt es sich um sozialistische oder andere antiimperialistisch-demokratische Institutionen.

Fremde Beziehungspartner sind Institutionen des Imperialismus oder andere reaktionäre Institutionen.

Als legendierte und fremde Beziehungspartner können tatsächlich existierende oder erfundene Institutionen genutzt werden.

Der Beziehungspartner wird durch IM oder operative Mitarbeiter repräsentiert. Er ist der Persönlichkeit des Werbekandidaten, der Kontaktperson bzw. des IM anzupassen.

2.3. Die IM-Kategorien

Effektivität und Sicherheit der Bearbeitung feindlicher Zentren und Objekte erfordern die arbeitsteilige Organisierung der Arbeit mit IM und damit eine dieser Arbeitsteilung entsprechende Kategorisierung von IM.

Die Kategorisierung der IM ist ein Hilfsmittel für die Bestimmung der Anforderungen an die IM und ihren effektiven Einsatz.

Quelle

Quellen sind IM, die über geheime feindliche Absichten, Pläne und Aktivitäten, über das feindliche Potential sowie über interne Lagebedingungen informieren.

Die Beschaffung der Informationen kann durch direkten Zugang, durch Abschöpfung oder durch Einsatz operativ-technischer Mittel erfolgen.

Quellen müssen eine gesellschaftliche oder berufliche Position besitzen, die ihnen den Zugang zu geheimen Informationen bzw. den vertraulichen Kontakt zu Geheimnisträgern ermöglichen.

Sie sollten in der Lage und bereit sein, sich die zur Sicherung ihrer gesellschaftlichen und beruflichen Position notwendigen Kenntnisse anzueignen, Informationsschwerpunkte zu erkennen sowie Informationen konspirativ sicherzustellen und weiterzuleiten.

Quellen sind einer konzentrierten feindlichen ideologischen Beeinflussung und den Maßnahmen des materiellen und personellen Geheimschutzes ausgesetzt.

IM für besondere Aufgaben

IM für besondere Aufgaben führen aktive Maßnahmen durch.

Die konkreten Anforderungen an diese IM werden durch spezielle Weisungen geregelt.

Resident

Sie sind im Operationsgebiet legalisiert durch
- ständigen Wohnsitz,
- Übersiedlung oder
- legale Abdeckung in DDR-Institutionen.

Residenten müssen
- den Anforderungen gerecht werden, die an Offiziere im besonderen Einsatz (OibE) zu stellen sind;
- eine gesellschaftliche und berufliche Stellung besitzen, die ihnen die zur Durchführung ihrer operativen Führungstätigkeit notwendige Aufenthalts- und Bewegungsfreiheit sichert;
- über Kenntnisse und Fähigkeiten zur selbständigen Analyse der operativen Lage, der Arbeitsergebnisse und der Entwicklung der IM der Residentur verfügen und in der Lage sein, daraus neue Aufgaben und Maßnahmen zur Erziehung der IM abzuleiten.

In den legal abgedeckten Residenturen können den Residenten auch Offiziere im besonderen Einsatz unterstellt sein.

Gehilfe des Residenten

Zur Unterstützung der Residenten können Gehilfen eingesetzt werden. Sie erfüllen unter Anleitung der Residenten bestimmte Teilaufgaben, wie Bedienung der operativ-technischen Mittel, Aufrechterhaltung und Sicherung der konspirativen Verbindung, Bearbeitung von operativen Materialien, Anleitung einzelner IM, Absicherung von operativen Maßnahmen.

In legal abgedeckten Residenturen können auch OibE als Gehilfen der Residenten eingesetzt und mit der relativ selbständigen Führung operativer Bereiche und IM beauftragt werden.

Führungs-IM

Führungs-IM führen in der Regel einzelne Quellen oder andere IM auf der Grundlage von Befehlen und Weisungen. Sie werden aus dem IM-Netz des Operationsgebietes entwickelt und sind durch ständigen Wohnsitz im Operationsgebiet legalisiert.

Führungs-IM müssen

- eine gesellschaftliche und berufliche Stellung besitzen, die ihnen die zur Durchführung ihrer operativen Führungstätigkeit notwendige Aufenthalts- und Bewegungsfreiheit sichert;
- über die zur Anleitung der ihnen unterstellten IM erforderlichen Kenntnisse und Fähigkeiten verfügen.

Führungs-IM können ihre operative Funktion aus unterschiedlichen Motivationen für den tatsächlichen oder einen vorgetäuschten Beziehungspartner ausüben. In legal abgedeckten Residenturen können auch IM (DDR) als Führungs-IM eingesetzt werden. Sie sind den Residenten unterstellt.

Werber

Werber sind IM, die planmäßig operativ interessante Personen mit dem Ziel bearbeiten, ihre operative Perspektive festzustellen und sie für eine bewußte operative Zusammenarbeit zu gewinnen.

Sie unterliegen hinsichtlich ihrer Kontakte zu Geheimnisträgern den Geheimschutzmaßnahmen feindlicher Objekte. Werber müssen auf Grund ihrer tatsächlichen oder vorgetäuschten gesellschaftlichen Stellung, ihrer Fähigkeiten, Eigenschaften und speziellen Kenntnisse in der Lage und bereit sein, entsprechende Kandidaten aufzuklären und sie in Richtung auf die Herbeiführung einer bewußten operativen Zusammenarbeit zu beeinflussen.

Instrukteur

Instrukteure leiten als Beauftragte der Zentrale auf der Grundlage von Befehlen und Weisungen IM im Operationsgebiet an. Sie haben zu sichern, daß die von der Zentrale festgelegten Aufgabenstellungen durch die IM im Operationsgebiet erfüllt, die dafür erforderlichen Entscheidungen an Ort und Stelle getroffen und die Zentrale umfassend und real über die Situation der im Operationsgebiet tätigen IM informiert wird.

Sie sind in die Vorbereitung von Entscheidungen über die Entwicklung der IM-Vorgänge einzubeziehen.

Instrukteure müssen

- aus ihrer beruflichen Tätigkeit konspirativ herauszulösen sein;
- sich durch ihre tatsächliche oder vorgetäuschte Identität im Operationsgebiet aufhalten und bewegen können;
- die betreffenden IM-Vorgänge kennen und die Fähigkeit besitzen, die opera-

tive Aufgabenstellung in konkrete Maßnahmen zur politischen und fachlichen Erziehung der IM umzusetzen;
- aufgaben- und vorgangsbezogene Regimekenntnisse besitzen.

Kurier

Kuriere haben Informationen, operativ-technische und finanzielle Mittel zwischen dem MfS und IM im Operationsgebiet konspirativ zu transportieren.

Ihr Aufenthalt und ihre Bewegung im Operationsgebiet erfolgen unter den gleichen Bedingungen und Anforderungen wie beim Instrukteur.

In bestätigten Fällen wird die Funktion des Kuriers durch den Instrukteur wahrgenommen.

Funker

Funker übermitteln konspirative Informationen zwischen dem MfS und IM im Operationsgebiet auf funktechnischem Wege.

Sie müssen
- im Operationsgebiet legalisiert sein, oder als Einsatzfunker in entsprechenden Situationen von der DDR aus illegal ins Operationsgebiet eingeschleust werden können;
- die für die Ausübung der Funktion notwendige Aufenthalts- und Bewegungsfreiheit im Operationsgebiet auch in besonderen Situationen besitzen;
- über die erforderlichen Fähigkeiten und Fertigkeiten zur Beherrschung der operativen Technik verfügen.

Perspektiv-IM

Als Perspektiv-IM werden solche IM bezeichnet, die auf Grund ihrer Voraussetzungen künftig eine Tätigkeit als Quelle, IM für besondere Aufgaben, Werber, Führungs-IM u. a. ausüben können und durch zielgerichtete Maßnahmen bzw. operative Kombinationen, insbesondere zur Schaffung der erforderlichen gesellschaftlichen und beruflichen Positionen, auf ihren Einsatz vorbereitet werden.

Deckadresse (DA) und Decktelefon (DT)

Inhaber von DA und DT stellen ihre Anschrift oder ihren Telefonanschluß zur Übermittlung von Informationen zur Verfügung und leiten diese entsprechend den Festlegungen weiter.

An Inhaber von DA und DT werden insbesondere Anforderungen zur Gewährleistung der konspirativen Abdeckung der operativen Nutzung ihrer Anschrift bzw. ihres Telefonanschlusses gestellt.

Konspirative Wohnung (KW) und Konspiratives Objekt (KO)

Inhaber von KW und KO sind Personen im Operationsgebiet und in der DDR, die geeignete Räumlichkeiten für operative Maßnahmen (Treff, Quartier, operativ-technische Aktion u. a.) zur Verfügung stellen.

Sie müssen die Nutzung der Räumlichkeiten legendieren können.

Anlaufstelle

Anlaufstellen haben Mitteilungen und Materialien an Personen weiterzuleiten, die sich durch vereinbarte Erkennungszeichen und Parole ausweisen.

Anlaufstellen sind ortsgebunden und müssen legal abgedeckt sein.

Grenz-IM

Grenz-IM haben Personen und operative Materialien konspirativ über die Staatsgrenze zu schleusen.

Die Anforderungen an Grenz-IM werden durch die geographischen und politisch-operativen Bedingungen an der Staatsgrenze wesentlich beeinflußt. Sie sind in besonderen Weisungen festgelegt.

Ermittler

Ermittler haben Informationen über operativ interessante Personen, Objekte und Sachverhalte festzustellen.

Dabei bedienen sie sich u. a. auch der Beobachtung, die eine spezifische Methode der Ermittlung darstellt.

Das Zielobjekt darf keine Kenntnis von der operativen Ermittlungstätigkeit erhalten.

Ermittler müssen
- die für den konkreten Fall erforderliche gesellschaftliche Stellung besitzen oder vortäuschen;
- im besonderen Maße Konzentrations-, Wahrnehmungs- und Merkfähigkeit haben;
- das Anliegen glaubhaft begründen und legendieren können.

Sicherungs-IM

Sicherungs-IM werden vorwiegend zum Schutz und zur Sicherung von Vorgängen bzw. zur Abdeckung, Abschirmung von IM und operativen Kombinationen im Operationsgebiet und in der DDR angeworben.

Für besonders bedeutsame Aufgaben können *IM* zu *OibE* ernannt werden. Dieser Status ist durch besondere Weisungen geregelt.

3. Die Werbung von IM

Die Werbung ist ein Prozeß der planmäßigen Aufklärung und Beeinflussung von Werbekandidaten mit dem Ziel ihrer bewußten Einbeziehung in die operative Arbeit.

Werbungen müssen dazu führen

- feindliche Zentren und Objekte wirksamer zu bearbeiten;
- neue Möglichkeiten zur Erlangung von internen Informationen zur Durchführung aktiver Maßnahmen zu erschließen;
- die Dislozierung des IM-Netzes zu verbessern und die Effektivität und Sicherheit des Zusammenwirkens der IM, einschließlich des Verbindungswesens, zu erhöhen.

Es sind nur solche Personen mit dem Ziel ihrer Werbung zu bearbeiten, die reale Anhaltspunkte für eine operative Eignung entsprechend den erarbeiteten Anforderungsbildern besitzen.

Das operative Risiko ist bei Werbungen in vertretbaren Grenzen zu halten. Ein Eindringen des Feindes in das IM-Netz ist zu verhindern.

3.1. Die Erarbeitung von Hinweisen

Operativ interessant sind Personen, die auf Grund ihrer gesellschaftlichen Stellung über Voraussetzungen für eine operative Tätigkeit verfügen.

Anhaltspunkte dafür sind Informationen über

- direkte und indirekte Verbindungen in feindliche Objekte;
- operativ bedeutsame berufliche Tätigkeiten bzw. Qualifikationen;
- Aufenthalts- und Bewegungsmöglichkeiten zur Ausübung bestimmter operativer Funktionen.

Hinweise auf operativ interessante Personen sind zu erarbeiten durch die Nutzung

- des IM-Netzes des MfS mit seinen im Operationsgebiet und in der DDR vorhandenen oder im operativen Auftrag zu schaffenden Kontakten;
- der Möglichkeiten der Diensteinheiten des MfS, die sie im Ergebnis ihrer operativen Tätigkeit – z. B. der Kontrolle und Überwachung des Reiseverkehrs erlangen.

Hilfsmittel zur Gewinnung von Hinweisen sind die Informationsspeicher des MfS und anderer staatlicher oder gesellschaftlicher Organe sowie Objektunterlagen der Diensteinheiten.

In Abhängigkeit von der Bedeutung und der Aussagekraft der Hinweise sind Entscheidungen über Maßnahmen zur Informationsverdichtung oder zur Speicherung bzw. Ablage des Materials zu treffen.

3.2. Die Bearbeitung von Hinweisen

Die Bearbeitung von Hinweisen auf operativ interessante Personen ist darauf gerichtet, die Informations- und Einsatzmöglichkeiten dieser Personen aufzuklären und operative Kontaktaufnahmen vorzubereiten.

Gegenstand der Aufklärung sind vor allem:
- die berufliche und politische Tätigkeit sowie die Freizeitbeschäftigung;
- die sozialen Beziehungen und Kontakte;
- die Denk- und Verhaltensweisen hinsichtlich der Verarbeitung persönlicher Erlebnisse und Erfahrungen.

Die Aufklärung der Hinweise hat zu erfolgen durch die
- Nutzung von Informationsspeichern und von offiziell bzw. operativ erarbeiteten Materialien;
- Einleitung von speziellen operativen Maßnahmen (Beobachtung u. a.);
- Befragung von Auskunftspersonen und -institutionen unter Legende;
- Nutzung von persönlichen Kontakten.

Im Ergebnis der Aufklärung solcher Personen sind Entscheidungen zur Auswahl von Werbekandidaten und über die Art und Weise der operativen Kontaktaufnahme zu den Kandidaten notwendig. Operative Kontakte sollen durch relative Stabilität und durch zielgerichtete, legendierte Aktivitäten zur Werbung der Kandidaten charakterisiert sein. Sie sind durch die Nutzung einer bereits existierenden persönlichen Verbindung oder durch das Heranschleusen von IM zu entwickeln. Die operativen Maßnahmen hierzu sind im Plan zur operativen Kontaktaufnahme festzulegen.

3.3. Die Vorbereitung der Werbung

Die Vorbereitung der Werbung ist die planmäßige Bearbeitung von Werbekandidaten mit dem Ziel, ihre objektiven und subjektiven Voraussetzungen für eine operative Tätigkeit weiter aufzuklären und sie an die operative Arbeit heranzuführen, ohne daß ihnen der konspirative Charakter dieser Handlungen bewußt wird.

Dabei ist festzustellen, ob die Werbekandidaten eine operative Perspektive haben und von ihnen die Bereitschaft zur bewußten operativen Zusammenarbeit für einen bestimmten Beziehungspartner erwartet werden kann.

Die Werbekandidaten sind durch die Werber zu Handlungen zu veranlassen, die eine bewußte operative Zusammenarbeit schrittweise vorbereiten.

Es ist zu sichern, daß die Werbekandidaten
- den Kontakt zu dem für ihre Bearbeitung eingesetzten IM im beabsichtigten Umfange aufrechterhalten;
- Angaben über persönliche Interessen, Bedürfnisse und Überzeugungen, berufliche und politische Tätigkeit, Freizeitbeschäftigung, persönliche Verbindungen und interne Kenntnisse machen;

– ihre gesellschaftliche Stellung im operativen Interesse nutzen und entwickeln.

Den Werbekandidaten muß die Überzeugung vermittelt werden, daß ihre Handlungen auch ihrem politischen Anliegen oder der Befriedigung ihrer persönlichen Interessen und Bedürfnisse dienen.

Im Ergebnis und auf der Grundlage der Analyse der Vorbereitung der Werbung sind Entscheidungen über das weitere Vorgehen zu treffen.

Sie können Festlegungen enthalten zur

– Durchführung der Werbung;
– Fortführung der unbewußten Einbeziehung in die operative Arbeit und die Weiterführung als Abschöpfvorgang;
– Einstellung der Bearbeitung des operativen Kontaktes bzw. der
– Einleitung weiterer Maßnahmen als Voraussetzung für eine Entscheidungsfindung.

Für die Durchführung von Werbungen ist der *Plan der Werbung* zu erarbeiten. Er muß im wesentlichen Aussagen und Festlegungen über die operative Einsatzrichtung, die Motivation für die Bereitschaft zur Zusammenarbeit und die Art und Weise der bewußten Einbeziehung in die operative Arbeit enthalten.

3.4. Die Durchführung der Werbung

Mit der Durchführung der Werbung ist das Werbeziel, die bewußte Einbeziehung in die operative Arbeit, zu realisieren. In dieser Phase ist die Werbeabsicht und der jeweils gewählte Beziehungspartner gegenüber den Kandidaten zu offenbaren. Dazu sind ihnen der konspirative Charakter und die Konsequenzen der operativen Arbeit in dem Maße bewußt zu machen, wie das für die Lösung operativer Aufträge entsprechend den vorhandenen Informations- und Einsatzmöglichkeiten notwendig ist.

Die Bereitschaft zur operativen Zusammenarbeit ist durch die Wahl geeigneter Beziehungspartner positiv zu beeinflussen.

Das methodische Vorgehen muß entsprechend den jeweiligen Bedingungen differenziert erfolgen und reicht von Aufforderungen zu speziellen operativen Handlungen bis zur allgemeinen Aufforderung zur Zusammenarbeit.

In den Werbegesprächen müssen die Übereinstimmung des operativen Anliegens mit den persönlichen Interessen und Bedürfnissen der Werbekandidaten sichtbar gemacht und die Motivation für die Zusammenarbeit gefestigt werden. Im Verlaufe der Werbegespräche sind konkrete operative Informationen zu erarbeiten.

Die Werbung ist erfolgreich abgeschlossen, wenn eindeutige operative Ergebnisse bzw. operative Handlungen vorliegen. Bei entsprechender Vorbereitung kann der Abschluß der Werbung unter Beteiligung von Mitarbeitern der Zentrale erfolgen.

3.5. Die Auswahl und der Einsatz von Werbern

Die Werbung von IM ist vorrangig durch den Einsatz von Werbern zu realisieren. Von der Persönlichkeit der Werber hängt in hohem Maße ab, inwieweit bei Werbekandidaten entsprechende Zielvorstellungen und Handlungen ausgelöst werden können. Die Werber müssen Autorität besitzen und vom Werbekandidaten in ihrer Rolle akzeptiert werden. Sie müssen in der Lage sein, zur Realisierung der jeweiligen Bearbeitungskonzeption erforderlichenfalls auch relativ langfristig Werbekandidaten aufzuklären und zu beeinflussen. Eine besondere Rolle spielt dabei die Überprüfbarkeit ihrer gesellschaftlichen Stellung.

Werber sind in der Regel an der Ausarbeitung der Werbekombination zu beteiligen.

In bestimmten Fällen sind Werbegruppen einzusetzen. Sie arbeiten unmittelbar zusammen und müssen die Werbekombination insoweit kennen, wie das für die Lösung ihrer jeweiligen Aufgaben erforderlich ist.

Die Werbekombination ist nach Möglichkeit über mehrere Bearbeitungslinien zu realisieren. Dazu sind vorhandene bzw. zu schaffende operative Kontakte besonders mit dem Ziel zu nutzen, die Reaktionen der Werbekandidaten auf operative Maßnahmen zuverlässig festzustellen und in Abhängigkeit davon ihr Verhalten zu beeinflussen.

3.6. Die allmähliche und die sofortige Einbeziehung in die operative Arbeit

Die *allmähliche Einbeziehung* geeigneter Kandidaten in die operative Arbeit ist der gebräuchlichste Verlauf des Werbeprozesses und erfordert eine relativ langfristige Beeinflussung und zunächst meist unbewußte Einbeziehung in die operative Tätigkeit. Sie bietet die Möglichkeit, die Werbeabsicht über eine bestimmte Zeit zu verschleiern, den Werbekandidaten gründlicher und allseitiger aufzuklären, die Werbekombination in Übereinstimmung mit den Aufklärungsergebnissen zu vervollkommnen und das Risiko bei der Durchführung der Werbung einzuschränken.

Die *sofortige Einbeziehung* in die operative Arbeit ist die unmittelbare, für die Werbekandidaten meist überraschende Offenbarung der Werbeabsicht, ohne daß eine längere Phase ihrer Beeinflussung vorausgegangen ist.

Die sofortige Einbeziehung kommt zur Anwendung bei

- besonders günstigen Voraussetzungen hinsichtlich der Motive für eine Zusammenarbeit;
- bestimmten Zwangssituationen, aus denen sich erfolgversprechende Ansatzpunkte für Werbekombinationen ergeben (Kompromate, materielle Abhängigkeitsverhältnisse, Überwerbung u. a.);
- einmaligen Gelegenheiten für Werbungen.

Der Ausgang der Werbung ist in diesen Fällen oft vom Inhalt der vorliegenden Informationen über den Kandidaten, dem Ergebnis äußerst kurzfristig durchzuführender Maßnahmen und manchmal nur von einem einzigen Gespräch abhängig.

Die bei der sofortigen Einbeziehung einzuleitenden operativen Maßnahmen, insbesondere die persönlichen Gespräche, sind mit großer Sorgfalt vorzubereiten und müssen zu erwartende Reaktionen der Werbekandidaten berücksichtigen.

Der Charakter dieser Werbung macht sofortige Überprüfungs- und Sicherungsmaßnahmen besonders notwendig.

3.7. Die Überwerbung

Die Überwerbung ist gegenüber Personen anzuwenden, die im direkten Auftrag von imperialistischen Geheimdiensten sowie von anderen subversiven gegen die DDR und die revolutionären Hauptkräfte tätigen Zentren, Institutionen, Organisationen und Kräften Feindtätigkeit durchführen. Sie setzt eine gründliche Aufklärung des Werbekandidaten voraus und erfordert insbesondere die Schaffung solcher Umstände, die die Werbekandidaten fest an den Beziehungspartner binden und bei seinen Auftraggebern mit hoher Gewißheit kompromittieren.

Eine Überwerbung wird meist charakterisiert durch:
- Nutzung materieller und anderer persönlicher Interessiertheit bei reaktionärer politischer Grundhaltung;
- besondere Werbemethoden (fremde Flagge, Nutzung kompromittierender Materialien und Umstände);
- sofortige Einbeziehung in die operative Arbeit.

Bei Überwerbungen sind folgende Grundsätze besonders zu beachten:
- die Preisgabe und Erarbeitung von überprüfbaren geheimen Angaben, die den Werbekandidaten binden und seine Ehrlichkeit erkennen lassen;
- die Verhinderung des Erkennens der Überwerbung durch besondere Maßnahmen zur Gewährleistung der Konspiration;
- die systematische und intensive Kontrolle und Überprüfung der Werbekandidaten bzw. IM;
- der Nachweis, daß eine ehrliche operative Zusammenarbeit für den Werbekandidaten erhebliche Vorteile, eine Ablehnung jedoch unausweichlich negative Konsequenzen nach sich zieht.

3.8. Die Werbung unter fremder Flagge

Die Werbung unter fremder Flagge ist eine spezifische Methode, um Personen mit reaktionärer Grundhaltung unter Täuschung über den Beziehungspartner für die Lösung operativer Aufgaben des MfS zu gewinnen.

Die Werbung unter fremder Flagge stellt hohe Anforderungen an Kenntnisse und Fähigkeiten der operativen Mitarbeiter und Werber. Sie muß sorgfältig durchdacht und exakt vorbereitet werden.

Die Bestimmung der Flagge sowie die Festlegung ihres erforderlichen Ausmaßes und Aufwandes werden von den operativen Möglichkeiten und der Persönlichkeit der Werbekandidaten bestimmt.

Die Varianten bei Werbungen unter fremder Flagge reichen vom Einsatz eines Werbers mit einfach legendiertem Hintergrund bis zum Einsatz einer Werbegruppe mit systematisch aufgebauter Basis bzw. echt unter der feindlichen Flagge tätiger IM.

Die Abdeckung operativer Aktivitäten hat weitgehend echt und überprüfbar zu erfolgen.

Die bei der Werbekombination eingesetzten IM müssen über umfangreiche Kenntnisse und Erfahrungen in der operativen Arbeit verfügen sowie die Fähigkeit besitzen, die konkrete fremde Flagge überzeugend zu repräsentieren.

4. Die Arbeit mit Inoffiziellen Mitarbeitern

Die Arbeit mit IM ist so zu gestalten, daß die IM bereit und in der Lage sind, entsprechend ihren operativen Möglichkeiten einen maximalen Beitrag zur Lösung der Gesamtaufgabenstellung des MfS zu leisten und zur Sicherheit in der operativen Arbeit beizutragen.

Hauptinhalt und Maßstab für die Gestaltung der Arbeit mit IM ist stets die Einsatzrichtung und der operative Auftrag der IM. Es ist zu sichern, daß die Einsatzrichtung und der operative Auftrag ausgehend von der Aufgabenstellung der jeweiligen Diensteinheit erarbeitet wird sowie den objektiven Möglichkeiten und subjektiven Voraussetzungen der IM entspricht.

Dabei ist zu berücksichtigen, daß

- die IM ständig oder zeitweilig ihre verantwortungsvollen Aufgaben im Machtbereich des Feindes als Einzelkämpfer zu erfüllen haben;
- die Zusammensetzung des IM-Netzes im Operationsgebiet hinsichtlich der Motivation, des Beziehungspartners und der operativen Aufgabenstellung außerordentlich differenziert ist.

4.1. Die Einbeziehung und Befähigung der IM

Effektivität und Sicherheit der operativen Arbeit werden im entscheidenden Maße durch die operative Eignung der IM bestimmt.

Es ist davon auszugehen, daß die Erkenntnis der Notwendigkeit und Rechtmäßigkeit der operativen Arbeit als spezifische Form des Kampfes gegen den Imperialismus das effektivste Motiv darstellt. Deshalb sind alle Möglichkeiten zu nutzen, um bei den IM unter Berücksichtigung ihrer Persönlichkeit schrittweise und systematisch ein festes tschekistisches Feindbild und eine echte innere Beziehung zu den sozialistischen Staaten herauszubilden.

Gleichzeitig sind weitere positive Motivationen, wie z. B. Solidarität mit den unterdrückten Völkern oder progressiven Kräften, Patriotismus, humanistische Gedanken, der Wille zur Wiedergutmachung, Pflichtbewußtsein usw. durch gezielte erzieherische Einflußnahme zu fördern und zu entwickeln.

Die der Effektivität und Sicherheit der operativen Arbeit entgegenwirkenden politisch-ideologischen und moralischen Einflüsse der imperialistischen Umwelt auf die Persönlichkeit der IM sind systematisch zu bekämpfen und zurückzudrängen. Den Versuchen des Feindes zur Diffamierung der sozialistischen Kundschaftertätigkeit und zur Aufweichung und Zersetzung des IM-Netzes ist offensiv zu begegnen.

Die Stärkung der Bereitschaft zur operativen Arbeit ist unmittelbar mit der Vermittlung der erforderlichen operativen Kenntnisse und Fähigkeiten zu verbinden.

Schwerpunkte sind:

- Kenntnisse über die Zielstellung der operativen Arbeit;
- Fähigkeiten zur Erarbeitung, Sicherung und Weiterleitung operativer Informationen sowie zur Aufrechterhaltung der Verbindung;
- Kenntnisse über die bei der Realisierung der operativen Aufgaben zu beachtenden bzw. zu nutzenden Regimebedingungen;
- Fähigkeiten zum ständigen Studium und zur operativen Analyse der Regimebedingungen, zur Anpassung des Verhaltens an die Regimebedingungen sowie zum richtigen Reagieren auf Veränderungen der politisch-operativen Lage;
- Fähigkeiten zur Wahrung der Konspiration;
- Fähigkeiten zur qualifizierten Anwendung der operativen Dokumente und operativ-technischen Mittel.

Im Zusammenhang damit sind die IM zur operativen Disziplin, zur selbstkritischen Beurteilung ihrer operativen Handlungen und Arbeitsergebnisse, zur Ehrlichkeit gegenüber den Mitarbeitern oder Beauftragten der Zentrale sowie zum standhaften Verhalten zu erziehen.

Die Erziehung und Befähigung der IM hat vor allem in der praktischen operativen Arbeit zu erfolgen. Die IM sind durch entsprechende Aufträge zu veranlassen, ihre operativen Kenntnisse und Fähigkeiten ständig zu erweitern und zu trainieren und ihre Bereitschaft zur operativen Arbeit zu festigen. Die Heranführung der IM an ihre Zielfunktion ist mit operativen Aufträgen zu verbinden, die vorrangig der Erziehung der IM dienen.

Die Erziehung und Befähigung der IM im Rahmen der praktischen operativen Arbeit erfolgt durch

- die gewissenhafte Vorbereitung der IM auf die Erfüllung des jeweiligen operativen Auftrages;
- die sorgfältige Auswertung der Erfüllung des operativen Auftrages;
- spezielle Schulungen;
- das politische Gespräch;
- die Bereitstellung von Literatur und Materialien für das Selbststudium;
- die Schaffung emotional wirkender Erlebnisse;
- die Anwendung moralischer und materieller Stimuli;
- die Vorbildwirkung des operativen Mitarbeiters oder Beauftragten der Zentrale.

Eine zentrale Funktion im Rahmen der Arbeit mit IM kommt dem *Treff* zu. Er dient vorrangig der Übermittlung von operativ bedeutsamen Informationen an die Zentrale, der Erteilung neuer Aufträge an die IM, der Erziehung sowie dem Studium und der Überprüfung der IM.

In den Mittelpunkt des Treffs ist die Auswertung der operativen Arbeitsergebnisse der IM und die Instruierung für die Erfüllung neuer Aufträge zu stellen. Die Auswertung der Ergebnisse ist mit einer exakten Berichterstattung über die Art und Weise der Erfüllung des operativen Auftrages und aller damit zusammenhängenden Probleme zu verbinden.

Durch die Mitarbeiter bzw. Beauftragten der Zentrale ist zu gewährleisten, daß die operativen Sachverhalte durch die IM objektiv dargestellt werden.

Subjektive Interpretationen sind grundsätzlich als solche zu kennzeichnen. Die Arbeitsergebnisse und Verhaltensweisen der IM sind durch die Mitarbeiter bzw. Beauftragten der Zentrale kritisch zu prüfen und einzuschätzen. Gleichzeitig sind die IM gründlich auf neue Aufträge vorzubereiten.

Um das Vertrauensverhältnis zum Beziehungspartner zu festigen, die Regimekenntnisse der IM zu nutzen und ihr operatives Denkvermögen zu erhöhen, sind die IM in die Erarbeitung der Lösungswege für die Erfüllung der operativen Aufträge einzubeziehen.

Darüber hinaus sind alle politischen Fragen und persönlichen Probleme der IM ausführlich zu beraten und gewissenhaft zu klären.

Das Verhalten der IM beim Treff ist gründlich zu studieren und einzuschätzen.

Eine gewissenhafte Vorbereitung, Durchführung und Auswertung des Treffs ist zu garantieren. Sie hat auf der Grundlage eines *Treffplanes* zu erfolgen.

Der Verlauf und die Ergebnisse des Treffs sind vom operativen Mitarbeiter bzw. Beauftragten der Zentrale zu einem *Treffbericht* zusammenzufassen.

Bei IM im Operationsgebiet, die Mitglieder der Sozialistischen Einheitspartei Deutschlands sind, ist zu sichern, daß

- sie ihre operative Aufgabe als Parteiauftrag begreifen und ihre operative Arbeit auf der Grundlage der Parteibeschlüsse realisieren;
- sie mit den für die operative Arbeit besonders bedeutsamen Parteibeschlüssen und Dokumenten vertraut gemacht werden;
- ihre Parteiverbundenheit durch Parteiaussprachen, Parteiaufträge und andere parteierzieherische Maßnahmen beim Treff gefestigt wird.

Die Grundsätze der Parteiarbeit mit diesen IM sind in besonderen Richtlinien geregelt.

4.2. Die Besonderheiten der Arbeit mit IM unter fremder Flagge

In der Arbeit mit diesen IM ist grundsätzlich zu berücksichtigen, daß durch den Inhalt der operativen Aufträge und durch die Art und Weise der Zusammenarbeit keine Zweifel über die Echtheit des vorgetäuschten Beziehungspartners aufkommen dürfen.

Es ist deshalb zu sichern, daß

- der operative Auftrag stets durch echte Interessen des vorgetäuschten Beziehungspartners glaubhaft motiviert ist;
- die konkrete Gestaltung des operativen Verbindungswesens, die Ausrüstung mit operativ-technischen Mitteln und die Vermittlung operativer Kenntnisse keine Rückschlüsse auf evtl. Verbindungen zu sozialistischen oder anderen antiimperialistischen Institutionen zulassen darf;
- die zur Arbeit mit diesen IM eingesetzten operativen Mitarbeiter bzw. Beauftragten der Zentrale von ihrer Persönlichkeit und Haltung her in der Lage sind, glaubhaft den vorgetäuschten Beziehungspartner zu repräsentieren.

Die Arbeit mit diesen IM muß darauf ausgerichtet sein, die Motivation für hohe operative Arbeitsergebnisse ständig zu festigen und sie zur weitgehenden Ausschöpfung ihrer operativen Möglichkeiten zu befähigen.

Eine Umstellung der IM auf den direkten Beziehungspartner ist dann anzustreben, wenn dafür reale Möglichkeiten vorhanden sind und nachweisbar die Effektivität und Sicherheit der operativen Arbeit erhöht wird.

Die Entscheidung über die Umstellung ist auf der Grundlage einer exakten Analyse des zu erwartenden operativen Nutzens sowie der konkreten Voraussetzungen für die Umstellung des Beziehungspartners zu treffen.

4.3. Die Besonderheiten der Arbeit mit IM, die Staatsbürger der DDR sind – IM (DDR)

Die Lösung der Aufgaben im Operationsgebiet wird maßgeblich durch die Qualität des IM-Netzes in der DDR beeinflußt.

IM (DDR) sind in der Regel einzusetzen

- als Residenten, Gehilfen des Residenten, Funker, Sicherungs-IM sowie als Führungs-IM in legal abgedeckten Residenturen;
- als Werber;
- im Rahmen des operativen Verbindungswesens als Instrukteure, Kuriere, Inhaber von KW, KO, DT und DA.

Die operative Tätigkeit des IM (DDR) kann sich auf das Gebiet der DDR beschränken oder mit einer zeitweiligen oder ständigen operativen Arbeit im Operationsgebiet verbunden sein.

Der Einsatz im Operationsgebiet kann auch unter Nutzung legaler Vertretungen und Einrichtungen der DDR im Ausland erfolgen.

Für die Arbeit im Operationsgebiet sind in der Regel IM zu werben, die ihre Verbundenheit mit unserem sozialistischen Staat bereits unter Beweis gestellt haben. Gleichzeitig ist zu berücksichtigen, daß die inoffizielle Tätigkeit für das MfS im Operationsgebiet höhere Anforderungen an die Persönlichkeit der IM, an ihre Denk- und Verhaltensweisen, ihre Kenntnisse, Fähigkeiten und Fertigkeiten sowie an ihre Bereitschaft stellt.

Es sind deshalb in der Regel nur solche IM für die Arbeit im Operationsgebiet einzusetzen,

- die über Erfahrungen in der Abwehrarbeit verfügen und in dieser Tätigkeit ihre Zuverlässigkeit unter Beweis gestellt haben;
- die durch ihre operative Arbeit auf dem Boden der DDR fest an das MfS gebunden sind;
- die gründlich auf ihre Eignung für die operative Arbeit im Operationsgebiet überprüft und auf diese Tätigkeit vorbereitet wurden;
- deren konspirative Herauslösung aus dem Arbeitsprozeß möglich ist und deren operative Tätigkeit gegenüber dem Arbeitskollektiv, dem Wohngebiet und dem Freizeitbereich ausreichend legendiert werden kann.

Große Aufmerksamkeit ist der kontinuierlichen weltanschaulichen Bildung der IM (DDR), der ständigen Vervollkommnung des tschekistischen Feindbildes sowie ihrer Erziehung zur Einhaltung der Grundregeln der Konspiration zu widmen.

Alle IM (DDR) sind darüber hinaus dazu zu erziehen,

- feindlich-negative Kräfte auf dem Boden der DDR aufzuspüren;
- begünstigende Umstände für feindliche Handlungen aufzudecken und im Rahmen ihrer gesellschaftlichen Stellung und ihrer staatsbürgerlichen Rechte aktiv zur Gewährleistung von Ordnung und Sicherheit beizutragen;
- die operative Sicherung des Reise-, Besucher- und Transitverkehrs zu unterstützen.

Die Einbeziehung von IM (DDR) der Diensteinheiten der Aufklärung in die Lösung der vorhergenannten Aufgaben hat in enger Abstimmung und Koordinierung mit den zuständigen Diensteinheiten der Abwehr zu erfolgen.

IM, die durch ihre berufliche Tätigkeit Kenntnis über Staatsgeheimnisse erlangt haben oder denen der Kontakt zu Bürgern aus dem Operationsgebiet untersagt ist, sind nur dann für die Arbeit im Operationsgebiet einzusetzen, wenn dadurch keine erheblichen Gefahren für die Politik der DDR und der sozialistischen Staatengemeinschaft sowie für die Sicherheit der operativen Arbeit entstehen können.

4.4. Das Studium und die Überprüfung von IM

Durch das Studium und die Überprüfung der IM ist ein ständiger Überblick über die Effektivität und Sicherheit des Vorganges zu gewährleisten.

Insbesondere ist zu sichern:

- die planmäßige, zielgerichtete Erarbeitung und Analyse von operativen Informations- und Einsatzmöglichkeiten der IM;
- die Einschätzung der Wirksamkeit der eigenen Maßnahmen zur Erziehung der IM;
- die Bewertung und Überprüfung der Bereitschaft der IM zur konspirativen Zusammenarbeit, ihres Mutes, ihrer politischen Reife, ihrer Charaktereigenschaften, Reaktionsweisen, operativen Fähigkeiten und Fertigkeiten und ihrer Arbeits- und Lebensbedingungen;
- die Feststellung des Grades der Zuverlässigkeit, Ehrlichkeit und Standhaftigkeit der IM;
- die Aufdeckung von Unregelmäßigkeiten, Widersprüchen und Besonderheiten im operativen und persönlichen Verhalten;
- die Überprüfung der Einhaltung der Konspiration

  sowie
- die gründliche Analyse und zuverlässige Prüfung von Anzeichen für eine feindliche Bearbeitung oder eine direkte Feindtätigkeit.

Wesentliche Maßnahmen, Mittel und Methoden zum Studium und zur Überprüfung von IM sind:

- die gewissenhafte Analyse der gelieferten Materialien;
- der Vergleich von Auftragserteilung, Auftragserfüllung und operativen Möglichkeiten;
- das Studium des Verhaltens der IM beim Treff;
- das Erfassen, Dokumentieren und die Analyse aller die Sicherheit der IM berührenden Fakten;
- die Übertragung zielgerichteter operativer Kontrollaufträge;
- die Kontrolle durch qualifizierte IM;
- der Einsatz operativ-technischer Mittel;
- die konspirative Ermittlung

sowie
- die Entwicklung operativer Kombinationen.

Alle durch das Studium und die Überprüfung der IM erarbeiteten und festgestellten Fakten sind ständig gewissenhaft zu analysieren und vollständig und übersichtlich in den IM-Akten zu dokumentieren.

4.5. Die Einsatz- und Entwicklungskonzeption

Die Einsatz- und Entwicklungskonzeption dient der zielgerichteten, planvollen und systematischen Entwicklung der wichtigsten IM-Vorgänge.

Die Einsatz- und Entwicklungskonzeption beinhaltet:
- die konkrete Einsatzrichtung der IM sowie ihre operative Perspektive;
- die reale Einschätzung des erreichten Entwicklungsstandes der IM;
- die konkreten Aufgaben, Maßnahmen und Schrittfolgen der weiteren Entwicklung der IM entsprechend ihrer Einsatzrichtung.

Sie ist stets den neuen Lagebedingungen und operativen Erfordernissen anzupassen und entsprechend zu vervollkommnen.

5. Das Verbindungswesen

5.1. Die Anforderungen an das Verbindungswesen

Das Verbindungswesen hat zu gewährleisten, daß unter allen Lagebedingungen schnell, zuverlässig und beständig
- die von den Quellen erarbeiteten Informationen und Materialien aus dem Operationsgebiet an die Zentrale übermittelt werden können;
- operative Materialien, Dokumente und Mittel sicher von der Zentrale zu den IM transportiert werden können;
- ein den Anforderungen entsprechendes funktionelles Zusammenwirken der IM garantiert wird;
- die Führung der im Operationsgebiet tätigen IM gesichert ist;
- bei besonderen Gefahren die rechtzeitige Warnung der IM erfolgt.

Es umfaßt alle zu diesem Zweck erforderlichen operativen Kräfte, Mittel und Methoden und ist untrennbar mit der Organisierung eines arbeitsteiligen, planvollen und koordinierten Zusammenwirkens von IM verbunden, das der Konspiration entsprechend zu gestalten ist. Es ist stets zu berücksichtigen, daß die Sicherheit aller an der Lösung eines gemeinsamen operativen Auftrages mitwirkenden IM von der Zuverlässigkeit und Sicherheit jedes einzelnen IM abhängt.

5.2. Die Mittel und Methoden zur konspirativen Übermittlung von Informationen und Materialien

Die wichtigste Methode zur Übermittlung von Informationen und Materialien ist der *Treff*. Er ist eine konspirative persönliche Begegnung von IM oder IM und operativen Mitarbeitern.

Die inhaltliche Gestaltung des Treffs hat nach den unter Ziffer 4.1 getroffenen Festlegungen zu erfolgen.

Spezifische Trefformen sind:

- der Materialübergabetreff,
- der Sichttreff.

Materialübergabetreffs sind Treffs, die ausschließlich der Übergabe operativen Materials dienen und in der Regel nicht mit einem persönlichen Ansprechen der IM verbunden sind.

Die Absicherung der Materialübergabe hat durch Erkennungs- und Freizeichen zu erfolgen.

Sichttreffs sind organisierte konspirative Begegnungen von IM bzw. operativen Mitarbeitern und IM, ohne daß ein persönliches Ansprechen erfolgt. Sie werden entweder in Vorbereitung der eigentlichen Treffs bzw. zur Kontrolle zwischen zwei in größeren Abständen durchzuführenden Treffs wahrgenommen.

Der Informationsaustausch erfolgt durch Sichtzeichen.

Die Treffs können als planmäßige Treffs, außerplanmäßige Treffs und beständige Treffs organisiert werden.

Planmäßige Treffs sind nach Ort, Uhrzeit und Datum festgelegte Zusammenkünfte. Sie sind nicht mit konstanter, periodischer Regelmäßigkeit zu wiederholen, sondern jeweils nach operativer Notwendigkeit und Möglichkeit festzulegen.

Außerplanmäßige Treffs sind Zusammenkünfte, die zwar nach Ort und Uhrzeit, nicht aber bezüglich des Datums vereinbart wurden. Je nach operativer Notwendigkeit können außerplanmäßige Treffs für jeden Tag angefordert werden.

Beständige Treffs sind nach Ort, Uhrzeit und Tag fest vereinbarte Zusammenkünfte. Sie sind dann wahrzunehmen, wenn die reguläre Verbindung abgerissen ist, andere festgelegte Verbindungsarten nicht anwendbar oder nicht mehr die Aufrechterhaltung der Verbindung gewährleisten. Die Festlegungen für beständige Treffs sind für einen längeren Zeitraum zu vereinbaren.

Hohe Anforderungen sind an die Absicherung der Treffs zu stellen.

Trefforte müssen so gewählt werden, daß

- ein unverdächtiges Aufsuchen und Verlassen durch die Treffpartner möglich ist;
- sich Treffpartner die erforderliche Zeit am Treffort aufhalten können, ohne Verdacht zu erregen;

- sie von den Treffpartnern möglichst auf getrennten Wegen aufgesucht und verlassen werden können;
- günstige Bedingungen für das rechtzeitige Erkennen feindlicher Aktivitäten auf den Wegen zu Treffs, während der Treffs sowie beim Verlassen der Trefforte vorhanden sind;
- die Möglichkeiten für eine Überwachung der Treffs durch die feindlichen Organe weitgehend ausgeschlossen werden.

Konzentrationspunkte für Aktivitäten der feindlichen Polizei- und Abwehrorgane sind nach Möglichkeit zu meiden.

Auf dem Wege zu Treffs, während der Treffs und beim Verlassen der Trefforte sind weitere geeignete Sicherheitsmaßnahmen durchzuführen.

Solche Maßnahmen sind:
- Kontrollstrecken zur eigenen und zur gegenseitigen Absicherung der Treffpartner gegen eine feindliche Observation;
- Freizeichen bei den Treffpartnern und im Falle der Nutzung von KW auch bei der KW;
- Erkennungszeichen;
- Sichttreffs vor dem eigentlichen Treff;
- Legenden für das Aufsuchen des Treffortes sowie für den Ursprung der Bekanntschaft.

Es ist verstärkt nach Möglichkeiten zu suchen, um Treffs legal abzudecken.
Die Trefffrequenz ist auf das operativ erforderliche Maß zu beschränken.

Weitere Mittel und Methoden zur konspirativen Übermittlung von Informationen sind:
- Tote Briefkästen (TBK);
- Anlaufstellen;
- die Nutzung des Post- und Telefonverkehrs;
- Zeichenstellen;
- einseitiger und zweiseitiger Kurzwellenfunk sowie andere funktechnische Mittel.

Tote Briefkästen (TBK) sind Verstecke außerhalb der Wohnung der IM, die zur Übermittlung von operativen Informationen, operativen Dokumenten, finanziellen und operativ-technischen Mitteln dienen, ohne daß sich die IM gegenseitig begegnen oder kennenlernen.

Die Beschaffenheit und die Nutzungsbedingungen der TBK müssen den zu übermittelnden Materialien und den operativen Bewegungsmöglichkeiten der IM angepaßt werden und günstige Möglichkeiten für die Selbstkontrolle der IM bieten.

Zur Absicherung sind die Materialien zu vercontainern, Markierungsmittel einzusetzen und Belegungs- und Entleerungszeichen anzubringen.

Die Lage der TBK, die An- und Abmarschwege, die Bedingungen für das Bedienen der TBK, die Sicherungszeichen sowie die im Zusammenhang mit der Benutzung der TBK anzuwendenden Legenden sind exakt zu dokumentieren.

Bei der Nutzung von *Anlaufstellen* ist das Material so zu übergeben, daß der

Inhalt des Materials auch gegenüber der Anlaufstelle geheim bleibt. Die Anlaufstellen sind grundsätzlich durch Freizeichen abzusichern. Ein persönliches Kennenlernen der IM ist zu verhindern.

Der *Post- und Telefonverkehr* kann sowohl zur Verbindung zwischen IM im Operationsgebiet und Zentrale als auch zur Verbindung zwischen IM im Operationsgebiet genutzt werden.

Zu diesem Zweck sind solche operativ-technischen Mittel und Verfahren anzuwenden wie Code, Chiffre, Geheimschreibmittel und operative Fototechnik. Dabei ist zu sichern, daß die Inhaber der Deckadressen und Decktelefone keinen Einblick in die zu übermittelnden Informationen erhalten.

Deckadressen und Decktelefone sind so auszuwählen, daß sie keine Rückschlüsse auf den möglichen operativen Charakter der Verbindung zulassen.

Zeichenstellen sind exakt bestimmte und dokumentierte Stellen im Operationsgebiet, an denen operative Informationen durch unverdächtige Sichtzeichen übermittelt werden, ohne daß sich die IM persönlich kennenlernen. Die Zeichenstellen müssen täglich unauffällig kontrolliert werden können. Die Sichtzeichen müssen durch vorherige Absprache hinsichtlich ihres Inhaltes exakt bestimmt sein und so angebracht werden, daß sie nicht durch Witterungseinflüsse oder unbefugte Personen vorzeitig beseitigt werden.

Die *einseitige Kurzwellenfunkverbindung* dient der verschlüsselten Übermittlung von Anweisungen bzw. kurzen Informationen der Zentrale an den IM.

Der *zweiseitige Funk* ist in solchen Situationen einzusetzen, wo wichtige Informationen schnellstens der Zentrale übermittelt werden müssen und keine anderen Verbindungswege dafür geeignet sind bzw. zur Verfügung stehen. Zu diesem Zweck sind in zunehmendem Maße auch die Residenten, Gehilfen der Residenten und andere IM mit funktechnischen Mitteln auszurüsten und entsprechend auszubilden.

Zur *Überwindung des feindlichen Grenzregimes* sind folgende Möglichkeiten zu nutzen:

- der grenzüberschreitende Reiseverkehr;
- der grenzüberschreitende Post- und Telefonverkehr;
- die im grenzüberschreitenden Verkehr eingesetzten Transportmittel;
- die operative Grenzschleuse;
- der ein- und zweiseitige Kurzwellenfunk sowie andere funktechnische Möglichkeiten;
- der Aufbau von Verbindungswegen über dritte Staaten;
- die Existenz legaler bevorrechteter DDR-Institutionen im Operationsgebiet.

Dabei ist davon auszugehen, daß die Entwicklung des feindlichen Abwehrsystems erhöhte Anforderungen an die Planung, Vorbereitung und Durchführung des operativen Reiseverkehrs und die Tarnung operativer Kräfte und Materialien stellt.

5.3. Die Organisationsformen der Führung von IM und des Verbindungswesens

In Abhängigkeit von der operativen Bedeutung und dem Entwicklungsstand der Vorgänge und der Zuverlässigkeit der IM sind folgende Organisationsformen der Führung von IM und des Verbindungswesens anzuwenden:

- die operative Einzelverbindung;
- der Einsatz von Führungs-IM;
- die Residentur.

Die *operative Einzelverbindung* beinhaltet die Aufrechterhaltung der Verbindung zwischen der Zentrale und den an und in den feindlichen Zentren und Objekten tätigen IM durch Instrukteure, Kuriere, Deckadressen, Decktelefone, Anlaufstellen oder Funk.

Beim *Einsatz von Führungs-IM* werden zuverlässige und erfahrene IM aus dem Operationsgebiet mit der Führung einzelner Quellen oder anderer IM sowie mit der Aufrechterhaltung der Verbindung zwischen der Zentrale und den betreffenden IM beauftragt.

Die *Residentur* stellt die höchste Organisationsform der Führung von IM dar. An der Spitze der Residentur steht in der Regel ein Offizier im besonderen Einsatz.

Der Residentur dürfen grundsätzlich nur solche IM angeschlossen werden, die erprobt sind und ihre Zuverlässigkeit unter Beweis gestellt haben.
Eine besondere Form der Residentur stellt die *legal abgedeckte Residentur* dar.

Die wichtigsten Besonderheiten der legal abgedeckten Residentur bestehen darin, daß

- der Resident, die Gehilfen des Residenten und z. T. die IM durch eine legale Tätigkeit in Auslandsvertretungen oder anderen Einrichtungen der DDR abgedeckt sind und für verschiedene operative Linien tätig werden;
- der Resident, seine Gehilfen und die IM unter Nutzung ihres legalen Status zur Werbung und Führung von Quellen, zur Abschöpfung von Geheimnisträgern feindlicher Objekte und zur Schaffung und Nutzung von Einflußkontakten eingesetzt werden können;
- die Residentur für die Gewährleistung der inneren und äußeren Sicherheit der Auslandsvertretung der DDR verantwortlich ist;
- zur Aufrechterhaltung der Verbindung zwischen Zentrale und Residentur das offizielle Verbindungswesen zwischen der Auslandsvertretung der DDR und den zuständigen Institutionen in der DDR genutzt wird;
- zur Durchführung von Sicherungsaufgaben auch Gesellschaftliche Mitarbeiter für Sicherheit (GMS) herangezogen werden können;
- die Mitarbeiter der Auslandsvertretungen im besonderen Maße der Überwachung und der Bearbeitung durch die feindlichen Geheimdienste ausgesetzt sind.

Die Aufgaben und die Arbeitsweise der legal abgedeckten Residenturen sind in besonderen Befehlen und Dienstanweisungen geregelt.

5.4. Die praktische Gestaltung des Verbindungswesens

Die Auswahl und der Einsatz der verschiedenen Kräfte, Mittel, Methoden zur Informationsübermittlung und der Organisationsformen zur Führung der IM ist den Anforderungen anzupassen, die die Arbeit der in den feindlichen Zentren und Objekten tätigen IM stellt.

Um die Nutzungsfrequenz der einzelnen Verbindungslinien in operativ vertretbaren Grenzen zu halten, die Verbindung auch in besonderen operativen Situationen bzw. beim plötzlichen Ausfall einzelner Verbindungslinien im erforderlichen Maße aufrecht zu erhalten und gegebenenfalls die IM rechtzeitig vor Gefahren zu warnen, sind besonders bei Quellen mehrere variabel nutzbare Verbindungslinien aufzubauen.

Bei der praktischen Gestaltung des Verbindungswesens sind vor allem folgende Faktoren zu berücksichtigen:

- die Bedeutung und der Entwicklungsstand der IM;
- die Bedeutung, der Umfang und der Charakter der zu transportierenden Informationen und Materialien;
- die auf Grund der Aufgabenstellung und Persönlichkeitsentwicklung der in den feindlichen Zentren und Objekten tätigen IM erforderliche Intensität ihrer Erziehung;
- die mit der gesellschaftlichen Stellung der in den feindlichen Zentren und Objekten tätigen IM verbundenen Bewegungsmöglichkeiten bzw. -einschränkungen sowie die Intensität der feindlichen Überwachungsmaßnahmen;
- die Zuverlässigkeit der IM;
- die direkten und indirekten institutionellen und personellen Verbindungen ins Operationsgebiet und die Möglichkeiten zu ihrer operativen Nutzung;
- der grenzüberschreitende Personen-, Güter-, Post- und Telefonverkehr und die Möglichkeiten seiner operativen Nutzung;
- die geographische Lage, die klimatischen Bedingungen und andere operativ bedeutsame Umweltfaktoren des betreffenden Operationsgebietes.

In Abhängigkeit von Veränderungen in der politisch-operativen Lage sowie von der Entwicklung der IM ist das Verbindungswesen systematisch zu qualifizieren. Es ist so zu gestalten, daß die IM alle für die Gewährleistung einer den operativen Anforderungen entsprechenden Verbindung getroffenen Vereinbarungen jederzeit überblicken und die dafür erforderlichen Mittel und Methoden sicher anwenden können.

Besondere Aufmerksamkeit ist der ständigen Qualifizierung der Mittel und Methoden zur Überwindung des feindlichen Grenzregimes zu widmen.

Um eine hohe Sicherheit der operativen Arbeit und Stabilität der Verbindung zu gewährleisten, sind

- die IM so auf die operativen Reisen vorzubereiten, daß ihr Aussehen, ihre Ausrüstung und ihr Verhalten der operativen Dokumentation und Reiselegende entsprechen;

- die operativen Reisen auf das erforderliche Maß zu beschränken;
- solche IM für den operativen Reiseverkehr auszuwählen und einzusetzen, die nicht unmittelbar im Blickfeld des Feindes stehen;
- im wachsenden Maße zuverlässige IM aus dem Operationsgebiet für die Lösung spezieller Aufgaben im Verbindungswesen heranzuziehen;
- in bestätigten Fällen die legalen DDR-Institutionen im Operationsgebiet zur Gestaltung des Verbindungswesens zu nutzen;
- die operativ-technischen Mittel zur Tarnung operativer Informationen und Materialien zu vervollkommnen;
- für die wichtigsten IM Maßnahmen zur Aufrechterhaltung der Verbindung in Spannungs- und Krisensituationen festzulegen.

Vor dem Einsatz von IM im operativen Reiseverkehr sind die Ergebnisse ihrer bisherigen Reisetätigkeit unter besonderer Berücksichtigung möglicher Gefährdungsmomente zu analysieren und entsprechende Konsequenzen abzuleiten.

Die Vorbereitung von operativen Reisen ins Operationsgebiet hat auf der Grundlage eines *Reiseplanes* zu erfolgen. Er muß Festlegungen enthalten über die Ziel- und Aufgabenstellung, den organisatorischen Ablauf und die Legendierung der Reise, die Art und Weise der Aufrechterhaltung der Verbindung zur Zentrale, die Mitführung von operativen Dokumenten und operativ-technischen Mitteln sowie die Verhaltenslinie bei Konfrontationen mit den feindlichen Abwehrorganen.

Zum Abschluß der Reise sind die geforderten *Reiseberichte* anzufertigen.

Alle für die praktische Gestaltung des Verbindungswesens bedeutsamen Angaben über IM, operative Dokumentationen, operativ-technische Mittel, Treff- und Codevereinbarungen usw. sind im *Verbindungsplan* zu dokumentieren.

6. Die Ausrüstung der IM mit operativen Dokumenten und operativ-technischen Mitteln

Zur Erhöhung der Effektivität und Sicherheit der operativen Arbeit sind in erforderlichem Maße operative Dokumente und operativ-technische Mittel einzusetzen.

Sie dienen der
- Erlangung und Sicherung operativ bedeutsamer Informationen;
- Gewährleistung der Verbindung zwischen den IM und der Zentrale;
- Tarnung operativer Kräfte, operativer Informationen, operativer Dokumente und operativ-technischer Mittel;
- Unterstützung und Absicherung operativer Handlungen im Operationsgebiet und im operativen Reiseverkehr.

Operative Dokumente unterstützen die Tarnung von IM, operativen Handlungen und Sachverhalten. Die Nutzung der operativen Dokumente setzt entsprechende Regimekenntnisse und die Beherrschung der für ihre Anwendung erforderlichen Legende voraus.

Die wichtigsten *operativ-technischen Mittel* sind:

- Code und Chiffre zur Verschlüsselung operativ bedeutsamer Informationen;
- Geheimschreibmittel der verschiedensten Art zur unsichtbaren Fixierung von schriftlichen Informationen;
- fototechnische Ausrüstungen zur Gewinnung, Sicherung und Übermittlung von Informationen;
- nachrichtentechnische Ausrüstungen zur Erlangung, Sicherung und Weiterleitung von operativen Informationen;
- Container zur Aufbewahrung und zur Sicherung des Transportes operativer Informationen, Dokumente und operativ-technischer Mittel.

Um ein hohes Maß an Sicherheit zu gewährleisten, sind die verschiedenen operativen Mittel streng IM-gebunden einzusetzen.

Operative Informationen sind bei der Anwendung von Geheimschreibmitteln zusätzlich zu chiffrieren.

Die Aufbewahrung und der Transport von operativen Dokumenten und operativ-technischen Mitteln, deren Besitz Rückschlüsse auf die operative Arbeit zulassen, hat in Containern bzw. in Aufbewahrungsverstecken zu erfolgen.

Container sind speziell präparierte Gegenstände, in denen operative Informationen, Dokumente bzw. andere operative Mittel aufbewahrt oder transportiert werden können, ohne daß sie als Verstecke für konspirative Materialien erkennbar sind.

Zur zusätzlichen Sicherung können Vorrichtungen eingebaut werden, die ein unbefugtes Öffnen anzeigen oder bei unbefugtem Öffnen den Inhalt des Containers vernichten.

Der Einsatz von Containern im operativen Reiseverkehr ist unter umfassender Beachtung der technischen Verfahren zur Kontrolle von Personen und Gepäckstücken auf das unerläßliche Mindestmaß zu beschränken.

Aufbewahrungsverstecke dienen der Verwahrung von operativ-technischen Mitteln, operativen Dokumentationen und Reservegeldern des IM.

Sie können innerhalb und außerhalb der Wohnung des IM angelegt werden. Dabei ist zu gewährleisten, daß die in diesen Verstecken hinterlegten Materialien dem Zugriff dritter Personen entzogen werden. Die Verstecke müssen durch den IM unauffällig genutzt werden können.

Bei der Ausrüstung der IM mit operativen Dokumenten sowie mit operativtechnischen Mitteln sind strenge Maßstäbe anzulegen.

Sie hat differenziert zu erfolgen in Abhängigkeit von

- der Notwendigkeit der Anwendung operativer Dokumente und operativtechnischer Mittel für die Erfüllung der operativen Aufgaben;

- der nachgewiesenen Zuverlässigkeit der IM;
- der Bereitschaft der IM zur Anwendung operativer Dokumente und operativ-technischer Mittel;
- den konkreten Voraussetzungen der IM zur qualifizierten und sicheren Handhabung der operativ-technischen Mittel und Verfahren;
- den konkreten Möglichkeiten zur sicheren Aufbewahrung und Anwendung der operativen Dokumente und operativ-technischen Mittel durch die IM.

Über den Verbleib und die Verwendung der operativen Dokumente und operativ-technischen Mittel ist ein exakter Nachweis zu führen.

Operative Dokumentationen und operativ-technische Mittel, die nicht mehr für die operative Arbeit der betreffenden IM benötigt werden, sind unverzüglich einzuziehen und an die zuständige Diensteinheit abzugeben oder zu vernichten.

7. Spezielle Maßnahmen zum Schutz und zur Sicherung des IM-Netzes

7.1. Die Analyse der Sicherheitslage

Die strikte Durchsetzung der Konspiration muß ein Höchstmaß an Sicherheit in der Arbeit mit IM gewährleisten. Im Zusammenhang damit ist zu sichern, daß Entscheidungen über die Durchführung operativer Maßnahmen stets auf der Grundlage einer exakten Analyse der Sicherheitslage im IM-Vorgang getroffen werden. Die Analyse der Sicherheitslage muß begründete Aussagen über das mit der Durchführung bestimmter operativer Maßnahmen verbundene operative Risiko zulassen.

Sie setzt die gewissenhafte Erfassung, übersichtliche Dokumentation und sorgfältige Analyse aller mit der operativen Tätigkeit der IM zusammenhängenden Fakten entsprechend den dafür gültigen Befehlen und Weisungen voraus.

In Verbindung damit ist festzustellen, inwieweit die für die Sicherung der Konspiration eingesetzten Kräfte, Mittel und Methoden den gegenwärtigen und perspektivischen Überprüfungsmaßnahmen des Feindes standhalten und eine effektive und sichere operative Arbeit gewährleisten.

Risikofaktoren für die Sicherheit der Arbeit mit IM sind in jedem Falle durch geeignete vorbeugende Maßnahmen in vertretbaren Grenzen zu halten.

Solche Maßnahmen sind:

- die Verstärkung der operativen Selbstkontrolle und des Studiums und der Überprüfung der IM;
- die Erhöhung der operativen Disziplin und die Befähigung der IM zur qualifizierten Anwendung der operativen Mittel und Methoden;

- die Herauslösung besonders gefährdeter IM aus der operativen Arbeit und der Einsatz neuer, den wachsenden Sicherheitsanforderungen entsprechender operativer Kräfte, Mittel und Methoden;
- der zeitweilige oder ständige Verzicht auf die Nutzung von mit einem besonderen Risiko verbundenen operativen Möglichkeiten.

In besonderen operativen Situationen sind in der Regel weiterreichende Sicherheitsmaßnahmen durchzuführen.

Besondere operative Situationen existieren, wenn
- die operativen Aktivitäten der IM bzw. besondere Vorkommnisse der verschiedensten Art intensive Überprüfungs- und Überwachungsmaßnahmen durch den Feind nach sich ziehen können;
- Fakten vorliegen, die auf eine direkte Bearbeitung der IM durch den Feind schließen lassen;
- Anhaltspunkte für eine Doppelagententätigkeit vorhanden sind;
- die IM durch den Feind inhaftiert sind.

7.2. Maßnahmen bei Aktivitäten feindlicher Organe gegen IM

Werden feindliche Aktivitäten gegen IM wahrgenommen oder sind sie auf Grund von operativen Handlungen bzw. besonderen Vorkommnissen zu erwarten, sind unverzüglich erste Maßnahmen einzuleiten, die
- eine weitere Enttarnung operativer Kräfte, Mittel und Methoden verhindern;
- es ermöglichen, die Zielstellung, den Charakter und das Ausmaß der feindlichen Aktivitäten zuverlässig zu erkennen.

Solche Maßnahmen sind:
- die vorübergehende Einstellung der Realisierung des operativen Auftrages;
- die sofortige Information der Zentrale durch die IM und die Warnung der gefährdeten IM durch die Zentrale;
- die Einleitung intensiver operativer Selbstkontrollmaßnahmen durch alle gefährdeten IM sowie die Durchführung spezifischer Überprüfungskombinationen zur Klärung der Zielstellung, des Charakters und des Ausmaßes der feindlichen Bearbeitung;
- die Vernichtung bzw. Sicherung operativer Materialien entsprechend den Weisungen der Zentrale.

Anzeichen für eine Bearbeitung der IM durch die feindlichen Abwehrorgane sind entsprechend den vorliegenden Weisungen der zuständigen Diensteinheit zu melden.

Auf der Grundlage gesicherter Erkenntnisse über die Zielstellung, den Charakter und das Ausmaß einer feindlichen Bearbeitung ist durch die Zentrale zu entscheiden, ob
- die operative Arbeit der IM unter Einleitung angemessener Sicherheitsvorkehrungen fortgesetzt werden kann;

- die operative Arbeit des IM vorübergehend oder ständig einzustellen ist;
- die durch die feindliche Bearbeitung entstandene operative Situation offensiv zu nutzen ist;
- die IM aus dem Operationsgebiet zurückgezogen werden müssen.

Es ist zu sichern, daß die Konspiration auch nach der Einstellung der operativen Arbeit gewahrt wird. Alle noch in Besitz der IM befindlichen operativen Dokumente und Materialien sind an die Zentrale zurückzuführen bzw. zu vernichten. Die operative Tätigkeit ist nach Möglichkeit zu verschleiern.

Bei einer zeitweiligen Einstellung der operativen Arbeit (Konservierung) sind konkrete Festlegungen für die Wiederaufnahme der Verbindung zu treffen. Vor und unmittelbar nach der Wiederaufnahme der Verbindung sind intensive Überprüfungsmaßnahmen durchzuführen.

7.3. Maßnahmen bei vermuteter oder erkannter Doppelagententätigkeit

Wenn im Ergebnis der Analyse der Sicherheitslage im Vorgang Unregelmäßigkeiten oder Widersprüche nicht zweifelsfrei geklärt werden können, muß mit der Möglichkeit einer Doppelagententätigkeit gerechnet werden. Der Verdacht auf Doppelagententätigkeit ist der dafür zuständigen Diensteinheit zu melden.

Es ist zu entscheiden, ob der Vorgang
- nach den Grundsätzen der Abwehrarbeit zu bearbeiten,
- offensiv zur Bearbeitung der feindlichen Geheimdienste zu nutzen oder
- einzustellen ist.

Bei Aufrechterhaltung der Verbindung zu den IM sind alle Einzelheiten zu klären und auszuwerten, die den Verdacht auf Doppelagententätigkeit bestätigen oder entkräften.

Insbesondere sind
- die Angaben zur Person und über die Art und Weise der Aufnahme der Verbindung zu überprüfen;
- den verdächtigen IM Aufträge zu erteilen, die zu überprüfbaren Arbeitsergebnissen führen;
- die Arbeitsergebnisse der verdächtigen IM auf ihren Wahrheitsgehalt zu analysieren;
- Maßnahmen einzuleiten, die eine gründliche Klärung der Art und Weise der Erfüllung der operativen Aufträge zulassen.

Gleichzeitig sind zusätzliche Maßnahmen zur Sicherung des IM-Netzes einzuleiten. Den verdächtigen IM dürfen keine weiteren Kenntnisse über das MfS und seine Tätigkeit sowie über operative Kräfte, Mittel und Methoden vermittelt werden.

Die Arbeit mit vermuteten oder erkannten Doppelagenten ist durch gesonderte Weisungen geregelt.

7.4. Maßnahmen bei Verhaftungen von IM

Mit einer Festnahme oder Verhaftung ist der operative Auftrag nicht beendet. Für die IM ist eine neue Situation entstanden, die eine direkte Auseinandersetzung mit den feindlichen Organen erforderlich macht.

In einer solchen Situation besteht der operative Auftrag der betreffenden IM hauptsächlich darin:
- unter Ausnutzung der rechtlichen und taktischen Möglichkeiten das operative Wissen, ihre operativen Verbindungen und Materialien vor dem Zugriff des Feindes zu schützen;
- die operative Verbindung zum MfS konspirativ entsprechend den getroffenen Vereinbarungen aufrechtzuerhalten;
- zur Feststellung der Ursachen der Festnahme und ihrer Folgen beizutragen;
- operativ bedeutsame Informationsmöglichkeiten, besonders über das Regime der Haftanstalten, wahrzunehmen;
- die psychische und physische Widerstandskraft zu erhalten.

Die konkrete Verhaltenslinie der IM ist in jedem Vorgang auf der Grundlage der dafür bestehenden speziellen Befehle und Weisungen in der Regel schriftlich festzulegen.

Die Voraussetzungen für ein standhaftes Verhalten sind im Prozeß der operativen Zusammenarbeit zu schaffen.

Bei Verhaftungen von IM im Operationsgebiet sind folgende Maßnahmen durchzuführen:
- Absicherung der operativen Verbindungen, operativen Maßnahmen und operativen Mittel, von denen verhaftete IM Kenntnis hatten;
- Klärung der Ursachen der Verhaftungen;
- Hilfe und Unterstützung für die IM und deren Familien während der Haft und nach der Haftentlassung;
- Erfassung und Auswertung aller Erfahrungen und Erkenntnisse über die Tätigkeit der feindlichen Abwehr-, Untersuchungs- und Justizorgane;
- Einschätzung der Standhaftigkeit der IM im Prozeß des Ermittlungs- und Untersuchungsverfahrens.

8. Die Arbeit mit Kontaktpersonen (KP)

Als Kontaktperson werden Bürger aus dem Operationsgebiet bezeichnet,
- zu denen eine stabile Verbindung unterhalten wird;
- die über Zugang zu operativ bedeutsamen Informationen bzw. über Möglichkeiten zur aktiven politischen Einflußnahme verfügen;
- die relativ beständig abgeschöpft, zur Durchführung aktiver Maßnahmen genutzt und zu anderen operativen Handlungen veranlaßt werden, ohne daß sie den nachrichtendienstlichen Charakter dieser Tätigkeit kennen oder

durch die Anwendung spezifischer operativer Mittel und Methoden bestätigt erhalten;
- deren Werbung als IM aus politischen, operativen oder anderen Gründen nicht möglich, zweckmäßig oder notwendig ist.

Durch die zielstrebige Arbeit mit KP sind weitere Möglichkeiten zur Gewinnung operativ bedeutsamer Informationen, für die Durchführung aktiver Maßnahmen sowie zur Lösung anderer operativer Aufgaben zu erschließen.

Ausgehend von den operativen Erfordernissen sind die Kontaktpersonen so zu beeinflussen, daß
- eine Festigung und Stabilisierung der für die Durchführung operativer Handlungen sowie für die Aufrechterhaltung des Kontaktes zu den IM bestimmenden Motive erfolgt;
- ein bestimmtes Maß an Vertraulichkeit und Geheimhaltung in bezug auf den Inhalt der Beziehungen zu den IM gewahrt wird;
- bei der Lieferung dokumentarischer Materialien sowie bei anderen operativen Handlungen durch die KP die erforderlichen Sicherheitsvorkehrungen getroffen und eingehalten werden.

Durch das ständige Studium der Kontaktpersonen ist zu gewährleisten, daß Veränderungen ihrer Persönlichkeit erkannt, Unregelmäßigkeiten in den Beziehungen zu den IM, die Sicherheit beeinträchtigende Leichtfertigkeiten der Kontaktpersonen und eine Bearbeitung der Kontaktpersonen durch den Feind rechtzeitig festgestellt und wirksame Gegenmaßnahmen eingeleitet werden.

Dabei sind vorrangig solche Mittel und Methoden anzuwenden wie
- das gewissenhafte Studium des Verhaltens der Kontaktperson während der Zusammenkünfte;
- die Prüfung des Wahrheitsgehaltes der Informationen sowie der Angaben über die Informationsquelle;
- der Vergleich von operativen Möglichkeiten und operativen Leistungen;
- die gewissenhafte konspirative Aufklärung des Umgangskreises der Kontaktperson.

Operative Mitarbeiter und IM, die für die Arbeit mit Kontaktpersonen eingesetzt werden, müssen über ausgeprägte Fähigkeiten zum Studium und zur Beeinflussung von Persönlichkeiten verfügen und in der Lage sein, sich auf die verschiedensten Persönlichkeitseigenschaften, Interessen und Bedürfnisse der Kontaktpersonen einzustellen.

Die Zusammenkünfte zwischen den IM und den Kontaktpersonen sollten in der Regel durch die gesellschaftliche Stellung der KP und der IM oder auf andere Art und Weise abdeckbar sein.

Für das Informationsverlangen des IM sowie für die anderweitige operative Nutzung der KP muß eine glaubhafte Legende vorhanden sein oder aufgebaut werden.

Die Arbeit mit KP kann im Falle des Heranreifens der dafür erforderlichen Voraussetzungen in ihre Werbung als IM einmünden.

Bei der *Nutzung offizieller Verbindungen von DDR-Institutionen* zu operativ interessanten Personen oder Institutionen aus dem Operationsgebiet ist stets zu beachten, daß diese Verbindungen in der Regel einer konzentrierten Bearbeitung und Kontrolle durch die feindlichen Geheimdienste und Abwehrorgane unterliegen.

Es ist deshalb zu sichern, daß
- die Kontaktpersonen umfassend, allseitig und ständig unter abwehrmäßigen Gesichtspunkten überprüft werden;
- die Aufrechterhaltung der Verbindung zu den Kontaktpersonen im Rahmen der dienstlichen Aufträge und der Befugnisse der KP und der IM erfolgt;
- jedes Anzeichen für eine Gefährdung der IM und Kontaktpersonen sorgfältig und gewissenhaft analysiert wird;
- die auf diesem Gebiet gewonnenen Informationen genau geprüft werden;
- für die Nutzung offizieller Verbindungen legaler DDR-Institutionen ins Operationsgebiet zur Arbeit mit Kontaktpersonen vorrangig solche operativen Mitarbeiter und IM eingesetzt werden, die über ausreichende Erfahrungen in der Aufklärungs- und Abwehrarbeit verfügen.

9. Grundsätzliche Aufgaben der Führungs- und Leitungstätigkeit

Ausgehend von der entscheidenden Rolle der IM bei der Lösung der Hauptaufgaben, ist auf allen Leitungsebenen die Arbeit mit IM in den Mittelpunkt der Führungs- und Leitungstätigkeit zu rücken. Auf der Grundlage der Kriterien für die Qualität der Arbeit mit IM ist zu sichern, daß alle Möglichkeiten für die Intensivierung der Arbeit mit IM ausgeschöpft und entsprechend der jeweiligen politisch-operativen Lage zielgerichtet und planmäßig genutzt werden. Grundlage dafür bilden die langfristigen konzeptionellen Vorstellungen und die Arbeitspläne für die Realisierung der politisch-operativen Aufgaben im Operationsgebiet.

9.1. Analyse und Planung der Arbeit mit IM

Eine wichtige Voraussetzung für die Gewährleistung einer hohen Effektivität und Sicherheit der Arbeit mit IM im Operationsgebiet besteht in der Organisierung einer umfassenden und qualifizierten analytischen und planmäßigen Arbeit auf allen Leitungsebenen.

Zu analysieren sind:
- Ergebnisse und Mängel bei der Erfüllung der Schwerpunktaufgaben der Informationsbeschaffung;
- Wirksamkeit aktiver Maßnahmen;

- Effektivität und Lücken im IM-Netz, Nutzungsgrad der im IM-Netz vorhandenen operativen Möglichkeiten;
- Sicherheit des IM-Netzes und Aufgaben zur Erhöhung der Sicherheit und der Konspiration.

Die Herausarbeitung der Aufgaben für die Arbeit mit IM ist eng mit der Analyse des operativen Regimes zu verbinden.

Zu analysieren sind die

- Entwicklungstendenzen in der außen- und innenpolitischen Situation des Operationsgebietes;
- konkreten Bedingungen in den zu bearbeitenden feindlichen Zentren und Objekten;
- soziale Lage, Denk-, Verhaltens- und Lebensweisen der operativ bedeutsamen Personengruppen;
- Organisation und Arbeitsmethoden der feindlichen Abwehrorgane, einschließlich des Geheimschutzes in den Objekten;
- personelle und institutionelle Verbindungen der DDR und der befreundeten Staaten zum Operationsgebiet sowie zwischen den verschiedenen Staaten des Operationsgebietes.

Die analytische Arbeit muß komplexen Charakter tragen und sowohl aktuelle als auch langfristig wirksame Entscheidungen ermöglichen.

Die Ergebnisse der analytischen Arbeit können in vielfältiger Form, wie z. B. in Analysen des Wertes der Informationsbeschaffung, der Effektivität der Arbeit einzelner IM oder von Teilen des IM-Netzes, Objektanalysen, Länder- und Ortsanalysen, Personengruppenanalysen und in anderen Teilanalysen zu Spezialfragen zusammengefaßt werden bzw. als Grundlage für Detailentscheidungen unmittelbar in die Vorgangsakten einfließen.

Auf der Grundlage und in Konkretisierung der Planorientierung sowie in Auswertung der Erkenntnisse über das operative Regime sind in den Arbeitsplänen der Diensteinheiten hauptsächlich Festlegungen zu treffen über die

- Grundrichtung der qualitativen Entwicklung der Informationsbeschaffung;
- Vorbereitung und Durchführung aktiver Maßnahmen;
- qualitative Erweiterung und effektive Nutzung des IM-Netzes;
- allseitige Gewährleistung der Konspiration.

Die Arbeitspläne sind ein entscheidendes Instrument für die Leitung der Arbeit mit IM. Ihre qualitäts- und termingerechte Erfüllung ist durch eine intensive Anleitung und Kontrolle zu sichern.

9.2. Die Aufgaben der Leiter bei der tschekistischen Erziehung der operativen Mitarbeiter

Im Interesse einer hohen Effektivität und Sicherheit der Arbeit mit IM ist die tschekistische Erziehung der operativen Mitarbeiter auszurichten auf die

- ständige Stärkung des persönlichen Verantwortungsbewußtseins für die ihnen anvertrauten IM;
- weitgehend selbständige Analyse der politisch-operativen Lage in ihrem jeweiligen Verantwortungsbereich und zur Meisterung des Zusammenhangs von Aufgabenstellung, Regimebedingungen und konkreter Arbeit mit IM;
- Anwendung qualifizierter operativer Methoden und zum variantenreichen operativen Denken;
- allseitige Nutzung ihres IM-Netzes im Rahmen der Gesamtaufgabenstellung des Ministeriums;
- ständige Vervollkommnung der Fähigkeiten zur schöpferischen Anwendung der Prinzipien der sozialistischen Menschenführung auf die Arbeit mit IM;
- volle Durchsetzung von Konspiration und Disziplin in der Arbeit mit IM;
- Stärkung der Vorbildrolle des operativen Mitarbeiters gegenüber den IM.

Die Erziehung der operativen Mitarbeiter hat im Prozeß der täglichen politisch-operativen Arbeit und durch spezielle politische und fachliche Qualifizierungsmaßnahmen zu erfolgen.

Besondere Aufmerksamkeit ist der tschekistischen Erziehung und Befähigung der jungen, in der operativen Arbeit noch wenig erfahrenen operativen Mitarbeiter zu widmen.

9.3. Die unmittelbare Teilnahme der Leiter an der Vorgangsarbeit

Die unmittelbare Teilnahme der Leiter an der Vorgangsarbeit ist eine wichtige Methode

- zur direkten Einflußnahme auf die Qualität der Arbeit mit IM;
- zum Studium der Bedingungen der Arbeit mit IM, der operativen Möglichkeiten wichtiger IM sowie der Wirksamkeit der eigenen Leitungsentscheidungen für die Entwicklung der Arbeit mit IM;
- zur Erziehung, Anleitung und Kontrolle der operativen Mitarbeiter und der IM;
- zur Festigung des Vertrauensverhältnisses der IM zur Zentrale.

Davon ausgehend ist auf allen Leitungsebenen zu sichern, daß die Leiter persönlich an der Führung solcher IM-Vorgänge teilnehmen, die

- von entscheidender Bedeutung für die Realisierung der festgelegten Schwerpunktaufgaben des Dienstbereiches sind;
- mit komplizierten Problemen verbunden sind und deshalb besonders hohe Anforderungen an die Vorgangsführung stellen;

- von operativen Mitarbeitern mit geringen Erfahrungen geführt werden;
- geeignet sind, Methoden der operativen Arbeit zu studieren und neue Erkenntnisse für die generelle Qualifizierung der Arbeit mit IM zu gewinnen.

Die persönliche Teilnahme an der Führung der IM-Vorgänge ist sowohl durch die analytische und konzeptionelle Arbeit des Leiters am betreffenden IM-Vorgang als auch durch die unmittelbare Beteiligung an allen Formen der Zusammenarbeit mit den Werbekandidaten bzw. den IM zu realisieren.

Insbesondere ist zu sichern, daß die für die Arbeit mit IM erforderlichen Entscheidungen rechtzeitig, mit hoher Sachkenntnis und Verantwortung getroffen werden.

Die Zuständigkeiten sind in gesonderten Weisungen geregelt.

9.4. Die Aufgaben der Leiter bei der Organisierung der Zusammenarbeit der Diensteinheiten

Ausgehend von der gemeinsamen Verantwortung aller Diensteinheiten für die Erfüllung der Schwerpunktaufgaben des MfS ist durch die Leiter dafür Sorge zu tragen, daß durch die Zusammenarbeit der verschiedenen Diensteinheiten die operativen Potenzen des Ministeriums voll genutzt werden.

Durch die Zusammenarbeit der Diensteinheiten ist zu gewährleisten, daß
- die erarbeiteten Informationen, Personenhinweise und Kontakte von den sachlich zuständigen Diensteinheiten genutzt werden;
- die außerhalb der DDR tätigen IM ihren Möglichkeiten entsprechend für die Lösung von Aufgaben zur Gewährleistung der inneren Sicherheit der DDR eingesetzt werden;
- eine umfassende und allseitige Nutzung der operativen Basis in der DDR für die Stärkung der operativen Basis im Operationsgebiet erfolgt;
- Hinweise auf operativ interessante Personen sowie IM jenen Diensteinheiten zur Verfügung gestellt werden, die am besten in der Lage sind, die Hinweise zu bearbeiten und die operativen Möglichkeiten der IM voll auszuschöpfen;
- die Erfahrungen bei der Erhöhung der Wirksamkeit der Arbeit mit IM verallgemeinert und die Mitarbeiter aller Linien mit den Grundfragen der Arbeit im Operationsgebiet vertraut gemacht werden;
- entsprechend den Zuständigkeiten die Bearbeitung der feindlichen Zentren und Objekte in abgestimmter Art und Weise erfolgt.

Durch die Zusammenarbeit von Diensteinheiten des Ministeriums, der Bezirksverwaltungen und der Kreisdienststellen ist zu sichern, daß
- alle im IM-Netz vorhandenen Verbindungen ins Operationsgebiet erfaßt, im Hinblick auf ihre operative Bedeutung eingeschätzt und genutzt werden;
- alle über den Reiseverkehr und auf anderen Wegen bekannt werdenden operativen Hinweise auf ihre operative Verwertbarkeit überprüft werden;
- das IM-Netz in touristischen Zentren und anderen Positionen, die günstige

Möglichkeiten für die Herstellung und Aufrechterhaltung von Kontakten bieten, ständig ausgebaut und qualifiziert wird.

Die allseitige Nutzung der operativen Basis hat grundsätzlich in Abstimmung und Koordinierung mit den Leitern der jeweils zuständigen operativen Diensteinheiten sowie unter Wahrung der Konspiration zu erfolgen.

10. Schlußbestimmungen

Die Leiter der Diensteinheiten sind persönlich verantwortlich für

- die sichere Aufbewahrung des ihnen übergebenen Exemplars dieser Richtlinie,
- die Durchsetzung einer hohen Sicherheit und Ordnung im Umgang mit dieser Richtlinie sowie
- die Gewährleistung der Konspiration und Geheimhaltung.

Diese Richtlinie ist durch die Leiter der Diensteinheiten persönlich aufzubewahren. Sie kann Angehörigen der Diensteinheiten zur persönlichen Kenntnisnahme übergeben werden, wenn das zur Lösung der ihnen übertragenen Aufgaben erforderlich ist. Eine Weitergabe an andere Angehörige der jeweiligen Diensteinheit ist nicht statthaft. Über die Einsichtnahme ist ein exakter Nachweis zu führen.

Die Anfertigung wörtlicher Auszüge aus der Richtlinie ist untersagt. Aufzeichnungen zum Inhalt der Richtlinie sind – soweit notwendig – in den dafür vorgesehenen Aufzeichnungsbüchern vorzunehmen. Die Richtlinie ist jeweils vor Dienstschluß bzw. vor Verlassen des Dienstobjektes dem Leiter zurückzugeben.

Die Beförderung der Richtlinie zwischen den Dienstobjekten des MfS hat ausschließlich durch den strukturmäßigen Kurierdienst gemäß den Regelungen der Kurierordnung und der VS-Ordnung des MfS zu erfolgen.

Die Leiter der Diensteinheiten haben diese Festlegungen entsprechend der Lage in ihren Verantwortungsbereichen zu konkretisieren bzw. zu ergänzen, deren konsequente Durchsetzung zu kontrollieren und die Angehörigen ihrer Diensteinheiten zur verantwortungsbewußten, disziplinierten Einhaltung der getroffenen Festlegungen zu erziehen.

Die Richtlinie Nr. 2/79 tritt mit Wirkung vom 1. 1. 1980 in Kraft.

Gleichzeitig tritt die Richtlinie Nr. 2/68 für die Arbeit mit IM im Operationsgebiet, GVS MfS 008 – 1002/68, außer Kraft.

Mielke
Generaloberst

Abkürzungen

Abt.	Abteilung
ADN	Allgemeiner Deutscher Nachrichtendienst
AfNS	Amt für Nationale Sicherheit
AG	Arbeitsgruppe
AG AuE	Arbeitsgruppe Aktionen und Einsätze
AGB	Arbeitsgesetzbuch (der DDR)
AG G	Arbeitsgruppe Geheimnisschutz
AG K	Arbeitsgruppe Koordination
AG L	Arbeitsgruppe des Leiters
AG M	Arbeitsgruppe des Ministers
AKG	Auswertungs- und Kontrollgruppe
AOPK	Archivierte OPK
AWK	Abwehr im Bereich des Wehrkreiskommandos
BCD	Bewaffnung Chemischer Dienst
BdL	Büro der Leitung
BdDVP	Bezirksbehörde der Deutschen Volkspolizei
BfV	Bundesamt für Verfassungsschutz
BKG	Bezirkskoordinierungsgruppe
BKK	Bereich Kommerzielle Koordinierung (KOKO)
BL	Bezirksleitung
BND	Bundesnachrichtendienst
BRD	Bundesrepublik Deutschland
BV	Bezirksverwaltung
BVS	Bundesverfassungsschutz
CIA	Central Intelligence Agency (US-amerikanischer Geheimdienst)
COCOM	Controling Commission (for East-West Trade Policy) – Kontrollkommission (für Ost-West-Handelspolitik) (Embargo-Kommission)
ČSFR	Tschechoslowakische Föderative Republik
ČSSR	Tschechoslowakische Sozialistische Republik
DA	Deckadresse
DA	Dienstanweisung
DDR	Deutsche Demokratische Republik
Dipl.	Diplom
DM	Deutsche Mark
DT	Decktelefon

d. V.	die Verfasser
DVP	Deutsche Volkspolizei
EDV	Elektronische Datenverarbeitung
EG	Europäische Gemeinschaft
EOS	Erweiterte Oberschule
FDJ	Jugendorganisation Freie Deutsche Jugend
FIM	Inoffizieller Mitarbeiter zur Führung anderer inoffizieller Mitarbeiter
GMS	Gesellschaftlicher Mitarbeiter für Sicherheit
GST	Gesellschaft für Sport und Technik
GVS	Geheime Verschlußsache
HA	Hauptabteilung
HIM	Hauptamtlicher Inoffizieller Mitarbeiter
HVA	Hauptverwaltung Aufklärung
i. d. F.	in der Fassung
IM	Inoffizieller Mitarbeiter
IMB	Inoffizieller Mitarbeiter der Abwehr mit Feindverbindung bzw. zur unmittelbaren Bearbeitung in Verdacht der Feindtätigkeit stehender Personen
IME	Inoffizieller Mitarbeiter für einen besonderen Einsatz
IMK	Inoffizieller Mitarbeiter zur Sicherung der Konspiration und des Verbindungswesens
IMS	Inoffizieller Mitarbeiter zur politisch-operativen Durchdringung und Sicherung der Verantwortungsbereiche
ITU	Institut für technische Untersuchungen
IWG	Institut für Wissenschaftlichen Gerätebau
JHS	Juristische Hochschule des MfS (Potsdam-Eiche)
K	Kommissariat
KD	Kreisdienststelle
KfS	Komitee für Staatssicherheit
KGB	Komitet gossudarstwenoi besopasnoti (sowj. Komitee für Staatssicherheit)
KO	Konspiratives Objekt
KOKO	Kommerzielle Koordinierung
KP	Kontaktperson
KPD	Kommunistische Partei Deutschlands
KW	Konspirative Wohnung

LKW	Lastkraftwagen
MA	Mitarbeiter
MAD	Militärischer Abschirmdienst
MdI	Ministerium des Innern
MfS	Ministerium für Staatssicherheit
Mio	Millionen
N	Nachrichten
NATO	North Atlantic Treaty Organization
NDPD	National Demokratische Partei Deutschlands
NSW	Nichtsozialistisches Wirtschaftsgebiet
NVA	Nationale Volksarmee
OD	Objektdienststelle
OibE	Offizier in besonderem Einsatz
OPK	Operative Personenkontrolle
OTS	Operativ-Technischer Sektor
OV	Operativer Vorgang
PDS	Partei des Demokratischen Sozialismus
PdVP	Präsidium der Volkspolizei
PID	Politisch-ideologische Diversion
PKW	Personenkraftwagen
PS	Personenschutz
PUT	Politische Untergrundtätigkeit
PZF	Postzollfahndung
RAF	Rote Armee Fraktion
RD	Rückwärtige Dienste
SED	Sozialistische Einheitspartei Deutschlands
SOUD	(russ.) System der vereinigten Speicherung von Daten über den Gegner
SPD	Sozialdemokratische Partei Deutschlands
SR	Sonderreferat
SR AWK	Sonderreferat Abwehr im Bereich des Wehrkreiskommandos
SR BCD	Sonderreferat Biologisch-Chemischer Dienst
SR PS	Sonderreferat Personenschutz
Stasi	Staatssicherheit(sdienst)
StGB	Strafgesetzbuch
SV	Sicherungsvorgang
SV	Sportvereinigung
TBK	Tote Briefkästen
TPA	Transportpolizeiamt

UdSSR	Union der Sozialistischen Sowjetrepubliken
UKW	Ultrakurzwelle
U-Mitarbeiter	Unbekannter Mitarbeiter
U-Objekt	Unbekanntes Objekt
USA	United States of America
V	Verwaltung
VEB	Volkseigener Betrieb
VEM	Versorgungseinrichtung des Ministerrats
VP	Volkspolizei
VPKA	Volkspolizeikreisamt
VSH-Kartei	Vorverdichtung-, Such- und Hilfskartei
VR	Volksrepublik
VRD	Verwaltung Rückwärtige Dienste
VVS	Vertrauliche Verschlußsache
WSE	Wach- und Sicherheitseinheit
ZAGG	Zentrale Arbeitsgruppe Geheimnisschutz
ZAIG	Zentrale Auswertungs- und Informationsgruppe
ZK	Zentralkomitee
ZKG	Zentrale Koordinierungsgruppe
ZMD	Zentraler Medizinischer Dienst
ZOS	Zentraler Operativstab
ZOV	Zentrale Operative Vorgänge
ZPDB	Zentrale Personendatenbank
ZPL	Zentrale Parteileitung